HISTOIRE

DE

LA BOTANIQUE

TYPOGRAPHIE FIRMIN-DIDOT ET Cie. — MESNIL (EURE).

HISTOIRE

DE

LA BOTANIQUE

DU XVIe SIÈCLE A 1860

PAR

LE Dr JULIUS VON SACHS

Professeur de botanique à l'université de Würzbourg,
Conseiller à la cour royale de Bavière,
Membre des académies des sciences de Munich, Turin et Amsterdam,
Membre de la Société royale de Londres et de l'Académie royale de Dublin, etc.

TRADUCTION FRANÇAISE

PAR

HENRY DE VARIGNY

DOCTEUR ÈS SCIENCES

PARIS

C. REINWALD & Cie, LIBRAIRES-ÉDITEURS

15, RUE DES SAINTS-PÈRES, 15

1892

AVANT-PROPOS

La botanique comprend quatre sciences différentes : la systématique, fondée sur la morphologie, la phytotomie, et la physiologie des plantes; toutes tendent au même but, à la connaissance approfondie du monde végétal; chacune d'elles possède toutefois un système d'investigation qui lui est propre, et exige par conséquent des aptitudes spéciales. Il faut mentionner ici un fait qui ne manque pas d'importance historique; la morphologie et la systématique se sont développées presque indépendamment des deux autres sciences; tandis que la phytotomie est toujours restée, jusqu'à un certain point, unie à la physiologie. Cependant, dans les cas où il s'est agi de l'examen approfondi de leurs principes fondamentaux, elles se sont presque complètement séparées l'une de l'autre. Ce n'est que tout récemment qu'une conception nouvelle et intéressante du problème de la vie des plantes est venue déterminer entre ces sciences des rapports plus étroits que ceux qui avaient existé jusque-là. Nous avons cru devoir consacrer à ce fait historique une étude particulière, mais, d'un autre côté, comme cet ouvrage ne peut traiter que d'un nombre de sujets restreint, nous nous sommes trouvés forcés de limiter le nombre de pages destinées à chacune de nos études. Il est évident qu'étant obligés de nous mouvoir dans un espace circonscrit, nous avons dû nous borner à résumer les traits principaux et les faits importants. Dans l'intérêt même du lecteur, nous ne considérons pas ceci comme un inconvénient, mais bien plutôt comme un avantage; car cette histoire de la botanique n'est pas destinée exclusivement aux personnes compétentes, mais s'adresse à un cercle plus étendu de lecteurs que des détails circonstanciés risqueraient de fatiguer.

Nous aurions pu prendre une liberté plus grande dans la manière de traiter notre sujet; nous aurions pu donner plus de place à certaines considérations sur l'enchaînement et la coordination des diverses parties dont se compose l'ensemble, si nous avions eu à notre disposition de meilleurs travaux préparatoires concernant la question historique, mais, dans les circonstances où je me trouve, nous devons songer avant tout à rétablir la vérité historique, en ce qui concerne les faits, à distinguer le vrai mérite de la gloire mal acquise, à mettre en lumière les premières découvertes dues à des cerveaux féconds, et leurs progrès ultérieurs, et à réfuter minutieusement, dans plus d'une occasion, les erreurs qui se sont peu à peu répandues. Il n'est guère possible, étant donné le but que nous nous sommes proposé, et le peu d'espace dont nous disposons, d'éviter une certaine sécheresse dans la manière de traiter notre sujet; nous avons dû, plus d'une fois, nous contenter d'indications passagères dans mainte occasion où des explications détaillées n'eussent pas été de trop.

En ce qui concerne les divers éléments dont se compose notre œuvre, nous n'avons attaché une grande importance aux découvertes de faits que lorsqu'elles trouvaient naturellement leur place dans le développement de la science dont nous nous occupons, et lorsqu'elles pouvaient y contribuer d'une manière fructueuse.

En revanche, nous considérons comme notre premier devoir de suivre pas à pas dans leur développement progressif, depuis le moment de leur naissance jusqu'à celui où elles se sont épanouies en vastes théories, les idées dont la science a été l'objet; c'est en cela que consiste, à notre avis, la véritable histoire d'une science.

Celui qui s'est imposé la tâche d'écrire une histoire de la botanique a par conséquent à affronter des difficultés sérieuses; il a souvent de la peine à dégager les lumières de la science de l'incroyable fatras d'erreurs où elles disparaissent. La plupart des écrivains se contentent de rassembler les faits, sans en indiquer suffisamment, ou le plus souvent sans même essayer d'en indiquer du tout les résultats pour la théorie : c'est là l'écueil qui s'est opposé de tout temps aux progrès rapides de la botanique.

Nous avons donc mis au premier rang les hommes à qui nous sommes, en réalité, redevables de l'histoire dont nous nous occupons, ceux qui ne se sont pas contentés d'établir des faits nouveaux, mais dont les cerveaux féconds ont enfanté des pensées puissantes, et qui ont soumis à un examen théorique sévère tout un fatras empirique. En partant de ce principe, nous n'avons donné à certaines idées rapidement esquissées que leur valeur primitive, car le mérite scientifique appartient avant tout à celui qui sait s'approprier une pensée de manière à la ramener à son sens le plus clair et le plus précis, et qui cherche à en tirer, au profit de la science, tout le parti possible. Nous n'attachons par conséquent qu'une importance médiocre à certains passages d'écrivains anciens, auxquels on a cru pouvoir attribuer la théorie de la descendance. Il est certain que la théorie de la descendance doit son importance scientifique à l'ouvrage de Darwin, paru en 1859, et qu'elle n'en possédait aucune auparavant.

Nous croyons, en ce cas comme dans d'autres, nous conformer aux lois de la vérité et de la justice en refusant d'attribuer à ces écrivains anciens des mérites auxquels ils ne prétendraient vraisemblablement pas eux-mêmes, s'ils revenaient au monde.

J. SACHS.

Würzbourg, 22 juillet 1875.

PRÉFACE

A L'ÉDITION FRANÇAISE

Les pages qui vont suivre ne constituent qu'une petite partie de l'Histoire des Sciences en Allemagne. Ce dernier ouvrage a été entrepris par les savants allemands, depuis de longues années, à l'instigation du prince généreux dont l'influence a déterminé de si grands progrès dans le domaine des arts et des sciences, de Sa Majesté Maximilien II, roi de Bavière; il n'est pas encore achevé à l'époque actuelle, et on continue à l'enrichir de publications et de découvertes nouvelles.

Je me suis bientôt aperçu, à l'exemple de plusieurs de mes confrères, que la science véritable, en particulier celle qui a pour objet l'étude de la nature, doit être internationale, et que l'auteur d'une histoire des sciences naturelles doit faire abstraction des limites et des frontières. Les grands phénomènes de la nature s'offrent partout à nos yeux; de même, il appartient à tous les pays de produire des hommes dont les cerveaux féconds enfantent des pensées originales, ou dont les travaux amènent des découvertes riches en résultats importants. La valeur de l'œuvre que nous avons entreprise dépend uniquement de théories et de découvertes semblables.

Les lecteurs de cette édition française pourront constater, je l'espère, que je suis resté fidèle à ce principe. Cependant, comme l'histoire en question traite du développement de la science en Allemagne, on comprendra que j'aie donné à la littérature allemande, dans cette étude, une place beaucoup plus étendue qu'aux littératures étrangères; toutefois, et lorsqu'il s'est agi de l'étude des ouvrages de botanique auxquels j'ai emprunté les matériaux nécessaires à mon œuvre, lorsqu'il a fallu, plus tard, écrire le texte de cet ouvrage, je me suis adressé, indifféremment, à des auteurs allemands, français, anglais et italiens, ne tenant compte, lorsque j'avais affaire aux naturalistes qui nous ont précédé, que de la valeur de leurs œuvres, et de l'époque à laquelle elles appartenaient.

Depuis le moment où cet ouvrage a été publié en Allemagne pour la première fois (1875), seize ans se sont écoulés, et le texte était achevé un ou deux ans déjà avant la publication. Chacun sait que durant un espace de temps aussi prolongé, les théories et les opinions d'un homme qui se consacre à des études spéciales, et qui cherche à apporter de nouveaux développements à la science dont il s'occupe, subissent des modifications et des perfectionnements; on n'arrive souvent à apprécier à leur juste valeur les mérites de ses prédécesseurs qu'après s'être livré aux considérations les plus subtiles; des réflexions de ce genre n'arrivent parfois à leur complet développement dans l'esprit de l'auteur d'un ouvrage semblable à celui-ci que lorsque son œuvre est déjà terminée. Sous certains rapports, il en a été de même pour moi. Si l'espace de temps dont je pouvais disposer et l'état de ma santé me l'avaient permis, j'aurais remanié, en vue de la traduction française, certaines parties de cette Histoire. Dans les circonstances où je me trouvais, j'ai dû me borner à introduire ici et là des remarques complémentaires, à faire certaines corrections, et supprimer de temps à autre quelques lignes ou même des pages entières.

Quoi qu'il en soit, ce livre n'a pas laissé de se perfectionner en quelque mesure, grâce à ces procédés, et je puis sans crainte considérer l'édition actuelle comme une édition revue et corrigée.

Je ne voudrais pas terminer ces lignes sans appeler l'attention du lecteur sur un fait de quelque importance. Durant les quinze années qui viennent de s'écouler, mes opinions au sujet de la théorie de la sélection de Darwin ont subi certaines modifications; à l'heure qu'il est, je ne puis plus attacher à cette doctrine l'importance qu'à l'exemple de bien des naturalistes je lui avais tout d'abord attribuée; à la suite de travaux assidus et prolongés, j'ai regretté d'avoir donné au darwinisme, dans mon histoire, la place qu'il y occupe, et je prie le lecteur de prendre cette remarque en considération. J'ai, de même, exagéré le mérite des vues théoriques de Nägeli; cependant, il m'a été possible de faire à ce sujet les corrections indispensables.

On trouvera les mêmes remarques dans la préface de la traduction anglaise qui a été faite il y a deux ans; j'espère, d'ailleurs, être à même de développer mes vues nouvelles dans un ouvrage dont le manuscrit sera achevé dans un ou deux ans d'ici.

J. VON SACHS.

Würzbourg, 12 juillet 1891.

TABLE DES MATIÈRES.

LIVRE TROISIÈME.

LIVRE PREMIER.

HISTOIRE DE LA MORPHOLOGIE ET DE LA CLASSIFICATION.

1530-1860.

INTRODUCTION

Les auteurs des premiers livres de botanique du seizième siècle, Brunfels, Fuchs, Bock, Mattioli, et d'autres encore, ne voyaient dans les plantes que des moyens de se procurer des drogues; elles représentaient, pour eux, les ingrédients de médicaments compliqués, et on les désignait de préférence sous le nom de *Simples* (éléments entrant dans la composition des médicaments). Ils attachèrent ensuite quelque importance à retrouver les plantes dont se servaient les médecins de l'antiquité, et qu'on avait perdu de vue durant le moyen âge. Les textes de Théophraste, de Dioscoride, de Pline, de Galien, qui nous étaient parvenus en assez mauvais état, furent revus et corrigés par les commentateurs italiens du quinzième siècle, et de la première moitié du seizième; ils y ajoutèrent, en outre, des études critiques qui en augmentèrent la valeur et en simplifièrent le sens. Cependant, les descriptions incomplètes et souvent inexactes des vieux auteurs présentaient des inconvénients contre lesquels les efforts de la critique étaient impuissants. On s'avisa de chercher en Allemagne et dans le reste de l'Europe les plantes que les médecins grecs avaient décrites et qui devaient y croître à l'état sauvage, et cette idée fut la cause de nombreuses confusions. Les renseignements douteux laissés par Dioscoride ou Théophraste pouvaient s'appliquer à autant de plantes indigènes qu'il y avait de botanistes différents. Le résultat de tout cela fut, dès le seizième siècle, une nomenclature si embrouillée et si confuse qu'elle présentait des difficultés presque insurmontables. Les premiers botanistes allemands allèrent chercher dans la nature même les sujets d'observation, ils décrivirent les plantes qui croissaient, à l'état sauvage, à proximité de leurs demeures, et ils en firent graver sur bois des reproductions fidèles. On doit les considérer presque comme des innovateurs, si l'on compare leurs efforts à ceux des commentateurs philologiques, qui connaissaient à peine, pour les avoir vues une ou deux fois, les plantes dont ils parlaient. C'est grâce à *eux* qu'on est arrivé à une connaissance approfondie et scientifique des plantes, puisée dans l'examen de la nature même. Cependant, le but qu'on se proposait alors n'était pas, à proprement parler, scientifique, on ne se posait guère de questions sur la nature des plantes, sur leur organisation et sur les rapports qu'elles ont entre elles, on les considérait avant tout au point de vue de leurs formes diverses, et des vertus curatives qu'elles possèdent.

Les descriptions que nous ont laissées ces premiers auteurs se font remarquer par leur extrême naïveté et leur manque absolu de méthode; cependant, comme on s'efforçait de les rendre aussi exactes et aussi fidèles que possible, elles donnèrent tout naturellement lieu à de nombreuses observations qui s'écartèrent plus ou moins du plan primitif. On s'aperçut tout d'abord que la plupart des plantes décrites par Dioscoride dans sa ***Materia Medica*** n'existaient à l'état sauvage ni en Allemagne, ni en France, ni en Espagne, ni en Angleterre; en revanche, on s'aperçut de la présence, dans les pays que nous venons de nommer, de nombreux végétaux qui étaient restés, selon toute apparence, inconnus aux écrivains de l'antiquité. On s'aperçut, en outre, que beaucoup de plantes présentent entre elles des rapports qui n'ont rien à faire avec leurs propriétés médicinales ou avec l'importance qu'elles peuvent avoir en fait d'utilité agricole ou scientifique. On chercha, au moyen de descriptions minutieuses, à établir une connaissance approfondie des plantes au point de vue de l'utilité pratique. Ces efforts déterminèrent de nouvelles observations. On s'aperçut que les plantes se groupent naturellement en espèces différentes qui présentent souvent les mêmes caractères et les mêmes propriétés. Le système d'Aristote et de Théophraste comprenait trois grandes familles : les arbres, les buissons et les plantes; on s'aperçut que certains végétaux nécessitaient une classification différente; Bock (1560) est un des premiers qui ont essayé de classer les plantes en familles distinctes. Les botanistes anciens avaient déjà constaté, comme on peut s'en apercevoir en étudiant leurs ouvrages, les parentés étroites qui relient entre elles certaines classes de végétaux, tels que les ***Champignons***, les ***Mousses***, les ***Fougères***, les ***Conifères***, les ***Ombellifères***, les ***Composées***, les ***Labiées***, les ***Papilionacées***, etc., sans cependant être capables de délimiter exactement ces rapports. Le fait de l'existence d'une parenté naturelle s'imposait de lui-même aux observateurs; ils se sont contentés tout d'abord de le constater sans y attacher beaucoup d'importance. On n'a guère besoin de considérations philosophiques ou d'une classification spéciale du monde végétal, pour reconnaître les rapports qui unissent entre eux ces différents groupes; il suffit d'y voir clair; ils sont aussi précis que les rapports qui existent entre certaines familles du règne animal, telles que les mammifères, les oiseaux, les reptiles, les poissons et les vers. La ressemblance qu'ont entre eux certains organes communs à différents groupes s'impose d'elle-même à l'esprit; c'est là le résultat d'une association d'idées indépendante de la volonté, et qui n'exige même aucun effort de l'intelligence. On éprouve alors le désir de s'expliquer nettement ce qui vous a frappé, et on procède à des investigations systématiques. La série des livres de botanique écrits dans ce but par des Allemands et des Hollandais, de 1530 à 1623, de Brunfels à Gaspard Bauhin, montre clairement que le système qui consiste à grouper les plantes d'après les rapports qu'elles présentent entre elles, prit une extension de plus en plus grande. Il semble aussi que les botanistes de l'époque aient obéi à un instinct irraisonné, et ne se soient guère inquiétés de chercher une explication à ce phénomène de la parenté des plantes.

Malgré tout, on avait fait plusieurs pas en avant. On n'attachait plus qu'une importance secondaire au fardeau gênant des superstitions médicales, et des hésitations qui avaient, jusque-là, tant entravé les botanistes dans leurs descriptions; Gaspard Bauhin s'en était même complètement débarrassé; on avait adopté la théorie dont dépend toute investigation botanique; on plaçait au premier rang le principe de la parenté naturelle, on s'appliquait à établir certaines différences, et à mettre en lumière certains rapports. On ne peut pas attribuer à tel botaniste en particulier la découverte de la parenté des plantes : elle a été la conséquence toute naturelle des descriptions détaillées.

Mais avant même que l'étude approfondie de la parenté naturelle eût amené de l'Obel (Lobelius), et plus tard Gaspard Bauhin, à entreprendre une classification, on avait vu l'Italien Césalpin essayer, en l'an 1583, d'appliquer à l'étude du règne végétal une méthode suivie et ordonnée. Pour atteindre ce but, il s'était servi de moyens tout différents de ceux qu'on avait employés jusque-là. Le fait de la parenté naturelle ne s'était pas imposé à son esprit par une association d'idées involontaire, comme elle s'était imposée à l'esprit des botanistes allemands et hollandais, c'étaient des réflexions et des considérations toutes philosophiques qui l'avaient poussé à classer le règne végétal en groupes distincts. Il possédait à fond le système philosophique qui dominait en Italie vers le seizième siècle; il était imbu des idées d'Aristote, rompu à toutes les finesses de la dialectique. Césalpin n'était pas homme à subir inconsciemment l'influence de la nature : il chercha, au contraire, à se rendre complètement maître des connaissances botaniques qu'il avait acquises par l'étude de la littérature et par l'exercice de facultés d'observations développées. Césalpin traita la partie scientifique de la botanique tout autrement que ne l'avaient fait de l'Obel et Gaspard Bauhin. Ce furent des réflexions philosophiques sur la nature même des plantes, sur la valeur propre et la valeur relative des différentes parties dont elles se composent, à la manière d'Aristote, qui le déterminèrent à classer le règne végétal en divisions et en subdivisions, d'après des caractères particuliers.

On ne peut s'empêcher d'être frappé des différences que présentent dans l'origine le système de Césalpin d'une part, et celui de Bauhin et de de l'Obel de l'autre; ce furent les analogies qui agirent sur l'esprit des botanistes allemands, et les amenèrent, à leur insu, à la conception nouvelle de groupes végétaux; en revanche, le système de Césalpin est fondé sur des distinctions subtiles, établies d'après l'observation de caractères particuliers. Toutes les erreurs du système de Bauhin sont dues à de fausses analogies, toutes les erreurs du système de Césalpin, à de fausses différences.

De l'Obel et Bauhin procédaient à leur système de classification sans lui donner pour base un raisonnement quelconque : ils s'y prenaient de manière à évoquer dans l'esprit du lecteur l'association d'idées qu'avait évoquée l'esprit des auteurs eux-mêmes. C'est là le caractère distinctif de leur œuvre. On pourrait les comparer à des artistes qui amènent le public à certaines appréciations, non au moyen d'idées et de raisonnements, mais au moyen de formes et de couleurs; en revanche, Césalpin s'adresse à l'intelligence du lecteur, il lui montre qu'une classification doit procéder naturellement de réflexions philosophiques, et lui en explique l'ordre et la distribution. Ce sont des considérations philosophiques qui ont déterminé Césalpin à donner pour base à son système de classification les caractères particuliers de la semence et du fruit, tandis que les botanistes allemands, qui connaissaient à peine les organes de la reproduction, prenaient comme point de départ l'aspect de la plante, son port, et son apparence générale.

Ceux qui ont écrit l'histoire de la botanique ont négligé de mentionner le fait important dont nous venons de parler, ou ne s'y sont pas suffisamment arrêtés; on ne s'est pas assez rendu compte que la systématique, bien qu'elle n'ait commencé à se développer et à se perfectionner réellement qu'au dix-septième siècle, avait possédé de tout temps deux éléments absolument opposés l'un à l'autre; d'un côté, l'existence à peine établie, vaguement soupçonnée, par les botanistes allemands et hollandais, d'une parenté naturelle; d'un autre côté, le système qu'on devait aux efforts de Césalpin, et qui consistait à établir la classification du règne végétal d'après des principes nets et clairs, qui pussent s'adresser à l'intelligence. Tout d'abord, on ne sut pas exactement quelle importance respective on devait assigner à chacun des deux éléments de l'investigation systématique; on manquait d'un moyen terme, tel qu'une classification des végétaux, fondée sur des principes *a priori* qui pussent à la fois répondre aux exigences du raisonnement, et satisfaire l'instinct qui faisait croire à l'existence d'une parenté naturelle, instinct qui persistait en dépit de la critique.

Jusqu'en 1736, on n'eut pas moins de quinze systèmes différents, en y comprenant ceux de Césalpin et de Linné, qui tous embrassaient l'étude entière du règne végétal; on peut y constater la difficulté qu'on éprouvait à concilier, dans une juste mesure, la théorie de la parenté naturelle avec des principes de classification établis *a priori*. On a l'habitude de désigner certains systèmes, parmi lesquels on remarque ceux de Césalpin, Morison, Ray, Rivinus (Bachmann), Tournefort, sous le nom de systèmes artificiels [1], mais ces auteurs, bien au contraire, n'avaient aucunement l'intention de se borner à une classification factice dont le seul avantage aurait été de faciliter l'étude du règne végétal; Linné et les botanistes du dix-septième siècle, il est vrai, trouvaient qu'un système devait tendre avant tout à établir la netteté et la clarté; mais, en réalité, le premier but que se proposait un botaniste lorsqu'il fondait un système nouveau, était de le rendre plus conforme à la théorie des parentés naturelles que ne l'avaient été ceux de ses prédécesseurs. Les efforts de quelques botanistes, comme Morison et Ray, tendaient à mettre en lumière, au moyen d'un système, la parenté naturelle; d'autres, comme Tournefort et Magnol, désiraient avant toute chose rétablir la clarté et la netteté dans l'étude de la botanique. Quoi qu'il en soit, les reproches et les critiques que chacun d'eux adressait à son prédécesseur démontrent clairement qu'ils se proposaient tous, comme but et comme tâche principale,

1. Le Système Sexuel était bien, dans l'intention de Linné, un système artificiel, comme on le verra plus loin.

l'étude approfondie, systématique, de la parenté naturelle; seulement, la méthode qu'ils employaient laissait fort à désirer sous le rapport de l'exactitude; ils croyaient pouvoir établir l'existence de la parenté naturelle au moyen d'indices douteux, dont la valeur systématique était fixée arbitrairement. Les contradictions entre le but et les moyens qu'on employait pour y parvenir subsistent d'un bout à l'autre de la systématique, de Césalpin à Linné, de 1583 à 1736.

Cependant, grâce à Linné, un changement s'opéra dans cet état de choses. Il fut le premier à constater ce désaccord. Linné fut l'initiateur hardi d'un système naturel du règne végétal. Ce système ne devait pas être fondé sur l'observation passagère de caractères mal déterminés, selon la méthode qu'on avait suivie jusque-là; enfin, Linné déclara que les règles d'après lesquelles on devait établir le seul vrai système naturel étaient encore inconnues, et que le seul moyen de le découvrir était de continuer les investigations. Il donna lui-même en 1738, dans ses Fragments, une liste des dénominations de soixante-cinq groupes ou ordres, qu'il considère, en attendant des indications plus précises, comme appartenant à la même famille, sans cependant se risquer à les caractériser au moyen de signes déterminés. Ces familles étaient plus nettement spécifiées, et groupées d'une manière plus naturelle que dans les œuvres de Gaspard Bauhin. Cependant, le système de groupement dont il s'agit en ce moment n'en est pas moins, ici comme ailleurs, exclusivement le résultat d'un sentiment affiné des rapports et des différences gradués qui existent entre les plantes. Le même principe a dirigé l'énumération des familles naturelles, telle qu'elle a été entreprise en 1759 par Bernard de Jussieu. En 1751 déjà, Linné et Bernard de Jussieu donnèrent des noms à celles de ces subdivisions qui n'en possédaient point encore. Ces dénominations nouvelles ne tiraient pas leur origine des caractères particuliers que possèdent les plantes, mais bien des noms mêmes des classes dans lesquelles rentrent les subdivisions précitées. En créant et en donnant des noms, on s'aperçut que les variétés nombreuses d'une même famille procèdent toutes d'un type commun dont elles ne sont que des reproductions différentes; on peut les comparer à ces cristallisations diverses qui se rattachent à un même type. C'est à Pyrame de Candolle qu'on doit cette découverte, qu'il fit conaître en l'an 1819, et qui prit immédiatement une place prépondérante dans la systématique.

Cependant, on ne pouvait se borner à la simple énumération

des groupes naturels; l'instinct encore vague et confus qui avait amené Linné et Bernard de Jussieu à la théorie du groupement naturel ne formait pas une base scientifique suffisante; il fallait des principes établis d'après des signes déterminés, et qui pussent trouver une place dans le vocabulaire de la science. Ce fut là la tâche que s'imposèrent les nouveaux systématistes, depuis Antoine-Laurent de Jussieu et de Candolle jusqu'à Endlicher et Lindley. On ne doit pas négliger de remarquer que les nouveaux systématistes retombèrent dans les erreurs déjà commises par Césalpin et les systématistes du dix-septième siècle; en dépit des études persévérantes qui leur permettaient d'arriver à une théorie de plus en plus juste de la parenté naturelle, il leur arrivait encore de placer dans des divisions différentes des plantes appartenant à la même famille, et d'établir entre des familles différentes des rapports qui n'existent pas dans la réalité.

A mesure que la parenté naturelle prenait une plus grande place dans les théories systématiques, à mesure que l'expérience de siècles entiers venait enseigner que des principes de classification établis *a priori* n'étaient pas suffisants à organiser le système de la parenté naturelle, le fait même de cette parenté devenait de plus en plus incompréhensible, de plus en plus mystérieux. On n'avait pas de notions précises à l'égard de cet objet des efforts de l'investigation systématique, qu'on désignait sous le nom de parenté. Linné fut le premier à donner, en quelque mesure, l'explication et la définition de ce fait mystérieux : « Ce n'est pas le caractère de la plante, dit-il, (les indices et les signes qui servent à le caractériser) qui détermine le genre, c'est le genre qui détermine le caractère ». Ce fut alors que Linné lui-même, Linné qui avait expliqué ce qui semblait inexplicable dans l'essence même du système naturel, énonça une théorie qui devait redoubler les difficultés qu'on rencontrait dans l'étude de ce système, la théorie de la constance des espèces. Seulement Linné ne considérait cette théorie que comme le résultat naturel, indépendant de conclusions ultérieures, de l'expérience journalière; il pensait, en outre, que des investigations nouvelles auraient pu la modifier, tandis que ses disciples la tinrent pour un dogme immuable et infaillible. Émettre à ce sujet le moindre doute eut été, pour un botaniste, se condamner à la perte complète de sa réputation scientifique. On continua donc à croire pendant plus de cent ans que chaque forme organique devait son existence à une création spéciale, et par conséquent qu'elle était absolument indépendante des autres, en dépit de l'expérience qui démontrait clairement qu'elles étaient unies entre elles par des rapports communs, bien qu'on n'eût jamais réussi entièrement, jusque-là, à les établir d'après des signes nettement caractérisés. Au fond, tous les systématistes savaient bien qu'on ne peut pas faire cadrer exactement une théorie comme celle de la parenté naturelle avec des principes fondés uniquement sur des différences et sur des rapports extérieurs. La contradiction qui existe entre ces deux faits opposés, d'une part la différence absolue des espèces dans l'origine (car c'est là la signification du mot constance qui leur est appliqué), d'autre part le fait d'une parenté réelle, bien que cachée, devait s'imposer d'elle-même à l'esprit de tous les penseurs. Dans les années qui suivirent, Linné fit les plus grands efforts pour résoudre cette difficulté; ses successeurs suivirent une direction différente; depuis le seizième siècle, des éléments scolastiques s'étaient introduits parmi les théories des systématistes, surtout à partir du moment où Linné s'était trouvé placé à la tête de leur école; on adopta, en l'interprétant mal, la doctrine de Platon qui semblait autoriser et justifier par des raisons philosophiques la théorie de la constance des espèces, on s'en empara avec un empressement d'autant plus grand qu'elle s'accordait mieux avec les enseignements de l'Église. Elias Fries assurait, en 1835, que la parenté des organismes est *quoddam supranaturale* et a sa place à la base du système naturel. C'était là une théorie qu'on était tout disposé à accepter; d'après le même auteur, une idée particulière ressort de chaque division du système (*singula sphæra* [*sectio*] *ideam quandam exponit*); il désignait toutes ces idées, dans leur ensemble, sous le nom de plan de création. On n'attachait plus la moindre importance aux observations nombreuses et aux considérations systématiques qui auraient pu fournir des armes contre cette nouvelle théorie. Du reste, on ne faisait plus que rarement des réflexions de ce genre sur l'essence du système naturel; les botanistes intelligents n'auraient pas osé se risquer sur un terrain aussi peu sûr, et préféraient consacrer leur temps et leurs forces à l'étude des rapports de parenté dans leurs détails. Malgré tout, on se rendait bien compte qu'il s'agissait ici d'une des questions fondamentales de la science. Plus tard, les investigations morphologiques produisirent les résultats les plus importants au point de vue systématique, on était maintenant en possession de faits qui devaient ébranler jusque dans ses fondements la théorie qui attribuait à chaque groupe une idée particulière, selon l'acception platonicienne de ce mot. Nous citerons entre autres, les découvertes étonnantes que fit Hofmeister en 1851 sur les analogies que présentent les embryons des Angiospermes, des Gymnospermes, des Cryptogames Vasculaires, et des Muscinées; on remarqua, en outre, ce qui ne s'accordait guère avec les idées des systématistes sur un plan de création, que certaines particularités physiologiques et biologiques d'une part, certains caractères morphologiques et systématiques de l'autre, possèdent leur valeur propre et leur existence individuelle. La contradiction qui existait déjà entre l'investigation purement scientifique et les opinions des systématistes s'accusa davantage encore; le botaniste qui s'occupait à la fois de l'un et de l'autre ne pouvait se défendre, dans ce domaine, d'un sentiment d'incertitude pénible. Cette incertitude était due à la théorie de la constance des espèces, et par conséquent à l'impossibilité de définir scientifiquement la notion de l'affinité naturelle.

Le premier et le meilleur ouvrage de Darwin sur l'origine et la formation des espèces vint enfin, en 1859, mettre un terme à cet état de choses; il conclut de faits innombrables, connus pour la plupart depuis longtemps, qu'il n'existait pas, en réalité, de constance des espèces, que cette théorie ne pouvait être un résultat de l'observation, mais qu'elle formait, au contraire, un article de foi contraire à tout système d'observation approfondie. Une fois ce principe fermement établi, la véritable acception du mot de parenté, mot qu'on n'avait employé jusqu'alors que dans un sens figuré, se présente d'elle-même à l'esprit. Les différents degrés de parenté établis par le système naturel se rapportent au différentes évolutions, aux degrés divers dans les transformations successives subies par les végétaux qu'on peut rattacher, dans l'origine, à une seule et même souche. Une parenté réelle vint remplacer l'idée d'une parenté purement théorique, le système naturel devint l'image de la grande famille végétale. Ces quelques mots semblaient suffire à résoudre le problème antique.

La théorie de Darwin possède surtout le mérite historique d'avoir établi la netteté et la clarté là où régnait la confusion, et d'avoir remplacé, dans le domaine de la systématique et de la morphologie, les idées scolastiques par un principe qui se rattache aux sciences naturelles. L'œuvre de Darwin n'est pas indépendante du développement historique de la science dont nous nous occupons, et ne se trouve pas en opposition avec lui; bien au contraire, il a su résoudre, selon les idées de l'investigation moderne, les problèmes qui entravaient depuis longtemps le développement de la systématique et de la morphologie, et il les a reconnus comme tels. La botanique et la zoologie avait démontré clairement, avant Darwin, qu'il n'était pas possible de concilier la théorie de la constance des espèces avec la notion de la parenté, et que la nature morphologique (génétique) des organes n'est pas en concordance absolue avec l'importance physiologique de leurs fonctions, mais il est le premier qui ait énoncé la théorie de l'action des variations et de la sélection naturelle dans la lutte pour l'existence, et par le moyen de cette théorie, les faits que nous avons mentionnés ne sont que les résultats naturels de causes connues. On comprit alors pour la première fois pourquoi il n'était pas possible d'établir la parenté naturelle constatée d'abord par de l'Obel et Bauhin d'après des principes de classification établis *a priori*, comme Césalpin avait cherché à le faire.

CHAPITRE PREMIER.

LES BOTANISTES ALLEMANDS ET HOLLANDAIS, DE BRUNFELS A GASPARD BAUHIN [1].

1530-1623.

Quand une personne habituée aux ouvrages des botanistes allemands modernes entreprend pour la première fois la lecture des œuvres de Brunfels (1530), de Léonard Fuchs (1542), de Jérôme Bock (Tragus), ou même des œuvres plus récentes, dues à Rembertus Dodonaelus, à Carolus Clusius (Charles de l'Écluse), à Mathias Lobelius (de l'Obel) (1576) ou bien encore de celles dont Gaspard Bauhin est l'auteur, et qui datent du commencement du dix-septième siècle, elle en remarque avec étonnement le style étrange, les accessoires aussi bizarres qu'embarrassants, qui y ont été joints, et dont on extrait à grand peine quelques renseignements utiles, elle constate avec un étonnement plus grand encore l'extraordinaire pauvreté de pensée des ouvrages contenus dans ces in-folio, très volumineux pour la plupart.

En revanche, si au lieu de prendre comme point de départ le présent pour remonter dans le passé, on suit une marche contraire, si on commence par se pénétrer des théories d'Aristote sur la botanique, si on étudie les ouvrages si vastes que son disciple

1. Kurt Sprengel et Ernest Meyer donnent tous deux, l'un dans sa *Geschichte der Botanik*, I, 1817, l'autre dans sa *Geschichte der Botanik*, vol. IV, 1857, une idée nette de la manière dont les premiers essais des botanistes modernes se rattachent aux débuts de la culture historique générale du quinzième et du seizième siècle. L'histoire de Valerius Cordus, due à Thilo Irmisch, et contenue dans le *Prüfungsprogramm* du gymnase Schwarzburg de Sondershausen est particulièrement intéressante.

Il serait superflu de donner ici des explications sur le système historique qui sert de base à notre œuvre. Dans ces pages-ci comme dans le reste du livre, nous nous sommes proposé avant tout de rechercher et de décrire les théories botaniques à l'origine de leur développement.

Théophraste d'Erèse écrivit sur le même sujet, l'histoire naturelle de Pline, et les doctrines de Dioscoride sur les médicaments, on sait d'avance ce que renferment les écrits à la fois prolixes et vides du botaniste Albert Magnus, le livre d'histoire naturelle intitulé *Hortus Sanitatis* qu'on a tant lu et relu vers la fin du quinzième siècle et au commencement du seizième; et d'autres du même genre. Les premiers livres de botanique de Brunfels, de Bock et de Fuchs nous font l'impression d'ouvrages beaucoup plus sérieux. Ils nous paraissent même presque modernes si on les compare aux produits, que nous venons de mentionner, de la superstition du moyen âge. On ne doit pas négliger de remarquer qu'ils inaugurent une époque nouvelle de l'histoire naturelle, qu'ils renferment, avant toute chose, les premiers principes de la botanique actuelle.

Les auteurs s'y bornent, il est vrai, à donner des descriptions détaillées des végétaux pour la plupart fort communs, croissant en Allemagne à l'état sauvage, ou encore de plantes cultivées. Fuchs les range par ordre alphabétique, Bock les classe en groupes d'arbres, d'arbustes et d'herbes, ce qui ne les empêche pas, dans l'un et l'autre cas, de présenter un pêle-mêle d'une indescriptible confusion.

Les descriptions elles-mêmes sont naïves, dénuées d'art, et ne peuvent guère se comparer à la caractéristique savante de l'époque actuelle, mais elles ont un grand mérite; ceux qui les ont faites avaient sous les yeux, au moment où ils en parlaient, les plantes qu'ils décrivaient, ils les avaient vues souvent, et examinées de près. Afin d'ajouter encore à la fidélité de leurs descriptions, afin de donner une idée claire de ce qu'ils désignaient sous un nom de plante, les botanistes dont nous parlons faisaient exécuter des gravures sur bois. Ces gravures, qui représentent toujours la plante toute entière, sont l'œuvre d'artistes distingués qui travaillaient d'après nature; elles sont si fidèles qu'un regard tant soit peu exercé reconnaît à l'instant ce qu'elles représentent. Les gravures et les descriptions (on peut constater dans les ouvrages de Brunfels[1] 1530, l'absence de ces dernières), dues au mérite des botanistes en question, n'auraient pas laissé de rendre un grand service à l'histoire de la science dont nous nous occupons, même si leur valeur avait été inférieure à ce qu'elle est en réalité; avant l'apparition des botanistes que nous venons de mentionner,

1. Otto Brunfels, né à Mayence avant l'an 1500, commença par être théologien et moine, puis se convertit au protestantisme, à Strasbourg, se consacra à l'enseignement, finit par se faire médecin, et mourut en 1534.

la science dont nous parlons était en pleine décadence, les gravures des ouvrages de l'époque, de l'*Hortus Sanitatis*, par exemple, étaient formées d'éléments fabuleux, empruntés presque entièrement au domaine de la fantaisie; en outre, les descriptions insuffisantes qui les accompagnaient et qui avaient pour objet des plantes communes n'étaient pas fondées sur l'étude de la nature, elles étaient empruntées à des descriptions antérieures, à l'autorité desquelles on se rapportait, et mêlées à toutes sortes de fables et de superstitions; le moyen âge avait étouffé et détruit en partie la faculté de se créer un jugement indépendant et personnel; il avait affaibli l'activité des sens (activité qui dépend principalement d'une action inconsciente de l'intelligence), et ceux-là même qui s'occupaient de la nature la défiguraient de la manière la plus grotesque dans leurs observations, la fable et la superstition s'emparaient de toute impression extérieure pour la changer et en altérer le caractère.

Les descriptions enfantines de Bock paraissent savantes et fidèles si on les compare aux œuvres de cette époque de décadence; on y constate avec plaisir leur rapport direct avec la nature, tandis que le docte Fuchs unit déjà l'esprit critique à un véritable système d'investigation. On recommence à étudier les plantes elles-mêmes, on admire leur beauté et leur infinie variété; ce fut là un grand progrès.

Il ne s'agissait pas, pour le moment, de se livrer à des réflexions philosophiques sur la nature des formes végétales, ou sur la vie des plantes, on attendait, pour cela, d'être plus avancé dans la connaissance des différences et des rapports qui existent entre elles.

Ceux qu'on appelle les pères de la botanique allemande n'avaient avec les œuvres des botanistes de l'antiquité classique que des rapports limités. Ils se bornaient, comme nous l'avons déjà dit, à chercher dans leur patrie les plantes mentionnées par Théophraste, Dioscoride, Pline et Galien. Ce système conduisit tout d'abord à de nombreuses erreurs, car les descriptions des anciens laissaient fort à désirer, et bien souvent ne pouvaient être d'aucune utilité aux botanistes dans leurs recherches. Sous ce rapport, les auteurs de livres traitant d'herbes et de plantes ne pouvaient se proposer comme modèles les écrivains antiques. En cherchant à retrouver les herbes salutaires employées par les médecins grecs [1], on fut obligé de comparer entre elles les plantes qui crois-

1. A côté des livres traitant d'herbes et de plantes, que nous avons mentionnés dans le texte, et que nous devons désigner, au point de vue scientifique, sous le nom de livres de botanique, on vit éclore, dans le courant du seizième et du dix-

saient en Allemagne; ce système amena à des observations plus aiguisées et plus subtiles sur les différences extérieures qui existent entre les plantes; cette manière de procéder devait son origine au désir d'acquérir de nouvelles connaissances médicales; grâce à elle, on finit par consacrer son attention à l'étude des détails, ce qui était du reste, dans l'intérêt même de la science, d'un avantage immédiat. Cela valait bien mieux que si les botanistes dont nous avons déjà parlé s'en étaient tenus à l'étude des écrits philosophiques d'Aristote [1] et de Théophraste [2], car les théories de ces derniers sur la botanique philosophique n'étaient pas fondées sur des bases très solides, il n'existait guère de plante qu'ils connussent en entier, ils avaient appris par ouï dire une grande partie de ce qu'ils savaient, et ils avaient, plus d'une fois, été puiser leurs renseignements chez des herboristes. Aristote donna comme base à ses théories sur la nature des plantes tout ce fatras d'observations inexactes et insuffisantes, et de superstitions populaires transmises de génération en génération, et bien que Théophraste eût plus d'expérience, il envisageait les faits d'après les doctrines philosophiques de son maître. Bien que nous réussissions parfois à tirer des écrits d'Aristote et de Théophraste des renseignements utiles, il n'en est pas moins heureux que les premiers auteurs des livres de botanique ne s'y soient pas arrêtés davantage, et aient multiplié, en les faisant le plus fidèles possible, les descriptions de plantes. L'histoire témoigne que ce système a créé en moins d'un siècle une science nouvelle, tandis que la botanique philosophique d'Aristote et de Théophraste n'a jamais eu de résultat digne d'être cité. Nous verrons dans la

septième siècle une littérature assez riche, déterminée par l'intérêt qu'on éprouvait pour la médecine ou plutôt pour les superstitions médicales, et qui traitait des soi-disant *signatura plantarum*. On croyait pouvoir déterminer au moyen de certains indices extérieurs, par les rapports que certaines parties des végétaux présentent avec les organes humains, les plantes, ou les parties de plantes qu'on considérait comme des médicaments. Pritzel nomme vingt-quatre écrits différents, tous traitant de ce sujet, qui parurent de 1550 à 1697. La théorie des *signatura plantarum* attira l'attention des auteurs de livres de botanique, et Ray lui consacra des études.

1. La traduction, faite d'après l'édition de Wimmer, des fragments que nous possédons de la botanique d'Aristote, se trouve dans la *Geschichte der Botanik* de E. Meyer, vol. I., p. 94, et les suivantes.

2. La *Geschichte der Botanik* de E. Meyer donne tous les renseignements désirables sur Théophraste, né à Lesbos en l'an 371, et mort en 286 avant J.-C. Dès 1483, Théodore Gaza fit paraître une édition de son ouvrage *De Historia et de Causis Plantarum*. Voyez aussi *Thesaurus lit. botanicarum* de Pritzel.

suite que la doctrine d'Aristote n'a engendré que des erreurs dans l'histoire naturelle des plantes, même aux mains d'un homme aussi instruit, aussi bien doué, philosophiquement parlant, que l'était Césalpin.

Les auteurs des premiers livres de botanique ne visaient pas à tirer de leurs observations des conclusions générales. Cependant, les descriptions détaillées qui se multipliaient de plus en plus déterminèrent des notions d'une nature plus abstraite et d'une portée plus étendue que celles qu'on avait eues jusque-là. L'instinct des ressemblances et des dissemblances des formes, et la notion de la parenté naturelle se développèrent tout d'abord; et cette dernière a beau ne pas rentrer dans les principes d'une logique scientifique; elle a beau ne se présenter dans les théories de Bauhin, (1623), et surtout dans celles de de l'Obel (1576), que sous sa forme la plus vague et la plus indéterminée, elle n'en représente pas moins un résultat de la plus grande importance, résultat que l'antiquité savante n'avait pas plus pressenti que le moyen âge. On ne pouvait acquérir la notion de la parenté naturelle qu'au moyen de descriptions détaillées et variées, repétées incessamment, et non par les abstractions de l'école d'Aristote, abstractions qui n'étaient fondées que sur une observation superficielle. La plupart des livres de botanique du seizième siècle tiraient leur valeur scientifique des descriptions détaillées des plantes que les botanistes trouvaient dans un rayon restreint du territoire de leur patrie, et qu'ils jugeaient dignes de leur attention, mais leurs successeurs s'efforcèrent de donner à chacun de leurs livres de botanique un caractère plus général, et de ne pas se borner à l'étude des plantes qu'ils avaient vues; chaque botaniste nouveau emprunta à ses prédécesseurs une foule de remarques et d'observations dues à leur propre expérience, et y joignit lui-même le produit de la sienne. Cependant, à l'opposé de ce qui s'était passé dans les siècles précédents, on trouvait que la science acquise par des observations personnelles contribuait plus que le bagage emprunté aux ouvrages des prédécesseurs, au mérite d'un livre de botanique nouveau. Chacun s'efforçait de joindre à son œuvre le plus grand nombre possible de descriptions détaillées de plantes inconnues ou encore ignorées, de sorte que le nombre de ces descriptions augmenta rapidement; dans l'œuvre de Fuchs (1542), nous trouvons des descriptions et des gravures se rapportant environ à cinq cents espèces différentes; en 1623 déjà, les espèces énumérées par Gaspard Bauhin atteignent le chiffre de six mille.

Comme les botanistes étaient disséminés sur divers points d'une partie du territoire, Fuchs habitant la Bavière, puis Tubingue, Bock les provinces du Rhin moyen, Conrad Gesner, Zürich, Dodonäus et de l'Obel, les Pays-Bas, le domaine de leurs investigations comprenait un territoire assez considérable; les plantes que les voyageurs apportaient aux botanistes, ou qu'ils leur envoyaient, vinrent l'agrandir encore; mentionnons, avant tout autre, de l'Écluse, qui parcourut non seulement une grande partie de l'Allemagne et de la Hongrie, mais encore l'Espagne, et qui s'occupa activement de collectionner et de décrire les plantes qu'il y avait trouvées. En même temps, grâce aux efforts de botanistes italiens comme Mattioli, ou aux soins de voyageurs allemands, l'Italie apportait son contingent au nombre des plantes qui allait augmentant; mentionnons ici la flore de la forêt de Thuringe, que Thal décrivit, mais qui ne fut publiée qu'après sa mort, en 1588. Il n'y eut pas jusqu'à des jardins botaniques, plus modestes, il est vrai, que ceux que nous possédons maintenant, qui n'aidassent, dès le seizième siècle, à acquérir de nouvelles connaissances sur les plantes; les premiers furent créés en Italie, à Padoue en 1545, à Pise en 1547, à Bologne en 1567 sous la direction d'Aldrovande d'abord, puis de Césalpin; bientôt après, on vit apparaître dans le Nord des collections de plantes vivantes; dès 1577, on créa à Leyde un jardin botanique dont de l'Écluse eut quelque temps la direction, puis on en vit apparaître en 1593, à Heidelberg et à Montpellier; mais leur nombre ne s'accrut d'une manière considérable que dans le cours du siècle suivant.

Les procédés de conservation et de dessiccation des plantes, les premières collections que nous désignons maintenant sous le nom d'herbiers (à l'époque dont nous parlons, on appelait *Herbarium* tout livre traitant des végétaux), datent déjà du seizième siècle. En ceci, encore, les Italiens avaient ouvert la voie. D'après Ernst Meyer, Luca Chini est le premier qui ait desséché des plantes dans un but d'utilité scientifique. Ses deux disciples, Aldrovande et Césalpin, sont les premiers qui se soient servis, dans la préparation de leurs herbiers, des procédés employés de nos jours; l'herbier préparé par les soins de Ratzenberger se rattache aux premières collections de ce genre qu'on ait faites; il date peut-être de l'année 1559. Kessler l'a découvert, il y a quelques années, dans le musée de Cassel, et en a donné une description.

Ces détails extérieurs, bien que moins importants que d'autres, témoignent de l'intérêt qu'on éprouvait pour la botanique dans la seconde moitié du seizième siècle; et une autre excellente preuve se trouve dans le nombre considérable de livres de botanique qu'on fit paraître alors, en y joignant en grand nombre des gravures coûteuses, et dont plusieurs eurent même l'honneur d'éditions répétées.

Cependant la valeur artistique et scientifique des gravures qu'on joignait aux descriptions n'augmentait pas en proportion de leur nombre toujours croissant (on en trouve parfois jusqu'à mille dans les livres qui succédèrent à ceux dont nous avons parlé); on n'arrivait plus à la magnificence des gravures qui accompagnent les descriptions de Fuchs; à mesure qu'on s'éloignait de l'époque d'Albert Dürer, on les faisait plus petites, on les soignait moins[1]; elles finirent par offrir, le plus souvent, une image méconnaissable de la plante qu'elles devaient représenter. En revanche, l'art de la description se développa; les descriptions elles-mêmes devinrent plus détaillées; une certaine méthode s'introduisait, à n'en pas douter, dans la manière d'établir les indices et de juger de leur valeur. On vit augmenter le nombre des remarques sur l'identité ou la non-identité des espèces, sur les différences qui existent entre des plantes qu'on croyait auparavant appartenir à la même famille. Les descriptions de de l'Écluse possèdent un caractère véritablement scientifique; celles de Gaspard Bauhin se présentent sous la forme de diagnoses concises, basées sur les principes d'une mtéhode bien ordonnée.

Ce qu'il y a de plus étonnant dans ces descriptions, de celles de Fuchs et de Bock à celles de Gaspard Bauhin, c'est la manière dont les auteurs en question ont négligé l'étude des fleurs et des fruits. Dans leurs premières descriptions, les botanistes, et Bock principalement, s'efforcent de donner, au moyen de mots, une idée aussi exacte que possible de la plante qu'ils décrivent, ils tâchent de rendre exactement l'impression produite par son apparence extérieure; ils remarquent, avant tout, la forme des feuilles, le port des rameaux, la nature des racines, la dimension et la couleur des fleurs. Conrad Gesner est le seul qui ait considéré les fleurs et les fruits comme des parties importantes de la plante, et qui en ait fait graver plusieurs figures[2]; il s'aperçut aussi de leur extrême importance au point de vue de la théorie de la

1. Voir à ce sujet les renseignements plus détaillés de L. C. Treviranus : *Die Anwendung des Holzschnitts zur bildlichen Darstellung der Planzen* (Leipzig, 1855) et les *Graphische Incunabeln* de Choulant, Leipzig 1858.

2. Conrad Gesner naquit à Zurich en 1516; il eut une existence malheureuse et tourmentée, et devint, en 1558, professeur d'histoire naturelle dans sa ville natale, où il mourut de la peste en 1565. (L'Histoire de la Botanique de E. Meyer, IV, contient des détails à ce sujet.)

parenté, comme on peut le voir en lisant ses lettres. Cet homme si actif et si éprouvé par la vie mourut avant d'avoir pu achever l'ouvrage de botanique auquel il travaillait depuis bien longtemps, et, lorsque Schmiedel fit paraître au dix-huitième siècle, une édition des gravures qu'on doit à ses soins et qui avaient appartenu, dans l'intervalle, à différentes personnes, cette publication tardive ne put être d'aucune utilité à la science dont les progrès l'avaient devancée. Ce que nous avons dit précédemment montre que les hommes de l'époque n'étaient pas versés dans l'art des comparaisons et des considérations morphologiques sur les différentes parties des plantes, et, par conséquent, que tout le vocabulaire spécial conforme aux nécessités d'un langage scientifique, leur faisait complètement défaut.

Cependant, les savants du moins éprouvaient le besoin d'associer les mots dont ils se servaient dans leurs descriptions à un sens précis, de définir nettement les notions qu'ils possédaient; quelque faibles qu'aient été les premiers essais tentés dans ce but, ils ne méritent pas moins d'être remarqués, car ils montrent, plus que toute autre chose, quels progrès l'observation de la nature a accomplis, depuis le seizième siècle jusqu'à nos jours.

Ces progrès sont déjà sensibles dans l'*Historia Stirpium* de Léonard Fuchs (1542); nous voyons l'auteur essayer, pour la première fois, d'établir une nomenclature botanique [1]. Il a consacré à cet essai, au commencement de l'ouvrage, quatre pages entières. Il explique un nombre considérable de mots en les rangeant par ordre alphabétique, système qu'il emploie aussi dans ses descriptions de végétaux. Il est difficile de donner une idée claire de ces premiers essais de nomenclature botanique au moyen d'exemples pris ici et là; il nous faut, cependant, risquer l'entreprise, car c'est le seul moyen d'amener le lecteur à une comparaison entre ces essais imparfaits, et la morphologie, et la nomenclature scientifique qui se sont développées plus tard et qui en sont sorties. Ainsi, le mot *acinus* ne désigne pas seulement les pépins qui se trouvent dans l'intérieur des grains de raisin, comme plusieurs personnes le croient, mais bien le fruit tout entier, qui est formé d'éléments divers tels que la sève, une substance charnue, et des pépins (*vinaceis*), et qui est recouvert d'une peau. A l'appui de ces

1. L. Fuchs naquit en 1501 à Membdingen en Bavière; en 1501, il étudia les classiques à Ingolstadt; sous la direction de Reuchlin, et devint docteur en médecine en l'an 1519; il se convertit au protestantisme, passa à la suite de cette conversion par les péripéties d'une vie agitée, et, à partir de 1535, professa la médecine à Tubingue, où il mourut en 1566.

définitions, l'auteur invoque l'autorité de Galien. On appelle *Alae* les creux (angles) qui existent entre la tige et les rameaux (les feuilles) et d'où sortent de nouveaux bourgeons (*proles*). On appelle *asparragi* les germes des plantes dont les pousses sortent de terre avant de devenir des feuilles, et les jeunes rejetons qui peuvent servir à l'alimentation.

On appelle *baccæ* les « fœtus » plus petits des plantes, des buissons et des arbres, qui sont plus disséminés et plus isolés que les autres, comme, par exemple, ceux des lauriers, *partus lauri* : ils diffèrent des *acini* en ce que ces derniers sont plus serrés les uns contre les autres. On appelle *internodium* ce qui se trouve au milieu de l'espace qui sépare les différentes jointures ou les différents nœuds. Les grappes de raisins portent le nom de *racemes* : cette dénomination ne s'applique pas à elles seules, mais encore aux fruits du lierre, et à tous les fruits de plantes et d'arbustes qui affectent la forme de grappes. La plupart de ces définitions s'appliquent aux différentes formes du tronc et des branches; on ne trouve jamais dans cette nomenclature, et c'est là ce qu'elle présente de plus remarquable, le mot fleur et le mot racine; le mot *julus*, cependant, est accompagné d'une remarque explicative, qui le désigne comme représentant la partie du noisetier? *compactili callo racematim cohaeret*, et il la décrit en quelque sorte comme un objet allongé affectant la forme d'un ver, suspendu à une tige posée d'une manière particulière, et précédant l'apparition du fruit. Bien que le mot fleur ne soit pas accompagné d'une définition, certaines parties de la fleur n'en sont pas moins décrites et spécifiées comme suit : *stamina sunt, qui in medio calycis erumpunt apices, sic dicta quod veluti filamenta intimo floris sinû prosiliant*. Puis viennent la description et la définition du fruit : *Fructus, quod carne et semine compactum est; frequenter tamen pro eo, quod involucro perinde quasi carne et semine coactum est, accipi solet.*

Les progrès faits dans cette direction furent lents mais sûrs; dans la dernière édition des *Pemptades* de DODONAEUS[1], ouvrage in-folio de 872 pages qui parut en 1616, la définition des différen-

1. Rembertus Dodonaeus (Dodoens) naquit à Malines en 1517, et se consacra à la médecine; il possédait une instruction étendue et variée; il publia à partir de l'année 1552 une série d'ouvrages de botanique; quelques-uns sont écrits en langue flamande, et furent terminés en 1583 par les *Stirpium Historiae Pemptades* VI. (Anvers.) De 1574 à 1579, il remplit les fonctions de médecin ordinaire de l'empereur Maximilien II; puis il accepta en 1582 une chaire de professeur à Leyde, et mourut en 1585. (Voir l'*Histoire de la Botanique* de E. Meyer, IV, p. 340.)

tes parties de la plante n'occupe qu'une page et un tiers cependant, dans le choix des mots qu'il définit, aussi bien que par sa manière de les définir, l'auteur pénètre davantage dans l'esprit du sujet que ne l'a fait Fuchs. Par exemple, on appelle *radix* (ῥίζα) la partie inférieure des arbres et des plantes, celle qui plonge dans le sol, qui les y rattache, et dont ils tirent des principes nutritifs. A l'opposé des feuilles que nous avons nommées précédemment, et qui tombent pour la plupart, la racine est commune à toutes les plantes; à part quelques rares exceptions, comme les *Cassytha*, *Viscum*, et ce qu'on désigne sous le nom d'*Hyphear*, végétaux qui croissent et vivent sans racine. Ajoutons à cette énumération les Agarics, les familles des Mousses et des Zostères, qu'on a cependant l'habitude de classer parmi les φῦτα. On appelle *caudex* la partie de la plante qui s'élève au-dessus du sol après avoir pris naissance pans la racine des arbres et des arbustes, et par laquelle les principes nutritifs montent pour se répandre ensuite dans la plante tout entière; quand il est question d'herbes, on la désigne sous le nom de *caulis* ou *cauliculus*. On appelle feuilles, *folium*, ce qui sert à la fois à revêtir les plantes et à les orner; sans elles, tous les végétaux paraissent nus et dépouillés. — Il est impossible de traduire exactement, sans en altérer la signification, la définition de la fleur : *flos*, ἄνθος, *arborum et herbarum gaudium dicitur, futurique fructus spes est. Unaquaeque et enim stirps pro natura sua post florem partus ac fructus gignit.* La fleur elle-même est divisée en plusieurs parties : tout d'abord, le calice, *calyx*, qui renferme la fleur à l'état de bouton, et qui, plus tard, entoure le *fœtus*. Puis, les étamines, *stamina*, qui se dressent, pareilles à des fils, du fond de la fleur et du calice; puis, les anthères, *apices*, sortes d'appendices renflés qui se trouvent à la pointe des étamines. Le *julus* (chaton) dont la forme est plus ronde et plus allongée, est ce qui tient lieu de fleur au noyer, au noisetier, au mûrier, au hêtre, et à d'autres encore. On donne le nom de fruit à la partie de la plante qui contient la graine, mais il arrive assez souvent que la graine n'est autre que le fruit lui-même, et, dans ce cas-là, elle est dépouillée de toute enveloppe extérieure. Ces derniers mots ne doivent pas éveiller dans l'esprit du lecteur un rapprochement avec les Gymnospermes; ce qu'on appelle ici semences nues (suivant ainsi l'exemple de tous les botanistes, depuis A.-L. de Jussieu jusqu'à Joseph Gärtner, 1778), est en réalité un fruit sec indéhiscent.

De l'Obel est le premier dont on aurait pu attendre quelques explications de ce genre. Mais il n'en a donné aucune. On ne songeait pas assez, à l'époque dont nous parlons, à examiner de près les différentes parties de la plante, et à les comparer entre elles, on peut s'apercevoir de cette insuffisance d'après les exemples que nous avons tirés de la nomenclature en question. C'est une preuve nouvelle à l'appui de ce que nous avons affirmé déjà; les premières notions de la parenté naturelle n'ont pas été dues à l'étude comparative des formes des différents organes; mais bien à l'impression produite par les analogies qui existent entre les plantes dans leur forme extérieure et dans leur apparence générale; impression involontaire indépendante de toute action de l'esprit ou de l'intelligence.

Nous ne devons pas négliger ici, tout en nous livrant à ces réflexions sur les efforts systématiques des botanistes allemands de l'époque, de mettre en lumière un fait important; on conserva universellement, dans les divisions des végétaux, le système de classification qu'on tenait de l'antiquité; ils formaient quatre groupes principaux; les arbres, les arbrisseaux, les sous-arbrisseaux, les herbes. Les botanistes auxquels on donne plus particulièrement le nom de systématistes, et qui se succédèrent depuis Césalpin jusqu'au commencement du dix-huitième siècle, s'en tinrent à cette méthode. On ne changeait rien au principe en classant les végétaux en deux ou trois groupes seulement au lieu de quatre (arbres et plantes). Ce système amenait tout naturellement à considérer les arbres comme les plus parfaits de tous les végétaux. Quand il arrivait par la suite de parler des rapports de parenté, on ne s'occupait de cette question qu'au point de vue de l'intérêt qu'elle présentait à l'égard des groupes précités. La systématique des botanistes allemands et hollandais n'est pas seulement née de la description de détail, mais s'identifie en quelque sorte avec elle à l'origine. Tout en cherchant à décrire dans leurs détails les formes végétales, on se trouvait obligé de spécifier leurs différences par des études critiques; il existe souvent de grands rapports extérieurs entre les plantes qui appartiennent, systématiquement parlant, à la même famille; il faut de longues réflexions et des comparaisons minutieuses avant d'arriver à tracer la limite où finissent les rapports extérieurs et où commencent les différences; ceux-ci sont plus accusés que celles-là; en outre, il existe bon nombre de plantes qui diffèrent absolument par leur nature, mais qui offrent à l'observation superficielle des rapports extérieurs frappants, et vice versa. Comme la description a pour but de rendre les formes végétales dans leurs détails et de les circonscrire dans des limites déterminées, elle se trouve vite entravée par des difficultés qui nécessitent, pour être résolues, des notions systématiques fermement établies. Lorsqu'on compare entre eux les livres de botanique qui se sont succédé, depuis ceux de Fuchs et de Bock jusqu'à ceux de Gaspard Bauhin, on est frappé de la manière dont ces difficultés ont été surmontées une à une, on voit que la description détaillée des espèces devait nécessairement conduire les auteurs, à leur insu, à des considérations qui rentrent dans le domaine de la systématique. On voyait nettement, sans même s'en rendre compte, les rapports extérieurs si frappants qui existent entre les variétés d'un même groupe, variétés que nous désignons maintenant sous le nom d'espèces, et que nous faisons rentrer dans la même famille végétale; on s'apercevait, par conséquent, des rapports de parenté qui unissent entre elles ces différentes variétés, et grâce aux aperçus nouveaux qu'on avait sur ce sujet, on modifiait ou on augmentait, suivant les besoins de la cause, le vocabulaire de la botanique; ainsi, l'on désignait plusieurs variétés semblables sous le même nom, sans s'y arrêter davantage; et, pour ne prendre qu'un exemple entre cent, nous voyons Bock désigner sous le nom d'euphorbe, *Euphorbia*, non point une seule variété de cette famille, mais plusieurs. Afin de pouvoir les distinguer les unes des autres, il joint à leur nom générique des épithètes telles que « la commune, la petite, celle qui ressemble au cyprès, la douce », etc. Sous ce rapport, le vocabulaire ordinaire des livres de botanique de l'époque est matière à renseignements précieux; on y distingue souvent deux ou trois plantes, là où on n'en voyait auparavant qu'une seule. Ces aperçus nouveaux, qu'on avait acquis sur l'homogénéité et l'unité végétales n'étaient pas dus uniquement aux observations extérieures qu'on avait faites à l'égard de certaines espèces sœurs, mais encore à l'étude d'autres espèces qui n'avaient entre elles que des rapports de parenté éloignés. Ainsi, l'on comprit longtemps sous les dénominations de mousses, lichens, champignons, algues, fougères, etc., une foule de variétés différentes, sans jamais spécifier nettement, d'après des principes logiques, les différences qu'elles présentaient.

Les quelques lignes qui précèdent ont une assez grande importance en ce qu'elles démentent d'une manière irréfutable les affirmations répétées de certains botanistes, qui donnent comme origine première à l'étude des organismes la connaissance approfondie des espèces; ils assurent que l'existence des espèces doit être constatée avant tout, et qu'on ne peut faire faire aucun progrès à la science dont nous nous occupons, si l'on n'a pas acquis, au préalable, des connaissances à ce sujet. Les faits historiques prouvent, au contraire, que la botanique descriptive trouve son origine dans la connaissance des classes et des familles végétales, bien plus que dans celle des espèces; ils prouvent qu'on a dû, plus tard, établir des divisions nombreuses là où on s'était hâté, tout d'abord, d'englober sous une même désignation et dans un même principe d'unité des groupes différents; et, jusqu'à présent, établir des différences entre des formes végétales considérées auparavant comme identiques a été une des fonctions de la systématique. On croit parfois, et c'est là une fable qui date du temps où Linné vivait et où la théorie de la constance des espèces était toute puissante, que l'observation des espèces a été le premier objet du naturaliste, et que c'est par la suite seulement qu'on a réuni les unes aux autres les espèces pour en former des genres.

Cela est vrai dans certains cas, mais le contraire est vrai aussi : il est arrivé tout aussi souvent aux botanistes de commencer par l'étude et la définition du genre végétal, et de s'en remettre ensuite à la science de la description pour décomposer le genre en espèces. Les botanistes du seizième siècle ne songeaient pas à définir les notions qu'ils possédaient à l'égard des genres et des espèces; ils confondaient les unes et les autres dans une même idée, et, tout en constatant leur existence, ils ne se préoccupaient guère des différences qu'ils présentent. Mais, à mesure qu'on s'efforçait d'apporter plus d'exactitude dans les descriptions détaillées, on découvrit des rapports de parenté entre des genres qu'on avait, jusque-là, classés dans des familles différentes, et on vit s'accuser des différences là où on avait auparavant cru établir l'identité. On finit ainsi par s'apercevoir que l'étude des diverses catégories, aussi bien que celle des espèces, exigeait une méthode suivie. Il est impossible, par conséquent, d'attribuer à telle personne en particulier l'établissement de l'existence des espèces, à telle celui des genres ou des familles.

C'est là jusqu'à un certain point, l'œuvre des botanistes du seizième siècle; les efforts qu'ils apportaient à l'exactitude et à la fidélité de leurs descriptions les amenèrent, à leur insu, à établir les différences en question. Il n'en pouvait être autrement; l'ordre et la clarté devaient, tôt ou tard, remplacer la confusion dans la classification de ces formes végétales que nous désignons sous le nom de genres et d'espèces; et, dans les dernières années de l'époque dont nous parlons, nous voyons, en effet, Gaspard Bauhin établir les différences qui existent entre les genres au moyen de dénominations et de traits caractéristiques; nous le voyons employer à l'égard des espèces végétales soit les uns, soit les autres, ou même parfois tous deux ensemble. On apprit en même temps à établir des différences entre ces nombreuses classes végétales, plus vastes que celles que nous venons de nommer, que nous désignons maintenant sous le nom de familles, on leur appliqua des dénominations que nous avons conservées; au seizième siècle déjà, on établit les classes des Conifères, des Ombellifères, des Verticillées, des Labiées, des Capillaires (Fougères), et on donna à ces groupes différents les noms qu'ils portent à l'heure qu'il est. A la vérité, on ne songeait pas encore, pour établir les différences qui existent entre ces groupes divers, à se fonder sur l'observation d'indices nettement caractérisés; toutefois, les botanistes de l'époque consacraient à l'étude des plantes qui rentrent dans les groupes précités des chapitres entiers, ou les énuméraient dans leurs ouvrages, d'après un ordre déterminé. Mais comme les botanistes, en agissant ainsi, obéissaient, en quelque mesure, à l'instinct, bien plus qu'à des raisons dictées par l'intelligence, comme ils ignoraient encore la valeur exacte des rapports de parenté, ils se trouvèrent arrêtés à tout moment, dans leurs œuvres, par des hésitations qui étaient la conséquence naturelle de leur ignorance, et qui les mettaient dans l'impossibilité de respecter, dans leurs études du système végétal, l'ordre naturel qui forme la base de ce système. Les aperçus nouveaux qu'on acquit ensuite au sujet de la parenté naturelle ne viennent mettre un terme à ces hésitations que dans les œuvres de de l'Obel, puis dans celles de Bauhin, où ils se présentent sous une forme plus arrêtée.

Les pages qui précèdent peuvent donner au lecteur une idée du résultat principal auquel étaient arrivés, grâce à leurs efforts, les botanistes de l'époque dont nous parlons, mais on ne peut arriver qu'au moyen d'exemples à acquérir des aperçus sur la manière dont on décrivait les plantes à l'époque en question, et sur le développement de la systématique, à partir de ses origines jusqu'au moment où elle a passé à l'état de science, et si je me risque à citer ici une série d'exemples, je ne fais qu'imiter en ceci les botanistes qui joignaient à leurs dissertations scientifiques l'image fidèle des plantes dont ils parlaient, parce qu'ils parvenaient, par ce moyen-là seulement, à amener leurs lecteurs à l'intelligence de leur sujet. Mais le langage technique dont nous nous servons à présent est si différent de celui du seizième siècle que les exemples cités plus bas ne peuvent donner de la littérature botanique de l'époque qu'une idée vague et indéterminée.

Fuchs : *Historia Stirpium.* 1542

La plante commune bien connue sous le nom de liseron (*Convolvulus arvensis*) s'appelle dans le livre de Fuchs *Helxine cissampelos.* Elle est décrite de la manière suivante :

Nomina :

Ἑλξινὴ κισσάμπελος Graecis, Helxine cissampelos et Convolvulus latinis nominatur. Vuigus herbariorum et officinae Volubilem mediam et vitealem appellant, Germani Mittelwinden oder Weingartenwinden. Recte autem Cissampelos dicitur, in vineis enim potissimum nascitur et folio hederaceo. Convolvulus vero, quod crebra revolutione vicinos frutices et herbas implicet.

Forma :

Folia habet haederae similia, minora tamen, ramulos exiguos circumplectentes quodcumque contigerint. Folia denique ejus scansili ordine alterna subeunt. Flores primum candidos lilii effigie, dein in puniceum vergentes, profert. Semen angulosum in folliculis accinorum species.

Locus :

In vineis nascitur, unde etiam ei appellatio Cissampeli, ut diximus, indita est.

Tempus :

Æstate, potissimum autem Julio et Augusto mensibus, floret.

Dans son livre de botanique publié à Strasbourg en 1560 (p. 299.) JÉRÔME BOCK [1] parle dans les termes suivants de la plante que nous venons de nommer et du *Convolvulus sepium* qui croît chez nous à l'état sauvage :

« Des Convolvulus Blancs :

« Il existe deux espèces de Convolvulus ordinaires qui croissent partout dans notre pays, et dont les fleurs affectent la forme de cloches blanches. La plus grande des deux croit de préférence près

1. Hieronymus Bock (Tragus) naquit en 1498 à Heiderbach dans les Deux-Ponts; destiné tout d'abord au cloître, il se convertit au protestantisme, à Deux-Ponts; on lui confia à la fois les fonctions de maître d'école et le soin des jardins du

des clôtures; elle y grimpe, s'enroule, et forme mille anneaux. Le petit liseron (il s'agit du *Convolvulus arvensis*) ressemble au grand par sa racine ronde, ses feuilles allongées et ses fleurs en forme de cloche, mais il est plus petit, plus ténu et plus court. Quelques-unes de ses fleurs sont blanches, d'autres sont d'une belle couleur de chair, striée de brun-rouge; il croît dans les lieux arides, ou parmi les herbes des jardins potagers où il cause des dommages, car le poids de ses nœuds multipliés finit par entraîner vers le sol les plantes auxquelles il s'enlace. En outre, il est extrêmement difficile de s'en débarrasser, car ses racines longues, blanches et ténues s'enfoncent fort avant dans la terre à laquelle elles se cramponnent, et produisent en tout temps de jeunes pousses comme celles du houblon ».

Suit un long paragraphe sur les dénominations, c'est-à-dire une étude critique où l'auteur expose les opinions des auteurs sur la question de savoir s'il faut prendre pour guide Pline ou Dioscoride à l'égard du nom à donner à la plante décrite. « Il me semble, dit-il plus loin, que cette plante se rattache, par sa nature, à une espèce sauvage, *Scammonia Dioscoridis* » (elle est, cependant, inoffensive). Dioscoride la désigne sous les noms de *Colophonium*, *Dactylion*, *Apopleumenon*, *Sanilum*, *Colophonium*, etc. Puis vient un chapitre sur ses propriétés et ses vertus, tant internes qu'externes.

Passons à d'autres considérations sur l'ordre observé par Bock dans la classification des 567 plantes qu'il a décrites. Il a consacré à leur étude trois divisions de son livre. Dans la première et dans la seconde, il traite des végétaux les plus petits; la troisième comprend les arbustes et les arbres. Dans chacune d'elles, l'auteur traite d'un nombre plus ou moins grand de plantes appartenant généralement à des espèces sœurs; ses descriptions se suivent et se succèdent sans ordre; il s'est laissé arrêter à tout moment par des hésitations de tout genre, et n'a pas songé à se guider d'après les principes généraux d'une méthode établie. Ainsi, notre Convolvulus se trouve mêlé à une foule de plantes diverses, parmi lesquelles quelques-unes grimpent, comme le lierre, ou s'enroulent, comme le *Smilax*, puis vient la *Lysimachia nummularia*, qui est une plante rampante, puis le houblon, la douce-amère (*Solanum dulcamara*), la clématite sauvage (*Clematis*),

prince; bientôt après, il se fit pasteur à Hornbach, où il acquit une clientèle en qualité de médecin, et étudia la botanique. Il mourut en 1554. E. Meyer donne sur son compte des renseignements plus détaillés dans son Histoire de la Botanique, IV, page 303.

la Bryone, le Chèvrefeuille (*Lonicera*), différentes *Cucurbitacées;* puis l'auteur passe sans interruption aux Bardanes, aux Chardons, aux Carduacées, et il les fait suivre de quelques Ombellifères. L'ouvrage entier est conçu et exécuté de cette manière; on sent que l'auteur se rend compte de la parenté qui existe entre certaines espèces sœurs, sans parvenir à rendre ses idées à ce sujet dans un langage scientifique conforme à sa pensée. Les conclusions hâtives auxquelles l'amènent l'apparence extérieure des plantes, ses hésitations à ce sujet, lui font souvent commettre des erreurs, particulièrement fréquentes au commencement de la troisième partie de son livre, de celle dans laquelle il traite des arbrisseaux, des broussailles et des arbres, « qui croissent dans nos contrées allemandes »; le premier chapitre traite des champignons qui croissent sur les arbres, le second de quelques végétaux de la famille des mousses; puis vient immédiatement le gui (*Viscum album*), puis la fougère et d'autres plantes plus petites, appartenant aux arbrisseaux, puis enfin les arbres, classés par ordre de grandeur, en commençant par les plus petits. Une partie du chapitre qui traite des Champignons porte ce titre : « Des Noms ». Elle est consacrée à un exposé des opinions de l'auteur sur la nature des champignons, opinions qui furent émises maintes fois jusque bien avant dans le dix-septième siècle :

« Les Champignons ne sont ni des plantes ni des racines, ni des fleurs ni des semences, ce sont des produits engendrés par l'humidité qui règne dans certains endroits des terrains, dans certaines parties des arbres, dans les bois pourris, et, d'une manière générale, dans les objets atteints de moisissure. Tous les *Tubera* et tous les *Fungi* sont les produits de cette moisissure et de cette humidité. Cela est d'autant plus vrai que tous les Champignons décrits plus haut (à part ceux qu'on emploie dans la cuisine) croissent de préférence au moment où il va pleuvoir ou bien où le tonnerre va se faire entendre, ainsi que cela a été signalé par *Aquinas Ponta.* Et comme les anciens prêtaient au fait ci-dessus mentionné une attention particulière, ils croyaient que l'existence des *Tubera* est due en quelque mesure à un miracle des dieux. Le fait que ces végétaux ne sont pas produits par des semences contribue encore à accréditer cette opinion. Porphyrius la partage, et s'exprime là dessus en ces termes : « Les *Fungi* et les *Tubera* sont enfants des dieux, car ils ne sont pas engendrés par des semences, comme sont les autres créatures ».

Nous passerons maintenant sous silence les œuvres de Valerius Cordus, de Conrad Gesner, de Mattioli [1], et d'autres encore, aussi peu importantes, pour aborder celles des Dodonaeus, de de l'Écluse, et de Dalechamps. On peut constater, chez ces trois auteurs, un penchant décidé à fonder leur système botanique sur des principes ordonnés; cependant, le principe fondamental sur lequel est basée leur méthode de classification réside dans l'observation de certaines formes extérieures dans lesquelles l'action du hasard a souvent plus de part que les lois de la nature. Ils n'étudiaient les plantes (et c'est là la base de tout leur système) qu'au point de vue de leur valeur et de leur utilité pratiques.

On prêta, il est vrai, une attention d'autant plus grande qu'elle était plus tardive aux rapports de parenté qui existent entre certaines plantes classées dans les subdivisions établies d'après ce système factice, mais en revanche on sépara les unes des autres, sans s'y arrêter davantage, des plantes unies par ces rapports de parenté, dans le seul but d'obéir au principe sur lequel était fondé ce système.

Les écrivains dont nous parlons (et on s'en aperçoit facilement en étudiant leurs œuvres), étaient plus préoccupés de couler leurs théories dans le moule d'une forme particulière que de créer un système de classification dont la valeur eut été purement objective. Il est malheureusement impossible de donner au lecteur, en nous servant du langage scientifique de notre époque, une idée juste de ce système, sans en citer des exemples. Afin d'éviter trop de prolixité, nous n'emprunterons nos exemples qu'au meilleur des trois écrivains que nous venons de nommer, à DE L'ÉCLUSE [2]. La *Rararum Plantarum Historia* parut en 1576, mais l'exem-

1. Pierandrea Mattioli, né à Sienne en 1501, mort en 1577, remplit longtemps les fonctions de médecin ordinaire à la cour de Ferdinand Ier. Nous pouvons passer ses œuvres sous silence, car elles sont conçues beaucoup moins au point de vue de l'intérêt botanique qu'à celui de l'intérêt médical. Le livre de botanique dont il est l'auteur était destiné dans l'origine à servir de commentaire aux œuvres de Dioscoride, mais finit, grâce à des amplifications successives, par avoir une portée plus étendue. On en donna jusqu'à 60 tirages et éditions dans plusieurs langues. (Voyez *Histoire de la Botanique* de E. Meyer, VI.)

2. Carolus Clusius (de l'Écluse) naquit à Arras en 1526. Sa famille ayant succombé dans les persécutions religieuses qui eurent lieu en France, il passa la plus grande partie de sa vie en Allemagne et dans les Pays-Bas; en 1573, il se rendit à Vienne, à l'appel de Maximilien II; en 1593, il devint professeur à Leyde, où il mourut en 1609 (voir le quatrième vol. de *Geschichte der Botanik*, de Meyer, qui contient des détails sur l'existence si agitée de cet homme remarquable).

plaire que j'ai sous les yeux date de 1601. Elle traite des végétaux suivants :

Premier livre : arbres, arbrisseaux et sous-arbrisseaux.
Deuxième livre : plantes bulbeuses.
Troisième livre : fleurs qui exhalent un parfum agréable.
Quatrième livre : fleurs sans parfum.
Cinquième livre : plantes dont le suc est vénéneux, narcotique ou corrosif.
Sixième livre : plantes lactescentes, Ombellifères, Fougères, Graminées, Légumineuses et quelques végétaux de la catégorie des Cryptogames.

Le système de classification de Dalechamps[1] est le même ; celui que Dodoens établit dans ses *Pemptades* est plus embrouillé et moins rationnel ; mais l'un et l'autre sont fondés sur les mêmes principes que celui de de l'Écluse. Les explications préparatoires accompagnant les titres des différents Livres donnent une idée assez nette du principe qui a présidé à ce système de classification. Nous trouvons dans les œuvres de de l'Écluse (*l. c., p.* 127) les lignes suivantes :

« Nous avons traité, dans le livre précédent, des arbres, des arbrisseaux et des sous-arbrisseaux ; nous consacrerons le second livre aux plantes dont la racine affecte la forme d'un tubercule ou d'un bulbe. La plus grande partie de ces plantes porte des fleurs qui attirent et réjouissent les yeux par leur élégance et leur variété ; elles méritent d'être placées au premier rang parmi les plantes dont les fleurs sont disposées *inter coronarias*. Nous commencerons par l'étude des plantes qui appartiennent à la famille des lis à cause de la grande dimension et de la beauté de leurs fleurs », etc. Les introductions qui précèdent les différents livres des *Pemptades* de Dodonaeus sont plus savantes, et les discussions y sont plus nombreuses. Il est évident que les auteurs des ouvrages que nous venons de nommer n'avaient pas l'intention d'établir leur système de classification d'après des principes d'une valeur objective ; leurs descriptions se suivaient et se succédaient dans l'ordre qui leur était le plus commode ou qui répondait le mieux à leur fantaisie. Aussi, les botanistes dont dont nous parlons ne créaient-ils pas de ces divisions auxquelles

1. Jacques Dalechamps naquit à Caen et mourut en 1588. C'était, ainsi que le dit Meyer dans son *Histoire de la botanique* (vol. VI, p. 395), un philologue plus qu'un naturaliste.

on aurait pu appliquer les dénominations de classes et de subdivisions (dénominations dont on se serait probablement servi à l'époque en question); ils se contentaient de diviser leurs ouvrages en chapitres d'une longueur à peu près égale. Cependant, ils n'ont pas négligé de faire une certaine part, dans leurs œuvres, aux exigences de la systématique : il suffit, pour s'en assurer, de ne pas s'en tenir aux divisions factices indiquées par la typographie, mais d'observer l'ordre dans lequel se succèdent les plantes décrites; nous verrons, en effet, que celles entre lesquelles il existe des rapports de parenté se trouvent réunies, autant que le permettent les divisions différentes dans lesquelles elles sont classées. Ainsi, dans le second volume de ses *Raritaten*, de l'Écluse consacre aux Liliacées, aux Asphodèles, aux Mélanthacées, aux Iridées, une série d'études qui se succèdent sans interruption; puis vient le *Calamus*, auquel se rattache sans aucun motif une série de Renonculacées; l'auteur y distingue à juste titre la famille des Renoncules de celle des Anémones, puis viennent immédiatement différentes variétés de Cyclamens, suivies de nombreuses Orchidées; parmi ces dernières, se trouvent l'Orobanche et le Corydalis, puis l'*Helleborus niger*, le *Veratrum album*, le *Polygonatum*, etc. Les mêmes procédés se retrouvent dans les autres divisions des ouvrages dont nous nous occupons, et bien que les auteurs prennent généralement soin de réunir les unes aux autres les différentes variétés d'une même espèce, bien qu'ils observent, le plus souvent, un certain ordre dans leur manière de classer les différentes espèces d'un même genre, leur œuvre tout entière manque d'équilibre et de solidité, car de nouvelles hésitations viennent entraver constamment dans leur développement les aperçus nouveaux qu'ils sont en train d'acquérir à l'égard de la parenté naturelle. Les descriptions de de l'Écluse jouissent d'une réputation universelle, et elles la méritent, grâce au soin minutieux qui a présidé à leur exécution et à l'attention que l'auteur a apportée à l'étude des fleurs. Cependant, et c'est aussi le cas de Lobélius (de l'Obel) et de Dodoens, il consacre aux feuilles des descriptions particulièrement détaillées.

Dans les œuvres de DE L'OBEL, comme nous l'avons déjà dit, les aperçus nouveaux qu'on avait acquis au sujet de la parenté naturelle se présentent pour la première fois sous une forme si arrêtée,

1. Mathias Lobelius (de l'Obel), ami et compatriote de Dodoens et de de l'Écluse, naquit à Lille en 1538, et mourut en 1616 en Angleterre, où il reçut de Jacques Ier le titre de botanographe. On trouvera dans la *Geschichte* de Meyer des détails à son sujet.

que les difficultés qui s'étaient jusqu'alors opposées à leur développement sont résolues, sinon complètement écartées. Nous pouvons trouver des renseignements à cet égard dans la préface de son *Stirpium Adversaria Nova*, de 1576, où il s'exprime en ces termes : *Proinde adversariorum voce novas veteribus additas plantas et novum ordinem quadantenus innuimus. Qui ordo utique sibi similis et unus progreditur ducitque a sensui propinquioribus et magis familiaribus ad ignotiora et compositiora, modumque sive progressum similitudinis sequitur et familiaritatis, quo et universim et particulatim, quantum licuit per rerum varietatem et vastitatem, sibi responderet. Sic enim ordine, quo nihil pulchrius in cœlo aut in sapientis animo, quæ longe lateque disparata sunt, unum quasi fiunt, magno verborum memoriæ et cognitionis compendio, ut Aristoteli et Theophrasto placet.*

On ne doit pas conclure de ce qui précède que de l'Obel soit venu à bout d'organiser un système végétal naturel, mais on peut constater dans ses *Observationes*, bien plus que dans ses *Adversaria*, des efforts qui ont pour but d'établir une classification des plantes d'après les rapports extérieurs qu'elles présentent entre elles; mais l'auteur ne prend plus instinctivement comme sujet d'observation l'apparence générale de la plante; il agit d'après des principes raisonnés, qui ont pour base l'étude de la forme des feuilles. Il commence par traiter des Graminées dont les feuilles sont simples, longues et étroites, puis il passe à d'autres végétaux dont les feuilles sont plus larges, tels que les Liliacées et les Orchidées; il les fait suivre des Dicotylédones; les groupes principaux sont nettement déterminés, et renfermés dans les limites un peu étroites d'une caractérisque précise. Cependant, les Fougères sont classées parmi les Dicotylédones, grâce à la forme de leurs feuilles, tandis que la classification des Crucifères, des Ombellifères, des Papilionacées et des Labiées s'achève sans être entravée par des obstacles dus à des considérations d'une valeur secondaire.

Nous répéterons ici ce que nous avons dit plus haut au sujet des œuvres de Gaspard Bauhin [1]. Elles viennent mettre un terme à la

1. Gaspard Bauhin naquit à Bâle en 1550, et fit ses études sous la direction de Fuchs en même temps que son frère aîné, Jean Bauhin; il recueillit des plantes en Suisse, en Allemagne, en Italie, en France; il professa à Bâle, et mourut en 1624. Pour plus amples renseignements sur son compte et celui de son frère, consultez la préface de l'*Hist. Stirpium Helvetiae*, par Haller (1768), et l'*Histoire de la Botanique* de Kurt Sprengel, 1818. I, p. 364.

série de considérations et de développements auxquels on s'est livré, soit au sujet des dénominations différentes et des descriptions de détail, soit à l'égard d'une classification établie d'après l'observation des rapports que les plantes présentent entre elles dans leur apparence générale. Bauhin ne se laisse plus arrêter par des hésitations dues à des considérations d'une valeur secondaire, ses œuvres sont celles d'un botaniste, dans le sens véritablement scientifique de ce mot; elles sont une preuve des résultats auxquels peut arriver la science de la description, sans prendre pour base et pour point d'appui un système général de morphologie comparée; elles montrent que l'observation seule des rapports extérieurs suffit à établir les principes d'un système de classification naturel. Bauhin est allé aussi loin qu'il était possible d'aller dans la voie tracée par les botanistes allemands et hollandais.

Si nous poursuivons l'étude des descriptions de Gaspard Bauhin, nous voyons dans son *Prodromus Theatri Botanici* (1620), qu'il donne à la description détaillée de l'espèce une place aussi restreinte que possible, et qu'il passe en revue, en observant un ordre déterminé, les parties extérieures de la plante qui s'imposent d'elles-mêmes à l'observation; il décrit, dans des phrases concises, la forme de la racine; il décrit la forme de la tige, et indique ses dimensions; il décrit les particularités des feuilles, les fleurs, les fruits et les graines; ses descriptions occupent rarement plus de vingt lignes; ici, la description de détail est élevée à la dignité d'art; la description a passé à l'état de diagnose.

Mentionnons ici un fait auquel il convient d'attacher une importance particulière; Bauhin est le premier botaniste qui ait établi d'une manière complète, et en obéissant à des raisons dictées par l'intelligence, la différence qui existe entre l'espèce et le genre; dans ses œuvres, chaque plante est accompagnée d'un nom qui en détermine le genre, et d'un nom qui désigne l'espèce; on a souvent regardé Linné comme le fondateur de cette nomenclature binaire, mais en réalité, elle se trouve presque en entier dans le *Pinax* de Bauhin. L'auteur, il est vrai, ajoute souvent au second nom, à celui qui désigne l'espèce, un troisième et même un quatrième nom; on s'aperçoit facilement que c'est un expédient auquel il a recours quand il se trouve dans l'embarras. Remarquons ici un fait qui possède une importance beaucoup plus grande encore. Bauhin ne joint à ses noms de genre aucune remarque basée sur l'observation d'indices caractéristiques; le nom seul nous apprend que différentes espèces appartiennent au même genre; on pourrait presque croire que les étonnants commentaires étymologiques, imprimés en italiques, qui accompagnent chaque nom de genre, sont destinés à suppléer à l'absence de remarques sur les caractères génériques. Ces étymologies n'étaient fondées sur rien, et n'avaient aucune raison d'être; cependant, la plupart se sont conservées jusqu'à la fin du dix-septième siècle, époque à laquelle Tournefort a mis fin à cet abus. C'était là un reste de la doctrine scolastique d'Aristote; on prenait comme point de départ la signification première d'un nom à son origine, et on croyait arriver par là à des vues exactes sur la nature même de l'objet désigné par ce nom.

Bauhin travailla durant quarante ans à celui de ses ouvrages qui est intitulé *Pinax*, afin de pouvoir joindre à chacune des espèces à l'étude desquelles il se livrait, la liste des dénominations que lui avaient appliquées les botanistes antérieurs, et c'est là la meilleure preuve du zèle et de la conscience qu'il apporta à ses investigations. L'exemple que nous avons cité plus haut et qui est emprunté aux œuvres de Fuchs nous donne une idée claire du nombre qu'atteignaient, vers le milieu du seizième siècle, les dénominations diverses dont se servaient les botanistes. Du temps de Dioscoride et de Pline, on désignait déjà une même plante sous une foule de noms différents; là-dessus, les botanistes du seizième siècle appliquèrent à tort et à travers, aux plantes qu'ils avaient trouvées dans les contrées du centre de l'Europe, les noms botaniques empruntés au vocabulaire de Dioscoride et d'autres écrivains anciens. C'est déjà une tâche ardue pour la science du dix-neuvième siècle que de reconnaître les plantes dont ont parlé les écrivains en question d'après les descriptions presque toujours insuffisantes et inexactes que Dioscoride, Théophraste, et Pline ont jointes à leurs noms botaniques; ce l'était bien plus encore pour la science du seizième siècle. Il en résulta une telle confusion dans la nomenclature, que le lecteur d'un ouvrage de botanique ne savait jamais si les dénominations semblables employées par deux auteurs différents désignaient ou non la même plante. On tâchait de se tirer d'embarras en joignant à la description de chaque plante des éclaircissements et des explications critiques, destinés à constater les rapports qui existent entre la dénomination employée et celles dont s'étaient servis les auteurs antérieurs. Gaspard Bauhin voulut mettre un terme à cette incertitude perpétuelle en écrivant son *Pinax*, et en joignant à l'étude de chacune des plantes qu'il y décrit la liste des dénominations que lui avaient appliquées les auteurs précédents, de sorte que ce livre peut encore être considéré à l'heure qu'il est comme un guide sûr dans l'étude de la nomenclature botanique du seizième siècle; en un mot, le *Pinax* est le seul livre dont la valeur soit absolument complète au point de vue des synonymes botaniques, et dont la lecture soit encore indispensable à ceux qui veulent entreprendre l'étude historique et détaillée des espèces. Ce n'est point là un médiocre éloge, quand il est décerné à un livre qui a deux cent cinquante ans de date.

On pourrait croire, d'après les tendances qui se révèlent dans le *Pinax*, que l'auteur a classé ses plantes par ordre alphabétique, système qui n'eût rien eu, du reste, que de parfaitement rationnel, si l'on considère le but qu'il se proposait; on voit avec surprise qu'il a établi son système de classification d'après les principes, soigneusement déterminés, de la parenté naturelle; on peut en conclure avec raison — et c'est là un fait également confirmé par le *Prodromus* — que Bauhin attachait une importance très grande à l'organisation d'un système de classification d'après les principes de l'affinité naturelle. Sous ce rapport, Gaspard Bauhin dépasse de beaucoup les progrès accomplis par ses prédécesseurs; il s'avance, il est vrai, dans la voie suivie par de l'Obel quarante ans auparavant, mais il va bien plus loin que ce dernier n'est allé. Ses œuvres présentent, cependant, une particularité qu'on rencontre aussi dans celles de ses prédécesseurs; il n'a caractérisé les groupes principaux, ceux qui répondent aux divisions auxquelles nous donnons actuellement le nom de « famille », ni par des dénominations particulières ni par des descriptions, à part de rares exceptions. Ce n'est qu'en étudiant l'ordre établi par Bauhin dans la succession de ses descriptions botaniques qu'on peut arriver à des vues nettes sur ses opinions au sujet de la parenté naturelle. Il est à peine nécessaire de rappeler ici que les familles naturelles, telles qu'elles se trouvent comprises dans les œuvres de Bauhin, ne sont pas circonscrites dans des limites arrêtées; on pourrait presque conclure de ce fait que l'auteur a évité un système de classification fondé sur des principes déterminés, dans le but de passer sans interruption de l'une à l'autre des différentes séries végétales.

Comme de l'Obel, Bauhin procède dans son énumération des végétaux en abordant au début l'étude de ceux qu'il considère à tort ou à raison comme les plus incomplets, pour terminer par les plus parfaits. Il commence par les Graminées, qu'il fait suivre de l'étude de tous les végétaux appartenant aux Liliacées et aux Zingibéracées, puis viennent les Dicotylédones, et l'auteur termine enfin par l'étude des arbrisseaux et des arbres.

Au beau milieu de la série des Dicotylédones, entre les Papilionacées et les Carduacées, l'auteur a placé ceux des Cryptogames qui lui sont connus (à l'exception toutefois des Equisétacées, qu'il a comptées parmi les Graminées). Bauhin avait probablement des idées encore moins nettes que beaucoup de ses devanciers à l'égard de la grande différence qui existe entre les Cryptogames et les Phanérogames; nous voyons qu'il a classé des Phanérogames proprement dites, tels que la lentille d'eau, parmi les Cryptogames, des Salvinies parmi les Mousses, et que les Coraux, les Alcyonaires et les Éponges se rattachent pour lui aux Algues marines. Cela n'a rien d'étonnant, du reste, si l'on songe que les botanistes n'ont commencé que vers le milieu du dix-huitième siècle à acquérir des idées justes à ce sujet, et que Linné lui-même n'a jamais pu se décider complètement à exclure du règne végétal les Zoophytes pour les rattacher au règne animal. Les connaissances botaniques (dans le sens véritablement scientifique de ce mot), ne trouvèrent à s'exercer, jusqu'au commencement du dix-neuvième siècle, que dans le domaine restreint de l'étude des Phanérogames, et si nous avons parlé ici des principes et des méthodes qui formèrent, jusqu'à l'époque ci-dessus mentionnée, la base de la botanique descriptive, nous ajouterons que ces méthodes et ces principes avaient pour sujet l'étude des Phanérogames, et tout au plus des Fougères. L'étude méthodique des Cryptogames appartient aux progrès tout récents de la botanique. Toute la botanique scientifique des premiers âges atteint son point culminant dans les œuvres du botaniste distingué qui avait nom Gaspard Bauhin, et c'est pourquoi nous avons attiré sur ce fait l'attention du lecteur, car l'étude de ses œuvres permet de constater les progrès étonnants accomplis par la science, depuis son époque jusqu'à la période actuelle.

CHAPITRE II.

LES SYSTÈMES ARTIFICIELS ET LA NOMENCLATURE DES ORGANES, DE CÉSALPIN A LINNÉ.

1583-1760.

Pendant que la botanique se développait en Allemagne et dans les Pays-Bas de la manière décrite plus haut, et bien avant le moment où ce travail de formation devait trouver son expression définitive dans les œuvres de Gaspard Bauhin, Andrea Cesalpino établissait, en Italie, les premiers principes sur lesquels devait se fonder le développement ultérieur de la botanique descriptive, développement qui s'est effectué durant le cours du dix-septième siècle et jusque bien avant dans le dix-huitième. Les progrès accomplis au dix-septième siècle en Allemagne, en Angleterre, et en France par la morphologie et la systématique sont en relation étroite avec les principes fondamentaux des théories de Césalpin, car les botanistes de l'époque furent les premiers à déterminer ces progrès, soit en cherchant à s'approprier les théories en question pour en tirer le meilleur parti possible, soit en cherchant à les réfuter. Ces rapports, à la vérité, s'effacèrent de plus en plus, à mesure qu'on parvenait à acquérir de nouveaux aperçus, et à découvrir de nouveaux sujets d'observation; cependant, on reconnait jusque dans les œuvres de Linné l'influence des doctrines de Césalpin au sujet des principes théoriques sur lesquels doit être fondée la systématique, on la reconnait plus clairement encore dans les opinions de Linné sur la nature des plantes; celui qui a lu les œuvres de Césalpin rencontre constamment, dans la lecture des ***Fundamenta*** ou de la ***Philosophia Botanica*** de Linné, des réminiscences, voire même des phrases entières empruntées aux ouvrages de Césalpin. Nous avons vu que la série de développement due à Fuchs et à Bock a son couronnement dans les œuvres de G. Bauhin; nous pouvons voir les théories dont Césalpin avait établi les premiers principes, atteindre dans les œuvres de Linné leur complet développement et leur plus haut point de perfection. Les théories profondément pensées de Césalpin offrent le contraste le plus frappant avec l'empirisme naïf de ceux qu'on a appelés les pères de la botanique allemande; ceux-ci songeaient avant tout à accumuler les unes sur les autres les descriptions détaillées. Les matériaux botaniques sur lesquels s'exerçaient leurs théories empiriques offrirent toutefois à Césalpin des sujets de réflexion profonde; il chercha avant tout à tirer de l'étude des détails des conclusions générales, à trouver et à saisir le principe fondamental de la nature par l'observation des formes extérieures; cependant, comme il avait adopté les théories d'Aristote, il fut amené, dans sa manière d'envisager les faits, à certaines théories que les raisonnements d'une logique serrée lui firent abandonner plus tard. Césalpin (et c'est là, surtout, qu'il diffère des botanistes allemands du seizième siècle), ne se borna pas à l'étude de l'apparence générale de la plante; il soumit ses différentes parties à un examen minutieux; il étudia, dans leurs détails, les organes petits et cachés; grâce à lui, l'art de l'observation passa à l'état de science; il en tira l'investigation scientifique; et c'est pourquoi la logique du naturaliste s'allie d'une manière si singulière, dans ses œuvres, à la philosophie d'Aristote; c'est là ce qui prête aux essais théoriques des botanistes qui se succédèrent de Césalpin à Linné leur couleur particulière.

Dans sa manière philosophique et réfléchie d'envisager le monde végétal, dans sa curiosité de chercheur, dans ses théories qui avaient pour point de départ de vastes aperçus, Césalpin a dépassé de beaucoup les limites atteintes par la science de son époque. Son premier ouvrage, paru en 1583, n'exerça pas, tout d'abord, une grande influence sur les botanistes contemporains; cette influence ne se fait sentir que trente ou quarante ans plus tard, dans les œuvres de G. Bauhin, et les botanistes qu'elle amena à de nouveaux efforts ne travaillèrent guère que dans l'intention d'augmenter les connaissances détaillées qu'ils possédaient déjà à l'égard du monde végétal. C'est dans ce but qu'ils entreprirent, à partir de l'an 1600, des voyages dans le monde entier; le nombre des jardins botaniques, encore assez rares au seizième siècle, augmenta rapidement; on en fonda de nouveaux à Giessen (1617), à Paris (1620), à Iéna (1629), à Oxford (1630), à Amsterdam (1646), à Utrecht (1650), et ailleurs. Les botanistes renoncèrent à l'étude générale, qui embrassait le règne végétal tout entier, pour se vouer avec prédilection à des investigations qui s'exerçaient dans un domaine plus restreint, et qui avaient pour but l'étude des détails; on vit apparaître les premières Flores locales (bien que le mot de Flore n'ait été introduit dans le vocabulaire de la botanique qu'un siècle plus tard, par Linné); l'Allemagne, en particulier, en compta bientôt un nombre considérable; on vit paraître à Altorf (1615), à Ingolstadt (1618), à Giessen (1623), à Dantzig (1643), à Halle (1662), dans le Palatinat (1680), à Leipzig (1675), à Nüremberg (1700), des Flores locales dues à Ludwig Jungermann, Albert Menzel, Nicolas Oelhafen, Carl Scheffer, Frank de Frankenau, Paul Ammann, J. Z. Volkamer.

Bien que les voyages entrepris dans un but d'utilité, les catalogues des flores locales, et la culture des plantes dans les jardins botaniques, eussent provoqué des découvertes de nature diverse, ces découvertes n'en restaient pas moins isolées et comme disséminées parmi les descriptions de détail, jusqu'à ce que des botanistes plus intelligents, aux vues plus profondes et plus vastes, nantis de méthodes qui leur permettaient de mieux combiner et réunir ces éléments divers, fussent venus en tirer des principes généraux. Mais on ne rencontre des essais de ce genre que bien avant dans la seconde moitié du dix-septième siècle, dans les œuvres de Morison, de Ray, de Rivinus, de Tournefort; leurs théories se rattachent à celles de Césalpin, et, à l'époque dont nous parlons, les théories de Césalpin gisaient depuis près de cent ans dans l'abandon et dans l'oubli.

Au milieu de cette pénurie générale, si nous exceptons toutefois les œuvres de Gaspard Bauhin, la description de détail et l'énumération des espèces faisaient aussi assez triste figure. La description de détail, à laquelle les pères de la botanique allemande avaient attaché autrefois tant d'importance, avait fini, à force d'être répétée, par passer pour un travail de manœuvre. Tous les résultats auxquels elle pouvait amener avaient déjà été atteints par de l'Obel et Gaspard Bauhin. Une stérilité universelle avait succédé, à cette première époque du seizième siècle, si riche en promesses et si féconde en progrès nouveaux; les botanistes de l'époque dont nous parlons maintenant, qu'ils fussent du reste Allemands, Italiens, Français ou Anglais, n'arrivaient à aucun résultat qui valût la peine d'être mentionné, et lorsqu'ils n'appartenaient pas aux penseurs les plus distingués et les mieux doués de leur temps, l'étude de la botanique se réduisait de plus en plus aux énumérations d'espèces, aux collections de plantes, à des efforts qui avaient pour but d'arriver à connaître de nom le plus de végétaux possible, à toute une routine qui avait remplacé les théories profondément pensées des botanistes précédents. La faculté de réfléchir, de faire appel à l'intelligence, n'étant plus exercée, s'affaiblissait et s'atrophiait.

Cependant, il se trouva dans la première moitié du dix-septième siècle, un botaniste allemand qui échappa à l'état de choses décrit plus haut. Il étudia le monde végétal comme l'avait fait Césalpin, et, comme lui, fut ignoré de ses contemporains. Cet homme était le célèbre Joachim Jung. Il ne s'est pas contenté de créer une nomenclature comparée des différentes parties des végétaux, il est l'auteur de nombreuses recherches critiques sur la théorie du système, sur les dénominations des espèces, etc. J. Jung était un penseur distingué, point entravé par le fardeau de connaissances spéciales accumulées par les botanistes qui s'étaient consacrés à l'étude des espèces, fardeau écrasant qui avait tué, chez eux, toute activité intellectuelle; possédant, en outre, une instruction étendue et variée, il était plus capable que ne l'eût été un botaniste occupé uniquement d'études spéciales de voir ce qui manquait à la botanique de son temps, et à quoi elle pouvait prétendre. Les Jung constituent des personnalités qu'il n'est pas rare de rencontrer dans l'histoire de la botanique. Cependant, les œuvres de celui-ci restèrent inconnues de tous sauf ses disciples, jusqu'au moment où Ray les engloba dans sa grande étude du monde végétal, et en fit les fondements de sa botanique théorique. Il ajouta à la nomenclature des différentes parties, des plantes de Jung, des remarques morphologiques qui en augmentèrent la valeur; l'œuvre parvint à Linné, qui l'étudia jusque dans ses plus petits détails, comme il étudiait, dans le domaine de la littérature, tout ce qui pouvait lui être de quelque utilité; mais il en altéra le caractère et la nature en la faisant rentrer dans les limites étroites de son système de classification.

Les travaux et les efforts des botanistes allemands et hollandais du seizième siècle trouvent leur apogée dans les œuvres de G. Bauhin. Ils eurent une grande influence sur le développement ultérieur de la systématique fondée par Césalpin. Lorsque ce dernier écrivit celui de ses ouvrages qui fait encore époque dans l'histoire de la botanique, il ne connaissait pas encore, à vrai dire, les théories de de l'Obel sur la classification naturelle (1576), ou du moins il n'y fait, dans son livre, aucune allusion; il semble même que Césalpin ait découvert par lui-même le fait de l'existence des rapports de parenté qui se révèlent dans la structure générale des plantes; cependant, ses théories à l'égard du fait de la parenté naturelle présentent un tout autre aspect que celles de de l'Obel et de Bauhin sur le même sujet; l'auteur n'a pas obéi à l'instinct, au sentiment vague des analogies qui existent entre les plantes; il a donné comme base à sa caractéristique des raisonnements logiques, établis *a priori*, et il est arrivé par là à constater le fait d'une parenté objective. Sous ce rapport, Césalpin dépassa de beaucoup les botanistes allemands, car il chercha à expliquer et à définir d'une manière logique une théorie qui était restée chez ses confrères à l'état de notion vague et confuse, mais, par là même, il s'aventura dans une voie dangereuse, qui devait mener à de nombreuses erreurs les botanistes qui se succédèrent jusqu'à Linné; ses procédés amenaient inévitablement à établir dans le système végétal une classification factice, et il est impossible de fonder un système naturel sur des principes de classification établis *a priori*.

Bien que les botanistes allemands qui se sont succédé jusqu'à Linné se soient égarés maintes fois dans ce labyrinthe, ils n'en ont pas moins fini par atteindre le but de leurs efforts, grâce aux notions confuses mais certaines qu'ils avaient à l'égard de la parenté naturelle, et qu'ils avaient commencé à formuler dans le langage de la science. Et lorsque enfin Linné et Bernard de Jussieu entreprirent, au milieu d'hésitations nombreuses, d'établir une classification naturelle, ce fut encore l'instinct, le sentiment confus sous l'impulsion duquel avaient agi de l'Obel et Bauhin, qui les poussa à se frayer une voie nouvelle, et qui leur fit voir clairement que, jusque-là, on s'était égaré.

La période de développement de la botanique descriptive commence à Césalpin et s'arrête à Linné. Nous essaierons de la caractériser en disant que les botanistes cherchèrent à acquérir les notions de la parenté naturelle en établissant un système de classification artificiel, jusqu'au moment où Linné s'aperçut des contradictions qui existaient dans leurs procédés, et les signala. Cependant, Linné s'en est remis aux botanistes qui l'ont suivi, d'entreprendre l'étude approfondie du système naturel; il a établi lui-même la classification d'après un système factice; sous ce rapport, nous trouvons dans les œuvres de Linné l'expression dernière de la période de développement dont nous nous sommes occupé jusqu'ici, bien plus que les premiers principes de la botanique nouvelle.

Ces considérations préliminaires guideront le lecteur dans l'étude qui va suivre des œuvres des botanistes qui se sont succédé de Césalpin à Linné.

L'ouvrage dont ANDREA CESALPINO[1] est l'auteur, et dont nous avons souvent déjà fait mention dans cette étude, *De Plantis Libri XVI*, parut à Florence en 1583. La valeur des livres de botanique allemands de la même époque réside surtout dans l'accumulation des descriptions détaillées, et bien que ces descriptions remplissent aussi quinze livres de l'ouvrage en question, son importance particulière au point de vue de l'histoire de la botanique réside dans les théories générales exposées dans l'introduction du premier Livre. On y trouve, dans quelque trente pages, une étude approfondie, substantielle, détaillée, systématique, ayant pour point de départ des aperçus d'une portée étendue, conçue sous une forme concise, et formant un ensemble homogène, de la botanique théorique considérée dans son ensemble. Les différentes sciences qu'on a distinguées plus tard dans l'étude de la botanique, la morphologie, l'anatomie, la biologie, la physiologie, la systématique, la nomenclature, se trouvent réunies et coordonnées ici dans un ensemble si parfait, ces divers éléments sont fondus de telle sorte dans un tout homogène, qu'il est impossible de les séparer l'un de l'autre, et qu'on ne peut entreprendre l'étude des opinions de Césalpin sur une question générale sans aborder en même temps toutes les questions qui s'y rattachent. Trois choses caractérisent en particulier le contenu de ce Livre; tout d'abord, un nombre considérable d'aperçus intéressants et nouveaux; en second lieu, la persistance avec laquelle Césalpin donne une place secondaire, dans l'étude de la botanique morphologique, à l'observation des organes reproducteurs, et enfin, les procédés qu'il emploie dans son étude approfondie de tous les faits expérimentaux, étude qu'il poursuit en s'en tenant rigoureusement aux doctrines d'Aristote.

Cette manière de procéder peut amener à des résultats plus parfaits au point de vue de la forme, et qui provoquent davantage l'intérêt du lecteur, elle peut prêter à l'ensemble tout entier l'apparence d'une œuvre plus intellectuelle, chaque fait isolé peut acquérir par ce moyen une importance générale, mais il n'en est pas moins vrai que les principes bien connus de la philosophie d'Aristote ne peuvent que nuire à l'investigation scientifique, et amener l'auteur à des erreurs répétées. Des aphorismes dus à l'exercice des facultés abstraites de l'intelligence sont appelés principes, et considérés comme des réalités objectives, comme des forces agissantes;

1. André Césalpin naquit à Arezzo en 1519 : il fut disciple de Ghini, et professa à Pise. Devenu plus tard médecin ordinaire du pape Clément VIII, il mourut en 1603.

à côté des causes efficientes, on voit apparaître les causes finales, les organes et les fonctions de l'organisme n'existent plus que comme *alicujus gratia* ou simplement comme *ob necessitatem*. Ce système tout entier est dominé par des doctrines téléologiques qui portent un préjudice sérieux à l'observation de la nature; elles désignent et définissent d'avance le but auquel on doit tendre comme s'imposant de lui-même, en considérant le système végétal tout entier comme une copie imparfaite du règne animal. Cette manière d'envisager leur sujet devait avoir pour conséquence, de la part des botanistes, l'ignorance complète de la sexualité des plantes, et de l'importance des feuilles au point de vue de la nutrition; cette ignorance devait les amener à des conclusions extrêmement fâcheuses. Cette insuffisance des connaissances scientifiques ne devait guère tirer à conséquence dans l'étude morphologique du système végétal, telle que nous la trouvons dans les œuvres de Jung; mais, dans celles de Césalpin, les considérations morphologiques et physiologiques s'unissent et se confondent de telle sorte, qu'une erreur commise dans un cas amène immédiatement, dans l'autre cas, une erreur nouvelle.

Nous joindrons ici quelques exemples aux lignes que nous venons de consacrer à l'étude des doctrines de Césalpin, afin d'en éclaircir le sens, et de montrer jusqu'à quel point Césalpin se rattache d'un côté aux doctrines d'Aristote, et jusqu'à quel point, d'un autre côté, certaines doctrines du philosophe ancien ont passé, par l'intermédiaire de Césalpin, dans les théories botaniques qui se développèrent plus tard, sans que l'origine antique de ces théories ait jamais attiré beaucoup d'attention de la part des botanistes [1]. Le livre de Césalpin commence en ces termes :

« Comme le principe de la vie des plantes peut se ramener à trois fonctions, la nutrition, la croissance et la reproduction, mais que les plantes ne possèdent pas la faculté de sentir et de se mouvoir, facultés que possèdent les animaux, on peut en conclure avec raison que l'organisation des plantes nécessite des appareils bien moins compliqués que l'organisation des bêtes ». Cette notion reparaît constamment dans l'histoire de la botanique, et les anatomistes et les physiologistes du dix-huitième siècle eux-mêmes ne se lassaient pas de mettre en avant la simplicité de l'organisation et des fonctions végétales. « Comme le principe de la vie des plantes, ajoute Césalpin, se ramène aux fonctions de reproduc-

1. Nous parlerons des doctrines de Césalpin à l'égard de la nutrition, et de son opposition à la doctrine de la sexualité des plantes, dans l'histoire de la physiologie.

tion, et comme les fonctions de reproduction dépendent de celles de la nutrition, qui prolongent l'existence de l'individu, ou encore comme elles s'accomplissent par le moyen de la graine, qui sert à perpétuer l'espèce, les végétaux parfaits possèdent tout au plus deux organes indispensables; l'un des deux, au moyen duquel s'accomplissent les fonctions de nutrition s'appelle racine, et l'autre, à l'aide duquel les plantes portent le fruit, et par conséquent le fœtus qui sert à la perpétuation de l'espèce, s'appelle tronc (*caudex*) quand il s'agit d'arbres, et tige (*caulis*) quand il est question de végétaux plus petits ».

Cette théorie, juste dans le principe, par laquelle on regarde le tronc comme l'organe générateur de la plante, se retrouve et se répète dans les œuvres de tous les botanistes qui succédèrent à Césalpin. Nous attirerons particulièrement l'attention du lecteur sur le commencement du passage que nous avons cité. Dans le passage en question, l'auteur considère la semence comme un produit de la nutrition, théorie qui, plus tard, empêcha Malpighi d'acquérir des idées justes au sujet de l'importance des fleurs et des fruits, et qui, bien que modifiée, amena en 1759 Gaspard-Frédéric Wolff à une conception très fausse de l'importance des fonctions sexuelles.

Dans les théories d'Aristote au sujet de la plante, théories dans lesquelles Césalpin s'est fourvoyé, la racine représente la bouche ou l'estomac; d'après cette notion, elle devrait être considérée comme la partie supérieure de la plante, quoiqu'elle se trouve, en réalité, placée en bas. On pourrait, en conséquence, comparer la plante à un animal qu'on aurait placé la tête en bas, et, d'après cela, déterminer les parties supérieures et les parties inférieures. Césalpin nous initie à cette doctrine dans la phrase suivante : « La partie en question (la racine) est la plus noble (*superior*), parce que son origine est primordiale, et qu'elle plonge dans la terre, car beaucoup de plantes ne vivent que par la racine, après avoir perdu leur tige et leurs semences; en revanche, la tige est de moindre importance (*inferior*), bien qu'elle s'élève au-dessus de la terre, car c'est par la tige que les excréments, quand il en existe, sont expulsés. Nous pouvons donc appliquer aux différentes parties des plantes comme à celles des animaux les expressions de *pars superior* et *inferior*. Mais quand nous étudions dans la réalité la manière dont s'accomplissent les fonctions de nutrition, nous sommes obligé de déterminer, d'après d'autres raisonnements, la place occupée par la partie supérieure et par la partie inférieure. Comme les principes nutritifs montent dans le corps des animaux, de même ils montent aussi dans l'intérieur des végétaux (les fonctions de nutrition s'accomplissent facilement, car, la chaleur monte, emportant avec elle les principes nutritifs). Il devient nécessaire, par conséquent, de placer la racine à la partie inférieure de la plante, la tige à la partie supérieure, car, chez les animaux, le réseau veineux commence aussi à la partie inférieure du ventre, et la veine principale monte vers le cœur et vers la tête ». On voit ici, qu'à l'exemple d'Aristote, l'auteur a fait entrer les faits dans les limites étroites de théories arrêtées d'avance.

Les explications de Césalpin au sujet de l'âme végétale et de la partie de la plante où elle réside présentent un intérêt particulier, car elles peuvent modifier, d'une manière ou d'une autre, le jugement qu'on portera au sujet des doctrines des botanistes qui succédèrent à Césalpin. « On peut se demander si l'âme réside dans une partie spéciale de la plante, comme elle réside, en particulier, dans le cœur des animaux. La matière mérite réflexion. Comme l'âme doit être considérée comme le principe de l'activité des organes (*actus*), elle ne peut être ni *tota in toto* ni *tota in singulis partibus*, mais il doit résider dans une partie principale, et, de là, communiquer la vie à toutes les parties secondaires. Or, comme les fonctions de la racine consistent à tirer du sol des principes nutritifs, celles de la tige, à produire des semences, et qu'on ne peut intervertir l'ordre de ces fonctions, de manière à ce que la racine porte des graines et à ce que la tige s'introduise dans la terre, on pourrait en conclure qu'il existe deux principes vitaux ou âmes, différant l'un de l'autre par leur nature et par la partie de la plante où ils résident; l'un se trouverait dans la racine, l'autre dans la tige, ou bien l'on pourrait croire encore qu'il n'existe qu'un seul principe vital auquel les parties végétales que nous venons de nommer doivent leurs fonctions et leurs propriétés particulières. Cependant, on peut prouver par le raisonnement suivant qu'il n'existe pas deux principes vitaux de nature différente résidant dans des parties différentes de la plante : nous voyons souvent une racine séparée du reste de la plante produire des rejetons, ou une tige coupée pousser des racines qui s'enfoncent dans la terre, comme s'il existait à la fois dans la racine et dans la tige un principe vital d'une nature indivisible. Ce qui précède semblerait prouver que le principe vital réside dans les deux parties en question et dans la plante tout entière, si un fait contraire à celui que nous avons cité plus haut ne venait s'opposer à cette théorie. En effet, l'observation nous a souvent prouvé que la racine et la tige de nombreux végétaux tels que les *Pinus* et les *Abies* possèdent des propriétés et des vertus différentes, car la tige de ces végétaux, une fois enterrée, ne pousse jamais de racines, et leur racine, séparée du reste de la plante, meurt sans produire de rejetons ». D'après les doctrines de Césalpin, il serait donc prouvé qu'un seul et même principe vital réside dans la racine et dans la tige, mais qu'il n'existe pas dans toutes les parties de la plante; dans les explications théoriques qui suivent, l'auteur cherche à déterminer d'une manière précise le siège du principe vital.

Il commence par établir au moyen d'une étude anatomique les différences qui existent entre la tige et la racine; la racine est formée d'une écorce qui est tantôt dure et ligneuse, tantôt molle et tendre comme de la chair. En revanche, la tige est formée de trois éléments différents; à l'extérieur se trouve l'écorce, à l'intérieur la moelle et entre la moelle et l'écorce est comprise une substance qui porte, chez les arbres, le nom de bois. Un raisonnement d'une logique toute aristotélicienne suit cet exposé, juste en somme, des différences qui existent entre la racine et la plante.

« La nature ayant placé le principe vital dans les parties les plus cachées des êtres organisés, comme elle a placé les entrailles dans le corps des animaux [c'est ici supposer exact un fait qui n'est démontré que pour la moitié des êtres organisés, mais admettons provisoirement que la démonstration est complète], nous en conclurons avec quelque raison que le principe vital ne réside pas dans l'écorce des plantes, mais plus avant dans l'intérieur, c'est-à-dire dans la moelle. Or, la moelle se trouve dans la tige, et non dans la racine. Les anciens partageaient cette opinion, comme nous pouvons le voir d'après les dénominations qu'ils appliquaient aux différentes parties de la plante. Ils donnaient à la tige le nom de cœur, *cor,* puis ceux de cerveau, *cerebrum,* ou de matrice, *matrix.* Cette dernière partie de la plante contient, en effet, le principe de la reproduction. C'est là que la semence naît et se forme ».

Nous revenons ici à une particularité des théories de Césalpin; le lecteur aura remarqué sans doute les raisons en vertu desquelles Césalpin considère la moelle comme le générateur des semences, opinion qui fut, plus tard, entièrement partagée par Linné; la phrase suivante représente la fin du raisonnement prolixe que nous avons cité plus haut : « On distingue chez les plantes deux parties principales, la racine, et la partie de la plante qui s'élève au dessus du sol; l'endroit où nous croyons, en conséquence, devoir placer avec le plus de raison le principe vital, se trouve dans la partie inférieure de la plante, là où la tige rejoint la racine. Il se trouve, au même endroit, une substance, plus tendre et plus molle que ne le sont la tige et la racine, et qui n'appartient ni à l'une ni à l'autre. Elle peut souvent servir à l'alimentation, lorsque la plante est encore jeune ». Nous verrons plus bas quel rôle important est appelée à jouer dans la systématique de Césalpin, cette théorie de l'existence d'un siège spécial du principe de vie végétale, théorie qui avait été si laborieusement, si péniblement enfantée, à l'aide de tous les raisonnements de la scolastique; nous verrons que ces théories l'amenèrent à établir son système de classification d'après la place occupée par l'embryon dans la semence. Il nous faut remarquer ici que le point de jonction de la racine et de la tige, la partie de la plante dans laquelle Césalpin s'efforçait de découvrir le principe vital, a reçu des botanistes qui suivirent Césalpin le nom de « collet ». Et bien que les botanistes du dix-neuvième siècle qui se rattachaient à l'école de Linné ignorassent que Césalpin avait tâché, trois siècles auparavant, d'établir par des preuves l'existence du principe vital dans le collet, ils n'en continuaient pas moins à entourer d'un intérêt superstitieux cette partie de la plante qu'on peut à peine désigner sous le nom de partie. On n'arrive que par la connaissance des faits qui précèdent à s'expliquer l'importance que plusieurs botanistes français ont attachée à la région en question, importance qui resterait inexplicable sans les éclaircissements puisés dans l'histoire. Pour en revenir aux théories de Césalpin au sujet du cœur, *cor*, nous voyons qu'il ne s'inquiète guère de l'existence d'un fait important, à savoir, que la régénération des plantes s'effectue par des parties végétales indépendantes et séparées les unes des autres; et il applique à ce fait un raisonnement digne de la logique aristotélicienne : « Quoique le principe de la vie soit un et indivisible, dit-il, il peut, cependant, se manifester sous des formes différentes. En somme, ajoute-t-il, il existe dans l'axe de chaque feuille un cœur, *cor*, au moyen duquel la tige de l'axe communique avec la moelle de la tige-mère » et enfin, il se place en contradiction directe avec lui-même en déclarant, dans le chapitre V, que le principe vital est, jusqu'à un certain point, répandu dans les différentes parties de la plante, en dépit des considérations exposées plus haut, et dans lesquelles il désigne le collet comme siège du principe vital.

L'introduction théorique dont Césalpin fait précéder ses remarques si justes et si substantielles sur les organes de la fructification peut nous fournir un exemple de sa méthode péripatéticienne :

« Comme la plante n'existe qu'à telles fins de se reproduire par la semence, et que la reproduction obtenue au moyen d'un bourgeon est toujours d'une nature incomplète, si toutefois un fragment de plante peut vivre, on se rendra compte, mieux que par tout autre moyen, de la beauté de l'organisation végétale en examinant la semence et la manière dont elle se développe. Les organes de fructification sont composés d'un grand nombre d'éléments divers, le péricarpe possède une grande variété de formes, et, par là, l'œuvre de la fructification présente bien plus d'intérêt que le développement d'un bourgeon. Cette beauté et cette variété sont une preuve de la manière dont la nature créatrice s'est complue à former les semences, et à procéder à leur développement. Chez les animaux, la semence est un produit des sécrétions d'une partie du cœur, de la plus parfaite, de celle qui contribue le mieux à engendrer la vie; ces semences sont rendues fécondes par le principe vital et la chaleur naturelle; de même, chez les plantes, la substance dont les graines sortiront plus tard doit se séparer de la partie végétale où réside le principe de la chaleur naturelle, c'est-à-dire, comme nous l'avons montré plus haut, de la moelle. Pour les mêmes raisons, la moelle des graines est formée de la substance la plus humide et la plus pure contenue dans les principes nutritifs [1]. Le péricarpe, qui entoure les graines et les protège, est formé d'une substance plus grossière. Il n'a pas été jugé nécessaire, dans l'étude des organes de reproduction des végétaux, de distinguer des autres une substance particulièrement fertilisatrice, comme cela a lieu pour les animaux, qui se distinguent en animaux mâles et femelles ».

La conclusion du passage que nous venons de citer, et plusieurs autres raisonnements approfondis prouveraient que Césalpin ne croit pas plus qu'Aristote à la sexualité des plantes, bien plus, qu'il la considère comme impossible. Il compare par conséquent les différentes parties de la fleur, qu'il connait mieux que ses contemporains, à la membrane qui enveloppe le fœtus animal, membrane qu'il considère comme un organe protecteur. Le calice, la corolle, les étamines, et les carpelles ne sont à ses yeux que des

1. Nous verrons plus tard que la moelle des graines n'est autre que la substance contenue dans les cotylédons et l'endosperme.

enveloppes destinées à protéger la semence pendant son développement, comme les feuilles des arbres et des arbustes sont destinées à protéger les jeunes bourgeons.

Césalpin ne comprend sous le nom de fleur, *flos*, que les parties de la fleur qui ne se rattachent pas directement à l'appareil de la fructification, c'est-à-dire le calice, la corolle, et les étamines. Il est nécessaire de se rappeler ce que nous venons de dire si l'on veut comprendre Césalpin dans sa théorie de la fructification, et particulièrement dans sa doctrine des métamorphoses. Nous appellerons aussi l'attention du lecteur sur un fait important; Césalpin désigne exclusivement sous le nom de péricarpe l'enveloppe du fruit, celle qui contient du suc et qui est bonne à manger, mais il existe aussi à l'intérieur du fruit une substance pulpeuse, elle enveloppe la semence, et, d'après la théorie de Césalpin, elle doit porter aussi le nom de péricarpe.

Parmi les parties végétales qu'il considère comme des éléments de la fleur se trouvent le *folium*, qui représente probablement la corolle, mais qui, dans certains cas, comprend le calice, puis le *stamen*, dénomination que Césalpin applique à ce que nous désignons maintenant sous le nom de style, puis les *flocci*, que nous appelons maintenant étamines. On voit que Césalpin désigne indifféremment le calice, la corolle, et les feuilles des arbres et des arbustes sous le nom de *folium*; cent ans plus tard, Malpighi l'imitait, et, sans y hésiter davantage, considérait les cotylédons comme des feuilles qui auraient passé par des transformations successives. D'ailleurs, le tissu des enveloppes de la fleur est si semblable à celui des cotylédons, qu'il suffit d'y voir clair pour constater instinctivement les rapports qui existent entre les unes et les autres; et si les botanistes de l'époque de Linné conçurent des doutes à cet égard, ces doutes furent la conséquence de la terminologie de Linné, terminologie dans laquelle l'auteur supprime toutes les considérations qui auraient pour base une étude comparative.

D'ailleurs, la théorie des métamorphoses, de Césalpin, paraît beaucoup plus logique et beaucoup plus rationnelle que celle des botanistes du dix-neuvième siècle avant Darwin; la théorie de Césalpin est fondée sur des aperçus philosophiques au sujet de la nature des plantes, et, par conséquent, elle est, jusqu'à un certain point, rationnelle et compréhensible.

Césalpin émet en outre une doctrine que nous pouvons rattacher à sa théorie des métamorphoses; il considère la substance dont est formée la graine (embryon et endosperme) comme le produit de la moelle, parce que la moelle est le siège du principe vital[1]; comme la moelle de la tige est entourée et protégée par une enveloppe ligneuse et par l'écorce, de même la substance qui donne naissance à la graine est renfermée dans une coque d'une matière ligneuse et dans un péricarpe semblable à de l'écorce, ou encore dans une enveloppe qui protège le fruit, et qui est analogue au péricarpe. D'après les théories de Césalpin, la substance génératrice qui contient les germes des semences est un produit de la moelle, la coque ligneuse dans laquelle est renfermée la graine, un produit du bois, le péricarpe, un produit de l'écorce de la tige. Césalpin éprouve une certaine difficulté à concilier cette manière de voir avec la conséquence qui découle logiquement de sa théorie, et en vertu de laquelle les différentes parties de la fleur, c'est-à-dire le calice, la corolle, et les étamines, devraient tirer leur origine des tissus qui entourent la tige; il aplanit cette difficulté en remarquant que le péricarpe est *à peine esquissé au moment où la fleur se forme,* et qu'il ne se développe que lorsque les parties en question sont tombées; d'ailleurs, elles sont si ténues, qu'il n'y a rien de particulièrement extraordinaire dans cette manière de voir.

Nous retrouvons cette théorie des métamorphoses de Césalpin, légèrement modifiée, dans la théorie de la fleur, telle qu'elle fut adoptée plus tard par Linné. Linné lui-même fait remonter l'origine de la théorie de la fleur à Césalpin, bien qu'on lui en attribue généralement le mérite. On peut le voir clairement dans ses *Classes Plantarum,* par un passage où il décrit la caractéristique du système de Césalpin : « Il considère la fleur comme une partie végétale qui se trouve à l'intérieur de la plante, et qui perce l'écorce pour pouvoir se développer; l'écorce de la tige s'épaissit, éclate, et forme le calice, les pétales ne sont qu'une écorce intérieure, particulièrement mince; les étamines sont des fibres qui se trouvent à l'intérieur de la partie ligneuse, le pistil est la moelle même de la plante ». Ceci s'écarte un peu, à la vérité, de la manière de voir de Césalpin, mais il n'est pas moins certain que, dans le passage cité plus haut, Linné croit répéter ce que Césalpin a dit sur le même sujet. Si sa manière de voir n'est pas absolu-

1. Nous voyons dans les renseignements donnés par Théophraste (*Theophrasti quae supersunt Opera* éditées par Schneider, Leipzig, 1818 : *De Causis Plantarum.* V., cap. V.) que les fruits de la vigne ne contiennent pas de pépins quand la moelle de la plante a subi quelque lésion : cette opinion prouverait l'ancienneté de la théorie qui considère la semence comme un produit de la moelle.

ment semblable à celle de Césalpin, au moins n'en diffère-t-elle presque pas dans le principe, et d'après les idées mêmes de Césalpin, on pourrait considérer la théorie de Linné comme un énoncé plus logique de celle de Césalpin.

Cependant, l'influence de la doctrine des métamorphoses de Césalpin se fait sentir bien vivement dans un autre passage des œuvres de Linné; les pétales, les étamines et les styles ne se trouvent pas dans toutes les fleurs, dit-il; il arrive souvent que la fleur se transforme pour produire une substance particulière, comme c'est le cas pour les fleurs du noisetier, du châtaigner, et en général, de tous les végétaux dont les fleurs affectent la forme de chatons. Le chaton représente la fleur, il a une forme allongée, il sort de la partie de la plante qui contient le principe du fruit, et de cette manière le fruit se forme malgré l'absence de fleurs; le pédoncule du chaton provient d'une transformation des styles, et les écailles du chaton ne sont autres que les pétales et les étamines.

Ce qui précède montre que Césalpin avait volontiers recours à la théorie des métamorphoses (théorie que nous trouvons esquissée déjà dans les œuvres de Théophraste); elle s'adapte admirablement à sa philosophie aristotélicienne, tandis que la théorie des métamorphoses dont Goethe est l'auteur est fondée sur des principes scolastiques, et parait, par conséquent assez, déplacée au milieu de la science moderne. Césalpin, nous l'avons dit précédemment, ne considérait comme faisant partie de la fleur, en opposition avec les rudiments du fruit, que les enveloppes et les étamines; ce principe l'amène à des théories particulières au sujet de certaines plantes; il existe des plantes, dit-il, dont les fleurs se rapprochent, par leur nature, des chatons; elles ne portent jamais de fruit; elles sont absolument stériles; d'autres, en revanche, qui portent des fruits, n'ont pas de fleurs, comme l'*Oxycedrus*, le *Taxus*, et certains végétaux tels que les *Mercurialis*, *Urtica*, *Cannabis*. On peut appliquer à ceux qui sont stériles, la dénomination de mâles, à ceux qui sont féconds, la dénomination de femelles. Il distinguait, par conséquent, les végétaux que nous appelons à l'heure qu'il est dioïques, de ceux qu'on appelle monoïques; parmi ces derniers, il classe le maïs.

Ce qui précède peut donner au lecteur une idée, insuffisante il est vrai, des théories de Césalpin. Pour satisfaire entièrement les exigences qu'il serait en droit d'avoir à ce sujet, je serais obligé de citer en détail les observations si nombreuses, si justes, souvent si fines, de cet auteur sur la position des feuilles, la formation du fruit, sur la manière dont les semences sont réparties dans l'intérieur du fruit, sur la place qu'elles y occupent; je serais obligé de citer ses remarques comparées sur les éléments qui forment le fruit dans différents végétaux; ses excellentes études descriptives des plantes rampantes et des plantes grimpantes, des plantes épineuses, et d'autres encore. Bien qu'une entreprise de ce genre entraîne nécessairement des erreurs et des inexactitudes, nous n'en possédons pas moins, dans certains chapitres de son livre, les principes d'une morphologie comparée qui laisse loin derrière elle ce que Théophraste et Aristote ont dit sur ce sujet. Les chapitres XII, XIII et XIV doivent être considérés comme les parties les plus brillantes de son ouvrage; il y établit les principes fondamentaux de la théorie de la systématique botanique, et, pour préparer le lecteur à ce qui doit suivre, il commence par démontrer qu'il est plus rationnel de ne pas s'en tenir exactement à l'ancienne classification des quatre grands groupes végétaux, et de réunir les arbrisseaux aux arbres, les sous-arbrisseaux aux plantes. Cependant, il est difficile d'établir la subdivision des genres en espèces, car les plantes sont presque innombrables. Il existe nécessairement un grand nombre de genres intermédiaires parmi lesquels se trouvent comprises les *ultimæ species*, mais on les connaît peu. Ensuite, l'auteur aborde l'étude de certaines subdivisions qui comprennent uniquement les plantes utiles à l'homme, comme les légumes et les céréales, qu'on désigne collectivement sous le nom de *fruges*, et les herbes dont on se sert dans la cuisine (*olera*). L'auteur a établi cette classification d'après les propriétés communes aux végétaux ci-dessus mentionnés, et non d'après les rapports extérieurs qu'ils présentent entre eux, comme nous le faisons aujourd'hui.

Il nous explique sa manière de voir à cet égard au moyen d'exemples extrêmement bien choisis. « D'après ce que nous avons dit plus haut à ce sujet, ajoute-t-il, on doit se rendre compte de la difficulté qu'on éprouve à classer les végétaux, car, aussi longtemps qu'on n'arrivera pas à une connaissance plus approfondie des genres (groupes principaux) on continuera à confondre les espèces entre elles[1] ». La difficulté consiste précisément dans l'incertitude où l'on se trouve lorsqu'il s'agit de déterminer les rapports que présentent entre eux les différents groupes végétaux. Comme on compte dans les plantes, deux parties principales, la racine et la tige, il semble impossible d'établir la classification

1. Linné cite textuellement cette phrase dans sa *Philosophia Botanica*, paragraphe 159.

des genres et des espèces d'après les rapports et les différences que présentent, avec les tiges et les racines d'autres végétaux, soit l'une, soit l'autre de ces deux parties essentielles.

En effet, si nous classons dans le même genre les plantes à racine ronde, comme la rave, l'Aristoloche, le Cyclamen, l'Arum, nous classons dans des genres différents des plantes qui présentent entre elles les plus grands rapports, comme le Colza, le Raifort, la rave et la grande Aristoloche, qui ressemble elle-même à l'Aristoloche à racine ronde, et nous réunissons, en revanche, les végétaux les plus dissemblables, car le Cyclamen et la rave sont de nature absolument différente, sauf en ce qui concerne leur racine; il en est de même de toute classification fondée uniquement sur les différences qui existent entre les feuilles ou entre les fleurs.

Dans les considérations qui suivent, et qui ont surtout pour sujet la notion de l'espèce, on rencontre cette phrase : « Une plante produit toujours une plante qui lui est semblable, et qui appartient à la même espèce qu'elle; en ceci, les végétaux obéissent à la loi de la nature ».

On voit clairement, d'après les opinions exprimées par Césalpin au sujet de la classification systématique, qu'il établit une distinction bien arrêtée entre la classification fondée sur des théories d'une valeur purement subjective, et celle qui repose sur la nature même des plantes : pour lui, la dernière est la seule qui soit juste et rationnelle, comme il le dit lui-même au chapitre suivant : « Nous cherchons à déterminer les ressemblances et les dissemblances qui existent entre les formes végétales dans l'essence même de la plante, non dans les accidents dus au jeu du hasard et non aux lois de la nature (*quae accidunt ipsis*) ». Les propriétés médicinales et autres vertus des plantes ne doivent être considérées que comme des particularités accidentelles. Dans ce qui précède, Césalpin frayait la voie que devait suivre la systématique scientifique, en tant qu'elle est basée sur la parenté naturelle; mais, en même temps, la phrase citée plus haut contient en germe les premiers principes des théories fausses dans lesquelles tous les systématistes qui se sont succédé jusqu'à Darwin se sont fourvoyés : si, dans la phrase en question, nous remplaçons le mot *substantia* par le mot *idea*, qui répond à peu près à la même idée dans l'esprit de ceux qui ont adopté la manière de voir des philosophes de l'école d'Aristote et de Platon, nous retrouverons les théories des botanistes modernes qui ont précédé Darwin, et pour qui les notions d'espèce, de classe, de famille, représentent *ideam quamdam et quoddam supranaturale*.

Dans le cours des raisonnements et des déductions qui suivent, Césalpin démontre la nécessité d'établir une distinction bien arrêtée entre les deux grandes divisions du règne végétal, entre celle qui comprend les végétaux dont la tige est formée d'une substance ligneuse, et celle qui comprend les herbes; et cette différence doit être établie d'après la plus importante de toutes les fonctions végétales, d'après la manière dont les principes nutritifs montent dans la racine et dans la tige. Les botanistes qui se succédèrent depuis l'antiquité jusqu'à Jung considérèrent ce système de classification comme un dogme infaillible, auquel la science tout entière devait obéir. Les fonctions de reproduction de la plante viennent en seconde ligne, et s'effectuent au moyen des organes de fructification.

Bien que ces organes ne soient pas communs à toutes les plantes, mais n'existent que chez les végétaux les plus parfaits, les divisions secondaires (*posteriora genera*), n'en seront pas moins établies, soit au sujet des arbres, soit à l'égard des plantes, d'après les rapports et les dissemblances des diverses fonctions de reproduction. C'est à la suite de déductions dignes de l'école d'Aristote et de Platon et non point d'après des raisonnements inductifs, que Césalpin est arrivé à émettre la théorie suivante : « les principes de la classification naturelle doivent être fondés sur l'observation des organes de la fructification » ; théorie en vertu de laquelle Linné glorifia en Césalpin le premier de tous les systématistes, tandis qu'il emprunte à peine une citation aux œuvres de de l'Obel et de Gaspard Bauhin, qui établissaient leurs classifications systématiques d'après les rapports et les différences que présentent les plantes dans leur apparence générale.

Ce furent donc des appréciations *a priori*, telles qu'on les rencontre dans la philosophie aristotélicienne tout entière, qui déterminèrent Césalpin à établir ses subdivisions végétales d'après les organes de la fructification.

Il nous faut renoncer ici à aborder l'étude de mainte partie intéressante des œuvres de Césalpin; nous désirons cependant attirer l'attention du lecteur sur un point particulier de ses théories; d'après lui, la première et la plus importante de toutes les fonctions végétales est la reproduction; dans l'organisation des animaux, il donne la première place à la faculté de sentir et de se mouvoir; dans celle de l'homme, à l'intelligence. Comme les fonctions de l'intelligence ne nécessitent pas d'organes particuliers, Césalpin en conclut que le genre humain ne comprend qu'une seule espèce, et non plusieurs.

Au quatorzième chapitre, il esquisse à grands traits un résumé du système végétal qu'il a établi d'après l'observation des organes de reproduction, et il place en premier lieu les végétaux les plus imparfaits; celui qui s'est familiarisé avec la littérature botanique du dix-septième et du dix-huitième siècle verra sans étonnement que Césalpin admet la *generatio spontanea* sous une forme assez grossière, chez les végétaux inférieurs; cette théorie se rattachait aux doctrines aristotéliciennes, et, cent ans plus tard, Mariotte chercha à établir, par des raisons spécieuses, empruntées au domaine de la physique, le fait de la génération spontanée chez les végétaux les plus achevés et les plus parfaits dans leur espèce.

« Il existe beaucoup de plantes, dit Césalpin, qui ne portent pas de semences, car elles appartiennent aux végétaux les plus imparfaits, et elles ne sont que des produits de la moisissure; c'est pourquoi leurs fonctions se bornent à absorber des principes nutritifs et à se développer, elles ne peuvent se reproduire, elles représentent des objets intermédiaires entre les plantes et les êtres inanimés. De même que les zoophytes tiennent à la fois de l'animal et de la plante, de même les champignons appartiennent à la fois aux végétaux et aux êtres inorganiques; les lentilles d'eau, les lichens et plusieurs herbes qui croissent dans la mer rentrent dans la même catégorie ».

Parmi ces végétaux, il en est cependant qui produisent des semences, mais la semence elle-même porte le caractère de la plante qui l'a produite; elle est imparfaite et inachevée. Si l'on voulait choisir à cet égard un exemple dans le règne animal, on pourrait citer le mulet. On peut considérer les végétaux qui résultent de ces semences comme des produits difformes ou malades. Dans les céréales, il y a beaucoup de tiges qui portent des épis vides (l'auteur parle probablement ici des Ustilaginées); il place dans cette catégorie l'Orobanche et l'Hypociste, car ces végétaux contiennent, au lieu de semences, une sorte de poudre. Afin d'établir la distinction qui existe entre les uns et les autres, Césalpin fait la remarque suivante : « Parmi les végétaux parfaits, il en existe qui sont stériles; ceux-ci ne doivent pas être classés dans une catégorie spéciale, car la stérilité ne concerne ici que l'individu et non l'espèce ».

Certaines plantes se reproduisent au moyen d'une substance qui représente la graine; c'est une sorte de laine qui croît sur les feuilles; les végétaux en question n'ont ni tige, ni fleurs, ni graines, comme les Fougères. On remarquera sans doute ici la conséquence des théories morphologiques de Césalpin, théories d'après lesquelles une plante qui ne porte pas de semences proprement dites ne peut pas avoir de tige, et bien que les principes sur lesquels était fondée cette théorie tombassent de plus en plus en désuétude auprès des botanistes qui succédèrent à Césalpin, on n'en continua pas moins à croire que les fougères n'avaient pas de tige; il y a eu jusqu'au milieu du siècle actuel des botanistes qui cherchèrent à prouver l'absence de tige chez les fougères, et qui étaient loin de se douter qu'ils s'efforçaient, par là, d'établir un des dogmes de la philosophie aristotélicienne; on peut comparer ce qui arriva à cet égard aux théories d'autres botanistes au sujet du collet de la racine, théories que nous avons exposées dans les pages précédentes. Mais poursuivons l'étude des doctrines de Césalpin. Il aborde une des divisions les plus vastes du système végétal, celle qui comprend les végétaux parfaits, les végétaux qui produisent des semences proprement dites. On distingue, dit-il, dans la conformation des organes, trois choses principales : le nombre, la position et la forme des diverses parties qui les composent; dans l'œuvre de la formation du fruit, les lois ou les jeux de la nature amènent, d'après les différences qui existent entre les organes en question, des résultats divers, et ces différents résultats donnent lieu aux subdivisions du règne végétal.

Césalpin donne ensuite un aperçu des différentes théories qui, dans les conditions précitées, doivent servir de base à son système. Nous passerons sous silence les théories en question, car les principes qui les ont dictées s'imposeront plus facilement et avec plus de justesse à l'esprit de ceux qui liront l'énumération que nous citons plus bas, et qui comprend le système de Césalpin. En revanche, d'après Césalpin, les subdivisions peuvent être établies d'après l'observation des rapports et des différences que présentent entre elles les racines, les tiges, les feuilles. D'autres caractères qui ne concernent en rien l'organisation de la plante ou celle du fruit, tels que la couleur, le parfum, le goût, ne doivent être considérés que comme des particularités accidentelles, et par conséquent dépendent souvent de la culture, de l'habitat, et du climat.

Le premier des seize Livres de botanique dus à Césalpin se termine sur cet aperçu de son système de classification. Six cents pages des quinze Livres restants sont consacrées à des descriptions, souvent très détaillées, et divisées en quinze classes différentes. L'auteur commence par les arbres, et il y joint les arbrisseaux, pour des raisons procédant des rapports de parenté, comme il le dit lui-même : *ob affinitatem*. Césalpin a négligé de joindre au texte de ses livres une préface donnant certains aperçus généraux sur leur contenu, et cela a nui au succès de son œuvre. Son étude de la botanique se présente sous la forme de celles de de l'Écluse, de Dodonaeus et de Bauhin; c'est-à-dire qu'au lieu d'être divisée en classes et en catégories, elle se meut dans les limites traditionnelles imposées par une subdivision en livres ou en chapitres; cependant, l'auteur a soin d'indiquer, dans les introductions qui précèdent les différents Livres, les signes distinctifs et les caractères généraux des classes végétales dont il va aborder l'étude. Linné est le premier qui ait résumé, dans ses *Classes Plantarum*, les théories de ses prédécesseurs, et particulièrement celles qu'expose Césalpin; il a mis en lumière leurs particularités caractéristiques, et surtout il a joint aux anciennes dénominations de classes celles qui portent son nom et qui nous sont familières.

Nous renverrons souvent le lecteur à cet ouvrage, dont la valeur est grande, et qui a par-dessus tout le mérite de nous amener à l'intelligence des œuvres des systématistes qui se succédèrent de Césalpin à Linné. J'emprunte ici aux formules précises de Linné un résumé du système que Césalpin avait appliqué à la classification des groupes principaux; il vaut bien la place que nous lui avons consacrée dans ce livre, car il s'agit ici du premier système végétal qu'on ait jamais fondé et accompagné de diagnoses. Il faut ajouter ici, pour l'intelligence de ce qui va suivre, que Césalpin considérait le cœur, *cor*, de la semence comme le sujet principal de ses études botaniques; et, conformément à ce que nous avons dit dans les pages précédentes, il comprend sous ce nom le point où le germe de la racine s'unit dans l'embryon au germe du bouton de la tigelle, ou encore le point qui donne naissance aux cotylédons.

Afin d'être plus bref, nous nous servirons de la langue latine, pour transcrire les exemples que Linné a joints aux dénominations des classes de Césalpin.

ARBOREÆ.

(*ARBORES ET FRUCTICES*).

I. — *Corde ex apice seminis. Seminibus saepius solitariis* (*e. g. Quercus, Fagus, Ulmus, Tilia, Laurus, Prunus*).

II. — *Corde e basi seminis, seminibus pluribus* (*e. g. Ficus, Cactus, Morus, Rosa, Vitis, Salix, Coniferae, etc.*).

HERBACEÆ.

(*SUFFRUCTICES ET HERBÆ*).

III. — *Solitariis seminibus. Semine in fructibus unico* (*e. g. Valeriana*, *Daphne*, *Urtica*, *Cyperus*, *Gramineae*).

IV. — *Solitariis pericarpiis. Seminibus in fructu pluribus, quibus est conceptaculum carnosum, bacca aut pomum* (*e. g. Cucurbitaceae*, *Solaneae*, *Asparagus*, *Ruscus*, *Arum*).

V. — *Solitariis vasculis. Seminibus in fructu pluribus quibus est conceptaculum e sicca materia* (*e. g* : différentes Légumineuses, Caryophyllées, Gentianées, etc.).

VI. — *Binis seminibus. Semina sub singulo flosculo invicem conjuncta, ut unicum videantur ante maturitatem; cor in parte superiore, qua flos insidet. Flores in umbella* (Famille des Ombellifères).

VII. — *Binis conceptaculis* (*e. g. Mercurialis*, *Poterium*, *Galium*, *Orobanche*, *Hyoscyamus*, *Nicotiana*, Crucifères).

VIII. — *Triplici principio* (ovaires) *non bulbosae. Semina trifariam distributa; corde infra sito, radix non bulbosa* (*e. g. Thalictrum*, *Euphorbia*, *Convolvulus*, *Viola*).

IX. — *Triplici principio bulbosae. Semina trifariam distributa; corde infra sito, radix bulbosa* (Monocotylédones à grandes fleurs).

X. — *Quaternis seminibus. Semina quatuor nuda in communi sede* (comprend les Borraginées et les Labiées).

XI. — *Pluribus seminibus, anthemides. Semina nuda plurima, cor seminis inferius vergens; flos communis distributus per partes in apicibus singuli seminis* (ne comprend que des Composées).

XII. — *Pluribus seminibus cichoraceae aut acanaceae. Semina nuda plurima, cor seminis inferius vergens, flos communis distributus per partes in apicibus singuli seminis* (comprend, outre les Composées, l'Eryngium et la Scabieuse).

XIII. — *Pluribus seminibus, flore communi. Semina solitaria plurima; corde interius; flos communis, non distributus, inferius circa fructum* (comprend, entre autres, les *Ranunculus*, *Alisma*, *Sanicula*, *Geranium*, *Linum*).

XIV. — *Pluribus folliculis. Semina plura in singulo folliculo* (*e. g. Oxalis*, *Gossypium*, *Aristolochia*, *Capparis*, *Nymphea*, *Veratrum*, etc.).

XV. — *Flore fructuque carentes* (*Filices*, *Equiseta*, — Muscinées, y compris les Coraux et Champignons).

Les exemples que nous avons joints aux diagnoses montrent

clairement que, parmi les classes nommées plus haut, pas une seule, à part les sixième, dixième, et quinzième ne correspond exactement à des groupes naturels du règne végétal. Il existe dans la classification en question, un grand nombre de classes différentes; elles réunissent les éléments les plus divers, et, ce qui est encore pire, les Monocotylédones et les Dicotylédones s'y trouvent confondues tandis que de l'Obel et plus tard Bauhin avaient presque complètement établi les différences qui distinguent les Monocotylédones des Dicotylédones; la neuvième classe, cependant, ne comprend que des Monocotylédones, mais elle ne les renferme pas toutes.

Le résultat obtenu paraît aussi peu satisfaisant que possible, quand on songe qu'il est dû aux efforts d'une intelligence aussi exercée que celle de Césalpin. Il n'indique pas un seul groupe de plantes réunies entre elles par les rapports de la parenté naturelle que les botanistes allemands et hollandais n'aient indiqué déjà dans leurs ouvrages. D'ailleurs, par sa nature même, le système fondé sur les principes de la parenté naturelle se révèle plus facilement peut-être aux perceptions involontaires de l'instinct qu'aux raisonnements de l'intelligence. Césalpin s'est efforcé, le sachant et le voulant, de donner une forme scientifique aux principes de la parenté naturelle, et de les établir d'après un ordre systématique; il en est résulté une série de groupes végétaux absolument factices. On pourrait les comparer presque tous à des cartes d'échantillons, contenant les noms des végétaux les plus divers. Césalpin a cru pouvoir déterminer, d'après des principes établis *a priori*, les signes caractéristiques sur l'observation desquels est fondé le système de la parenté naturelle. En contemplant les résultats factices dus à ce travail qui s'est poursuivi sans interruption pendant à peu près trois siècles et qui procédait toujours des mêmes principes fondamentaux, on arrive, par la voie de l'induction, à se convaincre que le système fondé par Césalpin ne pouvait amener qu'à des erreurs. Malgré cela, les botanistes qui, jusque vers le milieu du dix-huitième siècle, suivirent la voie frayée par Césalpin, arrivèrent à circonscrire et déterminer avec une exactitude de plus en plus grande les groupes végétaux unis par les rapports de la parenté naturelle; mais on peut trouver facilement l'explication de ce fait; en effet, les notions qu'on acquiert, fût-ce au moyen de mauvais procédés, amènent à une connaissance plus parfaite du domaine dans lequel s'exercent les efforts, et finissent, par conséquent, par faire pressentir et découvrir la vérité.

JOACHIM JUNG[1] naquit à Lubeck en 1587, mena une existence agitée, et mourut en 1657. Il était contemporain de Kepler, de Galilée, de Vésale, de Bacon, de Gassendi, et de Descartes. Après avoir accepté à Giessen une chaire de professeur, il partit pour Rostock, y étudia la médecine, puis alla à Padoue en 1618, et y resta jusqu'en 1619. Nous pouvons croire sans crainte de nous tromper, que pendant son séjour dans cette dernière ville, il s'initia aux doctrines de Césalpin, qui avait cessé de vivre depuis près de quinze ans. Puis il retourna en Allemagne, et, pendant dix ans, enseigna dans différentes chaires de Lubeck et de Helmstadt. En 1629, il devint recteur du *Johannaeum* de Hambourg. Son activité scientifique s'exerçait dans le domaine des sciences les plus diverses, et en particulier dans celui de la philosophie, où il était l'adversaire décidé de la scolastique et des doctrines aristotéliciennes; il s'occupait, en outre, de mathématiques, de physique, de minéralogie, de zoologie, et de botanique. Dans ces différents domaines, il ne se montra pas uniquement doué de la faculté réceptive de comprendre et de s'assimiler, il fit preuve d'une intelligence critique qui savait discerner le bon du mauvais, et qui fut particulièrement créatrice dans le domaine de la botanique. Jung fut en Allemagne ce que Césalpin était en Italie, le premier botaniste qui sût unir le raisonnement scientifique à l'observation approfondie des plantes.

Ce furent les disciples immédiats de Jung qui recueillirent les fruits des études de leur maître, car cet homme si actif, et dont les efforts tendaient toujours à perfectionner et à étendre ses investigations, ne publia rien de son vivant. En 1662 seulement, son disciple Martin Fogel publia un ouvrage intitulé *Doxoscopiae Physicae Minores*, tiré des œuvres posthumes du maître, travail d'une immense étendue.

En 1678, l'*Isagoge Phytoscopica* parut, grâce aux soins d'un autre disciple de Jung, de Jean Vagetius. Cependant, d'après Ray, une copie dont l'original avait été dicté par lui à ses disciples parvint en Angleterre dès l'année 1660.

Les *Doxoscopiae* contiennent en grand nombre des remarques disséminées ici et là, au sujet de nombreuses plantes; l'exposé exact et fidèle des différences qui existent entre elles et d'autres végétaux; des formules sur la méthode qu'il faut suivre, et les principes qu'il

1. Voir sa biographie par Guhrauer, intitulée : *Joachim Jungius und sein Zeitalter*. Tubingue, 1850. Au sujet de son importance comme savant, voir Ueberweg : *Geschichte der Philosophie*, III, p. 119. L'auteur y désigne Jung comme le précurseur de Leibnitz.

est bon d'observer dans le cours des investigations botaniques; le tout se présente sous la forme d'aphorismes que l'auteur jetait sur le papier quand l'occasion s'en présentait. Leur nombre et leur nature sont une preuve de l'ardeur que Jung apportait à l'étude des plantes dans leurs détails; il blâmait, à ce sujet, les efforts de nombreux botanistes qui se donnent plus de peine pour mettre en lumière les particularités de plantes inconnues que pour classer ces plantes dans les genres auxquels elles appartiennent, en établissant cette classification d'après des principes logiques, fondés eux-mêmes sur l'observation de différences spécifiques. Il fut le premier qui s'avisa de critiquer l'ancienne et traditionnelle classification par laquelle on divisait les végétaux en arbres et en plantes, et de trouver qu'elle ne remplissait pas les fonctions auxquelles elle était destinée.

Vers la fin du dix-septième siècle, Ray écrivit une botanique théorique, et, tout en lui donnant pour base l'*Isagoge* de Jung, il persista à se servir de l'ancienne classification qui divisait les végétaux en arbres et en herbes. Ce fait prouve jusqu'à quel point la croyance dans le vieux dogme était invétérée dans l'esprit des botanistes de l'époque. Jung émet, dans ses œuvres, des doutes répétés au sujet de la génération spontanée (*generatio spontanea*), et ses théories à cet égard constituent une de ses supériorités sur ses contemporains et sur Césalpin.

Son *Isagoge Phytoscopica* fut plus importante, et eut une influence plus durable sur l'histoire de la botanique. Elle contient le résumé bref et substantiel d'un système de botanique théorique. Les pensées de l'auteur se présentent sous forme de maximes, et une logique rigoureuse règne dans l'œuvre tout entière. Il est nécessaire de consacrer une attention particulière à l'ouvrage en question, parce qu'il contient les principes fondamentaux sur lesquels Linné établira plus tard sa nomenclature des différentes parties végétales. Comme l'*Isagoge* tout entière se trouve publiée dans l'*Historia Plantarum* de Ray, et que les citations en italiques sont accompagnées de l'indication de l'ouvrage auquel elles ont été empruntées, on peut en conclure que Linné s'était familiarisé dès sa jeunesse avec les doctrines de Jung, et l'on sait à n'en pas douter qu'il les connaissait à fond avant l'année 1738. La terminologie de Linné est fondée, en principe, sur les théories de Jung, tandis que ses idées de philosophie générale au sujet de la botanique trouvent leur origine dans les œuvres de Césalpin. Le premier de ces deux faits présente autant d'importance que l'autre, au point de vue de la connaissance de l'histoire dont nous nous occupons. Le lecteur verra, en outre, qu'il devait ses connaissances sur la sexualité des plantes à Rudolph Jacob Camerarius. Ce fait est relaté avec tous les détails qui s'y rapportent dans l'histoire de la théorie de la sexualité.

Dans le premier chapitre de l'*Isagoge*, l'auteur traite des différences qui existent entre les végétaux et les animaux. D'après Jung, la plante est un corps doué de vie, mais privé de la faculté de sentir, ou bien un corps attaché à une place fixe, à un endroit fixe du sol dont elle peut tirer des principes nutritifs, où elle peut croître et se reproduire. La plante se nourrit en transformant en substance végétale les principes nutritifs qu'elle tire à elle, et répare ainsi les pertes causées par la volatilisation due à la chaleur naturelle et au feu intérieur. La plante croît, parce qu'elle produit des substances végétales en plus grande quantité que celles qui ont été volatilisées; elle grandit, par conséquent, et de nouvelles parties végétales se forment. La croissance de la plante se distingue de celle des animaux en ce que les diverses parties végétales ne croissent pas simultanément; les feuilles et les tiges cessent de croître aussitôt qu'elles ont atteint un certain degré de développement; la plante produit alors de nouvelles feuilles, de nouvelles tiges, et des fleurs nouvelles. On dit d'une plante qu'elle se reproduit, quand elle engendre une autre plante de même espèce : c'est ici le sens du mot de reproduction dans son acception la plus étendue. Nous voyons dans les œuvres de Jung, comme dans celles de Césalpin, que la notion de l'espèce est inséparable de celle de la reproduction. Le second chapitre est intitulé *Plantae Partitio*, et traite des parties extérieures de la plante dans ce qu'elles ont de plus important au point de vue morphologique; Jung partage sous ce rapport la manière de voir de Césalpin, et s'en tient essentiellement à ses théories; il divise la plante tout entière (à part les végétaux inférieurs), en deux parties principales : la racine, qui tire à elle les principes nutritifs, et la tige, qui s'élève au-dessus du sol, et porte en elle les organes de la fructification. Jung attache une importance particulière au point de jonction de la tige et de la racine, au *cor* de Césalpin, qu'il désigne sous le nom de *fundus plantae*.

La partie supérieure de la plante, ou même un fragment de cette partie peut être une tige, une feuille, un fruit ou quelque organe d'une importance secondaire, tels que le sont les épines chez les plantes, ou les poils chez les animaux. La définition de la tige et de la feuille est très singulière : « La tige, dit-il, est la partie supérieure de la plante. Elle s'élève au-dessus du sol de telle manière qu'elle n'a ni côté droit ni côté gauche, ni avant ni arrière. On appelle feuille la partie végétale qui, dès qu'elle est sortie de l'endroit où elle a pris naissance, s'étend, soit en hauteur, soit en longueur, soit en largeur, de sorte que les limites où sont circonscrites ces trois dimensions diffèrent les unes des autres, et, par conséquent, que la surface extérieure et la surface intérieure de la plante sont différemment organisées. Le côté intérieur de la feuille, qui est désigné aussi sous le nom de côté supérieur, fait face à la tige, et affecte, par conséquent, une forme concave, ou moins convexe que ne l'est celle du côté extérieur ». L'auteur conclut par une remarque qui aura toujours de l'importance au point de vue botanique. « Les observateurs négligents ou inexpérimentés, dit-il, prennent souvent la feuille composée pour un rameau; il est facile, cependant, de les distinguer l'un de l'autre, car la feuille composée possède une surface extérieure et intérieure comme la feuille simple, et, comme celle-ci, elle tombe entièrement quand vient l'automne ». Il donne le nom de *difformiter foliata* à une plante dont les feuilles présentent cette particularité que celles qui croissent à la naissance de la tige et celles qui se trouvent plus haut offrent entre elles des différences frappantes. Dans un fragment cité dans les œuvres de Guhrauer, Gœthe fait allusion à ce passage des œuvres de Jung; il semble lui avoir prêté un sens absolument différent de celui qu'il possède réellement.

L'auteur met encore en lumière les différentes formes du tronc et des branches, les particularités des feuilles; il leur applique les définitions générales que nous avons citées plus haut, il leur donne des noms dont nous nous servons en grande partie à l'époque actuelle. Le quatrième chapitre traite de la division de la tige en *internodia*. « Lorsqu'on regarde la tige ou la pousse principale comme un corps prismatique, dit Jung, la place qui donne naissance à un rameau ou au support d'une feuille peut être considérée comme une section transversale, parallèle à la base du prisme. Quand la partie végétale en question affecte la forme d'une protubérance, on lui donne le nom de genou ou de nœud, etc., et l'espace qui sépare deux de ces nœuds est désignée sous le nom d'*internodium*. »

Il nous serait impossible de citer en entier les excellentes remarques qui suivent, et qui ont pour objet des détails de l'organisation végétale, mais nous désirons ajouter à ces lignes quelques considérations sur la théorie des fleurs de Jung, théorie à laquelle l'auteur consacre une étude approfondie qu'il poursuit du chapitre 13 au chapitre 27.

Cette étude se ressent, comme celles de Césalpin sur le même sujet, de l'ignorance absolue de l'auteur au sujet de la sexualité des plantes, et, par là, de l'impossibilité où il se trouve nécessairement d'arriver à une définition passable de la fleur. Comme Césalpin, et pour les mêmes raisons que lui, Jung place l'appareil de fructification en opposition avec la fleur, au lieu de le considérer comme une partie de la fleur même. Pour lui, la fleur est la partie la plus délicate de la plante ; sa couleur et sa forme lui prêtent une apparence particulière, elle est unie en quelque mesure à l'appareil de fructification. En ceci, les théories de Jung, comme celles de tous les botanistes qui se sont succédés jusqu'à la fin du siècle dernier, se rattachent aux doctrines de Césalpin ; car Jung comprend sous la dénomination de fruit les prétendues semences nues (fruits secs indéhiscents) et le péricarpe. Il diffère de Césalpin en ce qu'il désigne les étamines sous le nom de *stamina*, le style sous celui de *stilus*, mais, comme Césalpin, il appelle la corolle *folium*. D'après lui, une fleur n'est complète qu'autant qu'elle possède les trois parties précitées. Les pages suivantes contiennent des définitions qui s'appliquent au nombre et à la forme des diverses parties de la fleur. On y trouve, entre autres choses, les premières idées justes qu'un botaniste ait émises au sujet du capitule, dont Césalpin avait absolument méconnu l'importance ; en outre, les inflorescences, les fleurs supérieures et les fleurs inférieures, que Césalpin avait déjà distinguées les unes des autres, sont soumises à une observation plus minutieuse. Les théories de Jung sur la semence se rattachent à celles de Césalpin, sans cependant présenter rien de nouveau.

Dans sa botanique théorique, Jung s'est efforcé de poursuivre on étude de morphologie indépendamment de toute question physiologique, et, par conséquent, les interprétations et les explications téléologiques n'occupent dans son œuvre qu'une place tout à fait secondaire.

C'est là ce qui constitue son principal mérite et sa supériorité sur Césalpin. Ce sont les formes extérieures des plantes qui attirent et fixent son attention, et, par conséquent, ses études sur la botanique procèdent par comparaisons et embrassent le règne végétal tout entier. Jung avait certainement beaucoup appris à l'école de Césalpin, et comme il avait su se débarrasser du fardeau des erreurs les plus grossières de la philosophie aristotélicienne et de la scolastique, il réussit à établir les principes de la morphologie des plantes avec plus d'indépendance et de liberté que ne l'avait fait son prédécesseur. Les dons mathématiques qu'il possédait lui ont été d'un grand secours dans cette occasion, comme on peut s'en apercevoir par les définitions qu'il applique à la symétrie des formes du tronc et des branches, et que nous avons citées plus haut. Ces définitions sont les plus justes et les plus profondes qu'on ait émises, jusqu'au moment où Schleiden et Nägeli introduisirent l'histoire du développement des plantes dans la morphologie.

Césalpin, Gaspard Bauhin, et Jung sont des personnalités isolées dans l'époque où elles ont vécu. En revanche, nous voyons éclore une activité nouvelle dans la seconde moitié du dix-septième siècle, du vivant même des botanistes de l'époque. Pendant l'espace de temps dont nous parlons, Newton, Locke et Leibnitz, Malpighi et Grew avaient donné une impulsion nouvelle à la physique, à la philosophie, à l'anatomie et à la physiologie des plantes, et bien que ses progrès n'eussent été ni aussi rapides ni aussi importants, la systématique avait pris un nouvel essor grâce aux efforts de Morison, de Ray, de Rivinus et de Tournefort. Les ouvrages des botanistes en question se succédèrent rapidement, joints à d'autres ouvrages de moindre valeur, œuvre de leurs élèves : ils provoquèrent un échange d'opinions, et de nombreux écrits, et polémiques. On n'en avait pas encore vu de pareils dans le domaine de la botanique; on fut inondé d'une littérature qui, du reste, gagna en vivacité, et dont l'intérêt s'étendit au delà du cercle restreint des initiés. En cherchant à perfectionner la morphologie et la nomenclature des parties végétales, les botanistes que nous avons désignés sous le nom de systématistes se trouvèrent en présence d'un trésor de considérations et de réflexions, qui s'étaient accumulées dans les œuvres de leurs prédécesseurs, et dont ils surent tirer un nouveau parti. Abstraction faite du grand nombre de descriptions détaillées qui s'étaient ajoutées les unes aux autres depuis Fuchs et Bock, le fait de la parenté naturelle était devenu, grâce au *Pinax* de Gaspard Bauhin, le fondement sur lequel on édifiait la théorie de la systématique naturelle; Césalpin avait désigné les organes de fructification comme les parties végétales qui possèdent le plus d'importance au point de vue du système dont nous nous occupons, et Jung avait établi les premiers principes d'une morphologie qui était fondée sur des comparaisons, au lieu de se contenter de définir des noms de végétaux. Les botanistes de la seconde moitié du dix-septième siècle devaient reconnaître qu'il n'était pas possible de caractériser au moyen d'indices établis *a priori*, comme l'avait fait Césalpin, les familles végétales qui appartenaient à la classification de de l'Obel et de Bauhin; ils devaient reconnaître qu'il était impossible d'obtenir, par ce moyen, un système bien organisé. Tout en cherchant à l'améliorer, ils conservaient, en principe, la méthode de Césalpin; seulement les principes de classification établis *a priori* qu'ils avaient adoptés n'étaient pas fondés, comme ceux de Césalpin, sur l'observation de l'organisation de la semence et du fruit, mais sur l'étude des parties de la fleur.

On observait les différences diverses qui existent entre les corolles et calices, entre les plantes dans leur apparence générale, et l'on s'efforçait d'établir d'après l'observation de ces différences, des systèmes qui devaient permettre de démêler et de saisir les rapports de parenté qui unissent les plantes entre elles. Mais lorsqu'on ne réussissait pas à acquérir les moyens nécessaires, on se trouvait dans l'impossibilité de se proposer un but fixe et déterminé; et on cherchait de préférence à établir un nouveau système qui pût faciliter aux botanistes les moyens d'acquérir des connaissances nombreuses et approfondies. Des exigences déraisonnables et inintelligentes obligeaient à connaître toutes les plantes dont il existait des descriptions, et le botaniste écrasé par ce bagage scientifique qui allait s'alourdissant devait naturellement chercher à alléger sa tâche au moyen d'une classification scientifique.

Mais le travail excessif qu'imposait l'étude des descriptions détaillées ne permettait pas au botaniste d'entreprendre l'étude approfondie, prolongée, et féconde des principes fondamentaux du système en question. Ce travail démesuré finit par enlever aux botanistes le pouvoir de faire appel aux facultés maîtresses de l'intelligence, facultés sans l'aide desquelles il devenait impossible de fonder un système naturel sur des bases scientifiques; bref, comme on dit vulgairement, les arbres leur cachaient la forêt. On connaissait, il est vrai, la morphologie fondée par Jung, et on s'en servait, mais on ne s'en servait pas de manière à en tirer les principes fondamentaux d'un système naturel; c'est là une critique qui peut s'étendre aussi aux systématistes qui se sont succédé durant le siècle suivant, à peu d'exceptions près. Comment les botanistes du dix-septième siècle auraient-ils pu réussir à reconnaître et à établir les grandes familles végétales? Ils négligeaient l'étude du système de classification de Jung; ils opposaient à ses formules si rationnelles et si logiques l'ancienne classification qui divisait le règne végétal en arbres et en plantes; ils prêtaient si peu d'attention à la structure de la graine et du fruit, qu'ils confondaient généralement les fruits secs indéhiscents avec les semences nues, et commettaient d'autres erreurs du même genre. Cependant, bien qu'ils n'arrivassent pas à de nouvelles découvertes dans le domaine de la systématique, ils ne laissaient pas de faire des progrès dans l'étude des détails. En établissant des systèmes différents, on finissait par acquérir plus de discernement au sujet des caractères d'après lesquels on traçait la délimitation des groupes végétaux, et par exclure ceux qui étaient inutiles; enfin, au moyen de ces procédés empiriques, on vit s'accuser de plus en plus la contradiction qui existait entre le but de la botanique et la méthode dont on se servait pour l'atteindre, contradiction que Linné sut, plus tard, discerner et mettre en lumière. Ce fut là un grand progrès.

Nous ne ferions que porter préjudice à l'étude que nous avons entreprise, si nous attirions ici l'attention du lecteur sur les nombreux botanistes qu'ont produits l'Angleterre, la France, l'Italie, l'Allemagne et les Pays-Bas; les faits historiques importants se dessineront avec bien plus de netteté, si nous mettons en lumière les œuvres seules des botanistes qui ont enrichi, par leurs efforts, le domaine de la systématique. Ceux qui désirent acquérir la connaissance plus approfondie de tous les systèmes qui se sont succédé jusqu'à Linné peuvent consulter les *Classes Plantarum* de Linné, où ce sujet se trouve traité d'une manière magistrale, et l'*Histoire de la Botanique* de Michel Adanson, qui présente une étude intéressante sur le même sujet. Il nous suffira, pour atteindre le but que nous nous sommes proposé dans ce livre, de consacrer une attention particulière aux œuvres des quatre botanistes que nous avons nommés plus haut.

Robert Morison[1] (né en 1620 à Aberdeen, mort à Londres en 1863) est, après Césalpin et Bauhin, le premier botaniste qui se soit consacré à l'étude de la botanique systématique, ou, en d'autres termes, qui se soit efforcé de fonder et d'organiser un système. Ses contemporains et ses successeurs lui ont reproché d'avoir copié Césalpin, sans le nommer, mais ce reproche est fort exagéré. Morison inaugura sa carrière de systématiste par une critique approfondie du *Pinax* de Césalpin; les considérations de l'auteur sont fondées sur l'observation de la parenté naturelle, et s'il donne plus tard pour base à son système l'étude de la configuration du fruit,

1. Morison servit dans l'armée royale contre Cromwell, et, après la victoire de ce dernier, partit pour la France où il se consacra à la botanique sous la direction de Robin. En 1660, il devint médecin ordinaire de Charles II, et professeur de botanique. Dix ans plus tard, il accepta une chaire de professeur à Oxford. (K. Sprengel, *Geschichte der Botanik*, II. p. 30.)

les procédés qu'il emploie pour y arriver diffèrent beaucoup de ceux de Césalpin. Linné justifie Morison du reproche qu'on lui a fait, et que nous avons cité plus haut, dans une remarque d'une justesse frappante : « Morison, dit-il, diffère de Césalpin autant qu'il lui est inférieur au point de vue de la justesse de la méthode qu'il emploie, et dans la même proportion ». En 1669, Morison publia sous ce titre caractéristique : ***Hallucinationes Caspari Bauhini in Pinace tum in digerendis quam denominandis plantis,*** un ouvrage que Haller nomme avec raison un ***individiosum opus.*** Il s'est trouvé à toutes les époques des botanistes qui ont su tirer parti de ce que les œuvres de leurs prédécesseurs renfermaient d'important ou d'utile sans se croire tenus vis-à-vis d'eux à la moindre reconnaissance; bien plus, qui ne se faisaient pas faute de mettre en lumière, avec une joie maligne, les moindres erreurs commises par ces génies créateurs d'idées nouvelles. Morison les a imités sous ce rapport; il n'a pas su trouver un mot d'admiration à l'égard des mérites si grands de l'œuvre de Césalpin, mérites dont il a su profiter. Cette admiration, pourtant, eût été d'autant plus justifiée que Morison tenait davantage à faire ressortir les nombreuses erreurs dont Césalpin s'est rendu coupable dans l'étude des affinités. Kurt Sprengel suppose avec raison (***Geschichte,*** II, p. 30), que le manuscrit de Jung dont Hartlieb avait donné connaissance à Ray en 1661, n'était pas resté inconnu à Morison. Dans tous les cas, ce dernier aurait pu trouver dans le manuscrit en question une foule de renseignements utiles. Les ***Hallucinationes,*** dit Sprengel avec beaucoup de justesse, contiennent une critique approfondie de la classification des plantes, telle qu'elle avait été établie par Bauhin et ses disciples. Dans sa critique du ***Pinax,*** Morison indique, page par page, les erreurs qui ont trouvé place dans cette classification. Il a, toutefois, sans aucun doute, établi les principes fondamentaux d'une classification plus exacte et d'une caractéristique plus juste des familles et des espèces végétales.

Celui de ses ouvrages qui est intitulé : ***Plantarum Umbelliferarum Distributio Nova,*** parut à Oxford en 1672, et constitue un grand progrès sur les ouvrages précédents. Ce livre contient la première morphologie qui ait été établie aux fins d'organiser un système, fondé sur les principes d'une logique sévère, et pouvant s'appliquer aux différentes espèces d'une seule grande famille végétale. La classification très compliquée est fondée exclusivement sur l'observation de la forme extérieure du fruit, que l'auteur désigne naturellement sous le nom de semence. C'est le premier ouvrage dans lequel l'étude systématique ne soit pas entravée dans son développement par l'ancienne division en volumes et en chapitres. Elle acquiert, au contraire, une clarté et une netteté plus grandes, grâce à la méthode typographique dont s'est servi l'auteur, et dont de l'Obel avait établi cent ans auparavant les premiers principes, encore hésitants et indéterminés. Morison cherche à donner au lecteur une idée claire des rapports de parenté qui unissent les différents groupes d'une famille au moyen de tout un système linéaire qui constitue, en quelque mesure, les premiers rudiments de ce que nous appellerions aujourd'hui un arbre généalogique. C'est là une preuve de la vivacité et de la netteté d'intelligence que Morison avait apportées à sa conception du fait de la parenté naturelle; cependant, ses idées à ce sujet n'avaient pas été puisées uniquement, comme l'indique le titre, *ex libro naturæ*, elles procédaient aussi des théories de Bauhin. L'incapacité de Morison à reconnaître les mérites de ses prédécesseurs, la persistance avec laquelle il se considérait, dans certains domaines, comme un initiateur, rapportant ainsi à lui-même tout le mérite des progrès accomplis, se trahissent aussi dans cet ouvrage, qui possède, entre autres mérites, celui de renfermer des gravures sur cuivre [1], très soignées, et représentant, dans leurs détails, diverses parties végétales.

Les premiers volumes de *l'Historia plantarum universalis Oxoniensis* parurent en 1680. En 1699, après la mort de l'auteur, Bobart publia la troisième partie de l'œuvre en question. Ces volumes contiennent une série de descriptions, concernant la plupart des plantes connues à l'époque dont nous parlons, et un grand nombre de plantes nouvelles. Linné reproduit, dans ses *Classes plantarum*, l'ordonnance systématique des descriptions de Morison. Quoique ce dernier fasse preuve, dans sa critique des œuvres de Bauhin, d'une extrême sagacité, sagacité qui s'exerce à l'égard des affinités étroites, son système universel, en revanche, trahit une intelligence moindre des rapports de parenté qui unissent les groupes principaux, et, jusque dans les subdivisions, nous voyons l'auteur réunir les éléments les plus divers par leur nature. Ainsi, la dernière classe de ses *Bacciferae* comprend des espèces telles que les *Solanum*, *Paris*, *Podophyllum*,

1. La gravure sur bois si pratiquée pendant le seizième siècle, était depuis longtemps tombée en décadence; elle avait été remplacée par la gravure sur cuivre; et dès le commencement du dix-septième siècle, on publia sous le titre de *Hortus Eistaedtensis*, un volume qui avait la dimension des plus gros in-folio et qui contenait des gravures sur cuivre, représentant des parties des plantes.

Sambucus, *Convallaria*, *Cyclamen*. Ce résultat est d'autant plus surprenant que Morison ne s'appuie pas uniquement, comme Césalpin, sur des caractères isolés, fondés sur l'observation de certains indices nettement déterminés; il prend aussi en considération l'apparence générale de la plante. En somme, ses aperçus systématiques sont inférieurs à ceux de de l'Obel et de Bauhin, au point de vue des théories qui expriment le fait de la parenté naturelle.

Morison s'est efforcé d'embrasser la systématique toute entière dans une étude générale; c'est en ceci que consiste son principal mérite, bien plus que dans la perfection plus ou moins grande de ses œuvres. D'ailleurs, ses disciples immédiats sont peu nombreux; parmi les Allemands, on ne compte guère que Paul Ammann, professeur à Leipzig, qui représente les tendances de l'école de Morison. Il est l'auteur d'un ouvrage intitulé : *Character Plantarum Naturalis*, publié en 1685. Nous mentionnerons encore Paul Hermann, qui fut professeur à Leyde de 1679 à 1695, après avoir passé sept ans à recueillir des plantes à Ceylan. Les modifications qu'il apporta au système de Morison peuvent à peine être considérées comme des perfectionnements.

A l'opposé de Morison, JOHN RAY [1] (1628-1705) sut non seulement tirer parti des œuvres de ses prédécesseurs, les soumettre à une critique pleine de discernement, et les compléter par des observations personnelles, mais encore se plaire à reconnaître leurs mérites. Il sut fondre ses œuvres et celles d'autrui en un tout harmonieux. Parmi ses nombreux travaux de botanique, on distingue particulièrement son *Historia Plantarum*, vaste ouvrage qui comprend trois volumes in-folio [2]. L'*Historia Plantarum* parut de 1686 à 1704. L'auteur n'a pas joint de gravures à cet ouvrage, qui contient une étude collective de toutes les descriptions connues jusque-là. Une étude sur la botanique générale, de cinquante-huit pages, précède le premier volume, et représente, à elle seule, la matière d'un petit volume; elle traite de la botanique théorique comme pourrait le faire un ouvrage scientifique moderne.

1. J. Ray (*Rajus*) naquit à Black Notley dans le comté d'Essex. Il joignit à l'étude de la botanique celle de la zoologie, et se distingua dans cette dernière branche. Après avoir étudié, en outre, la théologie et avoir voyagé en Angleterre et sur le continent, il se consacra entièrement à ses ouvrages, et vécut, sans remplir aucun emploi, d'une pension que lui faisait Willoughby. (Voir *l'Histoire de la Zoologie*, de Carus.)

2. J'ai sous les yeux le premier volume de cet ouvrage, publié en 1693. (Voir les remarques de Pritzel dans le *Thes. lit. bot.*)

Bien que l'auteur n'ait pas établi de distinction arrêtée, dans son étude, entre la Morphologie, l'Anatomie et la Physiologie (ses théories au sujet de cette dernière science procèdent de celles de Malpighi), il n'en est pas moins facile, en lisant ses œuvres, de donner une place à part à la Morphologie. Quant à la systématique, il lui a, dans le fait, consacré une étude spéciale. L'auteur a joint à tous les chapitres qui traitent de la morphologie, les définitions de Jung en manière d'introduction. Elles servent de lien entre le commencement du chapitre et l'étude qui suit, étude qui se présente alors plus complète, plus détaillée, et conçue dans un sens plus critique. Nous passerons sous silence le simple exposé des faits, tel qu'il se trouve dans le livre en question; nous ne nous arrêterons pas aux études mi-anatomiques et mi-physiologiques de l'œuvre de Morison, nous nous contenterons de citer ici les résultats les plus importants de ses études en systématique. Tout d'abord, Ray adopta les théories de Grew au sujet de la sexualité des plantes, théories encore bien imparfaites et maladroites (à l'époque dont nous parlons, on ne connaissait pas encore les résultats de l'examen approfondi auquel Camérarius avait soumis les plantes), et, grâce à ces idées nouvelles, la fleur prit aux yeux de Ray une importance toute différente de celle qu'elle avait eue aux yeux des botanistes précédents, bien que ses théories à cet égard fussent encore indéterminées. Ray découvrit que la semence contient, outre le germe, une substance, nommée *pulpa* ou *medulla*, que nous désignons maintenant sous le nom d'endosperme; il sait que l'embryon de la semence ne possède pas toujours deux cotylédons, que, dans bien des cas, elle n'en a qu'un, et que souvent même elle n'en possède point. Cependant, il n'avait pas d'idées bien claires au sujet des différences qui existent entre certains embryons, que nous désignons aujourd'hui sous le nom d'embryons dicotylédonés et monocotylédonés. Cependant, en dépit de ces hésitations, Ray a le grand mérite d'avoir fondé en partie le système naturel sur les différences qui existent dans l'organisation de l'embryon. Il eut, plus qu'aucun autre systématiste avant de Jussieu, le don de discerner les grandes familles du règne végétal, de les reconnaître comme telles, et de les caractériser au moyen de certains indices qui n'étaient pas déterminés *a priori*, mais qui étaient établis d'après des rapports de parenté déjà reconnus. Ce que nous disons ici ne concerne que l'étude des groupes végétaux dans leur ensemble, car, lorsqu'il s'est agi des détails, Ray s'est souvent écarté de sa méthode pour commettre de nombreuses bévues, comme nous le verrons plus bas dans l'énumération des classes végétales qu'il a établies. On s'est plu récemment à attribuer à Ray le mérite d'avoir établi la doctrine de la transmutation des espèces; on le range, par conséquent, parmi les fondateurs de la théorie de la descendance. Tâchons de nous rendre compte du degré de justesse de cette assertion. « Bien que les plantes aient toutes été produites, dit-il dans l'origine, par la même semence, et quoique les différentes espèces végétales continuent à se reproduire par le moyen de semences, et engendrent des espèces semblables à elles, il ne s'ensuit pas nécessairement que l'identité spécifique soit perpétuelle et infaillible. Certaines semences peuvent dégénérer, et produire des plantes différentes, spécifiquement parlant, de la plante mère, bien que ce cas ne se présente que rarement. Et c'est ainsi que l'expérience nous enseignerait l'existence d'une transmutation des espèces ». D'ailleurs Ray n'attache que peu de foi aux assertions de différents écrivains, d'après lesquels le *Triticum* se transforme en *Lolium*, le *Sisymbrium* en *Mentha*, le *Zea* en *Triticum*, etc. Cependant, certains cas se sont présentés, dont il est impossible de douter; ainsi, un jardinier de Londres vendit un jour des graines de chou-fleur, qui produisirent de simples choux. Il existe des preuves judiciaires à l'appui de l'authenticité de ce fait. Malgré cela, il est nécessaire de remarquer qu'une transmutation de ce genre ne peut s'accomplir qu'entre des espèces parentes, appartenant à la même famille végétale; et bien des personnes, dit Ray, refuseraient peut-être même de croire que les plantes en question appartiennent à des espèces différentes. La signification de ces dernières lignes et de celles qui les précèdent, prises dans leur ensemble, impliquerait uniquement la croyance de l'auteur à la possibilité de changements importants, obtenus au moyen de la culture, et opérés dans des groupes végétaux restreints. D'ailleurs, Ray ne mentionne pas la possibilité de produire de nouvelles formes végétales, mais seulement celle de transformer certaines formes déjà connues en d'autres, connues également. C'est là une théorie absolument contraire à celle de la descendance.

Dans l'étude que Ray consacre à l'exposé des principes de la systématique, nous trouvons, entre autres, une fausse application du principe *natura non facit saltus*. L'auteur conclut à tort que les rapports de parenté du règne végétal doivent, une fois concrétisés, se présenter en série rectiligne. Cette erreur eut des suites fâcheuses, elle amena les systématistes qui se sont succédé jusque dans le siècle actuel à des théories fausses. Pyrame de Candolle est le premier qui l'ait signalée. Les botanistes qui l'ont partagée ne se sont pas rendu compte que le principe restait valable lors même que le tableau des rapports de parenté les représente sous forme de divisions et de subdivisions, à la façon d'un arbre généalogique. Ray est bien plus dans le vrai quand il constate l'impossibilité où on se trouve d'établir un système végétal fondé sur des principes justes, tant qu'on ne sera pas arrivé à une connaissance plus approfondie des différences et des rapports qui existent entre les diverses formes végétales. Il est encore dans le vrai lorsqu'il dit qu'il est impossible de faire rentrer les lois de la nature dans les formules étroites d'une méthode arrêtée. On voit poindre ici l'aurore du jour où, en vertu des mêmes notions, Linné séparera nettement le système naturel et le système artificiel.

On voit avec étonnement, après avoir pris connaissance de toutes ces théories si intelligentes et si judicieuses au sujet de l'importance et de la méthode de la systématique, que Ray a donné une place prépondérante, dans ses œuvres, au système de classification qui divise le règne végétal en arbres et en herbes. Il n'améliore pas cet état de choses en fondant sa caractéristique des végétaux précités sur l'observation de l'organisation des bourgeons (boutons), et particulièrement des bourgeons d'hiver, obéissant ainsi à des théories qui, du reste, ne sont pas justes.

Cependant, Ray rachète en quelque mesure cette erreur grossière en fondant sa classification des arbres et des plantes sur l'observation de l'embryon, qui possède tantôt deux feuilles, tantôt une seule, et qui en est même, parfois, absolument dépourvu. Nous désignons aujourd'hui les végétaux qui rentrent dans cette classification sous le nom de dicotylédones et de monocotylédones. De tous les systèmes qui se sont succédé avant l'apparition de Linné, le système de Ray est indiscutablement celui qui établit de la manière la plus juste et la plus complète le fait de la parenté naturelle. Nous faisons suivre ces lignes d'un résumé de son système de classification, afin d'en mieux établir la supériorité sur celui de Césalpin. Les noms, mis entre parenthèses, qui accompagnent quelques-unes des familles citées plus bas et rangées dans les classes correspondantes, sont dus à Linné.

A. — PLANTAE GEMMIS CARENTES (HERBAE).

a. Imperfectae.

I. *Plantae submarinae* (pour la plupart Polypes et Algues).
II. *Fungi.*
III. *Musci* (Conferves, Mousses, Lycopodes).
IV. *Capillares* (Fougères, Lemna, et Equisetum).

b. Perfectae.

Dicotyledones (*Binis cotyledonibus*).

V. *Apetalae.*
VI. *Planipetalae lactescentes.*
VII. *Discoideae semine papposo.*
VIII. *Corymbiferae.*
IX. *Capitalae* (VI-IX sont des Composées).
X. *Semine nudo solitario* (Valérianées, *Mirabilis*, *Thesium*, etc.)
XI. *Umbelliferae.*
XII. *Stellatae.*
XIII. *Asperifoliae.*
XIV. *Verticillatae* (Labiées).
XV. *Semine nudo polyspermo* (Renoncules, Rose, Alisma).
XVI. *Pomiferae* (Cucurbitacées).
XVII. *Bacciferae* (Rubus, Smilax, Bryonia, Solanum, Menyanthes).
XVIII. *Multisiliquae* (Sedum, Hellébores, Butomus, Asclépias).
XIX. *Vasculiferae monopetalae* (diverses espèces).
XX. *Vasculiferae dipetalae* (diverses espèces).
XXI. *Tetrapetalae siliquosae* (Crucifères, Ruta, Monotropa).
XXII. *Leguminosae.*
XXIII. *Pentapetalae vasculiferae enangiospermae* (différentes espèces).

Monocotyledones (*singulis aut nullis cotyledonibus*).

XXIV. *Graminifoliae floriferae vasculo tricapsulari* (Liliacées, Orchidées, Zingibéracées).
XXV. *Stamineae.*
XXVI. *Anomalae incertae sedis.*

B. — PLANTÆ GEMMIFERAE (ARBORES).

a. Monocotyledones.

XXVII. *Arbores arundinaceae* (Palmiers, Dracaena).

b. Dicotyledones.

XXVIII. *Arbores fructu flore a remoto seu apetalae* (Conifères et autres).
XXIX. *Arbores fructu umbilicato* (diverses espèces).
XXX. *Arbores fructu non umbilicato* (diverses espèces).
XXXI. *Arbores fructu sicco* (diverses espèces).
XXXII. *Arbores siliquosae* (Papilionacées ligneuses).
XXXIII. *Arbores anomalae* (Ficus).

Parmi les classes précédentes, les *Capillares*, les *Stellatae*, les *Labiatae*, les *Pomiferae*, les *Tetrapetalae*, les *Siliquosae*, les *Légumineuses*, les *Floriferae*; et *Stamineae* peuvent seules être considérées comme des groupes naturels, ou du moins s'en rapprochant beaucoup, bien qu'on rencontre encore des erreurs grossières dans leur classification. La plupart de ces subdivisions étaient acceptés depuis longtemps par les botanistes comme une chose toute naturelle, et les exemples que nous avons mis entre parenthèses prouvent que dans certains cas, d'autres classifications présentaient des inconvénients pires encore. Si l'on doit reconnaître, d'une part, que Ray, comme Jung, doute que les Cryptogames puissent être engendrés sans semence, on ne peut manquer d'être frappé, d'autre part, de l'absence presque complète, dans ses théories, de protestations au sujet de la nature végétale des Polypes et Éponges. Ses prédécesseurs, ses contemporains, et les botanistes qui lui ont immédiatement succédé sont dans le même cas. Nous lui ferons des reproches encore plus sérieux au sujet de la subordination et de la coordination de son système, qui sont incomplètes et insuffisantes au dernier chef : ainsi, tandis que la classe des Mousses renferme des Hepatiques, des Lichens, des Conferves et de vraies Mousses, c'est-à-dire des végétaux aussi différents les uns des autres que le sont, dans le règne animal, les Infusoires, les Vers, les Crustacés, et les Mollusques; nous voyons, en revanche, la famille des Composées divisée en quatre classes établies d'après l'observation de différences insignifiantes et puériles. Enfin, nous devons attirer ici l'attention de nos lecteurs sur un fait spécial : à l'époque où Ray a reconnu l'importance générale, au point de vue de la systématique, de la formation des feuilles de l'embryon, il était encore bien éloigné d'établir une distinction arrêtée entre les monocotylédones et les dicotylédones.

Ray a su établir en quelque mesure les principes fondamentaux du système de la parenté naturelle, c'est là son grand, son principal mérite. Cependant, il a négligé l'étude de l'organisation systématique des subdivisions. Comme Morison, Ray trouva en Allemagne deux adeptes : l'un fut Christophe Knaut (1638-1694) qui publia, en 1687, une flore de Halle, classée d'après la méthode de Ray; l'autre, Christian Schellhammer (1649-1716), fut d'abord professeur à Helmstadt, puis à Iéna.

Augustus Quirinus Rivinus[1] (1652-1725) fut en Allemagne ce

1. A. Q. Rivinus (Bachmann) était le troisième fils d'Andréas Bachmann, médecin et philologue à Halle; ses ouvrages et les 500 gravures sur cuivre qu'il y fit

que Morison et Ray avaient été en Angleterre, ce que Tournefort fut en France. Dès 1691, il professa la botanique, la physiologie, les sciences médicales, et la chimie à Leipzig; en outre, il s'occupait d'astronomie avec tant d'ardeur, qu'il finit par se perdre la vue à force d'observer les taches du soleil. Si l'on prend en considération des occupations aussi diverses et aussi multipliées, on verra sans étonnement que les connaissances spéciales de Rivinus au sujet de la botanique sont bien peu de chose, si on les compare à celles des trois botanistes que nous venons de mentionner. Il n'en fut que plus libre pour l'appréciation des principes fondamentaux de la morphologie, tels qu'ils avaient été établis par Jung, pour les estimer à leur valeur, et en tirer parti. Ils lui furent d'une grande utilité dans ses jugements sur la systématique. Son mérite principal réside particulièrement dans ses critiques si subtiles des principales erreurs commises par les botanistes qui s'étaient succédé jusqu'à l'époque dont nous parlons. En revanche, ses œuvres personnelles sont de peu d'importance, en tant qu'elles concernent l'étude des affinités végétales.

Son *Introductio universalis in rem herbariam* présente pour nous un intérêt particulier; elle parut en 1690, et comprend 39 pages du plus grand format. L'auteur y démontre l'inutilité absolue des travaux accessoires qui avaient, jusque-là, occupé les botanistes; d'après lui, le but de la botanique réside uniquement dans l'observation scientifique des plantes. Il traite, tout d'abord, des dénominations. Dans cette première étude, Rivinus établit des principes fondamentaux au sujet des dénominations de genre et d'espèce, principes qui amenèrent plus tard Linné à des théories plus logiques et plus rationnelles, car Rivinus lui-même ne mettait guère en pratique les préceptes qu'il professait, et composa une nomenclature baroque qui nuisit à sa réputation de botaniste. Malgré cela, il exprima à ce sujet des opinions fort nettes. « La meilleure nomenclature, disait-il, est celle qui attribue à toute plante deux noms : l'un désigne le genre; l'autre, l'espèce. » Il démontre d'une manière très intelligente et très ingénieuse les avantages que cette nomenclature binaire présente pour ceux qui s'occupent spécialement des plantes salutaires, et qui rédigent des formules médicales. Il n'élève pas les variétés cultivées au rang d'espèce, comme l'avait fait Tournefort.

joindre lui coûtèrent, dit-on, 80,000 florins, de sorte que l'argent finit par lui manquer. Du Petit-Thouars a écrit sa biographie, qu'il a accompagnée d'appréciations très justes au sujet de ses œuvres. Elle se trouve dans la *Biographie universelle, ancienne et moderne*.

En ce qui concerne l'étude de la systématique, Rivinus condamne entièrement la classification qui divise le règne végétal en arbres, arbrisseaux et herbes. Il en démontre la nullité au moyen d'exemples fort judicieusement choisis. On remarque fréquemment, dans les études critiques de Rivinus comme dans celles de Tournefort, une particularité qui frappe; au moment où le lecteur croit pouvoir conclure des réflexions et des remarques de l'auteur que celui-ci possède le sens et l'intelligence du système de l'affinité naturelle, il rencontre des phrases et des expressions qui semblent prouver, au contraire, une indifférence complète à cet égard. Ainsi, comme l'apparition de la fleur précède celle du fruit, l'auteur en conclut, par un saut étrange et illogique de la pensée, qu'on doit faire dériver de l'étude de la fleur les lois qui régissent la classification des groupes principaux, et, dans cette étude, il prend, comme sujet spécial d'observation, celui de tous les indices caractéristiques de la corolle qui présente le moins de valeur au point de vue de la classification, c'est-à-dire le plus ou moins de régularité de sa forme. On s'étonne de voir Rivinus consacrer à l'organisation de la fleur une étude si superficielle, lorsqu'on sait qu'il a fondé son système sur l'observation des formes de la fleur, et qu'il a dilapidé une fortune considérable en faisant joindre à ses ouvrages, sans aucun but d'utilité, des gravures sur cuivre qui représentent des plantes dans leur aspect général. Ses théories au sujet de l'organisation de la fleur sont beaucoup plus fausses que celles qu'on a jamais formulées avant ou après lui. Le système qu'il a fondé sur l'observation des formes de la fleur ne contient rien qui constitue un progrès dans le domaine de la systématique; en dépit de tout cela, il ne manqua pas d'adeptes, parmi lesquels on compte Heucher, Knaut, Ruppius, Hebenstreit, Ludwig, en Allemagne, Hill en Angleterre, et d'autres encore. Ils apportèrent différentes modifications au système du maître; cependant, en vertu de sa nature même, il était impossible d'en faire le point de départ de développements ultérieurs. Rivinus se querella avec Ray et Dillenius au sujet de son système, ainsi qu'avec Olaüs Rudbeck qui se déclara son adversaire.

Bien que Joseph Pitton de Tournefort[1] (1656-1708) ait aussi fondé son système sur la forme de la corolle, ses doctrines ne laissent pas de présenter un certain constraste avec celles de Rivinus.

1. Tournefort naquit a Aix, en Provence; il fit ses premières études dans un collège de Jésuites. Destiné tout d'abord à la théologie, il ne put se consacrer entièrement à la botanique qu'après la mort de son père, en 1677. Après avoir voyagé

Les connaissances de ce dernier au sujet des espèces végétales laissaient fort à désirer; la critique occupait dans ses œuvres une place prépondérante; Tournefort, en revanche, est plus dogmatique, et bien que les théories morphologiques fassent défaut dans ses œuvres, il y suppléa, aux yeux de ses contemporains, par des connaissances spéciales qui s'exerçaient dans un domaine étendu. On considère généralement Tournefort comme le premier botaniste qui ait établi le fait de l'existence des genres végétaux; cependant, nous avons démontré précédemment que la notion d'espèce et de genre était la conséquence naturelle des descriptions détaillées, et qu'elle s'imposa à l'esprit des botanistes dès le seizième siècle; nous avons vu que Gaspard Bauhin établissait une distinction arrêtée entre les genres et les espèces au moyen d'une nomenclature rationnelle et logique. Dès 1690, Rivinus avait désigné la nomenclature binaire comme celle qui s'adapte le mieux aux exigences des dénominations végétales; mais il ne se conforma point à ses propres doctrines. Ce fut Tournefort qui les adopta, tout en les interprétant d'une manière différente de celle de Bauhin. Ce dernier reconnut aux espèces seules des caractères, et se contenta de désigner les genres par des noms. Tournefort, en revanche, énumère les espèces et les variétés sans y joindre de caractéristiques, qu'il réserve au contraire pour les dénominations de genres. Tournefort n'a donc pas fondé les genres, mais il a mis l'importance principale et le point central de la botanique descriptive dans la caractéristique de ces genres mêmes; mais, en même temps, ses théories à cet égard lui firent commettre une erreur fondamentale dans l'étude des différences spécifiques qui distinguent entre elles les diverses plantes dont se compose un genre; elles lui firent envisager ces différences spécifiques comme un fait d'importance secondaire.

Tournefort est loin de pouvoir être considéré comme un penseur, et ses doctrines sont superficielles. On s'en aperçoit en lisant sa piteuse théorie de la fleur. Les erreurs qu'elle renferme, comme celles qu'on rencontre dans les œuvres de Rivinus, excitent d'autant plus l'étonnement que l'auteur a fondé son système sur l'observation des formes extérieures de la fleur. Cette absence de profondeur dans la pensée se fait sentir mieux encore dans les théories que Tournefort expose à la fin de son *Histoire de la Botanique*,

en France et en Espagne, il devint professeur au Jardin des Plantes en 1683, et fit de là différents voyages en Europe. En 1700, il alla en Grèce, en Asie, en Afrique. Pendant ces voyages, il s'occupait activement à recueillir des plantes qu'il décrivait ensuite.

ouvrage qui, du reste, ne manque pas de valeur. « Depuis le temps d'Hippocrate, dit-il, cette science a été l'objet d'efforts si grands qu'elle est presque arrivée à son point de perfection. Il ne lui manque guère qu'une caractéristique plus précise des genres végétaux. »

Les préceptes du botaniste en question au sujet des principes sur lesquels il convient de fonder ce système de caractéristique contiennent, à côté de certaines vérités qui, du reste, ne sont pas nouvelles et se trouvent beaucoup mieux exprimées dans les œuvres de Morison, de Ray et de Rivinus, des erreurs singulières. Ainsi, Tournefort joint aux plantes qui ne possèdent ni fleurs ni fruits celles dont les fleurs et les fruits ne peuvent être distingués qu'au moyen du microscope.

La petite dimension des organes et leur absence complète sont pour lui termes synonymes. Les erreurs fondamentales qu'on rencontre dans sa théorie de la fleur frappent d'autant plus qu'à l'époque dont il s'agit (1700) Malpighi et Grew avaient déjà soumis l'organisation de la fleur, du fruit et de la semence à un examen minutieux qui avait produit d'excellents résultats; on connaissait déjà les découvertes de Rudolph Jacob Camerarius au sujet de la sexualité des végétaux; Tournefort s'obstinait, par parti pris, à les ignorer. Rivinus et les systématistes qui se sont succédé jusqu'à A.-L. de Jussieu méritent, à cet égard, autant de reproches que Tournefort; ils ont négligé, comme lui, de tirer parti des avantages que leur offraient les travaux de Grew et de Malpighi. Nous voyons ici les premiers exemples d'un fait qui s'est souvent répété depuis; les systématistes éprouvaient une certaine crainte à l'égard des résultats dus à des investigations morphologiques plus subtiles; ils se gardaient d'y prendre une part quelconque, et persistaient à établir leurs principes de classification d'après des indices extérieurs faciles à déterminer. Ces procédés ont contribué, plus que toute autre chose, à maintenir, dans sa forme première, le système végétal tel qu'il avait été édifié par les botanistes.

Quant au système même de Tournefort, il est établi d'après des lois plus factices encore, s'il est possible, que celles auxquelles obéissent les systèmes de Rivinus et surtout de Ray. S'il nous arrive parfois de rencontrer dans la classification de Tournefort des groupes végétaux vraiment naturels, c'est grâce à un fait dont l'explication est fort simple. En effet, les signes qui caractérisent les différents genres d'une même famille se ressemblent souvent entre eux, de telle manière que ces genres se trouvent toujours forcément réunis dans la même famille, quels que soient du reste, les caractères sur lesquels l'auteur a établi sa classification. Nous ne retrouvons pas, dans les œuvres de Tournefort, certaines particularités de celles de Ray, qui établit une distinction bien arrêtée entre les phanérogames et les cryptogames, et qui divise les plantes ligneuses et les herbes en monocotylédones et dicotylédones.

Si l'ouvrage principal de Tournefort, celui sur lequel nous nous arrêtons en ce moment, les *Institutiones rei herbariae*, ne portait pas la date de l'année 1700, nous pourrions le croire antérieur à l'*Historia plantarum* de Ray, et à l'œuvre maîtresse de Rivinus.

Cependant, cette œuvre de Tournefort possède un mérite que nous mettrons en lumière, bien que par sa nature même il soit purement formel; un ordre sévère règne dans tout l'ouvrage, chaque classe est divisée en sections, chaque section en genres, et chaque genre en espèces. De fort belles gravures sur cuivre, représentant des parties végétales, remplissent un volume tout entier; grâce à leur ordonnance, on peut se rendre compte en peu de temps de ce qu'elles représentent. Le livre tout entier se prête admirablement à un examen rapide, il offre çà et là des points de repère qui en facilitent la lecture. Et cependant, pour se faire une idée du pêle-mêle qui règne dans le système de Tournefort en ce qui concerne l'étude des parentés végétales, il suffit de jeter les yeux sur les pages où se trouve la classification des trois premières sections de la première classe. Nous trouvons dans la première de toutes l'*Atropa* et la *Mandragora;* dans la seconde, le *Polygonatum* et le *Ruscus;* dans la troisième, enfin, des noms tels que *Cerinthe*, *Gentiana*, *Soldanella*, *Euphorbia*, *Oxalis*.

Le livre de Tournefort offrait les avantages d'une lecture facile; en outre, les botanistes de l'époque éprouvaient peu d'intérêt au sujet des affinités végétales, tandis que l'intérêt qu'excitaient les descriptions détaillées allait croissant; ces faits réunis suffisent peut-être à expliquer le succès dont jouit l'œuvre en question. Tournefort gagna à ses théories, non seulement ses confrères de France, mais encore la plupart des botanistes d'Angleterre, d'Italie et d'Allemagne. Les études botaniques qui virent le jour dans la première moitié du dix-huitième siècle procédèrent presque toutes de son système comme il arriva plus tard à l'occasion du système sexuel de Linné. En l'an 1710, Boerhave fonda un autre système, qui peut passer pour une combinaison de ceux de Ray, d'Hermann et de Tournefort, et qui, du reste, ne trouva point d'adeptes.

Nous terminerons ici l'étude que nous avons consacrée aux systématistes du dix-septième siècle, et, passant sous silence les botanistes qui se sont succédé dans la première moitié du dix-huitième siècle, et qui ne sont, pour la plupart, que des collectionneurs, nous en viendrons immédiatement à Linné.

CHARLES LINNAEUS[1], qu'on appelle depuis 1757 CHARLES DE LINNÉ, naquit en 1707 en Suède, à Rashult, où son père était pasteur. Sa prédilection pour la botanique lui fit bientôt abandonner la théologie. Il commença ses nouvelles études sous la direction du docteur Rothmann, qui l'engagea à prendre Tournefort pour guide, dans la voie où il s'engageait. A Lund, où il s'était mis à étudier la médecine, Linné lut le livre de Vaillant, *De sexu plantarum*, et il eut l'idée, pour la première fois, d'étudier la conformation des organes sexuels.

Dès l'année 1730, le vieux professeur Rudeck chargea son élève, alors âgé de vingt-trois ans, de le remplacer dans les cours de botanique qu'il faisait, et lui confia, en outre, la direction du jardin botanique. Linné commença dès cette époque ses travaux relatifs à la *Bibliotheca botanica*, aux *Classes plantarum*, et aux *Genera plantarum*. En 1732, il fit un voyage en Laponie dans le but d'y recueillir des plantes; en 1734, il alla en Dalécarlie; en 1735 il partit pour la Hollande, et y fit son doctorat. Il y resta trois ans, pendant lesquels il fit imprimer plusieurs écrits, tels que le *Systema naturae* et les *Fundamenta botanica*. Il visita, en outre, la France et l'Angleterre.

De retour à Stockholm en 1738, il fut obligé de pratiquer la médecine jusqu'en 1741, époque où il fut nommé professeur de botanique à Upsal. Il y mourut en 1778.

On considère généralement Linné comme le réformateur des sciences naturelles descriptives. On conclut, par conséquent, que son apparition dans l'histoire de la botanique est le point de départ d'une ère nouvelle; on le compare à Copernic, qui est l'initiateur d'un nouveau système d'astronomie; à Galilée, qui fonda une nouvelle physique. Ceux-là seuls qui ne connaissent pas les œuvres de Césalpin, de Jung, de Ray, de Rivinus,

1. Il existe une autobiographie de Linné. En outre, on trouvera en partie, dans le *Thes. Lit. Bot.* de Pritzel, les titres de biographies nombreuses qui racontent sa vie extérieure. Quant à la vie de son esprit et de son cœur, elle se révèle d'une manière surprenante dans un écrit qu'il légua à son fils et qui est intitulé *Nemesis divina*. Le professeur Fries n'en a malheureusement publié qu'un résumé, qui se trouve analysé dans *Flora*, 1851, Nº 44. Au sujet des mérites de Linné comme zoologiste, voir l'*Histoire de la Zoologie*, de Carus, 1872.

ou qui n'ont pas remarqué les nombreuses citations qui se trouvent dans les œuvres théoriques de Linné, pourront conserver cette manière de voir au sujet de la situation qu'occupe, dans l'histoire, le botaniste en question. Linné représente le dernier et le plus important de tous les anneaux de cette chaine de travaux et de développements successifs, personnifiée par les botanistes que nous avons cités plus haut. Son horizon n'est pas plus étendu que celui des botanistes qui l'ont précédé; ses pensées ne sont ni plus neuves, ni plus profondes. Il a partagé les erreurs de son temps, il a même contribué à les perpétuer jusque dans ce siècle-ci. Bien que nous considérions les œuvres de Linné, non comme le point de départ d'une période nouvelle, mais comme le terme d'une ère ancienne, nous ne leur refusons pas toute influence sur le développement ultérieur de la botanique. Linné est aux systématistes de l'époque dont nous parlons ce que Gaspard Bauhin est aux botanistes du seizième siècle. Ce dernier a su réunir et combiner tout ce que les œuvres de ses prédécesseurs, à part celles de Césalpin, lui offraient d'utile; les botanistes qui lui succédèrent, tout en prenant pour point de départ, dans leurs théories, des aperçus différents, puisèrent à leur gré dans le trésor qu'il avait amassé; de même, Linné a su fondre et réunir dans ses œuvres les différents systèmes que les botanistes du dix-septième siècle avaient fondés sur les théories de Césalpin; il a édifié toute une doctrine sans cependant avoir découvert rien de nouveau. La botanique systématique qui avait passé par une série de développements successifs de Césalpin à Linné trouve son apogée dans ses œuvres, et les résultats de ce travail, qu'il mena avec une habileté si magistrale, en dépit de la forme assez bizarre qu'il lui donna, furent aussi utiles au développement ultérieur de la botanique que les œuvres de Gaspard Bauhin le furent aux successeurs de Césalpin.

Ceux qui essaieront de comparer, dans une étude approfondie, les œuvres de Césalpin, de Jung, de Morison, de Ray, de Rivinus et de Tournefort aux *Fundamenta botanica* de Linné (1736), à ses *Classes plantarum* (1738), à sa *Philosophia botanica* (1751), ne douteront plus que les idées exposées dans les théories de Linné ne se trouvassent déjà disséminées dans les ouvrages des botanistes ci-dessus mentionnés. Quiconque a suivi, dans leur développement, les théories botaniques qui se sont succédé depuis Rudolph Jacob Camerarius au sujet de la sexualité des plantes, doit reconnaître que Linné n'a pas ajouté de nouvelles découvertes à la théorie en question. Cependant, il a contribué à l'établir, bien qu'on sache à n'en pas douter qu'il cultivait à l'égard de la sexualité chez les végétaux des idées extrêmement confuses et même mystiques qu'il avait puisées dans les ouvrages de Kölreuter.

L'importance considérable que possédait Linné aux yeux de ses contemporains est due à l'habilité avec laquelle il a réuni et combiné en un tout homogène les œuvres des botanistes qui l'avaient précédé; cette fusion d'éléments divers, jusque-là ignorés ou disséminés, constitue le trait caractéristique de son œuvre, et son principal mérite.

Césalpin introduisit dans la botanique les méthodes aristotéliciennes; il voulut fonder un système naturel, et ne réussit qu'à produire un système absolument factice, et, bien que la foi de Linné dans les vues principales de Césalpin ait persisté, bien qu'il en ait subi profondément l'influence qui se révèle à chaque ligne de ses œuvres, il ne laisse pas de reconnaître et de signaler ce que personne n'a su reconnaître et signaler avant lui, c'est-à-dire l'insuffisance de la systématique, telle que l'entendaient Césalpin, Morison, Ray, Tournefort, Rivinus, et l'impuissance où se trouvaient les botanistes en question d'arriver par là au but de leurs efforts, c'est-à-dire à la découverte des rapports de parenté naturelle. Linné savait que des vues de ce genre n'amèneraient qu'à une classification factice et stérile, et que l'étude des parentés naturelles devait être poursuivie d'après des procédés tout différents.

Linné fit subir, en outre, des modifications importantes à la nomenclature des diverses parties végétales, nomenclature au sujet de laquelle on avait épuisé toutes les ressources de la morphologie de l'époque. Il s'empara des théories exposées dans l'*Isagoge* de Jung, les remania de façon à les rendre plus précises et plus brèves, et enrichit d'une découverte nouvelle la théorie de la fleur, en attribuant aux étamines l'importance qu'elles possèdent réellement en leur qualité d'organes sexuels, et à laquelle on n'avait jamais songé à s'arrêter. Il arriva, par conséquent, à une conception plus juste et plus sûre du système floral, et ses théories à cet égard produisirent d'excellents résultats sous forme d'une nomenclature commode et précise. Nous devons à Linné, et à ses idées si justes au sujet des fonctions sexuelles des plantes, certains mots qui se trouvent encore dans la vocabulaire de la botanique, tels que « dioïque, monoïque, triandre, monogyne », et indirectement d'autres encore, qui sont, il est vrai, de date plus récente : « dichogame, protandre, protogyne ».

Cependant, au milieu de tout cela, l'auteur a commis une erreur qui n'a pas médiocrement contribué à diminuer sa gloire. Linné a donné au système si ingénieux dont il est l'auteur, système qu'il a fondé sur le nombre des étamines et des carpelles, sur l'observation de leur forme extérieure et de la manière dont ils se groupent, le nom de système sexuel des plantes, parce qu'il croyait trouver un grand avantage à établir son système d'après l'observation d'organes dont les fonctions sont importantes entre toutes. Cependant, il est évident que le système sexuel de Linné posséderait exactement la même valeur au point de vue d'une classification du règne végétal, si les étamines n'avaient rien à faire avec les fonctions de reproduction, ou si leur importance comme organes sexuels était inconnue, car le nombre et la conformation des étamines, caractères d'après lesquels Linné a précisément établi son système de classification, n'ont aucun rapport avec les fonctions de reproduction.

Donc, comme l'importance que possède ce système factice au point de vue de la théorie de la sexualité des plantes repose sur des notions qui procèdent d'un raisonnement faux, il est nécessaire d'attirer ici l'attention du lecteur sur un fait important. A mesure que la science faisait de nouveaux progrès, les botanistes se convainquaient que le système sexuel de Linné devait les amener à une classification exacte des groupes naturels, et cela, précisément parce que le système en question était fondé sur des particularités qui n'avaient rien à voir dans les fonctions des étamines. En effet, les particularités qui sont indépendantes des fonctions des organes ou qui n'ont avec elles que peu de rapport sont précisément celles qui offrent le plus d'importance au point de vue de la classification. C'est là un fait important, et que nous devons considérer comme tel. L'erreur qui amena Césalpin à admettre comme principe fondamental à sa classification l'importance fonctionnelle des organes de reproduction se répète, sous une autre forme, dans les œuvres de Linné. Ce dernier va chercher ses principes de classification dans l'observation des organes dont les fonctions lui semblent posséder une importance particulière. Il établit son système de classification, non d'après les différences qui existent entre les fonctions végétales, mais d'après le nombre et la conformation des étamines, signes caractéristiques absolument indépendants des fonctions sexuelles. Nous trouvons les mêmes erreurs dans les œuvres de Leibnitz et de Burckhard. Si nous faisons mention de ces deux botanistes, c'est uniquement pour défendre Linné contre les reproches répétés de ses contemporains, qui l'accusaient d'avoir puisé ses idées au sujet du système sexuel dans les œuvres des botanistes que nous venons de nommer. Dans tous les cas, les observations des botanistes en question au sujet de l'extrême importance physiologique des organes sexuels les amenèrent, à tort, à établir leurs principes de classification d'après les différences qui existent entre ces organes, et à fonder leur système sur ces principes, comme Linné le fit plus tard; mais tandis que Linné s'efforçait (et c'est là ce qui constitue la réelle valeur de ses procédés) d'atteindre le but qu'il s'était proposé dans le domaine de la systématique au moyen de procédés uniquement morphologiques, et de tirer de ces derniers tout le parti possible, Leibnitz et Burckhard ne faisaient rien de semblable, et leurs œuvres s'en ressentaient. Dès l'an 1701, le philosophe [1] célèbre émit ses opinions au sujet de la question pendante, opinions du reste si vagues et si insignifiantes que Linné n'en put rien retirer de très utile; la lettre, si souvent citée, que Burckhard [2] écrivit à Leibnitz en 1702 et dans laquelle il traite du même sujet, possède, à cet égard, une valeur beaucoup plus grande; l'auteur s'y rencontre presque avec les vues de Linné; mais il y a loin, de ces vagues allusions, à l'organisation complète d'un système bien équilibré et éminemment pratique, tel que l'est celui de Linné.

Les botanistes du seizième siècle s'efforçaient exclusivement, ainsi que Morison et Ray, qui se rattachent à eux par leurs théories, de distinguer les unes des autres les espèces végétales : c'était là le but de leur activité scientifique; Rivinus et Tournefort cherchèrent avant tout à établir la classification des genres et négligèrent l'étude des espèces; en revanche, Linné mit un soin égal à caractériser les espèces et les genres, et déploya dans ses descriptions beaucoup plus d'art que ses prédécesseurs. De certaines théories rudimentaires, de certains préceptes des œuvres de Rivinus, Linné sut faire un système qui fut utile au développement de la science dont il s'occupait; c'est pourquoi il mérite d'être considéré, sinon comme l'inventeur, du moins comme le fondateur de la nomenclature binaire des organismes.

Nous croyons remplir un devoir qui incombe à l'historien, en

1. Voir Jessen : *Botanik der Gegenwart und Vorzeit*, p. 287.

2. *Epistola ad Godofredum Gulielmum Leibnitzium*, etc. *cum Laurenti Heisteri praefatione. Helmstadi*, 1750.

nommant les ouvrages auxquels Linné emprunta maint renseignement précieux. On se tromperait, si l'on y voyait une atteinte quelconque au mérite de l'homme éminent dont nous nous occupons. Il serait bien plutôt à désirer que tous les naturalistes imitassent Linné sous ce rapport, en mettant à contribution, aussi souvent et aussi complètement qu'il l'a fait, les œuvres de leurs prédécesseurs, et en s'appropriant comme lui, ce qu'elles renferment d'utile. Linné lui-même a nommé, autant qu'ils lui étaient connus, les ouvrages botaniques auxquels il était redevable de son savoir; il a célébré les mérites de ses prédécesseurs avec une impartialité qui ne trahit pas la moindre jalousie, et où se révèle souvent une admiration enthousiaste. On s'en aperçoit particulièrement dans les brèves remarques qu'il met en tête de l'étude consacrée aux différents systèmes botaniques de ses *Classes plantarum*. Linné ne se contentait pas de reconnaître les mérites de ses prédécesseurs et d'en profiter, il prêtait à leurs théories une vie et une fécondité nouvelles en les faisant siennes; il savait, en toutes circonstances, tirer parti de leurs avantages. Si les successeurs de Linné le prirent souvent pour un génie créateur et initiateur, c'est à cause de l'intensité de vie qui se révèle dans ses œuvres. On retrouve dans les ouvrages de Linné les théories et les systèmes de Césalpin et des botanistes du dix-septième siècle, on y retrouve même ceux de Gaspard Bauhin, on y reconnait avec étonnement des observations et des remarques connues depuis longtemps, qui se présentaient, dans les œuvres des botanistes que nous venons de nommer, sous une forme incomplète et inachevée, et qu'on revoit animées d'une vie nouvelle, et fondues dans un ensemble harmonieux. C'est ainsi que l'intelligence de Linné était à la fois productrice et réceptive; grâce à cette intelligence et aux procédés qu'il employait, Linné aurait pu arriver, dans le domaine de la botanique théorique, à des résultats particulièrement remarquables, s'il n'était pas tombé dans une erreur grave, erreur que partagèrent, il est vrai, ses prédécesseurs et ses contemporains, mais qui, chez lui, s'accuse et s'exagère encore. Il s'imaginait, en d'autres termes, que le botaniste devait chercher avant tout à acquérir une connaissance approfondie des noms des espèces végétales; c'était, à ses yeux, le seul but qui fut digne d'efforts. Linné exprima à ce sujet des opinions extrêmement nettes, et les adeptes qu'il comptait en Allemagne et en Angleterre maintinrent cette doctrine avec tant d'énergie, qu'elle fut adoptée définitivement par la majeure partie du public. On croit encore, à l'époque actuelle, que les botanistes existent uniquement dans le but de nommer par son nom la première plante venue. et on trouve cela tout naturel. D'après Linné, la morphologie et la botanique théorique générale devaient servir uniquement à faciliter aux botanistes les moyens d'établir les principes de la nomenclature et de la définition végétales, et, par conséquent, leur permettre de perfectionner leurs descriptions.

Ce que nous venons de dire au sujet de Linné ne se rapporte guère qu'à ses procédés et à ses œuvres; si nous abordons l'étude de ses doctrines, étude qui concerne plus directement sa vie intellectuelle, nous verrons qu'il se rattachait à l'école des scolastiques. Il lui appartenait même bien plus entièrement que Césalpin, qui était plutôt un philosophe aristotélicien, dans le sens propre du mot, qu'un scolastique. Le terme de scolastique sous lequel nous désignons les tendances qui se révèlent dans les théories de Linné, implique que ce botaniste n'est point un naturaliste dans le sens actuel du mot; je pourrais ajouter à l'appui de cette assertion, que Linné n'a pas fait une seule découverte qui jette un jour nouveau sur les lois qui régissent le monde végétal; ceci, cependant, ne suffirait point à prouver qu'il se rattache aux scolastiques.

Le véritable travail du naturaliste ne consiste pas seulement à établir des principes et des théories d'après des observations approfondies et comparées; il consiste encore à savoir déterminer les rapports, les causes, et les effets des lois naturelles. L'investigation fondée sur ce système amène nécessairement à des modifications perpétuelles des théories et des principes établis; elle conduit à en fonder de nouveaux et, par conséquent, à adapter de plus en plus notre intelligence et notre raisonnement à la nature même de l'étude que nous avons entreprise. L'esprit et l'intelligence doivent se plier aux exigences des faits, et non pas façonner, à leur gré. La philosophie aristotélicienne, et la forme que lui donnèrent les philosophes du moyen âge, la scolastique, ont la tendance absolument opposée: ceux-ci quiconque les prend pour guide ne songera jamais à établir de nouvelles théories et à acquérir de nouvelles notions au moyen de l'investigation scientifique; les théories et les doctrines de la philosophie d'Aristote sont immuables; et lorsque les résultats de l'expérience refusent de se plier aux règles étroites des idées toutes faites et de doctrines arrêtées d'avance, la dialectique les torture et les remanie jusqu'à ce qu'ils puissent trouver une place dans l'engrenage général. Dans ces conditions, le travail de la pensée consiste uniquement à dénaturer les faits, car la manière d'envisager la nature ne subit point de modifications; elle est fixée d'avance et toute de convention. Il devient impossible de faire des expériences, dans le sens le plus élevé que possède ce mot au point de vue de l'investigation scientifique, lorsqu'on croit connaître les principes fondamentaux de la science dont on s'occupe; mais ces « principes fondamentaux » de la scolastique ne sont au fond que des mots dont la signification est extrêmement vague. Ils se ramènent à des abstractions, établies sans ordre et sans suite, d'après des expériences journalières qui ne sont pas contrôlées par la science, et qui, par conséquent, n'ont point de valeur. Et plus ces abstractions sont subtiles, plus elles s'écartent des résultats de l'expérience, plus on attache d'importance et de valeur réelle à celles qui sont accompagnées d'images et de métaphores qui les rendent plus claires et plus compréhensibles [1].

On pourrait comparer la science fondée sur les doctrines de la scolastique à un jeu. Le meilleur joueur serait celui qui combinerait en un tout homogène, avec le plus d'habileté, les notions abstraites dont nous avons parlé, de manière à dissimuler les contradictions qui existent entre elles. En revanche, la véritable investigation, qu'elle appartienne du reste au domaine de la philosophie ou à celui des sciences naturelles, tend avant tout à signaler sans ménagement les contradictions qui se présentent; elle examine les faits de manière à s'assurer du degré de justesse des notions qui en découlent; elle remplace même, au besoin, des théories qui embrassent l'étude de la nature entière par d'autres théories plus parfaites. La scolastique et la philosophie aristotélicienne ne considèrent les faits que comme des exemples concrets des notions abstraites et immuables, qui en éclaircissent le sens; pour l'investigation scientifique, au contraire, ces faits constituent un fonds inépuisable d'observation qui engendre sans cesse de nouvelles études, de nouvelles associations d'idées, des théories et des aperçus nouveaux. La philosophie aristotélicienne et la scolastique (et c'est là un de leurs pires défauts) confondent les idées et les mots avec les réalités objectives qu'ils désignent. On se plaisait particulièrement à tirer de la signification originelle d'un nom, les principes qui devaient déterminer la nature même de l'objet désigné par ce nom. La question de l'existence ou de la non existence d'un être ou d'un objet fut souvent traitée au moyen de l'étude seule des idées qu'on possédait à son sujet.

1. Voir l'excellente étude d'Albert Lange sur la philosophie de Platon et d'Aristote, et sur la scolastique. Elle se trouve dans son *Histoire du Matérialisme*, 1874.

Nous retrouvons ce penchant dans les œuvres de Linné; nous le retrouvons dans toutes les occasions où l'auteur sort du domaine de la systématique et de la description pour donner des éclaircissements au sujet de la nature des plantes et des diverses transformations qu'elles subissent; c'est le cas dans ses *Fundamentea*, dans sa *Philosophia Botanica*, et particulièrement dans ses *Amœnitates Academicæ*. Parmi des exemples nombreux, nous choisirons ceux qui donnent une idée de la manière dont Linné cherchait à établir le fait de la sexualité chez les plantes. Linné connaissait les œuvres de Rudolph Jacob Camerarius, et vantait les mérites de ce botaniste, qui avait prouvé l'existence de la sexualité des plantes au moyen des seuls procédés dignes d'un naturaliste, c'est-à-dire au moyen de l'expérimentation.

Mais cette preuve, fondée sur l'expérience, laisse Linné froid; s'il en fait mention de temps à autre, c'est sans y attacher beaucoup d'importance; en revanche, il déploie tout son art dans une démonstration digne d'un adepte des doctrines scolastiques, en essayant de prouver, par l'étude de l'organisation et de la nature même des plantes, la nécessité de la sexualité. Il rattache cette démonstration au précepte de Harvey, *omne vivum ex ovo*, précepte qui procédait d'une induction imparfaite. Linné le tient pour un principe immuable, établi *a priori*, et en conclut que les plantes, elles aussi, doivent sortir d'un œuf. Il ne songe pas à remarquer que d'après le principe *omne vivum ex ovo* le règne végétal constitue déjà la moitié de l'*omne vivum*; il continue sa démonstration en ces termes : « La raison et l'expérience nous prouvent que les plantes sortent d'un œuf, et les cotylédons confirment ce fait. » La raison, l'expérience, et les cotylédons! Voilà certainement un curieux assemblage de preuves. Puis, dans la phrase suivante, il parle des cotylédons. D'après lui, les cotylédons prennent naissance, chez les animaux, dans la partie centrale de l'œuf, celle où réside le principe vital; cet organe est remplacé, chez la plante, par les cotylédons qui entourent et protègent le *corculum;* quant aux nouveaux rejetons, ils ne se forment pas uniquement dans l'œuf, ils ne sont pas produits uniquement par l'action génératrice de l'appareil de reproduction masculin; ils doivent leur existence à l'un et à l'autre. Les animaux, les hybrides, la raison, et l'anatomie confirment ce fait. Il désigne sous le terme de raison, qu'il emploie dans la phrase précitée, la nécessité de l'existence du fait qu'il signale; il est arrivé à la conviction de l'existence de la sexualité végétale par l'étude approfondie des notions qu'il possède à ce sujet; les animaux lui fournissent les analogies qu'il cherche, et quant à l'anatomie, les preuves qu'elle livre ne peuvent être d'aucune utilité tant que la destination finale des organes n'est pas connue. C'est dans la partie de son argumentation où il fait allusion aux hybrides que ses raisonnements sont le plus faibles, car au moment où il écrivait les *Fundamenta*, il ne connaissait, en fait d'hybrides, que les mulets. Les premières descriptions, dues à Kölreuter, qui aient eu pour objet les plantes hybrides, ne parurent pas avant 1761, et Linné les laissa passer inaperçues. Nous reviendrons plus tard, dans la théorie des sexes, à certaines espèces hybrides que Linné prétendit avoir étudiées, et qui, en réalité, n'existent pas. Pour le moment, nous nous contenterons d'ajouter que le fait de l'existence de ces plantes hybrides avait été établi d'après les notions que Linné possédait au sujet de la sexualité, comme il établit ici le fait de la sexualité d'après la notion de l'hybridation. Il poursuit son argumentation en ces termes : « L'expérience et l'observation des œufs des plantes [1] établissent l'impossibilité de la présence d'un germe dans l'œuf privé de la fécondation »; puis on trouve, plus loin, la remarque suivante : « Toute plante possède des fleurs et des fruits, même lorsque l'œil est impuissant à les distinguer ». D'après les doctrines de Linné, ce dernier principe ne serait que la conséquence naturelle de ses vues au sujet de la plante ou de l'œuf; il y joint, d'ailleurs, des observations qui ne sont pas justes. « Les organes sexuels, dit-il plus loin, contiennent chez les plantes les principes de la reproduction. On se convaincra facilement, par l'observation de ces différentes parties végétales, que les anthères représentent les organes masculins, le pollen, la substance génératrice; tout, du reste, contribue à le prouver : le fait que l'apparition de la fleur précède celle du fruit; puis la position des anthères, leurs loges, l'époque à laquelle elles apparaissent, puis, la castration, le pollen, et la nature de la substance dont il est formé ». Il attache une importance prépondérante à la nature des organes masculins, et, afin de mettre le lecteur en mesure d'acquérir des idées justes à cet égard, il le renvoie à des formules vagues d'un passage antérieur, d'après lesquelles les anthères et les stigmates contiennent le principe même, l'essence de la fleur. Presque toutes les démonstrations de Linné se meuvent dans les limites étroites de dilemmes semblables, ou de raisonnements en cercle. Plus loin nous apprécierons ses grands mérites en tant que fondateur du système de la sexualié des plantes, mais sa sophisti-

1. Cette comparaison, fausse par elle-même, que Linné établit entre les graines des plantes et les œufs des animaux, remonte à Empédocle. Les systématistes en ont toujours usé avec prédilection.

que se trouve tout entière, et très nette dans celui de ses écrits qui est intitulé *Sponsalia Plantarum* (*Amœnitates*, I, p. 77). On la retrouve dans un autre ouvrage de Linné, les *Plantæ Hybridæ* (*Amœn.* III, p. 29), où tous ses défauts s'exagèrent encore. Les exemples que nous avons cité dans ces dernières pages, et d'autres en grand nombre, prouvent que Linné ignorait absolument la possibilité de prouver l'existence d'un fait hypothétique d'après les préceptes d'une investigation basée sur les lois d'une logique sévère. Son travail sur les semences des mousses, travail au sujet duquel il s'était fait de grandes illusions, et qui parait incroyablement mauvais lorsqu'on songe à l'époque où il fut écrit, confirme ce fait. D'ailleurs, les goûts de Linné et son genre d'intelligence ne le portaient pas à soumettre les objets de son observation à un examen minutieux; il laissait passer, sans s'y arrêter davantage, les particularités qui échappent au premier regard, et ne songeait même pas à étudier les causes des phénomènes qui l'intéressaient. Il se contentait de mentionner ces phénomènes dans sa classification. On trouve des exemples à ce sujet dans son écrit intitulé *Somnus Plantarum*, nom qu'il donnait aux mouvements périodiques des plantes. La *Philosophia Botanica*, et les *Amœnitates* se rattachent entièrement à des théories scolastiques et à une sophistique qui vous transportent, à la longue, en pleine littérature du moyen âge, et cependant, les ouvrages de Linné datent du milieu du siècle dernier; ils furent écrits à une époque où Malpighi, Grew, Rud. Jacob Camerarius, Hales, s'étaient déjà livrés, dans le domaine de la botanique, à des recherches et à des investigations dans lesquelles ils avaient déployé une habileté magistrale; et les contemporains de Linné, Duhamel et Kölreuter, s'étaient dirigés, dans leurs expériences, d'après les principes sur lesquels est fondée la véritable investigation scientifique. Lorsqu'on connait ces particularités du système de Linné, on s'explique les appréciations peu favorables que des hommes tels que Buffon, Albert de Haller, et Kölreuter ont émises sur le compte de l'auteur. On comprend que les disciples immédiats que Linné possédait en Allemagne, disciples qui s'inspiraient uniquement des écrits du maitre, et qui étaient incapables d'établir une distinction entre leurs mérites réels et les sophismes qu'ils renfermaient, en fussent venus à ne plus considérer la botanique comme une science naturelle. En réalité, les intelligences médiocres et peu équilibrées trouvent en Linné un guide dangereux, car il unit à une logique merveilleuse, qui l'amena du reste aux pires erreurs tant qu'elle s'exerça dans le domaine de la scolastique, les qualités les plus brillantes qui aient jamais distingué un naturaliste. La prodigieuse étendue de ses connaissances spéciales, et surtout sa supériorité comme systématiste ne pouvaient manquer d'exciter au plus haut point l'admiration de ceux pour qui les mérites principaux du naturaliste résident dans des qualités de ce genre. Il sut caractériser d'une manière frappante, au moyen d'un nombre restreint d'indices, les genres et les espèces du règne végétal et du règne animal; il sut établir des diagnoses en quelques mots. Ce fut là un de ses dons les plus remarquables, et aucun des botanistes qui lui ont succédé ne parvint à l'égaler sous ce rapport.

Les œuvres de Linné possèdent des qualités innées d'ordre et de clarté qui constituent la véritable supériorité de l'auteur. Tout ce qui lui fournissait de nouveaux sujets d'étude et d'observation trouvait immédiatement place dans une classification qui brillait par la netteté et par la précision. La logique tout entière s'est transformée dans ses œuvres, si l'on peut s'exprimer ainsi, en un système de classifications, de subordinations, de coordinations. Il n'applique pas ce système uniquement à l'étude de la nature, mais encore à tout ce qui fait le sujet de ses études. Dans les *Classes Plantarum*, il consacre aux systématistes une étude dans laquelle il les distingue en fructistes, corollistes, calycistes. Tous les hommes qui, d'une manière ou d'une autre, se sont occupés de botanique, appartiennent à deux classes principales : la première comprend les véritables botanistes, la seconde les botanophiles. Parmi ces derniers, Linné place les anatomistes, les jardiniers et les médecins. C'est là un des traits caractéristiques de ses doctrines. Les collectionneurs ou les systématistes sont les seuls qui aient réellement droit au titre de botaniste. Tous les botanistes qui ont augmenté le nombre des espèces connues, tous les monographistes, les auteurs de Flores, les botanistes voyageurs, tous ceux qu'on désigne maintenant sous le terme plus poli de systématistes, appartiennent à la classe des collectionneurs. Linné appelle systématistes ceux qui ont établi des subdivisions du règne végétal, et qui ont donné aux plantes leurs noms.

Les systématistes comprennent les philosophes, les systématistes proprement dits et les nomenclateurs. Les philosophes fondent des théories établies d'après des observations et des raisonnements logiques; on les distingue de nouveau en orateurs, instituteurs, Érystiques, physiologistes; parmi ces derniers, on comprend des botanistes tels que Malpighi et Hales, qui ont dévoilé le mystère de la sexualité des plantes, et qui, d'après les idées de Linné, ne sont pas de véritables physiologistes. La seconde catégorie des méthodistes, c'est-à-dire des systématistes, comprend deux subdivisions, les orthodoxes et les hétérodoxes. Les premiers établissent leurs principes de classification uniquement d'après la fructification, tandis que le domaine où s'exerce l'observation des seconds est plus étendu. Linné applique ces procédés à tous les objets de ses dissertations. Il emploie de préférence des phrases brèves, numérotées à mesure, et qui ont beaucoup de rapports avec les descriptons des noms d'espèces et de genres. A l'époque où il écrivit ses *Fundamenta*, c'est-à-dire en 1736, son mode de pensée était fixé; il ne devait plus s'en écarter. Son style, par conséquent, ne subit plus de modifications. Nous retrouvons les mêmes expressions dans l'écrit, mentionné plus haut, qu'il a légué à son fils, et dans lequel il traite de morale et de religion, dans la *Nemesis Divina*. Là où ces particularités de style n'ont pas l'air déplacées, elles font très bon effet. C'est le cas dans l'étude, si brève, que Linné consacre aux différents systèmes botaniques dans les *Classes Plantarum*. Il est dans son élément; grâce à son instinct affiné, il résume en quelques mots frappants de justesse, en quelques formules concises, les principes fondamentaux du système qu'il examine; il signale leurs avantages et leurs défauts, de manière à en donner une idée nette au lecteur. Cette originalité du style, qui se manifeste particulièrement dans sa *Philosophia*, doit avoir beaucoup contribué à écarter l'attention du lecteur des nombreuses fautes de logique et des cercles vicieux répétés qu'on trouve dans ses œuvres.

Cet étonnant mélange de philosophie de dilettante unie à cette extrême habileté dans l'art de la classification des objets et des notions, cette logique singulière dans les principes fondamentaux empruntés au domaine de la scolastique, et ces erreurs de raisonnement grossières, tout cet ensemble contribue à donner au style de Linné une originalité frappante, encore rehaussée par un langage pittoresque que la poésie vient parfois animer de son souffle.

Afin d'être en mesure de déterminer les progrès que la science de la botanique a accomplis grâce aux efforts de Linné, nous commencerons par signaler les mérites principaux des œuvres du grand botaniste. Il eut, tout d'abord, le mérite d'établir une nomenclature binaire complète, et de l'unir à l'étude méthodique et minutieuse des genres et des espèces. Il s'efforça d'étendre son système de nomenclature à tous les végétaux connus à l'époque où il vivait, de sorte que la botanique descriptive, dans le sens le plus restreint de ce mot, prit une forme nouvelle. Ainsi transformée, elle offrait de grands avantages dont les principes fondamentaux et le développement ultérieur de la botanique devaient profiter sans restriction. Elle devait servir de modèle à la caractéristique des grands groupes végétaux, on devait tirer d'elle les dénominations qui désignent les espèces. Lorsque de Jussieu et de Candolle caractérisèrent plus tard les familles végétales et les groupes qu'elles forment, ils se servirent des procédés que Linné avait employés dans la caractéristique des espèces et qu'il avait établis d'après des abstractions qui avaient pour point de départ l'étude des différences spécifiques. On a toujours su reconnaitre sans restriction les mérites de Linné à ce sujet; en revanche, on a accordé moins d'importance à certains écrits qui pourtant sont loin de le céder en valeur aux premiers, et qui traitent du système que Césalpin et ses prédécesseurs ont essayé de fonder sur l'observation d'indices caractéristiques établis *a priori*. Linné fut le premier à signaler tous les inconvénients de ce système, à démontrer l'impossibilité où l'on se trouvait, d'arriver, par ce moyen, à accomplir des progrès nouveaux, et à introduire de nouveaux perfectionnements dans l'étude des affinités naturelles. Il ne se contenta pas d'établir un système sexuel factice, il y joignit un fragment du système naturel, et désigna toujours le système naturel comme le but vers lequel devaient tendre tous les efforts des botanistes. Le rôle de la systématique était donc tout indiqué. Linné lui-même ne se servait de son système sexuel que parce que ce dernier offre de grands avantages aux botanistes qui s'occupent des descriptions détaillées; en réalité, le système naturel était le seul qui possédât une valeur scientifique véritable à ses yeux. On peut se faire une idée du mérite de ses travaux lorsqu'on sait que Bernard de Jussieu a pris pour modèle, dans son tableau des familles végétales (travail d'une supériorité du reste incontestable), l'étude de Linné. En outre, son neveu, A.-L. de Jussieu, s'empara des principes fondamentaux du système naturel, et en fit la base de nouvelles théories.

La *Philosophia Botanica* est, de tous les ouvrages de Linné, celui qui peut donner l'idée la plus juste des principes fondamentaux de sa botanique théorique. On pourrait le considérer comme un manuel qui aurait pour sujet la botanique telle que Linné l'entendait et la comprenait.

Sous ce rapport, le livre en question laisse bien loin derrière lui tous les ouvrages du même genre qui l'ont précédé ; il est bien plus substantiel, il leur est supérieur sous le rapport de la variété des idées; l'auteur y déploie, dans la manière de traiter son sujet, bien plus de netteté et de précision. Bien plus encore, aucun des botanistes qui se sont succédé durant les quatre vingt-dix années qui ont suivi l'année 1751, n'a consacré aux connaissances scientifiques qui s'étaient accumulées pendant des siècles des études aussi complètes et menées avec autant de précision et de netteté. Afin de donner au lecteur une idée de la manière dont Linné traite son sujet, nous passerons sous silence les premiers chapitres, consacrés à l'étude des systèmes qui se sont succédé jusqu'à l'époque en question, pour aborder immédiatement le troisième chapitre, qui traite d'une manière générale de la nature des plantes, et en particulier des organes végétaux. Les végétaux comprennent sept familles principales, les Champignons, les Algues, les Mousses, les Fougères, les Graminées, les Palmiers et les Plantes. Les végétaux sont formés de trois sortes de vaisseaux qui contiennent tous une substance quelconque : les canaux à sève, dans lesquels les parties liquides circulent; les tubes qui emmagasinent la sève; et les trachées qui attirent l'air. Ce sont là des faits que Linné emprunte à Malpighi et à Grew. Parmi les sept familles végétales que nous avons nommées, l'auteur ne caractérise pas d'une façon spéciale celle des Champignons. Il décrit les Algues comme des végétaux dont la racine, les feuilles, et la tige ne forment qu'un seul et même organe; il attribue aux Mousses une anthère sans filet, qui se distingue de la fleur femelle, qui est privée de pistil. Les semences des Mousses n'ont ni cotylédons ni enveloppe extérieure. Cette caractéristique des Mousses devient compréhensible lorsqu'on a lu l'étude de Linné, déjà mentionnée plus haut, intitulée *Semina Muscorum*. Elle se trouve dans les *Amoen. Acad.* II. Quant aux Fougères, leurs organes de fructification se trouvent placés au revers de leurs frondes, qui, par conséquent, ne peuvent être considérées comme des feuilles. La place qu'occupent ces organes constitue, d'après Linné, le trait caractéristique des végétaux en question. L'organisation peu compliquée des feuilles, les différentes articulations de la tige, le *calyx glumosus* et les semences isolées les unes des autres caractérisent les Graminées.

La tige simple, la rosette de feuilles au sommet, la spathe caractérisent les Palmiers. Tous les végétaux qui ne rentrent pas dans les familles précitées portent le nom de Plantes. L'ancienne classification qui divisait le règne végétal en herbes, en arbrisseaux, et en arbres est mise de côté comme ne répondant pas aux exigences de la botanique.

Il ne faut pas confondre cette nouvelle classification du règne végétal avec le fragment de système naturel, étude dans laquelle il établit 67 familles ou classes végétales, parmi lesquelles il range aussi les Champignons, les Algues, les Mousses, les Fougères.

Les préceptes qui vont suivre peuvent s'appliquer soit à tous les végétaux indifféremment, soit à quelques subdivisions seulement du règne végétal. C'est probablement afin d'attirer l'attention sur ces différences d'application que Linné a donné aux groupes susdits la place qu'ils occupent. Celui qui commence l'étude de la botanique doit tout d'abord distinguer dans les végétaux trois parties principales : la racine, l'herbe [1], et les organes de fructification. Dans la classification de ces derniers, Linné diffère absolument de ses prédécesseurs, qui opposaient à la racine les organes de fructification et la tige, qu'ils rattachaient ensemble. La substance centrale est représentée par la moelle, entourée elle-même d'une enveloppe ligneuse qui provient du phloème (*bast*, ou liber). Il ne faut pas confondre le liber avec l'écorce, qui est recouverte de l'épiderme. Ces principes d'anatomie viennent de Malpighi ; en revanche, Linné emprunte à Mariotte ses théories au sujet de la moelle. « La moelle, dit-il, croît en s'allongeant, elle et les substances qui l'enveloppent ». On retrouve, dans la phrase suivante, les théories de Césalpin au sujet du bouton et de la manière dont il se forme : « L'extrémité d'un fil de moelle sort de son enveloppe d'écorce et se perd dans le bouton, » etc. Le bouton est une substance herbeuse repliée sur elle-même et comprimée. Il se développe indéfiniment jusqu'à ce que les lois de la nature viennent lui faire subir de nouvelles transformations qui ont la fructification pour but. L'œuvre de la fructification s'accomplit de la manière suivante : les feuilles se réunissent de manière à former un calice d'où sort l'extrémité d'un rameau sous forme de fleur qui naissant de la substance de la moelle devance d'un an le moment de son apparition, tandis que le fruit ne peut se développer tant que la substance ligneuse des étamines n'aura pas été absorbée par les principes liquides du pistil. C'est ainsi que Linné corrige les doctrines de Césalpin au sujet de la fleur, en tenant compte de l'importance des étamines comme organe sexuel, importance signalée tout d'abord par Camerarius.

Il termine en disant qu'il n'existe pas de création nouvelle, mais seulement une génération continue, et il cite à l'appui de cette assertion un précepte bizarre, fondé sur les théories de Césalpin : *Cum corculum seminis constat parte radicis medullari.*

1. Dans les livres de Linné, le mot *herba* remplace l'ancien terme de *germen*, lequel, pour lui, signifie ovaire.

La racine qui absorbe les principes nutritifs, et produit la partie herbeuse qui donne naissance à la fructification, est formée de moelle, de bois, de liber, et d'écorce. On la divise en deux parties principales, nommées *caudex* et *radicula*. Le *Caudex* correspond à peu près à ce que nous désignons maintenant sous le nom de racine primaire et de rhizome, tandis que la *Radicula* représente ce que nous appellons actuellement racine secondaire.

L'herbe (la partie herbeuse des végétaux) ou tige prend naissance dans la racine. Les lois de la fructification arrêtent son développement au temps voulu.

Elle comprend la tige, les feuilles, les pétioles (*fulcrum*) et les organes d'hibernation (*hibernaculum*). Suivent des remarques au sujet des différences qui existent entre la tige et les feuilles, puis une nomenclature extrêmement détaillée qui est encore usitée en partie à l'époque actuelle, et qui repose en principe sur les définitions de Jung.

Cependant, Linné ne fait pas mention de la remarquable distinction établie par Jung, entre la tige et la feuille, et qui est fondée sur l'observation des rapports de symétrie; d'ailleurs, ses conceptions sont moins profondes que celles de Jung; ses théories sont fondées, bien plus que celles de son prédécesseur, sur l'étude des particularités végétales qui frappent de suite l'observation. Cette manière de procéder amène, du reste, à établir de nombreuses différences là où il n'y a qu'unité et uniformité. Le paragraphe qui traite des *Fulcra* fournit de nombreux exemples à ce sujet. L'auteur désigne sous ce nom de *Fulcra* les organes auxiliaires des plantes, parmi lesquels il range les feuilles stipulaires, les feuilles bractéales, les épines, les piquants, les vrilles, les glandes et les poils. Comme on peut s'en apercevoir par les lignes qui précédent, Linné n'étend pas le terme de feuille (*folium*) aux feuilles bractéales et aux stipules, et les exemples qu'il a joints au paragraphe dans lequel il traite des vrilles, prouvent qu'il ignore absolument l'importance morphologique des vrilles des *Vitis* et des *Pisum*, importance toute autre que celle qu'il leur attribue.

Le fait que Linné a associé dans un même principe et désigné sous un même terme général, sous le nom de *Fulcrum*, les sept sortes d'organes susdits, prouve qu'il cherchait avant tout, dans sa nomenclature, à déterminer au moyen de mots précis les différences extérieures qui existent entre les végétaux, afin de pouvoir caractériser, en un minimum de mots, les espèces et les genres. Il était bien loin de songer à établir des principes généraux d'après l'observation des formes végétales, afin d'arriver par ce moyen à des vues plus profondes au sujet de la nature des plantes.

Il part du même principe à propos de l'*hibernaculum*. Il comprend sous ce terme la partie de la plante qui entoure la substance herbeuse ou tige à l'état d'embryon, et la protège contre les accidents extérieurs; il établit ici une différence entre les bulbes et les boutons d'hiver des plantes ligneuses.

Linné a devancé les botanistes qui l'ont suivi en distinguant et en nommant les organes de la fructification. Le quatrième chapitre de la *Philosophia Botanica* traite des dénominations des organes de fructification, et des différences qui les distinguent. Les théories de Linné à cet égard sont bien supérieures à celles de ses prédécesseurs. « Les organes de fructification des végétaux, dit-il, ont une durée plus ou moins prolongée; c'est par leur moyen que s'accomplit l'œuvre de la reproduction; leur apparition termine une période ancienne, et inaugure une période nouvelle. » Linné distingue dans les organes de fructification sept parties différentes : (I) le Calice, qui représente l'écorce, et comprend l'involucre des Ombellifères, la Spathe, le Calyptre des Mousses, et même le Volva de certains Champignons, ce qui montre que Linné fondait presque exclusivement sa nomenclature sur l'observation des formes végétales; (II) la corolle, qui représente dans la fleur ce que le liber est dans la plante; (III) les étamines, qui produisent le pollen; (IV) le pistil, qui adhère au fruit, et sur lequel se pose le pollen : ici, l'auteur établit une distinction bien arrêtée entre l'ovaire, le style et le stigmate. Puis vient (V) le péricarpe, ou ovaire, que Linné considère comme un organe spécial, et qui contient les semences. D'après les théories de Linné, le bulbe et le bouton ne doivent pas être regardés comme de jeunes pousses, mais comme de véritables organes. Il en est de même pour le fruit. Linné le considère comme un organe spécial et non comme un ovaire qui aurait subi des transformations successives. D'ailleurs, il déploie beaucoup plus d'habileté que ses prédécesseurs dans sa caractéristique des diverses formes du fruit. (VI) La semence est une partie végétale qui se détache de la plante. Elle a reçu du pollen le principe de fécondité, et elle contient en germe une plante nouvelle. Les études de Linné au sujet de la semence et des différentes parties qui la composent doivent être classées parmi les plus faibles de tous ses écrits, et, bien qu'il se soit inspiré des doctrines de Césalpin, ses théories sont encore plus défectueuses que celles de son modèle et des botanistes qui lui ont succédé.

Il désigne l'embryon sous le nom de *Corculum*, et le divise en deux parties principales, dont l'une s'appelle *Plumula*, l'autre,

Rostellum (petite racine). Puis il joint au *Corculum* le cotylédon, non point en qualité de partie de l'embryon, mais comme organe spécial de la semence, et il le définit en ces termes : *Corpus laterale seminis, bibulum, caducum*. On ne saurait s'y prendre plus mal, et on a peine à croire que les plus grands botanistes qui se sont succédés de 1751 à 1770 aient adopté d'aussi mauvaises définitions, et se soient servis de caractéristiques aussi défectueuses, alors que cent ans auparavant, Malpighi et Grew faisaient exécuter des gravures sur cuivre dans le but d'augmenter les connaissances des botanistes au sujet des parties végétales, et de jeter un jour nouveau sur l'histoire du développement et sur la germination. Linné ne mentionne pas l'endosperme, qu'il confond apparemment avec le cotylédon, malgré les distinctions de Ray, qui établit avec beaucoup de précision les différences qui existent entre le cotylédon et les autres parties de la graine. Ce que nous avons dit précédemment, au sujet de son inaptitude à soumettre à un examen approfondi ceux de ses sujets d'étude qui présentent quelque difficulté, se trouve amplement confirmé par sa nomenclature des différentes parties de la graine. Nous n'ajouterons rien de très important en disant que Linné, à l'exemple des botanistes qui l'ont précédé, considère les fruits monospermes indéhiscents comme des graines, et qu'en vertu de ses théories à cet égard, il regarde le *pappus* comme une partie de la graine. Il désigne sous le nom de *receptaculum* (VII) toutes les parties végétales qui unissent les unes aux autres les différentes parties des organes de fructification : le *receptaculum proprium*, qui unit les différentes parties d'une fleur isolée, et le *receptaculum commune*, nom sous lequel il comprend les inflorescences les plus diverses comme l'Ombelle, la Cyme, le Spadice.

« L'essence même de la fleur, dit-il en terminant, est représentée par les anthères et le stigmate; celle du fruit, par la semence; celle des organes de fructification, par la fleur, et celle des végétaux par les organes de fructification. » Suit une série de remarques sur les différences des organes de fructification, et les dénominations qu'il convient de leur appliquer. Parmi ces organes, Linné nomme les nectaires, qu'il fut le premier à signaler.

Le cinquième chapitre traite de la sexualité des plantes. Les théories de Linné à cet égard ont déjà fait le sujet d'une de nos études précédentes; nous avons vu qu'il établit le fait de la sexualité végétale d'après des déductions vides de sens et empruntées au domaine de la scolastique. Nous désirerions mentionner ici en quelques mots certains passages qui sont devenus célèbres. — « Nous savons, dit-il, qu'au commencement de toutes choses, l'œuvre de la création produisit les êtres vivants, et forma un couple de chaque espèce ». — « Les végétaux sont privés de la faculté de sentir, mais à cela près, ils vivent comme les animaux. Tout contribue à le prouver : la manière dont ils se forment, l'âge (*aetas*), les mouvements, l'impulsion (*proplusio*), les maladies, la mort, l'anatomie, la structure organique ». Linné joint aux passages que nous venons de citer des explications uniquement verbales et qui ne contribuent en rien à résoudre la difficulté. Dans les pages qui suivent, l'auteur expose ses théories au sujet de la sexualité, et les fonde entièrement, comme nous l'avons vu plus haut, sur des preuves empruntées au domaine de la scolastique; en outre, il abuse des comparaisons qu'il établit entre les fonctions sexuelles animales et végétales. C'est probablement à ce chapitre de la *Philosophia Botanica* et à l'écrit intitulé *Sponsalia Plantarum* que les théories de Linné doivent l'importance dont elles ont joui aux yeux de ses disciples. L'ignorance de ces derniers au sujet de la littérature botanique ancienne, l'admiration que leur inspirait l'habileté de Linné comme philosophe scolastique, les amenèrent à saluer en lui le fondateur de la théorie de la sexualité des plantes, tandis que l'étude de l'histoire prouve d'une manière irréfutable que Linné ne fit que contribuer à la propagation de la doctrine de la sexualité, mais n'a aucun droit à être compté parmi ses fondateurs.

Les pages qui précèdent ont été consacrées à l'étude de la nature des plantes; Linné devait à ses propres investigations, à des réflexions personnelles, toutes les connaissances qu'il possédait à ce sujet; on est frappé du contraste singulier qui existe, dans ses œuvres, entre ses doctrines scolastiques, et les procédés d'induction au moyen desquels il s'efforce de prouver au lecteur l'existence de certains faits. En revanche, ses qualités se révèlent d'une manière plus brillante dans les chapitres suivants de la *Philosophia Botanica*, chapitres où il traite des principes fondamentaux de la systématique; il se trouve ici dans son élément, car il ne s'agit plus d'établir des faits, mais bien de coordonner les unes aux autres des théories et des notions, et d'en tirer des conclusions.

La botanique, dit-il en commençant, repose sur un double fondement : la classification et les dénominations. Il désigne sous le nom de classification théorique l'ensemble des classes, des ordres et des genres; les espèces et les variétés représentent la classification pratique. Celle de Césalpin, de Morison et de Tournefort amène à établir un système; tandis qu'un botaniste qui ignorera jusqu'aux éléments de la systématique peut aborder l'étude pratique des descriptions d'espèces. Les théories de Linné à ce sujet présentent un grand intérêt, ainsi que quelques-unes des remarques qu'on rencontre dans ses œuvres. Elles sont une preuve de l'importance qu'il attache à la systématique qui permet d'établir et de coordonner les grandes familles végétales, tandis qu'il donne une place secondaire à l'investigation qui se borne à établir des distinctions entre les différentes formes individuelles des plantes. Ses successeurs oublièrent en grande partie les doctrines du maître; les *collections* et la *détermination* des espèces leur semblaient appartenir au domaine de la systématique.

Le système même qui traite des différentes notions des classes, des ordres, des genres, des espèces, et des variétés, notions subordonnées les unes aux autres, se présente en opposition avec le résumé synoptique, dont les dichotomies ne peuvent faciliter l'étude du règne végétal qu'à un point de vue essentiellement pratique. Puis vient une phrase souvent citée : « Nous comptons autant d'espèces que la nature a créé, en principe (*in principio*), de formes différentes. Il avait ailleurs dit *ab initio* au lieu de *ab principio*. Au lieu de joindre à l'idée d'origine, comme il l'avait fait tout d'abord, une idée de temps, il lui a associé une idée plus abstraite et plus théorique.

« La nature est impuissante à former des espèces nouvelles, dit-il ensuite. La génération continue, la propagation, l'observation journalière, et l'organisation des cotylédons viennent à l'appui de mon assertion ». On se demande avec étonnement comment les adeptes de Linné ont pu soutenir, jusque bien avant dans le siècle actuel, un dogme établi d'après les principes d'une logique pareille. Sa définition des variétés, définition d'après laquelle il considère comme des variétés les plantes différentes produites par les graines d'espèce semblable, prouve qu'il désignait sous le nom d'espèces, non pas les formes végétales séparées par des différences plus ou moins grandes, mais bien des plantes différentes en principe. Et il ajoute que ces variétés sont dues à une cause accidentelle, telle que le climat, la nature du sol, la chaleur ou le vent. Pour formuler une opinion de ce genre, l'auteur doit avoir commencé par adopter, le sachant et le voulant, des suppositions arbitaires. Ses opinions à ce sujet se montrent au grand jour dans toutes ses œuvres; d'après lui, les espèces végétales diffèrent par leur nature même, tandis que les différences qui distinguent les variétés ne sont qu'extérieures. On sent, ici, qu'il cherche à établir par des preuves la plus ou moins grande valeur du dogme de la constance des espèces, dogme que Linné fut le premier à fonder sur des théories claires et précises, et que les botanistes considérèrent comme infaillible, jusqu'au moment de l'apparition de la théorie de descendance; mais il n'est guère possible d'établir, sur des preuves, la valeur d'un dogme, et à moins que l'on n'interprète cette phrase : *negat generatio continuata, propagatio, observationes quotidianae, cotyledones* comme une preuve à l'appui des théories de Linné, on est en droit de croire que Linné lui aussi s'est contenté d'affirmer le dogme en question sans chercher à y ajouter des preuves[1]. Nous verrons plus tard à quelles singulières conclusions l'amenèrent ses théories, lorsqu'il s'agit de tenir compte des rapports de parenté qui existent entre les différents genres et les groupes principaux du règne végétal. La nature, dit-il dans le cours de son argumentation, crée toujours l'espèce et le genre, la culture crée souvent les variétés; les ordres et les classes sont dus tantôt à la nature, tantôt à l'art. Ceci doit signifier que les groupes principaux du règne végétal ne possèdent pas la valeur objective des espèces et des genres; leur importance est beaucoup plus subjective. Linné a compris et interprété les œuvres des systématistes qui ont suivi Césalpin, et les mérites des pères de la botanique allemande qui se sont succédé jusqu'à Bauhin, comme nous les avons, nous-même, compris et interprétés dans ce livre. On peut s'en convaincre en lisant le paragaphe cent troisième, dans lequel il explique et définit le mot *habitus*.

Gaspard Bauhin et les botanistes anciens auraient employé toute leur perspicacité (*divinarunt*) à traduire le mot *habitus* par ceux de « parentés végétales »; les anciens botanistes eux-mêmes se sont souvent laissé égarer par une fausse interprétation de ce mot. L'ordonnance naturelle du règne végétal, qui est le but final de la botanique, doit être fondée, comme l'ont découvert les botanistes modernes, sur la fructification, bien que cette dernière ne fournisse pas toujours des faits et des éclaircissements suffisants au sujet de toutes les classes végétales. Le paragaphe 168 est

1. Il ne serait pas difficile de prouver que la théorie de la constance des espèces procède de la scolastique, ou, en dernière analyse, des doctrines de l'école platonicienne; c'est pour cette raison que Linné, la considérant comme une doctrine qui devait s'imposer d'elle-même, l'a adoptée. Elle n'était, à l'origine, que la conséquence toute naturelle des doctrines philosophiques citées plus haut, Linné l'a érigée en théorie; les données qu'il y joint n'ont aucune valeur comme preuves. La véritable importance de ce dogme réside dans les rapports qui existent entre lui et la philosophie mi-platonicienne, mi-aristotélicienne, à laquelle tous les botanistes qui se sont succédé jusqu'à une époque récente ont payé leur tribut d'hommages.

particulièrement intéressant; Linné recommande aux botanistes qui s'occupent de la classification des groupes végétaux, tout en se dirigeant d'après l'étude de la fructification, de ne pas négliger de prendre aussi l'*habitus* comme sujet d'observation, afin d'éviter des erreurs de classification qui peuvent avoir pour cause une négligence dans l'observation de détails insignifiants en apparence (*levi de causa*). Cette étude de l'habitus doit être maintenue dans les limites d'une observation discrète, afin de ne pas empiéter sur le domaine de la diagnose scientifique.

Les pages suivantes sont consacrées à une étude très approfondie et très détaillée des règles qu'il est bon d'observer dans la classification des espèces, des genres, des ordres, des classes, et des dénominations qu'on leur applique. Dans cette étude, Linné déploie son incontestable et merveilleuse habileté de systématiste. Dans ses nombreux ouvrages descriptifs, il se conforme de point en point aux règles qu'il a lui-même établies, et introduit par là, dans l'art de la description végétale, un ordre et une clarté qui donnent à ses œuvres un aspect tout différent de celui des écrits de ses prédécesseurs. Celui qui compare aux œuvres de Morison, de Ray, de Rivinus, de Tournefort, le *Genera plantarum*, le *Systema Naturae*, et d'autres ouvrages descriptifs de Linné, constate, dans ces derniers, une transformation complète; il semble que Linné ait élevé la botanique à la dignité de science; tous les ouvrages précédents paraissent mal faits et écrits avec négligence quand on les compare à ses études descriptives. La clarté et la précision remarquables que Linné a introduites dans l'art de la description constituent son mérite le plus grand et le plus durable, non seulement dans le domaine de la botanique, mais encore dans celui de la zoologie. Cependant, bien qu'il ait inauguré ce que lui-même se plaisait à appeler une réforme de la botanique, ses idées fondamentales représentent une marche rétrograde dans l'histoire de la science dont nous nous occupons, bien plus qu'un progrès. C'est là un fait important, et qu'il ne faut pas négliger de constater. Ray et Rivinus avaient déjà su se soustraire en grande partie à l'influence de la scolastique, Tournefort et Morison les avaient imités bien qu'à un moindre degré; nous les considérons comme de véritables naturalistes; Linné, en revanche, était retombé dans les erreurs des doctrines scolastiques; ses successeurs trouvèrent plus tard les qualités brillantes de ses œuvres aussi étroitement unies à la scolastique qu'à la systématique.

Les mêmes qualités d'ordre et de clarté, unies aux doctrines scolastiques, qui firent de Linné le réformateur de l'art des descriptions, l'empêchèrent probablement de consacrer à l'étude du système naturel des efforts plus énergiques, et un travail plus approfondi. Plusieurs fois déjà nous avons attiré l'attention de nos lecteurs sur le fait que Linné a établi la classification de soixante-cinq groupes naturels qui se trouvent dans son Fragment de 1738; une certaine intelligence de la parenté naturelle se révèle aussi dans sa classification des sept familles des Champignons, des Algues, des Mousses, des Fougères, des Graminées et des Palmiers, ainsi que dans l'ordonnance et la distribution des autres groupes végétaux. On trouve au paragraphe 163 de la *Philosophia Botanica* une excellente classification qui comprend le règne végétal tout entier, et le divise en trois grandes classes principales, les Acotylédones, les Monocotylédones et les Polycotylédones. Celles-ci se subdivisent à leur tour en groupes secondaires; on voit se manifester encore ici l'instinct qui avait toujours poussé Linné à établir une classification naturelle. Malgré cela, il n'eut jamais la force de pensée nécessaire pour atteindre le but vers lequel il se sentait entraîné.

C'est ainsi que nous trouvons en présence, dans les œuvres de Linné, deux conceptions de la systématique absolument opposées l'une à l'autre; l'une est superficielle, elle répond avant tout aux exigences de l'utilité pratique, elle fait partie de son système sexuel artificiel : l'autre est plus profonde, elle a plus de valeur scientifique; elle se manifeste dans le Fragment dont nous avons déjà parlé, et dans cette classification, citée plus haut, des groupes naturels.

Nous pouvons répéter la même remarque à propos des doctrines morphologiques de Linné; on y trouve des théories superficielles à côté d'autres théories plus profondes et plus subtiles. Afin de permettre aux botanistes de tirer parti des descriptions des plantes, il composa une nomenclature des diverses parties végétales qui, tout utile qu'elle est, ne nous en paraît pas moins superficielle et dénuée d'intérêt, parce qu'elle n'a pas été fondée sur des bases solides, établies d'après l'observation comparée des formes végétales. En dépit de cela, l'instinct inconscient qui le poussait toujours à chercher des conceptions plus profondes des formes végétales se trahit dans différents endroits de ses écrits. Il coordonne et réunit en un tout sous le nom de *Metamorphosis plantarum* les connaissances qu'il possède à ce sujet, mais les théories qu'il expose dans sa doctrine des métamorphoses sont fondées uniquement sur des aperçus, à nous connus, qu'il emprunte aux ouvrages de Césalpin. En s'en emparant, il ne leur conserve pas, il est vrai, leur forme première, mais par des procédés dignes de Césalpin, il cherche à en tirer de nouveaux développements, en désignant d'une part les tissus de la tige comme la partie de la plante qui donne naissance aux feuilles et aux diverses parties de la fleur; et, d'autre part, en considérant les différentes parties de la fleur comme des feuilles qui auraient subi des transformations successives. Cette doctrine des métamorphoses occupe la dernière page de la *Philosophia Botanica*, et se présente sous une forme encore vague et indéterminée. Nous y trouvons que la partie herbeuse tout entière n'est que le développement de la substance médullaire de la racine; et les théories de Linné au sujet des fleurs et des feuilles sont telles qu'on pouvait s'y attendre : les feuilles et les fleurs prennent naissance dans les tissus qui entourent la moelle, ainsi que Césalpin l'a enseigné dans ses doctrines; l'auteur affirme ensuite que les boutons et les feuilles sont formés d'une même substance; cette assertion, opposée à celle qui précède, serait contradictoire, si l'auteur n'ajoutait pas en guise d'explication que le bouton est formé par des feuilles à l'état rudimentaire, ce qui prouve qu'il n'a pas fait attention à l'axe du bouton. D'après Linné, le périanthe est formé par des feuilles, qui, tout en restant à l'état rudimentaire, se seraient fondues ensemble.

Les explications qui suivent concernent le chaton de certaines plantes, et sont fondées sur les théories de Césalpin : on peut voir par là jusqu'à quel point les doctrines de Linné sont restées jusqu'au bout en relation étroite avec celles de Césalpin. Comme dans l'étude des formes végétales, nous voyons ici deux conceptions différentes du sujet; l'une est superficielle, l'autre est plus subtile et plus profonde; cette particularité des œuvres de Linné se présente au grand jour dans le paragraphe 84 de la *Philosophia Botanica :* l'auteur y considère les *stipulae* comme des *fulcra*, et non comme des *folia;* en revanche, dans les dernières pages du livre qui renferme, coordonnés en un tout, les principes généraux de la doctrine des métamorphoses, nous voyons l'auteur désigner les *stipulae* comme des appendices des feuilles.

Césalpin croyait que les parties de la fleur qui entourent l'appareil du fruit prennent naissance, comme les feuilles ordinaires, dans les tissus qui protègent la moelle; Linné s'est emparé de cette théorie, qu'il a développée de la manière la plus singulière dans sa *Metamorphosis plantarum* : (IVᵉ vol. des *Amœnitates Academicae*

1759), en comparant les fleurs des plantes, dans leurs développements successifs, aux métamorphoses que subissent les animaux et particulièrement les insectes. Il consacre une étude aux transformations des animaux, et finit par les comparer aux transformations des végétaux (p. 370). Dans leurs métamorphoses, les insectes se dépouillent de différentes peaux, et finissent par se présenter sous leur forme définitive et complète. Il en est de même pour la plupart des plantes, car la partie vivante de leur racine est formée de certains éléments, parmi lesquels on compte l'écorce, le liber, le bois et la sève, et l'écorce répond exactement à la peau d'une larve; une fois tombée, cette peau laisse l'insecte à nu. Pendant que la fleur se développe, l'écorce s'entrouvre et forme le calice (ici l'auteur reprend les idées de Césalpin); les différents éléments qui se trouvent à l'intérieur de la plante sortent du calice, et forment la fleur, de sorte que le liber, le bois et la sève se présentent à nu sous la forme d'étamines, d'une corolle, et d'un stigmate. Aussi longtemps que la partie de la plante dont la fleur doit sortir reste enfermée dans l'écorce et entourée de feuilles, elle nous paraît aussi méconnaissable et aussi singulière qu'un papillon encore à l'état de chrysalide, recouvert d'une peau et armé d'aiguillons.

Cette doctrine des métamorphoses, fondée sur les théories de Césalpin, peut se résumer en un principe fondamental que voici : les feuilles ordinaires sont identiques aux parties extérieures de la fleur, parce qu'elles prennent naissance les unes et les autres dans les tissus extérieurs de la tige. Ceux qui connaissent les procédés de Linné, et qui sont familiarisés avec sa tournure d'esprit, ne doivent pas s'attendre à le voir prendre en considération un fait bien facile à constater sans l'aide d'un microscope; la disposition concentrique de l'écorce, du liber, du bois et de la moelle n'existe que pour un nombre restreint de plantes, dont il faut exclure les Monocotylédones; il devient, par conséquent, impossible d'appliquer, sans commettre d'erreurs, la théorie de Césalpin.

Linné est, en outre, l'auteur d'une autre doctrine, qui a pour objet la nature même de la fleur. On ne peut guère l'associer à la théorie de la fleur de Césalpin, dont elle diffère absolument; mais de 1760 à 1763, elle fit, sous le nom de *Prolepsis Plantarum*, le sujet de deux dissertations de l'auteur. On peut constater une fois de plus, à cette occasion, que les œuvres de Linné manquent de bases solides, établies sur un fonds d'observations premières. Tandis que la dernière phrase de la *Philosophia Botanica* est ainsi conçue : *Flos ex gemma annuo spatio foliis praecocior est*, l'auteur s'efforce, dans ces dissertations[1], de prouver par toute sorte de développements et d'argumentations, que la fleur n'est autre chose que l'apparition simultanée des feuilles, appartenant aux bourgeons de six années consécutives, de sorte que les feuilles destinées à se développer la seconde année, deviennent les bractées; celles de la troisième année, se changent en calice; celles de la quatrième, en corolle; celles de la cinquième, en étamines; celles de la sixième, en pistil. On voit ici comme ailleurs, que l'argumentation de Linné se meut dans les limites de théories toutes faites; l'auteur ne songe pas à prendre en considération les résultats de l'observation; il n'a pas constaté, dans le domaine de la nature, un seul fait d'après lequel il aurait pu établir les bases de cette théorie.

Pour la troisième fois, nous voyons en présence, dans les œuvres de Linné, deux théories de nature différente; l'une est superficielle, fondée sur des observations sans valeur, l'autre est plus profonde, et elle est en quelque mesure philosophique. Cela est évident là où il est question, d'une part, du dogme de la constance des espèces; et, d'autre part, du fait de la parenté naturelle et de ses gradations. Dans l'étude que Linné consacre au dogme de la constance des espèces, nous trouvons des explications sans valeur, concernant le sens de certains mots, puis des théories, fondées sur des observations banales, dans lesquelles l'auteur affirme le fait de l'immutabilité des espèces. Il maintint du reste ce dogme jusqu'à la fin de sa vie; mais il importait d'expliquer certains faits qui reviennent souvent, d'après lesquels les genres, les classes et les ordres du règne végétal ne sont pas fondés uniquement sur des principes d'une valeur subjective, mais indiquent encore une parenté objective.

Linné a eu recours dans cette occasion à des moyens très singuliers. Dans ses théories à ce sujet, nous retrouvons dans toute leur force, les procédés de l'école scolastique, sans le contrôle de la science moderne; en outre, l'auteur fonde ses explications en partie sur le vieux préjugé qui place le principe vital de la plante dans la moelle, en partie sur ses propres suppositions, d'après lesquelles la substance ligneuse des étamines s'unirait à la moelle du pistil dans les fonctions de reproduction. Dans la *Botancishe Zeitung* de 1870, Hugo Mohl a donné des explications précises et

1. Nous ne les connaissons que par Wigand : *Kritik und Geschichte der Metamorphose* (1846).

nettes à ce sujet, lors même qu'il ignorait, comme Wigand et la plupart des biographes de Linné, que toutes les théories de ce dernier sont fondées, en principe, sur celles de Césalpin. Les théories de Linné au sujet de la parenté naturelle, telles qu'il les exposa en 1762 dans sa dissertation *Fundamentum Fructificationis*, et en 1764 dans la sixième édition de ses *Genera Plantarum*, se ramènent aux principes suivants :

« Lorsque la nature forma les plantes (*in ipsa creatione*), elle créa une espèce comme représentant de chaque ordre naturel, et ces plantes correspondant ainsi aux divers ordres naturels, différaient les unes des autres dans leur habitus et par leurs organes de fructification. »

Dans le travail de l'année 1764, nous trouvons les principes suivants, que nous citons textuellement :

1. Creator T. O. in primordio vestiit vegetabile medullare principiis constitutivis diversi corticalis, unde tot difformia individua quot ordines naturales, prognata.

2. Classicas has plantas Omnipotens miscuit inter se, unde tot genera ordinum, quot inde plantæ.

3. Genericas has miscuit natura, unde tot species congeneres, quot hodie existunt.

4. Species has miscuit casus, unde totidem quot passim occurrunt varietates.

Hugo Mohl repousse avec raison la supposition de Heufler, qui voit dans le passage précédent un avant-coureur de la théorie de la descendance. Ceux qui connaissent les doctrines sur lesquelles Linné fonde ses théories, et qu'il emprunte à Aristote, à Théophraste, et à Césalpin, ne peuvent douter du sens qu'il attache aux mots de *Vegetabile medullare* et *corticale;* il ne désigne pas sous ce terme une plante d'une organisation simple et primitive, mais bien plutôt les éléments primordiaux de la végétation, éléments que, d'après Linné, le Créateur a réunis et coordonnés. D'après les théories de Linné, la nature aurait créé simultanément, à l'origine des choses, des plantes appartenant à la catégorie des végétaux les plus parfaits, et les plus achevés, comme à celle des plus imparfaits; dans la suite des temps, elle n'aurait plus créé de classes végétales, mais elle aurait mêlé entre elles les plantes des différentes classes, et, par là, produit des genres différents; les plantes des différents genres auraient de nouveau, par le même procédé, produit les espèces, et enfin, les variétés se seraient produites par des divergences accidentelles du type principal.

Il faut remarquer ici que, d'après Linné, chaque fois qu'il se produit un de ces mélanges ou hybridations, la substance ligneuse de la plante qui fournit le pollen s'unit à la moelle du pistil, qu'elle féconde; ainsi, dans ces croisements supposés, nous voyons s'unir et se confondre les deux éléments primordiaux des plantes, l'élément médullaire et l'élément cortical.

Il est à peine nécessaire de prouver, par des développements nouveaux, que cette doctrine ne contient aucun des principes avant-coureurs de la théorie de la descendance, bien plus, qu'elle lui est diamétralement opposée. La théorie de Linné est entièrement un produit de la scolastique, tandis que l'absence complète de toute scolastique constitue précisément le trait caractéristique de la théorie de la descendance de Darwin.

CHAPITRE III.

DÉVELOPPEMENTS DU SYSTÈME NATUREL SOUS L'INFLUENCE DU DOGME DE LA CONSTANCE DES ESPÈCES.

1759-1850.

A partir de l'année 1750, la nomenclature Linnéenne des organes, et le système de dénomination binaire des espèces, firent décidément partie de la botanique. L'opposition qu'elles avaient excitée jusque-là ne se manifesta plus, et si toutes les œuvres de Linné n'eurent pas part à cette approbation générale, sa manière de décrire les plantes, du moins, devint la propriété commune des botanistes.

Cependant, au bout d'un certain temps, on put discerner, chez les botanistes, deux tendances opposées; la plupart des savants allemands, anglais et suédois se conformaient de point en point à cet axiome de Linné que plus un botaniste connaît d'espèces végétales, et plus il a de mérite; d'après eux, tous les progrès que la science avait accomplis dans tous les domaines trouvaient leur expression définitive dans le système sexuel; la botanique arrivait dans cette œuvre à son apogée; si l'on accomplissait de nouveaux progrès, ce ne pouvait être que dans le domaine des détails, en donnant, par exemple, plus d'unité au système sexuel, ou en continuant à recueillir et à décrire des espèces nouvelles. Dans des conditions de ce genre, la botanique devait cesser d'être une science; quant aux descriptions de détail, dont Linné avait fait un art, les botanistes dont nous parlons les exécutèrent avec une négligence qui allait toujours en augmentant; les termes techniques s'accumulaient, remplaçant les considérations morphologiques sur les différentes parties des plantes, et dépourvus du reste de valeur scientifique; enfin, les choses en vinrent à tel point, qu'un traité de botanique finit par ressembler beaucoup plus à un dictionnaire latin qu'à un livre de sciences naturelles. Pour ne donner qu'un exemple de ceci, nous citerons le *Handbuch der Botanik* de Bernhardi (Erfurt, 1804), et nous le citerons précisément parce que Bernhardi était, pour son époque, un des meilleurs botanistes de l'Allemagne. Sous l'influence des œuvres de Linné, la botanique avait fini par végéter, surtout en Allemagne, dans les pratiques inintelligentes d'une routine continuelle; et nous trouvons à ce sujet dans les premiers volumes de la revue qui paraissait sous le titre de *Flora*, des renseignements précieux qui nous donnent une idée des procédés employés par les botanistes jusque bien avant dans le dix-neuvième siècle. On comprend à peine comment les hommes qui possédaient quelque savoir ont pu s'occuper de choses aussi futiles.

Nous perdrions notre peine à consacrer des études plus approfondies à la vie scientifique, si toutefois l'on peut s'exprimer ainsi, des botanistes de l'époque, à cette routine inintelligente des collectionneurs, qui se désignaient eux-mêmes sous le nom de systématistes, prenant ainsi le mot de systématique dans un sens tout opposé à celui que lui avait donné Linné. Il faut reconnaître, cependant, que ces disciples de Linné ont contribué à faire faire certains progrès à la science dont ils s'occupaient, en fouillant l'Europe, et parfois même les continents étrangers, dans le but d'augmenter leurs connaissances au sujet des flores locales; seulement, ils laissaient à d'autres le soin de tirer parti, dans un but scientifique, des connaissances qu'ils avaient amassées.

Cependant, longtemps avant que cette fâcheuse manière de procéder eût gagné du terrain, on put constater, chez les botanistes français, qui du reste n'avaient jamais témoigné beaucoup d'admiration pour le système sexuel, des tendances nouvelles qui se manifestèrent surtout dans le domaine de la systématique et de la morphologie. Bernard de Jussieu et son neveu, A.-L. de Jussieu, rattachant ainsi leurs théories aux doctrines scientifiques et plus profondes de Linné, consacrèrent tous leurs efforts à tirer du système naturel de nouveaux développements, travail que Linné lui-même avait désigné comme le but suprême de la botanique. Il ne s'agissait plus ici des descriptions détaillées, éternellement répétées, et exécutées d'après un modèle déterminé, il s'agissait d'établir, d'après l'observation minutieuse de l'organisation des plantes, et particulièrement de l'appareil de fructification, les principes fondamentaux de la classification des groupes naturels principaux. Il s'agissait d'un système d'investigation qui appartenait au domaine de la science pure, et qui était fondé sur l'induction :

il fallait soumettre à des études approfondies les formes organiques. Pendant ce temps, les botanistes qui s'occupaient exclusivement de descriptions exécutées d'après la méthode de Linné n'arrivaient à aucune découverte nouvelle au sujet de la nature des plantes. Pendant que les collectionneurs qui se conformaient aux axiomes de Linné prétendaient appartenir à son école, les botanistes qui fondèrent le système naturel avaient le droit de se considérer comme ses véritables disciples, non seulement parce qu'ils avaient adopté sa nomenclature et sa diagnose, mais encore parce que leurs efforts tendaient à ce que Linné avait désigné comme le but suprême de la botanique, au développement et à l'achèvement du système naturel; ils étaient réellement ce que Linné appelle des *methodici* et des *systematici*. Les collectionneurs allemands, anglais et suédois s'en tenaient à certains préceptes des doctrines de Linné, préceptes superficiels, faits pour servir de base à une routine journalière, tandis que les fondateurs du système naturel s'étaient emparés de ses théories les plus savantes et les plus profondément pensées, pour en faire les principes fondamentaux de leur œuvre. On vit plus tard que cette manière de procéder était la seule qui pût amener à de véritables résultats; l'avenir lui appartenait.

Le fait que de Jussieu, Joseph Gärtner, de Candolle, Robert Brown, et ceux de leurs successeurs qui ont précédé Endlicher et Lindley se sont efforcés d'établir et de déterminer les gradations des affinités naturelles au moyen du système naturel ne constitue pas uniquement le trait caractéristique de leurs œuvres : leur originalité réside aussi dans l'inébranlable foi qu'ils gardèrent au dogme, défini par Linné, de la constance des espèces, et cette foi était un obstacle au développement de la systématique naturelle; la notion de la parenté naturelle, dont dépendent entièrement les principes fondamentaux du système naturel, devait rester un mystère pour tous ceux qui croyaient au dogme de la constance des espèces. On ne pouvait pas associer d'idée scientifique à cette mystérieuse notion, et cependant, à mesure que l'étude approfondie des affinités végétales amenait de nouvelles découvertes, on voyait se dessiner, plus précis et plus nets, les rapports qui unissent esntre elles, les espèces, les genres et les familles. La morphologie comparée amena Pyrame de Candolle à découvrir de nombreux rapports de parenté auxquels il consacra une étude particulièrement remarquable par la clarté qui y règne; mais quelle importance pouvait-on attacher à des découvertes de ce genre, aussi longtemps que le dogme de la constance des espèces réduisait à néant les rapports objectifs qui existent entre deux plantes parentes?

On n'y attachait pas grande importance, en effet, mais afin de pouvoir au moins décrire les rapports de parenté qu'on signalait, et en faire l'objet de dissertations, on employait des mots dont la signification était indéterminée, et auxquels on pouvait donner à volonté un sens métaphorique. On remplaçait le mot de classe ou de genre, que Linné avait employé, par celui de plan de symétrie ou de type. Ce terme désignait un type fondamental idéal, dont on faisait dériver de nombreux types unis entre eux par les rapports de parenté.

On ne songeait guère à se demander si ce type fondamental avait jamais existé réellement, ou s'il n'était que le résultat abstrait de raisonnements, et bientôt on trouva des occasions nombreuses de revenir aux argumentations de la philosophie ancienne. Bien que les idées platoniciennes ne fussent que de simples abstractions et, par conséquent, les résultats d'opérations de l'intelligence, les botanistes qu'on désignait, parmi les scolastiques, sous le nom de réalistes, imitaient en ceci les disciples de l'école platonicienne, et considéraient les idées platoniciennes comme douées d'une existence objective. Les systématistes arrivèrent à cette notion d'un type fondamental au moyen d'abstractions; il était facile, en se fondant sur les doctrines platoniciennes, d'attribuer à cette notion abstraite une existence objective, et Elias Fries obéissait aux principes d'une logique sévère, lorsque, prenant pour point de départ les théories des philosophes platoniciens, théories qui n'étaient possibles que lorsqu'elles étaient fondées sur le dogme de la constance des espèces, il appliquait au système naturel, dans son *Corpus Florarum* (1835) l'expression de *quoddam supranaturale*, et lorsqu'il affirmait que chacune des subdivisions de ce système *ideam quamdam exponit*. Aussi longtemps qu'on maintiendra le dogme de la constance des espèces, on en viendra inévitablement à établir la même conclusion que Fries; il est également certain qu'en vertu de ces théories mêmes, la systématique cesse d'être une science. Grâce à cette conclusion, conséquence naturelle de ce dogme, les systématistes pouvaient se considérer comme des philosophes qui cherchaient à donner une forme scientifique au plan de la Création et à la pensée du Créateur. La systématique se compliqua de plus en plus de doctrines théologiques; et c'est ainsi qu'on s'explique la résistance obstinée et fanatique que les premiers et faibles essais d'une théorie de la descendance rencontrèrent de la part des systématistes; aux yeux de ces systématistes, en effet, le système possédait quelque chose de surnaturel; il faisait pour ainsi dire partie de leur religion. Si nous revenons en arrière, nous trouvons les principes fondamentaux de cette théorie dans le dogme de la constance des espèces, et Linné nous dit quelles sont les bases sur lesquelles est fondé ce dogme dans les lignes suivantes, empruntées à la *Philosophia Botanica : Novas species dari in vegetabilibus negat generatio continuata, propagatio, observationes quotidianae, cotyledones.*

Malgré tout, les successeurs de de Jussieu avaient fait un pas en avant; avec autant de précision et de sûreté que Linné avait employé à déterminer les limites des espèces et des genres végétaux, les botanistes en question avaient circonscrit des familles, des groupes de genres encore plus importants, et y avaient joint des caractères établis d'après l'observation de signes particuliers. Ils réussirent aussi à établir différents groupes végétaux plus importants, unis entre eux par les rapports de la parenté naturelle, tels que les Monocotylédones et les Dicotylédones; ils attachèrent une importance de plus en plus grande aux différences qui existent entre les Cryptogames et les Phanérogames, cependant, il leur était impossible d'arriver dans cette voie à un résultat satisfaisant et définitif, parce qu'ils persistaient à établir la classification des Cryptogames sur le modèle de celle des Phanérogames. Cependant, les obstacles les plus considérables qui entravaient la systématique dans son développement, au commencement, du moins, de l'époque dont nous parlons, étaient le résultat des imperfections d'une morphologie défectueuse, telle qu'elle se trouve dans la nomenclature de Linné, et dans sa doctrine des métamorphoses. Dès la première moitié du siècle actuel, la science dont nous nous occupons fit de grands progrès, grâce à de Candolle, qui fonda une théorie de la symétrie des plantes, théorie qui fut souvent appréciée au-dessous de sa valeur, probablement à cause du nom qu'elle porte, car les doctrines qu'elle renferme au sujet de la symétrie des plantes peuvent se ramener, en principe, à un essai de morphologie comparée; c'est, dans ce genre, le premier essai sérieux qui, depuis Jung, ait été couronné de succès. On trouve pour la première fois, dans cette doctrine de la symétrie, qui date de 1813, une série de préceptes morphologiques extrêmement importants, et qui, à l'époque actuelle, sont devenus des vérités courantes. Cependant, on peut constater, non seulement dans les œuvres de de Jussieu et de de Candolle, mais encore, à l'exception de Robert Brown, dans celles de tous les systématistes qui se sont succédés durant l'époque dont nous parlons, l'absence complète de l'histoire du développement. L'étude comparée des formes végétales arrivées à leur point de perfection amène, à la vérité, ainsi qu'on peut le voir par l'histoire de la morphologie et de la systématique de l'époque en question, à acquérir des connaissances nombreuses au sujet des faits morphologiques les plus importants; mais l'étude comparée des organismes qui ont atteint leur complet développement ne pourra que nuire aux considérations morphologiques, car les organes qui font le sujet de cette étude comparée sont appropriés à des fonctions physiologiques déterminées, qui, bien souvent, cachent au naturaliste leur véritable caractère morphologique : mais plus les organes sont jeunes, et moins cet inconvénient se fait sentir. C'est donc à cette étude comparée que l'histoire du développement doit, en principe, les grands avantages qu'elle possède au point de vue de la morphologie. Il devient nécessaire, ici, de mettre en lumière un trait caractéristique de l'époque dont nous parlons : la morphologie continue à se développer par l'étude des formes végétales arrivées à leur point de perfection, tandis que l'histoire du développement, au moins à son origine, ne put être de quelque utilité aux botanistes qu'à partir de 1840, car l'art d'examiner les plantes au microscope, art indispensable à la science dont nous nous occupons, ne se développa de manière à mettre les botanistes en état de poursuivre le cours de leurs investigations au sujet de la formation des organes, que durant les années qui suivirent cette date.

Durant la période de temps dont nous nous sommes occupés dans ces dernières pages, on établit le système de la parenté naturelle, on donna une expression à la théorie de la constance des espèces, la morphologie comparée se perfectionna sans l'aide de l'histoire du développement, enfin, les botanistes laissèrent l'étude des Cryptogames à l'arrière-plan. Ce sont là les traits caractéristiques de cette époque, à laquelle nous allons consacrer, dans les pages suivantes, une étude plus détaillée.

Il est nécessaire, ici, d'attirer une fois encore l'attention du lecteur sur un fait particulier. Linné est le premier qui ait constaté l'impossibilité où se trouvaient Césalpin et ses successeurs d'arriver, par le moyen des procédés qu'ils employaient, à établir un système des affinités naturelles. Quiconque a consacré une étude approfondie à ceux des écrits de Linné qui ont suivi les *Classes Plantarum* (1738) doit avoir constaté la différence qui existe entre les procédés de Césalpin et ceux que Linné recommande comme les meilleurs et les plus sûrs; il doit l'avoir constatée d'autant mieux que Linné lui-même avait imité ses prédécesseurs en fondant, sur des principes de classification établis *a priori*, un système factice qui lui facilita, en toute occasion, l'exécution des descriptions de plantes, tout en introduisant, dans son Fragment sur le système naturel, et en mettant en lumière, dans l'argumentation frappante de la préface, les qualités distinctives du système naturel, qu'il oppose au système artificiel. Ce que la botanique exige en premier et en dernier lieu, dit-il dans les remarques qui précèdent son Fragment, n'est autre chose qu'une méthode naturelle. Les botanistes peu cultivés et peu instruits ne lui accordent qu'une importance secondaire, ceux qui possèdent des connaissances plus étendues lui donnent, au contraire, une place prépondérante, mais jusqu'ici, personne n'a pu la découvrir. Lorsqu'on réunit tous les groupes naturels des systèmes qui se sont succédés jusqu'à l'année 1738, on en trouve un bien petit nombre seulement qui renferment des plantes unies par les rapports de parenté, en dépit des affirmations des botanistes qui prétendent tous avoir fondé des systèmes naturels. Linné a longtemps cherché à établir la méthode naturelle, et bien qu'il ait fait des découvertes à cet égard, il n'a pas réussi, cependant, à terminer à son gré le travail qu'il avait commencé, et qu'il poursuivit sa vie durant. Il fait à ce sujet une remarque frappante de justesse : « Il est impossible de trouver la clef (il entend par ce mot les principes de classification établis *a priori*) de la méthode naturelle, avant d'avoir commencé par classer les plantes dans les différents ordres auquels elles appartiennent. Ici, l'on ne se guide ni d'après des règles établies *a priori*, ni d'après l'observation d'une partie quelconque des organes de fructification, mais uniquement d'après la symétrie générale (*simplex symetria*), qui se manifeste souvent au moyen d'indices particuliers ». Il conseille à ceux qui veulent trouver la clef du système naturel d'étudier la position qu'occupent les différentes parties de la plante par rapport les unes aux autres, et de soumettre la semence à une étude particulièrement approfondie; ce sont là, d'après lui, les indices qui possèdent l'importance générale la plus grande, et c'est dans la semence que se trouve le *punctum vegetans*. Ici, Linné pense à Césalpin. Quant à lui, il n'établit pas de classes végétales, mais seulement des ordres; une fois les ordres établis, les classes sont faciles à déterminer. A l'époque dont nous parlons, il était impossible de définir, mieux que ne le faisait Linné dans les axiomes qui précèdent, la nature même du système en question. Dès l'année 1738, il établit 65 ordres naturels, dont il se contenta tout d'abord d'indiquer le nombre; dans la première édition de la *Philosophia Botanica*, parue en 1751, il porte à 67 le nombre des ordres qu'il établit, et il joint à chaque groupe une dénomination spéciale. Ici, Linné déploie de nouveau son habileté de classificateur, tout en fondant chaque nom sur des indices caractéristiques, ou en transformant les dénominations de certaines espèces, de manière à les généraliser et à les appliquer ainsi à un groupe végétal tout entier. Ce dernier procédé était encore préférable. Un grand nombre de ces dénominations sont encore usitées, en dépit des modifications qu'on a apportées à l'organisation des groupes naturels. La méthode que Linné a suivie à cet égard est extrêmement importante, car on y retrouve un principe fondamental en vertu duquel les différentes espèces d'un groupe végétal doivent être considérées en quelque mesure, comme des formes secondaires, dérivées de la forme première à laquelle l'auteur applique une dénomination. La plupart des ordres établis par Linné représentent des groupes de plantes unies entre elles par des rapports de parenté, en dépit des erreurs fréquentes que l'auteur a commises dans la classification d'espèces isolées. Quoi qu'il en soit, on trouve dans le Fragment de Linné le système naturel le plus juste et le plus rationnel qu'on ait jamais fondé jusqu'à l'année 1738 ou même jusqu'en 1751. Il se distingue de l'énumération de G. Bauhin en ce que les groupes ne sont pas confondus les uns avec les autres; ils sont, au contraire, circonscrits dans les limites d'une caractéristique précise, et déterminés par des noms.

On peut constater facilement, dans cette nomenclature, les efforts de l'auteur pour classer en premier lieu les Monocotylédones, puis les Dicotylédones, et enfin les Cryptogames; l'ancienne classification en herbes et en arbres, mise de côté par Jung et par Rivinus, conservée par Tournefort et par Ray, a disparu complètement du système naturel de Linné. A partir de cette époque, les botanistes y renoncèrent définitivement.

Dans sa classification, publiée en 1759, BERNARD DE JUSSIEU[1] ap-

1. Bernard de Jussieu naquit à Lyon en 1699; il commença par pratiquer la médecine, puis fut appelé à Paris par l'entremise de Vaillant, et, après la mort de

porta des perfectionnements au système des dénominations ainsi qu'à l'organisation et à l'ordonnance générales du système naturel; nous y trouvons, cependant, des erreurs grossières au sujet des rapports de parenté. Bernard de Jussieu ne publia pas de considérations théoriques sur le système naturel, il préféra les donner dans ses cours sur les rapports de parenté du règne végétal dans les plantations du jardin royal de Trianon, et les faire imprimer dans le Catalogue de celui-ci. En 1789, A.-L. de Jussieu publia dans les *Genera Plantarum* l'énumération dont son oncle était l'auteur, et y joignit la date de 1759, que nous avons donnée plus haut. Nous ne reproduirons pas ici cette énumération, car la différence qui existe entre elle et celle de Linné n'est pas assez sensible pour fournir matière à des considérations qui pourraient être de quelque utilité au but que nous nous proposons.

Cependant, il faut remarquer ici que Bernard de Jussieu commence son énumération par les Cryptogames, qu'il fait suivre des Monocotylédones, puis des Dicotylédones, et qu'il termine enfin par les Conifères. Nous passerons sous silence, sans nuire à l'étude que nous avons entreprise, les revendications d'Adanson au sujet de la priorité de certaines découvertes contre Bernard de Jussieu (*Histoire de la Botanique* de Michel Adanson, Paris, 1864, p. 36). Adanson n'apporta pas au système naturel un seul perfectionnement assez important pour qu'il vaille la peine d'être cité ici; bien plus, il ne possédait que des idées incomplètes au sujet de ce système, et de la méthode d'investigation qui appartient au domaine de la botanique, car il fonda jusqu'à 65 systèmes artificiels différents, établis d'après des caractères isolés particuliers, pensant que la découverte des principes fondamentaux de parentés végétales serait la conséquence toute naturelle de ses travaux. S'il avait soumis à une étude tant soit peu approfondie les systèmes qui s'étaient succédés depuis l'apparition de Césalpin, il aurait pu se convaincre de l'inutilité absolue de procédés de ce genre.

Antoine-Laurent de Jussieu[1] (1748-1836) est le premier botaniste qui ait apporté de grands perfectionnements au système naturel. Il n'est pas nécessaire d'ajouter grand chose à ce qui précède, pour prouver que Laurent de Jussieu a aussi peu contribué

celui-ci, devint professeur et démonstrateur au Jardin Royal. Il est, avec Peyssonel, un des botanistes qui ont pris parti contre la nature végétale des coraux. L'auteur de son éloge (*Hist. de l'Acad. Roy. des S.*, Paris, 1777) a soin de rappeler que Bernard de Jussieu a établi les familles naturelles d'après le Fragment laissé par Linné. Il mourut en 1777.

1. A.-L. de Jussieu naquit à Lyon et, en 1765, rejoignit son oncle Bernard à

que son oncle, soit à découvrir, soit à fonder le système en question. Il a donné les caractères des groupes inférieurs ou familles végétales, qu'on désignait, à l'époque dont nous parlons, sous le nom d'ordres; c'est là son principal mérite. On remarquera en passant que Gaspard Bauhin a donné les caractères des espèces végétales, et qu'il s'est contenté de nommer les genres, que Tournefort a tracé la délimitation des genres, puis que Linné s'est contenté de grouper les différents genres, et de donner des noms aux groupes qu'il avait établis, sans les caractériser, enfin, qu'Antoine-Laurent de Jussieu a donné les caractères des familles qui étaient alors assez bien connues. Ainsi, l'art d'établir des indices communs d'après l'observation de formes analogues alla en se perfectionnant; on vit s'agrandir les groupes végétaux; on acquit ainsi une véritable méthode d'induction, arrivant à des conclusions générales au moyen d'observations qui portaient sur des détails.

Nous avons désigné A.-L. de Jussieu comme étant le premier botaniste qui ait caractérisé les familles végétales; l'éloge pourra paraître mince aux personnes qui ignorent les difficultés que présente un travail semblable; mais il faut soumettre les groupes végétaux à un examen minutieux et prolongé, avant d'être en état de déterminer les caractères qui leur sont communs. Les nombreuses monographies de de Jussieu témoignent du sérieux qu'il apportait à sa tâche; en outre, il faut remarquer ici qu'il ne se contenta pas d'introduire dans sa propre classification les familles végétales déjà établies par son oncle et par Linné; son étude approfondie du règne végétal l'amena à les circonscrire dans les limites les plus justes, et, par là, à établir des familles nouvelles. Il essaya d'en former des groupes plus étendus, auxquels il donna le nom de classes. Cependant, ses efforts à ce sujet ne furent pas couronnés de succès. Il chercha aussi à ramener la classification du règne végétal à certains principes fondamentaux, à unir les classes les unes aux autres de manière à en former des groupes plus importants, mais les subdivisions établies par ce moyen ne pouvaient être que factices. En revanche, il fait rentrer le règne végétal tout entier dans trois grandes classes : les Acotylédones, les Monocoty-

Paris. En 1790, il devint membre de la municipalité, et fut chargé de la direction des hôpitaux jusqu'en 1792. Lorsque les *Annales du Museum* virent le jour en 1802, il reprit ses travaux botaniques. A partir de 1826, son fils Adrien de Jussieu le remplaça dans les fonctions qu'il exerçait au Museum (voir sa biographie, par Brongniart, dans les *Ann. des Sc. Nat.*, t. VII, 1837.)

lédones et les Dicotylédones, que Ray avait déjà désignées comme des groupes naturels, et qui, plus tard, grâce aux efforts de Linné et aux énumérations de Bernard de Jussieu, furent établies définitivement comme telles. D'ailleurs, de Jussieu eut un grand mérite que nous ne manquerons pas de signaler ici; il est le premier qui ait cherché à remplacer la simple énumération des groupes secondaires, coordonnés les uns avec les autres, par une véritable classification du règne végétal, classification dans laquelle l'auteur établissait tout d'abord les groupes principaux, pour finir par les groupes secondaires. C'était là un travail que Linné avait déclaré au-dessus de ses forces.

Et, bien que le système de de Jussieu soit loin de donner une idée suffisante des rapports de parenté qui unissent les groupes principaux du règne végétal, il ne laisse pas de mettre en relief les principes fondamentaux d'après lesquels on déterminera plus tard, les rapports de parenté en question. Ce système est, évidemment, le point de départ de tous les progrès ultérieurs de la systématique naturelle, c'est pourquoi nous jugeons nécessaire d'en donner ici un résumé.

Le Système de A.-L. de Jussieu, de 1789.

ACOTYLÉDONES				CLASSE I.
MONOCOTYLÉDONES		Étamines hypogynes		II.
		périgynes		III.
		épigynes		IV.
DICOTYLÉDONES	Apétales	Étamines épigynes		V.
		périgynes		VI.
		hypogynes		VII.
	Monopétales	Corolle hypogyne		VIII.
		périgyne		IX.
		épigyne	Anthères soudées	X.
			Anthères distinctes	XI.
	Polypétales	Étamines épigynes		XII.
		hypogynes		XIII.
		périgynes		XIV.
	Diclines irrégulières			XV.

On peut voir, par cet aperçu rapide du système de de Jussieu, que l'auteur n'oppose pas les Cryptogames, qu'il désigne sous le nom d'Acotylédones, à l'ensemble des Phanérogames, comme l'avait fait Ray, qui leur appliquait la dénomination d'*Imperfectae;* de Jussieu, au contraire, considère les Acotylédones comme une classe végétale unie en quelque mesure à celle des Monocotylédones et des Dicotylédones; les systématistes qui se succédèrent jusqu'en 1840 partagèrent cette erreur, et d'autres encore, jusqu'au moment où la morphologie fondée par Nägeli, et les investigations de Hofmeister sur l'embryon, vinrent prouver que les Cryptogames rentrent dans différentes subdivisions, des Monocotylédones et des Dicotylédones. Cette dénomination d'Acotylédones, appliquée aux végétaux que Linné désignait sous le nom de Cryptogames, prouve que de Jussieu attribuait aux cotylédons une valeur systématique bien supérieure à celle qu'ils possèdent en réalité. La préface de ses *Genera Plantarum* montre que cette erreur provient de l'ignorance de de Jussieu au sujet de la grande différence qui existe entre les spores des Cryptogames et les semences des Phanérogames. Du reste, de Jussieu partageait, en principe, les opinions de Linné au sujet des organes de reproduction, opinions d'après lesquelles la classification des Cryptogames devrait être établie sur le modèle de celle des Phanérogames; leurs particularités passaient, par conséquent, inaperçues, et les caractères qui leur étaient attachés étaient fondés sur des indices négatifs.

Si l'on examine, dans le résumé qui va suivre, la méthode de classification que Linné a appliquée aux Phanérogames, on s'apercevra bien vite que la triple subdivision en hypogynes, périgynes et épigynes n'est pas répétée moins de quatre fois; c'est là un signe de l'ignorance où se trouvait de Jussieu au sujet de l'importance de ces indices au point de vue de la classification; et, en outre, la quadruple répétition de cette subdivision en trois parties aurait dû inspirer des doutes à l'égard de semblables procédés de classification. Afin de donner au lecteur une idée plus juste du système de de Jussieu, nous faisons suivre la série des familles végétales qu'il a établies, et dont il a porté le nombre à cent.

Classis I.

1. Fungi.
2. Algae.
3. Hepaticae.
4. Musci.
5. Filices.
6. Naiades.

Classis II.

7. Aroideae.
8. Typhae.
9. Cyperoideae.
10. Gramineae.

CLASSIS III.

11. Palmae.
12. Asparagi.
13. Junci.
14. Lilia.
15. Bromeliae.
16. Asphodeli.
17. Narcissi.
18. Irides.

CLASSIS IV.

19. Musae.
20. Cannae.
21. Orchides.
22. Hydrocharides.

CLASSIS V.

23. Aristolochiae.

CLASSIS VI.

24. Elaegni.
25. Thymeleae.
26. Proteae.
27. Lauri.
28. Polygoneae.
29. Atriplices.

CLASSIS VII.

30. Amaranthi.
31. Plantagines.
32. Nyctagines.
33. Plumbagines.

CLASSIS VIII.

34. Lysimachiae.
35. Pediculares.
36. Acanthi.
37. Jasmineae.
38. Vitices.
39. Labiatae.
40. Scrophulariae.
41. Solaneae.
42. Borragineae.
43. Convolvuli.
44. Polemonia.
45. Bignoniae.
46. Gentianae.
47. Apocyneae.
48. Sapotae.

CLASSIS IX.

49. Guajacanae.
50. Rhododendra.
51. Ericae.
52. Campanulaceae.

CLASSIS X.

53. Cichoraceae.
54. Cinarocephalae.
55. Corymbiferae.

CLASSIS XI.

56. Dipsaceae.
57. Rubiaceae.
58. Caprifolia.

CLASSIS XII.

59. Araliae.
60. Umbelliferae.

CLASSIS XIII.

61. Rannuculaceae.
62. Papaveraceae.
63. Cruciferae.
64. Capparides.
65. Sapindi.
66. Acera.
67. Malpighiae.
68. Hyperica.
69. Guttiferae.
70. Aurantia.

71. Meliae.
72. Vites.
73. Gerania.
74. Malvaceae.
75. Magnoliae.
76. Anonae.
77. Menisperma.
78. Berberides.
79. Tiliaceae.
80. Cisti.
81. Rutaceae.
82. Caryophylleae.

Classis XIV.

83. Sempervivae.
84. Saxifragae.
85. Cacti.
86. Portulaceae.
87. Ficoideae.
88. Onagrae.
89. Myrti.
90. Melastomae.
91. Salicariae.
92. Rosaceae.
93. Leguminosae.
94. Terebinthaceae.
95. Rhamni.

Classis XV.

96. Euphorbiae.
97. Cucurbitaceae.
98. Urticae.
99. Amentaceae.
100. Coniferae.

Si nous laissons de côté les Naïades, nous voyons que la méthode de classification que de Jussieu applique aux Cryptogames et aux Monocotylédones présente de grands avantages. En revanche, il a presque complètement échoué dans sa classification des Dicotylédones, et ses erreurs à ce sujet proviennent de l'importance exagérée qu'il attribue à l'insertion des diverses parties de la fleur, c'est-à-dire, à leur disposition hypogyne, périgyne, épigyne. Les défauts de son système sont le résultat de sa classification des familles végétales en classes. Les familles qu'il avait ainsi classées d'après des principes élémentaires, celles des Phanérogames, et particulièrement des Dicotylédones, furent réunies et coordonnées ensuite, grâce aux efforts de ses successeurs, qui en formèrent des groupes plus importants, unis les uns aux autres par les rapports de la parenté naturelle. Cependant, ils ne pouvaient atteindre le but de leurs efforts, aussi longtemps que la morphologie ne mettait pas les systématistes en mesure d'acquérir des aperçus nouveaux; de Jussieu, nous l'avons déjà dit, partageait les opinions de Linné au sujet de la morphologie des organes de reproduction des Phanérogames, en dépit des perfectionnements de détail qu'il apportait au système de son prédécesseur. Il attachait une grande importance au nombre des différentes parties de la fleur, et à la position qu'elles occupent les unes par rapport aux autres; ses observations au sujet de leur insertion sur l'axe de la fleur, qu'il désignait comme hypogyne, épigyne et périgyne, auraient pu l'amener à de grands progrès, s'il ne lui avait attribué une importance systématique plus grande que celle qu'elle possède en réalité. Les études morphologiques de de Jussieu au sujet du fruit sont superficielles; l'auteur persiste, dans ses définitions, à désigner les fruits secs indéhiscents sous le nom de semences nues. Il est juste, d'ailleurs, d'ajouter que ses idées à ce sujet ne l'amènent pas à des erreurs très graves dans sa classification. De Jussieu ne songeait pas plus que ses prédécesseurs à soumettre à un examen approfondi les organes de fructification qui sont de petite dimension, ou qu'on n'apercevait que difficilement; certaines parties de sa classification prouvent son indifférence à cet égard; il place les Naïades auxquelles il joint les *Hippuris*, *Chara*, *Callitriche*, parmi les Acotylédones, et il compte parmi les Fougères les *Lemna* et les Cycadées.

Quant à l'axiome *Natura non facit saltus*, de Jussieu l'interprète de la manière suivante : toutes les plantes classées dans l'ordre qu'elles occupent de par les lois de la nature, dit-il, doivent se présenter sous la forme de séries rectilignes, commençant par les végétaux les plus imparfaits pour finir par les plus parfaits. Il ne se prononce pas sur la justesse de certains axiomes de Linné, axiomes dans lesquels l'auteur compare le système naturel à une carte géographique, dont les pays correspondraient aux ordres et aux classes du règne végétal.

Les observations théoriques de Jussieu au sujet de la valeur systématique de certains carectères n'offrent pas grand intérêt; la plupart ne sont pas justes. D'après de Jussieu, certains indices seraient communs à un nombre particulièrement grand de groupes végétaux, d'autres n'en caractériseraient qu'un nombre plus restreint, et pour pouvoir déterminer le nombre des groupes végétaux caractérisés par certains indices, il faut avoir recours aux procédés suivants, procédés fondés sur la méthode de l'induction : une fois les principes fondamentaux des parentés naturelles établis jusqu'à un certain point, il est facile de reconnaître et de signaler les indices constants, communs à des groupes végétaux plus ou moins étendus; le systématiste peut ensuite soumettre les sujets de son observation à une étude plus approfondie, afin de rechercher les mêmes indices chez des plantes qu'il avait, jusque-là, classées dans des familles végétales différentes; il peut, grâce à ceux-ci, joindre à ceux qu'il connaît déjà, d'autres indices, qui lui permettent de découvrir des rapports de parenté nouveaux. De Jussieu s'était, sans nul doute, servi des procédés que nous décrivons ici pour délimiter ses familles végétales; malgré cela, il n'avait pas dans leur infaillibilité une confiance absolue, et lorsqu'il établit les groupes ou les classes végétales les plus importantes, il ne fonda pas sa classification sur l'observation des caractères, mais bien sur des principes établis *a priori*.

De Jussieu ne se borna pas à publier les *Genera Plantarum;* son activité de systématiste se manifesta dans d'autres occasions; à partir de l'année 1802, il entreprit un examen approfondi de différentes familles végétales; ces études furent riches en résultats importants, et, jusqu'en 1820, il écrivit, dans les *Mémoires du Museum*, de nombreuses monographies des familles végétales qui avaient fait le sujet de ses observations. De Jussieu savait, comme ses contemporains, de Candolle et Robert Brown, et comme les systématistes qui lui ont succédé, qu'il était nécessaire de fonder la classification des familles végétales sur des principes arrêtés, et de les circonscrire dans des limites déterminées, pour être en mesure d'établir le système naturel. Cependant, les écrits d'un botaniste allemand portèrent préjudice à ceux de de Jussieu. Le premier volume de l'ouvrage en question fut publié en 1788, un an avant les *Genera Plantarum;* le second suivit en 1791. (Un supplément parut en 1805.)

Cet ouvrage n'est autre que la Carpologie, de JOSEPH GAERTNER[1], le *De Fructibus et Seminibus Plantarum*. L'auteur y décrit les fruits et les semences de plus de 1.000 espèces différentes, et il accompagne ses descriptions de figures très soignées. Cependant, les introductions qui précèdent les deux premiers volumes, particulièrement celle qui porte la date de 1788, présentent une importance encore plus grande que ces nombreuses descriptions de détail qui offrent pourtant aux systématistes qui s'occupent d'études spéciales des sujets d'observation sans cesse renouvelés. Nous trouvons dans ces introductions des considérations très re-

1. Joseph Gärtner naquit en 1732 à Calw, en Wurtemberg; il mourut en 1791. A partir de 1751, il fit ses études à Gottingue, où il suivit les cours de Haller. Il entreprit des voyages en Italie, en France, en Hollande et en Angleterre afin de voir les naturalistes distingués qui habitaient ces différents pays; il s'occupa de physique et de zoologie; en 1760, il fut nommé professeur d'anatomie à Tubingue; en 1768, il partit pour Saint-Pétersbourg afin d'y professer la botanique, mais il ne put supporter le climat, et revint à Calw dès 1770. Une fois de retour, il se consacra complètement à la Carpologie, dont il avait commencé l'étude avant son départ. Banks et Thunberg, revenus, l'un d'un voyage de circumnavigation, l'autre, du Japon, lui donnèrent les collections de fruits qu'ils avaient formées. Les observations continuelles auxquelles il se livrait, et l'usage fréquent du microscope, le mirent en danger de devenir aveugle. (Voir une intéressante biographie par Chaumeton dans la *Biographie Universelle*.)

marquables au sujet de la sexualité des plantes; parmi les botanistes qui succédèrent à Rudolph Jacob Camérarius (1694), Kölreuter est le seul qui, à partir de 1761, ait composé sur ce sujet des ouvrages de quelque valeur; les botanistes qui suivirent négligèrent l'étude de la sexualité végétale. Cependant, abstraction faite des considérations de Gärtner à cet égard, nous trouvons dans cette introduction, dont la portée est si étendue, et qui comprend tant de sujets divers, une morphologie des fruits et des semences; les botanistes qui avaient succédé à Malpighi et à Grew, au lieu de déterminer dans le domaine de la morphologie des progrès nouveaux, avaient perdu la plupart des notions justes qu'ils possédaient sous ce rapport; Gärtner, au contraire, joignait des aptitudes spéciales à des connaissances d'une étendue et d'une variété incroyables au sujet des diverses formes des fruits; il était libre du fardeau de doctrines scolastiques qui avait entravé Linné dans ses efforts; il soumit à un examen approfondi les organes végétaux les plus compliqués, et déploya dans ses travaux autant d'indépendance que de connaissance de la littérature botanique. A part Kölreuter, Joseph Gärtner est, de tous les botanistes du dix-huitième siècle, celui qu'on peut avec le plus de raison comparer à un naturaliste moderne. Il fondait sur ses observations si nombreuses et si complètes des théories d'une valeur générale, auxquelles il savait donner une forme nette et concise. On voit, d'après la lecture de ses œuvres, que ses efforts persévérants et prolongés tendaient avant tout à établir les principes fondamentaux du système naturel; c'était là son but suprême. Cependant, il ne se hâtait pas de l'atteindre; il se contentait provisoirement d'établir une classification des formes des fruits, et d'y faire régner l'ordre et la clarté, tout en répétant qu'il était impossible d'arriver, par ce moyen-là seulement, à établir le système naturel, en dépit des facilités de toute sorte que procure aux botanistes, dans le travail de la classification, l'exacte connaissance des fleurs et des semences. Ainsi, son grand ouvrage présentait un fonds inépuisable d'observations exactes, établies d'après des faits soigneusement constatés; il fut, en outre, le point de départ de nouveaux progrès dans la morphologie des organes de la fructification et dans son application au domaine de la systématique. Les imperfections qu'on rencontre fréquemment dans cet ouvrage trouvent leur explication dans les erreurs qui avaient cours à l'époque dont nous parlons; ainsi, en dépit des travaux de Schmiedel et de Hedwig sur les Mousses, les botanistes n'étaient pas arrivés à acquérir des notions justes au sujet des organes de reproduction des

Cryptogames; et ils se trouvaient, par là, dans l'impossibilité de définir exactement le sens des mots fruit et graine. Gärtner lui-même avait cependant fait dans cette voie une découverte importante; il avait prouvé que les spores des Cryptogames ne contiennent pas d'embryon, et, par conséquent, diffèrent absolument des semences des Phanérogames, auxquelles on les comparait. En conséquence, il ne les nommait pas semences, mais gemmes. Le second obstacle qui empêchait Gärtner d'acquérir des notions justes au sujet de certaines particularités des fruits et des semences n'était autre que l'ignorance absolue dans laquelle se trouvaient à l'égard de l'histoire du développement les botanistes de l'époque : cependant, on trouve sous ce rapport, dans ses œuvres, un progrès qui, bien que de peu d'importance, n'en est pas moins réel; afin d'acquérir des notions plus justes au sujet des organes, il revient à leurs origines.

Avant toute chose, Gärtner vint mettre un terme aux erreurs des botanistes qui persistaient à confondre les fruits secs indéhiscents avec les semences nues; il généralise, à bon droit, les théories d'après lesquelles on considérait le péricarpe comme étant la paroi de l'ovaire arrivée à son point de maturité. Cet organe possède un développement plus ou moins vigoureux, la substance dont il est formé est tantôt sèche, tantôt pulpeuse; mais Gärtner n'assigna à ces différences d'organisation qu'une importance secondaire. Il est clair, d'après ce qui précède, que les découvertes de Gärtner à cet égard fournissaient des arguments convaincants à l'appui de la théorie de la fleur, pusique les fruits secs indéhiscents peuvent prendre naissance dans les ovaires supères ou infères. Parmi les œuvres les plus remarquables de Gärtner, nous mentionnerons sa théorie de la graine. L'auteur commence par soumettre à un examen approfondi les enveloppes de la graine, puis le noyau qu'elles renferment (nucléus) devient l'objet de considérations fondées sur des comparaisons d'une remarquable justesse; Gärtner établit ensuite une distinction bien arrêtée entre l'endosperme et les cotylédons; il entreprend l'exposé des différences que présente l'endosperme dans sa forme et dans la position qu'il occupe. Les découvertes de Gärtner à ce sujet étaient d'autant plus nécessaires que Linné avait nié l'existence d'un albumen végétal, sous prétexte qu'il était inutile à la graine. Grew, cependant, en avait signalé l'existence, et l'avait désigné sous le terme que nous lui appliquons ici.

Et bien que Gärtner désigne les cotylédons comme des éléments de la graine au même titre que l'embryon, ses théories à ce sujet ne laissent pas de prouver qu'il les considère comme des excroissances de l'embryon lui-même. Cependant, l'incertitude dans laquelle se trouvaient les botanistes de l'époque à l'égard de la semence, se trahit dans certains endroits des œuvres de Gärtner; on peut constater ceci particulièrement dans les notions extraordinaires qu'il possède au sujet des parties végétales qu'il désigne sous le nom de *vitellus;* il applique cette dénomination à toutes les parties de la graine dont il ignore l'importance et les fonctions; ainsi, le *scutellum* des graminées et les corps cotylédonaires des Zamia portent le nom de *vitellus;* il en est de même pour les éléments divers renfermés dans les spores des Fucacées, des Mousses et des Fougères.

En dépit de ses défauts, défauts inséparables de l'erreur que nous venons de constater, cette théorie de la semence laisse bien loin derrière elle, sous le rapport de la clarté et de la logique, celles des botanistes qui s'étaient succédé jusqu'à l'époque dont nous parlons. Le fait d'avoir désigné comme embryon la partie de la graine qui contient le principe du développement constitue aussi un progrès dans le domaine de la morphologie et de la logi-

Cependant, Gärtner commettait une erreur en n'associant pas les uns aux autres, dans un même principe d'unité, les cotylédons et l'embryon, dont la croissance est mêlée et confondue; mais il fut facile, par la suite, de rectifier cette erreur. Les botanistes qui avaient précédé Gärtner, Linné et de Jussieu en particulier, donnaient à l'embryon le nom de *corculum seminis;* on croyait probablement conserver par là le mode d'expression de Césalpin qui, cependant, désignait sous le nom de *cor seminis* la partie du germe qui donne naissance aux cotylédons, ainsi que nous l'avons vu plus haut. Il désignait à tort la partie végétale en question comme le point de jonction de la racine et de la tige, et se trouvait, par conséquent, en contradiction avec lui-même lorsqu'il la considérait comme le siège du principe vital. On renonçait enfin, au bout de deux cents ans, à se servir d'un terme qui pouvait remettre en mémoire, à ceux qui l'employaient, les opinions de Césalpin à l'égard du principe vital des végétaux.

En Allemagne, où, trente ans auparavant, les admirables travaux de Kölreuter n'avaient guère trouvé de retentissement, où les étonnantes découvertes de Conrad Sprengel au sujet des rapports qui existent entre l'organisation des fleurs et celle des insectes ne rencontrèrent, en 1793, que des indifférents, un ouvrage comme celui de Gärtner pouvait à peine déterminer des progrès nouveaux dans le domaine de la science dont nous nous occupons; dans la seconde partie de son ouvrage, datée de 1791, nous voyons l'auteur se plaindre de ce que le premier volume, qui avait fait époque trois ans auparavant, n'avait pas même été vendu, dans l'intervalle, à 200 exemplaires.

En revanche, le livre de Gärtner excita d'autant plus d'admiration en France; l'Académie lui donna la seconde place parmi les ouvrages qui, durant les années qui venaient de s'écouler, avaient enrichi les sciences de découvertes nouvelles; c'était en France que vivait Antoine-Laurent de Jussieu, l'homme le plus capable d'apprécier toute la valeur d'une œuvre semblable. Cependant, il se trouva en Allemagne, dans le pays où la description de détail continuait à prospérer, des hommes qui surent accorder aux œuvres de Gärtner une importance égale à celle qu'ils attribuaient au système naturel. Nous nommerons tout d'abord A. J. G. K. Batsch, professeur, à Iéna, qui publia lui-même, en 1802, un ouvrage intitulé *Tabula affinitatum regni vegetabilis*, et qui y joignit les caractéristiques des familles et des groupes végétaux. Les nombreux ouvrages de Kurt Sprengel (né en 1766, mort en 1833, professeur de botanique à Halle), et particulièrement son Histoire de la Botanique, qui parut de 1817 à 1818, renferment des notions plus justes encore sur le système naturel; grâce à eux, le but de la botanique scientifique se trouva fixé et déterminé. Cependant, cet érudit exagérait, comme Linné, l'importance des descriptions de détail; les erreurs qu'il a commises à ce sujet sont particulièrement frappantes dans son Histoire de la Botanique; afin de mettre mieux en lumière les mérites des botanistes anciens, l'auteur introduit dans son ouvrage de véritables catalogues des plantes qu'ils ont été les premiers à décrire.

Cependant, en dépit de leurs efforts, les botanistes dont nous venons de parler ne réussirent pas à frayer, dans le domaine de la botanique, une voie nouvelle; ils ne réussirent pas davantage à convaincre les botanistes allemands des avantages que possède le système naturel. Avant d'en arriver là, ce système devait subir de nouvelles et importantes améliorations et des perfectionnements nouveaux, grâce aux travaux des deux botanistes les plus distingués qu'ait produits l'époque dont nous nous occupons : de Pyrame de Candolle et de Robert Brown.

Augustin Pyrame de Candolle[1] (1778-1841) appartient à ces na-

1. Pyrame de Candolle descendait d'une famille provençale que des persécutions religieuses avaient forcée à chercher un asile à Genève, où elle jouissait à l'époque dont nous parlons d'une considération qui n'a pas diminué depuis. Dès

turalistes distingués, qui, vers la fin du siècle dernier et au commencement du siècle actuel, acquirent à Genève, leur ville natale, une brillante renommée, et en firent un centre des sciences naturelles.

De Candolle était le contemporain et le compatriote de Vaucher, de Théodore de Saussure, de Senebier. A l'époque dont nous parlons, l'étude de la physique et de la physiologie florissait à Genève, et de Candolle ne put se soustraire à son influence; on compte parmi les œuvres de sa jeunesse des travaux importants sur les effets de la lumière sur la végétation; nous parlerons plus tard, quand nous aborderons l'histoire de cette science, de son grand traité de la physiologie des plantes. L'activité de de Candolle s'exerçait également dans le domaine de la botanique théorique et dans celui de la botanique pratique; cependant, les études de morphologie et de systématique qu'on trouve dans ses œuvres présentent une importance particulière au sujet de l'histoire de la science dont nous nous occupons, et nous consacrerons à elles seules les pages qui vont suivre.

Les travaux de de Candolle dans le domaine de la systématique pratique et de la botanique descriptive comprennent une infinie variété de sujets; aucun des botanistes qui l'ont précédé, aucun de ceux qui l'ont suivi, n'a su l'égaler sous ce rapport; outre une série de monographies dont la portée est très étendue, et qui traitent des grandes familles végétales, il publia une nouvelle édition de la grande *Flore française* de de Lamarck; il y apporta des modifications importantes, et l'enrichit de nouvelles observations; il

son enfance, il fut l'ami de Vaucher, et, en 1796, à l'époque de sa première visite à Paris, il se lia avec Desfontaines et Dolomieu, puis, de retour à Genève, avec Senebier. Le plus âgé des deux de Saussure, qu'il aida dans des expériences de physique, s'efforça, comme plus tard Biot, de le gagner à l'étude de la physique. De 1798 à 1808, il vécut à Paris où il eut de fréquents rapports avec les naturalistes qui habitaient cette ville. A cette époque il publia un grand nombre de petites monographies, ainsi que son ouvrage sur les plantes grasses, et, en particulier, l'édition de la *Flore Française* de de Lamarck. De 1808 à 1816, il professa la botanique à Montpellier, qu'il quittait fréquemment pour parcourir la France et les pays voisins dans le but d'augmenter les connaissances qu'il possédait déjà au sujet du monde végétal; outre de nombreuses monographies, il est l'auteur d'ouvrages de botanique géographique, et encore de la *Théorie élémentaire*, que nous considérons comme le plus important de tous. De 1816 à 1841, il habita de nouveau Genève, qui s'était affranchie en 1813 de l'alliance, que lui avait imposée la France en 1798. De Candolle fit preuve d'une activité qui, dans le domaine de la botanique, s'exerçait sur une incroyable variété de sujets; il trouva en outre, le temps de s'occuper de politique et de questions sociales. (*Notice sur la vie et les ouvrages de A. P. de Candolle*, par de la Rive. Genève, 1845.)

écrivit un grand nombre d'ouvrages de botanique géographique, qui rentrent dans le genre de celui que nous venons de nommer, et il établit les principes fondamentaux de l'ouvrage le plus important qu'on ait jamais composé dans le domaine de la botanique descriptive, le *Podromus Systemntis Naturalis.* L'auteur y établit, d'après son système naturel, la classification de toutes les espèces connues, il consacre à chacune d'elles une description détaillée; cet ouvrage est, d'ailleurs, resté inachevé; la plupart des botanistes du siècle dernier, de ceux qui s'occupaient de botanique descriptive, y ont joint leur contingent de travaux et d'observations; cependant aucune de leurs œuvres n'a l'étendue et la vaste portée de celle de de Candolle, qui a donné les descriptions de plus de cent familles différentes. Cette étude succincte ne saurait donner à nos lecteurs une idée suffisante des mérites de ces ouvrages, qui renferment les principes fondamentaux de la botanique prise dans son ensemble. Mieux ordonnés sont ces principes, plus solides sont aussi les bases sur lesquelles repose la science tout entière.

De Candolle ne s'est pas borné, comme de Jussieu, à exposer le système et ses principes fondamentaux, il a traité de la théorie de la systématique et des lois de la classification naturelle avec des développements d'une clarté et d'une profondeur inconnues jusque-là, et ses travaux à ce sujet constituent peut-être son mérite principal. Il s'est livré à des travaux morphologiques qui lui ont facilité les moyens d'atteindre le but qu'il s'était proposé, et qui laissent bien loin derrière eux, sous le rapport de la profondeur, de la richesse de la pensée, des avantages qu'ils offrent au point de vue de la systématique, les œuvres de Linné et de de Jussieu. Les investigations morphologiques et systématiques de de Candolle prouvent qu'il joignait à une merveilleuse activité dans le domaine de la description le sens moderne de l'investigation, telle que la pratiquaient les naturalistes français de la fin du siècle dernier. Il s'était approprié leur manière de voir à ce sujet pendant le séjour de dix années qu'il avait fait à Paris. Il serait presque impossible de retrouver, chez de Candolle, la trace des doctrines scolastiques qui remplissent les œuvres de Césalpin et de Linné, et qui se révèlent de temps à autre dans celles de de Jussieu. Nous désirons encore mettre en lumière les traits principaux des théories de de Candolle, et nous attirerons l'attention du lecteur sur le fait que cet auteur a traité la morphologie comme la doctrine de la symétrie de l'organisation des plantes; c'est-à-dire qu'il a établi les principes fondamentaux de la morphologie d'après le nombre des différents organes végétaux et les rapports de position qui existent entre eux; en revanche, il a refusé toute importance morphologique à celles de leurs particularités qui rentrent dans le domaine de la physique et de la physiologie. De Candolle est, par conséquent, le premier botaniste que l'étude des conditions nécessaires à la vie végétale ait amené à reconnaître et à signaler la singulière discordance qui existe entre les propriétés morphologiques des organes, propriétés qui possèdent une grande importance au point de vue de la systématique, et les fonctions physiologiques auxquelles elles sont appropriées. Cependant, il est nécessaire d'ajouter que la logique ne règne pas dans ses théories à cet égard; en établissant les principes fondamentaux de son système, il se place plusieurs fois en contradiction avec ses propres doctrines, et il en résulte des erreurs grossières. Il est le premier qui se soit efforcé de chercher des causes à certaines particularités de nombre et de forme; il a, par conséquent, établi une distinction arrêtée entre les règles fondamentales de la symétrie des plantes et certaines divergences qui ne possèdent qu'une importance secondaire. Il expose ses théories à cet égard avec une précision et une netteté particulières, dans sa doctrine de l'avortement et de la fusion des organes; c'est là un des résultats les plus intéressants de ses travaux morphologiques.

Par ses études de diagnose, de Candolle établit les principes fondamentaux des doctrines morphologiques, qui renferment encore à l'époque actuelle, en dépit des modifications qu'elles ont subies, les principaux éléments de la morphologie et de la systématique naturelle. Il s'occupait particulièrement de l'étude morphologique des phanérogames, et détermina par là des progrès importants dans la théorie de la fleur. Durant les années qui précédèrent 1820, les microscopes dont se servaient les botanistes n'étaient pas assez perfectionnés pour leur permettre d'aborder l'étude morphologique des Cryptogames, ou de tirer de l'histoire du développement les principes fondamentaux des doctrines morphologiques.

De Candolle réunit sa morphologie ou doctrine de la symétrie, et sa théorie de la classification dans un livre qu'il publia d'abord en 1813, sous le titre de : *Théorie élémentaire de la botanique, ou exposition des principes de la classification naturelle et de l'art de décrire et d'étudier les végétaux*; en 1819, il en parut une seconde édition revue et augmentée. Nous nous reporterons dans le courant de notre étude, à la seconde édition de cet ouvrage.

Pour le moment, le second chapitre du tome deuxième offre un intérêt particulier. L'auteur commence par un exposé de ses théories sur l'anatomie et la physiologie; d'après lui, ces deux sciences ne peuvent s'appliquer qu'à l'étude de la conformation des organes pris individuellement, en tant que cette conformation les met à même de remplir les fonctions auxquelles ils sont destinés; puis il insiste sur le fait que l'observation physiologique ne peut fournir des résultats suffisants lorsqu'il s'agit de comparer entre eux les organes de différentes plantes. Bien qu'il soit vrai que les fonctions des organes possèdent une importance prépondérante au point de vue de l'organisation générale de l'individu, il n'en est pas moins certain que les fonctions d'organes homologues, appartenant à des plantes diverses, présentent parfois des différences sensibles; il faut chercher du reste les principes fondamentaux de la classification naturelle dans la symétrie végétale, ou dans le système général de l'organisation des plantes. Tous les organes des êtres qui appartiennent à un même règne, continue-t-il, ont les mêmes fonctions, à part quelques légères modifications; les différences énormes qui existent entre des espèces qui diffèrent systématiquement parlant sont fondées uniquement sur les changements qui ont lieu dans la symétrie générale de la structure. Cette symétrie des différentes parties, qui est le but même de l'investigation du naturaliste, n'est autre que l'ensemble des rapports de position qui existent entre les différentes parties de la plante. Chaque fois que ces différents rapports de position sont unis entre eux par les mêmes relations, les organismes présentent les uns avec les autres une sorte de ressemblance générale, indépendante de la forme particulière de chaque organe; et lorsque cette ressemblance générale s'impose à l'observateur, sans cependant que celui-ci parvienne à la constater d'une manière satisfaisante dans les détails de l'organisation végétale, on la désigne sous le terme de parenté d'habitude; il appartient à la doctrine de la symétrie de rechercher les différents éléments de cette parenté et d'en expliquer les causes. Sans cette étude de la symétrie, on pourrait facilement ranger dans la même catégorie deux espèces dont la symétrie serait différente, mais dont les analogies extérieures pourraient tromper une observation superficielle. De même, on peut confondre des cristallisations qui appartiennent à des systèmes absolument différents, lorsqu'on ne les a pas soumises à un examen approfondi. Pour déterminer les classes végétales, il est nécessaire de connaître d'abord le plan de symétrie, et l'étude de ces lois renferme les principes fondamentaux de toute théorie de la parenté naturelle. Mais l'importance des résultats de cette étude varie en proportion de l'habileté que déploie le naturaliste en distinguant les uns des autres les différents organes; car sa caractéristique doit être indépendante des modifications que subissent la forme, la dimension, et les fonctions. L'auteur montre ensuite que les difficultés qu'éprouve le naturaliste à comparer entre eux, dans une étude morphologique, les différents organes, ou, comme nous le dirions maintenant, à établir les principes fondamentaux de l'homologie, proviennent de trois causes différentes : l'avortement, la dégénérescence et l'adhérence. Dans le cours de cette étude, il donne au lecteur, au moyen d'exemples, une idée juste et complète de ces trois causes, qui transforment souvent les lois de la symétrie d'une classe végétale, jusqu'à les rendre méconnaissables.

L'auteur distingue l'avortement produit par des causes intérieures de l'avortement produit par des causes extérieures et accidentelles; il appelle tout d'abord l'attention du lecteur sur l'avortement de deux germes chez le marronier et chez le chêne; sur le fait que le bouton terminal se trouve étouffé et supprimé, chez un grand nombre d'arbrisseaux, par les boutons axillaires voisins; sur le fait que l'avortement de tous les organes végétaux peut être produit par des causes semblables; ainsi, les organes sexuels disparaissent entièrement dans les fleurs du *Viburnum opulus;* les fleurs du *Lychnis dioica* n'ont qu'un seul sexe. L'auteur nous indique, là-dessus, les moyens par lesquels on peut reconnaître et découvrir la symétrie dans des circonstances semblables; il faut, dit-il, étudier les monstruosités; il en est qui ne sont autre chose qu'un retour à la symétrie originelle : tels, les végétaux qu'on désigne sous le nom de pélorié. La méthode d'analogie ou d'induction est moins sûre, mais elle a une portée beaucoup plus étendue : elle est fondée exclusivement sur la connaissance des rapports de position qui existent entre les différents organes. Grâce à cette méthode, on découvre que la fleur de l'*Albuca,* qui ne répond pas à la description d'une véritable Liliacée, uniquement parce qu'elle ne possède que trois étamines, doit être considérée cependant comme une Liliacée, parce qu'entre ces trois étamines il se trouve trois filaments placés exactement comme les trois autres étamines des Liliacées. On doit en conclure, par conséquent, que ce sont des étamines avortées. Cette méthode d'analogies demande à être appliquée à tout ce qui fait le sujet de l'observation du botaniste, espèces et organes, et les grands systématistes n'avaient pas agi autrement. L'auteur ajoute que, dans certains cas, l'avortement est le résultat d'une nutrition insuffisante ou surabondante, et il donne des exemples à l'appui de cette assertion. Il fait suivre cet exposé d'un axiome qui présente une importance particulière : tout, dans la nature, dit-il, nous fait croire que la conformation intérieure des organes est conforme aux lois de la régularité, et que les différentes formes d'avortement, combinées de différentes manières, engendrent des irrégularités. Lorsqu'on se place à ce point de vue, les plus petites irrégularités possèdent de l'importance, parce qu'elles nous permettent d'en constater de plus considérables chez des plantes sœurs, et chaque fois que, dans un système d'organisation donné, il existe des différences entre des organes homologues, ces différences atteignent un maximum, c'est-à-dire qu'elles se terminent par la suppression complète des parties végétales atrophiées. C'est le cas pour les Labiées, dont deux étamines, de plus petite dimension que les autres, avortent complètement. Lorsque les fleurs des Crassulacées contiennent deux fois autant d'étamines que de pétales, les étamines qui alternent avec les pétales sont précoces et de grande dimension; on doit s'attendre, dans ce cas, à l'avortement des étamines placées devant les pétales, et on classera par conséquent une espèce dont les fleurs sont souvent dépourvues de ces dernières, telle que le *Sedum*, dans la famille des Crassulacées; en revanche, ceci n'aura pas lieu si la fleur ne contient que les étamines placées sur les pétales.

Il arrive parfois qu'un avortement partiel empêche un organe de remplir les fonctions auquel il est destiné. Dans ce cas, l'organe en question peut remplir une fonction différente; ainsi, les feuilles avortées de la Vesce, et les inflorescences avortées de la Vigne se transforment en vrilles. En revanche, dans d'autres occasions, l'organe avorté semble absolument dépourvu d'utilité; c'est le cas pour un grand nombre de feuilles restées à l'état rudimentaire et privées de fonction. Toutes les parties végétales qui rentrent dans la catégorie des organes inutiles, dit de Candolle, existent uniquement en vertu de la symétrie primitive de tous les organes.

Enfin, l'avortement peut être assez complet pour faire disparaître toute trace de l'organe. On distingue encore dans ce dernier cas deux catégories; l'organe peut être visible encore au commencement et disparaître absolument par la suite; tels, les germes avortés du chêne; enfin, dans d'autres cas, il est impossible, même au commencement, de distinguer trace de l'organe avorté; la cinquième étamine de l'*Antirrhinum* rentre dans cette catégorie.

Ce qui précède pourrait servir de preuve à l'appui de la théorie de la descendance; mais notre auteur est un adepte du dogme de la constance des espèces; il est donc difficile de définir ce qu'il entend sous le nom d'avortement, car l'objet qui subit l'avortement manque dans les exemples qu'il nous donne. Si l'on suppose que les espèces sont constantes, et par conséquent absolument différentes dans l'origine, il ne peut être question d'avortement, et il est nécessaire de remplacer cette notion par celle qu'il existe des organes végétaux qui sont présents chez certaines espèces, ou dont les dimensions sont particulièrement grandes, et qui disparaissent absolument dans d'autres espèces, ou ont leurs proportions diminuées. En introduisant dans la science la notion de l'avortement, de Candolle a négligé de tenir compte du dogme de la constance des espèces, sans probablement se rendre compte, lui-même, de l'importance de cette omission. Les procédés dont s'est servi de Candolle prouvent que les faits peuvent amener même un défenseur du dogme de la constance des espèces à adopter, contre son gré, des opinions théoriques contraires à ce dogme. Les théories de de Candolle sur la corrélation de croissance, qui est en relation avec l'avortement, confirment cette assertion; l'auteur attire l'attention du lecteur sur le fait que les corolles du *Viburnum opulus*, comme les bractées des fleurs avortées du *Salvia horminum* s'agrandissent lorsque les organes sexuels ont disparu. De même il considère la disparition des semences de l'ananas, de la banane, des fruits de l'arbre à pain, comme la cause du développement du péricarpe. Il remarque, en outre, que les pédoncules féconds des fleurs du *Rhus cotinus* demeurent nus, tandis que ceux qui sont stériles sont recouverts de villosités d'une apparence élégante; il explique aussi par la corrélation de croissance le fait que les pétioles de l'*Acacia heterophylla*, dont les *lamina* restent à l'état rudimentaire, se développent en expansions foliacées. Mais de tous les exemples dont il se sert à cet égard, le plus singulier est puisé dans l'étude du doublement des fleurs, où d'après lui le développement des filaments en corolle est dû à la disparition des anthères; de même les stigmates, en disparaissant, permettent parfois la transformation du carpelle en pétale. Bien que dans la plupart des cas précités, on puisse intervertir les relations, les notions de de Candolle à leur sujet n'en sont pas moins justes sous le rapport de la théorie de la corrélation.

Quant à la seconde des deux causes qui contribuent à altérer le plan primitif de symétrie, de manière à le rendre méconnaissable, la dégénération, on peut la constater dans la formation soit des épines, soit de certaines parties végétales qui sont ou charnues, ou sèches, et cutanées, ou encore dans le développement de parties à membranes sèches.

Enfin, les divergences qui ont lieu, par rapport au plan de symétrie, peuvent être parfois, comme nous l'avons dit plus haut, le résultat d'un vice de conformation dans l'organisation végétale. L'auteur commence par fonder ses théories à ce sujet sur la greffe, pour passer ensuite à l'étude de certains cas qui offrent des difficultés spéciales. Ainsi, la grande proximité des ovaires est la cause première des adhérences qu'on peut constater chez certaines espèces de chèvrefeuilles. C'est pourquoi cette proximité n'est pas le résultat des lois de la symétrie ; elle est due à un hasard qui se répète constamment dans l'organisation des plantes qui appartiennent à l'espèce végétale que nous venons de nommer. L'auteur examine ensuite une question qu'il place en connexion avec la théorie des vices de l'organisation végétale; il se demande si un organe composé de plusieurs parties différentes, comme le sont parfois les ovaires, est simple à l'origine et se divise ensuite en parties distinctes, ou si son développement suit la marche contraire; il faut par conséquent avoir recours à un examen approfondi afin de décider de la justesse de l'une ou de l'autre de ces deux notions. L'auteur prouve au moyen de ces procédés que les feuilles perfoliées des chèvrefeuilles, les involucres d'un grand nombre d'Ombellifères, les calices et les corolles qu'on désigne sous le nom de monopétales, ne sont autre chose que des vices de conformation. Il démontre ensuite, dans le cours de cette étude, que les ovaires composés formés de plusieurs loges sont le résultat d'un développement anormal de deux ou de plusieurs feuilles carpellaires qui se sont soudées en croissant. Il conclut en appelant l'attention du lecteur sur la valeur systématique de considérations de ce genre. Dans les pages qui suivent, il s'arrête à l'importance que présente le nombre plus ou moins grand des différentes parties de la fleur. Ses théories à ce sujet contiennent en grand nombre des notions justes, mais elles ne sont pas approfondies; ce ne fut que plus tard, grâce à la doctrine de la phyllotaxie de Schimper, que les botanistes se trouvèrent en mesure de déterminer avec netteté et précision les rapports de nombre et de position.

Il termine ses règles sur l'utilité de sa morphologie au point de vue de la définition des parentés naturelles par cette maxime : tout l'art de la classification naturelle consiste à savoir reconnaître le plan de symétrie, et à savoir le dégager de tous les changements et de toutes les modifications dont nous avons parlé jusqu'à présent, imitant ainsi le minéralogiste, qui cherche à retrouver le type fondamental des cristaux au milieu de toutes les formes secondaires qui ne sont que des divergences de la forme primitive. Il faut reconnaître ici que ces vues ont déterminé de grands progrès dans le domaine de la botanique. De Candolle fut le premier à émettre un principe d'une grande importance au point de vue de la morphologie et de la systématique; mais il ne réussit pas toujours à observer dans l'application de ce principe une logique rigoureuse; seules les délimitations des groupes végétaux restreints, unis entre eux par les rapports de parenté, sont absolument conformes à ses théories; lorsqu'il établit les classes et les familles principales du règne végétal, il oublie complètement l'axiome qu'il a posé lui-même, et en vertu duquel la nature morphologique des organes et sa valeur systématique sont absolument indépendantes de leur nature physiologique; il oublie que les propriétés physiologiques les plus importantes des organes végétaux ne possèdent qu'une valeur secondaire, quand il s'agit de déterminer les rapports de parenté naturelle. En dépit de ces inconséquences à peine compréhensibles, de Candolle ne laisse pas de posséder un grand mérite; il est le premier botaniste qui ait établi une distinction arrêtée entre les caractères physiologiques et morphologiques, et qui ait mis en lumière la discordance qui existe entre la parenté morphologique et l'habitus physiologique; cette discordance renferme un problème que les botanistes ne purent résoudre que quarante ans plus tard, grâce à la théorie de la sélection de Darwin. Des processus purement inductifs pouvaient seuls dévoiler les singuliers rapports qui existent entre les propriétés morphologiques et physiologiques des organes. D'autre part, si les travaux de de Candolle ont eu des résultats aussi importants, c'est grâce aux botanistes qui avaient précédé l'époque dont nous parlons, et qui avaient déterminé déjà un grand nombre de rapports de parenté. En soumettant à des études comparées approfondies les formes végétales entre lesquelles les botanistes précédents avaient établi déjà des rapports de parenté dont la réalité était indiscutable, de Candolle découvrit l'existence du plan de symétrie, qu'on désigna plus tard sous le nom de type. Il en fit l'objet d'études approfondies; il le compara avec les particularités habituelles de différentes plantes dont l'organisation répondait aux mêmes lois de symétrie, et il découvrit ainsi les causes de toutes les modifications anormales que subissent les végétaux. Ces causes sont l'avortement, la dégénération et les vices de conformation. Grâce aux connaissances qu'ils acquirent à ce sujet, les botanistes réussirent à déterminer des rapports de parenté qu'on avait ignorés jusque-là ou dont l'existence était restée problématique; ils étaient en possession de la véritable méthode d'induction, qui seule pouvait donner une impulsion nouvelle à l'étude de la systématique; les systématistes précédents avaient employé les mêmes procédés chaque fois qu'ils étaient arrivés à des résultats de quelque importance, sans même s'en rendre exactement compte; ils avaient appliqué, inconsciemment, la méthode à laquelle de Candolle fut le premier à donner de la netteté et de la précision.

La plupart des botanistes qui succédèrent à de Candolle étaient certainement bien loin d'attribuer aux théories de leur prédécesseur la valeur et l'importance réelles qu'elles possédent au point de vue des principes mêmes de la science dont nous nous occupons, et de la méthode à suivre; les botanistes qui s'occupèrent de déterminer les rapports de la parenté naturelle se laissèrent guider par leur instinct bien plus qu'ils n'obéirent à des principes raisonnés; et la même critique peut malheureusement s'appliquer à ceux des travaux de de Candolle qui ont pour sujet les divisions principales du règne végétal. On trouve avec étonnement, dans l'ouvrage que nous avons nommé plus haut, et dans lequel l'auteur apporte des perfectionnements nouveaux à la véritable méthode de la systématique, des théories singulières au sujet de la classification naturelle D'après de Candolle, les principes de classification d'aprés lesquels on établit les divisions principales du système doivent être fondés sur l'observation des propriétés physiologiques les plus importantes, et il ajoute d'autres erreurs à celles que renferment déjà ses théories à cet égard, en attribuant aux organes des propriétés physiologiques différentes de celles qu'ils possèdent en réalité. Ainsi, il considère les vaisseaux comme les plus importants de tous les organes de nutrition, cè qui n'est pas le cas, et il fonde sur cette double erreur la classification des groupes principaux du règne végétal qu'il divise en plantes vasculaires et plantes non vasculaires; il croit que cette ordonnance des groupes végétaux coïncide avec la classification qui les divise en Cotylédones et en Acotylédones, et il ajoute, par conséquent, une troisième erreur à celles dont nous avons déjà fait mention. En outre, de Candolle apporte des modifications fâcheuses à la classification des Monocotylédones et des Dicotylédones, classification fondée sur des indices morphologiques d'une importance prépondérante, en adoptant les opinions de Desfontaines, qui attribue aux Dicotylédones un mode de croissance en épaisseur différent de celui des Monocotylédones, désignant les unes sous le terme d'exogènes, les autres sous celui d'endogènes. Cette théorie est absolument erronée, ainsi que Mohl le démontra douze ans plus tard, et, lors même qu'elle serait juste, elle n'offrirait aucune utilité au point de vue de la systématique, car elle est fondée sur l'observation d'indices dont la valeur morphologique est absolument secondaire. La classification des Monocotylédones en particulier se ressent des opinions erronées de l'auteur. Nous y trouvons les Cryptogames vasculaires, ce qui constitue une infériorité réelle du système de de Candolle, comparé à celui de de Jussieu. En dépit de cette classification défectueuse des groupes principaux du règne végétal, nous ne laisserons pas de reconnaître au système de de Candolle un mérite important qu'il a possédé pendant longtemps; la division principale du règne végétal, la classe des Dicotylédones, présente des subdivisions plus étendues, et qui comprennent un grand nombre de familles végétales, unies entre elles par les rapports de la parenté, ce qui constitue un avantage dont est dépourvu le système de de Jussieu. En outre, les Dicotylédones se divisent en deux groupes factices, selon que l'enveloppe florale est simple ou double; le premier de ces groupes, qui est de beaucoup le plus étendu, comprend de son côté une série de subdivisions ou groupes secondaires qui sont en relation constante avec les rapports de la parenté végétale. Si l'auteur a scrupuleusement respecté les rapports de parenté naturelle en établissant les familles en question, c'est uniquement parce qu'il a fondé ses principes de classification sur ses propres règles, tandis qu'il a négligé absolument, dans la classification des groupes principaux de son système, de tenir compte de celles-ci, d'où son caractère artificiel.

Quant à l'ancienne théorie d'après laquelle tous les végétaux doivent se présenter sous forme de séries rectilignes, théorie qui n'est autre que le résultat d'une fausse interprétation de l'axiome *Natura non facit saltus*, de Candolle la combat de la manière la plus décidée, et en prouve l'impossibilité au moyen d'exemples; mais il a une foi par trop implicite dans certaines opinions que Linné a émises, que Giseke, Batsch, Bernardin de Saint-Pierre, l'Héritier, du Petit-Thouars et d'autres encore ont partagées, et d'après lesquelles l'ensemble des groupes du règne végétal répondrait à peu près à une carte de géographie, dont les continents représenteraient les classes, les royaumes, les familles végétales, etc. Bien qu'il soit possible, jusqu'à un certain point, de concilier le dogme de la descendance et l'idée de séries rectilignes commençant par les végétaux les moins achevés pour finir par les plus parfaits, la comparaison qui établit des rapports entre le système végétal et une carte géographique rend tout rapprochement de ce genre impossible; l'investigation systématique s'engage dans une voie dangereuse en ce qu'elle attribue à de simples ressemblances dans l'habitus, à des analogies accidentelles qui unissent un groupe végétal à cinq ou six autres groupes, l'importance que possèdent de véritables affinités.

Lorsqu'il s'est agi de systématiser ses théories, de Candolle a employé les séries rectilignes comme expédient; elles ne possèdent, d'ailleurs, qu'une importance secondaire, car la tâche véritable du botaniste consiste à étudier la symétrie des familles végétales et les rapports de parenté qui unissent ces familles les unes aux autres. Pour des raisons purement didactiques, les séries végétales du système linéaire ne devraient pas commencer par les végétaux les moins parfaits, qui sont en même temps les moins connus, mais bien par les plus parfaits et les plus développés. C'est ainsi que, grâce à de Candolle, la dernière trace des théories qui offraient quelque rapport avec le développement continuel et progressif des formes végétales disparut du système. En ce qui concerne la théorie de la constance des espèces, et étant donné que chaque groupe d'affinités végétales a pour base un plan de symétrie commun auquel se rattachent les formes isolées, comme les cristaux se rattachent à un type fondamental, les doctrines de de Candolle sont absolument logiques. Les botanistes de l'époque se servaient avec prédilection de la démonstration que Cuvier, un contemporain de de Candolle, et, comme lui, un défenseur ardent du dogme de la constance des espèces, appliqua à l'étude du règne animal sous le nom de théorie des types. Ainsi nous trouvons, dans les œuvres de de Candolle, les résultats les plus brillants de la logique inductive, et le dogme stérile de la constance des espèces, dogme qui, selon l'expression spirituelle de Lange, vient tout droit de l'arche de Noé, pour former un mélange de vérités et d'erreurs dans lequel les nombreux successeurs de de Candolle ne réussirent guère à établir l'ordre et la clarté, bien qu'ils aient contribué à perfectionner le système dont il vient d'être question, et à le rectifier en maint endroit.

Nous terminerons en donnant un résumé du système de de Candolle, du système qui date de 1819, et auquel l'auteur, considérant sa forme linéaire, applique expressément l'épithète d'artificiel

I. — *Plantes vasculaires ou à cotylédons.*

1. — ***Exogènes ou Dicotylédones.***
   A. ***Avec double périgone*** **(calice et corolle) :**
      Thalamiflores (polypétales hypogynes).
      Calyciflores (polypétales périgynes).
      Corolliflores (gamopétales),
   B. ***Monochlamydées (à périgone simple).***
2. — ***Endogènes ou Monocotylédones.***
   A. ***Phanérogames (Monocotylédones proprement dites).***
   B. ***Cryptogames (cryptogames vasculaires y compris les Naïades.)***

II. — *Plantes cellulaires ou Acotylédones.*

   A. ***Feuillées (Muscinées).***
   B. ***Sans feuilles (Thallophytes).***

Linné avait établi 67 familles végétales, A. L. de Jussieu, 100; dans la classification de de Candolle, elles atteignent le nombre de 161.

Bien que les principes fondamentaux de morphologie comparée établis par de Candolle n'aient pas réussi à se propager rapidement en Allemagne, entravés qu'ils étaient dans leur développement par les tendances philosophiques qui régnaient alors parmi les botanistes allemands, ils ne laissèrent pas, ainsi que les théories de de Candolle sur le système naturel, de se faire une place dans la science de l'époque, de telle sorte que les botanistes qui se succédèrent en Angleterre et en France à partir de 1830 les considérèrent comme le but réel de la science dont ils s'occupaient. On peut même dire que l'impulsion nouvelle donnée par de Candolle à la botanique se fit sentir plus vivement en Allemagne qu'en France, et s'y prolongea davantage. Il en est de même des œuvres du contemporain de de Candolle, de l'Anglais Robert Brown (1773-1858); son activité scientifique se manifesta particulièrement dans la première moitié de ce siècle (1830-40); ses ouvrages, comme ceux de de Candolle, jouirent, en Allemagne particulièrement, d'une considération spéciale.

Robert Brown[1], qui avait vécu pendant cinq ans en Austra-

1. Robert Brown était fils d'un ministre protestant de Montrose. Il étudia la médecine à Aberdeen, puis à Édimbourg, et séjourna pendant un certain temps au nord de l'Irlande en qualité de médecin militaire. Lorsque l'amirauté s'occupa des préparatifs d'une expédition scientifique qui partit pour l'Australie en 1801,

lie, étudia à fond la flore de ce continent; il est l'auteur de nombreux mémoires botaniques dans lesquels il traite des résultats de plusieurs voyages, entrepris par différents botanistes qui avaient visité surtout les régions polaires et les tropiques. C'est ainsi qu'il trouva l'occasion de concilier le système naturel avec les théories de Humboldt au sujet de la géographie des plantes, théories qui possédaient une importance prépondérante à l'époque dont nous parlons.

Robert Brown épuisa son activité tout entière dans ces monographies; il songeait aussi peu à s'occuper d'une étude générale des principes fondamentaux qui formaient la base de ses théories, d'une étude approfondie de la morphologie et de la théorie de la classification, qu'à établir un système nouveau. Les considérations générales que Brown introduit ici et là dans ses monographies constituent la partie la plus riche et la plus féconde de son œuvre, celle qui détermina les progrès les plus réels dans le domaine de la science. Il sut introduire, dans la morphologie de la fleur, dans l'ordonnance systématique de familles végétales compliquées, telles que les Graminées, les Orchidées, les Asclépiadées, les Rafflésiacées qu'on avait découvertes depuis peu, un ordre et une clarté qui mirent les botanistes à même d'acquérir des idées nouvelles et plus justes sur divers points du système naturel; ainsi, il appelle l'attention des botanistes sur certaines particularités morphologiques très compliquées de l'organisation de la fleur, et ses considérations à ce sujet se trouvent mêlées à ses théories sur la structure et les rapports de parenté de

sous la direction du capitaine Flinders, Brown s'y joignit en qualité de naturaliste, grâce aux recommandations de sir Joseph Banks; F. Bauer, Good, et Westall l'accompagnèrent, le premier comme dessinateur botaniste, le second comme jardinier, le troisième enfin en qualité de peintre paysagiste. John Franklin se trouvait parmi les enseignes du vaisseau. L'organisation défectueuse du navire obligea Flinders à quitter l'Australie, pour revenir ensuite mieux équipé; mais il fit naufrage, et les Français le retinrent prisonnier à Port-Louis jusqu'en 1810. Les naturalistes qui faisaient partie de l'expédition restèrent en Australie jusqu'en 1805; Brown en rapporta 4.000 espèces végétales, nouvelles pour la plupart. En 1810, sir Joseph Banks en fit son bibliothécaire et le conservateur de ses collections; il devint, en outre, bibliothécaire de la Société linnéenne à Londres; en 1823, Brown hérita de la bibliothèque et des collections de Banks, à condition qu'elles reviendraient après sa mort au *British Museum*. Cependant à la demande de Brown, ces collections firent immédiatement partie du Museum et il en resta le conservateur jusqu'à sa mort. Grâce à l'entremise de Humboldt, le ministère de Peel lui accorda une rente annuelle de 200 livres sterling. Brown eut le bonheur de voir ses mérites universellement reconnus; Humboldt l'appela même « *Botanicorum facile princeps* ».

plantes particulièrement remarquables, recueillies, au commencement de ce siècle, par des botanistes qui visitèrent l'Afrique à plusieurs reprises. Il met surtout en lumière, dans un essai qu'il écrivit à ce sujet (1826), les singuliers rapports de nombre qui existent entre les étamines, les carpelles et les enveloppes florales des Monocotylédones et des Dicotylédones; il attire l'attention du lecteur sur les modifications que peut amener l'avortement dans ces rapports typiques, qu'il désigne sous le nom de rapports symétriques, empruntant ce terme au vocabulaire de de Candolle; il consacre une étude approfondie à la place exacte qu'occupent les organes avortés et ceux qui sont restés intacts, afin de pouvoir, par là, découvrir l'existence de nouveaux rapports de parenté. Il est l'auteur d'un travail qui peut passer à bon droit pour le plus remarquable de tous ceux qu'on lui doit sur le même sujet, et qui traite d'une nouvelle espèce végétale nommée *Kingia*, originaire de la Nouvelle-Hollande (1825). Les observations de Brown au sujet de la structure des semences de l'espèce en question lui inspirèrent le désir d'acquérir des connaissances plus approfondies sur la nature des ovules stériles des Phanérogames, et, en particulier, des Cycadées et des Conifères. En dépit des travaux de Gärtner et des investigations plus récentes de Tréviranus, la théorie de la graine présentait encore des difficultés que les botanistes de l'époque n'étaient pas parvenus à résoudre; on n'avait pas encore découvert le principe général au moyen duquel on pouvait expliquer la position de l'embryon dans la semence parvenue à son point de maturité, et on ne pouvait le découvrir qu'après avoir soumis à un examen approfondi l'organisation de la semence avant la fécondation. Robert Brown fit le premier pas dans cette voie, qui devait amener à l'histoire du développement, et ses efforts à cet égard furent couronnés de succès. Il commença par étudier l'ovule non fécondé, et par établir une distinction arrêtée entre les téguments et la graine; il constata dans cette dernière la présence du sac embryonnaire. Malpighi et Grew avaient déjà, à la vérité, fait mention de ces parties végétales, sans cependant parvenir à acquérir des idées nettes et précises à ce sujet; les botanistes qui s'étaient succédé jusqu'à l'époque dont nous parlons n'avaient jamais réussi à déterminer avec exactitude les différences qui existent entre le micropyle et le hile de la semence, ils avaient même parfois confondu l'un et l'autre. Robert Brown prouva que le hile correspond à l'endroit où l'ovule s'attache à la graine, et que le micropyle n'est autre que le canal formé par les téguments et qui conduit vers le sommet du nucléus.

Il prouve que le micropyle est placé à côté du hile dans les ovules anatropes, en face de l'ombilic dans ceux qui sont orthotropes; il démontra encore que l'embryon occupe invariablement dans le sac embryonnaire, à l'origine de son développement, le point le plus voisin du micropyle, et que la racine de l'embryon est toujours tournée du côté du micropyle. Ce sont là des faits qui, sans autres considérations, forment les bases des règles générales d'après lesquelles on détermine la position de l'embryon dans la graine et dans le fruit. Brown est le premier botaniste qui ait donné une définition juste de l'endosperme, qu'il désigne comme une masse nutritive, renfermée dans le sac embryonnaire après la fécondation; il fit une découverte plus importante encore au sujet du périsperme, qu'il fut le premier à considérer comme une substance qui prend naissance en dehors du sac embryonnaire dans les tissus du nucléus.

Robert Brown ne se contenta pas, cependant, de déterminer les rapports morphologiques qui existent entre les différentes parties des graines des Monocotylédones et des Dicotylédones, et qui constituent les bases fondamentales de la classification de ces deux grandes familles végétales; il fit des découvertes plus importantes encore en signalant les particularités de la structure de la fleur des Conifères et des Cycadées, et en les opposant à l'organisation des fleurs d'autres végétaux; il rectifia les opinions erronées de ses prédécesseurs au sujet de l'ovule nu qu'on avait pris jusque là pour la fleur femelle des végétaux que nous venons de nommer; le Nürembergeois Trew avait, il est vrai, signalé cette erreur dès l'année 1767. Les analogies que présentent entre eux, dans leur structure, les organes mâles et femelles, firent aussi le sujet des observations de Brown, qui se trouva en mesure, grâce à ses études, de constater et de déterminer une des particularités les plus remarquables du règne végétal, la gymnospermie des Conifères et des Cycadées. Les investigations auxquelles Hofmeister se livra plus tard à ce sujet amenèrent à des résultats d'une grande importance; les Gymnospermes, qu'on avait comptés jusque-là parmi les Dicotylédones, formèrent une troisième classe, de même ordre que celles des Dicotylédones et des Monocotylédones; on découvrit alors des analogies étonnantes entre le mode de reproduction des Cryptogames les plus parfaits et le développement de la semence des Phanérogames. Ce fut là une des découvertes les plus importantes qui aient jamais été faites dans le domaine de la morphologie et de la systématique comparées. Les investigations minutieuses de Robert Brown furent les premières à déterminer ce résultat, dont Hofmeister reconnut toute l'importance vingt-cinq ans plus tard; ses observations au sujet de certaines particularités compliquées de la structure des semences d'une espèce végétale découverte dans la Nouvelle-Hollande furent le point de départ des investigations en question. Il consacra, en outre, aux questions les plus diverses de la morphologie et de la systématique des études du même genre, bien que d'une valeur inférieure; grâce à sa tournure d'esprit très particulière, son attention fut attirée tout d'abord par une foule de problèmes qui appartenaient au domaine de la physiologie pure. Il chercha avant tout à se rendre compte des procédés au moyen desquels la substance génératrice (le principe fécondateur du pollen) est introduit dans les ovules. Il avait conclu déjà de ses observations sur la position de l'embryon que cette opération s'effectue au moyen du micropyle, et non par le raphé et le hile, comme on le croyait alors; il fut, en outre, le premier à suivre le passage des boyaux polliniques dans les ovaires des Orchidées jusque dans les ovules. Nous nous contentons ici d'attirer l'attention de nos lecteurs sur ce point, que nous développerons plus tard dans l'histoire de la théorie sexuelle.

Robert Brown a su, bien mieux que de Jussieu et de Candolle, opposer le système naturel dans toute son originalité aux systèmes factices; il a su, mieux qu'aucun des botanistes qui l'avaient précédé, établir une distinction arrêtée entre les caractères qui possèdent une importance systématique et qui appartiennent au domaine de la morphologie pure, et les fonctions physiologiques auxquelles ces mêmes organes sont appropriés.

La plupart des botanistes qui s'étaient succédés avant l'époque dont nous parlons, et qui s'étaient efforcés de découvrir de nouveaux rapports de parenté avaient obéi à leur instinct dans les recherches qu'ils avaient faites à ce sujet; leurs découvertes étaient, pour la plupart, le résultat de raisonnements inconscients; Brown, en revanche, cherchait à déterminer les raisons qui le poussaient à établir certains rapports de parenté; il fixait la valeur de certains indices d'après des principes immuables, et établissait par là de nouvelles règles qui lui permettaient de découvrir des rapports de parenté nouveaux. Ces procédés l'amenèrent à constater que des indices qui possèdent une grande valeur au point de vue de la classification lorsqu'ils servent à déterminer certains groupes végétaux, sont absolument dénués de toute importance lorsqu'ils se rapportent à d'autres subdivisions du règne végétal.

Nous trouvons un modèle dans les nombreuses monographies de

Robert Brown que ses successeurs imitèrent dans l'application de la méthode du système naturel, et dans les développements qu'ils firent subir à celle-ci; à cet égard, les botanistes allemands surent, mieux que leurs confrères étrangers, apprécier et reconnaître les mérites de Brown. Plusieurs botanistes allemands traduisirent la collection complète des œuvres botaniques de Brown, et cette traduction en cinq volumes fut publiée par Nees von Esenbeck, de 1825 à 1834. Grâce aux efforts de Brown et de de Candolle, le système naturel finit par rencontrer en Allemagne une approbation universelle; l'ouvrage de Carl Fuhlrott, publié en 1829, contribua à mettre en lumière ses mérites, en l'opposant au système sexuel de Linné; l'auteur compare les systèmes de de Jussieu et de de Candolle à ceux d'Agardh, de Batsch et de Linné, et il appelle l'attention du lecteur sur les avantages que présente le système naturel. Cependant, l'ouvrage de Bartling, publié en 1830, et intitulé *Ordines naturales plan:* :*rum*, eut à cet égard des résultats encore plus importants. Ce livre traite des sujets que nous venons de mentionner; il renferme des jugements indépendants et personnels, et contribua à perfectionner le système naturel. A la même époque, les monographies de Roeper sur les Euphorbiacées et les Balsaminées, ainsi que son traité *De Organis Plantarum* (1828), déterminèrent des progrès nouveaux dans le domaine de la botanique. Grâce à des procédés aussi ingénieux que logiques, l'auteur découvre une nouvelle application des principes fondamentaux de la morphologie de la fleur, établis par Brown et de Candolle, et, par leur moyen, il introduit l'ordre et la clarté dans les théories systématiques et morphologiques. D'ailleurs, la nouvelle méthode d'investigation morphologique et systématique fondée par de Candolle et Robert Brown n'eut pas à lutter en Allemagne et même en France uniquement contre les théories démodées de l'école de Linné, mais encore, ce qui était bien pire, contre les erreurs engendrées par la philosophie que Schelling avait fondée, et qu'on désignait sous le terme de philosophie de la nature. Le système naturel des plantes, avec ses rapports de parenté mystérieux, était particulièrement favorable au développement de cette philosophie obscure; et la doctrine des métamorphoses de Gœthe ne contribua pas médiocrement à augmenter cette incertitude et cette confusion. Dans le chapitre qui suit, nous consacrerons une étude plus détaillée à ces points historiques; pour le moment, nous nous contenterons d'attirer l'attention de nos lecteurs sur les progrès accomplis par les systématistes de profession dans la voie frayée par de Candolle et Brown; car, à partir de 1830, l'investigation morphologique se sépara de plus en plus de la systématique, pour former une science spéciale. On peut constater ce changement, en particulier, dans les œuvres des botanistes allemands, qui finirent sous l'influence de ces idées par traiter la systématique comme une science indépendante de la morphologie; ils renoncèrent à soumettre leurs sujets d'observation à ces études approfondies qui seules peuvent engendrer des résultats importants et amener le systématiste à l'intelligence de la morphologie comparée et génétique, tandis que, d'autre part, la morphologie prit un nouveau développement qui se poursuivit indépendamment de la systématique proprement dite, et auquel nous consacrons, pour cette raison, une étude spéciale qui trouve place plus loin.

Si le nombre des systèmes établis par les botanistes avait une influence quelconque sur les progrès de la systématique, on pourrait considérer les années qui s'écoulèrent de 1825 à 1845 comme l'âge d'or de cette dernière science; durant ce laps de temps, on n'établit pas moins de vingt-quatre systèmes nouveaux; nous faisons même abstraction, dans ce nombre, de tous ceux qui se rattachent aux doctrines de la philosophie de la nature.

Cependant, la profondeur des idées des botanistes de l'époque était loin d'égaler leur remarquable fécondité; aucune des théories qu'ils établirent n'était de nature à ouvrir de nouveaux aperçus au sujet de la classification naturelle; ainsi que nous le verrons plus bas, on peut même signaler dans les principes fondamentaux de la systématique naturelle une marche rétrograde. Cependant, lorsqu'on tient compte de la valeur générale des principes établis par de Candolle, de Jussieu, et Brown, on est amené à constater les perfectionnements qu'a subis le système dans le domaine des détails. Les botanistes en question ne se contentèrent pas de délimiter plus exactement les familles végétales, et d'introduire l'ordre et la netteté dans leur classification, ils établirent de nouveaux groupes végétaux entre lesquels on déterminait, avec une certitude qui allait toujours en augmentant, les rapports de parenté.

Ici, il s'agissait en particulier de la classe des Dicotylédones, qui comprenait une foule de familles végétales dont le nombre augmentait tous les jours, et qui offrait encore dans les œuvres de de Jussieu un pêle-mêle d'une indescriptible confusion; dans les ouvrages de de Candolle, nous trouvons ces différentes familles réunies de manière à former des groupes plus étendus, établis d'après les principes d'une classification plus factice. Ici, nous voyons encore une fois que la systématique subit un développement progressif, fondé tout d'abord sur des observations qui rentrent dans le domaine des détails, pour finir par des principes d'une valeur générale; grâce aux principes d'après lesquels ils avaient établi les espèces végétales, les botanistes se trouvèrent en mesure de déterminer les genres; la classification des genres leur permit à son tour de fonder celle des familles; enfin, durant les années qui s'écoulèrent de 1820 à 1845, ils réussirent à coordonner les familles elles-mêmes de manière à en former des groupes plus étendus, mais il ne leur était pas encore possible des grouper ces différents ordres ou ces familles diverses de manière à établir entre les groupes principaux du règne végétal les différences qui les séparent dans la nature. Même à l'heure présente, les principes fondamentaux en vertu desquels les groupes de familles se joignent les uns aux autres dans la grande classe des Dicotylédones ne satisfont pas entièrement aux exigences de la science actuelle. Cependant, on établit à l'époque dont nous parlons un grand nombre de groupes végétaux, inférieurs, unis entre eux par les rapports de la parenté; Bartling et Endlicher, en particulier, tracèrent les délimitations qui les séparent des groupes voisins, et joignirent à leur classification des dénominations et des caractères. Leurs efforts déterminèrent des progrès considérables dans le domaine de la botanique.

D'autre part, si nous soumettons à un examen approfondi les divisions principales du règne végétal, nous constatons le résultat suivant : les botanistes acquièrent des connaissances plus étendues au sujet de certaines grandes familles naturelles; ces familles elles-mêmes possèdent une importance prépondérante dans le domaine de la systématique; nous citerons, entre autres, les groupes des Thallophytes, des Muscinées, des Cryptogames vasculaires, des Gymnospermes, des Dicotylédones et des Monocotylédones. Cependant, les botanistes de l'époque étaient bien loin encore d'établir et de déterminer exactement les relations qui unissent entre elles ces grandes classes du monde végétal. La tradition de la botanique avait contribué plus que la science à les désigner comme des types fondamentaux; dans les systèmes qu'on établissait, quelques-unes d'entre elles possédaient parfois une importance trop considérable, qui leur était attribuée au détriment de familles voisines; on leur adjoignait à tort des groupes étrangers. Ainsi, dans le système de Bartling, système qui jusqu'en 1850 et même au delà put passer à bon droit pour un de ceux dont les principes fondamentaux se rapprochaient le plus de l'ordre naturel, nous retrouvons, dans toute son intégrité, la classification de de Candolle, qui divisait le règne végétal en plantes cellulaires et plantes vasculaires; les premières comprennent à bon droit deux groupes principaux, les Thallophytes et les Muscinées (*Homonemeæ* et *Heteronemeæ*), les secondes se divisent en Cryptogames vasculaires et en Phanérogames; les Phanérogames eux-mêmes comprennent les Monocotylédones et les Dicotylédones qui, de leur côté, sont divisés en quatre groupes; l'un de ces derniers est caractérisé par la présence d'un vitellus; c'est-à-dire d'un endosperme entouré du périsperme.

Ce dernier principe de classification est, on le voit, absolument factice. Les trois autres groupes sont désignés sous le nom d'apétales, monopétales et polypétales; aux apétales sont joints les Conifères et les Cycadées.

Les divisions principales des Thallophytes et des Cormophytes, établies par ENDLICHER[1], sont moins satisfaisantes; la dernière comprend les subdivisions des *Acrobrya* (Muscinées, Cryptogames vasculaires et Cycadées), des *Amphibrya* (Monocotylédones) et des *Acramphibrya* (Dicotylédones et Conifères); les dénominations de ces trois groupes, dont le premier est établi d'après des principes de classification absolument factices, sont fondées sur des notions défectueuses au sujet de la croissance des plantes en longueur et en largeur. Endlicher avait emprunté ses théories à cet égard aux œuvres de Unger. Grâce à sa caractéristique si complète des familles et des espèces végétales, le grand ouvrage d'Endlicher est resté indispensable aux botanistes qui se sont succédé jusqu'à l'époque actuelle, et qui en ont fait un usage constant. En revanche, le système dont Brongniart a établi, en 1843, les principes fondamentaux a acquis en France une sorte d'autorité officielle. Ici, le

1. Stephen Ladislaus Endlicher naquit en 1805 à Presbourg; il abandonna l'étude de la théologie, devint *scriptor* de la bibliothèque de la cour à Vienne en 1828, et gardien de la division botanique du Cabinet Royal des Sciences en 1836. Après avoir pris ses grades en 1840, il professa la botanique à Vienne, et remplit les fonctions de directeur du jardin botanique de cette ville. Il fit présent à l'État de sa bibliothèque et de son herbier, dont la valeur se montait à 34,000 thalers; il employa une partie de sa fortune personnelle à fonder les *Annalen des Wiener Museum;* il acheta des collections de plantes et des livres coûteux, et défraya la publication non seulement de ses propres livres, mais encore d'œuvres d'autres écrivains. Ses appointements étaient peu considérables, de sorte que sa fortune finit par disparaître; au mois de mars 1849, il mit fin à sa vie si active en s'empoisonnant avec de l'acide prussique. Outre ses travaux de botanique, qui font de lui un des systématistes les plus distingués qui aient jamais vécu, Endlicher est l'auteur d'ouvrages de philologie et de linguistique; il composa une grammaire de la langue chinoise. (Voir *Linnaea,* 1864 et 1865, vol. XXXIII, p. 583.)

règne végétal tout entier rentre dans deux subdivisions, les Cryptogames et les Phanérogames; cette classification est accompagnée d'une caractéristique absolument fausse, dans laquelle l'auteur désigne les Cryptogames comme des végétaux dépourvus d'organes sexuels, tandis qu'il en attribue aux Phanérogames. Les Phanérogames, divisés en Monocotylédones et Dicotylédones, comprennent plusieurs groupes fondés sur des principes de classification qui présentent peu d'intérêt; cependant, le système de Brongniart possède un avantage que nous ne laisserons pas de signaler : l'auteur rassemble les Gymnospermes dans un même groupe, de manière à en former un tout homogène; et bien qu'il les joigne à tort aux Dicotylédones, le fait d'avoir su, en quelque mesure, tirer parti, dans le domaine de la systématique, des découvertes de Robert Brown sur la gymnospermie, n'en constitue pas moins un progrès.

Le système de JOHN LINDLEY[1] acquit en Angleterre l'importance que ceux de Bartling, d'Endlicher et de Brongniart possédaient en Allemagne et en France. A la suite de différents essais, John Lindley établit, en 1845, un système de classification dans lequel les Cryptogames étaient désignés comme des plantes asexuelles ou privées de fleurs, les Phanérogames, au contraire, comme des plantes sexuelles, c'est-à-dire pourvues de fleurs; les premiers comprennent les Cryptogames Thallogènes et les Cryptogames Acrogènes; les seconds sont divisés en cinq classes différentes : I° les Rhizogènes (Rafflésiacées, Cytinées, Balanophorées); II° Endogènes (Monocotylédones à nervures parallèles); III° Dictyogènes (Monocotylédones à nervures en réseau); IV° Gymnogènes (Gymnospermes); V° Exogènes (Dicolylédones). Ce système de classification est parmi les plus défectueux qu'on ait jamais établis; l'auteur attribue aux Rhizogènes, dont la forme extérieure a attiré son attention, une valeur systématique bien supérieure à celle qu'ils possèdent en réalité; les Monocotylédones sont divisés en deux classes en vertu d'un caractère insignifiant; la caractéristique des groupes précités est donc absolument défectueuse.

Parmi les nombreux systèmes qui ont été établis durant l'époque dont nous parlons, nous avons choisi, de préférence, les plus importants; ils sont plus connus que les autres, et ils ont acquis

1. John Lindley, professeur de botanique à Londres, naquit à Chatton près Norwich, en l'année 1799, et mourut à Londres en 1865.

une importance plus grande, grâce aux méthodes de leurs auteurs (à part Brongniart) qui en ont fait la base d'études approfondies qui embrassaient le règne végétal tout entier; d'ailleurs, il est inutile, étant donné le but que nous nous proposons, de soumettre à un examen prolongé les systèmes nombreux qu'ont fondés des botanistes d'un mérite secondaire. Ceux qui désirent acquérir à ce sujet des connaissances plus étendues trouveront des renseignements suffisants dans l'introduction qui précède un ouvrage de Lindley, le *Vegetable Kingdom* (1853).

Lorsque nous considérons de plus près les principes fondamentaux et les théories essentielles des systèmes en question, nous remarquons avec étonnement que la caractéristique des groupes principaux est fondée sur l'observation d'indices morphologiques, et aussi sur l'étude des caractères appartenant au domaine de la physiologie anatomique (ici, nous faisons abstraction des œuvres de Bartling); les auteurs de ces différents systèmes retombaient dans une erreur dont de Candolle s'était rendu coupable, et qui avait engendré des résultats d'autant plus fâcheux que ces caractères physiologico-anatomiques étaient établis presque tous d'après des principes faux. Nous citerons, par exemple, la classification d'Endlicher et les subdivisions des *Acrobrya*, etc., les groupes des *Rhizogènes* et des *Dictyogènes* du système de Lindley, et d'autres encore. Les botanistes de l'époque en question méritent un reproche encore plus grave; certains systématistes se refusaient obstinément à reconnaître des faits bien et dûment constatés, et qui possédaient la plus grande valeur au point de vue de la systématique, bien qu'ils n'eussent pas été découverts par des systématistes proprement dits. On retrouve avec étonnement, dans les ouvrages publiés par Lindley en 1845, et jusqu'en 1853, la théorie des différences des croissances endogène et exogène; l'auteur emploie les termes d'endogènes, d'exogènes, et cependant, dès l'année 1831, Hugo Mohl avait prouvé de la manière la plus certaine que cette différence, proposée par Desfontaines et adoptée par de Candolle, n'a aucune raison d'être. Il en était de même au sujet des Cryptogames; les botanistes de l'époque persistaient à les considérer comme privés d'organes sexuels, et à attribuer à ce signe caractéristique une valeur prépondérante, en dépit des certitudes qu'on avait acquises avant 1845 au sujet de certains cas de sexualité chez les Cryptogames; au milieu du siècle dernier, Schmiedel avait décrit les organes sexuels des Hépatiques, Hedwig avait décrit ceux des Mousses en 1782, et en 1803, Vaucher considérait déjà la conjugaison des Algues désignées sous le nom de Spirogyra comme un acte sexuel, mais les systématistes dont nous parlons ne surent tirer aucun parti de ces indications.

Un autre obstacle venait s'ajouter à ceux qui entravaient déjà la botanique dans son développement; on confondait souvent, dans les travaux qui avaient pour but la classification du règne végétal, l'étude approfondie, systématique, avec l'examen minutieux auquel les botanistes soumettaient les objets de leur observation; l'examen approfondi de tout indice caractéristique doit amener le botaniste à déterminer, soit la valeur systématique de certains indices, soit leur importance au point de vue de la classification. Lorsqu'on est arrivé à ce résultat au moyen de l'examen minutieux et prolongé, il suffit, pour poursuivre l'étude du système, de déterminer uniquement les indices qui possèdent l'importance la plus grande; un seul indice suffit même parfois au botaniste, pour reconnaître et signaler les rapports de parenté qui unissent entre elles les plantes d'un même groupe. On peut comparer cet indice caractéristique au drapeau d'un régiment; comme ce dernier, il ne possède pas de valeur par lui-même, mais il présente de grands avantages au point de vue de l'utilité pratique; il permet de déterminer tous les indices secondaires que s'y rattachent. A cet égard, la science eut à lutter contre un obstacle plus insurmontable encore que ceux que nous avons mentionnés précédemment; à peu d'exceptions près, aucun des systématistes qui succédèrent à de Candolle ne s'efforça d'établir l'ordre et la clarté dans les principes fondamentaux qui constituaient la base du système naturel, et de les coordonner de manière à en former la théorie de ce système. Cet état de choses ne présentait pas seulement de grands inconvénients pour ceux qui désiraient aborder l'étude du système naturel, et qui se trouvaient forcés d'accepter comme des faits, sans les comprendre, les subdivisions établies par les botanistes, il eut des résultats encore plus fâcheux; les systématistes se laissèrent guider uniquement par leur instinct dans les travaux qu'ils exécutaient, et qui avaient pour but la délimitation des groupes végétaux; ils négligèrent de rechercher les raisons d'être des procédés qu'ils employaient. Ici, nous nommerons John Lindley, comme faisant une honorable exception à la règle générale. Durant les années qui suivirent 1820, il soumit à des études approfondies les principes fondamentaux de la classification naturelle, et chercha, comme de Candolle, à établir une théorie de la systématique[1]. Cependant les efforts qu'il fit à ce sujet constituent seuls son mérite principal, car les principes fondamentaux qu'il a établis sont pour la plupart complètement faux, et se trouvent en opposition absolue non seulement avec son propre système, mais encore avec tous ceux dont nous avons parlé jusqu'à présent. On retrouve encore plus accusé, dans les œuvres de Lindley, le contraste qui existe dans celles de de Candolle entre la théorie proprement dite et la pratique au point de vue du développement du système. Cependant, tandis que de Candolle établissait des principes qui devaient lui permettre de déterminer exactement les rapports de la parenté naturelle, mais auxquels il n'obéissait qu'en partie, Lindley, en revanche, fondait des théories absolument erronées sur l'observation de rapports de parenté que les botanistes précédents avaient déjà signalés et constatés; et bien que l'étude des systèmes qui se sont succédé jusqu'à l'année 1853 prouve d'une manière irréfutable que l'observation des indices morphologiques seuls amène le botaniste à déterminer les rapports de parenté qui unissent entre eux les groupes végétaux, Lindley ne laisse pas d'établir une théorie absolument opposée à ces faits. D'après lui, l'importance que possède un indice, ou, selon l'expression qu'il emploie à tort, un organe, au point de vue de la classification, est en raison directe de sa valeur physiologique à l'égard de la conservation et de la perpétuation de l'individu. Si ce principe était juste, il n'y aurait rien de plus facile que d'établir le système naturel du règne végétal; on se contenterait de diviser les végétaux en deux grandes classes; l'une comprendrait les plantes qui contiennent de la chlorophylle, l'autre, celles qui en sont dépourvues, car il n'existe rien dont l'existence soit plus nécessaire à la nutrition de la plante, que celle de la chlorophylle; il n'en existe point, par conséquent, dont l'importance physiologique soit supérieure. Dans ce cas, les

1. Auguste de Saint-Hilaire, né à Orléans en 1779, mort dans la même ville en 1853, professa à Paris, et publia en 1840 ses *Leçons de Botanique, comprenant principalement la morphologie végétale*, etc. Cet ouvrage contient une étude approfondie et détaillée de la doctrine de la symétrie et de la théorie des métamorphoses de Goethe, et de la doctrine de la phyllotaxie de Schimper; en somme, l'ouvrage tout entier traite de la morphologie comparée qui régnait à l'époque dont nous parlons et qui devint un des éléments de la théorie de la systématique. Ce vaste ouvrage renferme bien moins d'erreurs que l'avant-propos théorique de Lindley, mais il est moins profond, et n'effleure qu'en passant les questions fondamentales qui nous intéressent ici; il présente, du reste, un certain intérêt, car il donne, sous une forme claire et concise, une idée juste de l'état de la morphologie durant les années qui ont précédé 1840.

Orchidées, les Orobanches, les Cuscutes, les Rafflésiacées, jointes aux Champignons, formeraient une classe, l'autre classe renfermerait tous les végétaux qui ne comprennent aucune des plantes précédentes. Le fait que son organisation la destine à vivre dans l'eau, sur la terre, ou sous terre, présente une grande importance au point de vue de l'existence d'une plante, et si l'on prenait Lindley au mot, il serait obligé, pour appliquer logiquement les principes qu'il a lui-même établis, de placer dans la même subdivision les Algues, les Rhizocarpées, les Vallisnériées, les Renoncules d'eau, les Lemna, et d'autres encore. En outre, l'existence d'une plante est en relation étroite avec son mode de croissance, soit que son organisation la pousse à croître en hauteur, soit qu'elle la fasse grimper à l'aide de vrilles ou d'une tige volubile. En vertu de ce principe, établi par Lindley, on se trouverait obligé de réunir dans le même groupe certaines Fougères, la Vigne, les fleurs de la Passion, certaines plantes de la famille des pois, et d'autres encore. Il ressort de ce qui précède que le principe fondamental de la systématique de Lindley ne présente aucune espèce de sens; d'après ce principe, pourtant, Lindley détermine la valeur systématique de parties végétales qui rentrent dans le domaine de l'anatomie de l'embryon, et de l'endosperme, de la corolle et des étamines; il s'efforce de mettre en lumière leurs propriétés physiologiques, qui n'ont d'ailleurs que peu d'importance pour la systématique. Les procédés employés par Lindley, comparés avec son propre système qui, en dépit de bien des erreurs grossières, ne laisse pas d'être un système naturel morphologique, prouvent que, à l'exemple de bien d'autres systématistes, Lindley ne se conformait que rarement aux principes qu'il avait lui-même établis; s'y fût-il conformé, ses travaux auraient eu comme résultat tout autre chose qu'un système naturel. Les botanistes de l'époque devaient en grande partie les progrès qu'ils avaient accomplis dans l'art de déterminer les parentés naturelles à un instinct sûr, que l'étude constante des formes végétales avait encore affiné. Au fond, les botanistes dont nous parlons se laissaient guider, dans l'étude des parentés végétales, par cette association d'idées inconsciente à laquelle avaient obéi de l'Obel et Bauhin, et, ainsi que le montrent les exemples qui précèdent, il existait des systématistes distingués, qui n'étaient pas parvenus à acquérir des idées claires au sujet des règles mêmes qu'ils suivaient. En dépit de l'infériorité de cette méthode, le système naturel ne laissa pas de faire des progrès considérables dans l'espace de cinquante années. Le nombre des rapports de parenté signalés et reconnus augmenta avec une incroyable rapidité, comme on peut s'en assurer en comparant les systèmes de Bartling, Endlicher, Brongniart, Lindley, avec ceux de de Candolle et de Jussieu. Aussi Darwin s'est-il trouvé en mesure de tirer des systèmes qui se sont succédé durant les années qui ont précédé 1850, les principes fondamentaux de la théorie de la descendance. Nous ne pourrions citer un fait qui donnât à nos lecteurs une idée plus juste de l'importance que possédaient, au point de vue de la classification, les systèmes en question. Car il est nécessaire de remarquer ici que Darwin n'a pas opposé sa théorie à la morphologie et à la systématique, et ne l'a pas fondée sur des principes inconnus jusque-là; bien au contraire, les plus importants et les plus irréfutables de ses axiomes sont le résultat immédiat de l'observation des faits constatés par la morphologie, et établis par le système naturel tel qu'il existait à l'époque dont nous parlons. Il appelle fréquemment l'attention du lecteur sur le fait que le système naturel, sous la forme que lui ont donnée les botanistes, et qu'il considère, dans ses traits fondamentaux, comme la seule qui soit appropriée à son but, n'est pas fondé sur l'observation de la valeur physiologique des organes, mais bien sur l'étude de leur valeur morphologique. On pourrait, dit-il, établir la règle suivante : la valeur que possède une des parties de l'organisation végétale au point de vue de la classification est en raison inverse de son importance au point de vue des fonctions de la vie. Il met en lumière, comme Robert Brown et de Candolle, l'extrême importance que possèdent, à l'égard de la classification, les organes avortés, dépourvus d'utilité physiologique; il cite des cas où des rapports de parenté très éloignés n'ont pu être signalés et reconnus que grâce à l'étude de nombreuses formes qui indiquent une transition entre les espèces, et à l'observation d'organes intermédiaires; dans le règne animal, la classe des crustacés fournit des exemples frappants à ce sujet; dans le règne végétal, on peut citer certaines formes des Thallophytes, des Muscinées, des Aroïdées, et d'autres encore; dans des cas semblables, les indices communs aux membres les plus éloignés d'une même famille végétale se retrouvent parfois chez toutes les plantes d'une subdivision plus étendue, etc. On peut voir, par cette remarque, comme par beaucoup d'autres, que Darwin a tiré de l'étude des systèmes naturels qui s'étaient succédé jusqu'à l'époque où il vivait, et qui avaient pour objet le règne végétal et le règne animal, les règles d'après lesquelles les systématistes s'étaient jusque-là guidés dans leurs travaux; ils avaient, à la vérité, observé instinctivement, dans leur application pratique, les principes établis par Darwin, sans même se rendre compte exactement des procédés qu'ils employaient. Cela n'en valait que mieux, dit Darwin; quand les naturalistes sont guidés uniquement par le sens pratique dans la tâche qu'ils ont entreprise, ils ne s'inquiètent pas de l'importance physiologique des signes caractéristiques qui leur permettent de délimiter un groupe végétal, ou de signaler une variété nouvelle. Darwin fut le premier à introduire l'ordre et la clarté dans les principes encore vagues et indéterminés qu'avait établis de Candolle au sujet de la discordance qui existe entre les rapports systématiques des organismes, et les fonctions nécessaires à la vie, auxquelles ils sont appropriés; il fut le premier à les appliquer logiquement, et à s'y tenir. Dans le fait, il suffisait d'acquérir des idées justes et précises au sujet de cette discordance pour être en état de caractériser, dans sa nature même, la systématique toute entière, et de présenter la théorie de la descendance comme la seule explication possible du système naturel. La théorie de la descendance peut seule expliquer un fait que les morphologistes et les systématistes sont arrivés peu à peu à constater, grâce à un labeur assidu, sans cependant en apprécier suffisamment l'importance; le fait que deux principes de nature absolument opposée s'unissent l'un à l'autre chez tout être organisé; que, d'une part, le nombre, l'ordonnance et le mode de développement des organes d'une espèce végétale peuvent amener le botaniste à découvrir les relations correspondantes chez un grand nombre d'autres espèces, tandis que, d'autre part, le mode d'existence, et, par conséquent les propriétés de mêmes organes peuvent différer entièrement, chez des espèces unies par les liens de la parenté. On peut donc considérer ce fait comme la cause historique et par conséquent comme le principal soutien de la théorie de la descendance. Cette théorie elle-même est due à l'observation des résultats engendrés par les efforts des systématistes. On n'est guère surpris de voir que la plupart des systématistes ont été, du moins à l'origine, les adversaires décidés de la théorie de la descendance, lorsqu'on sait qu'ils se laissent guider, dans leurs travaux, bien plus par l'instinct que par le raisonnement, ainsi que l'a fait Lindley dans ses considérations théoriques, où cette particularité nous frappe tout d'abord.

Cette incertitude, jointe au dogme de la constance des espèces, amena les botanistes, comme nous l'avons déjà dit dans notre introduction, à une conception particulière du système naturel. D'après eux, chaque groupe d'affinités végétales a pour base une idée fondamentale, le système naturel lui-même était l'image du plan de la création. Lindley, Elias Frias et d'autres encore professèrent ouvertement cette opinion. On ne songea même pas à se demander si cette théorie du plan de la création pouvait expliquer la singulière discordance qui existe entre les fonctions physiologiques des organes, fonctions nécessaires à l'existence, et leur parenté, au point de vue de la systématique; et d'ailleurs, cette théorie d'un plan de création et de formes fondamentales idéales, servant de base aux groupes établis par la systématique, cette théorie, fondée sur la philosophie d'Aristote et de Platon, eût été impuissante à donner les raisons de la discordance qui existe entre les propriétés morphologiques et les propriétés physiologiques des plantes. Il serait facile, du reste, de trouver des preuves à l'appui de la théorie des systématistes qui considèrent le système naturel comme l'image du plan de la création, si les propriétés physiologiques et morphologiques des végétaux étaient, toujours et partout, en corrélation, si les fonctions des organes étaient appropriées, entièrement et complètement, aux exigences de la vie des espèces. Mais les faits prouvent que, même dans les exceptions les plus favorables, cette concordance n'est jamais absolument parfaite, et qu'elle s'efface toujours devant les lois de la nature, qui transforme la structure de certains organes et modifie leurs fonctions, de manière à les rendre conformes à de nouvelles nécessités.

CHAPITRE IV

LA MORPHOLOGIE SOUS L'INFLUENCE DE LA DOCTRINE DE LA MÉTAMORPHOSE ET DE LA THÉORIE DE LA CONSTRUCTION SPIRALÉE.

1790-1850

Tandis que de Jussieu, de Candolle, et Robert Brown s'efforçaient de découvrir, par l'étude comparée de différentes espèces végétales, les affinités qui les unissent les unes aux autres, les adeptes de la doctrine de la métamorphose fondée par Goethe s'imposaient la tâche de mettre en lumière les rapports cachés qui existent entre les différents organes d'une seule et même plante. A l'exemple de la doctrine de la symétrie de de Candolle, qui donnait un plan de symétrie idéal ou un type fondamental aux différentes espèces végétales, la doctrine des métamorphoses admettait l'idée d'un organe fondamental, dont les organes foliaires, dans leurs formes différentes, ne sont que des variétés et des modifications. La tige n'était considérée que comme la partie de la plante qui supporte l'appareil foliaire; quant à la racine, on lui attribuait peu ou point d'importance. Les rapports de parenté qui unissent entre eux les différents organes foliaires d'une seule et même plante s'imposent d'eux-mêmes à l'esprit de l'observateur impartial, comme les analogies qui existent entre des plantes sœurs. Césalpin avait déjà appliqué à la corolle la désignation brève de *folium;* Malpighi et Césalpin considéraient les cotylédons comme des feuilles; Jung avait déjà attiré l'attention des botanistes sur les différences que présentent entre elles, chez bien des plantes, les feuilles qui sont attachées à la même tige, mais à des hauteurs différentes; Gaspard Frédéric Wolff, le premier botaniste qui ait observé, dans ses travaux à ce sujet, une véritable méthode, déclara, en 1766, ne voir en définitive dans la plante qu'une tige et des feuilles; pour lui, la racine fait partie de la tige.

Longtemps avant l'apparition de Goethe, un élément spéculatif, destiné à expliquer les théories en question, s'était glissé parmi elles; nous avons vu que Césalpin et Linné, prenant pour principe fondamental l'ancienne théorie qui faisait de la moelle le siège du principe vital, considéraient la semence comme de la moelle métamorphosée; ils regardaient les enveloppes florales et les étamines, de même que les feuilles proprement dites, comme l'écorce et les tissus ligneux de la tige, qui auraient subi des transformations; pour eux, le mot de métamorphose, envisagé à leur point de vue, possédait un sens très clair; l'extrémité supérieure de la moelle se changeait en graines, quant aux feuilles proprement dites et aux éléments de la fleur, ils étaient produits par la substance corticale. D'autre part, Wolff, se fondant sur ses propres théories, regardait toutes les parties végétales attachées à la tige comme des feuilles.

Cette explication peut paraître rationnelle au premier abord, mais elle est erronée; quant à la métamorphose des feuilles, elle était, selon Wolff, le résultat de modifications apportées au mode de nutrition, la fleur était produite spécialement par la *vegetatio languescens*.

Les théories de Gœthe à ce sujet furent, dès l'origine, plus obscures encore que les doctrines auxquelles nous venons de faire allusion. Les incertitudes qu'on y remarque venaient, en grande partie, de ce que l'auteur ne savait pas rattacher, dans une juste relation, la métamorphose anormale à la métamorphose normale ou progressive. Nous trouvons, dans la première phrase de sa *Théorie de la Métamorphose*, les mots suivants : « On s'aperçoit facilement que certaines parties extérieures des plantes se transforment parfois de manière à adopter, soit entièrement, soit partiellement, la forme des parties qui se trouvent dans leur voisinage immédiat. » Lorsque le cas auquel Gœthe fait allusion dans ces lignes, se présente, on peut attacher au mot de métamorphose un sens déterminé; ainsi, il arrive parfois que des graines d'une fleur simple sort une plante à fleurs doubles, chez laquelle les pétales remplacent les étamines, ou dont l'ovaire se transforme en feuilles vertes; dans ce cas, il arrive réellement qu'une plante d'une certaine forme donne naissance à une plante de forme différente; une véritable transformation ou une métamorphose s'est produite.

Mais il n'en va pas de même dans les cas que Gœthe désigne sous le nom de métamorphose normale ou progressive. Lorsqu'on désigne sous le nom de feuille les cotylédons, les feuilles, les bractées, et les éléments des fleurs d'une espèce végétale donnée, qui s'est conservée telle quelle, avec tous les signes caractéristiques qui la distinguent, depuis des générations innombrables, cette appellation est fondée sur une abstraction qui conduit à une généralisation du mot feuille; lorsqu'on fait abstraction des propriétés physiologiques des carpelles, des étamines, des pétales, et des cotylédons pour ne consacrer son attention qu'à la manière dont ils se forment le long de la tige, on est autorisé à les englober, avec les feuilles ordinaires, dans une notion commune, et à donner à tous le nom de feuille.

Mais le botaniste n'a aucun droit de parler d'une transformation de ces organes aussi longtemps qu'il considère la plante dont il s'agit comme une forme végétale qui se maintient constante par l'hérédité. La notion d'une métamorphose ne peut avoir, par conséquent, qu'un sens figuré lorsqu'il est question d'une forme végétale constante; on reporte l'abstraction due aux raisonnements de l'intelligence sur l'objet lui-même, lorsqu'on attribue à ce dernier une métamorphose qui, en somme, n'existe que dans la conception établie par nous-même. Il en serait tout autrement, sans doute, si nous pouvions admettre ici, comme nous le faisons en présence des cas anormaux cités plus haut, que, dans les formes premières des plantes que nous avons devant nous, les étamines n'étaient autres que des feuilles ordinaires, etc. Aussi longtemps que cette supposition d'un changement véritable ne sera pas même hypothétique, le sens de l'expression de transformation ou de métamorphose restera uniquement figuré, ou la métamorphose n'est qu'une simple idée. Gœthe n'a pas songé à établir ces différences; il ne savait pas exactement que la métamorphose normale progressive ne possède le sens d'un fait scientifique que lorsqu'on admet, dans ce cas comme dans celui de la métamorphose anormale ou de la difformité, l'existence d'une véritable transformation dans le cours de la reproduction. On s'aperçoit clairement, en comparant entre elles les expressions de Gœthe, que l'auteur prend le mot de métamorphose tantôt dans son sens objectif, tantôt dans son acception idéale et figurée, et à l'appui de cette assertion, nous citerons la phrase : « On pourrait, avec autant de raison, considérer une étamine comme un pétale replié, qu'on peut considérer un pétale comme une étamine qui se serait élargie ». On peut voir, d'après ce qui précède, que Gœthe ne considère pas telle forme foliaire déterminée comme une forme primordiale, qui, par le processus de la transformation, donnerait naissance à toutes les autres; il attachait bien plutôt au mot de métamorphose un sens figuré. Dans d'autres cas, les remarques de Gœthe peuvent recevoir une autre interprétation; on dirait alors qu'il considère la métamorphose normale ascendante comme une véritable transformation des organes, amenée par les modifications que subissent les espèces. Avec cette confusion des notions et des choses, de l'idée et de la réalité, de la conception subjective et de l'être objectif, les doctrines de Gœthe appartiennent au domaine de ce qu'on est convenu d'appeler la philosophie de la nature.

La doctrine des métamorphoses de Gœthe n'aurait pu arriver à la logique absolue et à la clarté de la pensée que si l'auteur s'était décidé à adopter l'une ou l'autre des suppositions qu'il avait établies; il devait regarder les différentes formes des feuilles, qui ne sont considérées tout d'abord comme homologues qu'en vertu d'une notion abstraite, comme les résultats d'une transformation subie par une forme foliaire primordiale : c'est là une théorie qui suppose l'existence de modifications subies à la longue par les espèces.

Gœthe aurait pu, encore, adopter la position idéaliste, où la notion et l'objet coïncident. Dans ce dernier cas, la supposition d'une modification apportée avec le temps dans les espèces n'était pas nécessaire; la métamorphose possédait un sens idéal et figuré; elle répondait à une simple appréciation; le botaniste qui se place à ce point de vue désigne sous le terme de « feuille » une forme fondamentale idéale, dont les différentes feuilles ne sont que des variétés, tout comme les espèces constantes se ramènent à un type idéal dans les théories de de Candolle.

Lorsqu'on lit avec attention les remarques que Gœthe rédigea plus tard, et qui ont pour objet la théorie des métamorphoses [1], on s'aperçoit vite qu'il n'arrive jamais, soit à l'une, soit à l'autre des deux conclusions dont nous avons parlé plus haut, mais qu'il hésite constamment entre elles. Il serait facile de rassembler une série d'axiomes que nous pourrions désigner, à l'exemple de bien des écrivains modernes, comme les avant-coureurs de la théorie de la descendance; mais il serait également facile de tirer des œuvres de Gœthe une collection d'axiomes qui nous ramènent aux théories de la philosophie idéaliste et de la constance des espèces. Ce ne fut que dans les dernières années de sa vie que Gœthe vit se dégager des incertitudes et des obscurités qui l'avaient entouré jusque-là, l'idée d'une métamorphose physique accomplie dans le temps; il comprit la nécessité d'admettre des modifications subies par les espèces pour pouvoir expliquer la doctrine des métamorphoses.

1. Voy. les Œuvres complètes de Goethe en 40 vol., Cotta, 1858, vol. 36.

On en trouve la meilleure preuve dans la vivacité, on pourrait même dire dans la passion, avec laquelle Gœthe s'intéressa aux débats qui se poursuivirent en 1830 entre Cuvier et Geoffroy Saint-Hilaire[1].

Nous pouvons en conclure qu'en dépit des erreurs et des obscurités qui régnaient dans la philosophie naturelle de l'époque, Gœthe éprouvait le désir d'acquérir des idées plus nettes au sujet de la nature de la métamorphose dans le règne végétal comme dans le règne animal, sans cependant jamais réussir à établir un ordre et une clarté véritables dans ses théories.

Ces tendances à introduire de nouveaux perfectionnements dans la science dont nous nous occupons restèrent sans résultat à l'égard de l'histoire de la botanique, car les adeptes de la doctrine des métamorphoses introduisirent aussi les idées propres à la philosophie de la nature. Gœthe lui-même n'eut pas d'arguments à opposer aux partisans de la philosophie de la nature, qui infligeaient sans cesse de nouvelles altérations à ses doctrines. Le développement ultérieur de la doctrine des métamorphoses s'effectua donc uniquement dans le domaine de la philosophie naturelle, qui avait coutume d'appliquer les résultats de vues purement idéalistes à des faits dont l'existence était incertaine, sans rien soumettre au contrôle de la critique. Aucun des botanistes en question ne sut trouver une solution satisfaisante à l'un des problèmes de la science, et unir logiquement, dans un ensemble homogène, le dogme de la constance des espèces à l'idée des métamorphoses. Le surnaturel qu'Elias Fries constatait dans le système naturel subsista, dans la doctrine des métamorphoses, dans l'étude comparée des organes d'une même plante.

Les théories de Gœthe, au sujet des tendances des végétaux à la construction spiralée (1831), sont plus obscures encore; elles sont entièrement dérivées de la philosophie naturelle de l'époque. Nous y trouvons à la page 194 de son essai : *Spiraltendenz der Vegetation*, les lignes que voici :

« Lorsqu'on s'est entièrement assimilé l'idée de la métamorphose, l'observation se porte sur la tendance verticale, dont l'étude doit permettre au botaniste d'acquérir des connaissances plus approfondies au sujet du développement des plantes.

« Il faut considérer cette tendance comme un soutien immatériel, qui constitue le fondement de l'existence...... Ce principe d'existence (!) se manifeste dans les fibres longitudinales dont nous em-

1. Voy. Haeckel : *Création Naturelle.* (C. Reinwald et Cie.)

ployons les filaments souples aux usages les plus variés; c'est le principe qui produit, chez les arbres, la substance ligneuse qui maintient les végétaux annuels ou bisannuels; il ne laisse pas de se manifester jusque dans le développement des plantes grimpantes ou rampantes, qui s'étendent, nœud après nœud. L'observateur doit ensuite consacrer son attention à la direction spirale, qui se manifeste chez les plantes en question. »

Gœthe constate chez plusieurs végétaux cette direction spirale, qui, dans ses théories, se transforme si vite en tendance à la spirale; il cite, entre autres, à l'appui de son assertion, les vaisseaux à spirale, les tiges volubiles; il emprunte même certains exemples à la position de la feuille. On peut voir, par les remarques qui terminent cet essai, jusqu'à quel point Gœthe s'est égaré dans les raisonnements abstraits de la philosophie de la nature. Il applique à la tendance verticale chez les plantes l'épithète de mâle; à la tendance spirale, celle de femelle. Grâce à ces théories, on se trouve transporté dans les profondeurs les plus insondables du mysticisme.

Il serait aussi superflu que fatigant de suivre dans leur développement les transformations que les adeptes de la philosophie de la nature ont fait subir à la doctrine des métamorphoses, et qui ont fini par atteindre le plus haut degré de l'absurdité. Il serait fastidieux de voir comment la polarité, la contraction et l'expansion, le tubuleux et « ce qui est en forme de tige », l'anaphytose et les nœuds de vie, se combinant avec les résultats de l'observation journalière viennent former des agglomérations dépourvues de sens. Nombre d'impressions obscures et qui n'avaient pas encore été contrôlées par la science, de notions dues aux caprices de l'imagination plus qu'aux raisonnements de l'intelligence, étaient considérées, à l'époque dont nous parlons, comme des idées, comme des principes. On trouve dans la *Geschichte und Kritik der Metamorphose*, de Wigand, une étude approfondie qui donne une idée juste de cette incroyable confusion. Les Allemands ont certainement contribué, pour la plus grande part, à créer cet état de choses; nous pourrions citer, entre autres, les noms de Vogt, Kieser, Nees von Esenbeck, C. Schulz, Ernest Meyer (l'historien de la botanique), mais nous pouvons y joindre aussi des noms étrangers, tels que ceux du Suédois K. S. Agardh, et ceux de nombreux Français, tels que Turpin et du Petit-Thouars[1], qui n'échappèrent pas entière-

1. Robert du Petit-Thouars, né en Anjou en 1758, passa des années à recueillir des plantes à l'île de France, à Madagascar, à l'île Bourbon. Plus tard, il fut nommé directeur de la pépinière du Roulé, devint membre de l'Académie en 1820,

ment à la contagion générale. Les botanistes allemands les plus distingués de l'époque, Ludolph Treviranus, Link, G. W. Bischoff, d'autres encore, ne purent se soustraire à l'influence de cette philosophie naturelle qu'à condition de s'en tenir strictement aux faits. Chose étrange, dès qu'on parlait de la métamorphose des plantes, les hommes même intelligents et distingués s'égaraient dans une phraséologie vide; nous nommerons, à cet égard, Ernest Meyer, qui n'était pas, à vrai dire, un grand botaniste, mais que son Histoire de la Botanique place au rang des hommes distingués et instruits de l'époque. L'impression pénible que nous fait la doctrine des métamorphoses, telle que la comprenaient les botanistes du temps, est déterminée en grande partie par les méthodes qu'ils employaient; bien loin de donner une forme logique au sens profond de la philosophie idéaliste, les matériaux de cette philosophie étaient pour eux le point de départ de considérations puériles; ils unissaient les abstractions les plus hautes à des observations empiriques dont la valeur intrinsèque était des plus douteuses, à des considérations qui, pour la plupart, étaient absolument fausses.

Oken est supérieur aux botanistes en question sous le rapport de l'observation et de la logique philosophique, et bien que nous rejetions ses théories, ses travaux ne laissent pas de faire une impression bienfaisante sur l'esprit du lecteur, grâce aux progrès qu'elles marquent dans le domaine de la logique. On ne se rend compte des perfectionnements immenses qu'apportèrent à la botanique des hommes tels que P. de Candolle, Robert Brown, Mohl, Schleiden, Naegeli, Unger (ce dernier ne parvint qu'avec peine à se dégager de l'influence de la philosophie de la nature), que lorsqu'on compare la littérature de la doctrine des métamorphoses, telle qu'elle existait durant les années qui ont précédé 1840, à l'état actuel de la science dont nous nous occupons, état auquel elle fut amenée grâce aux efforts des botanistes ci-dessus mentionnés.

En dépit des différences apparentes et réelles qui existaient entre la doctrine des métamorphoses de Gœthe et la doctrine de la

et mourut en 1831. Ses travaux biographiques, publiés dans la *Biographie Universelle*, font de lui un écrivain distingué; celles de ses œuvres qui rentrent dans le domaine de l'histoire naturelle sont moins remarquables; les idées préconçues dans lesquelles il s'obstinait, certaines théories de parti pris qui avaient surtout pour objet l'accroissement en épaisseur des tiges ligneuses, l'empêchèrent d'exercer impartialement son jugement et son observation. On trouvera dans *Flora* (1845, p. 439) des détails plus circonstanciés sur son existence aventureuse et agitée.

symétrie de de Candolle, ces deux théories n'en procédaient pas moins l'une et l'autre du même principe : elles avaient toutes deux comme origine commune l'idée de la constance des espèces; elles conduisaient toutes deux au même résultat; elles devaient permettre au botaniste de constater et de signaler, à côté des différences physiologiques variées qui distinguent les organes des plantes, les analogies extérieures qui existent entre ces mêmes organes, et qui sont particulièrement sensibles dans l'ordre de la succession et dans les positions relatives qu'ont les différentes parties végétales les unes vis-à-vis des autres. La constatation de cette différence constitue le mérite principal de la doctrine des métamorphoses. Il en est ainsi, non seulement dans les œuvres de Gœthe, mais encore dans celles de Wolff, dans celles même de Linné et de Césalpin. Il s'agissait maintenant de dégager cet élément précieux de toutes les scories dont l'avait entouré la philosophie de la Nature, il s'agissait de consacrer des études sérieuses aux rapports de position des différentes parties de la plante, afin de pouvoir arriver, dans cette branche de la morphologie, à des résultats importants. Carl Frederick Schimper, et, après lui, Alexandre Braun, firent les premiers pas dans cette voie; tous deux s'emparèrent de l'idée principale de la doctrine des métamorphoses sous la seule forme qui permette de la concilier avec la théorie de la constance des espèces, c'est-à-dire sous la forme d'une doctrine purement idéaliste. Tous deux surent se débarrasser du fardeau d'erreurs grossières accumulées par les adeptes de la philosophie de la nature; ils se trouvèrent, par conséquent, à même d'exprimer d'une façon plus logique la conception idéaliste du monde végétal.

Charles Fréderic Schimper[1] fonda dès 1830 la doctrine qu'il

1. K. F. Schimper, né à Mannheim en 1803, commença par étudier la théologie à Heidelberg; grâce à une bourse, il fut chargé ensuite de la mission de recueillir des plantes dans le midi de la France, et à cet effet, voyagea pendant un certain temps dans cette contrée. Une fois ses voyages terminés, il se mit à étudier la médecine. De 1828 à 1842 il vint à Munich et passa une partie des années qui s'écoulèrent durant ce séjour à faire des cours à l'académie en qualité d'agrégé. Chargé de temps à autre par le roi de Bavière d'accomplir des voyages dans différentes contrées, il visita les Alpes et les Pyrénées. Ce fut à cette époque qu'il écrivit ses ouvrages les plus importants, ceux qui ont pour sujet la phyllotaxie, l'ancienne extension des glaciers, et la période glaciaire. A partir de 1842, il habita de nouveau le Palatinat; à partir de 1859, il vécut à Schwetzingen, où il continua à s'occuper de science sans remplir de fonctions spéciales. Pensionné durant les dernières années de sa vie par le grand duc de Bade, il mourut à Schwetzingen en 1867.

désigna sous le nom de théorie de la disposition des feuilles; et en 1834, il fit devant la réunion des Naturalistes de Stuttgart des communications dans lesquelles il exposa cette théorie complète et parvenue à son plus haut point de développement. Alexandre Braun est l'auteur d'une étude qui parut dans *Flora* de l'année 1835, sous la forme d'un résumé des cours de Schimper, et qui se distingue par sa clarté et sa simplicité; cette publication avait été précédée par celle d'un traité très remarquable et d'une portée étendue, dans lequel l'auteur s'occupait du même sujet. Dans ces deux ouvrages, la doctrine de la position de la feuille ou phyllotaxie se présente déjà sous une forme définitive et complète, qui ne pouvait manquer d'attirer l'attention des botanistes, et même celle d'un public plus étendu; le succès de cette œuvre était bien mérité du reste, car on y trouvait ce qu'il est si rare de rencontrer dans le domaine de la botanique, la pensée scientifique, non pas jetée au hasard de la plume, mais développée logiquement et avec suite dans toutes ses conséquences, de manière à former un système complet dont la forme extérieure revêtait un nouvel éclat, grâce à des propositions qui avaient l'apparence de formules, car la doctrine tout entière était maintenue dans les limites d'une ordonnance géométrique, procédé inconnu dans le domaine de la botanique.

Césalpin, et, plus tard, vers le milieu du dix-huitième siècle, Bonnet, avaient déjà remarqué que les feuilles sont attachées aux tiges qui les portent d'après certaines règles géométriques; cependant, leurs investigations à ce sujet ne s'étendirent pas au delà de quelques faibles essais, de quelques études descriptives. Dans sa doctrine de la phyllotaxie, Schimper ramène tous les rapports de position qu'il signale à un seul et même principe; c'est là ce qui distingue cette doctrine entre toutes les autres, c'est là ce qui constitue à la fois son mérite principal et son vice fondamental. Ce principe implique des théories particulières à l'égard de la croissance de la tige : d'après Schimper, ce développement suit une progression qu'on pourrait comparer, dans sa forme, à une spirale dont le développement, en s'exagérant, localement, produirait les feuilles. La direction de cette spirale peut, dans la même espèce végétale, changer sur le même axe, elle peut varier d'une feuille à l'autre. Ce n'est pas d'après les distances longitudinales des feuilles qu'il est possible de déterminer les différences qui existent entre les rapports de position de la feuille, c'est d'après la distance latérale qui sépare la feuille de la tige. Le mode d'observation que l'auteur applique à ces différences latérales ou à ces divergences des feuilles qui se suivent sur le même axe, le principe en vertu duquel il ramène ces différences de position à une loi commune, constituent le trait caractéristique de cette doctrine. Grâce à des procédés fort habiles, l'auteur met les botanistes en mesure de reconnaître et de signaler, d'après l'étude de particularités secondaires, les véritables rapports de position des feuilles et l'existence de la spirale génétique, dans certains cas où la succession génétique des feuilles, et, par conséquent, leurs divergences ne se révèlent pas immédiatement à l'observation. Des études approfondies et prolongées permirent à l'auteur de constater l'extraordinaire diversité des dispositions de la feuille, mais elles lui prouvèrent en même temps que ces rapports de position se présentent d'ordinaire en nombre relativement restreint, et que les divergences habituelles, $^1/_2$, $^2/_3$, $^3/_8$, $^8/_{13}$, $^{13}/_{21}$ etc., se trouvent entre elles dans un rapport remarquable, car en additionnant le numérateur et le dénominateur de deux fractions, on obtient le numérateur et le dénominateur de la fraction divergente qui suit, ou bien encore, les différentes fractions représentent les convergentes successives d'une fraction continue :

$$\cfrac{1}{1+\cfrac{1}{1+\cfrac{1}{1\ldots\ldots}}}$$

En modifiant les chiffres de cette fraction continue, dont la simplicité est excessive, on trouve la formule des principales divergences de la série principale. L'apparition si fréquente de ce qu'on désigne sous le nom de verticilles foliaires semblerait contredire le principe de la croissance en spirale, et la doctrine de la position fondée sur ce principe ; elle semblerait s'y opposer du moins lorsqu'on adopte l'opinion de certains botanistes qui attribuent à toutes les feuilles d'un même verticille un développement simultané. Cependant, les fondateurs de la doctrine en question déclarèrent erronée, en vertu des principes géométriques qu'ils avaient eux-mêmes établis, toute théorie qui admet le développement simultané du verticille. Toutefois, l'ordonnance générale qui règne parmi les différents verticilles foliaires d'une même tige, et les moyens par lesquels ces verticilles foliaires s'unissent les uns aux autres, grâce à une progression dans la position qu'ils occupent, progression qui suit la direction de la spirale, nécessitèrent de nouveaux principes géométriques; on fut obligé d'adopter une relation supplémentaire (prosenthèse) que la mesure de la phyllotaxie adopte dans le passage de la dernière feuille d'un cycle à la première feuille du cycle suivant. Quelque factice que paraisse ce principe, il n'en avait pas moins le mérite de sauver la théorie de la spirale; en même temps, les botanistes lui donnèrent une forme concrète au moyen de rapports fractionnaires d'une excessive simplicité, ce qui constituait un grand avantage au point de vue de l'observation extérieure des rapports de position qui existent entre les différentes parties de la fleur, et à l'égard de leur relation avec la position antérieure des feuilles. La grande habileté que déployèrent les fondateurs de la doctrine de la position de la feuille dans l'observation extérieure des formes végétales ne se révèle pas à un moindre degré dans l'ensemble des principes qu'ils établirent; d'après ces principes, les rapports de position des feuilles des pousses latérales se rattachent à ceux de l'axe mère. Et grâce à cette théorie, les botanistes se trouvèrent en mesure d'établir un ordre et une clarté géométriques dans les études qu'ils consacraient à la nature des inflorescences. Une nomenclature habile vint perfectionner la doctrine tout entière au point de vue de la forme, et l'approprier admirablement à certaines exigences. Grâce à cette théorie, ainsi façonnée, les botanistes se trouvèrent en mesure d'enrichir leur vocabulaire d'expressions claires, précises, qui répondaient aux nécessités de la description des formes végétales les plus diverses.

Cette doctrine eut, entre autres, le grand mérite de permettre aux botanistes de perfectionner et d'amener à une forme définitive les études morphologiques qui avaient pour objet l'observation comparée, non seulement des fleurs et des inflorescences, mais encore des pousses végétatives et de leurs ramifications. En se pénétrant des principes de cette doctrine, des botanistes à l'esprit observateur réussirent à établir l'ordre et la clarté dans l'étude des formes végétales les plus embrouillées de manière à faire pour ainsi dire toucher du doigt, au lecteur ou à l'auditeur, les lois qui régissent le monde végétal; ils réussirent, et enrichissant leur dictionnaire d'expressions aussi élégantes que précises, à mettre en lumière les rapports les plus cachés qui existent entre les organes des formes végétales identiques ou différentes. Les botanistes qui pratiquaient ce système d'étude et d'observation, en le rattachant aux théories de de Candolle sur l'avortement, la dégénérescence, et les vices de conformation, et en tenant compte de particularités qui rentrent dans le domaine de la physiologie, telles que les formes principales de l'appareil foliaire, et en appliquant à ces diverses formes des désignations différentes, telles que écailles, feuilles, bractées, enveloppes florales, feuilles staminales et carpellaires, purent donner de chaque forme végétale une description artistique, dans laquelle les résultats de l'observation extérieure s'unissent à la connaissance des lois morphologiques qui régissent les formes en question. Quiconque lit les écrits d'Alexandre Braun, ceux de Wydler, et particulièrement ceux de Thilo Irmish (à partir de 1843), qui sut unir à ses descriptions, de la manière la plus remarquable, l'étude des relations biologiques des plantes, sera forcé d'admirer l'extraordinaire habileté que les botanistes en question déployaient dans l'art de décrire les formes végétales. La description, loin d'imiter la diagnose sèche des systématistes, devint un art qui eut, pour les lecteurs des ouvrages de botanique, le grand avantage de jeter un jour nouveau sur les formes végétales les plus ordinaires. Elle possédait encore un autre mérite que nous signalerons ici; dans la théorie de la position de la feuille, les botanistes ne se bornaient pas à donner une idée juste de la forme de la plante parvenue à son plus haut point de développement, ils lui consacraient des études génétiques, et, dans le fait, cette doctrine contenait un des éléments de l'histoire du développement, car elle fondait toutes les observations qui avaient pour objet les formes végétales sur le fait de la succession génétique des feuilles et de leurs bourgeons axillaires, succession qui s'étend de la base de la plante à son sommet. Mais ce principe n'en constituait pas moins un des côtés faibles de la théorie; tant qu'il s'agit de spirales continues, la succession des feuilles arrivées à leur plus haut point de développement représente bien leur succession dans l'ordre de leur formation, mais, en ce qui concerne les verticilles foliaires, le principe n'était pas absolument confirmé par la science; pour sauver leur théorie, les botanistes étaient forcés d'admettre l'existence de relations génétiques, sans pouvoir fonder cette assertion sur des bases solides, et des investigations récentes sont venues prouver à plusieurs reprises que l'application stricte de la théorie de Schimper se trouve souvent en contradiction avec les résultats de l'observation qui a pour objet l'histoire du développement[1]. En outre, les botanistes ne tinrent compte du degré de divergence des feuilles par rapport à la spirale génétique continue que lorsque la tige était

1. Voir Hofmeister : *Allgemeine Morphologie*, 1868, p. 471,479, et Sachs : *Lehrbuch der Botanik*, 4e édition, 1874, p. 195 et suivantes.

parvenue à son complet développement, en dépit de certaines possibilités qui permettaient de supposer que les divergences de la spirale en question différaient à l'origine du développement, et avaient subi ensuite des modifications. C'est là un point que Nägeli signala plus tard à l'attention des botanistes[1]. Puis, la doctrine de Schimper avait à surmonter un obstacle embarrassant, qui n'était autre que la présence fréquente de feuilles alternes et croisées par couples; la théorie qui considérait de prime abord cette ordonnance comme le résultat de la loi de la spirale devait faire l'effet d'une théorie arbitraire, à ceux qui se plaçaient, non seulement au point de vue de la loi mathématique, mais encore à celui de l'histoire du développement. On avait admis la prosenthèse au sujet des modifications des divergences, on admit de même le fait d'un retour, se poursuivant de feuille en feuille (chez les graminées, par exemple), de la spirale génétique, et l'on fonda cette théorie sur des principes géométriques qui pouvaient difficilement répondre aux exigences de l'histoire du développement et des forces mécaniques. Par malheur, on n'a pas encore, à l'heure qu'il est, suffisamment constaté cette erreur, on ne s'y est pas suffisamment arrêté. Des études qui auraient permis de montrer qu'on négligeait absolument les relations de symétrie de la forme végétale, de déterminer les différents cas où *l'histoire du développement* se trouve en contradiction avec les principes de la théorie, auraient dû amener les botanistes à reconnaître que le principe de la doctrine de Schimper, principe qui admet l'existence, dans la croissance des végétaux, d'une tendance à la spirale, ne suffisait pas à expliquer tous les cas qui peuvent se présenter. Enfin, des considérations plus suivies, plus profondes encore, auraient dû prouver que la théorie de la tendance à la spirale ne renferme aucun principe scientifique pouvant expliquer les phénomènes. Cette théorie est donc aussi dépourvue de principes nécessaires que l'est la supposition de certains astronomes, qui attribuent aux corps célestes une tendance à accomplir des mouvements elliptiques, fondant cette assertion sur le fait que ces corps accomplissent généralement des évolutions elliptiques. Le botaniste qui a consacré les études les plus récentes à la théorie de la phyllotaxie, et qui a pris pour point de départ l'histoire du développement, Hofmeister, arrive à la conclusion suivante : « L'idée d'un développement des pousses latérales des plantes qui affecterait la forme d'une spirale n'est pas seulement contraire au but qu'elle

1. *Beiträge zur wissenschaftlichen Botanik*, 1858, I, p. 40 et 49.

se propose, elle est absolument erronée. Il est nécessaire, avant toute chose, de l'abandonner entièrement et complètement si l'on veut acquérir des aperçus au sujet des causes immédiates des différences qui existent entre les rapports de position des diverses parties végétales ».

Hofmeister émit cette apprécation, juste en elle-même, trente ans après le moment où Schimper fonda sa théorie. L'histoire, qui part d'un autre point de vue, et qui ne tient pas compte uniquement de la justesse d'une théorie, mais encore de son importance historique, porte un jugement plus favorable. Il est plus nécessaire, au point de vue de l'histoire, de déterminer la mesure dans laquelle la théorie en question a contribué aux progrès de la science que d'acquérir la certitude de sa parfaite justesse. La théorie de Schimper amena les botanistes à un grand nombre de considérations nouvelles; elle eut, entre autres, le mérite de donner une importance prépondérante, dans le domaine de la morphologie, aux rapports de position des différents organes; la plupart des résultats de l'histoire du développement furent appréciés à leur juste valeur grâce à une étude logique, grâce aussi au désaccord dans lequel ils se trouvaient vis-à-vis de la théorie dont nous nous occupons.

Avec tous ses vices fondamentaux, la théorie de Schimper reste une des apparitions les plus remarquables qui se soient jamais produites dans l'histoire de la morphologie, car elle est menée d'un bout à l'autre avec une logique qui ne se dément jamais. Il nous serait aussi impossible d'en priver notre littérature qu'il serait impossible à l'astronomie actuelle de retrancher de son histoire l'ancienne théorie des épicyles. Ces théories ont eu, l'une et l'autre, le mérite d'établir des relations entre les faits connus à l'époque où elles furent fondées.

Le vice fondamental de la théorie est plus caché qu'il ne le semble au premier abord. On retrouve ici, une fois de plus, la conception idéaliste de la nature, conception qui néglige le rapport de cause à effet, parce qu'elle considère les formes organiques comme l'image d'idées éternelles, et confond les abstractions de l'esprit avec la nature objective des choses; elle est conforme, en ceci, aux doctrines platoniciennes.

On peut constater, dans la théorie de Schimper, la même erreur; ainsi, l'auteur établit certains principes géométriques, qui, d'ailleurs, considérant le point de vue auquel il se place, sont admirablement appropriés au but qu'il se propose; il y ramène les végétaux dont il s'occupe, et les considère comme des particularités inhérentes à la nature même des plantes; il considère comme une réalité une supposition, émise par les botanistes, d'après laquelle les feuilles seraient disposées selon une ligne spirale; il en fait une des tendances de la nature des plantes. En établissant ses principes géométriques, Schimper néglige de remarquer que, bien qu'on puisse construire un cercle en faisant tourner un rayon autour d'une de ses extrémités, il ne s'ensuit pas que des surfaces circulaires aient dû se produire ainsi dans la nature; en d'autres termes, il ne sut pas se rendre compte que l'observation géométrique des dispositions dans l'espace, quelque utile qu'elle soit, est impuissante à fournir des explications au sujet des causes de leur formation et de leur développement. Cependant, étant donné le point de vue auquel se place Schimper, ces négligences ne peuvent pas être attribuées à l'oubli; il aurait à peine admis, pour l'explication des formes naturelles, l'existence de causes effectives au sens véritablement scientifique. Schimper était bien éloigné de considérer les formes végétales comme naissant dans le temps, et de ramener leur formation aux lois de la nature; il méprisait profondément les principes fondamentaux de la science moderne, ainsi que le prouve le jugement brutal qu'il a porté sur la théorie de la descendance de Darwin, et sur l'atomisme moderne, et dont la grossièreté étonne d'autant plus que la nature de Schimper était délicate et même poétique. « La doctrine de Darwin, dit-il, est, comme je viens de le voir, et comme des lectures répétées et assidues me permettent de le constater avec une certitude toujours plus grande, la plus bornée, la plus absurde et la plus brutale de toutes les doctrines qui existent; elle est plus faible encore, si toutefois la chose est possible, que celle des atomes crochus, au moyen de laquelle un farceur moderne, qui mérite en même temps l'épithète de faussaire soudoyé, s'est efforcé d'exciter notre intérêt ».[1] Ici, l'ancienne philosophie de la nature fondée sur les doctrines platoniciennes se jette à l'assaut de la science moderne; c'est là un des contrastes les plus accusés que le développement de la science ait produits jusqu'à l'heure présente.

La théorie de Schimper, qu'on pourrait nommer avec plus de raison, en vertu de la part si vive que prit Braun à son premier développement et à son application, théorie de Schimper et de Braun, n'était susceptible de subir des développements ultérieurs

1. Voir le : *Grüss und Lebenszeichen für die in Hannover versammelten Freunde, und Mitstrebenden*, par Schimper, 1865.

que sur certains points dans la forme et dans l'ordre des mathématiques, ainsi que le prouve le travail de Naumann, intitulé *Ueber den Quincunx als Grundgesetz der Blattstellung vieler Pflanzen* (1845)[1].

Environ dix ans plus tard, les frères S. et A. Bravais fondèrent une théorie de la phyllotaxie dans laquelle on retrouve les erreurs de celle de Schimper et de Brown, mais qui n'en possède pas les avantages. Cette dernière théorie met en lumière, encore plus que l'autre, le côté mathématique, sans tenir compte des conditions génétiques; elle est moins conséquente avec elle-même, car elle admet chez les feuilles deux positions absolument opposées; l'une suit la ligne droite, l'autre, la ligne courbe; l'auteur admet, au sujet de la dernière, l'idée purement abstraite d'une divergence originelle dont la relation vis-à-vis de la circonférence de la tige serait fondée sur des principes irrationnels, et dont toutes les autres divergences ne seraient que des variétés. Ce principe se ramène à un badinage arithmétique, et aucun des botanistes de l'époque ne réussit, par son moyen, à acquérir des idées plus profondes et plus justes au sujet des causes des différentes relations de position.

Sous le rapport de l'utilité qu'elle aurait pu présenter au point de vue de la description méthodique des plantes, la théorie de Bravais le cède de beaucoup à celle de Schimper[1].

La morphologie génétique fondée vers 1840 ne se trouva point trop en désaccord avec la théorie de la position de la feuille, qui avait cependant pour point de départ un principe absolument différent; toutes deux continuèrent à se développer côte à côte, du moins en ce qui concerne leurs points essentiels, jusqu'en 1868, époque à laquelle Hofmeister attaqua dans sa morphologie générale le principe même de la théorie de Schimper, et prétendit substituer aux explications purement formelles des positions relatives d'autres explications mécaniques et génétiques; cet essai, à vrai dire, n'a pas encore eu pour résultat une de ces théories achevées et parfaites par elles-mêmes, comme on peut se l'expliquer par la nature même du sujet, mais il contenait en lui le principe de développements nouveaux que devait subir plus tard cette doctrine importante. Cependant, nous sortirions des limites qui

1. On trouve dans la *Verjüngung* de Braun, et dans un article de Sendtner, publié dans le n° 13 de *Flora*, 1847, une étude comparée des deux théories ci-dessus mentionnées, et la réfutation des assertions de Schleiden, qui prétendait que la théorie de Bravais exprime mieux « la simplicité de la loi ».

nous sont imposées si nous entreprenions l'étude approfondie de la doctrine en question.

La théorie de la phyllotaxie de Schimper et de Braun, telle qu'elle apparut en 1830, n'avait pas réussi à établir l'ordre et la clarté sur tous les points de la théorie de la métamorphose; Alexandre Braun fut le premier à consacrer, durant les années qui s'écoulèrent de 1840 à 1860, des études plus approfondies aux éléments de cette théorie qui avaient échappé à l'observation première, et qui possédaient une valeur certaine au point de vue théorique. A l'époque en question, ceux qui s'occupaient d'investigation botanique prenaient déjà pour point de départ des aperçus absolument différents; grâce à la théorie cellulaire, à l'anatomie qui s'était perfectionnée, à l'histoire du développement, et à l'étude méthodique des Cryptogames, la botanique s'était enrichie d'éléments nouveaux, et la méthode d'investigation faisait des progrès aussi marqués dans le domaine de la physique mécanique. A. Braun, tout en s'occupant d'investigations de détail, et en prenant une part active aux modifications qu'on faisait subir à la botanique morphologique, s'en tenait aux doctrines idéalistes, et, comme il consacrait à tous les résultats de l'investigation moderne, pris dans leur ensemble, des études conçues d'après les principes en question, on put voir dans quelle mesure l'observation idéaliste et platonique de la nature était en état de tenir compte des résultats d'une investigation inductive minutieuse. Le contraste qui existait entre les principes qu'il avait pris pour point de départ, et ceux d'après lesquels se guidaient les plus distingués des botanistes qui employaient la méthode inductive s'accusa toujours davantage avec les années; il est nécessaire de le considérer ici comme un fait historique. Si, faute d'une expression plus juste, nous désignons la voie nouvelle frayée dans le domaine de la botanique par Mohl, Schleiden, Nägeli, Unger, Hofmeister, sous le terme d'inductive, et si nous l'opposons aux principes idéalistes sur lesquels Braun et son école fondaient leurs théories, nous ne voulons pas dire par là que ces derniers n'aient pas contribué, au moyen de procédés inductifs, à enrichir, au point de vue des détails, la science dont nous nous occupons; bien au contraire, nous sommes redevables à A. Braun d'une série d'ouvrages remarquables, conçus d'après les principes de la méthode d'induction. En appliquant à cette méthode nouvelle le terme d'inductive, nous n'attachons pas à ce mot un sens plus élevé que celui qu'on lui attribue généralement, et une explication à ce sujet ne sera pas inutile. Les théories idéalistes qui ont la nature pour objet, à quelque époque qu'elles appartiennent, qu'elles se présentent sous la forme du platonisme, sous celle de la logique aristotélicienne, de la scolastique, ou de l'idéalisme moderne, ont un principe commun; elle considèrent les connaissances les plus élevées qu'il soit donné aux hommes d'atteindre comme déjà acquises et établies par elles-mêmes; les axiomes les plus profonds, les vérités les plus générales passent pour être déjà connus, et la tâche de l'investigation inductive consiste uniquement à les confirmer. Les résultats de l'observation sont plutôt considérés comme des commentaires explicatifs de théories déjà établies, ils servent à illustrer des vérités déjà connues; l'investigation inductive sert uniquement à fournir des bases solides aux faits pris individuellement. En revanche, si nous rattachons à l'investigation inductive les idées qu'y attachaient Bacon, Locke, Hume, Kant, Lange, nous lui attribuerons une tâche plus étendue; elle ne doit pas se borner à établir des faits pris individuellement; elle doit tirer parti de ces faits mêmes en les faisant servir à la critique des théories générales que nous a conservées la tradition; elle doit, s'il est possible, en faire le point de départ de théories nouvelles, d'une portée étendue, même dans le cas où ces théories se trouveraient en désaccord absolu avec les opinions déjà reçues. Cependant, on peut voir d'après la nature même de cette méthode d'investigation que ses résultats généraux sont soumis à des modifications et à des perfectionnements constants; chaque vérité générale ne possède pour elle qu'une valeur relative, qui dure tant que des faits nouveaux ne sont pas venus s'opposer à elle.

La différence qui existe entre l'idéalisme et la méthode inductive dans le domaine de la science peut, par conséquent, se ramener à la définition suivante : celui-là subordonne des faits nouveaux à tout un ensemble des notions anciennes; celle-ci, au contraire, tire de faits nouveaux des notions nouvelles; le premier est, par sa nature même, dogmatique et intolérant; dans la nature de la seconde, la critique domine; celui-là est conservateur; celle-ci tend à pénétrer dans des régions nouvelles; l'un est porté davantage à la contemplation philosophique, l'autre à l'investigation active et féconde. Il est nécessaire d'ajouter à ce qui précède une remarque d'une très grande importance; la philosophie idéaliste qui a pour objet l'étude de la nature, en repoussant le principe de la causalité, explique les lois naturelles par leur but final, elle est téléologique; et c'est ainsi qu'elle introduit dans les sciences naturelles des éléments éthiques et même théologiques.

C'est ainsi que se présentent dans leur réalité les différences qui existent entre les théories idéalistes de A. Braun et la morphologie inductive moderne. Si nous devions nous borner, dans l'histoire que nous écrivons, à spécifier les découvertes qui ont pour objet des faits nouveaux, il serait superflu d'attirer l'attention du lecteur sur ces différences, mais il deviendrait alors impossible d'accorder aux parties les plus originales et les plus intéressantes, historiquement parlant, des œuvres de Braun, œuvres qui sont le résultat d'une activité scientifique prolongée, l'importance qu'elles méritent. En faisant abstraction des nombreux ouvrages descriptifs et monographiques de Braun, nous trouvons le trait caractéristique de sa nature et de son talent dans celles de ses théories philosophiques qui ont pour objet l'étude de la morphologie; elles méritent d'attirer notre attention, car nous y trouvons l'application logique, poussée jusqu'à ses conséquences extrêmes, des doctrines confuses de Gœthe; nous voyons l'idéalisme, d'où procède l'ancienne philosophie de la nature, s'y présenter sous une forme plus pure.

Depuis l'apparition de Césalpin, aucun botaniste ne s'est efforcé, comme Braun, d'interpréter les résultats de l'investigation inductive au moyen de la philosophie idéaliste.

Braun ne se contente pas de développer ses aperçus philosophiques parallèlement aux résultats de son savoir; il s'en sert pour contrôler les connaissances qu'il a acquises, et, dans ses ouvrages les plus divers, qu'il s'agisse d'articles ou de monographies, nous le voyons envisager les faits à la lumière de ses doctrines philosophiques.

Cependant, il a consacré à ces dernières des études d'ensemble et il en a éclairci le sens au moyen d'exemples tirés d'une grande variété de faits dans un ouvrage célèbre, intitulé ***Betrachtungen über die Erscheinung der Verjüngung in der Natur insbesondere in der Lebens-und Bildungsgeschichte der Pflanze*** (1849-50). Il appelle lui-même l'attention du lecteur, dans sa préface, sur le contraste qui existe entre les principes qu'il prend pour point de départ dans ses doctrines, et les procédés d'induction modernes, et en réfutant les critiques qu'on serait en droit de lui adresser au sujet de ses théories, qui peuvent passer pour vieillies : « L'observation plus vivante de la nature, telle que nous avons essayé de la pratiquer ici, l'observation qui ne cherche pas uniquement à déterminer dans les êtres et les choses l'effet de forces mortes, mais qui recherche les résultats d'une puissance vivante et réelle, cette observation n'amène pas, comme on le croit, à des théories imaginaires. Nous ne prétendons acquérir des connaissances plus approfondies sur les êtres et les choses qu'en exerçant cette observation sur les résultats par lesquels se manifeste le principe de vie, etc. » Cette pensée se retrouve encore plus accusée à la page 13 du texte. « Comme la nature sans les hommes offre l'image d'un labyrinthe sans fil conducteur, l'observation scientifique, qui nie l'existence du principe fondamental de la nature[1], et sa relation avec l'intelligence, conduit à la constation d'un chaos de forces inconnues, c'est-à-dire inaccessibles au raisonnement, ou, pour les désigner plus nettement, de causes inconnues, qui concourent à produire certains résultats sous une influence inexplicable. » Dans une note, l'auteur appelle l'attention sur les « conséquences irréparables d'une observation de la nature aussi chimérique, d'une observation qui tend naturellement à supprimer, dans l'étude et dans le vocabulaire de la science, tout ce qui peut sembler anthropopathique, étant donné le point de vue auquel elle se place; » il évoque, par là, l'idée de la nécessité d'un principe éthique dans lequel le raisonnement puisse se mouvoir à l'aise, et qui soit inseparable de l'investigation botanique. Le but que s'est proposé l'auteur, dans l'ouvrage que nous venons de nommer, est de prouver que la vie organique tout entière se ramène au rajeunissement, et bien que l'auteur ne nous donne pas d'explications proprement dites au sujet des notions qu'il possède à cet égard, son ouvrage tout entier ne tend pas moins à les définir exactement. Nous pouvons considérer la théorie du rajeunissement, telle qu'elle se présente dans l'ouvrage en question, comme une forme plus étendue de la notion de la métamorphose; cette notion, conçue sous cette nouvelle forme, doit comprendre dans une même idée les résultats de la théorie cellulaire, de l'histoire du développement, et de la nouvelle connaissance des cryptogames, au point de vue des doctrines idéalistes. Nous pouvons constater ici dans la méthode de développement employée par Braun, comme dans d'autres occasions, une particularité qui est le résultat de celle-ci; en effet, au lieu de joindre à certains mots, tels que « rajeunissement » ou à celui d'« individu » qu'il emploiera plus tard, une définition précise, fondée sur des réflexions personnelles, Braun s'efforce d'attacher aux mots en question un sens profond et même mystérieux, qu'on ne peut déterminer et éclaircir que par la contemplation des faits.

1. La science inductive moderne ne fait rien de semblable; elle se borne à amener à une conception différente de cette relation, en tenant compte des rapports qui existent entre le principe subjectif qui constate, et le fait perçu.

« Nous voyons par conséquent, dit-il (*l. c.*, p. 5) l'époque de la jeunesse et celle de la vieillesse se présenter alternativement dans la même histoire du développement; nous voyons la jeunesse sortir de la vieillesse, et, par suite de croissances ou de transformations successives, pénétrer dans le milieu du développement. C'est là le fait du rajeunissement qui se répète dans tous les domaines de l'existence sous des aspects d'une infinie variété, mais qui n'a jamais été plus nettement déterminé et plus accessible à l'investigation que dans le règne végétal. L'histoire du développement n'existe pas sans le rajeunissement. » « Si nous nous informons des causes des résultats du rajeunissement, nous serons obligés de reconnaitre l'influence qu'exercent, sur la nature extérieure, dans laquelle la vie proprement dite se manifeste par des faits, les années ou même les jours écoulés, mais nous ne pourrons découvrir la cause véritable et cachée que par l'étude de la force inconsciente qui pousse tout être, à quelque catégorie qu'il appartienne, à se perfectionner, à se subordonner au monde extérieur et qui lui est étranger, avec une perfection de plus en plus grande, à se façonner au sein de ce monde même, ne conservant une personnalité aussi parfaite que le permet la nature spécifique. » Nous voyons plus loin le passage suivant : « La force spécifique inconsciente qui pousse les êtres organisés à se développer ne procède aucunement de l'influence de puissances extérieures, elle est tout intérieure; elle provient du dedans, et son action s'exerce intérieurement » (p. 17). A cette occasion, nous citerons encore un passage tiré du traité de Braun sur la Polyembryonie (1860, p. 111) :

« Bien que l'organisme en se développant soit soumis à certaines conditions physiques, les causes proprement dites de ses propriétés morphologiques et biologiques ne sont pas dans ces conditions; les lois qui régissent son développement (de l'organisme) sont d'une nature supérieure; elles appartiennent à un domaine de l'être dans lequel la puissance de la force intérieure dont nous avons parlé s'affirme et se manifeste de manière à ne plus laisser de doutes. S'il en est ainsi, les lois de l'organisme semblent imposer une tâche, qu'il est nécessaire d'accomplir uniquement au point de vue d'un but à atteindre; on pourrait les comparer aussi à des prescriptions, qu'on pourrait, dans une certaine mesure, ne pas observer strictement. » Cependant, nous revenons encore à la notion du rajeunissement, et nous trouvons, plus loin, le passage suivant (p. 18) : « A l'égard de la notion du rajeunissement, nous tirerons des considérations qui précèdent la conclusion suivante :

l'action de la nature, qui abandonne des formes presque achevées pour revenir aux origines, et pour procéder par là au rajeunissement, ne constitue que le côté purement extérieur, de la transformation qui doit s'accomplir, et dont la substance même réside dans le fait de l'accumulation de forces intérieures, puisées dans le fonds même de la vie, dans un rajeunissement de l'être qui s'opère dans les limites imposées par l'espèce, dans une conception renouvelée du type fondamental que doit présenter l'organisme extérieur. C'est ainsi que le rajeunissement finit par se trouver en relation directe avec le développement, qui, par une progression continue, peut et doit amener les propriétés inhérentes à la nature même de la plante, à leur plus haut point de perfection. » Nous trouvons à la fin de l'ouvrage en question les lignes suivantes (p. 347) : « Quant aux procédés au moyen desquels le principe de vie intérieur et immatériel par sa nature même se manifeste dans les résultats du rajeunissement, nous pouvons les désigner, dans le véritable sens du mot, sous le terme de souvenir; nous les considérons comme le don, opposé aux altérations inséparables de la vieillesse, de ressaisir de nouveau le principe qui préside à la formation et aux fins dernières de tout être organisé, et de se manifester extérieurement, avec une force nouvelle », etc.

La notion du rajeunissement, ainsi conçue et comprise, trouve son application dans tous les faits qui se manifestent dans l'existence des plantes; elle ne se rapporte pas uniquement à la métamorphose des feuilles, à la formation des bourgeons, à leur ramification et aux différents modes de formation des cellules; les faits paléontologiques sont considérés comme des manifestations du rajeunissement qui était envisagé, au début, comme une notion abstraite, et qui se dépouille par la suite de ce caractère pour revêtir celui d'une force active (par ex., p. 8, « forces agissantes du rajeunissement »).

Les rapports qui existent entre les aperçus qui constituent le point de départ des théories de Braun, et la question de la constance des espèces, peuvent paraître douteux en quelque mesure; quelques-uns des axiomes de l'auteur sembleraient impliquer sa croyance en une transformation des espèces, transformation qui s'accomplirait dans le cours des temps; d'autres, en revanche, semblent contredire les premiers, et ceux-là sont les plus logiques au point de vue de l'idéalisme. Nous citerons à cet égard les lignes suivantes (p. 9) : « On pourrait se demander avec quelque apparence de raison si l'identité des formes se perpétue dans l'œuvre de la nature, mais on est forcé de renoncer à cette opinion lorsqu'on détourne ses regards du moment actuel pour les ramener sur la série des époques qui l'ont précédé. Nous retrouvons alors, dans la réalité, les origines des espèces, des genres, voire même des ordres et des classes du règne végétal et du règne animal; nous voyons alors que des transformations plus ou moins complètes se trouvent en relation étroite avec l'apparition des êtres organisés qui atteignent les degrés les plus élevés dans l'échelle de la perfection, de telle sorte que des genres et des espèces ont disparu de la terre aux époques anciennes, remplacées par des espèces et des genres nouveaux. Dans tout ce va et vient, nous voyons se manifester non le fait purement accidentel de transformations brusques et radicales, qui, tout en amenant d'une part des catastrophes, produiraient d'autre part un sol nouveau, favorable au développement de la nature organique; nous voyons bien plutôt des lois déterminées, qui régissent jusque dans ses détails le développement de la vie organique. » Cependant, nous trouvons à la fin du traité sur la polyembryonie, et qui fut écrit peu de temps avant la publication de l'ouvrage de Darwin, ouvrage qui fit époque dans l'histoire de la science, la phrase suivante, qui se trouve en opposition complète avec celle que nous avons citée précédemment, et qui ferait douter de la croyance de l'auteur en la théorie de la transmutation des espèces : « Lorsqu'on établit, en vertu de raisons certaines, l'existence de rapports organiques entre le développement des formes végétales, est-il possible de supposer que le type des mousses et celui des fougères procèdent tous deux de celui des algues, ou faut-il admettre la supposition inverse, d'après laquelle le type des algues devrait son origine à celui des mousses et des fougères ? »

En citant les passages qui précèdent, nous nous sommes efforcé de mettre en lumière les traits caractéristiques des doctrines philosophiques de Braun, mais nous ne pouvons donner au lecteur une idée de la manière dont les axiomes en question pénètrent, dans son ensemble, l'étude des faits, étude dans laquelle Braun a cherché à établir l'ordre et la clarté dans les matériaux bruts qui s'étaient accumulés jusque-là. Il serait impossible de donner, brièvement, une idée claire de ceci. Nous voyons s'accuser et s'accentuer, plus vivement encore que dans les doctrines qu'il a consacrées au rajeunissement, les théories de Braun dans un ouvrage qui parut trois ans après, de 1852 à 1853, et qui est intitulé : *Das Individuum der Pflanze in seinem Verhæltniss zur Species, Generationsfolge, Generationswechsel, und Generationstheilung der Pflanze*

(1852-3). Ici, l'auteur s'efforce de rechercher et de déterminer la notion qui peut s'attacher au mot d' « individu », comme il l'a fait, dans l'ouvrage précédent, à l'égard du mot de « rajeunissement ».

C'est là une tâche qui semble bien difficile lorsqu'on songe au grand nombre de significations différentes que ce mot a dû posséder durant le cours des siècles écoulés; entre les individus ou atomes d'Épicure, les individus ou monades de Leibnitz, et les atomes de la chimie moderne, entre les considérations des adeptes de la philosophie scolastique sur le *principium individuationis* opposé à la réalité des notions universelles, entre tout ceci et l'application journalière du mot « individu » dans la langue usuelle, où il désigne un seul homme, un seul arbre, ou tout autre objet pris individuellement. Nous retrouvons les théories du monde entier, qui se sont succédées durant des milliers d'années, car il arrive ici souvent que des mots anciens dévient de leur sens primitif pour adopter une signification opposée à celle qu'ils possédaient à l'origine. Les considérations qui précèdent n'ont que peu d'importance, lorsqu'on se place au point de vue nominaliste au sens scolastique de la science moderne, qui ne considère les mots et les définitions que comme les instruments de compréhension, et qui ne cherche jamais à trouver aux mots et aux définitions un sens différent de celui que les botanistes précédents ont cru devoir y attacher. Braun emploie des procédés tout différents, il compare entre elles les formes végétales les plus diverses, il se livre à l'étude critique des théories que les botanistes précédents ont émises au sujet d'une plante en particulier, afin de pouvoir attacher au mot qui fait le sujet de ses considérations un sens plus profond que celui qu'il possédait à l'origine.

D'ailleurs, l'examen minutieux de l'individu n'est qu'un prétexte pour les réflexions de Braun; dans le cours de ses considérations, l'auteur consacre une étude approfondie aux principes fondamentaux de la philosophie naturelle téléologique; il met en lumière le contraste qui existe entre elle et la science moderne, et il se rend coupable de plusieurs graves mésinterprétations au sujet de cette dernière, à laquelle il applique le terme de matérialiste, et dont il considère les atomes comme privés de vie, et les forces comme aveugles. On pourrait à peine croire, en lisant l'étude de Braun, que l'histoire de la philosophie peut compter parmi ceux qui l'ont créée des hommes tels qu'Aristote, Bacon, Locke et Kant, ou même que la question de l'idéalisme a déjà été traitée par les adeptes de la scolastique. Il eut été d'autant plus utile de tenir compte de l'autre point de vue que l'auteur émet au commencement de son ouvrage l'opinion que la théorie de l'individu appartient aux origines de la botanique. On pourrait assurément la considérer comme superflue.

Les lignes qui suivent contiennent une étude résumée des procédés employés pour arriver à la notion de ce qu'on désigne, dans le règne végétal, sous le terme d' « individu ».

Deux faits certains s'opposent tout d'abord aux théories de quelques botanistes qui envisagent la plante comme une formation où règne l'unité ou comme un tout morphologique; ces deux particularités se rencontrent chez les plantes qui appartiennent aux degrés les plus différents de l'échelle organique, ce sont la divisibilité et la division. Il s'agit uniquement de trouver un moyen terme entre l'étude morphologique, qui admet la divisibilité, et l'observation physiologique de la plante, qui suppose l'extension au-delà de toutes limites. Rien de ce que contient l'émunération suivante ne répond à la notion de l'individu végétal, ni les pousses qui portent des feuilles et qui peuvent, par conséquent, se développer de manière à devenir de véritables plantes, ni les parties végétales qui peuvent arriver au même résultat, ni les cellules, prises isolément, ni les granules qu'elles contiennent, et, bien moins encore que tout ce qui précède, les atomes, animés d'une force aveugle, de la matière privée de vie. Il s'agit maintenant de choisir, dans cette série graduée, composée de puissances végétales importantes, subordonnées à l'espèce, l'élément auquel convient le mieux le nom d'individu. Ceci amène à un compromis; il suffit de choisir la partie de la plante qui répond avec le plus d'exactitude à la notion d'individu, car cette notion implique deux idées; celle de pluralité et celle d'unité. Braun se décide en faveur du bourgeon ou bouton. « Le sentiment des lois qui président à l'ordonnance de la nature empêche l'observateur qui se livre à l'étude de la plupart des végétaux qui produisent des branches, et particulièrement des arbres et de leurs nombreux rameaux, de considérer les végétaux en question comme ne formant qu'un tout, animé d'une même existence, à l'exemple de l'homme ou de tout autre individu appartenant au règne animal; il les considérera bien plutôt comme un ensemble formé d'éléments différents, engendrés les uns par les autres dans une succession de générations, etc. »

Dans les pages suivantes, l'auteur prouve que l'investigation scientifique confirme cette conception de l'individu végétal, conception qui trouve son origine dans un sentiment juste des lois de la nature. Cependant, à mesure que l'étude de Braun poursuit son cours, nous remarquons un grand nombre de faits, relatifs à la croissance des plantes, et qui semblent en désaccord avec le sentiment en question. C'est pourquoi nous trouvons, à la page 69, le passage suivant : « La difficulté se trouve résolue, grâce à une conception différente des branches auxquelles nous attribuons l'importance d'individus; nous nous décidons, quand nous avons pour cela des raisons suffisantes, à considérer chaque branche comme un individu, en dépit des apparences qui sembleraient démentir cette théorie. » Le bourgeon, par conséquent, est l'individu morphologique de la plante; il est analogue à l'individu de l'animal. D'ailleurs, il ne faut pas négliger de remarquer qu'on pourrait résoudre la difficulté d'autre façon, et supposer, à l'exemple de Schleiden, que les cellules sont les individus du règne végétal, si l'on ne se trouvait pas amené, en vertu de cette théorie, à appliquer la dénomination d'individu soit aux atomes, soit, au contraire à la plante complète qui survient à sa propre nutrition, car on pourrait citer à l'appui de chacune de ces assertions différentes des raisons de valeur à peu près égale. Tout dépend du point de vue auquel se place le botaniste qui se livre à des considérations de ce genre, et de l'importance qu'il attribue au rôle que doit jouer l'instinct dans des réflexions qui ont pour but d'établir des notions scientifiques. Braun se prononce de la manière la plus décidée contre les théories de certains botanistes, qui font entrer en ligne de compte, dans les considérations qui ont pour objet l'individu végétal, les *individua* invisibles ou atomes de la matière privée de vie, comme si les plantes étaient de simples phénomènes résultant de la marche des atomes qui s'attirent ou se repoussent.

Si l'on désigne sous le terme d'individu un être organisé qui n'est pas soumis au principe de divisibilité, cette théorie sera, à vrai dire, la seule à laquelle on puisse avoir recours, mais, même en l'adoptant, on ne réussira pas à créer la notion de l'individu végétal. D'ailleurs, comme personne n'a vu les atomes en question, cette théorie n'est qu'une simple hypothèse, à laquelle on peut opposer celle de la continuité et de la pénétrabilité de la matière.

Il s'agit, par conséquent, de savoir si l'on peut admettre la notion de l'individu dans le règne végétal; et cette question touche de près au problème suivant :

« La plante n'est-elle qu'un produit de l'activité de la matière, et, par conséquent, un être dépourvu de vie personnelle, engendré par des forces aveugles soumises aux lois générales de la nature, ou faut-il la considérer comme un être vivant d'une vie indépendante et personnelle dont la source réside en lui-même. En vertu des théories des physiologistes, qui, en écartant le principe de la force vitale, expliquaient certains phénomènes de l'existence par les lois de la physique et de la chimie, la vie fut dépouillée de l'élément de surnaturel qu'elle possédait, et qui semblait être, de toutes ses forces agissantes, la plus directe; les difficultés presque insurmontables qui séparaient l'étude de la vie organique de celle de la vie inorganique furent aplanies. Comme les forces physiques semblent toujours en relation étroite avec la matière, et que leurs résultats paraissent soumis à des lois sévères, on s'est risqué à considérer l'ensemble des phénomènes naturels comme le résultat de forces originelles, dont l'action fixée et déterminée s'exerce d'après les lois de la nécessité aveugle, et on l'a comparé à un mécanisme qui se meut dans le cercle éternel des lois naturelles. »

Étant donnée cette doctrine, on est obligé de supposer que l'accomplissement des nécessités éternelles s'est effectué de tout temps, et par conséquent, la doctrine en question, fondée sur des principes de physique, rend incompréhensible tout éventualité.

En outre, le but du mouvement reste une énigme que la doctrine de la nécessité aveugle est impuissante à résoudre. « L'insuffisance de ce qu'on est convenu de désigner sous le nom de point de vue physique de la nature, opposé au point de vue téléologique, se fait particulièrement sentir lorsqu'on aborde l'étude des êtres organisés, dont la destination finale s'affirme toujours avec la plus grande netteté. « Cette dernière remarque est incontestablement fort judicieuse, et elle le reste aussi longtemps que le botaniste conserve sa foi dans le dogme de la constance des espèces, ou dans une des lois de développement qui font partie de ce dogme; mais quelques années après, Darwin se trouva en mesure de résoudre le problème, grâce à l'hypothèse que « les adaptations des organes appropriés aux fonctions que leur a assignées la nature trouvent leur explication dans le fait de la suppression et de l'anéantissement réciproques de parties végétales moins bien conformées, et dans la conservation des variétés les mieux organisées. » On n'a pas encore essayé, jusqu'à présent, de trouver une autre réfutation ou une meilleure explication de la téléologie appliquée à l'étude des êtres organisés. Nous avons précédemment attiré l'attention de nos lecteurs sur le fait que la systématique, en établissant clairement l'existence des rapports de parenté, finit par se trouver dans la nécessité de renoncer au dogme de la constance des espèces afin de pouvoir expliquer, par des raisons plausibles, le fait même de la parenté; nous voyons ici, que la théorie d'après laquelle on considère les organes comme appropriés au but auquel ils sont destinés amène à une contradiction à l'égard de la causalité, lorsqu'on néglige de tenir compte des théories que nous avons mentionnées plus haut et en vertu desquelles les formes qui doivent leur origine à la variation ne se maintiennent que lorsqu'elles se trouvent dans un rapport convenable à l'égard du milieu qui les entoure.

Comme nous l'avons déjà dit, les théories qui procèdent de Gœthe et de la philosophie naturelle se sont simplifiées dans les œuvres de Schimper et d'Alexandre Braun, elles y ont trouvé leur expression la plus parfaite; les auteurs en question en ont tiré le meilleur parti possible; il serait superflu de consacrer ici une étude approfondie aux nombreux ouvrages qui se sont succédé dans le domaine de la littérature botanique, et dont l'influence s'est fait sentir, à côté de celle des représentants de la tendance nouvelle que nous avons signalée plus haut.

Nous cesserons maintenant de nous occuper de doctrines idéalistes et philosophiques, nous abandonnerons les régions où ont crû et prospéré les théories, où a pris naissance la doctrine des métamorphoses, celle de la tendance à la spirale, celle de l'indiviu végétal; et nous aborderons le dernier chapitre de notre histoire de la morphologie et de la systématique, nous y trouverons moins de dogmatique et de poésie; mais nous pourrons nous mouvoir sur un terrain plus sûr, dans un domaine nouveau, où ont pris naissance en nombre prodigieux des découvertes nouvelles et des aperçus plus profonds qui tendent tous à déterminer de nouveaux progrès dans la science du monde végétal.

CHAPITRE V

LA MORPHOLOGIE ET LA SYSTÉMATIQUE SOUS L'INFLUENCE DE L'HISTOIRE DU DÉVELOPPEMENT ET DE LA CONNAISSANCE DES CRYPTOGAMES.

1840-1860

Durant les années qui suivirent et qui précédèrent immédiatement 1840, on vit se manifester une vie nouvelle dans tous les domaines de la botanique, de l'anatomie et de la physiologie, aussi bien que dans celui de la morphologie. Cette dernière science se trouvait alors en relation particulièrement étroite avec les nouvelles et minutieuses investigations auxquelles les botanistes de l'époque procédaient, et qui avaient pour objet la sexualité des plantes et l'embryologie. L'embryologie elle-même ne comprenait plus uniquement, comme elle l'avait fait précédemment, l'étude des phanérogames; elle s'étendait à celle des cryptogames supérieurs; elle s'étendit même, plus tard, à celle des cryptogames inférieurs. Cependant, les botanistes ne purent se livrer à ces investigations approfondies, élément nouveau de l'histoire du développement, avant le moment où Mohl fonda l'anatomie, et où Nägeli consacra aux principes fondamentaux de la théorie cellulaire des travaux qui datent du milieu de l'année 1840; les résultats atteints par les botanistes en question étaient dus en partie à l'art de se servir du microscope, art qui venait d'atteindre un degré assez élevé de perfection. La science du microscope avait déterminé, dans tous les domaines que nous venons de mentionner, des progrès qui constituaient les bases proprement dites de l'investigation nouvelle, tandis que les initiateurs des procédés nouveaux prenaient pour point de départ, dans leurs théories, des aperçus philosophiques différents de ceux qui avaient prédominé jusque-là dans l'histoire de la botanique, et que nous avons signalés. De tous les genres d'observation, l'investigation qui s'effectue au moyen du microscope est celle qui force le mieux l'observateur à tendre toutes les forces de son attention, et à les concentrer sur un objet donné; car lorsque le botaniste se sert du microscope, il est forcé, tout en poursuivant le cours de ses considérations, de chercher la solution d'un problème donné, qui doit être résolu au moyen d'une observation pénétrante et continue; il lui faut songer sans cesse à éviter certaines fautes qui en amènent nécessairement d'autres; à signaler des confusions possibles; pour établir un fait sur des données indiscutables, un naturaliste a besoin de toutes les forces qui constituent, en grande partie, la substance même de son activité et de son talent. Ce fut surtout par le moyen de l'usage persévérant et prolongé du microscope que les botanistes qui se sont le plus distingués dans cet art sont arrivés à la complète intelligence des principes fondamentaux et des traits caractéristiques de l'investigation inductive. Lorsqu'au bout de quelques années, on fut à même de constater les résultats positifs de cette investigation, lorsqu'un monde absolument nouveau, et qui se révélait particulièrement dans l'étude des cryptogames, s'ouvrit aux yeux des botanistes, on vit apparaître des problèmes qui n'avaient pas encore été posés, et que la philosophie dogmatique, forte de son ancienne vigueur, ne s'était pas encore essayée à résoudre; les faits et les questions qui n'avaient pas encore été soumis à l'étude des botanistes, s'offraient à l'observation impartiale, plus libres de tout élément extérieur que ne l'étaient ceux qui s'étaient succédé durant les trois siècles précédents et qui s'étaient souvent trouvés en relation étroite avec la philosophie ancienne, parfois même avec les théories scolastiques. Abstraction faite de Mohl, qui ne donne aux questions morphologiques, dans ses œuvres, qu'une place secondaire, qui applique avec une exactitude scrupuleuse la méthode inductive, et qui s'efforce d'établir des faits isolés, plutôt que des principes généraux, les initiateurs des nouvelles recherches morphologiques, Schleiden et Nägeli, donnent pour point de départ à leurs théories des aperçus philosophiques. Quelque différentes que fussent les théories de ces deux hommes, elles n'en possédaient pas moins deux traits caractéristiques qui leur étaient communs; on peut y constater le besoin impérieux d'un système d'investigation inductive et approfondie, qui constituerait les principes fondamentaux de la science tout entière; on peut remarquer aussi que les auteurs de ces théories se sont entièrement abstenus d'expliquer, à l'aide de téléologie, certains phénomènes naturels. Ici, le contraste qui existe entre les doctrines en question et celles des adeptes de l'école idéaliste et de la philosophie de la nature s'accuse avec une netteté particulière. Cependant, il est nécessaire d'attirer ici l'attention de nos lecteurs sur un fait d'une extrême importance. Les fondateurs de la botanique nouvelle et les philosophes que nous venons de mentionner avaient un point de contact; ils croyaient, les uns et les autres, à la constance des formes organiques; cependant, comme cette croyance n'était pas unie aux doctrines platoniciennes, et qu'elle n'impliquait, pour ainsi dire, que la constatation des résultats de l'observation journalière, elle ne possédait qu'une importance secondaire; on la considérait plutôt comme un élément incommode de la science. Les représentants de la morphologie nouvelle eux-mêmes adoptèrent à cet égard l'opinion générale; l'observation des résultats engendrés par la science les amena à adopter avec prédilection, même avant l'apparition du fameux ouvrage de Darwin, la théorie de la descendance; en dépit de maintes hésitations dans le domaine des détails, ils saluèrent l'apparition des théories nouvelles. Dans son livre des *Vergleichende Untersuchungen*, publié en 1851, Hofmeister publia des investigations morphologiques et embryologiques qui jetèrent un jour nouveau sur les rapports de parenté qui unissent entre eux les groupes principaux du règne végétal; grâce à ces investigations, les botanistes de l'époque modifièrent de plus en plus leurs théories au sujet du dogme de la constance des espèces, qu'ils finirent par considérer comme une doctrine différente des autres par sa nature même. Des recherches paléontologiques amenèrent à des idées plus justes à l'égard du développement du règne végétal; dès 1820, on vit les savants de l'époque procéder à des travaux méthodiques qui avaient pour objet les plantes fossiles, Sternberg (1820-1838). Brongniant (1828-1837), Goeppert (1837-1845), Corda (1845), avaient consacré des études approfondies à la flore du monde primitif, et soigneusement comparé les formes fossiles aux formes vivantes qui leur sont unies par les rapports de la parenté. Parmi les botanistes en question, nous nommerons Unger, qui s'efforça de déterminer des progrès nouveaux dans la structure cellulaire, dans l'anatomie et la physiologie des plantes; la botanique moderne lui est en partie redevable du développement qu'elle a acquis; il sut tirer parti des résultats de l'investigation botanique moderne au point de vue de l'étude de la végétation primitive; il fut le premier à mettre en lumière les rapports morphologiques et systématiques qui unissent la flore primitive à la végétation de l'époque actuelle. Après avoir poursuivi durant vingt années consécutives le cours de ses travaux, il donna en 1852 un exposé fort net, et déclara que l'immutabilité des espèces n'est qu'une illusion, que les espèces nouvelles qui ont pris naissance et qui se sont développées durant le cours des époques géologiques étaient unies entre elles par des rapports organiques[1], et que les espèces primordiales par l'époque de leur formation avaient engendré les espèces plus récentes. Nous avons vu au chapitre précédent qu'à la même époque le représentant de la tendance idéaliste, A. Braun, s'était vu dans la nécessité d'adopter la théorie du développement du règne végétal, bien que sous une forme plus indéterminée, et l'année même où Darwin publia son livre sur l'origine des espèces, Nägeli écrivait les lignes suivantes (*Beitræge,* II, p. 34) : « Des raisons extérieures, provenant de l'étude comparée des flores des périodes géologiques successives, et des raisons d'une nature plus intellectuelle, tirées des lois morphologiques et physiologiques du développement et de la mutabilité des espèces, ne permettent pas de douter que les espèces aient été engendrées les unes par les autres ».

Bien que le passage qui précède ne constitue pas à vrai dire, les principes fondamentaux d'une théorie de la descendance scientifique, il ne laisse pas de prouver que, grâce aux investigations nouvelles, et à l'appréciation impartiale des faits, les représentants les plus distingués de la botanique de l'époque s'étaient trouvés dans la nécessité de renoncer au dogme de la constance des formes. En outre, la morphologie génétique, qui avait subi depuis 1844 des développements et des perfectionnements dont il faut rapporter en grande partie le mérite à Nägeli, et surtout l'embryologie, qui, grâce aux travaux de Hofmeister, avait amené des résultats d'une grande importance systématique, renfermaient un principe qui devait déterminer de nouveaux progrès dans le domaine de la théorie de la descendance de Darwin, et qui était destiné à rectifier cette théorie sur un point important. La théorie de Darwin, telle qu'elle avait été conçue à l'origine, tendait à développer la pensée que la mutabilité éternelle des espèces n'est pas là seule cause à laquelle on puisse attribuer le perfectionnement progressif et continu des formes organiques; il y a essentiellement sélection naturelle de certaines formes, sélection résultant de la lutte pour l'existence. Cependant, Nägeli,

1. Voyez l'ouvrage de A Bayer : *Leben und Wirken F. Ungers.* Gratz. 1872. p. 52.

armé des arguments que lui fournissaient les résultats de la morphologie allemande, démontra dès 1865 l'insuffisance de cette explication : elle ne tient pas compte, en effet, des rapports morphologiques qui existent entre les grandes subdivisions du règne végétal, et que la notion de la sélection ne semble pas suffire à expliquer. Tout en admettant que Darwin, par le moyen de la théorie de la sélection, se trouvait en état de fournir des explications suffisantes au sujet des rapports qui existent entre les organes et les parties végétales qui les entourent, et de la mesure dans laquelle ils sont appropriés aux fonctions qu'ils doivent remplir, et des particularités de leur structure, Nägeli fait remarquer qu'il existe, en vertu de la nature même des plantes, certaines lois de variation qui, indépendamment de l'influence de l'action opposée des forces naturelles de la lutte pour l'existence, indépendamment de l'élimination naturelle, engendrent, dans le domaine des formes organiques, un perfectionnement continu et une différenciation progressive. Cette remarque est un résultat des travaux morphologiques auxquels s'étaient livrés les botanistes de l'époque, et Darwin lui-même en a reconnu plus tard toute l'importance.

Grâce à Nägeli, la théorie de la descendance finit par acquérir ce qui lui manquait au point de vue de la forme, et ainsi façonnée, il lui appartenait de résoudre un problème dont les systématistes de l'ancienne école avaient déjà constaté l'existence; on sut enfin en vertu de quelles lois la parenté systématique et morphologique des espèces est, à un si haut degré, indépendante des adaptations physiologiques qui existent entre eux, et le milieu qui les entoure.

Il faut considérer la théorie cellulaire actuelle, l'anatomie végétale, la morphologie, et la théorie de la sélection sous sa forme perfectionnée, comme les résultats de l'investigation inductive à laquelle ont procédé les botanistes qui se sont succédé depuis 1840; nous mettrons en lumière, avec une netteté plus grande encore, dans les chapitres qui suivront, toute l'importance des résultats en question.

Nous nous contenterons pour le moment de donner au lecteur, dans les pages qui vont suivre, des détails plus circonstanciés sur les résultats morphologiques et systématiques qui feront le sujet de notre étude; nous nous trouvons obligé ici d'opérer un choix dans les œuvres nombreuses et fécondes des botanistes dont nous nous occuperons, mais nous nous proposons de revenir plus tard, dans l'histoire de l'anatomie et de la physiologie des plantes, aux parties de notre étude que nous devrons forcément négliger pour le moment.

Il faut attirer ici l'attention du lecteur sur plusieurs faits qui constituent un des traits caractéristiques de cette période de la botanique; la morphologie se présente dans une union étroite avec la théorie cellulaire, l'anatomie et l'embryologie; les études approfondies auxquelles se sont livrés les botanistes au sujet des fonctions de reproduction et de la formation de l'embryon occupent pour ainsi dire le point central de l'investigation morphologique et systématique, et c'est à cette dernière particularité qu'il convient d'attacher l'importance la plus grande. Il serait par conséquent presque impossible d'isoler les uns des autres les éléments de ces divers travaux, qui tous ont contribué à déterminer de nouveaux progrès dans le domaine de la systématique; ce procédé serait particulièrement impraticable s'il fallait l'appliquer à l'étude des cryptogames inférieurs.

L'état de la littérature botanique, telle qu'elle existait en 1840, était loin d'être satisfaisant; bon nombre de botanistes distingués avaient cependant déterminé des progrès nouveaux dans les différents domaines de la systématique, de la morphologie, de l'anatomie et de la physiologie; quelques-uns des meilleurs ouvrages de Mohl datent de cette époque, Meyen, Dutrochet, Ludolph Treviranus et d'autres encore, se consacrèrent à l'étude de l'anatomie et de la physiologie des plantes, et nous avons dit plus haut que l'étude de la morphologie et de la systématique avait donné lieu, dans les vingt ou trente dernières années, à des résultats heureux et parfois même remarquables. Ce qui faisait absolument défaut, c'était une conception générale qui aurait réuni dans une même pensée, de manière à en former un tout homogène, tous les éléments divers, toutes les connaissances utiles et précieuses qui s'étaient accumulées dans le domaine de la botanique; une étude d'ensemble fondée sur les principes de la systématique critique, eût encore mieux répondu aux exigences du sujet. Au fond, personne ne savait combien la botanique était riche sous le rapport de faits importants; il était impossible de se former un jugement à cet égard à l'aide des traités scientifiques de l'époque, ces ouvrages étaient vides de pensée, les faits constatés y étaient rares, une terminologie superflue s'y étalait à l'aise; l'ensemble était à la fois trivial et insipide; toutes les remarques intéressantes, toutes les considérations scientifiques qui auraient pu contribuer à l'instruction du lecteur étaient absentes de ces livres. Il nous faut établir ici une distinction entre ceux qui avaient véritablement pour objet l'étude de travaux scientifiques, et ceux qui traitaient de la botanique d'après l'ancienne méthode pratiquée par les adeptes de Linné. Bien que ces derniers fussent encore moins propres que les autres à remplir un rôle pareil, ils n'en étaient pas moins considérés comme de véritables ouvrages de botanique, destinés à fournir aux lecteurs l'instruction qu'ils réclamaient; et c'est ainsi que la plupart de ceux qui se livraient à l'étude de la science et en particulier les jeunes botanistes, se logèrent dans la tête une phraséologie vide, qui devait nécessairement inspirer de l'éloignement à tout homme instruit et bien doué. On subissait maintenant les conséquences qu'avaient entraînées à leur suite les théories insensées des botanistes anciens, et pour qui la tâche suprême du botaniste consistait à gaspiller son temps en parcourant les forêts et les prairies dans le but de recueillir des collections, et à fourrager dans des herbiers. On est forcé de reconnaître, même lorsqu'on se place au point de vue de Linné, que des procédés de ce genre ne pouvaient apporter aucun perfectionnement à la systématique. Les hommes les mieux doués devaient perdre le goût des études sérieuses en se livrant à des occupations semblables dans le domaine de la botanique; il devenait même impossible de conserver à l'intelligence sa vigueur naturelle; tous les traités scientifiques de l'époque en question, à quelque point de vue qu'on les envisage, livreront des preuves à l'appui de notre assertion.

Un semblable état de choses doit nuire à toute science; qu'importe que des hommes distingués, déterminent dans la partie de la science dont ils s'occupent, des progrès isolés : leur portée est nécessairement restreinte, les résultats de leurs efforts et de leurs travaux ne sont ni sérieux ni durables, si une pensée générale qui coordonne les éléments divers manque à leur œuvre, et celui qui veut s'initier à la science se trouve dans l'impossibilité de procéder avec ordre et avec suite dans l'étude qu'il a entreprise, et de s'en assimiler les meilleurs éléments. Cependant, il se trouva, dans ce cas particulier, un homme qui sut à temps faire sortir les botanistes de l'époque de l'engourdissement où les avait plongés leur routine paresseuse, et faire sentir à ceux de ses contemporains qui s'occupaient de botanique, qu'ils fussent du reste Allemands ou étrangers, qu'il était temps de changer de méthode. Cet homme était Matthias Jacob Schleiden, qui, né à Hambourg en 1804, exerça longtemps les fonctions de professeur à Iéna. Animé d'instincts de polémiste trop ardent, armé d'une plume qui pouvait blesser sans ménagement, doué d'un esprit de répartie qui ne se trouvait jamais en défaut, enclin à l'exagération, Schleiden était bien l'homme qu'il fallait à la botanique dans les circonstances présentes. Les botanistes distingués qui posèrent plus tard les dernières pierres de l'édifice de la science saluèrent avec joie ses débuts dans sa carrière, et cependant, leurs voies se séparèrent plus tard de celles de Schleiden, lorsqu'il ne s'agit plus uniquement de se défaire des anciennes théories, mais d'en établir de nouvelles.

Si l'on voulait juger du mérite de Schleiden d'après les faits qu'il a signalés et établis, on ne trouverait guère le moyen de l'élever au dessus du niveau de la bonne moyenne ordinaire; nous pouvons compter parmi ses œuvres une série de bonnes monographies, de nombreux travaux destinés à rectifier d'anciennes théories erronées; les plus importantes des doctrines qu'il a fondées, celles qui, bien des années durant, ont donné lieu à de vives polémiques de la part des botanistes de l'époque, sont réfutées depuis longtemps déjà.

Ce ne furent donc pas ses investigations qui lui acquirent des droits à la considération générale, ce fut la haute idée qu'il s'était faite de la science dont il s'occupait, le but élevé qu'il s'était fixé, qu'il s'efforça invariablement d'atteindre, et qui se trouvait en opposition directe avec les puérilités dont étaient remplis les livres scientifiques de l'époque. Il débarrassa des obstacles qui s'y étaient accumulés la voie que devaient suivre quelques-uns des botanistes qui lui succédèrent, et qui employèrent leur volonté et leurs forces à enrichir le domaine de la science, il créa pour ainsi dire un véritable public scientifique qui s'intéressait à la botanique et qui était en mesure d'établir des distinctions entre le vrai mérite scientifique et les bagatelles auxquelles se plaisaient les amateurs. L'apparition de Schleiden dans l'histoire de la botanique ayant été le point de départ de transformations nouvelles dans l'opinion générale, les botanistes qui voulurent unir leurs efforts à ceux de leurs contemporains se virent obligés de soumettre leurs œuvres à un contrôle plus sévère.

Schleiden se fit remarquer, au début de sa carrière de botaniste, par des ouvrages d'anatomie, et des recherches sur le développement; nous signalerons parmi ces dernières une étude qui est aussi remarquable par sa substance même que par sa forme, et dans laquelle l'auteur traite du développement de l'ovule avant le moment de la fécondation (1837). Schleiden écrivit, en outre, un traité de botanique générale; cet ouvrage, d'une portée fort étendue, parut pour la première fois en 1842 — 1843. Une édition revue et corrigée fut publiée en 1845 — 1846, et une autre, plus tard.

Ce livre et les traités de botanique qui l'ont précédé sont aussi dissemblables que le jour et la nuit; tandis que nous constatons, dans ces derniers, l'absence de toute réflexion sérieuse, de toute considération substantielle, nous voyons l'œuvre de Schleiden déborder de vie et de pensée; elle devait avoir sur la jeunesse de l'époque une influence d'autant plus grande qu'elle était, par elle-même, inachevée et encore en voie d'élaboration. Le lecteur trouvait à chaque page de ce livre remarquable des considérations instructives au sujet de faits importants, des réflexions intéressantes, une polémique vive et souvent brutale où se mêlaient la louange et le blâme que l'auteur adressait à ses contemporains.

Ce n'était pas là un de ces traités scientifiques qu'on peut étudier commodément et lentement, c'était un ouvrage qui forçait le lecteur à acquérir des opinions nettes et tranchées, et qui lui inspirait le désir de s'instruire.

Le livre en question est généralement connu sous le titre de *Grundzüge der wissenschaftlichen Botanik*, mais son titre principal est ainsi conçu : *Die Botanik als inductive Wissenschaft*. On peut voir par là à quel point de vue Schleiden se plaçait, et quelles étaient les considérations auxquelles il accordait le plus d'importance.

Sous l'influence des livres dont nous avons parlé précédemment, la botanique avait subi de telles altérations qu'elle n'offrait plus guère de points de contact avec la science proprement dite. Schleiden s'efforça d'en faire l'égale de la physique et de la chimie, qui avaient offert jusque là un terrain favorable au développement de la véritable investigation inductive, et qui se trouvaient, par conséquent, en opposition avec la philosophie de la nature qui s'était développée durant les vingt ou trente dernières années.

Il peut nous paraître singulier, à l'heure qu'il est, de voir un traité de botanique précédé d'une introduction méthodique, qui compte 131 pages, et qui a pour objet la nature même de la recherche inductive opposée à la philosophie dogmatique, et nous retrouvons avec étonnement, à différents endroits du livre, les principes fondamentaux de l'induction, que l'auteur semble se plaire à mettre en lumière. L'introduction elle-même donne lieu à plus d'une critique; l'interprétation de maint axiome philosophique est erronée; à différentes reprises, l'auteur se place en désaccord avec les principes qu'il a lui-même établis; nous le voyons, par exemple, remplacer le principe de la force vitale, qu'il a écarté, par celui d'une force intérieure de développement (*nisus formativus*) laquelle force intérieure représente la force vitale, désignée sous un autre nom; on peut trouver les considérations de Schleiden superflues, lorsqu'il s'applique à nous présenter l'histoire du développement comme une « maxime » dans le sens que Kant attachait à ce mot, au lieu de prouver au lecteur que l'histoire du développement se dégage infailliblement de l'investigation inductive, et ainsi de suite. Pourtant, en dépit de toutes ces imperfections, il est impossible de méconnaître l'importance historique de cette introduction philosophique; la méthode dont on usait alors dans la botanique descriptive contenait si peu d'éléments de critique, elle appartenait si complètement au domaine de la dogmatique, de la scolastique et de la routine banale, qu'il devenait nécessaire d'amener à des idées différentes les disciples de la jeune école, et de les convaincre de l'inutilité de la méthode qu'ils appliquaient à l'investigation scientifique.

Schleiden se borne à quelques considérations rapides au sujet des résultats qu'on est en droit d'attendre de l'investigation botanique; en revanche, il assigne une importance particulière à l'histoire du développement qu'il considère comme la base de toute théorie morphologique; mais il s'écarte de la voie qu'il s'est tracée lorsqu'il déclare inutile et infructueuse la méthode des comparaisons qui, cependant, pratiquée par de Candolle, a engendré des résultats si brillants, et qui constitue en somme le seul élément fécond de la doctrine de la phyllotaxie, fondée par Schimper et Braun. Cependant, il est nécessaire de faire remarquer ici à nos lecteurs que Schleiden lui-même se livra à des travaux persévérants et prolongés sur le développement des plantes; il s'efforça de donner une importance prépondérante à l'embryologie, il sut mettre en lumière, dans la doctrine des métamorphoses, les principes qui rentraient dans le domaine de l'histoire du développement, il sut opposer à l'étude de la métamorphose de Gœthe, celle de Gaspard Friedrich Wolff qu'il plaçait au-dessus de la première en raison de ses qualités de netteté et de précision.

Enfin, les procédés que Schleiden appliqua à l'étude du système naturel constituent un de ses mérites principaux, un de ceux qui se trouvent en relation directe avec la méthode; et si nous en jugeons ainsi, ce n'est pas que nous attribuions une importance particulière à la classification du règne végétal telle que Schleiden l'a établie, ou aux rapports de parenté nouveaux que cette classification peut avoir mis en lumière, c'est parce que nous constatons, dans les œuvres de Schleiden, les premiers efforts qu'on ait jamais faits dans le but de caractériser, par des indices nets, empruntés au domaine de la morphologie et de l'histoire du développement, les groupes principaux du règne végétal. A partir de cette époque, la classe des Cryptogames se révèle dans toute son originalité, et acquiert, à côté de celle des Phanérogames, l'importance qu'elle possède en réalité. Schleiden avait fait disparaître à jamais l'ancienne méthode que les botanistes avaient appliquée jusque-là à l'étude de la morphologie, et en vertu de laquelle ils n'accordaient d'importance qu'aux phanérogames, caractérisant les Cryptogames de façon purement négative. Un grand progrès fut préparé par là pour l'avenir, car les botanistes qui succédèrent à ceux dont nous parlons devaient se vouer de préférence à l'étude des Cryptogames.

Malgré cela, Schleiden ne réussit pas à établir d'une façon solide la morphologie des Cryptogames, basée sur l'histoire du développement; mais les travaux assidus auxquels il se livra et qui avaient pour objet la morphologie des phanérogames n'en furent que plus fructueux; sa théorie de la fleur et du fruit peut passer pour une œuvre remarquable, étant donnée l'époque à laquelle elle fut établie, et en dépit de certaines considérations qu'on se trouve dans l'impossibilité d'admettre : par exemple, l'auteur considère les placentas comme étant de la nature des tiges.

Comme Robert Brown fonda l'histoire du développement de l'ovule, Schleiden établit les bases de celle de la fleur, et ce travail souleva une foule de questions intéressantes. Les morphologistes se livrèrent avec ardeur à des investigations qui avaient pour objet la genèse de la fleur, et l'étude de l'histoire du développement fut fécond en résultats importants au point de vue de la systématique des phanérogames, surtout à partir du moment où l'on arriva à des idées plus justes à l'égard du développement progressif des fleurs d'une même espèce, de l'avortement, de la duplication, de la ramification, etc. Duchartre, Wigand, Gelesnoff et d'autres encore, procédèrent bientôt à des travaux qui furent couronnés de succès; Payer a droit, plus encore, à notre considération, car il se livra à des efforts assidus et prolongés qui avaient pour objet l'observation minutieuse du développement des fleurs de toutes les familles végétales importantes (1857). *L'Organogénie de la Fleur* fut le point de départ de théories nouvelles; elle se distingue par la sûreté de l'observation, l'impartialité du jugement, la simplicité que l'auteur déploie dans la relation des faits qu'il a constatés, comme par la beauté et la richesse des figures qui y sont jointes. L'importance que cet ouvrage possède, au point de vue de la morphologie, s'est accrue d'année en année.

Schleiden est, en outre, le premier botaniste de l'époque qui ait joint à ses livres scientifiques un nouvel élément d'instruction sous forme de figures réellement soignées, exécutées d'après des recherches approfondies, et ce n'est pas là un de ses moindres mérites.

L'œuvre de Schleiden, qui n'est pas exempte d'erreurs en ce qui concerne ses principes fondamentaux, ne laisse pas de posséder un avantage que nous ne saurions trop vanter : l'apparition de cet ouvrage détermina subitement une ère nouvelle dans l'histoire de la science dont nous nous occupons; la botanique fut considérée comme une science naturelle dans le sens moderne du mot; une fois appelée à jouer un rôle supérieur à celui qu'elle avait rempli jusque-là, elle acquit une importance plus grande et une portée plus étendue. On apprit à apprécier davantage la richesse des éléments divers qu'elle renferme; Schleiden ne se borna pas à exécuter un grand nombre de recherches, et à établir des théories nouvelles, il s'efforça de mettre en lumière les œuvres importantes des botanistes qui l'avaient précédé; car il ne suffit pas à la littérature scientifique, pour se développer, de posséder des génies créateurs et des initiateurs hardis, il faut que le public scientifique, particulièrement celui des savants de la jeune génération, versés dans les études spéciales, ait été habitué, par une éducation préliminaire suffisante, à distinguer les œuvres sans portée de celles qui possèdent une importance réelle. Il est nécessaire, ici, de mettre en lumière le fait important que les botanistes qui succédèrent à Schleiden ne tardèrent pas à considérer sa théorie de la formation des cellules comme dénuée de tout fondement, et à signaler l'erreur incompréhensible qu'il a commise dans l'embryologie des phanérogames; mais ce jugement ne retranche rien à l'importance historique que ses écrits possèdent à un si haut degré, et dont nous avons indiqué déjà le trait caractéristique.

Les savants que nous venons de nommer n'étaient pas les seuls à se dire que l'ancienne méthode de routine paresseuse qu'on avait appliquée jusque-là à l'étude de la botanique, devait être définitivement abandonnée. Vers le commencement de l'année 1840, cette idée devint générale, et se formula avec une netteté et une vivacité toujours plus grandes; elle se manifesta de différentes manières : outre l'ancienne revue, *Flora*, on vit paraître, en 1843, la *Botanische Zeitung*, fondée par Mohl et Schlechtendal; la *Zeitschrift für wissenschaftliche Botanik*, publiée par Schleiden et Nägeli. Cette dernière, à vrai dire, ne parut que durant trois ans, de 1844 à 1846; les travaux de Nägeli en formaient presque entièrement le contenu. L'une et l'autre tendaient avant tout à personnifier le but de la science nouvelle. L'ancienne *Flora* se mit au niveau général, et chercha à devenir autant que possible l'écho de l'opinion nouvelle; elle était admirablement dirigée par Fürnrohr, dont l'influence se manifesta dans d'excellentes analyses critiques.

En se livrant à l'étude approfondie des principes fondamentaux de la botanique scientifique, Schleiden avait dépensé le meilleur de son talent et de ses forces; les écrits qui virent le jour ensuite, et dont la plupart étaient étendus, n'eurent qu'une influence médiocre sur le développement ultérieur de la science. Il fallait, pour réaliser l'idéal qu'il considérait comme celui de la botanique scientifique, et qu'il s'était efforcé d'indiquer dans ses traits fondamentaux, non pas le travail assidu d'un seul homme, mais les efforts continus et persévérants de générations entières de penseurs et d'observateurs. Schleiden renonça à entreprendre un labeur pénible et ininterrompu qui aurait eu pour but la réalisation de cet idéal.

A l'époque où les *Grundzüge* de Schleiden vinrent faire leur apparition dans le monde scientifique, un homme doué d'aptitudes toutes différentes entreprit de se consacrer à l'accomplissement du travail immense dont nous avons parlé. Cet homme était Nägeli. A partir de cette époque, il se livra à des travaux qui avaient pour objet les principes fondamentaux de la botanique tout entière; il désigna le but qu'il fallait atteindre; il ne se borna pas à déterminer des progrès nouveaux dans le domaine de la méthode inductive, et de l'histoire du développement, il ne se contenta pas de recherches occasionnelles qui amenaient des découvertes nouvelles, il examinait toutes les questions qui se présentaient à lui, et les étudiait avec une énergie persévérante, ne les abandonnant que lorsqu'il était arrivé à un résultat. L'histoire du développement ne doit pas seulement être considérée, d'une manière générale, comme un des éléments de l'investigation, elle s'identifie plutôt avec les recherches scientifiques qui s'exercent dans le domaine de la vie organique. Nous trouvons ces principes fondamentaux dans les considérations méthodologiques que Nägeli fit paraître, en 1844 et en 1845, dans le premier et dans le second volume du journal qu'il dirigeait de concert avec Schleiden; nous pouvons y constater aussi l'obstacle fondamental qui s'opposait à ce que les principes en question fussent soumis à des développements logiques; car, à l'époque dont nous parlons, Nägeli, à l'exemple de tous les naturalistes, persistait à croire au dogme de la constance des espèces. Schleiden considérait encore la métamorphose comme le principe du développement, et se trouvait par là en désaccord avec les principes mêmes qui forment le point de départ de ses théories. Nägeli, en revanche, se servait à peine de ce terme; pour lui, l'histoire du développement n'était autre que la loi de la croissance des organes; il ne s'écartait en rien du dogme de la constance des espèces, en considérant la loi de la croissance de chaque espèce végétale et de chaque organe comme une loi immuable, dans le sens qu'on attache à ce terme d'immuable lorsqu'on parle des lois naturelles au point de vue de la physique et de la chimie. Ses études morphologiques eurent tout d'abord pour objet les cryptogames inférieurs; il passa ensuite à l'étude des phanérogames, commençant ainsi par les faits les plus simples et les mieux établis, pour finir par les plus compliqués; en outre, l'étude des cryptogames ne fut pas seulement une partie de l'investigation méthodique, elle constitua le point de départ de celle-ci. Grâce aux travaux de Nägeli, la morphologie eut pour bases fondamentales des principes nettement déterminés, empruntés à l'histoire du développement; en outre, elle se présenta sous une forme toute différente, car les notions morphologiques abstraites dont on s'était servi jusque-là dans l'étude des phanérogames furent appliquées à celle des cryptogames, et envisagées à la lumière fournie par les principes de l'histoire du développement de ces dernières.

Ce fut là une première innovation; la seconde, qui se trouve en relation étroite avec celle-ci, consiste en ce que Nägeli donna pour point de départ à la morphologie la nouvelle théorie de la cellule. Nägeli ramena la formation première des organes et leur développement ultérieur au développement premier de leurs cellules. Cette doctrine eut des résultats remarquables; des lois fixées et déterminées se révélèrent dans la succession et la direction des plans de division des cellules des cryptogames[1], chez qui la croissance se trouve en relation étroite avec la division cellullaire. En outre, on vit que des cellules d'origine absolument déterminée déterminent la formation première et le développement ultérieur de chaque organe : chaque tige ou subdivision de certains cryptogames, chaque feuille, chaque organe se termine par une cellule, dont les divisions régulières donnent naissance à toutes les autres cellules, de sorte que l'origine et la formation de tout tissu cellulaire peuvent être ramenées dans le principe à une cellule apicale. Dès 1845 et 1846 (*Zeitsch. für. wiss. Bot.*) Nägeli démontrait l'existence des trois formes principales selon lesquelles se divise une cellule apicale; en un, deux, ou trois rangs (*Delesseria, Echinomitrium, Phascum, Jungermannia*). De la sorte, l'étude de l'histoire du développement des Cryptogames acquit une clarté et une précision jusque-là inconnues; d'autre part, l'étude d'une plante de la famille des algues (*Caulerpa*) permit à Nägeli de prouver, dès 1844, que la croissance d'une plante peut présenter les différenciations morphologiques habituelles, en axe, feuille et racine, lors même que les divisions cellulaires ne se produisent pas à l'intérieur de la cellule de reproduction au moment de la formation et durant le développement ultérieur de cette dernière. En 1847, des faits semblables furent constatés chez les *Valonia*, les *Udotea* et les *Acetabularia*.

D'ailleurs, Nägeli ne se borna pas à tirer de l'étude des Cryptogames inférieurs des remarques instructives dont l'utilité au point de vue des principes morphologiques généraux était indiscutable; il consacra aux algues des études spéciales systématiques et descriptives; il publia, en 1847, un ouvrage intitulé : *Neuen Algensysteme,* qui fut suivi, en 1849, des *Gattungen einzelliger Algen*. Ce furent là deux essais couronnés de succès, les premiers essais fructueux qui aient eu pour objet des recherches qui, si elles n'avaient pas été complètement abandonnées, n'avaient pas, du moins, donné lieu, depuis Vaucher, à des études méthodiquement entreprises et menées. Nägeli s'était efforcé par là d'opposer l'examen approfondi, logique, et persévérant, au zèle routinier des collectionneurs. Nous trouvons à cet égard, dans Alexandre Braun, un trésor de nouvelles observations sur le mode d'existence des algues, et sur certaines particularités morphologiques qui se trouvent en relation étroite avec les fonctions nécessaires à la vie, des végétaux en question.

1. Pour détails voir *Arbeiten des bot. Inst. zu Wurzburg*, 1878 et 1879.

Nous reviendrons plus tard sur les remarquables recherches de Thuret, de Pringsheim, et de Bary; elles se rattachent en quelque mesure aux travaux dont nous venons de faire mention, et elles les suivirent de près.

Avant l'époque où l'étude approfondie des algues vint apporter des modifications à la botanique, peu de temps après le moment où les recherches qui avaient les champignons pour objet amenèrent à des découvertes importantes, la systématique des végétaux supérieurs subit une véritable transformation, grâce à l'étude méthodique de l'embryologie des Muscinées et des Cryptogames Vasculaires.

Parmi les Cryptogames, les Muscinées et les Cryptogames Vasculaires avaient été l'objet, depuis une centaine d'années, d'études fréquentes et approfondies, entreprises par des observateurs consciencieux; les systématistes avaient réussi à introduire un certain ordre dans la classification des espèces, des genres, des familles, et même des subdivisions principales de ces groupes végétaux, sans cependant pénétrer dans les particularités de leur organisation; ces plantes se trouvaient déjà énumérées dans des catalogues très complets, très bien organisés au point de vue de la systématique; en outre, on s'était efforcé d'acquérir des idées plus nettes sur l'organisation morphologique des Muscinées et des Cryptogames Vasculaires, en s'appuyant sur les faits connus à l'égard des Phanérogames. Au siècle précédent, Schmiedel [1] avait déjà consacré aux Muscinées des études très remarquables; en 1750, on avait vu paraître un ouvrage sur les Hépatiques; nous remarquerons en particulier celui de Hedwig sur les Mousses, publié en 1782. Les études approfondies de Mirbel sur les Marchantiées (1835), celles de Bischoff sur les Marchantiées et les Ricciées, celles de W.-B. Schimper sur les Mousses (1850) et les travaux de Lantzius Beninga [2] au sujet de l'organisation de la capsule des Mousses (1847) se rattachent en quelque mesure aux recherches approfondies de Hedwig. Depuis 1828, on avait acquis, grâce aux travaux de Bischoff [3], des idées plus justes sur l'organisation

1. Casimir-Christophe Schmiedel naquit en 1718, et mourut en 1792; il professa la médecine à Erlangen, et fut le premier à décrire les organes sexuels de différentes Hépatiques.

2. Lantzius Beninga naquit dans la Frise orientale en 1815, et mourut en 1871. Il professa à Göttingue.

3. Gottlieb-Wilhelm Bischoff naquit à Dürkheim, sur la Hardt, en 1797, et mourut en 1854 à Heidelberg où il professait la botanique. Il a écrit des manuels et des traités scientifiques qui, en dépit du soin consciencieux que l'auteur a

des Cryptogames Vasculaires, et même, en partie, sur leur germination; en outre, Unger avait décrit, dès 1837, les spermatozoïdes des Anthéridies de différentes Mousses; Nägeli avait découvert la présence de ces mêmes spermatozoïdes dans un organe des Fougères qu'on avait pris, jusque-là, pour la feuille cotylédonaire; enfin, en 1848, Suminsky décrivit les organes sexuels femelles, et constata que les spermatozoïdes s'y introduisent. Quelques années auparavant, l'histoire de la germination des Rhizocarpées dont Schleiden croyait avoir tiré des arguments frappants à l'appui de sa théorie de la fécondation, théorie d'ailleurs complètement erronée, fut soumise à un examen approfondi de la part de Nägeli, qui découvrit alors l'existence des Spermatozoïdes, et de Mettenius. Ainsi, les connaissances qu'on possédait sur la vie et l'organisation de ces plantes restèrent à l'état fragmentaire jusqu'en 1848; incomprises et disséminées comme elles l'étaient, elles ne possédaient qu'une valeur scientifique médiocre, abstraction faite toutefois de ce que la fécondation s'effectue chez les cryptogames comme chez les animaux, au moyen des spermatozoïdes. Il était impossible d'arriver à des idées parfaitement nettes sur les faits embryologiques dont il s'agissait, tant que l'ordre et la clarté n'étaient pas établies dans l'étude de l'embryologie des phanérogames. Nous avons déjà fait mention de la théorie de Schleiden; en vertu de cette théorie, d'après laquelle le boyau pollinique, introduit dans le sac embryonnaire de l'ovule, se développe de manière à former l'embryon, l'ovule n'était plus considéré comme un organe sexuel féminin, mais bien comme un lieu d'incubation, partie végétale où l'embryon produit asexuellement, peut se développer à l'aise. Dans son ouvrage, *Die Entstehung des Embryos der Phanerogamen*, publié en 1849, Wilhelm Hofmeister trouve enfin la solution de ce problème. Il démontre dans cet ouvrage, ainsi que dans une série d'études publiées plus tard, que la cellule-œuf se trouve déjà dans le sac embryonnaire avant la fécondation; le boyau pollinique en s'introduisant, détermine un développement ultérieur de celle-ci, suivi de la formation de l'embryon. Hofmeister avait examiné minutieusement, étendant ses observations

apporté à son œuvre, conçue d'après les idées qui régnaient avant l'apparition de Schleiden, sont complètement démodés. En revanche, ses recherches approfondies sur les Hépatiques, Characées, et Cryptogames Vasculaires possèdent encore une grande valeur; il y joignit de belles figures qu'il exécuta lui-même et qui en éclaircissent le sens. Son *Handbuch der botanischen Terminologie* n'est pas non plus dépourvu d'intérêt et d'utilité, grâce aux nombreuses figures qu'il contient.

à toutes les cellules une à une, l'organisation de l'ovule, la nature du sac embryonnaire et du grain de pollen, la formation de l'embryon qui sort de la cellule-œuf fécondée. On retrouve dans les études de Hofmeister sur ce sujet, l'ordre et la clarté que Nägeli avait introduits dans l'histoire du développement au moyen de sa théorie de la cellule qui ramène toute espèce de développement à la formation des cellules. Hofmeister appliqua immédiatement cette méthode, fondée sur des principes tirés de l'histoire du développement, à l'étude de l'embryologie des Muscinées et des Cryptogames Vasculaires; il suivit, cellule par cellule, la formation première et le développement des organes sexuels d'une série d'espèces végétales; il soumit à des observations approfondies la formation de la cellule-œuf qui doit recevoir le principe de fécondation, et la genèse des spermatozoïdes; il prouva l'existence de divisions cellulaires dans la cellule-œuf fécondée; il mit en lumière les rapports qui existent entre ces divisions cellulaires et l'organisation du produit sexuel qui subit un développement progressif. Les observations qui avaient pour objet le développement, pris dans son ensemble, des Muscinées et des Cryptogames Vasculaires, prouvèrent que la cellule isolée devait être considérée, à deux reprises, comme le point de départ d'une nouvelle série de développements. Le lecteur ne découvrira pas dans les études approfondies de Hofmeister l'argumentation étendue et compliquée que la précision de la méthode employée rend du reste superflue; mais il y trouvera l'explication nette et claire des faits. Hofmeister signale et constate l'importance que possèdent, au point de vue de l'histoire du développement, les spores produites asexuellement et les germes qu'elles produisent; il met en lumière l'importance égale de l'embryon, produit sexuellement, et les rapports qui unissent les spores à l'embryon. Il se livra à des études comparées qui avaient pour objet l'embryologie des Conifères, au moyen de laquelle il établit les principes fondamentaux de celle des Angiospermes, et les fonctions embryologiques des Rhizocarpées et des Sélaginelles; il constata, chez les végétaux en question, l'existence de deux espèces de spores; il fut, en outre, le premier à tirer de l'observation de ce fait des conclusions justes.

Les résultats de ces investigations, publiées sous le titre de *Vergleichende Untersuchungen*, qui parurent en 1851, mais qui avaient été publiées déjà, dans une sorte de résumé, en 1849, furent immenses. On ne pourrait guère citer de fait aussi important dans le domaine de la botanique descriptive; le mérite de considérations isolées qui jetaient un jour nouveau sur les questions les plus diverses de la théorie de la cellule et de la morphologie était perdu dans l'admirable clarté de l'œuvre tout entière, clarté qui se manifestait particulièrement dans les études de détail, et qui frappait le lecteur même avant le moment où il parvenait aux dernières lignes de l'ouvrage, dans lesquelles le résultat tout entier se trouve résumé en quelques mots. Il est difficile de caractériser, en peu de mots, l'ouvrage en question, au point de vue de l'immense importance qu'il présente à l'égard de la botanique.

L'idée qu'on se faisait du développement d'une plante, le sens qu'on attachait à ce mot de développement, avaient changé subitement; on put signaler les rapports de parenté cachés qui unissent entre elles des familles végétales absolument différentes, telles que les Mousses, les Hépatiques, les Fougères, les Equisétacées, les Rhizocarpées, les Sélaginelles, les Conifères, les Monocotylédones et les Dicotylédones; on se trouva en mesure de déterminer ces rapports de parenté avec une exactitude et une sûreté de coup d'œil que la systématique des années précédentes n'aurait pu faire pressentir.

L'étude du règne animal venait de donner lieu à la découverte de l'alternance des générations, et bien que les aperçus qu'on avait alors à ce sujet différassent de ceux que nous possédons aujourd'hui, ce principe n'en constitua pas moins la plus importante de toutes les lois du développement; une loi, qui, tout en se manifestant dans les limites d'un plan d'organisation assez simple, régit une foule de végétaux qui diffèrent extérieurement les uns des autres. Cette alternance des générations est particulièrement facile à constater chez les Fougères et chez les Muscinées; cependant, elle présente, dans l'un et l'autre cas, un certain contraste. Chez les Fougères et les Cryptogames voisins, la spore produite asexuellement donne naissance à une petite plante sexuée; cette plantule, une fois fécondée, produit la fougère; la tige porte des racines et des feuilles; quant à la fougère elle-même, elle ne produit que des spores privés de sexe. En revanche, les spores des Muscinées donnent naissance à une plante bien organisée, et dont l'existence est généralement longue; elle ne produit les organes sexuels qu'au bout d'un certain temps; ce qu'on désigne sous le nom de mousse vraie est un produit des fonctions de ces organes. La première plante produite par les spores des Muscinées est sexuelle, et végétative, tandis que dans les fougères et les plantes parentes, le principe de vie actif et les différences morphologiques se manifestent entièrement dans la seconde génération, qui est produite asexuellement. Tout ceci était parfaitement clair et se trouvait à la portée de toutes les intelligences; mais les investigations minutieuses de Hofmeister prouvèrent, en outre, que le développement des Rhizocarpées et des Sélaginelles s'effectue en vertu des mêmes lois; il existe, chez les végétaux en question, des spores de deux espèces; on finit par découvrir que les connaissances qu'on avait acquises au sujet des rapports véritables qui existent entre la formation des spores et les organes sexuels donnent la clef des différents problèmes morphologiques.

Lorsqu'on connut mieux les fonctions des grands spores femelles des Cryptogames supérieurs, on comprit les phénomènes de la formation des semences des Conifères : le sac embryonnaire des Conifères correspond à ces spores, son endosperme représente le prothalle, de même que le grain de pollen représente la microspore; on pouvait donc retrouver, dans la formation des graines des Phanérogames, les dernières traces de l'alternance des générations, qui se manifeste avec une netteté particulière dans l'organisation des Muscinées et des Fougères. Les modifications que subit l'alternance des générations, des Muscinées aux Phanérogames, étaient plus surprenantes encore, s'il est possible, que l'alternance des générations elle-même.

Celui qui abordait l'étude des *Vergleichende Untersuchungen* de Hofmeister voyait se dérouler sous ses yeux les rapports de parenté génétiques qui unissent les Cryptogames aux Phanérogames; en présence des faits constatés, il n'était plus possible de conserver les théories qui avaient été toutes-puissantes à l'époque où l'on croyait au dogme de la constance des espèces.

Il ne s'agissait plus maintenant d'établir des types nouveaux; il s'agissait d'acquérir des connaissances approfondies au sujet de rapports qui appartiennent à l'histoire du développement, qui unissent entre elles les plantes les plus diverses, telles que les Mousses de l'espèce la plus simple et les Cycadées, les Conifères et les Gnétacées. Il fallait renoncer aux théories d'après lesquelles tout groupe naturel du règne végétal était supposé représenter une « idée », il fallait remplacer par d'autres les doctrines qu'on avait établies précédemment, et qui avaient pour objet le sens, la signification du système naturel; on ne pouvait les considérer ni comme un recueil de notions, ni comme un ensemble de théories empruntées à la philosophie de Platon.

En outre, les résultats de ce livre furent décisifs au point de vue de la méthodologie; l'étude des Cryptogames occupait maintenant une place prépondérante dans le domaine de la morphologie; les observations approfondies qui avaient pour objet les Muscinées et les Fougères devaient amener à la connaissance exacte des Cryptogames inférieurs et des Phanérogames. L'embryologie peut se comparer au fil conducteur qui guidait les botanistes dans le labyrinthe de la morphologie comparée et génétique; on attacha au mot de métamorphose le sens qu'il possède en réalité, en ramenant chaque organe à sa forme première, en déterminant les rapports qui unissent les feuilles staminales et carpellaires aux feuilles sporifères des Cryptogames Vasculaires. Hofmeister avait découvert depuis longtemps la méthode à laquelle Haeckel avait donné, après l'apparition de Darwin, le nom de méthode phylogénétique; il l'avait appliquée, et ses efforts à cet égard avaient été couronnés du plus grand succès. Lorsque la théorie de la descendance de Darwin parut huit ans après le livre de Hofmeister, les rapports de parenté qui unissent entre eux les différents groupes du règne végétal étaient si exactement déterminés, si clairement établis, les observations qu'on avait faites à leur sujet étaient fondées sur des bases si solides, que la théorie de la descendance n'eut qu'à admettre des faits dont la morphologie génétique avait établi l'existence de manière irréfutable.

Cependant, Hofmeister ne pouvait du premier coup amener à la perfection, l'œuvre gigantesque qu'il avait entreprise, et qui avait pour objet l'étude des rapports génétiques qui unissent entre eux les différents groupes du monde végétal, à l'exception toutefois des Thallophytes; il se trouvait encore dans cette œuvre des vides à combler, des observations erronées à rectifier; aussi l'auteur poursuivit-il le cours de ses travaux; durant les années qui suivirent, il soumit à des observations approfondies des familles végétales extrêmement remarquables, telles que les *Isoetes*, et *Botrychium;* Milde collabora à ses études sur la fécondation et l'embryologie des Equisétacées; enfin, Mettenius enrichit l'œuvre des botanistes, que nous venons de nommer, de documents nouveaux, dus à l'observation consciencieuse de la fécondation et de l'embryologie de l'*Ophioglossum*. A l'époque actuelle, on ne laisse pas d'atteindre encore à des résultats importants en étudiant les différentes formes des Muscinées, des Cryptogames Vasculaires et des Gymnospermes, afin de déterminer les phénomènes que présentent ces végétaux dans leur développement, la formation de l'embryon, la succession des cellules apicales, la première apparition et la croissance des organes latéraux, et plus l'investigation est minutieuse, mieux on reconnaît la justesse des principes sur lesquels Hofmeister a fondé sa théorie de l'alternance des générations, mieux on constate la logique qui règne jusque dans leurs conséquences extrêmes.

THALLOPHYTES.

En s'efforçant d'appliquer l'investigation morphologique à la formation première de l'embryon avant et après la fécondation, en suivant les perfectionnements subis par les organes, et les progrès de la croissance à travers toutes les phases du développement, de manière à revenir encore à la formation de l'embryon, les botanistes dont nous avons parlé précédemment ont déterminé, dans l'étude des Muscinées, des Cryptogames Vasculaires, et des Phanérogames, des progrès qui se sont manifestés particulièrement à partir de 1850; ils ont reconnu aux organes végétaux l'importance qu'ils possèdent réellement au point de vue de la morphologie; ils ont écarté les notions arbitraires et les théories incertaines d'après lesquelles on avait parfois établi les rapports de parenté; on connaissait maintenant la voie qui devait infailliblement conduire au but, à celui du moins qu'on se proposait lorsqu'il s'agissait de déterminer les rapports de parenté qui unissent les différentes subdivisions d'une famille de Cryptogames ou les groupes principaux des Phanérogames; il ne s'agissait plus de suppositions ou d'expériences ingénieuses; l'investigation patiente et prolongée, seule, pouvait être utile; et les résultats qu'elle détermina, eurent, en effet, une valeur solide et durable.

Il en était tout autrement des connaissances qu'avaient acquises, au sujet des Thallophytes, les botanistes qui s'étaient succédé jusque vers 1850; le peu qu'ils savaient à cet égard leur faisait sentir, plus vivement encore, tout ce qu'ils ignoraient; l'étude des Algues, des Champignons, des Lichens offrait un véritable chaos, bien différent des observations logiques et méthodiquement coordonnées qui avaient pour objet les Muscinées et les plantes vasculaires. Chez les Muscinées et les Fougères, l'alternance des générations établissait une distinction arrêtée entre les phases principales du développement, tout en les unissant jusqu'à un certain point. Le développement de celles-ci s'offrait à l'observation du botaniste donc de telle sorte, que toutes les périodes de la croissance progressive se dégageaient nettement de l'ensemble, chacune possédant la valeur qui lui est propre; en revanche, le développement des Algues et des Champignons présentait un chaos de formes qui ne paraissaient que pour s'évanouir de nouveau, et entre lesquelles il semblait impossible de découvrir des rapports génétiques, soumis à des lois quelconques. Il s'agissait, ici, de déterminer, parmi les formes connues, celles qui rentrent dans le même cycle de développement. Les principes de développement des espèces d'Algues les plus diverses se trouvaient mêlés et confondus dans la même goutte d'eau; les différentes espèces de Champignons étaient toutes produites par les mêmes matières; enfin, les formes des Champignons et celles des Algues se confondaient les unes avec les autres chez les Lichens. Les théories des botanistes de l'époque sur les espèces petites et microscopiques se réduisaient donc aux principes que nous venons de mentionner; on connaissait mieux les Algues marines, les Champignons à chapeau et les Lichens de grande espèce; on parvenait, jusqu'à un certain point, à établir les différences qui les séparent; mais les idées qu'on avait au sujet de leur développement étaient encore plus vagues, s'il est possible, que celles qu'on possédait à l'égard des Thallophytes microscopiques.

Cependant, en dépit de cette incertitude, on était arrivé, durant les années qui ont précédé 1850, à acquérir sur les végétaux en question un grand nombre de connaissances de détail. Les collectionneurs et les amateurs, qui songeaient avant tout aux faits constatés par l'observation des caractères extérieurs, et qui s'inquiétaient peu de la formation et des rapports de parenté, enrichissaient tranquillement leurs collections de nouveaux échantillons, faisaient des catalogues, et établissaient de nouveaux systèmes d'après des indices extérieurs, souvent arbitraires. On comptait par milliers les noms des espèces, dont la caractéristique remplissait d'épais volumes; d'autres ouvrages, en grand nombre, contenaient des figures, représentant les plantes en question; les Thallophytes se trouvèrent posséder une telle richesse de formes, que de nombreux botanistes en firent l'unique objet de leurs études; d'autres se contentèrent de collectionner et de décrire des Algues, des Champignons ou des Lichens. Cependant, les botanistes ne purent arriver, par ce moyen, à acquérir des connaissances plus approfondies au sujet des rapports qui unissent entre elles ces diverses formes végétales, ou qui les rattachent à d'autres plantes; toutefois, ils étaient parvenus à établir une base empirique de l'étude des Cryptogames, comme celle dont s'étaient servis, au dix-septième siècle, les auteurs des livres de botanique qui traitaient des Phanérogames. Les caractères qui s'imposent d'eux-mêmes à l'observation superficielle étaient constatés et même classés en quelque sorte; les termes de botanique, les tables des matières, les figures des livres de l'époque, ne laissaient pas de répandre des idées assez nettes dans l'esprit de ceux qui lisaient ces ouvrages. Les livres de Agardh[1], de Harvey, de Kützing sur les algues, ceux de Nees von Esenbeck[2], d'Elias Fries, de Léveillé, de Berkeley, et en particulier les études approfondies de Corda sur les champignons, ont une importance spéciale.

Les botanistes qui se succédèrent jusqu'à 1820, 1830, et même 1840, n'avaient que des idées extrêmement vagues et incertaines sur la formation et la reproduction des cryptogames inférieurs.

On connaissait, cependant, certaines choses sur l'accroissement et la reproduction de différentes plantes des algues, des champignons et des fougères; mais, parmi ces végétaux, il en était au sujet desquels on se trouvait dans une ignorance complète. L'habitat de quelques-uns d'entre eux, certaines particularités de leur développement, semblaient appeler et même exiger la théorie de la génération spontanée. En 1827, Meyen admettait la génération libre chez de petites algues qui prennent naissance dans l'eau dormante ou même dans des réceptacles fermés; en 1833, Kützing s'efforça, au moyen d'expériences, de démontrer la vérité de cette théorie. Certains botanistes regardaient les champignons comme

1. Karl-Adolph Agardh (1785-1859) fut professeur à Lund jusqu'en 1835, et devint ensuite évêque de Wermland et de Dalsland. — Jacob-Georg Agardh naquit en 1813, et fut professeur à Lund. — William Henry Harvey (1811-1866) professa la botanique à Dublin. — Friedrich Traugott Kützing, né en 1807, professa à l'école des arts et métiers de Nordhausen.

2. En 1816, C.-G. Nees von Esenbeck publia son *System der Pilze und Schwæmme*, et, en 1837, parut le *System der Pilze* de Th. F. L. Nees von Esenbeck et de A. Henty. Le premier des botanistes que nous venons de nommer (1776-1858), fut longtemps président de la *Leopoldina* et professeur de botanique à Breslau; il occupe un rang distingué parmi les représentants de la philosophie de la nature. — Elias Fries, né en 1794, professa la botanique à Upsal à partir de 1835. — Léveillé (1796-1870), exerça la médecine à Paris. — Auguste-Joseph Corda naquit en 1809 à Rechenberg, en Bohême; à partir de 1835, il remplit les fonctions de conservateur du musée national de Prague; en 1848, il entreprit un voyage au Texas, mais n'en revint pas. On suppose qu'il périt en 1849 dans un naufrage. Corda est l'auteur de travaux très remarquables sur les champignons; Weitenweber donne sur son œuvre des renseignements plus détaillés (*Abh. der bœhm. Gesell. der Wiss.*, t. 7. Prague, 1852). Il est le premier qui ait fait un usage intelligent du microscope dans la description et la caractérisation des champignons, et surtout à ceux des petites espèces. Son ouvrage intitulé : *Icones fungorum hucusque cognitorum* (1837-1854), est encore indispensable à ceux qui veulent aborder l'étude de la mycologie.

une excroissance produite par les maladies d'autres organismes; d'autres leur attribuaient le pouvoir de se former par la génération spontanée, sans tenir compte de la faculté qu'ils possèdent de se reproduire au moyen des spores; les plus distingués des botanistes qui se sont succédé jusque vers 1850 partageaient cette théorie, pour les espèces les plus simples. Cependant, celle-ci, après 1850, s'opposa aussi peu au développement de l'étude méthodique des Algues et des Champignons que la croyance à la génération spontanée des Phanérogames s'était opposée, durant le dix-septième siècle, aux progrès de l'étude de ceux-ci. Toutefois, on eut à lutter contre les obstacles que suscitèrent, tout d'abord, les théories établies par Hornschuch (1821) et par Kützing (1833). D'après les doctrines en question, les algues cellulaires les plus simples (*Protococcus* et *Palmella*) pouvaient, une fois produites par la génération spontanée, donner naissance, sous l'influence des conditions extérieures, aux algues les plus diverses, voire même à des lichens et à des mousses. A l'heure qu'il est, certains botanistes considèrent encore le *Penicillium* et le *Micrococcus* comme le point de départ des champignons les plus divers. En outre, on se demandait où tracer la limite qui sépare les animaux inférieurs des plantes; on trancha la difficulté de la manière la plus simple en rangeant parmi les animaux les êtres organisés qui se meuvent spontanément en vertu d'une force intérieure; les zoologistes réclamèrent donc comme rentrant dans le domaine de leur étude, des familles entières d'algues (les Volvocinées, les Bacillariées, etc.), et lorsqu'on vit pour la première fois, s' échapper les spores d'une algue véritable, on crut se trouver en présence d'une transmutation de la plante en animal. (Trentepohl, 1807). En 1830, Unger interprétait de la même manière le fait de l'éclosion des zoospores de la Vaucherie; d'ailleurs, il n'y a rien d'étonnant à ce que les botanistes de l'époque se soient complu dans des théories semblables, mais il est extraordinaire que la plupart d'entre eux aient trouvé moyen de les concilier avec le dogme de la constance des espèces. Dans ce cas, toutefois, le dogme de la constance des espèces, loin de nuire à la science, ne laissa pas de lui être de quelque avantage, car les botanistes qui entreprirent plus tard l'étude méthodique des algues et des champignons croyaient à la constance spécifique et pensaient retrouver son application dans l'étude des végétaux que nous venons de nommer, aussi bien que chez les mousses et les végétaux supérieurs.

La littérature dont nous parlons ne renfermait pas uniquement des notions indécises et vagues, engendrées par un système dépourvu d'esprit critique, on pouvait, depuis longtemps, y trouver la constatation logique de faits qui possédaient beaucoup d'importance, et qui étaient propres à constituer le point de départ d'études approfondies et minutieuses, pour des investigateurs sérieux. Parmi les algues, les *Spirogyra* et *Vaucheria*, en particulier, offraient à l'observation des phénomènes remarquables; dès 1788, Joseph Gärtner connaissait la formation des zygospores des premières; en 1798, Hedwig trouvait dans leur mode de formation un indice de la sexualité, et enfin, dans un volume qui devançait son temps, dans l'*Histoire des Conferves d'eau douce*, publiée en 1803, Vaucher[1] appelle la conjugaison un acte sexuel. Cependant, il ne put arriver à observer le mode de reproduction d'une espèce dont il décrivit exactement les organes sexuels, et à laquelle on donna son nom, la *Vaucheria;* il ne remarqua pas les mouvements des zoospores de l'espèce en question, dont l'éclosion et les mouvements firent en 1807 le sujet des investigations de Trentepohl[2]. Vaucher savait aussi que des réseaux nouveaux se forment dans les anciennes cellules de l'*Hydrodictyon;* en 1842, ce fait attira l'attention d'Areschoug qui constata, dans les anciennes cellules, la présence d'une quantité de cellules nouvelles. Dès 1828, Bischoff vit les spermatozoïdes des Chara, sans cependant se rendre compte de leur importance. Les Algues, qui présentent le phénomène de la conjugaison, devinrent l'objet d'investigations plus fréquemment répétées; en 1834, Ehrenberg constata, chez les *Closterium*, les phénomènes que nous venons de mentionner; en 1836, Morren les décrivit avec plus d'exactitude.

Durant les années qui s'écoulèrent de 1830 à 1840, l'étude des Algues marines et d'eau douce, et de la formation de leurs spores, subit de nouveaux développements; en 1839, Meyen comprit dans une étude générale (*Neues System, III*) les résultats de toutes les recherches qui avaient eu pour objet la reproduction des Algues.

La science botanique acquit, de 1844 à 1849, une importance nouvelle, grâce aux recherches, déjà mentionnées, de Nägeli. Après celles de Vaucher, nous devons les considérer comme les premières investigations méthodiques qu'on ait jamais entreprises

1. Jean-Etienne-Pierre Vaucher, maître et ami de P. de Candolle, fut pasteur et professeur à Genève.

2. On trouvera l'observation de Trentepohl dans les *Botanische Bemerkungen* de A.-W. Roth. Leipzig, 1807.

dans ce domaine. Nägeli se voua en particulier à l'étude des lois qui régissent la division cellulaire, et qui se trouvent en relation plus ou moins étroite avec l'accroissement et la multiplication sexuelle; cependant, parmi les Algues, il ne constatait de sexualité que chez les Floridées, auxquelles il opposait toutes les autres Algues qui, d'après lui, sont privées de sexualité.

Dans sa *Verjüngung* (1850), Braun enrichit la biologie des Algues d'eau douce de documents nouveaux, pleins des remarques les plus intéressantes au sujet des rapports encore ignorés qui existent entre ces diverses formes végétales; à cet ouvrage succéda, en 1852, une admirable histoire de la croissance chez les Characées, conçue et traitée d'après les idées de Nägeli. L'auteur y démontre que chaque cellule trouve son origine première dans la cellule apicale; il soumet à un examen approfondi les organes sexuels; il met en lumière les rapports qui existent entre l'écoulement du contenu des cellules et la conformation morphologique des organes.

Gustave Thuret s'était déjà livré à des études minutieuses sur les zoospores des algues.

L'étude des Algues en était arrivé à ce degré de développement, lorsqu'en 1850, Hofmeister fit du développement de l'embryon des Phanérogames, des Cryptogames Vasculaires, et des Muscinées, le point central des études morphologiques et systématiques. Les botanistes de l'époque s'aperçurent alors que l'on ne peut acquérir la connaissance complète des différentes formes d'une plante et des rapports de parenté qui l'unissent à d'autres végétaux que lorsque l'on prend sa reproduction sexuelle et le développement de l'embryon pour point de départ.

On pouvait s'attendre à arriver aux mêmes résultats dans le domaine de l'embryologie des Algues; il s'agissait, dorénavant, de ne pas se borner à acquérir des connaissances nouvelles au sujet de la multiplication sexuelle, mais d'étudier la reproduction asexuelle et de tirer de cette étude les principes fondamentaux qui devaient constituer les bases de l'histoire entière des Algues. Des observations antérieures semblaient prouver que la reproduction sexuelle est le cas général; mais ceux qui désiraient établir une histoire du développement qui fut logique et coordonnée pouvaient s'attendre à un labeur pénible et prolongé, ignoré des collectionneurs qui prenaient volontiers le nom de systématistes.

Cependant, les recherches de Nägeli et de Hofmeister avaient déjà accoutumé les botanistes de l'époque à des travaux qui répondaient, dans ce domaine, à toutes les exigences de la science; ceux qui voulaient donner comme base à la véritable science méthodique un fonds de découvertes et d'observations nouvelles commencèrent, dès 1850, à réunir les matériaux en question. En 1853, Thuret atteignit des résultats remarquables par son histoire de la fécondation des *Fucus*. Les faits embryologiques sont, il est vrai, peu compliqués; mais les considérations qui ont pour objet l'acte sexuel sont si précises et si nettes, les faits constatés se prêtent si bien à l'expérimentation, qu'une vive lumière fut projetée sur d'autres faits plus difficiles à observer. Des découvertes analogues se succédèrent sans interruption; en 1855, Pringsheim donna l'explication de faits, restés jusqu'alors incompréhensibles, de l'organisation des Vaucheria, puis de celle des Oedogoniées, Saprolegniées et Colcochætées (1856-1858); en 1855, Cohn observa la formation sexuelle des spores des *Sphæroplea*.

Cependant, Pringsheim ne se borna pas à étudier l'acte sexuel; il a étudié la croissance des familles végétales que nous venons de mentionner et a poursuivi, pas à pas, dans leur développement progressif, la formation des organes sexuels et du produit sexuel. Il attribua à la reproduction asexuelle l'importance qu'elle possède en réalité. Il signala des phénomènes qui semblent avoir maints rapports avec l'alternance des générations telle qu'elle s'effectue chez les Muscinées; il prouva par là que la sexualité et le développement général des Algues peuvent affecter des formes diverses. L'étude de ces différentes formes l'amena à établir des groupes systématiques qui différaient absolument de ceux que les collectionneurs avaient fondés sur une observation superficielle. Durant les années qui précédèrent 1860, de Bary soumit pareillement les Conjuguées à une étude morphologique sérieuse (1858); Thuret fournit des fragments de l'histoire du développement des Algues, Thuret et Bornet fondèrent la remarquable embryologie des Floridées (1867); Pringsheim constata de la manière la plus nette l'accouplement des spores des Volvocinées. Les Algues offraient, dans les différentes formes de leur développement, une variété que n'atteignait aucune autre classe végétale; la croissance, la reproduction sexuelle, et celle qui est indépendante de toute sexualité, s'y unissent étroitement de façon à ouvrir de nouveaux aperçus sur le monde végétal.

Les anciennes doctrines sur la nature des plantes avaient subi une transformation complète, grâce aux découvertes de Hofmeister, qui prouva l'existence de l'alternance des générations et ramena à ce principe la formation de la semence des phanérogames; en outre, les premières manifestations de la vie végétale, les formes les plus simples des Algues présentent des phénomènes qui nous obligent à reviser les principes fondamentaux de la morphologie, si nous voulons être à même d'aborder l'étude méthodique du règne végétal tout entier.

L'étude des Champignons, telle qu'il se poursuivit à partir de 1850, amena à des résultats d'une portée plus étendue encore. Depuis l'époque la plus reculée, les champignons avaient été l'objet de l'étonnement et de la superstition; nous avons cité à ce sujet, au premier chapitre, quelques lignes empruntées à Jérome Bock. Gaspard Bauhin ne fut pas le seul à partager les opinions de Bock à cet égard; des théories analogues se sont maintenues jusque dans la première moitié de notre siècle. Vers le milieu du siècle dernier, Otto de Münchausen croyait que les champignons sont habités par des polypes, et Linné s'empressa d'adopter cette manière de voir. D'autre part, les théories que professaient sur la nature des Champignons les adeptes de la Philosophie de la Nature, tels que Nees von Esenbeck, peuvent être laissées de côté dans cet ouvrage.

D'ailleurs, des remarques et des observations qui, bien que disséminées, ne laissaient pas de posséder une certaine valeur, s'étaient, depuis longtemps, accumulées dans ce domaine; dès 1729, Micheli [1] avait recueilli les spores de nombreux champignons; il les avait semés, et ces semences avaient produit non seulement du mycélium, mais encore des sporophores. En 1753, Gleditsch confirma les observations de Micheli; dès 1762, Jacob-Christian Schæffer [2] avait reproduit, dans de fort belles figures, tous les champignons qui croissent en Bavière et dans le Palatinat; il avait observé les spores de la plupart d'entre eux. En dépit des efforts des botanistes que nous venons de nommer, Rudolphi et Link nièrent, au commencement de ce siècle, le fait de la germination des spores des champignons; en 1818, Persoon se

1. Pier' Antonio Micheli (né à Forence en 1679, directeur du Jardin botanique de cette ville, mort en 1737), et Joh. Jac. Dillenius (né à Darmstadt en 1687, professeur de botanique à Oxford, mort en 1747), ont été les premiers qui aient consacré aux cryptogames inférieurs et aux mousses des études suivies; ils ont cherché, en outre, à acquérir des connaissances exactes au sujet de la présence d'organes sexuels chez les végétaux en question.

2. Jacob-Christian Schæffer, né en 1718, mort en 1790, fut surintendant à Ratisbonne.

borna à attribuer la formation des champignons, tantôt à des spores, tantôt à une génération spontanée. A partir de 1820, on put constater un progrès marqué dans la connaissance des Champignons; nous attribuerons en partie ces progrès au travail détaillé d'Ehrenberg (*De Mycetogenesi*, dans la *Leopoldina* de 1820). Dans cet ouvrage, l'auteur ne se contente pas de réunir et de coordonner toutes les connaissances que les botanistes précédents avaient acquises sur la nature et la reproduction des champignons, il fait part au lecteur de ses propres observations sur les spores et leur germination; il joint à ses considérations des figures qui reproduisent entre autres phénomènes le cours des Hyphes dans les grands sporophores, et surtout il décrit le premier cas de sexualité qu'on ait observé chez les Moisissures, la conjugaison des rameaux des Syzygites. Dans la même année, Nees von Esenbeck sema sur du pain des *Mucor stolonifer*, d'où sortirent, en trois jours, des sporanges parvenus à leur complète maturité (*Flora*, 1820, p. 528); en 1834, Dutrochet prouva (*Mém.*, II, p. 173), que les champignons de dimensions plus vastes sont seulement les sporophores d'une plante filiforme, qui produit de nombreuses ramifications, et qui s'étend soit sous le sol, soit dans les interstices de substances organisées. Jusqu'alors, on avait désigné celle-ci sous le nom de *Byssus*, et on l'avait considérée comme une espèce végétale particulière, de la famille des champignons. Peu de temps après, Trog (*Flora*, 1837, p. 609) ajouta aux observations de Dutrochet des découvertes nouvelles; il établit et détermina les différences qui séparent le mycélium des sporophores; il démontra que le premier est souvent vivace, et est produit par des spores ayant germé. Il s'efforça d'élucider le morphologie des différentes formes des grands sporophores; il démontra qu'on peut recueillir sur du papier les spores de champignons, et que, chez les Pézizes et les Helvelles, les spores se trouvent lancés au dehors sous forme de petits nuages de poudre; il fournit de nouvelles preuves à l'appui des assertions de Gleditsch, d'après lesquelles les spores des champignons pourraient être répandus dans l'air. De 1842 à 1845, Schmitz fit paraître, dans la *Linnæa*, d'excellentes études au sujet de la croissance et du mode d'existence de différents champignons des plus grands. A l'époque dont nous parlons, il n'était pas superflu de montrer clairement que les spores des champignons reproduisent exactement leur espèce.

Le point central d'attraction de la Mycologie était l'étude des petits champignons, ceux qui rentrent dans la catégorie des parasites des plantes et des animaux. Mais aussi les difficultés étaient nombreuses dans ce domaine ; cette étude, en effet, offrait les problèmes les plus compliqués qu'il ait jamais été donné à la botanique de résoudre ; il s'agissait, ici, de s'aventurer, avec toutes les précautions et la circonspection inséparables de la méthode scientifique, sur un terrain nouveau, et de s'en rendre maître peu à peu. On voyait se renouveler les difficultés qui s'étaient présentées lors des investigations qui avaient eu pour objet les Algues ; les botanistes se trouvaient dans la nécessité de connaître à fond l'histoire du développement d'un certain nombre d'espèces, mais cette tâche était plus ardue encore qu'elle ne l'avait été auparavant ; il s'agissait de signaler tout ce qui appartenait à la même phase de développement, et de faire le départ d'avec des phases accidentelles du développement d'autres champignons voisins. Le mérite d'avoir fait les premiers pas dans cette voie revient aux frères Tulasne ; ils firent connaître au public, avant 1850, le résultat de leurs études, les premières qui aient eu pour objet les champignons de la rouille. Cette publication fut suivie d'une série d'ouvrages remarquables sur les différentes formes des champignons, et particulièrement de ceux qui vivent et se développent sous le sol, avec description du mode d'existence et de l'anatomie des végétaux en question, et au texte étaient jointes des figures superbes. Cependant, les ouvrages des deux frères sur l'histoire du développement de l'Ergot du seigle (1853), leurs investigations ultérieures sur la formation des spores et la germination du *Cystopus*, de la *Puccinia*, de la *Tilletia*, et de l'*Ustilago*, la découverte des organes sexuels du *Peronospora*, découverte antérieure à 1861, ont une importance encore plus grande au point de vue théorique. La *Selecta Fungorum Carpologia*, qui parut en trois volumes, de 1861 à 1865, renferme des figures splendides, qui ont trait en partie à des faits empruntés à l'histoire du développement ; elle eut, d'ailleurs, la plus grande influence sur la réforme de la Mycologie. Pendant ce temps, Cessati publiait le résultat de ses investigations sur la muscardine des vers à soie (1852), et Cohn faisait paraître un ouvrage qui traitait d'un champignon extraordinaire, le *Pilobolus*.

Cependant, la Mycologie actuelle est surtout en partie redevable de la perfection qu'elle a acquise à Anton de Bary. Ce botaniste se livra, pendant plus de vingt ans, à un labeur ininterrompu ; mais nous nous abstiendrons de citer ici tous ses ouvrages, car cette énumération nous entraînerait trop loin.

De Bary posséda beaucoup d'entente des procédés qui pouvaient seuls, dans ce domaine, amener à des résultats satisfaisants ; il s'efforça, avant tout, de faire subir de nouveaux perfectionnements à la méthode d'observation; il ne se contenta pas de déterminer les différentes phases de développement atteintes par les champignons inférieurs à l'endroit et dans les conditions mêmes où la nature les avait fait croître; il cultiva lui-même des champignons, apportant à cette culture toutes sortes de précautions, et il arriva, par ce moyen, à établir différentes catégories de végétaux qui présentaient tous les degrés de développement. Il réussit, grâce à ces procédés, à prouver que des champignons parasites peuvent s'introduire à l'intérieur de plantes et d'animaux sains; il donna par là l'explication du fait singulier que des champignons peuvent vivre dans les tissus d'organismes qui paraissent intacts; l'observation de ce fait avait, précédemment, amené les botanistes à considérer les champignons en question comme des produits soit de la génération spontanée, soit du principe de vie contenu dans les cellules des plantes ou des animaux aux dépens desquels ils vivent. De Bary prouva que le parasite, une fois introduit dans la plante ou dans l'animal qui doit l'abriter, y végète pendant un certain temps, pour finir par développer en liberté ses organes de reproduction; il prouva qu'au bout d'un temps donné, l'organisme attaqué par le champignon dépérit ou meurt.

Ces découvertes ne présentent pas seulement un grand intérêt au point de vue de la science; elles déterminèrent, dans le domaine de l'agriculture et de la science forestière, voire même dans celui de la médecine, des progrès nombreux et considérables.

Cependant, les problèmes qu'avait offerts, précédemment, l'étude des Algues, se renouvelaient, plus compliqués encore, à propos des Champignons. Divers modes de reproduction sexuelle se trouvent intercalés dans le développement; en outre, il arrive souvent que les différentes phases du développement ne peuvent se produire que dans des milieux différents.

Ces particularités constituaient une des difficultés principales contre lesquelles les botanistes de l'époque avaient à lutter. Il s'agissait, en outre, de procéder à des recherches dont l'importance était capitale, car elles avaient pour but la découverte des organes sexuels, dont des études comparées avaient fait pressentir l'existence, et lorsque de Bary eut constaté et signalé, en 1861, à la suite d'observations minutieuses, l'existence des organes sexuels des Péronosporées, il réussit, en 1863, à prouver que le Sporophore tout entier d'un Ascomycète n'est autre que le produit d'un acte sexuel, qui s'accomplit parmi les filaments du mycélium.

La littérature mycologique, telle qu'elle s'est développée à partir de 1860, trouve son point de départ dans la méthode d'observation de de Bary, et dans les résultats qu'a produits cette méthode; en outre, d'autres botanistes l'enrichirent des éléments les plus divers; de même que précédemment, au sujet de l'étude des algues, il est difficile de prévoir ici le résultat final des investigations qui ont pour objet l'étude des champignons. Cependant, nous remarquerons que les botanistes de l'époque ont réussi, dans ce domaine, à répondre aux exigences les plus compliquées de la science; ils ont réussi à écarter les obstacles, à surmonter les difficultés dont était hérissée la voie qu'ils devaient poursuivre; ils ont évité de commettre des erreurs presque inévitables; c'est là un des plus beaux résultats qu'ait produits la méthode inductive, appliquée avec une logique rigoureuse. Dans le domaine de la morphologie et de la systématique, les efforts des botanistes ont été couronnés de succès; ils sont arrivés à déterminer la nature des Sporophores de grande dimension, à constater certains phénomènes qui présentent des analogies avec l'alternance des générations chez les cryptogames supérieurs. En outre, l'étude des algues et des champignons permit aux botanistes de constater certains rapports entre ces deux classes, qui, jusqu'alors, avaient passé pour être absolument distinctes l'une de l'autre; on établit une classification entièrement nouvelle, dans laquelle les Algues et les Champignons sont considérés comme des formes différant seulement par l'habitus, dans des groupes fondés sur la Morphologie[1].

Il est nécessaire ici d'ajouter un mot au sujet des Lichens; ils forment une des subdivisions des Thallophytes, dont on n'est parvenu que tout récemment à déterminer la nature véritable. Jusque vers 1860, on ne savait, au sujet de l'organisation de ces végétaux, que ce que Wallroth[2] en avait dit en 1825. Ce botaniste avait constaté l'existence de cellules vertes, disséminées entre le réseau des hyphes du Thalle; on leur donna le nom de Gonidies. Depuis 1833, époque à laquelle Mohl s'était livré à ses recherches, on savait que les spores se forment librement dans les Apothécies du Lichen, on savait que certaines substances expulsées par le Thalle, sous forme d'une poussière composée de Gonidies et de Hyphes, peuvent reproduire l'espèce. Les botanistes restèrent longtemps dans l'ignorance au sujet des rapports génétiques qui

1. Voyez Sachs : *Lehrbuch der Botanik*, 4e éd. 1874, p. 245.

2. Fr.-Wilh. Wallroth naquit en 1792 dans le Harz, et mourut à Nordhausen en 1857, après avoir exercé les fonctions de médecin d'arrondissement (*Flora*, 1857, p. 336).

existent entre les Conidies, qui contiennent de la chlorophylle, et les Hyphes dont la nature se rapproche de celle du Champignon; ils n'arrivèrent qu'à partir de 1868, grâce à de nouvelles découvertes, à considérer les Gonidies comme de véritables Algues, et les Hyphes comme de véritables Champignons; ils démontrèrent, enfin, que les Lichens ne constituent pas une classe végétale, semblable à celles des Algues et des Champignons, mais bien une subdivision des Ascomycètes; ces végétaux ont ceci de particulier qu'ils entourent de filaments les plantes qui les nourrissent, en particulier les Algues, et qu'ils finissent par faire partie de leurs tissus. Schwendener a bien exposé ces faits.

Ainsi, les recherches sur la nature des Thallophytes ont subi une transformation radicale, grâce aux travaux qui se sont succédé depuis une vingtaine d'années, et qui ont, en amenant à des résultats aussi nombreux que remarquables, enrichi la botanique d'éléments nouveaux. La science n'a pas dit son dernier mot dans ce domaine; cependant, nous ferons remarquer à nos lecteurs que la morphologie et la systématique, libres enfin du fardeau des préjugés anciens, peuvent, à l'heure qu'il est, se développer sans contrainte, que l'observation s'est aiguisée, que la méthode d'investigation est devenue plus sûre, l'esprit plus chercheur et plus curieux; ces résultats sont dus à l'étude plus pénétrante des Cryptogames inférieurs et supérieurs. Ceci suffit à mettre en lumière l'importance extrême qu'ils présentent au point de vue de la botanique.

LIVRE SECOND.

HISTOIRE DE L'ANATOMIE DES PLANTES.

1671-1860.

INTRODUCTION

La substance dont se composent les végétaux les plus parfaits est formée de couches de diverse nature; c'est là un fait qui n'a pu échapper à l'observation primitive des plantes, telle qu'elle a été pratiquée depuis les époques les plus reculées; les langues anciennes possédaient déjà des mots qui désignaient, parmi les éléments anatomiques de la plante, ceux qui s'imposent tout d'abord à l'observation extérieure, tels que l'écorce, le bois et la moelle. En outre, il était facile de constater que la moelle n'est autre chose qu'une masse homogène et succulente; que le bois, en revanche, est formé d'une substance fibreuse, tandis qu'on remarque dans l'écorce des plantes ligneuses des couches superposées; ces dernières étaient tantôt membraneuses, tantôt fibreuses, ou bien encore semblables à de la moelle. Lorsqu'on parvint à extraire de l'écorce du lin les fibres qu'elle contient, on se douta, dès l'antiquité la plus reculée, qu'il était possible de séparer les parties ligneuses de l'écorce de celles qui sont semblables à la moelle, au moyen de la pourriture et de certaines préparations mécaniques. En outre, Aristote et Théophraste ne manquèrent pas de comparer ces éléments de la substance végétale à certains éléments correspondants dans le corps des animaux; nous avons déjà vu, au premier chapitre de ce livre, que Césalpin, à l'exemple des philosophes dont il a adopté les doctrines, considère la moelle comme la partie véritablement vivante de la plante, comme le siège du principe vital; nous avons vu que, dans le cours de ses ouvrages, il a appliqué cette idée à ses aperçus physiologiques et morphologiques. Il avait remarqué que la racine est, le plus souvent, dépourvue de moelle, que la partie de la racine qui correspond au bois de la tige ou du tronc offre fréquemment l'apparence d'une substance molle et charnüe; en outre, les feuilles formées d'une substance verte, succulente, et de parties composées de longues fibres, présentent, par conséquent, une certaine analogie avec l'écorce verte de la tige, et l'observation de cette analogie amena probablement Césalpin à considérer les enveloppes florales et les parties vertes des téguments comme des parties végétales qui prennent naissance dans l'écorce de la tige; en revanche, la substance molle, pulpeuse, semblable à de la moelle, dont sont formées les graines non mûres et le péricarpe, lui semblait témoigner de leur identité avec la moelle.

L'observation la plus élémentaire devait suffire à prouver que la sève n'est pas seulement contenue à l'intérieur de la plante, mais qu'elle s'y meut; en outre, les larmes de la vigne, l'écoulement de la résine balsamique des arbres résineux, l'écoulement de suc laiteux qui se produit à la suite des blessures de beaucoup de végétaux offrent une analogie si frappante avec le sang qui s'échappe des blessures d'un animal ou d'un être humain, qu'on en vint à admettre l'existence de canaux, qui se trouveraient à l'intérieur de la plante, et qui contiendraient la sève et la mettraient en mouvement, remplissant ainsi les fonctions des veines d'un animal. Cette vue parut même toute naturelle, ainsi que le prouvent surabondamment les réflexions de Césalpin sur les faits de la structure. Si nous ajoutons à ce qui précède que l'on connaissait la position de semences dans les fruits, que l'on savait que l'embryon est renfermé dans la graine, outre une masse pulpeuse (Cotylédons et Endosperme), nous aurons à peu près achevé l'inventaire des connaissances anatomiques que possédaient les botanistes jusque vers le milieu du dix-septième siècle.

Certaines préparations, faites avec soin, la dissection habile de parties végétales appropriées, l'observation attentive des modifications qu'amènent parfois la putréfaction et la moisissure auraient pu, à une époque même plus lointaine, déterminer des progrès considérables dans le domaine des connaissances anatomiques; mais la faculté de voir et d'observer est un art qui demande à être cultivé; pour pouvoir signaler avec exactitude les faits, pour les coordonner, ou établir les différences qui les distinguent, pour que la volonté puisse agir efficacement, toutes les forces de l'observateur doivent tendre vers un but déterminé. Jusque vers le milieu du dix-septième siècle, cet art de l'observation ne s'était guère développé; les botanistes de l'époque se bornaient, dans ce domaine, à établir les différences qui existent entre les organes extérieurs, entre les diverses formes des feuilles et des tiges; et dans le premier livre de cet ouvrage, nous avons appelé l'attention du lecteur sur les incertitudes de toute sorte que présentait la caractéristique des parties végétales, de dimensions particulièrement restreintes, qui entrent dans l'organisation des fleurs et des fruits.

La découverte du microscope ne permit pas uniquement de voir, agrandis, des objets de petites dimensions, ou d'en apercevoir d'autres restés jusque-là imperceptibles. L'usage des verres grossissants présentait encore un autre avantage; ceux qui s'en servaient apprirent, pour la première fois, à appliquer aux objets de leurs études une méthode d'observation scientifique et minutieuse; le botaniste qui s'efforçait de donner à son regard, au moyen de lentilles, une pénétration plus grande, concentrait son attention sur certains points de l'objet qu'il examinait; ce qu'on voyait était plus ou moins indistinct, et ne constituait qu'une petite partie de l'objet même : la réflexion, la pensée volontaire et consciente devait s'unir au travail des nerfs optiques, afin de permettre à l'observateur d'acquérir des idées nettes à l'égard des rapports qui unissent entre elles les différentes parties de l'objet examiné d'une manière fragmentaire. Grâce à l'usage du microscope, l'œil devint un instrument scientifique, dépendant de l'intelligence et de la volonté de l'observateur, indispensable à celui-ci dans tout travail méthodique; et ses fonctions ne se bornèrent plus à effleurer les objets. Dès 1721, le philosophe Christian Wolff remarqua très justement que l'on peut souvent distinguer à l'œil nu ce qu'on a commencé par voir au moyen du microscope; cette remarque a été faite par tous les naturalistes qui se sont servis du microscope. On peut en conclure que l'usage de l'instrument a exercé une certaine influence, et même comme une sorte de discipline sur les fonctions de l'œil, qui sont entrées par là en relation plus étroite avec celles de l'intelligence et du raisonnement. Ce fait singulier se manifeste encore dans un autre domaine. Nous avons vu précédemment, dans l'histoire de la systématique et de la morphologie, que, durant cent ans, les botanistes ont à peine cherché à acquérir des connaissances scientifiques sur les caractères extérieurs des formes végétales qu'ils avaient sous les yeux, et, ne se sont guère efforcés de les prendre pour point de départ de considérations générales; Jung est le premier qui ait consacré des réflexions sérieuses aux relations morphologiques des végétaux, relations qui souvent s'imposent d'elles-mêmes à l'observation, et il n'y a pas longtemps qu'on a commencé à appliquer la méthode scientifique à l'étude en question. De longues années se sont écoulées avant le moment où les botanistes ont fondé sur l'observation des formes végétales extérieures des théories morphologiques dignes de ce nom; la lenteur des progrès qui ont été accomplis dans ce domaine peut s'expliquer en quelque mesure par le fait que l'observation, tant qu'elle s'est effectuée sans le secours du microscope, a permis aux yeux d'errer çà et là sur les objets examinés et de troubler par là l'attention de l'observateur. Les naturalistes qui se sont succédé durant la seconde moitié du dix-septième siècle, et qui, les premiers, ont fait usage du microscope, Robert Hooke, Malpighi, Grew et Leeuwenhoek, présentent un contraste frappant avec les botanistes, si nombreux, qui apportaient tant de négligence intellectuelle à l'étude des formes extérieures des fleurs. Les premiers, en effet, s'efforcent de soumettre au contrôle de l'intelligence, de la réflexion suivie, les résultats des observations sur les végétaux examinés au microscope; ils s'efforçent d'acquérir des idées justes sur la nature de ces objets de dimensions infinitésimales; ils tâchent de pénétrer, théoriquement parlant, dans leur essence même. Si l'on compare les œuvres des hommes que nous venons de nommer avec les théories que professaient les systématistes de la même époque sur les caractères extérieurs des formes végétales, on ne pourra méconnaître la supériorité intellectuelle des premières sur les dernières. Cette supériorité se manifeste d'une manière particulièrement frappante lorsqu'on compare les doctrines de Malpighi et de Grew sur la structure de la fleur et du fruit avec celles de Tournefort, de Rivinus et de Linné.

D'ailleurs, l'usage persévérant et prolongé du microscope peut seul donner plus d'acuité à l'intelligence et aux facultés d'observation; le meilleur des microscopes, placé entre les mains d'un observateur inexpérimenté, n'est qu'un jouet qui finit par lasser à la longue. En outre, on commettrait une erreur grossière si l'on voulait attribuer les progrès de l'anatomie des plantes uniquement aux perfectionnements continus qu'a subis l'instrument en question. On ne peut douter, il est vrai, que l'observation des caractères anatomiques n'ait gagné en justesse et en précision, à mesure que les verres grossissants devenaient plus forts, et que l'objectif se perfectionnait et devenait plus net, mais ceci, en soi, ne constituerait pas un progrès d'une très grande importance.

L'étude de la structure des plantes a, comme toutes les sciences, des exigences auxquelles on ne peut se soustraire; celui qui s'adonne à cette étude doit avant tout soumettre les résultats de l'observation inconsciente au contrôle de l'intelligence; il se trouve dans la nécessité d'établir une distinction arrêtée entre les choses insignifiantes et celles qui présentent quelque importance; il détermine les rapports logiques qui unissent des faits en apparence isolés; pour lui, l'examen des formes végétales doit être pratiqué en vue d'un but fixe. En un mot, tous les efforts du botaniste doivent tendre à acquérir une connaissance exacte et parfaite de la structure intérieure d'une plante dans son ensemble, de telle sorte que son imagination seule puisse, au moment voulu, lui donner une idée parfaitement nette de cette structure jusque dans ses moindres détails. Il n'est certainement point aisé d'atteindre ce but; plus l'objet rendu par le microscope est grossi, plus la partie reproduite est réellement de dimensions restreintes; pour arriver dans ce domaine à la perfection voulue, le botaniste doit nécessairement apporter beaucoup de réflexion et d'adresse à ses préparations; il doit combiner avec soin les différentes parties végétales qu'il examine et ne pas reculer devant la perspective d'études minutieuses et prolongées. L'histoire de la Phytotomie prouve combien il est difficile à l'observateur de coordonner les différentes parties examinées une à une, de manière à reconstruire l'ensemble et à apporter dans ce travail de la logique et de la clarté.

Les perfectionnements subis par le microscope n'auraient donc en aucune manière suffi à déterminer des progrès dans le domaine de la Phytotomie; nous ne croyons même pas exagérer en disant que les progrès accomplis peu à peu par l'anatomie à l'aide de microscopes imparfaits ont donné lieu à des efforts énergiques tendant à perfectionner les instruments dont nous parlons; ceux qui faisaient un usage constant et sérieux du microscope étaient seuls en état de signaler les défauts des instruments dont ils se servaient, et d'en indiquer la cause; ils s'efforcèrent si bien de rendre leurs microscopes plus appropriés aux nécessités de leur besogne, ils se plaignirent si souvent des imperfections de l'optique, et ces plaintes devinrent si impérieuses vers la fin du siècle dernier et au commencement du siècle actuel, que les opticiens se virent dans la nécessité de consacrer toute leur attention et tous leurs soins aux perfectionnements du microscope. En outre, les botanistes eux-mêmes apportèrent souvent à l'instrument en question des modifications heureuses; en 1760, Robert Hooke donna au microscope composé une forme qui le rendait approprié à l'observation scientifique; Leeuwenhoek tira du microscope simple tout le parti qu'il était possible d'en tirer; enfin, le microscope actuel est redevable, à Amici principalement, de la perfection qu'il possède. Nous n'oublierons pas non plus de nommer Mohl, qui, au moyen d'un système ingénieux, imagina les mensurations microscopiques. Il écrivit, en outre, un livre qui traite de la construction du microscope. Cet ouvrage fut d'une grande utilité aux opticiens de l'époque (*Mikrographie*, publiée en 1846).

Le lecteur peut conclure de ce qui précède que les découvertes fondamentales de l'histoire de l'anatomie des plantes ne dépendent pas uniquement du microscope; elles sont, bien plutôt, le fait de nécessités du raisonnement et de la logique. Il est indispensable, ici comme ailleurs, d'acquérir des idées nettes et précises au sujet du but vers lequel tendait l'investigation scientifique, qui allait se perfectionnant de jour en jour. Si nous envisageons dans ce sens l'histoire de la science dont nous nous occupons, nous verrons que les botanistes qui ont établi les principes fondamentaux de la botanique, et qui se sont succédé durant la seconde moitié du dix-septième siècle, Malpighi et Grew, se sont consacrés principalement à l'étude des éléments cellulaires et des éléments fibreux qui entrent dans la structure végétale; ils se sont efforcés, avant tout, de déterminer les relations de ces deux éléments. Ils distinguèrent tout d'abord deux formes fondamentales du tissu végétal : la première comprend les tissus cellulaires qui sont formés de petits réceptacles ou de petits tubes; à la seconde catégorie appartiennent les organes tubulaires allongés qui affectent généralement la forme de fibres ou de tubes. Jusque-là, on n'est pas parvenu à savoir exactement s'il faut les distinguer en tubes ouverts, et vaisseaux et fibres dont l'extrémité est close. Un des traits caractéristiques de la période en question, c'est que l'investigation des parties de la structure végétale se trouve mêlée à des considérations qui ont pour objet les fonctions des organes élémentaires; l'anatomie et la physiologie se prêtent par conséquent un appui mutuel, mais, comme elles sont, l'une et l'autre, imparfaites, elles ne laissent pas de se porter réciproquement préjudice. En somme, les premiers anatomistes considérèrent surtout l'investigation anatomique comme le moyen de déterminer des progrès dans le domaine de la physiologie; en réalité, ils se consacrèrent à l'étude de cette dernière science.

Durant le dix-huitième siècle tout entier, le microscope resta à l'état d'instrument imparfait, et ses imperfections contribuèrent à faire négliger l'investigation anatomique, qui, du reste, ne semblait avoir d'importance qu'autant qu'elle facilitait l'étude de la physiologie. Grâce aux ouvrages de Hales, et plus tard, vers la fin du dix-huitième siècle, à ceux d'Ingen-Houss et de Senebier, cette dernière science progressa de la manière la plus remarquable; ses progrès, toutefois, étaient absolument indépendants de l'étude de l'anatomie, et ce fait suffit à expliquer l'indifférence complète qui se manifeste, vers l'époque en question, à l'égard de la phytotomie. Le dix-huitième siècle n'a guère ajouté de découvertes nouvelles à celles de Malpighi et de Grew, bien plus, il a perdu en grande partie le pouvoir de comprendre et d'apprécier les œuvres des botanistes qui se sont succédé durant les siècles précédents.

Cependant, vers la fin du dix-huitième siècle, le microscope jouit de nouveau de la faveur générale; le microscope composé avait subi certaines modifications qui tendaient à le rendre plus commode et plus facile à manier; Hedwig prouva qu'il était possible de découvrir, à l'aide de cet instrument, les caractères anatomiques des plantes les plus petites, et spécialement des Mousses; il s'efforça, en outre, d'acquérir des connaissances plus approfondies au sujet de la structure du tissu cellulaire et du faisceau fibro-vasculaire de végétaux plus élevés.

Au commencement du dix-neuvième siècle, on vit s'aviver subitement l'intérêt médiocre que les botanistes avaient éprouvé jusque-là à l'endroit de l'anatomie; Mirbel en France, Kurt Sprengel en Allemagne, se livrèrent à l'observation minutieuse de la structure microscopique des plantes. Cependant, les ouvrages qu'ils écrivirent à ce sujet furent tout d'abord médiocres; on peut y relever de fréquentes contradictions; une vive polémique, qui avait pour objet la nature des cellules, des fibres, et des vaisseaux s'établit durant les années qui suivirent; un grand nombre des botanistes allemands y prirent part; la querelle s'anima bientôt, surtout à partir du moment où l'Académie de Göttingue proposa un travail sur les questions en litige (1804); Link, Rudolph et Treviranus s'efforcèrent de résoudre le problème, tandis que Bernhardi étudiait la nature des plantes vasculaires. Cependant, ces travaux ne déterminèrent pas de progrès importants dans le domaine de la science : les savants de l'époque étaient revenus, pour ainsi dire, aux origines de la botanique, et Malpighi et Grew passaient encore, à 130 ans de distance, pour les autorités les plus compétentes qu'on pût consulter à cet égard. Toutefois, les problèmes qu'on cherchait à résoudre différaient en substance de ceux qui avaient intrigué les botanistes précédents; Malpighi, Grew et Leeuwenhoek s'étaient efforcés avant tout d'acquérir des idées justes au sujet des différentes formes des tissus végétaux dans leur ensemble; en revanche, les efforts des botanistes que nous venons de nommer tendaient à l'étude approfondie de certains détails de la structure des différents tissus, à la connaissance exacte de l'organisation cellulaire du tissu parenchymateux; la structure des vaisseaux et des fibres était aussi l'objet d'observations et de considérations sans cesse renouvelées. Cependant, les progrès accomplis dans cette direction furent lents, et cette lenteur peut s'expliquer, non seulement par les imperfections du microscope, mais encore et surtout par la maladresse que les botanistes de l'époque apportèrent à leurs préparations, et par l'influence de différents préjugés. La médiocrité et la rareté des efforts intellectuels s'opposait, plus que tout le reste, au développement rapide de la science. Cependant, Moldenhawer le jeune fit paraître, en 1812, un ouvrage d'une portée étendue qui détermina, dans ce domaine, de véritables progrès. Cette œuvre se distingue par la préparation minutieuse et ingénieuse des objets, par des études critiques qui embrassent la littérature et les résultats de l'observation personnelle; il constitue le point de départ d'une ère nouvelle dans l'étude scientifique de l'anatomie. A partir de 1828, nous voyons Hugo Mohl continuer à l'œuvre de Moldenhawer, tandis qu'à la même époque, Meyen se consacre entièrement à la phytotomie. Cette période de l'anatomie des plantes se termine vers 1840, et trouve en quelque mesure son expression définitive dans les œuvres de Mohl. En dépit de la médiocrité et de l'infériorité des premiers essais des botanistes qui se sont succédé de 1800 à 1840, en dépit de l'importance des progrès que Hugo Mohl a déterminés dans le domaine de l'anatomie, de la puissance avec laquelle s'est manifestée, vers la fin de la période que nous avons nommée, l'impulsion nouvelle qu'il avait donnée à la science, nous pourrons cependant confondre et réunir dans un même principe les œuvres des botanistes qui se sont succédé durant la période dont il est question; les questions qu'ils ont tenté de résoudre étaient essentiellement les mêmes. Comme Mirbel et Treviranus, comme Moldenhawer et Meyen, Mohl s'est efforcé, jusque vers 1840, d'acquérir des connaissances exactes au sujet de la structure et de l'organisation du squelette cellulosique de la plante, parvenu à son complet développement; il a cherché à savoir si la membrane qui se trouve entre des cellules juxtaposées est simple ou double; il a cherché à déterminer exactement la nature des parties végétales qu'on désigne sous le nom de puits et de pores, et des formes diverses des fibres et des vaisseaux. Grâce à tous ces efforts, à tous ces travaux, les botanistes de l'époque sont arrivés à constater un fait important : les organes élémentaires de la plante peuvent se ramener à une forme fondamentale, à celle de cellules entièrement closes; les fibres ne sont que des cellules allongées, les véritables vaisseaux proviennent de cellules disposées en séries et jointes les unes aux autres, et communicantes.

Les anatomistes dont l'activité s'est manifestée durant les années qui ont précédé 1840, Mohl en particulier, n'ont pas négligé non plus l'histoire du développement; entre 1830 et 1840, Mohl et de Mirbel ont décrit le mode de formation de différentes cellules. Cependant, la difficulté qu'offrait l'étude de la structure des tissus arrivés à leur complet développement absorbait l'attention au détriment d'autres questions scientifiques; en outre, on se trouvait en présence de certains principes de physiologie qui présentaient beaucoup d'importance, sinon une importance capitale, car les rapports qui existent entre la structure anatomique et les fonctions des organes élémentaires devaient exercer une certaine influence sur l'investigation elle-même.

Schleiden et Nägeli vinrent donner une place prépondérante à l'étude de l'histoire du développement et à l'observation purement morphologique de la structure intérieure. La formation première des cellules végétales et leur développement devinrent maintenant l'objet d'études et d'observations minutieuses. Durant les années qui ont précédé 1840, Schleiden avait proposé une théorie de la formation des cellules, mais cette théorie, fondée sur des observations insuffisantes et inexactes, ramenait tous les processus de la formation des cellules végétales à une seule et même forme, qu'il était difficile d'associer aux formes déjà connues. Dès 1846, la théorie de Schleiden, qui avait excité un vif intérêt au moment de son apparition, fut complètement réfutée par Nägeli, qui la remplaça par une étude des principes fondamentaux et des formes différentes de la véritable histoire du développement des cellules végétales. Cette étude était fondée sur des observations minutieuses et étendues. Les recherches sur la formation des cellules végétales devaient nécessairement attirer sur la sève contenue dans les cellules l'attention de l'observateur, attention qui jusque-là s'était portée presque exclusivement sur le squelette du tissu cellulaire. Robert Brown avait découvert le noyau cellulaire dont Schleiden avait constaté plus tard la présence constante; on méconnut toutefois la nature des rapports qui existent entre le noyau et la formation des cellules.

Nägeli et Mohl signalèrent ensuite les caractères du protoplasme; ils s'arrêtèrent surtout à l'importance qu'il présente au point de vue de la formation des cellules. Dès 1855, Unger attira l'attention des botanistes sur les analogies qui existent entre le protoplasme des cellules végétales et le sarcode des animaux inférieurs; l'observation des Myxomycètes vint plus tard donner une importance très grande à cette remarque, qui, vers 1860, amena les botanistes et les zootomistes à considérer le protoplasme comme la base de tout développement organique des plantes et des animaux. Cette découverte constitue une des conquêtes les plus remarquables qu'ait faites la botanique depuis 1840.

L'étude de la phytotomie, et celle de l'histoire du développement, amenèrent, en outre, les botanistes à des aperçus et à des découvertes qui font partie d'un domaine différent de celui que nous venons d'explorer. A la fin du premier livre de cet ouvrage, nous avons attiré déjà l'attention du lecteur sur le fait que Nägeli donna pour base première à la morphologie l'étude des divisions des cellules, telles qu'elles se présentent durant la croissance des organes; nous avons parlé des investigations qui en furent la conséquence naturelle et qui permirent aux botanistes d'acquérir des connaissances approfondies au sujet de la structure intérieure des cryptogames, des résultats grandioses auxquels arriva Hofmeister (1831) dans l'étude du développement; et nous ferons remarquer ici que les différentes formes cellulaires, le faisceau vasculaire en particulier, ont été étudiés au point de vue du développement, et ces études seules ont permis de déterminer les rapports histologiques cachés qui existent entre les feuilles et l'axe, la pousse et le bourgeon, voire les racines primaires et secondaires. Grâce à ces études, les botanistes de l'époque sont arrivés enfin à acquérir des idées justes au sujet de la croissance en épaisseur, et à s'expliquer les causes de la formation première d'un corps ligneux et de l'écorce secondaire.

Nous avons indiqué, dans les lignes qui précèdent, les traits principaux de l'histoire de la phytotomie; le chapitre suivant sera consacré à une étude plus détaillée de cette histoire.

CHAPITRE PREMIER

MALPIGHI ET GREW ÉTABLISSENT LES PRINCIPES FONDAMENTAUX DE L'ANATOMIE VÉGÉTALE.

1671-1682.

La connaissance exacte de l'organisation cellulaire constitue la base première de l'anatomie des plantes, le principe fondamental des théories relatives qui ont pour objet la structure de la substance végétale.

Nous trouvons, dans un ouvrage d'une portée étendue, publié en 1667 par Robert Hooke[1], les premières observations qu'on ait faites au sujet de l'organisation cellulaire; c'est la *Micrographia or some physiological descriptions of minute bodies made by magnifying glasses.* L'auteur de cet ouvrage remarquable n'était pas un botaniste : c'était un chercheur, tel qu'il s'en est présenté parfois durant le cours du dix-septième siècle; il était à la fois mathématicien, chimiste, physicien, et surtout mécanicien; il prouva plus tard qu'il pouvait être architecte au besoin. En outre, il était philosophe, et se rattachait par ses doctrines à la nouvelle école; il fit, dans les domaines les plus divers, des découvertes nombreuses, et réussit, en 1660, à perfectionner le microscope composé de manière à obtenir un grossissement considérable des objets sans nuire sensiblement à la pureté et à la netteté de l'optique. On rapporte que Henshaw découvrit en 1661, à l'aide de cet instrument, les vaisseaux qui se trouvent dans le bois du noyer; ce fait ne présente d'ailleurs qu'une importance médiocre à notre

1. Robert Hooke naquit en 1635 à Freshwater, dans l'île de Wight. Sa santé débile ne l'empêcha pas de faire preuve d'une activité merveilleuse, qui se manifestait dans les domaines les plus divers. On pourra consulter à ce sujet un article intéressant de de l'Aulnaye; publié dans la *Biographie Universelle.* En 1662, Hooke devint membre et plus tard secrétaire de la *Royal Society;* il professa la géométrie à Gresham College et mourut en 1703.

point de vue. Hooke lui-même voulut montrer au monde le parti merveilleux qu'on pouvait tirer de son instrument; en sa qualité de disciple de la méthode inductive, il se préoccupait avant tout de perfectionner l'observation extérieure, celle qui est le résultat de l'action des sens plus que des raisonnements de l'intelligence, et qu'il considérait comme la base de toute connaissance humaine; en conséquence, il examina à l'aide de son microscope les objets les plus divers, afin de mieux signaler le nombre immense de détails qu'il est impossible d'apercevoir à l'œil nu. Il mêle aux résultats de son observation des réflexions sur les questions qui préoccupent les esprits du temps et qui rentrent quelquefois dans les domaines les plus opposés. Son livre n'est donc pas consacré à la phytotomie; la structure de la substance végétale, la découverte de champignons parasites, vivant sur les feuilles, d'autres faits encore, ne sont qu'effleurés en passant. Hooke ne savait pas grand chose de la structure des plantes, mais les connaissances qu'il possédait à ce sujet étaient neuves et acquises indépendamment des préjugés régnants. Il semble avoir découvert à l'aide du microscope, la structure cellulaire du charbon de bois. Il soumit à des recherches ultérieures le liége et d'autres tissus cellulaires; une mince lamelle de liége, posée sur un fond noir et directement éclairée, présente l'apparence d'un rayon de miel, dit-il; on distingue les pores et les parois qui les séparent; il applique aux premières la désignation qu'elles portent encore aujourd'hui, il les nomme cellules. L'ordonnance particulière des cellules subéreuses, qui sont disposées en séries, l'amène à les considérer à tort comme des subdivisions des cavités plus allongées, séparées par des diaphragmes. Ce sont, dit-il, les premiers pores microscopiques qu'on ait jamais vus; il regarde par conséquent les espaces cellulaires comme un exemple de la porosité de la matière, opinion que nous retrouvons du reste dans les manuels de physique les plus récents. Cette découverte permit à Hooke d'expliquer les propriétés du liége, celles du moins qui sont d'ordre physique; ce fut là le seul parti qu'il en tira.

Il évalue à 1,200 millions le nombre des pores qui se trouvent dans un pouce cube. Cependant, il tire de cette découverte une autre conclusion qui est du domaine de la botanique : l'étude de la structure du liége l'amène à considérer cette substance comme une difformité, une excroissance produite par l'écorce de l'arbre; et pour justifier cette hypothèse, il invoque l'autorité d'un certain Johnson. Il existait, en Angleterre, à l'époque dont nous parlons, nombre de personnes instruites et cultivées qui ignoraient que le liège fût l'écorce d'un arbre. Hooke nous apprend ensuite que cette texture n'est pas particulière au liège; car lorsqu'il examine à l'aide de son microscope la moelle du sureau ainsi que celle d'autres arbres, la pulpe de certaines tiges creuses, de celles du fenouil, du cardon, du roseau, etc., il se trouve en présence d'une structure analogue qui ne se distingue de la première que parce que les pores (cellules) des végétaux que nous venons de nommer se présentent en séries longitudinales, tandis que celles du liège affectent la disposition en séries transversales. Il n'a pas vu, à la vérité, de canaux qui relient les cellules les unes aux autres; mais il affirme leur existence, car la sève nourricière va d'une cellule à l'autre; il a vu que les cellules des plantes fraîches sont remplies de sève; il a remarqué la même particularité à l'égard des pores allongés du bois, qui perdent leur sève et se remplissent d'air quand le bois est carbonisé.

Les connaissances que Hooke avait acquises à l'aide de son microscope perfectionné ne sont, on peut le voir, ni très étendues ni très nombreuses; il aurait pu en apprendre autant et même davantage sur la structure végétale, s'il s'était contenté d'examiner à l'œil nu de minces disques empruntés à la tige de la balsamine ou de la citrouille, qui, à l'époque dont nous parlons, croissaient dans chaque jardin.

Ce fait confirme la remarque que nous avons faite dans les pages précédentes : les facilités de tout genre qu'offrait l'usage du microscope devaient permettre à l'attention de l'observateur de s'arrêter sur des objets qu'il aurait été possible d'apercevoir sans l'aide de l'instrument en question, mais sur lesquelles cependant on ne s'arrêtait pas.

A l'époque où parut la Micrographie de Hooke, Malpighi et Grew s'étaient déjà livrés à des recherches approfondies et méthodiques sur la structure des végétaux. Les résultats de ces travaux furent soumis, presqu'en même temps, au jugement de la Société Royale de Londres (1671). On a longuement discuté la question de savoir auquel des deux on accorderait la priorité, car les faits étaient aussi précis que possible. La première partie du grand ouvrage de Malpighi, ouvrage qui fut publié ultérieurement, les *Anatomes Plantarum Idea*, est daté de Bologne du 1er novembre 1671, et Grew, plus tard (après 1677) secrétaire de la *Royal Society*, dit dans la préface de son ouvrage d'anatomie (1682) que Malpighi a présenté son livre à la Société le 7 décembre 1671, le jour même où Grew présenta le sien (*Anatomy of Plants begun*) déjà imprimé, après en avoir soumis le manuscrit à la Société, le 11 mai de la même année. Cependant, nous ferons remarquer au lecteur que ces dates ne se rapportent nullement aux travaux détaillés, publiés à une époque ultérieure, des deux botanistes que nous venons de nommer, elles s'appliquent uniquement à des notes préalables dans lesquelles Malpighi et Grew ont résumé, sous une forme nette et concise, les résultats les plus importants de leurs investigations. Ces notes formèrent la première partie et jusqu'à un certain point l'introduction des ouvrages détaillés qui leur succédèrent.

L'étude complète de Malpighi fut soumise à la Société Royale, en 1674, tandis qu'entre 1672 et 1682 Grew achevait une série de mémoires qui avaient pour objet les différentes parties de l'anatomie des plantes et qui, réunis aux notes préliminaires dont nous avons parlé plus haut, parurent en 1682 sous le titre de : *The Anatomy of Plants.* L'ouvrage formait un gros in-folio. Grew se trouva donc à même, plus tard, de tirer parti des travaux de Malpighi dans ses propres ouvrages; il ne négligea pas de profiter de l'occasion qui s'offrait à lui, et lorsqu'il eut recours à Malpighi, il le cita textuellement; c'est là le fait le plus important qu'on puisse produire lorsqu'il s'agit de la question de priorité. Il suffit de mentionner ce fait pour réduire à néant la grave accusation que Schleiden a portée contre Grew (*Grundzüge*, 1845 I, p. 207).

Ceux qui n'ont pas lu les ouvrages de Malpighi et de Grew et qui ne les connaissent que d'après les citations des anatomistes qui leur ont succédé, pourraient croire que ces deux fondateurs de la phytotomie avaient établi déjà une théorie des cellules analogue à celle que nous possédons actuellement. Il n'en est pourtant rien; les ouvrages de Malpighi et de Grew n'offrent que peu de ressemblance avec les travaux récents qui ont pour objet l'anatomie végétale, et on peut établir entre les uns et les autres une distinction bien arrêtée : les botanistes modernes donnent comme point de départ à l'étude de la structure végétale la notion de la cellule, et s'occupent ensuite des rapports qui unissent les cellules aux tissus; d'autre part, les fondateurs de la phytotomie étudient tout d'abord et de préférence les faits anatomiques qui s'imposent d'eux-mêmes à l'observation; ils décrivent les particularités macrospiques de l'écorce, du liber, du bois, de la moelle, choisissant surtout, à cet effet, les plantes ligneuses dicotylédones; ils consacrent des études approfondies aux différences histologiques qui existent entre la racine, la tige, la feuille, le fruit, et mettent en lumière ce qu'ils présentent de plus frappant; ils soumettent à des études approfondies, effectuées de préférence sans l'aide du microscope, la structure du bouton, de la fleur, du fruit, des semences. Les détails délicats de la structure se trouvent partout mêlés et confondus avec l'anatomie macroscopique.

L'auteur accorde une importance particulière à l'étude des lois en vertu desquelles les tissus fibreux s'unissent aux tissus parenchymateux. Si les problèmes qui ont trait à la nature des cellules, des fibres, des vaisseaux sont abordés à plusieurs reprises durant le cours de l'étude en question, ou même traités d'une manière approfondie, ce n'est qu'accidentellement. Dans les œuvres des maîtres anciens, l'investigation et l'étude détaillée sont surtout analytiques; dans les traités des botanistes modernes, en revanche, la synthèse domine. Il est à peine nécessaire de faire remarquer ici que ce mode d'observation ne permet guère de traiter les questions qui ont acquis, dans le siècle actuel, une importance capitale, ou, du moins, qu'il ne permet de les traiter que d'une manière superficielle; il est par conséquent nécessaire, pour juger sainement des mérites des botanistes que nous venons de nommer, de mettre de côté, en abordant la lecture de leurs œuvres, toutes les exigences qu'autorisent les progrès de la science actuelle.

Il serait absolument faux de juger de la valeur des ouvrages en question d'après les analogies qui existent entre eux et les œuvres modernes qui traitent de la théorie cellulaire. Les deux botanistes dont il s'agit se trouvaient en présence d'une tâche qui n'était inférieure ni à leurs forces, ni à leur activité; ils se trouvaient dans la nécessité de s'orienter dans le monde nouveau que venait de révéler le microscope; ils se trouvaient en présence de bien des problèmes qui, à l'heure actuelle, sont dénués d'importance. Le grand mérite de Malpighi et de Grew réside dans leurs efforts énergiques et prolongés, dans la persévérance indomptable avec laquelle ils ont cherché à acquérir des connaissances générales sur les caractères plus grossiers de la structure anatomique des plantes; ceux qui commencent l'étude de la botanique pourront, sous ce rapport, tirer parti de leurs œuvres, car les ouvrages modernes, traitant des mêmes questions, sont, pour la plupart, très imparfaits. Nous apprécions encore à leur juste valeur celles des observations de Grew et de Malpighi qui ont pour objet les détails de l'anatomie, et en particulier la structure du squelette solide de la membrane cellulaire; quelque imparfaites, quelque incomplètes que soient leurs théories sous ce rapport, elles n'en ont pas moins constitué, durant plus de cent ans, la base première de toutes les connaissances qu'on possédait sur la structure cellulaire des plantes, et lorsqu'au commencement de notre siècle la phytotomie prit un nouvel essor, les anatomistes modernes prirent comme point de départ, pour leurs propres investigations, les remarques éparses de Malpighi et de Grew sur les rapports qui existent entre les cellules, et sur la structure des fibres et des vaisseaux.

Bien que Malpighi et Grew s'accordent généralement sur les points importants, comme c'est le cas dans les remarques que nous avons citées ici, ils ne laissent pas de différer lorsqu'il s'agit de la méthode d'étude et d'observation. Malpighi se plaisait aux résultats de l'observation immédiate, à l'étude des faits qu'on peut pour ainsi dire toucher du doigt; Grew aimait à joindre aux connaissances acquises les considérations théoriques les plus variées; il cherchait à acquérir, au moyen de l'induction, la connaissance de détails qui échappent au microscope. Les œuvres de Malpighi, prises dans leur ensemble, semblent une esquisse grandiose, conçue par le génie d'un maître; celles de Grew, en revanche, font l'impression d'une étude très approfondie, très consciencieuse et même quelque peu lourde. Dans les ouvrages de Malpighi se manifeste une plus grande perfection de la forme; les problèmes qui s'y présentent n'y sont parfois qu'effleurés, à peine indiqués dans un language qui ressemble à une causerie. Grew, en revanche, s'efforce de coordonner les différents éléments de la science moderne, de manière à en former un système profondément pensé, uni en quelque mesure à la chimie, à la physique, et avant tout à la philosophie de Descartes. Mais ses procédés sentent le maître d'école. Malpighi a été un des médecins et un des zootomistes les plus célèbres de son temps; il étudia la botanique d'après les vues formulées par les zoologistes; Grew, à la vérité, s'occupait de zoologie à l'occasion; mais il pratiquait avec prédilection l'anatomie des plantes et en fit son occupation. A partir de 1668, il se consacra presque exclusivement à l'étude de la structure des végétaux, et, à part de Mirbel et Mohl, il n'existe guère de botaniste qui ait déployé dans ce domaine un zèle plus persévérant.

Nous pouvons constater ici dans le domaine de la botanique un caractère parallèle à celui de la médecine du dix-septième siècle. L'anatomie du corps humain était unie de la manière la plus étroite à la physiologie, et cette dernière n'était pas encore considérée comme une science spéciale et indépendante. Nous voyons de même que dans les œuvres des fondateurs de la phytotomie, l'observation physiologique des fonctions des organes est inséparable de l'étude de leur structure. Dans tous les problèmes de l'anatomie, les considérations qui avaient pour objet les mouvements de la sève et la nutrition possédaient une importance prépondérante; les relations de structure qui échappaient aux yeux privés de l'aide du microscope étaient formulées hypothétiquement d'après des raisonnements fondés sur la physiologie, en dépit du peu de solidité des connaissances qu'on possédait à l'époque en question sur les fonctions des organes; on établissait entre la vie végétale et la vie animale des comparaisons qui constituaient la base de la méthode nouvelle et qui déterminèrent, du reste, les premiers progrès réels accomplis dans le domaine de la physiologie végétale. Ces procédés ne laissèrent pas d'amener, au début, de nombreuses erreurs qui portèrent préjudice à l'étude de l'anatomie. A l'époque actuelle, l'anatomie végétale se développe indépendamment de la physiologie, c'est-à-dire de l'étude des fonctions des organes. La séparation qui s'est effectuée entre ces deux branches a été même plus complète, plus décisive, que les intérêts de la science ne l'eussent exigé; il nous serait par conséquent bien difficile, sinon impossible, de faire suivre ces lignes d'un résumé dans lequel nous mettrions en lumière les traits généraux des deux ouvrages que nous venons de citer et qui ont fait époque dans l'histoire de la science. Nous devons nous borner à attirer l'attention du lecteur sur quelques-uns des points fondamentaux et qui constituent, historiquement parlant, le point de départ de progrès accomplis ultérieurement par l'anatomie; Malpighi et Grew, cependant, n'ont accordé à ces questions qu'une importance secondaire, et ont consacré de préférence leur attention à d'autres problèmes, au préjudice de ceux-ci. Nous reviendrons, dans le troisième livre de cette histoire, à la physiologie, telle qu'elle se dégage des œuvres des deux botanistes en question, et nous nous bornerons, pour le moment, à passer en revue les considérations qui ont pour objet les caractères de la structure végétale.

L'ouvrage de MARCELLO MALPIGHI[1] parut en 1675 sous le titre

1. M. Malpighi, né à Crevalcuore, près de Bologne, en 1628, devint docteur en médecine en 1653; à partir de 1656, il professa successivement à Bologne, à Pise, à Messine, et à Bologne. En 1691, Innocent XII en fit son médecin ordinaire. Il mourut en 1694.

On trouvera des renseignements détaillés sur ses ouvrages d'anatomie comparée et ses mérites comme anatomiste du corps humain dans la *Biographie Universelle*, et l'*Histoire de la Zoologie* de V. Carus.

d'*Anatome Plantarum*. Un traité sur l'étude des œufs de poule en incubation se trouve joint à l'ouvrage. La partie phytotomique du livre comprend deux subdivisions principales : la première, l'*Anatomes Plantarum Idea* fut achevée, comme nous l'avons dit plus haut, en 1671 ; elle occupe 14 pages et demie, du format in-folio et renferme une étude résumée, concise et claire, des idées de Malpighi sur la structure et les fonctions des organes végétaux ; la seconde est beaucoup plus étendue, et date de l'année 1674 ; elle éclaircit le sens des théories exposées dans la première partie au moyen d'un grand nombre d'exemples auxquels sont jointes des figures sur cuivre. Pour ne pas nous écarter de la voie que nous devons suivre, nous consacrerons ici notre attention à la première partie seule de l'ouvrage de Malpighi, et nous n'envisagerons pour le présent que le côté anatomique.

L'auteur entre en matière par des considérations sur l'anatomie du tronc des arbres. L'écorce forme le premier objet de ses réflexions, car c'est elle, qui, la première, s'impose à l'attention de l'observateur. La partie extérieure de l'écorce, la cuticule, se compose de petites outres ou de petits sacs, qui sont rangés en séries horizontales; lorsque la plante vieillit, ils meurent, s'affaissent, et forment souvent une sorte d'épiderme sec. Lorsque cet épiderme a disparu, l'on voit apparaître, avec une netteté de plus en plus grande, des couches superposées de fibres ligneuses, qui sont généralement entrelacées les unes avec les autres de manière à former une sorte de réseau, et qui suivent, le long du tronc, la direction longitudinale. Ces paquets ligneux se composent de nombreuses fibres et chacune de ces fibres se compose de tubes qui communiquent les uns avec les autres (*quælibet fibra insignis fistulis invicem hiantibus constat*), etc. Les espaces intermédiaires qui séparent chaque réseau fibreux sont occupés par de petites outres arrondies qui sont placées horizontalement le long du bois. Lorsqu'on a enlevé l'écorce, on voit apparaître le bois. Celui-ci est formé en grande partie de fibres et de tubes qui occupent le sens de la longueur, et qui se composent d'anneaux ou de vésicules ouvertes à l'endroit où elles communiquent, et disposées en séries longitudinales. Les fibres du bois ne sont point parallèles les unes aux autres; on peut constater entre elles des interstices tortueux qui se forment à la manière de ceux qu'on remarque dans les réseaux anastomosés. Les plus vastes sont remplis par des agglomérations de tubes qui vont de l'écorce à la moelle en passant par ces espaces intermédiaires, etc. — Entre les faisceaux fibreux et fistuleux du bois se trouvent les tubes spiralés (*spirales fistulæ*); leur nombre est plus restreint, il est vrai, mais leurs dimensions sont plus considérables; lorsqu'on coupe le tronc transversalement, on aperçoit leurs extrémités ouvertes. Ils sont disposés de différentes manières, mais présentent le plus souvent l'apparence de cercles concentriques. Des investigations minutieuses, qui se sont prolongées durant dix ans (depuis 1661 par conséquent), ont permis à l'auteur de constater, chez tous les végétaux, la présence de ces tubes spiralés; et nous pouvons ajouter ici que Grew, dans l'introduction qui précède son ouvrage, attribue formellement à Malpighi la priorité de cette découverte; cependant, les théories et les opinions de Malpighi au sujet de ces tuyaux spiralés sont absolument dépourvues de solidité et de précision [1], et cette indécision a peut-être été la cause des erreurs nombreuses et des fautes de raisonnement grossières que nous relevons dans les œuvres des écrivains qui ont suivi. Malpighi crut même constater dans ces vaisseaux un mouvement péristaltique, et beaucoup de philosophes de la nature, au commencement de notre siècle, ont adopté cette opinion erronée avec une prédilection toute spéciale.

Outre les faisceaux fibreux et les trachées, Malpighi signala, chez le figuier, le cyprès, et d'autres encore, différentes séries de tubes d'où s'échappe une sorte de lait; il conclut de cette observation que le bois du tronc doit aussi renfermer des tubes semblables, contenant du lait, de la térébenthine, de la gomme et des matières analogues.

Nous avons résumé dans les lignes précédentes les connaissances que possédait Malpighi au sujet des organes élémentaires des plantes : nous les retrouverons plus tard, appliquées à l'histologie du tronc, et dans ces notions, nous pouvons, dès l'abord, constater une erreur qu'ont partagée les botanistes du dix-huitième siècle et même ceux qui se sont succédé durant la première moitié du dix-neuvième siècle, s'en rapportant ainsi à l'autorité de Malpighi; l'erreur consistait à considérer les nouvelles couches du bois du tronc comme le produit de la transformation périodique des couches intérieures de l'écorce secondaire; la souplesse et la couleur

1. *Componuntur expositae fistulae (spirales) zona tenui et pellucida; velut argentei coloris, lamina, parum lata, quae spiraliter locata, et extremis lateribus unita, tubum interius et exterius aliquantulum asperum efficit; quin et avulsa zona capites seu extremo trachearum tum plantarum, tum insectorum, non in tot disparatos annulos resolvitur, ut in perfectorum trachea accidit; sed unica zona in longum soluta et extensa extrahitur* (p. 3).

claire de l'aubier, d'une part, sa texture fibreuse d'autre part, semblent avoir déterminé cette opinion. Les tubes spiralés se forment peu à peu dans cette substance; lorsqu'elle se solidifie et devient plus compacte, la masse tout entière forme plus tard le bois proprement dit.

Dans l'intérieur du tronc se trouve la moelle. D'après Malpighi, elle consiste en une infinité de globules de différentes dimensions (*globulorum multiplici ordine*), rangés en séries d'après leur longueur, et formés de petites vésicules membraneuses, qu'on peut apercevoir distinctement chez le noyer, le sureau, etc. Ici, l'auteur fait aussi mention des vaisseaux qui contiennent le latex, et qui se trouvent dans la moelle du sureau. Nous passerons sous silence différentes considérations pour appeler l'attention du lecteur sur un fait particulier; Malpighi constate et signale les rapports qui existent entre les couches de tissus des jeunes rameaux et celles de la tige-mère ; il insiste à différentes reprises sur la continuité de structure entre la feuille et l'axe du bourgeon. Puis il se borne à indiquer en quelques mots les rapports anatomiques des fruits et des semences, la présence de l'embryon dans la semence, et sa structure, et il passe à l'étude de la racine. « Les racines constituent, chez les arbres, une partie du tronc, elles se divisent de manière à former des branches, et se terminent par des filaments ténus (*capillamenta*); de sorte que les arbres ne sont autre chose que des tubes étroits, qui s'étendent à l'intérieur du sol, séparés les uns des autres; ils se rapprochent peu à peu de manière à former un faisceau; ils se joignent plus tard à d'autres tubes de dimensions plus grandes, et finissent généralement par se présenter sous la forme d'un seul cylindre et par constituer le tronc. Une nouvelle séparation des tubes, qui s'effectue à l'extrémité opposée, permet au tronc d'étendre ses rameaux; des subdivisions nouvelles, subies par les branches principales, donnnent naissance à des branches plus ténues, puis aux feuilles, qui constituent le dernier degré de cette subdivision ». L'étude tout entière se termine par une conclusion dans laquelle l'auteur insiste sur l'importance que présentent les différentes sortes de tissus au point de vue de la nutrition de la plante.

La seconde partie, qui fut soumise à la Société Royale en 1674, traite, avec des détails plus circonstanciés, des différentes sortes de tissus du tronc. Nous trouvons dans cet ouvrage un grand nombre de renseignements précieux et de considérations justes, mêlés à beaucoup d'erreurs qui ne proviennent pas uniquement de l'infériorité du microscope de l'auteur. Cependant, la manière dont

Malpighi cherche à se rendre compte des relations anatomiques plus frappantes que présentent l'écorce, le bois et la moelle est excellente; et en étudiant l'écorce et le bois, il rattache bien le trajet longitudinal des vaisseaux et des fibres ligneuses avec la direction horizontale des rayons médullaires A en juger par les figures qui accompagnent ses ouvrages, il devait disposer de verres grossissants assez forts; il serait impossible de déterminer exactement la part qui revient, dans les erreurs commises, aux imperfections de l'optique, à son manque de clarté, ou à l'insuffisance de l'observation. Ainsi, il voit les ponctuations du bois des conifères sans en apercevoir le pore central; il les représente, dans ses figures, sous la forme de granulations grossières qui occupent la partie extérieure des cellules ligneuses. On sait que les grands vaisseaux du bois des dicotylédones se trouvent souvent remplis par du tissu cellulaire secondaire (*thylosis*); Malpighi a reproduit dans ses figures, pl. VI, fig. 21, ces vaisseaux, et la particularité qu'ils présentent a été pour lui, comme pour ses successeurs, l'occasion d'erreurs nombreuses. Cent cinquante ans environ s'écoulèrent avant que leur véritable nature eût cessé d'être un mystère pour les botanistes. Malpighi accorde, en outre, une importance toute spéciale à la structure des vaisseaux spiralés ou trachées, et il les croit entourés d'une gaine ligneuse, et les botanistes qui se sont succédé jusque vers 1830 semblent avoir partagé, à cet égard, les théories et les opinions de leur prédécesseur. Cependant, Malpighi n'adopta pas, au sujet de la nature des vaisseaux spiralés, les doctrines étranges adoptées plus tard par Grew et d'autres anatomistes.

Nous passerons sous silence de nombreuses digressions qui ont pour objet l'assimilation et les mouvements de la sève; en revanche, nous appellerons l'attention du lecteur sur les descriptions et sur les gravures que Malpighi a consacrées aux différentes parties du bouton, au cours des faisceaux vasculaires de diverses parties végétales; nous signalerons son analyse des fleurs et du fruit, ses investigations au sujet des semences et des embryons, investigations qui paraissent très minutieuses lorsqu'on songe à l'époque à laquelle elles remontent, mais auxquelles nous ne pouvons nous arrêter sans nous détourner de la voie que nous nous sommes tracée.

L'ouvrage de Malpighi fait l'impression d'une esquisse puissante dans laquelle l'auteur s'est contenté de fixer les traits principaux de l'architecture végétale; en revanche, celui de Nehemiah

Grew[1], *The Anatomy of Plants* (1682), œuvre beaucoup plus étendue, fait l'effet d'un manuel dont les détails mêmes sont minutieusement et profondément fouillés; la gracieuse élégance du style de Malpighi s'y trouve remplacée par une abondance de détails souvent diffuse et même pédante; les préjugés philosophiques de l'époque à laquelle appartenait Malpighi ne font guère qu'apparaître dans ses œuvres pour l'amener généralement à des erreurs, tandis que les considérations et les réflexions de Grew se trouvent partout mêlées aux théories philosophiques et théologiques que professaient alors les penseurs anglais; mais nous trouvons un dédommagement à ces imperfections dans le développement systématique de la pensée, supérieur à celui de Malpighi, et particulièrement dans l'énergique persévérance avec laquelle l'auteur s'efforce de donner une forme claire et précise aux résultats de l'observation extérieure. Bien qu'il mêle à l'investigation anatomique des considérations physiologiques, il ne laisse pas d'écarter mainte opinion préconçue que d'autres botanistes introduisirent, plus tard, dans leurs théories anatomiques. Pour ne mentionner qu'un point particulier, nous ferons remarquer au lecteur que Grew sut éviter une erreur que Mohl condamna, en 1828, et en vertu de laquelle les botanistes attribuaient aux parois des cellules des ouvertures visibles, servant aux mouvements de la sève.

L'ouvrage de Grew, se divise aussi, comme nous l'avons dit plus haut, en deux parties principales. La première, *The Aanatomy of Plants begun with a general Account of Vegetation founded thereupon* fut imprimée en 1671; elle comprend quarante-neuf pages in-folio et renferme une étude rapide de l'anatomie prise dans son ensemble, et de la physiologie des plantes. Durant les années qui se succédèrent jusqu'à 1682, l'auteur publia dans des traités détachés différentes études sur l'anatomie des racines, du tronc, des feuilles, des fruits et des semonces. Nous pouvons, sans porter préjudice à la tâche que nous nous sommes imposée, passer sous silence les études qui sont jointes à l'ouvrage principal et qui rentrent dans le domaine de la chimie, ainsi que celles qui ont pour objet les couleurs, le goût et le parfum des plantes; il

1. Nehemiah Grew naquit probablement en 1628. Il était fils d'un ecclésiastique et vit le jour à Coventry. Après avoir pris ses degrés dans une université étrangère, il revint habiter sa ville natale où il exerça la médecine tout en se livrant à des recherches phytotomiques; en 1677, il devint secrétaire de la *Royal Society*. Il mourut en 1711 après avoir publié, en 1701, une *Cosmographia sacra*. (*Biogr. Univers.*)

est aussi peu nécessaire de nous arrêter sur son ouvrage antérieur et qui est intitulé *An Idea of the philosophical History of Plants*.

Cet ouvrage fut soumis à la *Royal Society* en janvier 1672; il nous paraît par conséquent probable que l'auteur avait l'intention de l'opposer à l'*Anatomes Plantarum Idea* de Malpighi, en dépit des différences de forme qui existent entre ces deux ouvrages, et des éléments, étrangers à l'anatomie et à la physiologie de la plante, qu'il est facile de signaler dans l'œuvre de Grew.

Chez Grew, le point central et essentiel ne réside pas dans l'observation des cellules isolées, mais dans l'histologie; après avoir commencé, comme Malpighi, par constater et par signaler les différences fondamentales qui existent entre les tissus parenchymateux et les fibres qui s'étendent longitudinalement, entre les vaisseaux proprement dits et les canaux qui conduisent et répandent la sève dans la plante, Grew s'empresse d'attirer l'attention du lecteur sur la position qu'occupent, dans les différents organes végétaux, les tissus qui s'y trouvent; les descriptions qu'il consacre à l'étude de ces différentes parties végétales sont beaucoup plus détaillées, les figures qu'il joint aux descriptions beaucoup plus belles que celles que nous remarquons dans les œuvres de Malpighi. Les nombreuses figures de Grew, exécutées sur cuivre avec un soin tout particulier, donnent de la structure de la racine et du tronc une idée assez claire pour qu'un commençant puisse, même à l'époque actuelle, acquérir, en les consultant, les connaissances premières indispensables à l'étude de la botanique, et les figures des planches 36 et 40 prouvent que Grew savait, à force de réflexion, coordonner les résultats de son observation de manière à reproduire sous une forme exacte et précise les objets qui avaient attiré son attention. On peut, évidemment, relever dans le domaine des détails des erreurs nombreuses, particulièrement fréquentes dans les pages qui traitent de la structure des différentes formes des cellules et des vaisseaux.

Malpighi ne dit pas s'il considère les vésicules du parenchyme (le mot de parenchyme a son origine dans les œuvres de Grew) comme des cellules poreuses ou absolument fermées; il s'est également abstenu de se prononcer au sujet des lois de leur cohésion; Grew, en revanche, ne nous laisse pas de doute à cet égard; il dit en propres termes (p. 61) que les cellules ou vésicules sont closes et que leurs parois ne sont pas percées de pores visibles, de telle sorte que le parenchyme peut être comparé à la mousse de la bière. Il cite textuellement l'opinion de Malpighi au sujet des vaisseaux qui se trouvent dans le bois, mais il la complète par les remarques suivantes : « Il existe souvent, dit-il, plus d'une bande spirale, on en voit parfois deux ou même davantage; elles sont isolées les unes des autres et forment les parois du vaisseau; en outre, le fil spiral n'est point plat, mais au contraire arrondi comme un fil de fer; la plus ou moins grande distance qui sépare les unes des antres ses sinuosités dépend de la partie de la plante dans laquelle il se trouve ». En outre, Grew fait remarquer que les tubes spiralés ne sont jamais ramifiés; il ajoute qu'on peut voir à travers, et que le regard pénètre même assez loin lorsque les tubes en question sont droits comme dans le jonc d'Espagne. Grew a donné une forme plus claire et plus concise (p. 117) aux théories que Malpighi professait à l'endroit de la structure des vaisseaux spiralés, théories qui ont été adoptées par les botanistes qui se sont succédé durant le cours du dix-huitième siècle; cependant, il faut remarquer que Grew n'établit pas de distinction arrêtée entre les vaisseaux spiralés proprement dits, qui contiennent des fibres spiralées faciles à dérouler et les vaisseaux similaires du bois secondaire dont on ne peut constater la structure spiralée qu'après les avoir déchirés. Cette critique peut aussi s'adresser à Malpighi. « Les fibres sont souvent entrelacées de telle sorte, dit Grew, que les vaisseaux, en se déroulant, présentent une forme aplatie; ainsi, nous pouvons nous représenter une bande étroite, enroulée en spirale autour d'un bâton arrondi de manière à ce que les bords se touchent; lorsqu'on retire le bâton, la bande enroulée a l'apparence d'un tube et ce dernier correspond à un des vaisseaux aériens de la plante ». Remarquons ici que Grew, qui possédait une somme de connaissances supérieure à celle des botanistes du dix-huitième siècle, considère les vaisseaux du bois comme des réservoirs à air, bien qu'ils remplissent en même temps les fonctions de conduites d'eau. Dans la description des parois des vaisseaux, nous relevons les lignes suivantes. « La surface aplatie qui apparaît lorsqu'on déroule un vaisseau est elle-même formée de nombreux fils parallèles réunis les uns aux autres comme ceux d'un tissu fabriqué, et, comme dans un ruban, les fibres tissées en spirale correspondent à la trame ou à la chaîne d'un tissu imaginaire; elles sont retenues et fixées par des fils transversaux ».

Pour pouvoir comprendre l'idée étrange que se faisait Grew de la structure d'un vaisseau spiralé, il est nécessaire de savoir qu'il considérait toutes les parois cellulaires, sans en excepter celles du parenchyme, comme formées par un tissu d'une extrême finesse; les lignes citées plus haut et dans lesquelles il compare le tissu cellulaire à de l'écume sont apparemment destinées à donner au lecteur une idée claire de certains caractères qui s'imposent à l'observation; en réalité, il considère la substance des parois vasculaires et cellulaires comme formée d'un tissu des fils les plus fins. Après avoir appelé à deux reprises l'attention du lecteur sur ce point (p. 76 et 77), il reprend sa démonstration (p. 120) et entre dans des détails minutieux. Nous comparerons la plante, dit-il, à une pièce de fine dentelle, pareille à celle que les femmes placent sur des coussinets, et c'est là la comparaison la plus exacte que nous puissions trouver. En effet, la moelle, les rayons de la moelle et le parenchyme de l'écorce forment un tissu extraordinairement fin et d'une grande perfection. Les fils de la moelle s'étendent horizontalement, comme les fils qui se trouvent dans une pièce d'étoffe; ils limitent les nombreuses vésicules de la moelle et de l'écorce, comme les fils d'un tissu en limitent les interstices.

Les filaments ligneux et les vaisseaux à air sont placés perpendiculairement au tissu dans lequel ils se trouvent; ils forment par conséquent un angle droit par rapport aux fils horizontaux des parties parenchymateuses, on peut les comparer aux aiguilles placées perpendiculairement aux fils d'une pièce de dentelle fixée sur un coussin. Afin de compléter cette image, on se représentera que les aiguilles sont creuses et que les pièces de dentelle sont empilées les unes sur les autres. Grew nous apprend que ce mode de comparaison lui a été inspiré par l'examen minutieux de tissus desséchés; il y a naturellement constaté des plis et des rugosités qu'il a comparés à des fils ténus. Il semble, en outre, qu'il se soit servi, pour couper les parties végétales qu'il a examinées, de couteaux émoussés; grâce à ce procédé, on peut apercevoir les fibres des parois cellulaires. Il suffirait presque, pour arriver à cette conclusion, de consulter la planche 40, où l'on voit la reproduction assez exacte d'un filament que l'auteur, croit provenir des parois cellulaires.

En outre, l'observation de certains vaisseaux à épaississements réticulés et de cellules du parenchyme à striation croisée doit avoir contribué à le confirmer dans cette opinion.

Il ne sera pas superflu de faire remarquer ici que les travaux de Grew au sujet des détails de la structure des parois cellulaires ont probablement donné naissance à une expression très répandue, celle de « tissu cellulaire » (*contextus cellulosus*) employée aussi lorsqu'il s'agit de l'anatomie animale; cette expression s'est peu à peu fait une place dans le vocabulaire histologique de la science, on l'emploie encore à l'époque actuelle, bien que personne ne songe plus à la comparaison faite par Grew entre la structure cellulaire et une pièce de dentelle. Ce mot de tissu a probablement été la cause d'erreurs nombreuses, commises par les écrivains qui ont succédé à Grew; il les a évidemment amenés à concerner la structure végétale, comme un tissu factice, formé de membranes et de filaments.

A l'exemple de Malpighi, Grew place le siége du développement premier des jeunes couches ligneuses du tronc dans les couches intérieures de l'écorce. Le bois proprement dit, dit-il à la page 114, n'est autre chose qu'une masse de vaisseaux de la lymphe qui auraient vieilli, c'est-à-dire de fibres qui, à l'origine, étaient appliquées contre la paroi intérieure de l'écorce et entouraient le tronc dans toute sa circonférence. Il désigne sous le nom de substance ligneuse proprement dite les parties fibreuses du bois en en excluant toutefois les vaisseaux à air; ses vaisseaux lymphatiques sont des fibres du liber et d'autres parties végétales du même genre, car nous voyons plus loin que, d'après les théories de Grew, les vaisseaux à air, les rayons médullaires, et le bois proprement dit constituent ce qu'on désigne généralement sous le nom de bois d'un arbre; si Grew applique aux vaisseaux à air la désignation qu'ils portent, ce n'est point parce que les réceptacles en question ne contiennent jamais de sève, mais parce qu'ils ne contiennent qu'un gaz végétal durant le temps de la végétation proprement dite, à une époque où les vaisseaux de l'écorce sont remplis de sève.

Les lignes qui précèdent ne donnent évidemment qu'une idée incomplète des mérites de Grew en tant qu'anatomiste; car cet auteur s'occupait de préférence des caractères histologiques et n'accordait qu'une importance secondaire aux faits anatomiques que nous nous sommes efforcé de mettre en lumière dans cette étude.

Cent vingt ans s'écoulèrent après la publication des ouvrages de Grew et de Malpighi, ouvrages si importants, non seulement à l'égard de la botanique, mais encore au point de vue des sciences naturelles prises dans leur ensemble, sans que cette longue période ait été marquée par l'apparition d'une œuvre égale en mérite aux travaux des deux savants que nous venons de nommer; durant ce laps de temps, aucun progrès ne se manifesta dans le domaine de la botanique : nous pouvons, bien au contraire, y constater une marche rétrograde continue, à laquelle nous reviendrons dans le chapitre suivant. Cependant, durant les années qui se succédèrent jusqu'au commencement du dix-huitième siècle, l'anatomie des plantes subit certains perfectionnements qui, s'ils ne représentent rien de très important, témoignent un progrès dans le domaine des détails. Il en faut attribuer le mérite à ANTON DE LEEUWENHOEK [1]. Ce naturaliste écrivit à la *Royal Society* de Londres de nombreuses lettres dans lesquelles il faisait part de ses observations sur l'anatomie animale et végétale. Ses lettres réunies parurent pour la première fois à Delft, en 1695, sous le itre d'*Arcana Naturæ*. Il n'est guère facile de coordonner et de réunir les opinions et les considérations que Leeuwenhoek a semées au hasard dans ses œuvres, et il est presque impossible de dégager de ces vues éparses les connaissances exactes que l'auteur avait acquises dans le domaine de la botanique. Il étudia l'anatomie du fruit, de la semence, et de l'embryon, et se livra à l'occasion à des recherches sur la germination.

La structure de différents bois fit souvent le sujet de ses observations, ainsi qu'un certain nombre d'autres phénomènes végétaux. Cependant, tous ces travaux de botanique sont marqués au coin d'un caractère superficiel qui témoigne d'occupations purement accidentelles et passagères; l'intérêt qu'il éprouvait pour les problèmes de la philosophie de la nature qui régnait à l'époque dont nous parlons, pour ceux en particulier qui touchent au domaine de la théorie de l'évolution, la curiosité pure et le désir d'aborder des questions mystérieuses, inaccessibles au commun,

1. Les travaux de zootomie de Leeuwenhoek sont plus importants que ses travaux botaniques. V. Carus a écrit sur lui les lignes suivantes (*Hist. de la Zool.*, p. 399.) : « Malpighi s'est servi du microscope pour satisfaire les exigences de nombreuses investigations et pour répondre aux nécessités que lui imposait la tâche qu'il s'était fixée; en revanche, l'autre naturaliste célèbre du dix-septième siècle ne considérait cet instrument que comme le moyen de satisfaire la curiosité qui s'éveillait dans certains esprits ouverts, à la vue des merveilles d'un monde qui, jusque-là, était resté voilé à tous les yeux. Et cependant, l'usage assidu, pratiqué durant cinquante ans, du microscope, a déterminé des découvertes nombreuses et importantes; si l'on songe à leur portée réelle, on pourra même les considérer comme les plus importantes de toutes celles qu'on a jamais faites dans ce domaine, comme les plus riches en résultats décisifs ». Anton de Leeuwenhoek naquit à Delft en 1632; l'éducation qu'il reçut ne fut nullement littéraire, car on le destinait au commerce (on dit qu'il ne savait pas même le latin); ses goûts et ses aptitudes naturelles le portèrent à fabriquer d'excellentes loupes au moyen desquelles il examina sans se lasser des objets toujours nouveaux, se livrant ainsi à des recherches variées sans travailler en vue d'un but scientifique déterminé. Il devint membre de la Société Royale de Londres, à laquelle il envoyait les résultats de ses observations, et mourut en 1723, dans sa ville natale, à l'âge de 90 ans.

amenèrent Leeuwenhoek à entreprendre les études dont nous avons parlé. Mais il ne sut pas coordonner les résultats de ses observations de manière à se faire une idée exacte de la structure végétale dans son ensemble. Il ne laisse pas, d'ailleurs, d'avoir droit à notre admiration, car il a apporté de grands perfectionnements aux verres grossissants simples. Il en a fabriqué lui-même un grand nombre, et a obtenu par là des grossissements que Malpighi et Grew n'ont probablement jamais eus à leur disposition.

C'est ainsi que Leeuwenhoek découvrit dans le bois secondaire des vaisseaux qui ne s'épaississent pas en spirale, mais qui sont couverts de ponctuations dont il ne songea d'ailleurs pas à étudier la véritable structure. En outre, il est le premier botaniste qui ait découvert des cristaux dans le tissu des plantes (dans la racine de l'*Iris florentina* et d'espèces analogues). Il n'était possible de faire une découverte semblable qu'au moyen de verres grossissants très forts. Nous retrouvons dans les ouvrages de Leeuwenhoek les théories histologiques dans lesquelles Malpighi et Grew s'étaient complus, mais l'ensemble de ses nombreux écrits fait une impression pénible lorsqu'on compare le manque de coordination, l'absence de méthode qui s'y manifestent, avec l'élégante précision du style de Malpighi, et avec la profondeur systématique des œuvres de Grew. A part de rares exceptions, il n'est guère possible de comparer les figures qui sont jointes à ses ouvrages, et qu'il n'a pas exécutées lui-même, avec celles qu'on trouve dans les livres des deux grands botanistes, ses contemporains.

CHAPITRE II.

L'ANATOMIE BOTANIQUE AU XVIIIe SIÈCLE.

En Italie, Malpighi n'eut pas de successeur qui mérite d'être mentionné; en Angleterre, l'éclat fugitif dont la science avait brillé un instant à l'apparition de Hooke et de Grew s'éteignit bientôt sans laisser de trace, et nous pourrions même dire que cette atonie s'est prolongée jusqu'à l'époque actuelle. Parmi les botanistes hollandais qui ont succédé à Leeuwenhoek, nous n'en voyons aucun qui puisse lui être comparé, et les ouvrages de botanique qui ont été publiés en Allemagne jusque vers 1770 sont au-dessous de toute critique. Durant les cinquante ou soixante premières années de ce siècle, l'investigation anatomique resta nulle; les descriptions de la structure des plantes étaient empruntées à Grew, à Malpighi et à Leeuwenhoek, les botanistes qui les copiaient étant incapables d'observer et de réfléchir, ne comprenaient pas même les ouvrages auxquels ils empruntaient leurs citations, et énonçaient des théories qui étaient restées absolument étrangères aux auteurs qu'ils croyaient citer. Parmi les doctrines des grands botanistes, on choisissait avec prédilection, pour s'y arrêter définitivement, les plus défectueuses et les plus confuses; les vues compliquées de Grew sur la structure reticulée des parois cellulaires excitaient chez les compilateurs une admiration particulière. Nous ne pouvons attribuer cet état de décadence uniquement aux imperfections du microscope; les instruments en question étaient certainement défectueux, ils ne se prêtaient pas à être maniés facilement, mais les botanistes de l'époque se trouvaient encore dans l'incapacité de voir et de décrire avec exactitude les traits qui pouvaient être observés, soit à l'œil nu, soit à l'aide de verres grossissants très faibles. Ils ne s'efforçaient même pas d'acquérir des idées claires au sujet des résultats de leur expérience personnelle, et des renseignements puisés dans les œuvres des auteurs anciens, ils se contentaient d'idées confuses sur la structure intérieure des plantes, et qui n'étaient même pas soumises au contrôle de la réflexion. Il n'est guère facile de rechercher et de déterminer les causes de cette décadence de la phytotomie, décadence qui s'est maintenue jusque vers 1760 ou 1770; cependant, l'une des plus importantes me paraît résider dans une erreur fondamentale des botanistes de l'époque, qui, à l'exemple de Malpighi et de Grew, ne considéraient pas la connaissance de la structure intérieure des plantes comme le but unique vers lequel devaient tendre tous leurs efforts, mais bien plutôt comme le moyen de s'expliquer certaines fonctions physiologiques. La nutrition de la plante, les mouvements de la sève, acquirent une importance qui alla toujours en augmentant, et Hales prouva qu'il est possible d'arriver sous ce rapport à des résultats remarquables sans faire usage du microscope; les rares botanistes qui, comme Bonnet et du Hamel, s'occupaient de préférence de la physiologie végétale, reportèrent tout leur intérêt sur l'expérimentation physiologique. D'autres botanistes, habiles à manier le microscope, comme le baron de Gleichen-Russworm et Koelreuter, se consacrèrent à l'étude des fonctions de reproduction et soumirent à des recherches particulièrement minutieuses certains phénomènes de la perpétuation, donnant ainsi une importance secondaire à l'étude de la structure des organes végétaux, étude qu'ils considéraient même comme une distraction puérile, indigne d'un collectionneur sérieux. Linné lui-même tenait l'anatomie végétale, étudiée à l'aide du microscope, en piètre estime, comme on peut s'en assurer en consultant les lignes que nous lui avons consacrées dans le premier livre de cet ouvrage.

Nous prendrions une peine inutile en nous efforçant d'aborder l'étude détaillée des rares œuvres de botanique qui se sont succédé jusque vers 1760; on y chercherait en vain un renseignement nouveau. Quelques citations suffiront pour donner au lecteur une idée nette de l'état dans lequel se trouvait l'anatomie à l'époque dont nous parlons.

Nous voyons tout d'abord un écrivain que peu de personnes se seraient attendues à rencontrer parmi les anatomistes; c'est le baron Christian de Wolff, philosophe célèbre, auteur de deux ouvrages, *Vernünftige Gedanken von den Wirkungen der Natur* (Magdebourg, 1723) et *Allerhand nützliche Versuche* (Halle, 1721), qui tous deux contiennent différentes descriptions de microscopes, et de nombreuses études d'ordre anatomique; dans le second, plus spécialement consacré aux descriptions et aux études en question, l'auteur nous parle d'un microscope composé. Cet instrument est pourvu d'une lentille qui se trouve placée entre l'objectif et l'oculaire, mais il ne possède pas de miroir; on peut s'en servir pour examiner un objet placé sur un fonds opaque, éclairé par une lumière qui tombe d'en haut, et l'objectif est une simple lentille. Lorsqu'il s'agit d'obtenir des grossissements plus considérables, Wolff préfère remplacer le microscope composé par un microscope simple, qui, du reste, était plus en usage à l'époque dont nous parlons. En vrai amateur qu'il était, Wolff examinait à l'aide de son microscope toute sorte de détails sans jamais les soumettre à des recherches logiques et approfondies. Aussi les connaissances anatomiques qu'il retira de ses études sont-elles peu étendues. Il crut que la farine est formée de granules, et crut pouvoir conclure de la façon dont elle agit sur la lumière que les granules en question sont des vésicules remplies de liquide; cependant, il put se convaincre que ces granulations se trouvent déjà dans les grains du seigle et par conséquent ne se forment pas dans la mouture. Il fit de minces coupes de parties végétales et les posa sur du verre dépoli. Il se trouva, par conséquent, dans l'impossibilité de les voir distinctement. Son disciple Thümmig (*Meletemata*, 1736) s'y prit encore plus maladroitement. L'œuvre de ces deux botanistes, considéré dans son ensemble, confirme ce que nous avons dit plus haut; le maniement maladroit du microscope, bien plus que ses imperfections, et les préparations insuffisantes et défectueuses, constituaient un obstacle qui s'opposait aux progrès de la science.

Cependant, Wolff et Thümmig s'efforçaient du moins d'acquérir au sujet de la structure végétale des connaissances fondées sur des observations personnelles; ce n'était point là le cas de Ludwig, botaniste qui jouissait d'une certaine réputation à l'époque dont nous parlons, auteur d'un ouvrage intitulé *Institutiones Regni Vegetabilis*, 1742, dans lequel nous trouvons les lignes suivantes, consacrées à des considérations sur la structure intérieure de la plante. « Le tissu cellulaire se compose de lamelles ou de pellicules membraneuses, unies entre elles de manière à former des cavités ou petites cellules, et disposées souvent en forme de réseau, au moyen de fils ténus entrelacés. Le tissu cellulaire s'étend dans toutes les parties de la plante, ainsi que nous pouvons le constater. Malpighi, et d'autres encore, lui ont appliqué la dénomination de tubes, car il existe plusieurs parties végétales dans lesquelles il se présente sous la forme de séries de vésicules, réunies les unes aux autres ». Les lignes que nous relevons dans l'ouvrage de Boehmer, ***Dissertatio de Celluloso Contextu*** (1785) prêtent encore plus à la critique : « On désigne sous le nom de tissu cellulaire des fibres et des filaments blancs, élastiques, dont l'épaisseur et l'apparence générale varient; ils sont entrelacés, forment des creux, des cellules ou cavités ». On voit quels inconvénients ont résulté de la théorie de Grew au sujet de la structure fibreuse des parois cellulaires; on voit aussi que le terme de « tissu cellulaire », dépouillé de son acception figurée, a induit en erreur les botanistes que nous venons de nommer, et les a amenés à des vues absolument erronées. Toutefois, les ouvrages de du Hamel, de Comparetti, de Senebier, prouvent que les botanistes allemands ne furent pas les seuls à interpréter de la sorte les œuvres de leurs prédécesseurs; Mohl rapporte que Hill, un contemporain de Grew, se représentait les cellules sous la forme de coupes superposées, fermées à la partie inférieure, ouvertes à la partie supérieure.

Le baron de Gleichen-Russworm (conseiller privé dans le margraviat d'Anspach, né en 1717, mort en 1783) s'efforça principalement d'introduire de nombreux perfectionnements dans l'organisation mécanique extérieure du microscope; les figures sur cuivre qu'il a exécutées lui-même nous permettent de nous rendre compte de l'extraordinaire difficulté que présentait alors lemaniement de cet instrument; on voit avec étonnement combien il était peu approprié à l'usage auquel il était destiné. Aidé de ses microscopes, le baron de Gleichen-Russworm se livra à des recherches répétées, et communiqua au public le résultat de ses observations dans deux ouvrages fort étendus (***Das Neueste aus dem Reich der Pflanzen***, 1764, et ***Auserlesene mikroskopische Entdeckungen***, 1777-81). Les considérations sur l'anatomie des détails, sur la structure cellulaire des plantes, sont pour ainsi dire absentes de ces ouvrages. Les observations effectuées à l'aide du microscope ont trait principalement aux fonctions de reproduction; l'auteur s'efforce de prouver que des spermatozoïdes se trouvent dans le pollen [1], et à ce propos, il reproduit, dans des figures qui sont pour la plupart fort belles, une infinité de petites fleurs grossies; à cet égard, les botanistes de l'époque doivent avoir puisé dans ses œuvres un grand nombre de connaissances utiles.

1. Nous reviendrons plus longuement sur ce sujet dans l'histoire de la théorie sexuelle.

Grew avait déjà signalé l'existence des stomates; le baron de Gleichen-Russworm les vit en examinant des feuilles de fougères, mais il les prit pour des organes de reproductions masculins. Ce fait prouve qu'il ignorait l'existence de ces organes chez les phanérogames.

Les travaux anatomiques de GASPARD-FRÉDÉRIC WOLFF [1] font de lui une exception. Parmi les botanistes qui succédèrent à Grew et à Malpighi, il fut le seul qui consacra à l'anatomie végétale des travaux assidus, menés avec une logique persévérante; à une époque où la structure des organes végétaux arrivés à leur complet développement, était oubliée, et où l'étude en était négligée, il s'efforça de pénétrer l'histoire du développement de cette structure, et la formation première du tissu cellulaire. Ce fut là son grand, son principal mérite. Malheureusement, l'intérêt qui le poussait à étudier l'anatomie n'était pas son unique mobile; il cherchait à résoudre un problème qui présentait un intérêt général; il se proposait de fournir les preuves certaines du développement des organes, et, par là, de réfuter la théorie de l'évolution, théorie qui possédait alors de nombreux partisans. Il se flattait ainsi d'établir sa doctrine de l'épigénèse sur des bases solides, sur des principes inductifs. On comprendra que sa *Theoria Generationis*, œuvre célèbre, publiée en 1759, soit loin de traiter uniquement de questions anatomiques; cependant, cet ouvrage possède une grande importance au point de vue de l'histoire de l'anatomie; il resta à peu près inconnu durant les quarante années qui suivirent sa publication, ou du moins il ne contribua pas à modifier d'une manière sensible les théories des botanistes de l'époque; mais, au commencement de notre siè-

1. G.-F. Wolff naquit à Berlin en 1733; il commença ses études en 1753, au *Collegium medico-chirurgicum* de Berlin, et les poursuivit durant la guerre de Sept Ans; il étudia l'anatomie sous la direction de Meckel, la botanique sous celle de Gleditsch; il suivit plus tard les cours de l'université de Halle, où il étudia la philosophie de Leibnitz et de Wolff, qui tient une trop grande place dans sa *Theoria Generationis*, 1759.

Cette dissertation contenait une discussion des doctrines de Haller, le partisan le plus distingué de la théorie de l'évolution. Celui-ci favorisa l'œuvre en question d'une critique bienveillante, et entra en correspondance avec le jeune auteur. A Breslau, Wolff fit des cours de médecine; en 1762, il fut admis à professer la physiologie et d'autres sciences au *Collegium medico-chirurgicum* de Berlin, mais il ne put se faire nommer professeur. En 1766, l'impératrice Catherine II lui offrit une chaire de professeur à l'académie de Saint-Pétersbourg; il mourut dans cette dernière ville en 1794. (Voir : *Idee der Pflanzenmetamorphose* de Alf. Kirchhoff, Berlin, 1867.)

cle, Mirbel s'empara de la doctrine de Wolff, sur la formation première de la structure cellulaire. Les progrès accomplis dans le domaine de l'anatomie sont dus en partie aux débats engendrés par les différences d'opinion qui se manifestèrent à ce sujet parmi les botanistes de l'époque. L'influence durable, bien que tardive, qu'exerça sur les botanistes l'œuvre de Gaspard-Frédéric Wolff ne doit pas être attribuée à la justesse des considérations émises par l'auteur, mais bien à la richesse de pensée qui se manifeste dans cette œuvre, aux efforts persévérants qui s'y révèlent, à l'énergie avec laquelle Wolff a cherché à pénétrer, dans son essence même, la nature véritable de la structure végétale cellulaire, et à l'expliquer par des raisons empruntées à la physique et à la science. Les observations mêmes qui ont trait à la structure cellulaire des plantes sont absolument inexactes; l'auteur se laisse influencer par des opinions préconçues; l'exposé des faits et des théories est obscur, le désir immodéré d'expliquer au moyen de principes philosophiques différents faits insuffisamment constatés se révèle à tout moment dans ces pages, et finit par en rendre la lecture insupportable. Ceux des travaux de Wolff qui traitent de l'histoire du développement, et qui ont pour objet la formation première du tissu cellulaire présentent de nombreuses imperfections; l'auteur, en effet, ne possédait au sujet de la structure des organes parvenus à leur complet développement que des connaissances incomplètes; les gravures qu'il a exécutées, et les considérations théoriques qu'il a émises feraient croire que les microscopes dont il se servait ne possédaient pas des verres grossissants assez forts, et ne fournissaient pas des images suffisamment nettes. En dépit de toutes ces imperfections, l'ouvrage que nous venons de nommer mérite d'occuper la première place parmi les œuvres des botanistes qui se sont succédé de Grew à de Mirbel; ainsi que nous l'avons dit plus haut, son mérite ne réside pas dans la justesse de l'observation, mais dans l'habileté avec laquelle l'auteur tire parti des résultats de son expérience personnelle et en tire une théorie nouvelle.

D'après la théorie de Wolff, toutes les parties végétales jeunes, le point végétatif de la tige, découvert par Wolff lui-même, les feuilles les plus jeunes et les différentes parties de la fleur sont formées à l'origine d'une substance transparente et gélatineuse; cette substance est saturée de suc nourricier, qui prend tout d'abord la forme de gouttelettes (nous pourrions leur appliquer la dénomination de vacuoles). Celles-ci augmentent peu à peu de volume, amènent une dilatation de la substance intermédiaire, et finissent par former des espaces cellulaires agrandis. La substance intermédiaire correspond à ce que nous appelons actuellement les parois cellulaires; seulement, ces dernières commencent par être assez larges, et s'amincissent à mesure que les cellules s'agrandissent. D'après la théorie de Wolff, on pourrait comparer les tissus d'une jeune plante, au moment de leur formation première, aux cavités de la pâte du pain, lorsqu'elle est en fermentation; seulement, les cavités du tissu végétal sont remplies de liquide et non de gaz. On comprendra immédiatement, d'après ce qui précède, que les vésicules ou pores, comme Wolff appelle les cellules, sont jointes dès le début par cette substance, et que deux cellules voisines ne sont séparées que par une seule lamelle ou membrane cellulaire. Les anatomistes qui ont succédé à Wolff, sont restés longtemps dans l'incertitude à cet égard. Les cellules, formées par des gouttes isolées du suc nourricier, prennent naissance dans la substance fondamentale, qui est homogène à l'origine; de même, si l'on en croit Wolff, les vaisseaux sont formés par une goutte de liquide qui, dans ce mucilage, s'étend dans le sens de la longueur, et finit ainsi par former un canal; et, par conséquent, les vaisseaux voisins doivent être séparés les uns des autres par une unique lamelle de substance fondamentale. Wolff attache une importance toute spéciale aux mouvements qu'exécute, à l'intérieur de la substance fondamentale, mucilagineuse, solide, entre les cavités des cellules et les canaux vasculaires, le suc nourricier. Il admet, par conséquent, l'idée d'un mouvement auquel nous pouvons appliquer le terme de courant de diffusion; mais, par un manque de logique, il se rend coupable d'une erreur en supposant l'existence de perforations dans les parois des cellules et des vaisseaux, et destinées à faciliter les mouvements de la sève. Cette inconséquence nous frappe d'autant plus que Wolff a constaté l'existence de parois absolument fermées dans le seul cas où il a pu obtenir des cellules isolées, c'est-à-dire chez les fruits parvenus à maturité.

D'après Wolff, la croissance des diverses parties de la plante est déterminée par l'expansion des cellules et des vaisseaux, ainsi que par la formation d'autres cellules, placées entre les précédentes; de nouveaux éléments s'introduisent dans la plante, de la même façon que les premières vacuoles prennent naissance dans la substance gélatineuse des jeunes organes : le suc nourricier qui emplit les passages et les cavités qui se trouvent dans la substance intermédiaire solide du tissu végétal produit des gouttelettes qui augmentent de volume, et finissent par former des cellules et des vaisseaux placés entre ceux qui existaient déjà. La substance intermédiaire aux passages et aux cavités et qui est tout d'abord molle et souple, devient plus dure et plus ferme à mesure qu'elle vieillit; la sève, qui reste stagnante dans les cavités cellulaires, et qui se meut dans les passages vasculaires, finit aussi par déposer une espèce de sédiment sous forme d'une substance durcissante qui, dans bien des cas, paraît être leur membrane propre.

Nous venons de résumer dans ses traits fondamentaux la théorie de Wolff. Nous passerons sous silence ses considérations sur la formation première des feuilles au point végétatif; nous ne nous arrêterons pas davantage sur ses vues sur le développement des diverses parties de la fleur, sur ses aperçus physiologiques relatifs à la nutrition et à la sexualité, et qui n'ont exercé qu'une influence tardive sur l'opinion, mais nous nous arrêterons sur les opinions de Wolff au sujet de la croissance de la tige en épaisseur Celle-ci n'est autre chose à l'origine que la prolongation de tous les pédoncules des feuilles, joints les uns aux autres. Les groupes de vaisseaux qu'on trouve à l'intérieur de la tige parvenue à son plus haut point de développement, égalent en nombre les feuilles qui naissent de l'axe végétatif; chaque feuille possède un faisceau de vaisseaux qui lui est propre et qui se trouve à l'intérieur de la tige (nous le désignons à l'heure actuelle sous le nom de *trace foliaire*). L'union de ces traces foliaires forme l'écorce de la tige; lorsque les feuilles sont très nombreuses, les groupes de vaisseaux qui se dirigent vers l'extrémité inférieure de la plante forment un cylindre fermé, et lorsque la tige est vivace, la production annuelle des feuilles amène chaque fois de nouvelles zones ligneuses, qui constituent tous les ans de nouveaux anneaux. Il faut remarquer ici que les vues de Wolff au sujet de la croissance en épaisseur présentent une analogie incontestable avec la doctrine formulée plus tard par Du Petit Thouars. D'après ce dernier, si la tige augmente de circonférence, ce développement s'effectue au moyen des racines qui descendent du bourgeon et se dirigent vers l'extrémité inférieure de la plante.

Nous aborderons plus tard la polémique qui eut lieu, au commencement de ce siècle, entre de Mirbel et ses adversaires, les botanistes allemands, et nous reviendrons, par la même occasion, sur certains points importants de la théorie cellulaire de Wolff. Les travaux anatomiques de Hedwig[1], qui portent non sur

1. Johannes Hedwig est le fondateur de l'étude scientifique des mousses. Il

la formation première des cellules, mais sur la structure de l'appareil cellulaire parvenu à son complet développement, excitèrent plus d'admiration chez les botanistes de l'époque que ne l'avait fait la *Theoria Generationis* de Wolff. Nous trouvons dans le *Fundamentum Historiae Muscorum* (1782), ainsi que dans la *Theoria Generationis* (1784) de Hedwig, des figures et des descriptions anatomiques; le mémoire intitulé *De fibræ vegetabilis et animalis ortu,* publié en 1789, contient des études anatomiques plus approfondies, mais nous n'avons pu nous procurer cet ouvrage, qui ne nous est connu que par les citations d'écrivains qui ont succédé à Hedwig.

Parmi les figures d'histologie de Hedwig, il en est que nous avons examinées et qui sont supérieures à celles qu'ont exécutées les botanistes précédents; on peut s'assurer, en les étudiant, qu'Hedwig se servait de verres grossissants assez forts, et qu'il avait à sa disposition un microscope dont l'objectif était clair et donnait des images nettes. On peut reprocher au botaniste en question d'avoir émis des opinions préconçues, et de s'être parfois trop hâté d'interpréter à sa manière les résultats de son expérience personnelle.

Dans le but de réfuter les théories de Gleichen au sujet des stomates des Fougères, Hedwig signala et constata l'existence de ces organes chez de nombreux végétaux phanérogames; ses recherches à ce sujet, lui permirent d'apercevoir l'ouverture de ces organes qu'il désigna sous le terme de *spiracula*. Il vit distinctement, sur l'épiderme qu'il avait séparé du reste de la plante afin de pouvoir se livrer plus facilement à ses observations, les contours doubles des cellules de l'épiderme, c'est-à-dire les parois cellulaires qui sont perpendiculaires à la surface. Hedwig les considérait comme des vaisseaux d'une espèce particulière, et les désignait sous le terme de *vasa reducentia* ou *lymphatica*, qu'il rem-

naquit en 1730 à Kronstadt, en Transylvanie. Après avoir terminé ses études à Leipzig, il revint dans sa ville natale; mais comme il n'avait pas pris ses degrés en Autriche, il ne put obtenir l'autorisation d'exercer la médecine à Kronstadt. Il retourna en Saxe et se fixa à Chemnitz en qualité de médecin, pour retourner à Leipzig en 1781. En 1784, il fut nommé médecin à l'hôpital militaire de cette dernière ville; à partir de 1786, il enseigna la médecine en qualité de professeur extraordinaire; après 1789, il remplit les fonctions de professeur de botanique, et mourut en 1799.

Hedwig s'occupait déjà de botanique à l'époque où il faisait ses études. Il continua ses travaux à ce sujet, au milieu de toute sorte de difficultés, pendant les années qu'il passa à Chemnitz, et finit par se consacrer totalement à la botanique à partir de l'époque où il devint professeur.

plaça plus tard par celui de *vasa exhalantia*. Il crut retrouver ces organes dans l'intérieur du tissu parenchymateux, et prit probablement les points de jonction de trois parois cellulaires, pour des vaisseaux, qu'il confondit encore avec les cellules à latex de l'Asclépias, décrites par Moldenhawer l'aîné (1779); et celui-ci paraît avoir considéré des interstices qui séparent les cellules dans la moelle du rosier comme équivalent aux cellules à latex. Le terme de vaisseau s'associait dans l'esprit des botanistes du dix-huitième siècle à une idée indistincte, à une notion confuse, si bien que le même nom s'appliquait également aux grands conduits à air de la substance ligneuse et aux fibres les plus fines. Les idées de Hedwig au sujet de la structure des vaisseaux spiralés étaient assez bizarres. Il prit la bande spiralée pour le vaisseau spiralé; en outre, il crut la bande creuse parce qu'elle se colore par les liquides colorés; cependant, en examinant les vaisseaux spiralés des parties végétales où les tours de la bande spirale sont le plus éloignés les uns des autres, il put constater l'existence de la membrane délicate qui se trouve entre les tours en question, mais il plaça cette membrane à l'intérieur de la bande spirale, supposant, par conséquent, que celle-ci en était entourée extérieurement. Il a même (pl. II de la première partie de l'*Historia Muscorum*) figuré le réseau de crêtes que les cellules voisines ont laissé sur le vaisseau spiralé; ce réseau lui-même, dit-il, est formé par des plis amenés par la dessication.

Hedwig déploya sans aucun doute une habileté consommée dans l'art de se servir du microscope, et il recommanda sans relâche à ceux qui se consacrent à l'étude de la botanique d'observer une extrême circonspection dans l'interprétation de tout ce que révèle le microscope. Si donc, malgré son expérience, malgré la minutie consciencieuse qu'il apportait à ses investigations, en dépit des microscopes dont il se servait et qui étaient pourvus de verres grossissants assez forts, Hedwig tomba souvent dans des erreurs grossières, on ne s'étonnera pas que des botanistes tels que P. Schrank, Medicus, Brunn, Senebier, aient moins fait encore pour les progrès de la science botanique.

Le dix-huitième siècle s'achève avec ces publications, dénuées de valeur autant que d'intérêt.

CHAPITRE III.

ÉTUDE DE LA MEMBRANE CELLULAIRE DE LA PLANTE PARVENUE A SON COMPLET DÉVELOPPEMENT.

(1800-1840)

Il n'est guère possible de tracer une limite arrêtée entre la période dont nous allons nous occuper et celle qui l'a précédée; les œuvres des anatomistes qui se sont succédé durant les premières années du siècle actuel sont à peine supérieures à celles de Hedwig et de Wolff; on peut y constater à chaque pas l'absence de cette critique minutieuse qui contrôle les résultats de l'expérience, et tient compte de la bibliographie; des opinions préconçues venaient embarrasser l'observation personnelle.

Cependant, une tendance nouvelle, qui constituait un sensible progrès, se manifesta dès le commencement du siècle actuel; on vit augmenter subitement le nombre des botanistes, et leurs ouvrages, publiés à des intervalles très rapprochés, exerçaient les uns sur les autres une sorte de contrôle critique. Dans le siècle précédent, la publication de deux ouvrages d'anatomie était souvent séparée par un intervalle de dix, vingt, trente années; au commencement du dix-neuvième siècle, au contraire, différents botanistes vinrent simultanément enrichir d'œuvres nouvelles la littérature botanique.

Durant le cours des douze premières années du siècle actuel, nous voyons se suivre et se succéder coup sur coup une douzaine d'ouvrages; il semble que les botanistes de l'époque mettent une sorte d'émulation à aborder des questions scientifiques et déterminent par là une impulsion nouvelle. La première figure qui se dégage du groupe de botanistes de l'époque est celle d'un Français, Brisseau de Mirbel; son *Traité d'anatomie et de physiologie végétales*, publié en 1802, soulève toute une série de problèmes, et renferme une foule de considérations intéressantes que les botanistes allemands, parmi lesquels nous nommerons Kurt Sprengel (1802), Bernhardi (1805), Treviranus (1806), Link et Rudolphi (1807), vinrent immédiatement discuter. Notons que tous les botanistes que nous venons de nommer, à l'exception de Rudolphi, étaient botanistes de profession, comme précédemment Hedwig. Ce fait même est l'indice d'un progrès dans la botanique tout entière ; on avait fini par comprendre que l'examen approfondi de la structure intérieure constitue un des éléments les plus importants de l'investigation botanique au même titre que la description des végétaux telle que Linné l'entendait et la comprenait; on remarquera, d'autre part, que les connaissances botaniques des savants dont nous parlons ont facilité plus d'une fois leurs recherches; elles leur ont permis de s'attaquer dès l'abord aux problèmes fondamentaux de la science et de concentrer leurs efforts sur un petit nombre de questions importantes. Ce que nous venons de dire peut s'appliquer tout spécialement à Moldenhawer le jeune; ses *Beitraege*, publiés en 1812, constituent jusqu'à un certain point la limite de la première période de ce siècle; l'auteur lui-même apporta des perfectionnements importants à la méthode d'observation; il consacra aux résultats de son expérience personnelle et aux faits recueillis dans la bibliographie de l'époque, des études de critique comparée dans lesquelles il déploya une grande sagacité, et il tira des microscopes de ce temps tout le parti qu'il était possible d'en tirer.

A Moldenhawer succède un intervalle de seize années qui ne présentent aucun intérêt au point de vue de la science (1812-1828). Durant cette période de temps, les progrès accomplis dans le domaine de l'anatomie furent à peu près nuls. En revanche, le microscope composé subit une série de perfectionnements, les plus importants qu'on eût apportés à cet instrument à partir de l'époque où il fut inventé [1].

Dès 1784, Aepinus se servit d'objectifs de *flint-glass* et de *crown-glass*, et en 1807, von Deyl en fabriqua de semblables avec deux lentilles achromatiques, ce qui n'empêcha pas les botanistes de continuer à se plaindre des instruments dont ils faisaient usage; les figures qu'ils exécutaient prouvent du reste que les images fournies par les microscopes de l'époque manquaient de clarté, et que les verres grossissants ne grossissaient guère.

1. Voir P. Harting, *Das Microskop*, 433 et 434.

Link dit en propres termes, dans la préface de son mémoire, (1807) que les instruments dont il se sert grossissent 180 fois les objets examinés; dans un de ses travaux daté de 1812, Moldenhawer reconnait la supériorité incontestable d'un microscope de Wright, qui reproduit des objets grossis 400 fois, sans que cet agrandissement extraordinaire nuise sensiblement à la pureté de l'optique, tandis que les microscopes allemands, ceux de Weickert, en particulier, sont absolument dépourvus de toute utilité lorsque l'objet est examiné avec des grossissements au-dessus de trois cents.

Un certain intervalle de temps séparait toujours les perfectionnements nouveaux apportés au microscope de l'apparition des progrès que ces perfectionnements déterminaient dans le domaine de la botanique; ainsi, en 1824, Selligue soumit à l'examen de l'Académie de Paris un microscope excellent, pourvu de lentilles doubles dont un grand nombre pouvaient être vissées les unes par dessus les autres; les objets examinés, même vus à la lumière du jour, étaient grossis 500 fois sans que cet agrandissement portât préjudice aux qualités de clarté et de netteté. En 1827, Amici construisit les premiers objectifs achromatiques et aplanétiques à l'aide de trois lentilles vissées les unes par dessus les autres et dont la surface plane était tournée vers l'objet à examiner. Et cependant, Meyen, anatomiste d'une habileté consommée, s'exprima défavorablement en 1836 sur le compte des microscopes dont on se servait à cette époque, et ne cacha pas ses préférences pour un vieux microscope dû à un Anglais, James Man. Il dut, cependant, reconnaître la supériorité des derniers instruments fabriqués par Ploessl. Dans sa *Phytotomie*, publiée en 1830, Meyen nous apprend que toutes ses figures ont été faites d'après des objets grossis 200 fois; et il en est de même pour les figures, fort belles du reste, qui sont jointes au mémoire de 1836; mais dans son *Neues System* (1837), Meyen fit usage de verres qui agrandissaient l'objet examiné jusqu'à 500 fois. On peut s'assurer de la rapidité des progrès accomplis, dans ce domaine, durant les années qui précédèrent immédiatement et qui suivirent 1830, en comparant l'ouvrage publié en 1827, dans lequel Mohl traite des plantes grimpantes, aux autres œuvres du même botaniste qui portent les dates de 1831 et 1833. Les figures du premier semblent empruntées à quelque livre de botanique du moyen âge; celles des secondes portent l'empreinte des progrès de la science moderne.

Les perfectionnements qu'on apportait aux microscopes déterminèrent peu à peu des progrès nouveaux dans l'art de la préparation des sujets anatomiques. Au commencement du siècle actuel, cet art était encore dans l'enfance, comme l'on peut s'en assurer en lisant les ouvrages des écrivains de l'époque, et en examinant les figures qui y sont jointes. En 1812, Moldenhawer le jeune parvint à isoler les unes des autres des cellules végétales en les faisant macérer dans l'eau (ce qui amène la putréfaction); il parvint par ce moyen à soumettre à des études minutieuses et complètes des cellules et des vaisseaux intacts; il put se rendre compte de leur forme exacte, et baser sur ces observations des idées plus justes, des théories plus précises sur la structure des parties végétales en question, prise dans son ensemble. Il y avait là un progrès certain. Cependant, Moldenhawer lui-même ne parvint pas à se dégager entièrement des préjugés de l'époque; il eut le tort d'examiner ces objets délicats de dimensions infinitésimales sans les humecter, en dépit des conseils de Rudolphi et Link, qui insistent particulièrement sur ce point, et recommandent aux botanistes qui se livrent à des recherches histologiques, de maintenir les objets dans un état d'absolue humidité, surtout la surface tournée vers l'objectif. On peut conclure de cette dernière remarque, que les botanistes de l'époque ne se servaient pas encore de lamelle recouvrante. Ils ne prenaient pas, dans la préparation de leurs coupes histologiques, les soins attentifs que Meyen et Mohl considérèrent plus tard comme indispensables à l'étude de l'anatomie; ils ne songeaient pas à examiner des coupes aussi minces, aussi égales que possible, transversales et longitudinales. A l'époque dont nous parlons, on se contentait encore de rompre ou de déchirer irrégulièrement les tissus soumis à l'étude anatomique.

Les figures qui représentaient des objets de dimensions microscopiques gagnèrent en exactitude et en précision à mesure que l'art de la préparation se développait, et que les microscopes se perfectionnaient. Lorsqu'on compare entre elles les figures qui furent exécutées au commencement du siècle actuel par de Mirbel et Kurt Sprengel, par Link et Treviranus (1807) et celles qu'on doit à Moldenhawer (1812), Meyen, Mohl (1827-1840), on acquiert bien vite des connaissances aussi étendues qu'intéressantes au sujet de l'histoire de l'anatomie et du développement qu'a subi cette science durant ces quarante années. En les examinant, on suit, dans leur marche progressive, les perfectionnements apportés au microscope par les botanistes de l'époque; on voit l'optique s'éclaircir peu à peu et acquérir une puissance nouvelle; on voit surtout se manifester, dans la préparation et dans l'observation des objets, un soin minutieux qui va toujours croissant. Cependant, de cette époque même date l'apparition d'une singulière erreur : les botanistes dont nous parlons crurent pouvoir se procurer des figures plus exactes et plus parfaites en remettant le soin de leur exécution à des mains étrangères; ils pensaient se débarrasser ainsi de toute opinion préconçue, et éviter toute erreur.

De Mirbel et Moldenhawer s'en remirent à une femme du soin d'exécuter leurs dessins anatomiques; parmi les anatomistes qui leur succédèrent, un grand nombre imitèrent l'exemple de Leeuwenhoek et eurent des dessinateurs payés.

Un dessin qui représente un objet de dimensions microscopiques, comme toute figure scientifique d'ailleurs, ne peut avoir la prétention de remplacer l'objet lui-même; il doit se borner à rendre avec toute la netteté possible les particularités notées par l'observateur et compléter la description, telle qu'elle est contenue dans le texte. L'image sera d'autant plus parfaite que l'œil de l'observateur sera plus exercé; l'intelligence qui saisit des rapports entre les formes viendra en aide au talent du dessinateur.

Le lecteur doit considérer la figure même comme le résultat des réflexions et des remarques de l'observateur, c'est à ce prix seulement que l'un et l'autre arriveront à se comprendre réciproquement. Il faut considérer encore que celui qui exécute le dessin d'un objet de dimensions microscopiques se trouve dans la nécessité d'accorder une attention spéciale à certains points, à certaines lignes, de déterminer les rapports qui les unissent, en observant les proportions générales de l'objet examiné; il arrive souvent, par ce moyen, à découvrir des particularités qui échappent à l'observation, même sérieuse et approfondie. Ces particularités possèdent souvent une importance décisive au point de vue de certains problèmes qui se présentent à l'esprit de l'anatomiste; elles peuvent même le mettre sur la voie de découvertes nouvelles. L'usage constant du microscope permet seul au naturaliste de perfectionner le don de l'observation, et d'en tirer parti au point de vue de la science; de même ce n'est qu'en dessinant avec soin les objets examinés que le botaniste parvient à exercer son attention, et à la maintenir dans un état d'activité perpétuelle, et cet avantage échappe au botaniste qui s'en remet à un autre du soin d'exécuter ses figures. On doit à Mohl des figures qui représentent des objets microscopiques et qui indiquent nettement les opinions de l'auteur. Mohl ne se borne pas à copier les objets qu'il examine; il les étudie, il les pénètre pour ainsi dire jusque dans leur essence, et s'efforce avant tout, en les reproduisant par la gravure, de les interpréter.

On peut facilement se rendre compte, d'après les lignes qui précèdent, qu'une période importante de l'histoire de l'anatomie se trouve comprise entre le moment où commence l'époque dont nous avons parlé et celui où elle s'achève. Il existe une énorme différence entre les connaissances qu'avaient acquises, au sujet de la structure végétale, les botanistes qui vécurent au commencement du siècle actuel, et celles que Meyen et Mohl possédaient en 1840 : ici c'est la marche incertaine d'anatomistes qui s'efforcent de s'orienter dans un dédale de notions vagues et de théories obscures; là nous assistons au développement progressif de doctrines solidement établies, concernant l'architecture intérieure de la plante, arrivée à son plein de développement.

En dépit de l'immense différence qui sépare, scientifiquement parlant, le commencement de la période de temps dont nous parlons, de l'époque où elle se termine, nous suivrons le perfectionnement continu qui se manifeste dans les œuvres des botanistes qui se succédèrent durant cet intervalle de quarante années. Plusieurs années, il est vrai, s'écoulèrent entre l'apparition des travaux de Moldenhawer (1812) et la publication des ouvrages de Meyen et de Mohl (1840); ces derniers n'en résument pas moins toute la botanique de l'époque, toutes les connaissances qu'on avait acquises depuis le commencement du siècle actuel. En outre, l'apparition de Schleiden et de Nägeli, dont l'activité commence à se manifester vers 1840, détermine une sorte de revirement dans l'histoire de la science botanique; de nouveaux problèmes, de nouvelles questions se présentent à l'esprit des naturalistes, l'investigation botanique s'achemine par d'autres voies vers un autre but; et il n'y a pas opposition entre notre manière de voir et le fait que les ouvrages les plus remarquables de Mohl appartiennent aux vingt années qui suivirent immédiatement l'époque en question, car les théories qui s'y révèlent portent jusqu'à un certain point l'empreinte des tendances nouvelles; en revanche, toute la botanique des époques précédentes arrive à son apogée dans les œuvres que Mohl publia jusque vers 1840; toutes les théories, toutes les doctrines de de Mirbel, de Link, de Treviranus, de Moldenhawer, viennent se résumer dans ceux des ouvrages de Mohl qui précèdent 1841. Les efforts des botanistes qui se succédèrent durant cette période tendaient presque uniquement à découvrir le plan exact de la structure intérieure des organes végétaux, parvenus à leur complet développement; il s'agissait avant tout d'arriver à une conception juste des cellules et des formes des tissus, telles qu'elles se présentent dans leur diversité; il fallait les classer, les désigner sous des dénominations conformes à des notions nettement définies. On étudia presque exclusivement la conformation du squelette de la membrane cellulaire, surtout après qu'elle a atteint son développement définitif; on soumit à des études minutieuses la forme des organes élémentaires pris individuellement, les rapports extérieurs et les relations des différentes parties dont ils se composent, la construction des parois, la façon dont les interstices cellulaires se joignent les uns aux autres au moyen des pores ou s'isolent par des parois fermées.

Les botanistes de l'époque discutèrent beaucoup sur le contenu des vaisseaux et des cellules, et sur les mouvements du suc nourricier, ce qui fournit un élément de plus aux discussions des anatomistes, mais ils ne surent pas soumettre le contenu des cellules à des études exactes et coordonnées; ils ne surent pas attribuer au corps de la cellule végétale vivante l'importance qu'il possède en réalité; ils ne le considérèrent jamais comme une partie déterminée du contenu de la cellule, circonscrit par la paroi cellulaire; le squelette, la charpente de l'édifice, passaient à l'époque en question pour les parties importantes, fondamentales, de la structure des cellules végétales. Ce ne fut que dans la période suivante qu'on vit s'affirmer l'idée que le squelette des cellules des tissus cellulaires est un produit secondaire, au sens génétique du mot, de la vie végétative, tout en lui reconnaissant l'importance qu'il possède réellement; alors seulement on considéra le corps cellulaire proprement dit, le protoplasma, comme une partie végétale primordiale par sa formation, supérieure à tous les points de vue au squelette de la cellule.

Revenons maintenant aux œuvres de de Mirbel. Pour le moment, nous nous occuperons de sa théorie de la cellule, théorie énoncée en 1801 et qui se rattache par ses grands traits à celle de Gaspard-Frédéric Wolff. L'auteur croit chaque espace cellulaire séparé de son voisin par une cloison simple, et se basant sur des observations nouvelles, il affirme l'existence de pores visibles qui se trouvent dans les parois de séparation du parenchyme et des vaisseaux, et propose des vues nouvelles sur la nature des vaisseaux et sur leur formation.

En Allemagne, ce fut un des botanistes les plus instruits et les plus cultivés de l'époque, l'auteur estimé d'ouvrages de botanique célèbres, ce fut Kurt Sprengel qui attaqua les idées nouvelles dans son *Anleitung sur Kenntniss der Gewæchse*, publiée en 1802, et rédigée dans un style familier très diffus. Il partit en guerre armé de ses observations personnelles; mais il se servait probablement d'un microscope à pouvoir grossissant médiocre et peu clair; en outre, ses sujets d'étude devaient être mal choisis et soumis à des préparations insuffisantes. Le tissu cellulaire, dit Sprengel, est formé par des cavités d'apparence très diverse. Parmi les parois de séparation, les unes sont percées, d'autres manquent entièrement, ce qui permet aux différentes cavités de communiquer les unes avec les autres. Dans les cotylédons des haricots, il vit les grains d'amidon, et les prit pour des vésicules qui croissent et se développent en absorbant de l'eau, et qui forment ainsi de nouveaux tissus cellulaires, mais il ne chercha pas à résoudre un problème qui, dans ces circonstances, s'imposait de lui-même; il ne s'efforça point de découvrir comment le développement des organes peut se concilier avec pareil mode de formation cellulaire.

Il possédait au sujet des vaisseaux des notions confuses et indéterminées, plus vagues encore que celles de Hedwig; cependant, il eut le mérite de réfuter les vues extraordinaires de ce dernier, qui affirmait l'existence, dans l'épiderme, de vaisseaux de retour; il émit, en outre, certaines notions justes à l'égard des méats et même des vaisseaux spiralés, qui, disait-il, doivent prendre naissance dans le tissu cellulaire, et il fonda cette opinion sur le fait que les parties végétales les plus jeunes sont formées uniquement de tissu cellulaire. Mais Sprengel eut le tort de ne pas approfondir cette question; il laissa dans l'ombre les points les plus importants. A l'exemple de Malpighi et de Grew, il ne reconnaissait pas, chez les vaisseaux spiralés, l'existence d'une paroi proprement dite; cette partie se trouvait remplacée, pour lui, par les fibres spiralées, étroitement entrelacées; les resserrements des vaisseaux larges et courts lui semblaient être le résultat de contractions, amenées par un rétrécissement subit des fibres spiralées, par une sorte de mouvement péristaltique; les anatomistes qui se sont succédé durant la première moitié du siècle actuel, se sont complu dans cette théorie erronée, que Goethe adopta, et qu'il était facile de concilier du reste avec l'idée qu'on se faisait alors de la force vitale. A l'exemple de Grew, de Gleichen, de

Hedwig, Sprengel vit dans les stomates une sorte de bourrelet circulaire, qui se trouve près des cellules bordantes; il leur donna le nom qui est encore usité à l'heure actuelle; il confirme une remarque déjà faite par Comparetti : « les stomates, dit-il, s'ouvrent et se ferment alternativement; le matin, ils sont grand ouverts, le soir, ils sont fermés ». Sprengel attribuait à ces organes un rôle d'absorption.

Dans sa théorie de la formation des cellules, Sprengel reproche à de Mirbel d'avoir pris les grains d'amidon contenus dans les cellules pour les pores des parois cellulaires. Les trois botanistes qui concoururent plus tard pour le prix de Göttingue, adoptèrent la manière de voir de Sprengel dans cette polémique qui avait tant d'importance au point de vue de la physiologie et de la théorie cellulaire; dès 1803, cependant, Bernhardi s'était érigé en défenseur de de Mirbel; un observateur aussi exercé que l'était de Mirbel, disait-il, n'aurait pu commettre une erreur aussi grossière. D'ailleurs, le petit écrit de Bernhardi, les *Beobachtungen uber Pflanzengefæsse* (Erfurt, 1805 [1]), ne se distingue pas uniquement par la justesse et l'originalité de l'observation, mais encore par l'intelligence véritable qui s'y manifeste, par le jugement droit, libre du fardeau des opinions préconçues, qui donne aux faits leur exacte valeur. Les remarques de Bernhardi, et ses recherches, l'emportent sur celles des botanistes qui se sont succédé durant l'intervalle qui sépare Malpighi et Grew de Moldenhawer le jeune; il fait preuve, dans la manière de traiter les questions d'anatomie, de plus d'habileté que n'en déployèrent les trois concurrents qui se sont disputé le prix de Göttingue.

Dans l'œuvre dont nous venons de parler, Bernhardi ne traite pas uniquement des vaisseaux, mais encore des différentes formes de tissus; il cherche à les distinguer les unes des autres, et à les classer avec une exactitude supérieure à celle dont les botanistes précédents ont fait preuve jusque-là; il s'efforce d'appliquer à des notions autant que possible précises et nettement définies, les termes histologiques en usage; le résultat de ses efforts, comparé aux notions confuses des anatomistes de l'époque, constitue un progrès marqué, et lui donne une place à part au milieu de ses contemporains. Bernhardi distingua trois formes principales du tissu végétal : la moelle, le liber, et les vaisseaux.

Il désigna sous le nom de moelle la partie végétale à laquelle Grew

1. Jean-Jacob Bernhardi, né en 1774, mort en 1850 à Erfurt, a professé la botanique dans cette ville.

avait donné le nom de parenchyme, usité encore à l'heure actuelle, mais il ne sut jamais si les cellules de la moelle sont ou non percées de pores visibles. Pour lui, le mot de liber ne répondait pas uniquement aux éléments fibreux de l'écorce, mais encore et avant tout à ceux du bois, à ce que nous désignons maintenant sous le nom de prosenchyme : cette manière de voir se concilie parfaitement avec une opinion de Malpighi, et que Bernhardi adopta à l'exemple de tous ses contemporains; les couches intérieures du liber cortical, disait-il, se transforment en couches ligneuses extérieures pendant la croissance en épaisseur des tiges ligneuses. Il excluait cependant cette explication pour les parties intérieures de la substance ligneuse, car celle-ci est formée dès l'origine dans les jeunes pousses qui seules contiennent de véritables vaisseaux spiralés à trachées déroulables. Bernhardi divise les vaisseaux en deux groupes principaux, les vaisseaux à air et les vaisseaux proprement dits. A l'exemple de Grew, il a donné aux vaisseaux à air la dénomination sous laquelle il les désigne, parce que ces vaisseaux sont remplis d'air, pendant un certain temps du moins, de la période de végétation; ils se trouvent dans le bois et dans les parties de la plante qui ne contiennent pas de corps ligneux fermé, et dans ce dernier cas, les faisceaux ligneux ne sont pas formés uniquement de vaisseaux; il y a aussi les faisceaux libériens qui entourent les canaux vasculaires. Ceux-ci se divisent à leur tour en trois formes principales; les vaisseaux annulaires, dont Bernhardi a lui-même découvert l'existence, les vaisseaux spiralés proprement dits, pourvus d'un ruban qu'on peut dérouler, et les vaisseaux scalariformes. Cette dernière désignation ne comprend pas uniquement les vaisseaux à larges fentes, pareils à ceux des fougères, mais encore les vaisseaux ponctués du bois secondaire. Bernhardi émet au sujet des vaisseaux annulaires et spiralés des opinions parfaitement justes; il repousse comme erronées les vues de Hedwig, citées plus haut, et maintient une manière de voir opposée à celle de ce botaniste, en affirmant l'existence de la membrane qui entoure extérieurement le ruban spiralé. Link, Sprengel et Moldenhawer professèrent plus tard l'opinion contraire. En revanche, les connaissances qu'il possède à l'égard de la structure des vaisseaux scalariformes sont encore confuses et indéterminées; il regarde les ponctuations des vaisseaux ponctués comme des épaississements de la paroi, les confondant par conséquent avec les traverses qui se trouvent entre les fentes des véritables vaisseaux scalariformes. Quant aux fentes elles-mêmes, il les croyait fermées.

En dépit des erreurs que renferment ces vues, Bernhardi ne laissa pas de déterminer certains progrès en cherchant à établir des distinctions arrêtées entre les différentes formes des vaisseaux à air, et en appelant l'attention des botanistes sur le fait que le bois secondaire ne contient ni vaisseaux spiralés ni vaisseaux annulaires. Les analogies qui existent entre les différentes formes vasculaires induisirent souvent en erreur les contemporains de Bernhardi, qui s'imaginèrent voir là le résultat d'une métamorphose subie par les vaisseaux proprement dits. Bernhardi prouva que l'on peut trouver différentes formes de parois à l'intérieur du même tube vasculaire, mais que ceci n'est pas le résultat d'une transformation qui s'accomplit avec l'âge; l'observation nous enseigne plutôt que chaque forme vasculaire possède le caractère qui lui est propre dès sa formation, et que les jeunes vaisseaux scalariformes ne présentent pas l'apparence des vaisseaux spiralés.

Bernhardi comprend sous le terme de vaisseaux proprement dits les parties végétales qui affectent la forme de tubes, et qui sont remplies d'une sève d'une nature spéciale. Il fait rentrer dans cette catégorie les cellules à latex, les laticifères, et les conduits à résine. Il soumet à des recherches approfondies la distribution de ces diverses parties, la quantité de sève qu'elles contiennent, et qui varie d'après le degré de développement de la plante, et fait à ce sujet des observations nombreuses, exactes pour la plupart, et qui présentent encore de l'intérêt à l'époque actuelle. Comme les verres grossissants de son microscope ne lui permettaient pas de distinguer les différences de conformation des conduits de la sève, il se consacra de préférence à l'étude de la structure des grands canaux à résine, et acquit à ce sujet des connaissances exactes.

Bernhardi chercha à résoudre un problème qui préoccupait les botanistes de son époque; il s'efforça de découvrir à l'intérieur de la plante des formes cellulaires autres que les formes connues, et ses recherches à cet égard lui fournirent l'occasion de définir les vaisseaux en des termes dont la justesse et la précision surpassent ceux dont s'étaient servis les botanistes qui s'étaient succédé jusque-là; il désigna les vaisseaux comme étant des tubes ou des conduits ininterrompus, et cette définition l'amena à se demander si les faisceaux libériens doivent aussi être considérés comme des vaisseaux. Il n'arriva pas, cependant, à résoudre ce problème d'une manière satisfaisante, mais, à l'exemple de Sprengel, il se prononça contre les vues d'Hedwig, qui supposaient la présence, dans l'épiderme, de vaisseaux de retour. Nous ferons remarquer que Bernhardi a donné aux coins, aux points de jonction des trois parois longitudinales du parenchyme, la signification qu'ils possèdent en réalité, ce que n'ont pas fait toujours les botanistes qui lui succédèrent.

En 1804, avant la publication du mémoire de Bernhardi, la Société Royale des Sciences de Göttingue proposa à un certain nombre de concurrents un problème que nous énoncerons en entier, afin de mieux caractériser le degré de développement auquel était parvenue alors l'anatomie, et de donner au lecteur une idée plus nette du vague et de l'incertitude qui régnaient dans les connaissances anatomiques des botanistes de l'époque. Nous trouvons l'énoncé de la question dans la préface de l'*Anatomie der Pflanzen* de Rudolphi (1807). « Comme certains physiologistes modernes n'admettent pas l'idée d'une structure vasculaire des végétaux, et que d'autres physiologistes, se rattachant pour la plupart à l'école ancienne, affirment au contraire l'existence de vaisseaux proprement dits, il devient nécessaire de procéder à de nouvelles recherches microscopiques. Ces recherches doivent tendre, soit à confirmer les observations de Malpighi, de Grew, de du Hamel, de Mustel, de Hedwig, soit à prouver que les plantes ont une organisation spéciale plus simple que celle des animaux. Les végétaux eux-mêmes peuvent être formés de fibres ou de filaments simples (Medicus), d'une structure spéciale, ou de tissus cellulaires et tubulaires (tissu tubulaire de Mirbel). — En outre, il faut élucider les questions suivantes, subordonnées au problème principal : (a) Combien d'espèces de vaisseaux est-il possible de déterminer d'une manière certaine pendant la première période de leur développement? Ces espèces mêmes existent-elles réellement? (b) Les fibres roulées qu'on désigne sous le nom de vaisseaux spiralés (*vasa spiralia*) sont-elles creuses, de manière à former par conséquent des vaisseaux, ou forment-elles des cavités indépendantes? (c) En vertu de quelles lois les matières fluides et les gaz se meuvent-ils dans ces cavités? (d) Les vaisseaux scalariformes sont-ils le résultat d'un vice de conformation par adhérence des fibres tordues (Sprengel) ou les fils naissent-ils des canaux? (Mirbel). L'aubier et les fibres ligneuses sont-ils formés par les vaisseaux scalariformes, ou prennent-ils naissance dans des vaisseaux véritables ou bien encore dans le tissu tubulaire? »

On voit au premier abord que ces problèmes, comme bien d'autres, ont été proposés par des personnes peu compétentes en anatomie, incapables d'apprécier la valeur des travaux antérieurs. Seuls, des botanistes aussi inexpérimentés pouvaient opposer les théories d'un Mustel et d'un Medicus à celles de Malpighi et de Grew. Le problème posé par Malpighi ou par de Mirbel eût sans doute été énoncé tout différemment. Nous n'étonnerons pas le lecteur en ajoutant que les mémoires des trois concurrents furent acceptés toutes trois, bien qu'ils fussent inférieurs, sous le rapport du fond comme sous celui de la forme, à l'ouvrage de Bernhardi, dont nous avons parlé plus haut, et en dépit des contradictions qu'ils présentaient dans les parties essentielles. Bien plus, le mémoire de Treviranus ne fut jugé digne que de la seconde place, bien qu'il fût incontestablement supérieur à ceux des deux autres concurrents, et en particulier au travail de Rudolphi [1]. Cependant, le concours lui-même présenta certains avantages; il eut le mérite de ramener un peu de vie et d'activité dans la botanique de l'époque; de Mirbel, qui avait reconnu au premier coup d'œil, avec toute sa sagacité, la supériorité de l'œuvre de Treviranus, soumit les mémoires des trois concurrents à une critique sévère. Le travail de Link [2] parut en 1807 sous le titre de *Grundlehre der Anatomie und Physiologie der Pflanzen*, celui de Rudolphi est intitulé *Anatomie der Pflanzen*, sa publication date aussi de 1807; chacun de ces deux ouvrages forme un fort volume in-octavo. Le

1. Karl-Asmus Rudolphi, né à Stockholm en 1771, professa l'anatomie et la physiologie à Berlin et mourut dans cette dernière ville en 1832.

2. Henri-Frédéric Link naquit en 1767 à Hildesheim, et fit ses études à Göttingue, où il prit, en 1788, son diplôme de docteur en médecine. En 1792, il fut appelé à Rostock en qualité de professeur de zoologie, de botanique et de chimie; en 1811, il partit pour Breslau où il enseigna la botanique, et s'établit définitivement à Berlin en 1815. Il y mourut en 1851. — Link était très bien doué et possédait une culture intellectuelle étendue; les recherches scientifiques auxquelles il s'est livré laissent toutefois à désirer sous le rapport de l'exactitude des détails; en revanche, il excellait à s'adresser à l'intelligence de ses élèves et à exciter leur intérêt; il s'acquit en outre un véritable renom comme auteur d'ouvrages populaires, traitant à la fois de philosophie et de sciences naturelles. Link fut un des rares botanistes allemands qui s'efforcèrent, dans la première moitié du siècle actuel, d'acquérir une connaissance générale du monde végétal, et qui surent unir l'investigation systématique, établie sur des bases solides, à des recherches sur l'anatomie et la physiologie.

Parmi les nombreux ouvrages qu'il publia et qui traitent, non seulement des différentes branches de la botanique, mais encore de zoologie, de physique, de chimie, le mémoire qu'il présenta à l'Académie de Göttingue contribua particulièrement à déterminer des progrès dans le domaine de la science. Ses œuvres ultérieures ne présentent pas beaucoup d'importance, mais, pour employer l'expression de Martius, elles incitent l'esprit du lecteur à la réflexion, à la méditation et à la critique; elles sont instructives, intéressantes et émaillées de remarques justes et fines. Cette appréciation du mérite scientifique de Link est peut-être tant soit peu exagérée (*Denkrede auf H. F. Link : Gelehrte Anzeigen*, Munich, 1851. N° 58 à 69).

mémoire de L.-C. Treviranus parut en 1806 sous ce titre : *Vom inwendigen Bau der Gewaechse.*

On peut considérer les œuvres de Link et de Rudolphi comme des manuels de l'anatomie et de la physiologie végétale, prises dans leur ensemble ; lorsque nous examinons ces deux ouvrages, nous y constatons des lacunes ; nous remarquons avant tout l'absence d'explications claires et précises, le développement de la pensée est souvent inégal et incertain. Cependant, il est facile de s'apercevoir que les tendances des deux auteurs sont opposées, bien que Link l'emporte souvent sous le rapport de la justesse et de l'exactitude relatives de l'observation.

Ainsi, Rudolphi nie la nature végétale des champignons et des lichens ; il prétend ne pas trouver d'analogie entre leurs hyphes et le tissu cellulaire des plantes, et considère les lichens et les champignons comme un résultat de la création spontanée ; d'après lui, les Conferves, même examinées au microscope, ne présentent aucune analogie avec la structure végétale ; et ceci semble prouver, soit une observation insuffisante et défectueuse, soit l'incapacité absolue d'interpréter avec exactitude les résultats de l'observation. Link, en revanche, considère tous les thallophytes comme des végétaux ; il constate que les fibres des lichens et des champignons sont formées de cellules, et qu'un grand nombre d'algues renferment aussi des cellules. Rudolphi se livre à une appréciation également élogieuse des théories de Wolff et des doctrines de Sprengel, au sujet du tissu cellulaire, bien que les œuvres de ces deux botanistes offrent des contradictions dans leurs parties essentielles, et en dépit de ses propres opinions à l'égard de l'étrange théorie de la formation des cellules, de Sprengel, théorie qu'il adopte sans y apporter de modifications.

Link, en revanche, se déclare l'adversaire de la théorie de Sprengel, et justifie sa manière de voir à ce sujet en faisant remarquer que Sprengel prend pour de jeunes cellules des vésicules qui ne sont autres, en réalité, que des grains d'amidon ; par contre, Link lui-même croit que les cellules nouvelles prennent naissance entre les cellules anciennes.

Rudolphi prétend que les cellules communiquent souvent les unes avec les autres, et fonde cette assertion sur le fait de la circulation des fluides colorés qui les emplissent ; Link assure que les cellules sont fermées, et mentionne à l'appui de ses théories à cet égard un fait qui paraît décisif : on voit parfois, dit-il, des cellules remplies de sève colorée au milieu d'un tissu incolore. Rudolphi croit que les ouvertures des stomates sont serties d'une sorte de cercle; il ajoute sans hésiter que ce cercle doit être un muscle contricteur, car les ouvertures s'élargissent ou se rétrécissent. D'après Link, le cercle qui entoure l'ouverture n'est autre qu'une cellule ou un groupe de cellules, et cette manière de voir est de beaucoup la plus juste et la plus rationnelle. Rudolphi ne connait pas d'autres conduits d'air que les grandes cavités qui se trouvent dans les tiges creuses et dans le tissu des plantes aquatiques; Link les considère simplement comme des vides amenés par des irrégularités de croissance des tissus cellulaires. Rudolphi ne désigne pas sous le nom de vaisseaux uniquement les formes vasculaires du bois, mais encore les laticifères et les conduits à résine; il applique aux laticifères les théories de Malpighi au sujet de la structure des vaisseaux spiralés. Link désigne sous le nom de vaisseaux les tubes qui se trouvent à l'intérieur du bois, englobant ainsi leurs différentes formes sous le terme de vaisseaux spiralés; en revanche, il exclut les laticifères, les conduits à résine, et se rend coupable par là d'une véritable inconséquence, car il adopte l'opinion de Rudolphi, qui définit le vaisseau en ces termes : le vaisseau est un canal qui fait circuler le suc nourricier à l'intérieur des plantes comme dans le corps des animaux.

En dépit des contradictions que nous venons de mentionner et qui se présentent si nombreuses dans leur œuvre, les auteurs des deux mémoires dont nous parlons ne laissent pas de s'accorder sur un point : ils adoptent tous deux les vues de Malpighi sur la croissance en épaisseur des plantes, d'après lesquelles les couches ligneuses nouvelles prennent naissance dans les couches intérieures du liber, tandis que de nouveaux vaisseaux spiralés se forment en même temps entre les cellules du liber, que Malpighi confond avec les fibres ligneuses. Les vaisseaux en question sont le produit de sève qui se répand entre les cellules du liber.

On comprend difficilement que deux œuvres aussi opposées l'une à l'autre par les contradictions qu'elles présentent aient pu prétendre à la fois au même prix, on comprend plus difficilement encore que des juges aient pu laisser passer inaperçues les différences qui existent entre le mémoire de Link et celui de Rudolphi. L'un offre un ensemble de considérations judicieuses et bien coordonnées; nous constatons, dans l'autre, l'absence absolue de remarques critiques; nous voyons à tout moment l'auteur s'en rapporter à l'autorité de botanistes anciens au lieu de fonder ses vues sur les résultats de son observation personnelle.

D'ailleurs, si nous ne pouvons pas regarder la minutie des détails, l'accumulation des remarques scientifiques, et l'instruction, aussi variée que solide qui se révèle dans l'œuvre de Link comme conférant à celle-ci un avantage véritable, on se trouvera nécessairement dans l'obligation de reconnaître la supériorité de l'écrit de Bernhardi, en dépit des mérites de Link. Les figures qu'ont exécutées Link et Rudolphi sont inférieures à celles de Bernhardi.

Le troisième mémoire dont nous avons parlé, et auquel les juges décernèrent le second rang, est celui de L.-C. TREVIRANUS[1]. Il est bien plus court que ne le sont les travaux des deux autres concurrents; le style a moins d'élégance et de légèreté que celui de Link; il est parfois même presque gauche. Mais les figures sont beaucoup plus soignées, beaucoup plus exactes, elles témoignent d'une observation plus consciencieuse et plus approfondie; la grande attention prêtée à l'histoire du développement et à laquelle l'auteur attache une importance particulière, donne à ce petit ouvrage, en dépit des inégalités et des imperfections de sa forme, une valeur réelle et durable. Ses réflexions et ses considérations amènent peu à peu l'auteur à émettre des vues sur les questions fondamentales de l'anatomie et dans lesquelles on peut découvrir en germe les doctrines que Mohl perfectionnera plus tard.

Les opinions de Treviranus au sujet de la formation du tissu cellulaire étaient, en substance, celles que professait Sprengel; elles laissaient par conséquent fort à désirer, ce qui n'empêche

1. Ludolf-Christian Treviranus naquit à Brême en 1779, et devint docteur en médecine à Iéna en 1801. De retour à Brême, il exerça les fonctions de médecin; à partir de 1807, il enseigna dans le Lycée de Brême; appelé à Rostock en 1812, il y occupa la chaire que Link avait laissée vacante; il passa plus tard un certain temps à Breslau et y succéda encore à Link. Lorsqu'en 1830, C.-G. Nees von Esenbeck renonça à la position qu'il avait à Bonn, Treviranus vint le remplacer. Il mourut à Bonn en 1864. Il se consacra tout d'abord de préférence à l'anatomie et à la physiologie des plantes pour entreprendre plus tard des études sur la caractérisation et la détermination des espèces végétales. Ses premiers écrits, dont nous avons fait mention plus haut, et les travaux qu'il publia entre 1815 et 1828 et qui ont pour objet la sexualité et l'embryologie des phanérogames présentent une importance particulière au point de vue de l'histoire de la botanique. Sa *Physiologie der Gewaechse*, ouvrage en deux volumes (1835-1838) possède encore à l'heure actuelle une certaine valeur, grâce à la bibliographie, mais elle a à peine contribué à déterminer de nouveaux progrès dans le domaine de la physiologie; l'auteur, en effet, a conservé les anciennes doctrines, en particulier celle de la force vitale, à une époque où des théories nouvelles commençaient à se faire jour. Pour des détails plus circonstanciés sur sa vie, voir la *Botanische Zeitung*, 1864, p. 176.

pas les observations de notre auteur sur la composition du bois et la nature des vaisseaux d'avoir toute la justesse et toute l'exactitude auxquelles il était possible de prétendre à une époque où les microscopes présentaient encore bien des imperfections. Notons ici une découverte qui offre une grande importance, celle de la présence des interstices qui se trouvent entre les cellules du tissu parenchymateux; mais Treviranus eut le tort de croire ces conduits remplis d'une sève dont il décrivit même la circulation; cette erreur fondamentale ne laisse pas de porter atteinte à son mérite de botaniste. D'après lui, les fibres ligneuses sont le résultat d'une forte extension longitudinale des vésicules. En outre, Treviranus adopte les vues de Bernhardi, sur la nature des vaisseaux, en vertu desquelles les fibres spiralées des vaisseaux déroulables sont simplement entourées d'un tube membraneux, au lieu d'être enlacées autour de lui.

En revanche, il diffère de Bernhardi sur certains points; il oppose les vaisseaux ponctués ou tubes ligneux poreux aux fausses trachées ou vaisseaux scalariformes, dont il décrit la structure avec exactitude, tels qu'ils existent chez les fougères. Il condamne les vues de Mirbel, qui considère les ponctuations des vaisseaux ponctués comme des trous entourés d'une sorte de rebord en saillie, de nature glandulaire; Treviranus, au contraire, les regarde comme des granulations ou comme des sphérules.

A côté de cette erreur, notons certaines découvertes qui déterminèrent des progrès considérables dans le domaine de la botanique; Treviranus, en effet, ne se contente pas de supposer que les vaisseaux ponctués du bois doivent leur origine à des cellules qui se sont separées là l'une de l'autre; il prouve que les différentes parties de ces vaisseaux sont séparées, au moment de leur premier développement, par des parois transversales, placées de biais, qui disparaissent entièrement plus tard. Cette observation est malheureusement suivie d'une erreur. Treviranus, à l'exemple des botanistes que nous avons nommés jusqu'à présent, considère le bois comme le produit d'une transformation du tissu du liber, et s'imagine par conséquent que les vaisseaux ligneux sont formés par les fibres du liber, qui s'élargissent et s'allongent après s'être jointes les unes aux autres de manière à former une chaîne continue; d'après cette manière de voir, les irrégularités qui sont le résultat des soudures obliques, disparaissent peu à peu; mais lorsqu'on examine les parois parvenues à un développement encore peu avancé, on peut distinguer le point de jonction. Les parois de séparation, qui existent à l'origine, disparaissent par suite de l'extension des cavités, de telle sorte que les parties mêmes qui composent le vaisseau finissent par former un canal continu. Afin d'expliquer d'une manière plus claire la disparition des parois transversales qui se trouvent entre deux cellules voisines, Treviranus appelle l'attention sur la formation du tube de conjugaison des Spirogyres et déploie dans les considérations qu'il émet à ce sujet une justesse de raisonnement remarquable. A l'exemple de Bernhardi, Treviranus condamne l'idée adoptée par Sprengel, Link et Rudolphi, et d'après laquelle les différentes formes vasculaires doivent leur origine aux vaisseaux spiralés proprement dits; il a soumis à des investigations approfondies les vaisseaux scalariformes des fougères au moment de leur formation et il n'a trouvé dans leur structure rien qui rappelle les vaisseaux spiralés; selon toute probabilité, les bandes transversales des faux vaisseaux spiralés (scalariformes) se forment, comme les ponctuations des vaisseaux ponctués, le long des parois des tubes fibreux membraneux; en outre, Treviranus fait remonter l'origine des véritables vaisseaux spiralés aux cellules longues, à paroi mince, et dont la cloison intérieure forme le ruban spiralé; il compare avec beaucoup de justesse les différentes parties des vaisseaux spiralés telles qu'elles se présentent durant la première période de leur développement, aux élatères des Jungermannées. Nous trouvons dans le mémoire de Treviranus les premiers principes d'une théorie de la croissance en épaisseur des parois cellulaires; dans les années qui suivirent, Mohl s'empara de la théorie en question pour l'étabir sur des bases plus solides et lui faire subir un développement nouveau; il enrichit, en outre, de remarques et de considérations nouvelles la doctrine qui fait dériver les vaisseaux de cellules disposées en rangées. Les dernières pages du travail de Treviranus sont occupées par une étude comparée de l'histologie des Cryptogames, des Monocotylédones et des Dicotylédones.

L'auteur y déploie une habileté et une précision supérieures à celles qui se manifestent dans l'étude que ses deux rivaux ont consacrée au même sujet.

Nous devons à Treviranus un exposé minutieux de la théorie des tissus. Ce travail pèche par certains côtés, surtout en ce qui concerne l'histoire du développement, mais ceci n'empêcha pas DE MIRBEL[1] de considérer l'auteur de cet ouvrage comme un des

1. Charles-François Brisseau de Mirbel, né à Paris en 1776, mort en 1854, se voua tout d'abord à la peinture; mais initié par Desfontaines aux mystères

adversaires les plus dangereux qui se fussent jamais déclarés contre ses théories; c'est à Treviranus qu'est adressée la lettre dans laquelle de Mirbel défend ses propres doctrines émises à une époque antérieure, et non point à Sprengel, à Link et à Rudolphi, qui l'avaient, eux aussi, attaqué.

Cette lettre forme la première partie d'un ouvrage étendu et parut en 1808 sous ce titre: *Exposition et défense de ma théorie de l'organisation végétale.* Mirbel déploie dans cet ouvrage une grande habileté de style; il s'efforce d'établir sa théorie du tissu végétal sur de nouvelles bases, et de réfuter les critiques de ses adversaires à l'aide d'arguments fondés sur des observations plus variées que profondes; il ne laisse pas de faire certaines concessions, et de reconnaître que ses ouvrages précédents pèchent par maints endroits, tout en exigeant de ses adversaires qu'ils prennent ses théories dans leur ensemble sans se laisser arrêter par des erreurs de détail. Les doctrines de Mirbel au sujet de la structure intérieure des plantes se rattachent aux théories de Gaspard-Frédéric Wolff. Les deux botanistes commencent par admettre l'idée d'un tissu qui constitue la base de toute organisation végétale et qui subit diverses modifications. Les cavités des cellules ne sont que des vides de structure et de dimensions différentes, qui se forment dans une masse fondamentale homogène; il est par conséquent inutile d'admettre, comme Grew, l'existence de tout un système de filaments qui relient ces cavités les unes aux autres.

Les trachées font exception; d'après de Mirbel, ce sont des lamelles minces, qui affectent la forme de spirales, et qui, insérées dans le tissu ne font corps avec lui qu'à leurs deux extrémités. Cette théorie se trouve en opposition complète avec celle de Treviranus,

de la botanique, il devint membre de l'Institut en 1808 et accepta peu après la chaire de professeur que lui offrait l'Université de Paris. Durant la période de temps qui s'écoula de 1816 à 1825, Mirbel se consacra à l'administration et laissa de côté ses études botaniques, qu'il reprit ensuite. En 1829, il devint professeur de Cultures au Muséum d'Histoire Naturelle. Mirbel a droit entre tous les botanistes français, au titre de fondateur de l'anatomie végétale microscopique, les essais des botanistes français qui l'avaient précédé dans cette voie avaient été plus insignifiants encore que ceux des botanistes allemands. Ses écrits et son enseignement donnèrent lieu à des polémiques nombreuses qui se poursuivirent jusqu'après sa mort; on lui reprocha de n'avoir pas donné à la systématique l'importance que lui accordaient les botanistes de l'époque, et d'avoir étudié de préférence la structure des plantes et les phénomènes de la vie végétale. Milne-Edwards nous apprend que Mirbel souffrit beaucoup des attaques dont il était l'objet; il fut pris d'apathie générale, une maladie grave vint l'empêcher, longtemps avant sa mort, d'achever les travaux qu'il avait entrepris et d'exercer jusqu'au bout les fonctions dont il était investi (*Botanische Zeitung,* 1855, p. 343).

qui, du reste, est beaucoup plus exacte. Si l'on se demande comment la circulation de la sève peut s'opérer dans un tissu cellulaire semblable, il faudra inévitablement supposer que la substance membraneuse des plantes est percée de pores innombrables et invisibles qui donnent passage aux fluides. Cependant, la circulation s'effectue plus promptement et mieux encore au moyen de certains pores que l'on peut apercevoir à l'aide du microscope et dont les dimensions sont supérieures à celles des pores que nous venons de mentionner. Mirbel nous laisse dans l'ignorance au sujet des lois en vertu desquelles la sève se meut à travers les pores visibles; la plupart des anatomistes de l'époque, d'ailleurs, agissaient de même, et glissaient, sans s'y arrêter, sur les difficultés de la mécanique, se bornant à considérer la force vitale comme une force motrice. Mirbel réfute vivement les critiques de Sprengel, qui l'a accusé d'avoir confondu les pores et les granulations, et pour le mieux convaincre, il le renvoie aux figures qu'il a exécutées; il a dessiné les proéminences qui sont disséminées sur la paroi extérieure des vaisseaux ponctués, et a indiqué l'ouverture qui se trouve dans chacune d'elles, et qui avait échappé à l'attention de son adversaire. On peut se demander si ces proéminences sont disséminées sur la paroi intérieure ou extérieure des vaisseeux, mais cette question perd toute importance pour qui admet avec Mirbel que la cloison de séparation est simple; Mirbel se préoccupe uniquement de savoir si ces granulations percées de trous se trouvent sur l'une ou sur l'autre face de la paroi. Il renvoie Treviranus, qui nie l'existence des pores, à sa description des vaisseaux scalariformes. Il avait, en effet, soumis ceux-ci à un examen approfondi qui l'avait mis à même d'apercevoir et de signaler les fentes qui correspondent aux pores.

Les détails que Mirbel nous donne sur d'autres points ne nous offrent pas grand intérêt lorsqu'on les compare à ces questions fondamentales. Toute la théorie des tissus se présente sous forme d'aphorismes, et constitue la seconde partie de l'ouvrage que nous avons mentionné. Mirbel, qui reconnaît cinq formes vasculaires différentes, a émis des vues particulièrement intéressantes au sujet des diaphragmes, percés de trous comme des cribles, qui se trouvent dans les vaisseaux « criblés » et qui, d'après lui, en séparent les éléments constituants. Mirbel, à l'exemple de ses adversaires, s'est rendu coupable d'erreurs graves dans la description des vaisseaux proprement dits; il fait rentrer dans cette dernière catégorie les laticifères des Euphorbes et les conduits à résine des Conifères, tout en se rendant compte, avec assez de clarté et de précision, que les conduits en question ne sont autres que des canaux pourvus d'une paroi propre. La troisième partie de l'ouvrage est consacrée à l'étude de ces différents tissus végétaux; l'auteur nous apprend qu'il range parmi les vaisseaux proprement dits, disposés en faisceaux, diverses espèces de fibres libériennes, comme celles de l'ortie et du chanvre. A l'exemple de ses adversaires, Mirbel ramène la croissance en épaisseur des tiges ligneuses à une transformation qui changerait les couches intérieures du liber en couches ligneuses, mais il donne à cette théorie une forme particulière, qui la rapproche de la théorie moderne de la croissance en épaisseur : durant l'époque de la végétation, le point de jonction où se rencontrent le bois et l'écorce des Dicotylédones donne naissance à un tissu fin dans lequel se trouvent de grands vaisseaux qui viennent augmenter la masse ligneuse, tandis qu'on voit se former d'autre part un tissu cellulaire plus lâche, destiné spécialement à réparer les pertes continuelles de l'écorce extérieure. Les botanistes qui ont succédé à Mirbel ont désigné sous le nom de cambium une couche mince de tissu qui produit constamment de l'écorce et des matières ligneuses nouvelles; ils ont dû éprouver une difficulté d'autant plus grande à comprendre les théories de Mirbel au sujet de la croissance en épaisseur, théories déjà fort embrouillées, que Mirbel lui-même applique ce mot de cambium à « une sève raffinée et épurée » qui sert à la nutrition de la plante et qui pénètre toutes les membranes, et non point à la couche de tissu dont nous venons de faire mention.

On voit apparaître cette sève ou ce cambium dans les parties végétales où il produit des cellules et des tubes nouveaux, en attachant à ces termes le sens qu'ils possèdent dans les théories de Wolff. Les cellules affectent tout d'abord la forme de petites sphères, les tubes celle de lignes étroites; elles s'élargissent peu à peu et on finit par y distinguer des pores et des ouvertures.

C'est ici, par conséquent, en substance la théorie de Wolff, théorie que Mirbel opposa aux doctrines des anatomistes allemands, et à laquelle il s'efforça de donner de nouvelles bases en étudiant la germination du dattier à l'aide de forts microscopes.

Mirbel émit, en outre, au sujet des tissus végétaux certaines opinions auxquelles il revint avec une insistance particulière, leur donnant ainsi une importance plus grande que ne l'avaient fait les anatomistes allemands de son époque; d'après lui, tous les tissus végétaux trouvent leur origine dans le tissu cellulaire, tel qu'il se présente au moment de son premier développement; cette théorie était empruntée aux œuvres de Sprengel et devait être pour Mirbel la conséquence nécessaire des doctrines de Wolff. A l'exemple de Wolff, Mirbel donne une importance trop grande à l'explication théorique des résultats de l'expérience; il se contente, trop souvent, d'investigations insuffisantes et superficielles; comme Wolff, il remplace trop souvent l'observation sérieuse par des suppositions dans lesquelles il se laisse parfois emporter loin du but.

Un temps assez long s'écoula entre l'apparition de la lettre de Mirbel et la réponse de Treviranus. Celui-ci s'efforça de réfuter les arguments de son adversaire dans un petit essai intitulé : *Beobachtungen in Betreff einiger streitigen Puncte der Pflanzenphysiologie* qu'il joignit à ses *Beitræge zur Pflanzenphysiologie*, et dans lequel il examina les points en litige et les problèmes soulevés non seulement par Mirbel, mais encore par Link et ses confrères, prenant ainsi pour point de départ, dans ce travail d'argumentation, des découvertes et des expériences nouvelles. On ne peut nier que Treviranus n'ait éclairci, dans ce petit ouvrage, plus d'une question importante; il a contribué, dans une forte mesure, à augmenter les connaissances que les anatomistes de l'époque possédaient au sujet des vaisseaux ponctués; ses vues à cet égard se rapprochent de celles de Mirbel; il a appelé l'attention des botanistes sur la nature vésiculeuse des cellules végétales, que l'on peut parfois séparer les unes des autres; il a insisté sur la présence, dans les parties végétales qui entourent la moelle des plantes, sans en excepter les conifères, de véritables vaisseaux spiralés; il a découvert les ouvertures des stomates des capsules des mousses, etc.

En ce qui concerne sa théorie de la formation des cellules, théorie empruntée à Sprengel, il cherche à se tirer d'embarras au moyen d'une subtilité en faisant remarquer que les grains d'amidon disparaissent des cotylédons des haricots sans y produire de nouvelles cellules, et qu'ils se dissolvent pour reparaître ensuite dans d'autres parties végétales sous la forme de matières fluides, qui servent à la formation de nouvelles cellules; et bien que ceci revienne à l'abandon de la théorie de Sprengel, Treviranus considère comme une preuve directe de cette théorie les modes de formation des gonidies qui prennent naissance dans les cellules de l'*Hydrodictyon* et leur développement en de nouveaux réseaux.

Mirbel et ses adversaires d'Allemagne se mouvaient par conséquent dans le cercle d'idées qu'avaient tracé Malpighi, Grew, Hedwig et Wolff; on remarquera pourtant que les découvertes de

Treviranus avaient, en quelque mesure, élargi l'horizon des anatomistes de l'époque. Johann-Jakob-Paul Moldenhawer[1] est toutefois le premier qui se soit dégagé entièrement de l'influence des doctrines anciennes, et qui ait ouvert de nouvelles voies dans son ouvrage si substantiel, intitulé *Beitraege zur Anatomie der Pflanzen*, et publié en 1812. Il opposa ses théories à celles de ses prédécesseurs avec une indépendance de vues que nous ne trouvons au même degré chez aucun des botanistes que nous avons nommés jusqu'à présent; nanti d'un fonds d'observations détaillées, de connaissances méthodiquement acquises, et d'une portée étendue, pourvu de microscopes supérieurs à ceux qu'avaient employés ses devanciers, Moldenhawer donna comme point de départ à ses théories et à ses doctrines, les résultats de son expérience personnelle, il soumit les œuvres de ses prédécesseurs à des études minutieuses dans lesquelles il déploya, aussi bien qu'une supériorité de critique incontestable, une connaissance approfondie de la littérature, et une vaste expérience de la botanique.

Il pénétrait, avec une acuité d'intelligence remarquable, les problèmes qui s'imposaient à son esprit, et s'efforçait de les résoudre un à un en examinant méthodiquement les difficultés qu'ils présentaient, et en faisant appel aux ressources que lui livraient ses connaissances acquises à l'aide de longs et patients travaux. Lorsqu'on examine les figures jointes aux ouvrages de Moldenhawer, on se rend compte, au premier coup d'œil, de la minutie qu'il apportait à ses investigations, et de la supériorité de ses microscopes, les meilleurs qui aient été fabriqués avant 1812. La manière dont Moldenhawer traite les questions anatomiques rappelle les méthodes de Mohl; il existe certaines analogies entre les figures de Mohl et celles de Moldenhawer, bien que ce dernier ait confié à d'autres le soin d'exécuter les dessins qui accompagnent ses ouvrages. Cependant, il serait plus juste de dire que le style et le tour de pensée de Mohl rappellent ceux de Moldenhawer; les lecteurs qui auront remarqué la considération que Mohl professe à l'endroit de son prédécesseur, considération qui se manifeste surtout dans ses premières publications, ne douteront pas que les œuvres de celui-ci n'aient exercé une grande influence sur le développement intellectuel et scientifique de celui-là, et que le maître n'ait inspiré à son disciple l'énergie patiente et minutieuse qu'exige l'étude de la botanique.

1. J.-J.-P. Moldenhawer professa la botanique à Kiel; il naquit à Hambourg en 1766, et mourut en 1827.

Moldenhawer est le premier qui ait soumis des parties végétales à la décomposition par l'eau, et qui soit arrivé par ce moyen à isoler les cellules et les vaisseaux en faisant subir ensuite aux parties en question une sorte d'écrasement et de dissociation. Ce procédé, qui détermina de véritables progrès dans le domaine de la physiologie végétale, est peu usité de nos jours. On pourrait toutefois, en employant la solution de Schulze, l'employer avec quelque avantage, surtout en y mettant le soin et la minutie que Moldenhawer apportait à ce genre de préparation. En isolant les organes élémentaires des plantes au moyen de la macération dans l'eau, Moldenhawer obtint des résultats qui le mirent en opposition directe avec Mirbel. Celui-ci avait, à l'exemple de Wolff, supposé que les cloisons de séparation qui se trouvent entre les cellules, sont simples, mais Moldenhawer avait découvert, grâce à ses procédés d'isolation, que les cellules et les vaisseaux ne sont que des vésicules et des sacs fermés; ceux-ci sont placés les uns à côté des autres, dans la plante vivante, de telle sorte que la cloison qui sépare deux interstices cellulaires se trouve formée d'une double lamelle membraneuse, et Moldenhawer fait remarquer que cette particularité se rencontre aussi dans le parenchyme dont les cloisons sont extrêmement minces. Ce résultat resta inattaquable aussi longtemps que les botanistes ne se trouvèrent pas en état d'affirmer la simplicité originelle des cloisons de séparation, comme le montre l'histoire du développement du tissu cellulaire, tant que des microscopes perfectionnés ne permirent pas aux botanistes d'acquérir des idées justes au sujet de la structure véritable des parois et d'apercevoir la division de la cloison, simple primitivement. Bien que les vues qui avaient pour point de départ la méthode de macération ne fussent pas absolument justes, elles ne laissaient pas de se rapprocher de la vérité, plus que ne l'avaient fait les doctrines de Wolff et de Mirbel. En outre, le procédé de la macération permettait aux botanistes de soumettre à des investigations minutieuses la forme des organes élémentaires isolés et les sculptures de leurs parois. Dès 1809, il est vrai, Link était arrivé à isoler des cellules au moyen de la cuisson; nous avons déjà dit plus haut qu'en 1811, Treviranus avait attiré l'attention des anatomistes sur l'isolation de cellules du parenchyme à l'état naturel; mais aucun de ces deux botanistes ne s'est livré sous ce rapport à des investigations sérieuses et méthodiques; le mérite d'avoir isolé des vaisseaux et des cellules ligneuses appartient à Moldenhawer. Ce dernier, toutefois, à l'exemple d'un grand nombre d'initiateurs, n'a pas su tirer de sa méthode de préparation tout le parti qu'elle pouvait livrer. Dans ses travaux, qui comprennent en somme la botanique tout entière, Moldenhawer nous ramène toujours à la même espèce végétale, au maïs, dont l'étude constitue le point de départ de toutes les considérations auxquelles se livre l'auteur; les conclusions qu'il tire de ses réflexions à ce sujet sont autant de jalons qui lui permettent de ne pas s'égarer lors de l'étude des autres végétaux, quand il est besoin de comparaisons détaillées et minutieuses.

Cette façon de procéder était du reste fort heureuse, non seulement au point de vue de l'état dans lequel se trouvait la science à l'époque dont nous parlons, mais encore à l'égard de l'investigation et de l'enseignement didactique. Moldenhawer avait eu une idée particulièrement ingénieuse en prenant l'étude du maïs comme point de départ de ses recherches; les botanistes qui l'avaient précédé s'étaient généralement livrés à des recherches sur des tiges des Dicotylédones; ils avaient choisi avec prédilection des végétaux dont la tige et le tronc offrent des corps ligneux compacts et une écorce d'une structure compliquée, des végétaux dont l'étude présente encore, à l'heure actuelle, de grandes difficultés, même pour un observateur exercé, armé d'un bon microscope. Ils avaient abordé parfois l'anatomie des tiges de citrouille, dont les grandes cellules et les larges vaisseaux sont faciles à examiner, même à l'aide de microscopes à grossissement peu considérable, et ils avaient dû remarquer, dans le cours de leurs investigations à ce sujet, les anomalies qui existent dans la structure des tiges en question; les Monocotylédones et les Cryptogames vasculaires avaient jusque-là été peu étudiés. Moldenhawer fonda donc ses observations sur l'étude d'une Monocotylédone à croissance rapide dont le tissu cellulaire se compose de grandes cellules, et dont la structure est relativement simple; grâce à cette manière de procéder, il se trouva en mesure de résoudre certains problèmes qui avaient embarrassé ses prédécesseurs. Il découvrit tout d'abord que les organes élémentaires fibreux de la plante en question sont réunis aux vaisseaux de manière à former des faisceaux; il est facile de les distinguer au premier coup d'œil du parenchyme qui les entoure, et qui se compose de cellules de grandes dimensions. Les découvertes de Moldenhawer vinrent donc mettre en lumière des faits jusque-là peu remarqués, et donner plus de netteté à la notion des faisceaux vasculaires, les opposant ainsi aux autres tissus végétaux. Il ne s'agissait plus ici des différences que les botanistes précédents avaient établies entre l'écorce, le bois et la sève, et qu'ils considéraient comme le principe fondamental de l'étude de l'histologie, bien que ces différences ne soient par elles-mêmes qu'une conséquence secondaire du développement ultérieur de certaines parties végétales; en appelant l'attention des botanistes sur le contraste qui existe entre les faisceaux vasculaires et le parenchyme, Moldenhawer mit en lumière un fait histologique d'une importance fondamentale; seule, une juste appréciation de ce fait a permis aux botanistes, qui ont succédé à l'époque dont nous parlons, de ne pas se fourvoyer dans le domaine de l'histologie des végétaux supérieurs. Le botaniste qui donne comme point de départ à ses travaux l'étude de l'écorce, du bois et de la sève des tiges des Dicotylédones, parvenus à un degré avancé de développement, doit nécessairement constater dans la structure des Monocotylédones et des fougères certaines particularités qui lui font l'effet d'anomalies; en revanche, le botaniste qui, à l'exemple de Moldenhawer, a constaté dans les faisceaux vasculaires des fougères tout un système histologique spécial, se trouve naturellement amené à rechercher ce système chez les Dicotylédones, et à ramener à l'existence première des faisceaux vasculaires le fait de l'apparition secondaire du bois et de l'écorce. Moldenhawer peut être considéré sous ce rapport comme un initiateur; il est le premier qui ait fait remarquer aux botanistes, ses contemporains, que le développement d'une tige de Dicotylédone peut s'expliquer par la structure et la position de faisceaux vasculaires qui sont primitivement isolés (*Beitraege*, p. 49, et les suivantes). Cette manière de procéder devait nécessairement l'amener à écarter la théorie de Malpighi au sujet de la croissance en épaisseur des tiges ligneuses, et qui avait été adoptée par tous les botanistes qui se sont succédé de Grew à de Mirbel, et qui se sont occupés d'anatomie végétale. Bernhardi et Treviranus avaient fait, il est vrai, des tentatives qui avaient pour but de réfuter la théorie en question, mais Moldenhawer n'en a pas moins été le premier qui a définitivement repoussé les doctrines d'après lesquelles les couches ligneuses extérieures prennent naissance dans les couches intérieures du liber; il est le premier qui ait établi sur des bases solides une théorie qui devait se développer à une époque ultérieure, et permettre aux botanistes d'énoncer les premières idées justes qu'on ait émises au sujet d'une croissance en épaisseur secondaire. La réfutation de ces anciennes erreurs constitue déjà par elle-même un progrès important, qui suffit, indépendamment des autres mérites de Moldenhawer, à lui assurer une place honorable dans l'histoire de la botanique.

Cependant, le revers de la médaille existe ici aussi bien qu'ailleurs; la minutie que Moldenhawer apportait à ses observations, l'habileté critique qu'il déployait dans ses études anatomiques ne l'empêchèrent pas de tomber dans des erreurs qui devaient avoir des conséquences fâcheuses. Lorsqu'il eut isolé les organes élémentaires au moyen de la macération, il se demanda comment les parties végétales en question se trouvent réunies les unes aux autres dans la plante vivante. Il adopta la notion d'un intermédiaire particulier, comme le firent plus tard Mohl et Schacht, mais il n'admit pas, comme eux, l'existence d'une matrice dans laquelle les cellules se trouvent prises, ou celle d'une matière glutineuse qui les joint l'une à l'autre; il adopta une manière de voir bien plus extraordinaire qui rappelle beaucoup la doctrine des tissus fibreux de Grew, et qui est aussi fondée, en grande partie, sur des observations incomplètes et défectueuses, érigées trop à la hâte en principes fondamentaux d'une théorie qui pouvait amener à une fausse interprétation des investigations ultérieures. Moldenhawer croyait que les cellules et les vaisseaux sont entourés extérieurement d'un fin réseau de petites fibres qui les enlacent et les maintiennent, et qu'il s'imaginait avoir vues, dans certains cas; il prit pour les fibres en question les bandes épaissies des cellules bien connues du *Sphagnum;* il semble avoir commis la même méprise à l'égard des arêtes transversales et longitudinales des cellules et des vaisseaux, ce qui est d'ailleurs encore plus extraordinaire. Il a contribué, en outre, à discréditer sa propre théorie en donnant à ce réseau imaginaire de fibres ligneuses, qui sont supposées joindre les uns aux autres les vaisseaux et les cellules, une dénomination qui a longtemps été appliquée à d'autres parties végétales, celle de tissu cellulaire; il a désigné le parenchyme sous le terme de substance cellulaire, et a créé ainsi toute une nomenclature dont personne n'a fait usage mais qui a certainement contribué à amener à une appréciation trop sévère des œuvres de Moldenhawer les botanistes qui lui ont succédé et qui n'ont pas suffisamment rendu justice au mérite réel de leur devancier.

Ses *Beitraege zur Anatomie der Pflanzen* se divisent en deux parties principales : la première est consacrée à l'étude des parties qui entourent les vaisseaux spiralés, la seconde traite des vaisseaux spiralés eux-mêmes.

Dans la première, l'auteur décrit fort exactement la position et la forme générale des faisceaux vasculaires qui se trouvent dans les tiges du maïs; il émet des idées extrêmement justes au sujet des fonctions de l'enveloppe, formée de fibres épaissies, qui entoure le faisceau en question; il montre que la membrane proprement dite qui se trouve dans chacune de ces cellules est close; il fait remarquer à plusieurs reprises les analogies qui existent entre la membrane dont nous venons de parler, et le liber et les éléments fibreux du bois des Dicotylédones. Il mentionne en passant les cellules ligneuses, segmentées, et les cellules du parenchyme ligneux, rangées en séries. Il comprend sous le nom de tubes fibreux les cellules du faisceau sclérenchymateux d'un grand nombre de faisceaux vasculaires, le liber proprement dit et les fibres ligneuses, qui, d'après lui, manquent au bois des conifères. Il explique la croissance en épaisseur de l'écorce et du liber au moyen d'exemples tirés de l'étude de la pousse de la vigne, et distingue le fourreau médullaire des vaisseaux spiralés. Les faisceaux vasculaires des Dicotylédones herbacées sont composés, d'après lui, de liber et d'une partie ligneuse; en outre, il ramène la formation du corps ligneux compact qui se trouve dans les plantes ligneuses proprement dites à une fusion des parties lligneuses de ces faisceaux.

Dans l'étude qu'il consacre au tissu cellulaire parenchymateux, Moldenhawer réfute avec beaucoup de justesse et de bon sens la théorie de Sprengel et Treviranus, d'après laquelle les jeunes cellules sont supposées prendre naissance dans les granulations des cellules anciennes; il écarte les doctrines de Wolff et de de Mirbel, et cite à l'appui de ses arguments un fait auquel il accorde une importance particulière, en faisant remarquer qu'il est possible de séparer les uns des autres les tubes fibreux même lorsque la section transversale n'offre pas de ligne de démarcation. Les cellules parenchymateuses à parois minces ont, comme les cellules parenchymateuses à parois épaisses, une double cloison de séparation et une membrane cellulaire fermée de toutes parts. « Nous conclurons des observations qui précédent, dit Moldenhawer (p. 86), que la substance cellulaire est formée de vésicules fermées, arrondies, ovales, ou légèrement allongées et presque cylindriques. La pression que ces vésicules exercent les unes sur les autres finit par leur donner la forme de cellules aplaties et rectangulaires; elles offrent une certaine analogie avec les cellules des rayons de miel, mais elles ne présentent pas toujours autant de régularité. Une semblable accumulation de cellules n'a rien de commun avec un tissu (cette remarque est, du reste, parfaitement juste) et le nom de tissu cellulaire parait par conséquent lui convenir moins que la désignation de substance cellulaire, formée de vésicules qui présentent quelque ressemblance avec des cellules ».

Nous trouvons, dans les lignes qui suivent, une réfutation de l'idée de Mirbel qui affirmait la présence, dans les parois cellulaires, de trous visibles. Moldenhawer fait remarquer que les mouvements de la sève ne nécessitent nullement l'existence de ces trous. La discussion qui s'était engagée entre Mirbel et ses adversaires, et qui avait pour principal objet la porosité des parois cellulaires, fut également étendue [1] aux stomates de l'épiderme, les fentes qui se trouvent dans cet épiderme étant regardées comme des ouvertures d'une membrane simple. Moldenhawer soumit à des études minutieuses l'anatomie des stomates; il nous a laissé les premières descriptions et les premières figures fidèles dans lesquelles on se soit jamais efforcé de donner au lecteur ou à l'observateur une idée exacte des parties en question; il a prouvé que ces ouvertures ne sont pas entourées d'un simple rebord, comme le croyaient la plupart des naturalistes de l'époque, mais qu'elles se trouvent entre deux cellules et par conséquent qu'elles ne peuvent servir d'exemple à l'appui de la porosité des parois cellulaires, ainsi que Mirbel l'avait cru.

Nous ajouterons ici que Mirbel prit plus tard les stomates pour des poils courts et gros; en 1821 et en 1824, Treviranus et Amici, les étudiant par la méthode des coupes, émirent au sujet de leur structure les premières idées justes que nous puissions signaler dans l'histoire de la science dont nous nous occupons. Longtemps après, Mohl se livra à des investigations minutieuses, et Moldenhawer étendit sur la même question ses observations scientifiques à un fait qui avait été signalé tout d'abord par Comparetti et qui avait été l'objet de discussions nombreuses auxquelles s'étaient surtout intéressé les botanistes allemands. Il s'agit d'un phénomène dont on a, tout récemment encore, affirmé l'existence à de fréquentes reprises, de la faculté que les stomates sont supposés posséder de s'élargir et de se rétrécir alternativement. Cette discussion était la conséquence naturelle des recherches de Moldenhawer sur les ponctuations des parois cellulaires, sans qu'il parvint, cependant, à résoudre ce problème à son entière satisfaction.

De même que ses devanciers et qu'un grand nombre de botanistes qui lui ont succédé, Moldenhawer se rendit coupable de graves erreurs dans ceux de ses travaux qui ont pour objet les vaisseaux qu'on a désignés sous le nom de vaisseaux proprement

1. Sur l'incertitude dans laquelle se trouvaient les botanistes avant 1812, au sujet des stomates, consulter l'ouvrage de Mohl, *Ranken und Schlingpflanzen*, 1827, page 9.

dits (*vasa propria*). Induit en erreur par l'observation incomplète des analogies qui existent entre les différentes sèves, il comprend sous le nom de vaisseaux des parties qui rentrent dans les catégories les plus diverses; nous voyons succéder à une excellente description du liber mou qui se trouve dans les faisceaux cellulaires du maïs une énumération qui comprend les laticifères du *Musa*, les cellules à latex de l'*Asclepias*, dont les fonctions sont, du reste, mal interprétées par l'auteur, les laticifères du *Chelidonium*, dont l'importance réelle est mieux déterminée. Moldenhawer prenait tous ces *vasa propria* pour des vaisseaux cellulaires, formés de tubes embouchés les uns dans les autres; il détermina cependant avec beaucoup d'exactitude les différences qui distinguent les conduits à Térébenthine, et nous a laissé une figure fidèle d'un des conduits à résine du sapin. Cependant, il admet l'existence d'une membrane, qui est supposée se trouver à l'intérieur des rangées cellulaires qui entourent le canal, et cette membrane borde le conduit lui-même. Il passe ensuite à l'étude des interstices cellulaires, et les considère comme des vides qui se forment dans la substance cellulaire, comme par exemple chez le *Musa* et le *Nymphea*. Moldenhawer ne prête aucune attention aux interstices étroits qui traversent le parenchyme et qui avaient été signalés déjà par Treviranus.

Dans la seconde partie, l'auteur traite des vaisseaux spiralés, et comprend sous ce terme tous les vaisseaux qui se trouvent dans les faisceaux vasculaires du maïs; cependant, il détermine avec exactitude les différences qui les distinguent, et insiste particulièrement sur le fait que des anneaux et des spirales se présentent à la fois dans les différentes parties d'un même tube vasculaire, ainsi que Bernhardi l'avait déjà signalé. L'isolation des vaisseaux lui permet de soumettre à des investigations minutieuses les longs articles dont se composent ces parties, et d'acquérir à ce sujet des connaissances plus approfondies que celles que possédaient ses devanciers; il affirme l'existence d'une membrane vasculaire, mince et fermée, et croit, à l'exemple d'Hedwig, que cette membrane s'épaissit par l'extérieur. Pas plus que Mohl et que Schleiden, Moldenhawer n'est arrivé à résoudre les difficultés que présente l'étude des ponctuations.

Les botanistes qui leur succédèrent ne devaient d'ailleurs parvenir à acquérir des connaissances exactes à ce sujet qu'en se basant sur l'histoire du développement. (Schacht, 1860.)

Nous avons déjà fait remarquer, dans notre introduction, que l'œuvre de Moldenhawer clôt pour ainsi dire la première période de l'espace de temps qui s'étend entre 1800 et 1840, et s'il en est ainsi, ce n'est pas uniquement parce que la série des questions traitées par ses devanciers vient se résoudre dans ses œuvres; c'est aussi parce que la publication des ouvrages de Moldenhawer a été suivie d'une période de temps durant laquelle l'anatomie est restée stationnaire. Kieser, il est vrai, fit paraître, en 1815, un ouvrage intitulé *Grundzüge der Anatomie der Pflanzen*, mais ce travail qui avait la prétention de renfermer une étude approfondie et coordonnée de l'anatomie tout entière, n'offrait rien de nouveau en substance; l'auteur ne parvenait pas à se dégager des enchevêtrements de phrases creuses qu'employaient les disciples de la philosophie de la nature, et il ressuscitait des erreurs grossières, comme la théorie d'Hedwig sur la présence de vaisseaux lymphatiques dans le tissu de l'épiderme : il prit les mousses pour des fibres de conferves accumulées. En revanche, les Mélanges de Treviranus, publiés en 1821, déterminèrent un véritable progrès dans le domaine de l'anatomie. Nous mentionnerons particulièrement celles de ses œuvres qui ont pour objet l'étude de l'épiderme. En 1823, Amici découvrit que les interstices cellulaires des plantes ne contiennent pas de la sève, mais de l'air, et que les vaisseaux sont, pour la plupart, dans le même cas. Cette découverte présente une grande importance au point de vue de la science. Nous passerons sous silence, sans nous en inquiéter davantage, les ouvrages que Mirbel, Schulze, Link, Turpin firent paraître durant les années qui s'écoulèrent du commencement du siècle à 1830, car le but que nous nous sommes proposé dans ces pages n'est pas de faire une bibliographie, mais bien d'énumérer les progrès accomplis dans le domaine de la botanique.

L'activité de Meyen et de Mohl commença à se manifester vers 1820. En 1830, ces deux savants pouvaient passer pour les représentants les plus distingués de l'école des botanistes. Nous ne pouvons, cependant, nous dispenser de signaler ici l'apparition d'un ouvrage, remarquable à beaucoup d'égards, que de Mirbel publia en 1835, et dans lequel il traite du *Marchantia polymorpha* et de la formation du pollen de la Courge, mais nous passerons sous silence la *Physiologie der Gewaechse,* ouvrage étendu, que Treviranus publia durant les années qui s'écoulèrent de 1835 à 1838, et qui renferme une étude de l'anatomie, prise dans son ensemble. Cet ouvrage, qui ne manque pas d'un certain mérite, surtout en ce qui concerne les connaissances de détail, a le tort de présenter l'anatomie sous l'aspect qu'elle revêtait aux yeux des botanistes dont les œuvres sont antérieures à 1812; bien que rempli de renseignements utiles et remarquable par la connaissance bibliographique que l'auteur y déploie, il ne laissa pas de paraître démodé à l'époque même de sa publication; dès 1828, en effet, l'apparition des ouvrages de Mohl était venue déterminer un changement radical dans les théories des anatomistes de l'époque.

Les deux hommes qui passèrent, de 1820 à 1840, pour les représentants les plus distingués de l'anatomie, Meyen et Mohl, possèdent une individualité très différente et un caractère qui leur est propre. Afin de caractériser de notre mieux les différences qui les distinguent, nous ferons remarquer à nos lecteurs que les œuvres botaniques de Meyen ne peuvent guère prétendre aujourd'hui à exciter l'intérêt et la curiosité, si ce n'est à titre de document historique, tandis que les travaux anatomiques les plus anciens de Mohl, ceux qui ont été publiés durant les années qui se sont succédé de 1828 à 1840, ont échappé à l'action du temps; pour l'étude de la plupart des problèmes de la botanique, on peut consulter encore avec profit les ouvrages de Mohl, et y puiser des renseignements précieux.

Meyen, il est vrai, a mené à bien de nombreuses recherches, et ses observations anatomiques sont infiniment supérieures à celles des botanistes qui ont cherché à résoudre les problèmes posés par l'Académie de Göttingue; elles sont supérieures même à celles de Moldenhawer, mais ses vues procèdent trop exclusivement du cercle d'idées et d'aperçus dans lequel se meuvent les concurrents de Göttingue. Mohl, en revanche, n'attendit pas longtemps pour apprécier à leur juste valeur les idées en question et pour se dégager de leur influence; l'indépendance d'idée et de pensée qu'il professait même à l'égard des doctrines de Moldenhawer et de Treviranus se fait jour sur bien des points; mais il eut besoin d'une lutte plus prolongée pour arriver à se soustraire entièrement à l'autorité de de Mirbel.

Toutes ces raisons, jointes au fait que le cours des travaux de Meyen fut interrompu par la mort dès l'année 1840, tandis que Mohl continua à travailler et à produire trente ans durant, dans le domaine de l'anatomie, nous amènent à parler tout d'abord de Meyen.

MEYEN[1] se distingua par une merveilleuse fécondité. Dès l'âge

1. Franz-Julius-Ferdinand Meyen naquit à Tilsit en 1804, et mourut en 1840 à Berlin où il était professeur. Il commença par se consacrer à la pharmacie, aborda ensuite l'étude de la médecine, et obtint son diplôme en 1826. Après avoir exercé la médecine pendant plusieurs années, il songea à entreprendre un voyage autour du monde et s'embarqua en 1830, pourvu d'instructions de A. de Hum-

de 22 ans, il écrivit un traité *De primis vitæ phaenomenis in fluidis* (1826); deux ans après, il publia, sous la forme d'un ouvrage d'anatomie physiologique, le résultat de ses investigations au sujet du contenu des cellules végétales; enfin, on vit paraître en 1830, son *Lehrbuch der Phytotomie*, ouvrage dans lequel l'auteur, prenant pour point de départ ses propres études, traite de la botanique tout entière. De nombreuses figures, qui peuvent passer pour très soignées si l'on considère l'époque à laquelle elles furent exécutées, remplissent treize planches qui sont jointes au texte. Un voyage de circumnavigation, qui se prolongea de 1830 à 1832, vint interrompre le cours de ces publications, qui reprirent de plus belle de 1836 à 1849, et qui, durant les quatre dernières années de la vie de l'auteur, atteignirent un chiffre vraiment extraordinaire; on comprend à peine que Meyen ait pu trouver le temps matériel qui lui était nécessaire; il publia, en 1836, un travail qui fut couronné à Harlem par la Société de Teyler; cet ouvrage, qui traitait des progrès récents accomplis dans le domaine de l'anatomie et de la physiologie des végétaux, forme un in-quarto de 319 pages auxquelles sont jointes 22 planches sur cuivre, fort bien exécutées. Le style a à la fois de la correction et de la grâce; quant au travail lui-même, on pourrait peut-être lui reprocher d'être quelque peu superficiel. Un an plus tard, en 1837, on vit paraître le premier volume de son *Neues System der Pflanzenphysiologie*, qui fut suivi, en 1838 et en 1839, des deux derniers tomes. Cet ouvrage est aussi riche que le précédent en observations nouvelles et en gravures. Meyen publia en même temps, de 1836 à 1839, des comptes rendus annuels, volumineux et détaillés, dans lesquels il traitait des progrès de la botanique physiologique.

En 1837, il avait fait paraître un travail sur les organes de sécrétion, et, en 1836, un abrégé de la géographie des plantes; en 1840, il publia un traité sur la fécondation et la polyembryonie, et laissa, en outre, un ouvrage posthume, une pathologie des plantes, qui fut publiée en 1841. Meyen fit paraître ces différents ouvrages durant les années qui s'écoulèrent de 1836 à 1840, et bien qu'il en eût déjà fixé à l'avance les traits fondamentaux, le nombre de ces publications ne laisse pas d'être extraordinaire; il semble impossible que l'auteur se soit rendu suffisamment maître des faits pour être à même de les approfondir isolément et de déterminer ensuite

boldt. Au bout de deux ans, il revint, rapportant de riches collections. En 1834, il accepta une chaire de professeur à Berlin. Nous reviendrons plus tard sur ses ouvrages de physiologie. (Pour des détails biographiques consulter *Flora*, 1845, p. 618.)

les affinités qui les unissent. Lorsqu'on étudie les œuvres de Meyen, on constate aisément une trop grande précipitation dans sa manière d'établir des théories nouvelles, de repousser ou d'admettre l'opinion d'autrui; le style, il est vrai, est clair et rapide, l'œuvre tout entière semble animée d'une sorte d'inspiration qui n'exclut pas la vérité scientifique, mais la pensée, exprimée avant d'avoir eu le temps de se mûrir ne trouve pas toujours à se revêtir d'expressions appropriées, et des considérations secondaires empiètent trop souvent sur le domaine des faits importants. Cependant, les œuvres de Meyen possèdent de grands mérites. Meyen s'intéressait à tout ce qui rentrait dans le domaine de l'anatomie; rien n'échappait à son attention vigilante et sans cesse en éveil; il s'efforçait avant tout, de donner à la science l'apparence d'un ensemble homogène et bien coordonné, de fournir au lecteur des points de repère qui lui permissent de ne pas se fourvoyer dans le domaine de l'anatomie et de la physiologie, et de rendre ainsi la science accessible, non seulement à un petit nombre d'initiés, mais encore à un public plus étendu. Nous citerons, sous ce rapport, ses figures d'après des préparations microscopiques, si belles et si bien exécutées; elles n'offrent pas au lecteur, comme les figures des botanistes précédents, de petits fragments des objets qu'elles représentent; elles reproduisent des masses entières du tissu cellulaire, disposées de manière à permettre à celui qui les examine d'acquérir des connaissances au sujet des rapports qui unissent entre eux les différents systèmes des tissus, et de se rendre compte de la position qu'occupent, à l'intérieur de la plante, ces mêmes tissus.

On ne peut éviter d'être frappé des progrès marqués que présentent les figures exécutées par Meyen en 1836, lorsqu'on les compare à celles qui portent la date de 1830. Cependant l'auteur s'est servi, dans l'un et l'autre cas, d'un microscope qui ne grossissait pas plus de 220 fois.

Afin de savoir la part active que prit Meyen aux progrès de l'anatomie, il est nécessaire de consulter sa *Phytotomie*, publiée en 1830, car ses œuvres ultérieures, et particulièrement son *Neues System der Physiologie*, publié en 1837, procèdent jusqu'à un certain point des ouvrages de Mohl, ouvrages qui commençaient, à cette époque, à attirer l'attention des lecteurs, et qui exercèrent une influence nettement déterminée sur les théories que Meyen formule à une époque ultérieure. La situation qu'occupe Meyen dans l'histoire que nous écrivons n'en est pas moins celle d'un rival et d'un adversaire de Mohl. Il lui opposa, non seulement Treviranus et Link, mais encore Kieser, et sans parler de bien d'autres, qu'il considérait à tort comme égaux en mérite à celui dont il s'était fait le rival. Dans ceux de ses écrits qui appartiennent à une époque postérieure, il ne reconnaît les mérites réels de Mohl qu'à contre-cœur, et avec une sorte de répugnance; il ne reconnaît pas à ses œuvres l'importance fondamentale qu'elles possèdent en réalité; ce qui ne l'empêche pas, dans sa *Phytotomie*, publiée en 1830, d'émettre des opinions opposées à celles de Moldenhawer, et de se retrancher derrière l'autorité de Link; nous le voyons avec étonnement, au premier volume du *Neues System*, adresser à Link une dédicace où il le désigne comme « le fondateur de la physiologie végétale en Allemagne. » La position d'un savant à l'égard de la science tout entière, se trouve définie de la manière la plus simple et la plus nette dans le jugement qu'il a porté sur les mérites de ses contemporains et de ses prédécesseurs; on peut conclure par conséquent de ce qui précède, que Meyen, en ce qui concerne du moins ses vues fondamentales, n'avait pas cessé de se mouvoir dans le cercle d'idées des concurrents de Göttingue, sans jamais se rendre compte de l'importance des doctrines nouvelles, de Moldenhawer et Mohl; cependant, il est nécessaire d'ajouter que Meyen dépassa de beaucoup Link dans la voie qu'avait frayée celui-ci.

S'il s'agissait ici de mettre sous les yeux du lecteur une biographie de Meyen, nous nous verrions dans l'obligation de suivre pas à pas ses œuvres dans leur développement, et d'insister sur les progrès successifs qui s'y manifestent; mais il suffira, pour atteindre le but que nous nous sommes fixé, de mettre en lumière la personnalité de Meyen en tant que botaniste, et de faire ressortir le caractère des ouvrages dans lesquels il s'est efforcé de résoudre les problèmes de la botanique. Son individualité se dégage, particulièrement nette et distincte, de celle de ses œuvres dont nous avons déjà fait mention plusieurs fois, de sa *Phytotomie*, publiée en 1830; et comme nous retrouvons en substance, dans les premiers volumes du *Neues System* qui parut sept ans plus tard, les vues émises dans la *Phytotomie*, nous donnerons comme point de départ, aux considérations qui vont suivre, et qui présentent un intérêt purement historique, l'étude de ce dernier ouvrage. En outre, une appréciation détaillée des œuvres plus récentes de Meyen nous entraînerait nécessairement dans une discussion trop étendue des relations qui existent entre Mohl et Meyen au point de vue scientifique. Nous songerons, par conséquent, dans cette étude, moins à juger la personnalité scientifique de Meyen qu'à apprécier l'originalité de son œuvre; nous verrons dans les lignes qui vont suivre, qu'en 1830, à l'époque où Mohl ne faisait que commencer l'étude de l'anatomie sans exercer encore d'influence marquée sur la littérature, les doctrines qui avaient pour objet la structure des plantes prenaient une forme bien arrêtée dans l'intelligence d'un homme qui se voua entièrement à l'étude en question, et qui y déploya un talent réel aussi bien qu'un zèle infatigable; nous nous trouverons ainsi en mesure d'apprécier, à leur juste valeur, les progrès qui ont été accomplis dans le domaine de la science durant les dix années qui ont suivi, et dont il faut rapporter le mérite en partie à de Mirbel, et surtout à Mohl.

Dans les lignes qui suivront, nous nous efforcerons de donner au lecteur une idée des théories sur lesquelles est fondée la *Phytotomie*, publiée en 1830, mais nous n'oublierons pas, en appréciant, comme il convient, les mérites des doctrines en question, que Meyen n'était âgé que de 25 ou 26 ans lorsqu'il écrivit la *Phytotomie* et qu'une œuvre pareille, due à si un jeune homme, ne laisse pas d'être remarquable.

Meyen rangeait les organes élémentaires des plantes dans trois catégories qui représentaient des types fondamentaux : les cellules, les tubes spiralés et les vaisseaux qui contiennent le suc nourricier; ces organes élémentaires, en s'unissant les uns aux autres, forment des systèmes; il existe par conséquent un système cellulaire, un système de tubes spiralés, et un système de vaisseaux à suc nourricier (système vasculaire). On peut voir, en étudiant cette méthode de classification, que Meyen, en 1830, se rattache encore étroitement aux vues des botanistes qui avaient précédé Moldenhawer.

Cette classification peut être considérée comme un pas rétrograde lorsqu'on l'oppose aux vues dans lesquelles Moldenhawer établissait une distinction bien arrêtée entre les faisceaux vasculaires et le tissu cellulaire. Chacun des systèmes de Meyen est l'objet d'une étude circonstanciée; la façon dont ils se groupent et se joignent les uns aux autres est minutieusement décrite. A une époque ultérieure, Meyen attachait encore une grande importance aux diverses formes extérieures du tissu cellulaire, qu'il désigna sous les différentes dénominations de mérenchyme, parenchyme, prosenchyme, pleurenchyme, termes qu'il introduisit dans le vocabulaire de la science. Il désigna ces formes végétales sous le nom de tissu cellulaire régulier, à cause des formes cellulaires, qui présentent quelque analogie avec des corps géométriques, et qu'il oppose au tissu irrégulier des Fucus, des Algues et des Champignons. Nous signalerons ici un progrès marqué, et qui caractérise particulièrement les ouvrages que Meyen publia durant les années qui suivirent; après avoir consacré un certain nombre de pages à l'étude de la structure du squelette de la cellule, notre auteur traite, dans un chapitre spécial, du contenu des cellules, en commençant par les matières en solution et en poursuivant par des considérations sur les granules; il range dans cette dernière catégorie, non seulement les grains d'amidon, et les corpuscules de chlorophylle, mais encore les spermatozoïdes des granules du pollen d'une part, et, d'autre part, les couches végétales qui épaississent la paroi intérieure des cloisons cellulaires, telles que les rubans spiralés qui se trouvent dans les élatères des *Jungermanniées* et d'autres encore.

Il consacre aussi une étude détaillée aux formations cristallines de l'intérieur des cellules, et traite enfin des mouvements du contenu des cellules (sève), faisant mention de différentes plantes aquatiques présentant des phénomènes de mouvement intracellulaire comme les *Chara* déjà observées par Corti.

Le chapitre qui traite des espaces intercellulaires est consacré à un exposé de vues qui laissent bien loin derrière elles les doctrines qui régnaient en 1812. Ce chapitre est intitulé : « Des interstices qui se trouvent dans le tissu cellulaire et qui sont le résultat de l'union des cellules », l'auteur y établit des distinctions bien arrêtées entre les conduits intercellulaires proprement dits, qui sont remplis d'air, et les espaces qui renferment des sécrétions, les conduits qui renferment de la résine, de la gomme, de l'huile, et les cavités renfermant des sécrétions. Les grands conduits à air et les vides que présente parfois la structure des plantes aquatiques rentrent dans une troisième catégorie des interstices du tissu végétal. Les conduits à air qui se trouvent dans le bois du chêne, et que Meyen désigne comme étant remplis de tissus cellulaires, ne sont probablement que des vaisseaux remplis de thylose. — Meyen n'attribue pas la forme des cellules du tissu à une pression réciproque; il écarte les vues de Kieser, qui considère le rhombododécaèdre comme la forme fondamentale idéale des cellules. En revanche, il semble avoir trouvé entre les différentes formes cellulaires et les prismes du basalte des analogies auxquelles il a attaché beaucoup d'importance.

Dans l'étude qu'il a consacrée au système des tubes spiralés, il commence par traiter des fibres spiralées; celles-ci peuvent apparaître entre des cellules, absolument indépendantes, ou se trouver à l'intérieur des cellules; les idées de Meyen à ce sujet constituent un recul lorsqu'on les compare aux vues suggérées longtemps auparavant, par Bernhardi et Treviranus. D'après Meyen, les tubes spiralés ne sont autres que des parties végétales qui affectent la forme de cylindres ou de cônes, formées de fibres roulées en spirales, qui se trouvent enveloppées plus tard d'une fine pellicule. Meyen range dans la catégorie des tubes spiralés les vaisseaux annulaires, ponctués et réticulés. On ne peut comprendre les vues qu'il émet à ce sujet que si l'on admet la notion d'une métamorphose telle que l'entendaient Rudolphi et Link; mais comme il déclare ensuite dans le *Neues System*, I, p. 140, qu'il y a là un malentendu, il laisse le lecteur dans l'embarras, et dans l'impossibilité de s'expliquer exactement le comment et le pourquoi; de même, à propos de la morphologie des organes, l'obscurité et la confusion qui règnent dans la doctrine de la métamorphose ne manquèrent pas de provoquer des malentendus dans le domaine de l'anatomie. D'après Meyen, les vaisseaux striés et ponctués du bois sont seuls remplis d'air, les vaisseaux spiralés proprement dits contiennent de la sève. Mirbel avait affirmé, précédemment, que les vaisseaux devaient leur origine aux cellules, et Treviranus s'était livré, à ce sujet, à certaines recherches, mais Meyen se borne sous ce rapport à des affirmations incertaines et timides.

Meyen englobe les différentes formes des organes qui contiennent un suc laiteux sous une même désignation, celle de « système de circulation végétale »; d'après lui, ces organes représentent les parties les plus importantes de la plante; il croit avec Schultz que le latex, ou, comme il l'appelle, le suc vital, se meut dans une circulation perpétuelle, de même que le sang se meut dans les veines. Il passe rapidement sur le cours des organes qui contiennent le latex, mais il déploie plus de minutie dans les descriptions qui ont pour objet la nature même du suc latex que dans celles qui ont trait à la structure des parties qui contiennent la sève en question. Meyen ignorait que parmi les réceptacles de la sève qui doivent leur origine à la fusion des cellules, les uns représentent des interstices cellulaires, les autres des cellules allongées, pourvues d'embranchements, et les anatomistes qui se sont succédé jusque vers 1860 ou 1870 n'en savaient pas plus long que lui sous ce rapport.

De ce résumé de la *Phytotomie* de Meyen se dégage l'impression de progrès réels aussi bien que de notions arriérées, qui paraissent plus démodées encore lorsqu'on les compare aux doctrines des anatomistes précédents; Meyen adopte l'idée de Treviranus qui affirme que l'épiderme n'est pas formé uniquement d'une pellicule, mais encore d'une couche de cellules, et cependant il se rend coupable d'une erreur grossière en considérant les cellules bordantes des stomates comme des glandes cuticulaires, et en n'accordant aux ouvertures qui s'y trouvent qu'une importance secondaire. On est encore plus surpris de voir qu'il considère les ponctuations des membranes cellulaires comme des excroissances, et qu'il repousse les conclusions de Mohl qui avait établi deux ans auparavant le fait, que les ponctuations du parenchyme n'étaient autres que le résultat d'un amincissement de l'épiderme (p. 120). — Meyen publia, quelques années plus tard, son *Neues System* dont le premier volume est entièrement consacré à une étude détaillée de l'anatomie, étude menée et conduite d'après les principes dont nous venons de parler dans les lignes qui précèdent. Cet ouvrage corrige de nombreuses erreurs, et renferme un bon nombre d'observations nouvelles, et on y peut constater, du reste, des progrès marqués dans différents domaines. Dans les pages qui suivront nous reviendrons aux vues théoriques de Meyen et nous nous efforcerons de les mieux coordonner; pour le moment, nous nous contenterons de faire observer que Meyen a accordé au contenu des cellules plus d'importance que ses contemporains ne leur en avaient attribuée; il s'est livré à des observations minutieuses sur le mouvement intracellulaire sans savoir reconnaître et déterminer, avec toutes les particularités qui le distinguent, la base même de la circulation, le protoplasme. Meyen avait commencé par refuser toute structure à la membrane cellulaire; il reconnut ensuite qu'elle est formée de fibres extrêmement fines. Mohl et Nägeli vinrent apporter plus tard des rectifications à cette vue, qui, bien que juste en principe, est fondée sur des observations insuffisamment approfondies.

Il n'est guère possible d'imaginer un contraste plus frappant que celui qui existe entre Meyen et un de ses contemporains, Hugo Mohl, qui, du reste, lui est bien supérieur. Ce contraste est rendu encore plus frappant par le fait que ces deux hommes se sont tous deux consacrés à l'étude de la même science. Meyen était, avant tout, écrivain, et se souciait médiocrement de la recherche personnelle; Mohl écrivait peu, et consacrait la majeure partie du temps dont il disposait aux investigations les plus minutieuses; l'attention de Meyen était frappée surtout par l'extérieur, par les traits généraux des figures de préparations microscopiques; Mohl, en revanche, s'en préoccupait peu et s'efforçait de rechercher les principes fondamentaux dans leur essence même, de dégager les affinités secrètes de la structure végétale. Le jugement de Meyen était prompt et rapide; Mohl attendait, pour formuler le sien, de pouvoir l'établir sur les bases que lui fournissaient des recherches prolongées; Meyen, bien que disposé à prendre le contre-pied des doctrines qu'il examinait, avait le sens critique peu développé; chez Mohl, au contraire, l'esprit critique l'emportait sur les facultés de coordination. Meyen a moins contribué à résoudre les questions pendantes qu'à faire surgir de nouveaux sujets de discussion, et à accumuler pour ainsi dire, des matériaux bruts; Mohl, en revanche, s'est consacré à l'étude des lois de la structure cellulaire des plantes; il s'est efforcé de donner pour base à un plan nouveau les résultats de ses recherches anatomiques, et de faire régner dans ses théories l'ordre et l'unité.

Dans les lignes qui précèdent, nous avons attiré déjà l'attention du lecteur sur l'importance historique que possèdent les œuvres d'Hugo von Mohl[1] non seulement au point de vue de la période de temps dont nous nous sommes occupés dans ces pages, mais encore à l'égard de l'époque qui suit. Mohl a cherché à résoudre les problèmes anatomiques qui avaient préoccupé ses devanciers,

1. Hugo Mohl (plus tard Hugo de Mohl), naquit à Stuttgart en 1805, et mourut en 1872 à Tübingue, où il professait la botanique. Il était fils d'un Wurtembergeois qui appartenait aux hauts fonctionnaires de l'État : Robert Mohl, qui fut homme d'État; l'orientaliste Julius Mohl, et Moritz Mohl, l'économiste, étaient les frères d'Hugo. Celui-ci fréquenta douze ans durant le gymnase de Stuttgart où l'on se bornait à enseigner les langues anciennes. Mohl avait pour l'histoire naturelle, la physique et la mécanique des goûts décidés qui s'éveillèrent de bonne heure, et qu'il chercha à satisfaire au moyen d'études privées dans lesquelles il déploya beaucoup de zèle. A partir de 1823, il étudia la médecine à Tübingue, et y prit ses diplômes en 1828. Un séjour de plusieurs années à Münich le mit en rapport avec Schrank, Martins, Zuccarini, Steinheil, et lui permit de se procurer en grand nombre les matériaux dont il avait besoin pour ses travaux sur les Palmiers, les Fougères et les Cycadées. Dès 1832, il fut appelé à remplir à Berne les fonctions de professeur de physiologie; à la mort de Schübler, en 1835, il devint professeur de botanique à Tübingue, et y resta jusqu'à sa mort. Disposé de nature à rechercher la solitude, et ne vivant que pour la science, il resta célibataire. L'histoire de sa vie extérieure est, ainsi que le dit de Bary, des plus simples : il fut heureux dès sa première jeunesse, et mena une existence qui ne fut troublée ni par le malheur ni par des événements extraordinaires. Mohl connaissait à fond toutes les sciences qui se rattachent à la botanique; mais il fut mieux encore qu'un botaniste instruit, ce fut un homme d'une érudition accomplie, un naturaliste dans le véritable sens de ce mot. (Pour des renseignements plus détaillés au sujet de Mohl, voir dans la *Botan. Zeitung*, de 1872, n° 31, une étude biographique, fort intéressante, due à la plume de de Bary.)

il s'est livré à des investigations minutieuses qui avaient pour objet le squelette cellulosique des plantes; sous ce rapport, les travaux de ses prédécesseurs trouvent leur expression définitive dans ses œuvres, qui constituent en même temps le point de départ des investigations ultérieures de Nägeli, dans l'histoire du développement. En outre, Mohl appartient à l'école des anatomistes qui l'ont précédé; l'étude de la structure végétale se trouve unie dans ses œuvres à celle de la physiologie, ce qui ne l'empêche pas de différer de ses devanciers sur un point important. Mohl est toujours resté convaincu que l'étude de la structure végétale demande à rester séparée des vues physiologiques; s'il a tiré parti des connaissances approfondies qu'il possédait dans le domaine de la physiologie, c'était afin d'atteindre plus sûrement le but vers lequel tendaient ses investigations anatomiques, et de mettre mieux en lumière le rapport qui existe entre la structure des organes et leurs fonctions; il est le seul botaniste qui ait gardé la mesure exacte qu'il convient d'accorder à l'investigation physiologique et à l'investigation anatomique; il s'est également refusé à séparer absolument la phytotomie de la physiologie, et à confondre ces deux sciences. Ses prédécesseurs, et Meyen, en particulier, se sont souvent laissés entraîner à faire l'un ou l'autre.

Il joignait à son habileté d'investigateur une rare connaissance technique du microscope, il savait polir et monter des lentilles qui peuvent être comparées aux meilleurs instruments de ce genre que l'époque ait produits. Tandis que les botanistes qui se sont succédé jusque vers 1830 et 1840 ne possédaient au sujet du microscope que des connaissances rudimentaires, Mohl s'entendait mieux que personne à mettre en lumière les avantages pratiques d'un instrument, et à écarter les préjugés. Dans sa *Mikrographie*, publiée en 1846, il donne des indications détaillées sur la manière de se servir du microscope.

Mohl possédait, en outre, des dons intellectuels bien plus remarquables encore que ne l'étaient ses aptitudes pratiques, des dons qui devaient servir merveilleusement les exigences de l'époque, et déterminer des progrès marqués dans le domaine de l'anatomie végétale, qui avait acquis entre 1830 et 1840 le degré du développement que l'on sait. A cette époque, où l'on fondait sur des observations incomplètes des théories fantaisistes, où Gaudichaud remettait en circulation les idées de Wolff et de du Petit Thouars au sujet de la croissance en épaisseur, où les doctrines de Desfontaines à l'égard de la croissance endogène et exogène des tiges et des troncs trouvaient encore des partisans, où de Mirbel cherchait à appuyer sa vieille théorie de la formation des cellules par des observations nouvelles, en joignant à ses ouvrages des figures exécutées avec soin, où les théories extravagantes de Schultz Schultzenstein au sujet des laticifères étaient couronnées par l'Académie de Paris, où les doctrines inconsidérées de Schleiden sur la théorie des cellules et la doctrine de la fécondation excitaient l'approbation générale, Mohl se livrait sans se lasser à des recherches minutieuses, réfutait, au moyen de travaux approfondis, les théories qui s'étaient trop pressées d'éclore, et amassait, pour le produire ensuite, tout un trésor de faits soigneusement constatés, qui devaient servir de point de départ à des investigations ultérieures. Les théories dont nous venons de parler possèdent à peine, à l'heure actuelle, un intérêt historique, alors que les ouvrages que Mohl fit paraître à la même époque offrent un fonds inépuisable d'observations utiles, et sont de vrais modèles de clarté et de précision.

Mohl s'était préparé à ses travaux d'écrivain par des études approfondies sur les différentes sciences botaniques. La sûreté et la clarté surprenantes qui se manifestent dans les œuvres renfermant l'exposé de ses premières recherches prouvent qu'il ne se contentait pas d'amasser des connaissances, mais qu'il savait en tirer parti de manière à soumettre son raisonnement à une discipline sévère.

A une époque où la philosophie de la nature et la doctrine des métamorphoses de Gœthe, modifiée par des altérations successives, continuaient à prospérer, Mohl, en dépit de sa jeunesse, se livra à des recherches dans lesquelles il déploya une pondération et une indépendance de pensée qui étonnent d'autant plus que son ami Unger se laissa tout d'abord entraîner par le courant général, et ne parvint que difficilement à échapper aux tendances dangereuses qui faisaient loi, et à arriver à l'investigation inductive.

Mohl goûtait peu la philosophie, quelle qu'elle fût. Il avait appris, dès sa jeunesse, à juger les imperfections et les erreurs qui étaient la conséquence inévitable de la philosophie de la nature; à ses yeux, les essais informes qui procédaient des doctrines de Schelling et de Hegel rentraient dans le domaine de la philosophie, comme on peut s'en apercevoir en lisant le discours qu'il prononca à l'occasion de l'ouverture de la faculté d'histoire naturelle de Tübingue, qui avait été, grâce à ses efforts, séparée de la faculté de philosophie. L'éloignement qu'il éprouvait pour les abstractions de la philosophie n'est pas sans quelque affinité avec le peu de goût qu'il avait à l'endroit des combinaisons audacieuses et des théories générales; il n'exceptait même pas, parmi ces dernières, celles qui sont fondées sur des observations minutieuses et peuvent passer pour la conséquence naturelle de conclusions prudemment amenées. Mohl se contentait généralement d'établir des faits isolés; ses conclusions théoriques ne s'écartaient guère des résultats directs de son expérience personnelle; nous citerons à ce propos sa théorie de la croissance en épaisseur des membranes cellulaires. Lorsque ses observations d'investigateur lui dévoilaient subitement des horizons nouveaux, il se gardait bien de lâcher la bride à son imagination, et se contentait d'indications qui constituèrent plus tard le point de départ des recherches de penseurs plus hardis, comme par exemple, son examen de la membrane cellulaire à la lumière polarisée. L'intuition rapide et géniale n'est pas au nombre des dons très réels de Mohl, mais il supplée à ce manque de divination par la sûreté de l'observation; celui qui aborde la lecture de ses ouvrages sent qu'il est aux mains d'un guide sûr; et lorsqu'on passe des ouvrages de botanique, qui furent publiés avant 1844, à la lecture des œuvres de Mohl, on ne peut se défendre d'un sentiment de sécurité; on sent qu'il a vu ce dont il parle, et qu'il en parle en connaissance de cause; sa manière même de faire passer sous les yeux du lecteur les résultats de son expérience est naturelle et finit par devenir nécessaire; il appelle les objections, et, lorqu'il ne peut les écarter, il les laisse subsister. Sous ce rapport, la manière de Mohl rappelle celle de Moldenhawer, mais le premier de ces deux botanistes est arrivé à une supériorité que le second n'a jamais atteinte.

L'activité de Mohl s'est manifestée sans interruption, pendant quarante ans, dans le domaine de l'anatomie, et durant ce laps de temps, ce savant distingué n'a jamais pu réussir à mener à bien une étude résumée et coordonnée de la phytotomie tout entière. Peut-être ce fait trouve-t-il son explication dans la répugnance qu'éprouvait Mohl à l'endroit des abstractions audacieuses et des théories philosophiques? L'activité de Mohl se dépensait tout entière dans des monographies qui traitaient généralement des questions à l'ordre du jour, ou qui étaient basées sur la bibliographie. Dans ces occasions, Mohl résumait toutes les ressources de la littérature; il examinait à loisir le problème qui le préoccupait; et il s'efforçait de le résoudre au moyen de déductions qui avaient pour point de départ ses propres investigations, après avoir dégagé la question de toutes les considérations secondaires, de manière à n'en conserver pour ainsi dire que la substance même. Mohl s'efforçait de donner comme point de départ à ses recherches les sujets d'étude les plus appropriés au but qu'il se proposait, ce en quoi il différait des botanistes qui l'avaient précédé (Moldenhawer fait cependant exception à la règle); les objets choisis étaient ensuite soumis à une étude approfondie qui permettait à Mohl de soulever des questions nouvelles et d'ordre plus élevé. Chacune de ses monographies formait en quelque sorte un centre auquel venaient se rattacher, en grand nombre, des observations ultérieures; et en définitive, Mohl se trouve avoir écrit une série de monographies dans lesquelles il a approfondi toutes les questions importantes de la botanique.

Cependant, l'extraordinaire minutie qu'il apportait à ses recherches, la prudence extrême qu'il y déployait, ne l'empêchèrent pas, au commencement du moins de sa carrière de botaniste, de tomber dans des erreurs fâcheuses. Nous pouvons en relever dans sa première théorie de la substance intercellulaire (1836) et dans ses premières vues sur la nature de la membrane cellulaire du pollen. Des erreurs semblables, échappées à un homme qui possédait des dons si brillants au point de vue de l'investigation inductive, portent en elles-mêmes une utile leçon; elles prouvent que l'observation est impossible au point de vue psychologique lorsqu'elle n'est pas fondée sur une base théorique; on se fait illusion lorsqu'on croit que l'observateur peut fixer dans son intelligence et dans son esprit les phénomènes qu'il considère comme la plaque photographique reçoit l'empreinte de l'image qu'elle doit reproduire; la perception qui procède d'une action inconsciente des sens plus que des raisonnements de l'intelligence, plus qu'on ne croit, s'unit à des opinions toutes faites, préconçues, auxquelles elle se rattache à l'insu de l'observateur. Pour éviter de commettre des erreurs sous ce rapport, il faut acquérir des idées nettes au sujet des opinions préconçues en question; il faut soumettre ces opinions mêmes à un examen approfondi, de manière à mettre à l'épreuve leur solidité; il faut définir, avec toute la précision possible, les notions dont on dispose. Lorsque Mohl fonda sa doctrine de la substance intercellulaire, il sentait probablement s'agiter confusément dans son cerveau des théories vagues et mal définies, semblables à celles dans lesquelles Mirbel et Wolff se sont complus au sujet de la structure cellulaire des plantes; et lorsqu'il déclara que la membrane cellulaire du pollen est formée d'une couche de cellules, il ne faisait qu'ajouter à des notions vagues, sur la structure, d'autres notions confuses sur les cellules. En sa qualité de véritable naturaliste, de botaniste consciencieux qui ne s'écarte pas des résultats de ses recherches, qui s'efforce d'acquérir des idées claires au moyen de celles-ci, et qui n'accorde à chacune de ses vues qu'une importance relative, Mohl ne tarda pas à reconnaître ses propres erreurs, et à réfuter lui-même les théories erronées dont nous avons parlé plus haut. D'ailleurs, ces dernières sont en nombre très restreint dans l'œuvre énorme de Mohl.

Lorsque nous étudions, au point de vue du développement général de la botanique, l'ensemble des œuvres de Mohl, nous distinguons, dans la carrière scientifique de celui-ci, deux périodes différentes. La première s'étend de 1827 à 1845. Durant les années qui précédèrent 1845, il passa sans consteste pour le plus grand anatomiste de l'époque. Il possédait sur tous ceux qui s'occupaient des mêmes études, une supériorité indiscutable, et son autorité, bien qu'attaquée parfois par des botanistes qui lui étaient inférieurs, allait croissant d'année en année. Cette période se termine en quelque mesure à la publication de ses *Vermischte Schriften* (1845). Jusque-là, l'intérêt des botanistes avait été presque uniquement concentré sur les recherches relatives à la forme du squelette cellulosique des plantes, et pas un des anatomistes de l'époque n'était capable de se mesurer sous ce rapport avec Mohl. Cependant, ce dernier avait commencé, vers 1830, à étudier l'histoire du développement des cellules végétales; en 1833, il décrivit le développement des spores des Cryptogames les plus divers; en 1835, il fit paraître un mémoire sur la multiplication des cellules d'une algue, par division; en 1838, il décrivit la division cellulaire qui s'observe lors du développement des stomates. C'est à cette époque que Mirbel fit connaître ses premières observations au sujet de la formation des cellules de pollen (1833).

Si l'on fait abstraction des travaux imparfaits de Treviranus à l'égard de la formation des vaisseaux (1806 et 1811), on peut considérer Mohl comme le premier botaniste qui ait établi les principes de l'histoire du développement vasculaire; en outre, sa théorie de l'épaississement des membranes cellulaires, qui se trouve en substance dans le travail qu'il publia en 1828, et qui traite des pores du tissu cellulaire, peut passer à bon droit pour une conception nouvelle de la sculpture de la membrane, au point de vue de l'histoire du développement.

Depuis 1838, Schleiden avait donné à l'histoire du développement une place prépondérante dans le domaine de l'investigation botanique; mais il avait proposé une théorie absolument erronée sur la formation des cellules, et cette théorie avait joui tout d'abord de l'approbation de Mohl. Ce dernier avait cependant fait connaître, longtemps auparavant, le résultat d'observations bien supérieures sous le rapport de l'exactitude. A partir de 1842, Nägeli entreprit l'étude approfondie de l'histoire du développement des cellules végétales, des systèmes de tissus, et des organes extérieurs. Ces travaux sont plus pénétrants que ceux de Schleiden, et leur influence s'est maintenue plus longtemps. Grâce à Nägeli, des principes nouveaux furent introduits dans l'investigation anatomique, on s'aperçut bientôt que les questions qui avaient, jusque-là, intéressé les botanistes nécessitaient une conception nouvelle. Mohl ne se déroba pas à l'influence de tendances nouvelles; il fit connaître les résultats d'une série d'investigations remarquables qui se rattachaient aux nouveaux problèmes de la théorie de la formation des cellules. Nous citerons tout d'abord ses travaux sur le protoplasme, qu'il désigna sous le nom usité à l'heure actuelle. Nous trouvons dans son article ***Die vegetabilische Zelle***, qui parut, en 1851, dans le dictionnaire de la physiologie de Wagner, un remarquable exposé des nouvelles théories de la formation des cellules; mais en dépit des mérites réels dont il fit preuve sous ce rapport, en dépit de la grande autorité qu'il conserva à bon droit jusque dans les années qui suivirent 1860, Mohl ne pouvait plus jouir du renom qu'il possédait avant 1845, il ne pouvait plus être considéré, dans le domaine de la botanique, comme l'initiateur de théories nouvelles, comme le chef de la nouvelle école.

Mohl a toujours étudié avec prédilection le squelette de la structure végétale, parvenu à son complet développement, mais il a consacré une série de travaux remarquables à l'étude du contenu des cellules.

Nous lui devons une ***Anatomie der Palmen***. Cet ouvrage est orné de figures qui représentent les caractères histologiques, et qui témoignent de peines qui sont presque hors de proportion avec le but que se proposait l'auteur. Du reste, celui-ci n'était pas coutumier du fait. Les dessins histologiques de Mohl offrent généralement des lignes sobres et des contours précis; ils sont destinés non point à donner à celui qui les examine, l'impression collective, mais à lui permettre d'acquérir des idées nettes au sujet des détails de la structure des cellules isolées; ils doivent lui permettre de se rendre compte, avec toute la précision possible, des rapports qui unissent les unes aux autres les cellules en question. Schacht avait fait exécuter des figures histologiques dans lesquelles la fantaisie de l'artiste avait plus de part que l'exactitude du naturaliste. Mohl dédaigna toujours d'avoir recours à l'embellissement de la réalité. Lorsqu'on examine ses publications ultérieures, on voit que les figures y deviennent de plus en plus rares. Elles disparaissent même à mesure que l'auteur réussit mieux à traduire sa pensée par des mots, et à donner au lecteur une idée claire des détails compliqués de la structure végétale.

Les œuvres scientifiques de Mohl sont en si grand nombre, que nous ne pouvons nous défendre d'une certaine appréhension au moment où nous allons nous efforcer d'en donner au lecteur une idée claire. Cependant, nous nous trouvons dans la nécessité de résumer, dans une étude abrégée, l'histoire des progrès que ces œuvres ont déterminés dans le domaine de la science; l'importance historique des œuvres de Mohl se dégagera, dans ses traits principaux, des lignes qui vont suivre; et nous chercherons surtout, dans ces pages, à mettre en lumière les travaux qui ont pour objet la structure du squelette des plantes. Nous passerons sous silence un certain nombre d'œuvres qui ne présentent point d'importance au point de vue des problèmes fondamentaux de la botanique; on ne peut apprécier, en effet, l'importance historique des investigations auxquelles Mohl a donné comme point de départ l'histoire du développement, que lorsqu'on met en lumière les rapports qui les unissent aux questions dont nous traiterons au chapitre suivant. Cependant, nous ne nous bornerons nullement à l'étude des ouvrages que Mohl a fait paraître avant 1845, bien que nous devions nous trouver souvent dans la nécessité de mentionner des œuvres qui, par la date de leur publication, appartiennent, soit à l'époque qui a suivi celle dont nous parlons, soit même à l'époque actuelle.

I. Sprengel et de Mirbel avaient déjà déclaré que la cellule *est le seul élément fondamental de la structure végétale*, mais ils avaient négligé de donner pour base à leur doctrine des observations exactes et approfondies. Treviranus, lui aussi, avait affirmé que les vaisseaux du bois doivent leur origine à des vésicules qui présentent quelque analogie avec des cellules, et qui se joignent les unes aux autres en série, mais cette théorie ne prit jamais une forme nettement définie. D'une part, il y avait les botanistes qui croyaient la plante formée uniquement de cellules, et d'un autre côté les anciennes et étranges vues que Meyen professait encore en 1830, et d'après lesquelles les fibres spiralées passaient pour un organe élémentaire et indépendant de la structure végétale. Nous devons saluer en Mohl le botaniste qui a, le premier, établi un principe de la plus haute importance en affirmant que les vaisseaux du bois doivent leur origine à des cellules, tout comme les éléments fibreux du liber et du bois, qu'on a longtemps considérés comme des cellules allongées. Mohl affirme être le premier qui ait signalé le fait que des cellules fermées, disposées en séries, donnent naissance aux vaisseaux, et nous pouvons ajouter foi à sa parole. Cette découverte date de l'année 1831. A la même époque, Mohl publia un mémoire sur la structure du tronc du palmier dans lequel il faisait connaître, en résumé, bien qu'avec une netteté suffisante, le résultat d'observations décisives. Il distingue les cloisons de séparation aux rétrécissements des vaisseaux, dont l'existence avait été niée par la grande majorité des botanistes précédents : « Ces cloisons de séparation, dit-il, diffèrent absolument des autres membranes végétales, car elles sont formées d'un réseau de fibres épaisses, qui laissent entre elles des interstices ».

Les palmiers, et plusieurs plantes qui appartiennent à la famille des Dicotylédones, lui fournirent l'occasion d'étudier l'histoire du développement de ces vaisseaux. « Durant l'époque du premier développement, dit-il, on voit aux endroits qui seront occupés plus tard par les grands vaisseaux, de grandes vésicules cylindriques, complètement fermées, et formées d'une membrane très délicate et aussi transparente que de l'eau ». On assiste ensuite aux transformations successives grâce auxquelles la paroi intérieure des vésicules forme les sculptures particulières aux cloisons vasculaires; à cette occasion, Mohl réfute les vues de Treviranus et Bernhardi qui admettaient la notion d'une métamorphose qui était supposée transformer une sorte de vaisseau en une autre; il en démontre l'impossibilité. « Les cloisons de séparation (cloisons transversales) se forment de la même manière que les parois latérales des vaisseaux; mais, dans la majorité des cas, la membrane délicate qu'on remarque à l'origine de leur développement finit par disparaître dans les mailles du réseau fibreux ». A partir de cette époque, aucun anatomiste doué de jugement n'a mis en doute la vérité de cette conception du vaisseau ligneux. Mohl attachait une grande importance aux vues qui font de la cellule le seul élément fondamental de la structure végétale; il est, par conséquent, d'autant plus extraordinaire qu'il n'ait jamais cherché à étendre ses vues aux laticifères et aux autres conduits des sécrétions, afin de prouver que ceux-ci doivent aussi leur origine à des cellules. En 1851, Mohl hésitait encore à se ranger à l'opinion d'Unger, qui faisait dériver les laticifères de cellules disposées par séries qui se fondent ensemble. Il ajoutait plus de foi aux vues d'un anonyme (*Bot. Zeitg.* 1846, p. 833) qui tenait les laticifères pour des parois membraneuses de lacunes du tissu cellulaire. Mohl avait probablement renoncé à faire des organes de sécrétion l'objet de ses investigations, depuis que Schultz Schulzenstein avait accumulé dans le domaine de l'anatomie des erreurs sans nombre en publiant des traités extravagants qui s'étaient succédé depuis 1824, et qui avaient pour objet le soi-disant suc vital et la circulation que Schultz lui attribuait. Celui-ci ne craignait pas d'adresser à Mohl, qui s'était souvent trouvé en désaccord avec lui, des réponses insolentes; il publia, en outre, un mémoire absurde, *Ueber die Circulation des Lebenssaftes,* qui fut couronné, en 1833, par l'Académie de Paris.

II. Nous retrouvons, dans la plupart des ouvrages de Mohl, un sujet que notre auteur a traité avec prédilection. C'est la croissance en épaisseur de la membrane cellulaire, et les formations particulières (sculptures) qu'elle amène. Dès 1828, Mohl avait développé, dans son premier ouvrage *Die Poren des Pflanzengewebes,* les principes fondamentaux de ses vues. Nous allons nous efforcer de résumer les doctrines qu'il professa, dans les années qui suivirent, au sujet de l'épaississement des membranes cellulaires. Tous les organes élémentaires des plantes, disait-il, ne sont, à l'origine, que des cellules complètement fermées et à parois minces. Elles sont séparées les unes des autres à l'intérieur du tissu, par des cloisons ou parois formées de deux couches[1]; de nouvelles couches membraneuses se forment à l'intérieur des premières membranes cellulaires, une fois achevé leur développement en circonférence; il se produit de nouvelles couches de substance membraneuse juxtaposées qui adhèrent fortement entre elles et forment les couches d'épaississement secondaires; on peut découvrir généralement, sur la paroi intérieure de cette membrane épaissie par la substance qui vient s'y déposer à plusieurs reprises, une troisième couche d'épaississement[2], qui diffère des deux autres par sa structure. Cependant, ces dépôts successifs sur la membrane cellulaire primitive n'ont pas lieu en certains points nettement définis, et là, la cellule n'est séparée des parties voisines, même à une époque où le développement est plus avancé, que par sa membrane première; les endroits où la membrane cellulaire existe seule portent le nom de ponctuations; Mirbel les a pris pour des trous, et Moldenhawer a adopté cette opinion dans

1. Cependant, Mohl émit des doutes à ce sujet, en 1844. (*Botan. Zeitung,* p. 340.)

2. Théodore Hartig crut d'abord que cette couche tertiaire existe toujours. En 1844, Mohl la considérait comme étant plutôt une exception.

certains cas; d'après Mohl, il n'y a de perforation qu'exceptionnellement, et par résorption de la paroi primitive amincie. En conséquence de cette théorie, les vaisseaux spiralés, annulaires et réticulés doivent leur origine à des dépôts analogues qui se forment sur la paroi intérieure de la cloison qui est, à l'origine, lisse et unie. A l'exemple de Schleiden et d'un grand nombre d'autres botanistes, Mohl ne parvint à acquérir des connaissances exactes ni au sujet de la formation première des ponctuations bordées, ni à l'égard de leur développement ultérieur; on crut pendant longtemps que les deux lamelles de la paroi de séparation s'écartaient l'une de l'autre par endroits, de manière à former un espace lenticulaire creux qui correspond à la bordure extérieure de la ponctuation, tandis que la bordure intérieure serait formée à la manière ordinaire. L'histoire du développement s'est chargée de prouver que cette théorie était erronée; elle est fondée sur des observations incomplètes, ce qui est l'exception chez Mohl. D'ailleurs Schacht fut le premier à découvrir la nature exacte des ponctuations marginées et à expliquer leur formation en 1860.

Nous avons dit plus haut que Meyen, dans son *Neues System der Physiologie,* 1837 (I. p. 45) considérait les membranes cellulaires comme formées de fibres enroulées en spirale. En 1836, Mohl décrivit les particularités de structure de certaines cellules fibreuses allongées de la *Vinca* et du *Nerium*, qu'en attendant mieux, il expliquait de la façon que voici. En 1837, Mohl, donnant comme point de départ à ses recherches les théories de Meyen, soumit à une étude nouvelle, approfondie et détaillée, certains détails de la structure de la membrane cellulaire; il commença par introduire une certaine méthode dans ses considérations, et distingua, dans le problème qu'il se proposait de résoudre, deux cas nettement déterminés : dans le premier, la paroi intérieure de la membrane présente réellement une sorte d'épaississement qui affecte la forme d'une spirale; dans le second, des lignes spiralées, très déliées, se montrent à l'intérieur de la membrane, unie extérieurement, et constituent, pour ainsi dire, sa structure. Dans le second cas, Mohl recourait à la notion d'une disposition particulière des molécules de la substance cellulaire; il s'efforçait de faire accepter cette vue en invoquant les phénomènes du clivage des cristaux (*Vermischte Schriften*, p. 329), mais il ne réussit pas à introduire dans son explication des stries de la membrane cellulaire, l'ordre et la clarté que l'on remarque dans la théorie moléculaire de Nägeli.

III. La question de la substance et de la nature chimique des membranes cellulaires se trouvait en relation étroite avec la théorie de Mohl, sur leur croissance en épaisseur; dès 1840, celui-ci s'occupait activement des réactions que l'on peut obtenir, en soumettant différentes membranes cellulaires à l'action de l'iode.

Meyen et Schleiden avaient récemment publié des travaux qui ont trait à cette question; Mohl arriva à la conclusion que l'iode teint les membranes cellulaires de couleurs qui varient suivant la quantité de liquide employé; au moyen d'une petite quantité d'iode, on arrive à produire du jaune ou du brun; en augmentant la dose, on obtient du violet, puis du bleu; la variété des nuances dépend en partie de la faculté de distension de la membrane; pour obtenir du bleu, il faut surtout une absorption d'iode suffisante. Un ouvrage fort remarquable de Payen [1], publié en 1844, vint donner un intérêt plus grand encore aux questions qui avaient trait à la nature chimique du squelette solide des végétaux. L'auteur démontrait que la substance de toutes les membranes cellulaires, dégagée des corps étrangers qui ont pu s'y loger, présente toujours la même composition chimique. D'après Payen, cette substance, la cellulose, est généralement libre de corps étrangers dans les membranes cellulaires qui n'ont pas dépassé l'époque de leur premier développement; en revanche, on trouve souvent, dans les cellules plus vieilles, des substances qui s'y incorporent et qui modifient, de différentes manières, les propriétés physiques et chimiques de la membrane cellulaire. On peut extraire des membranes cellulaires, au moyen d'acides, d'alcalis, d'alcool, d'éther, les substances « incrustantes », et les faire disparaître plus ou moins complètement, tandis que d'autres matières organiques demeurent, à l'état de cendres, lorsque les membranes ont entièrement disparu sous l'action de l'acide. Cette théorie, qui a subi, depuis, des développements nouveaux, trouva bientôt un adversaire dans la personne de Mulder; d'après celui-ci, la plus grande partie des couches végétales qui unissent entre elles les membranes cellulaires consistent non pas en cellulose, mais bien en la combinaison d'autres substances végétales, et il déduisit des conclusions qui ont trait à la croissance en épaisseur

1. Anselme Payen, né à Paris en 1795 et mort en 1871, était professeur de chimie industrielle à l'École des Arts et Métiers. On compte parmi ses ouvrages, qui offrent un grand intérêt au point de vue de la botanique, un *Mémoire sur l'Amidon*, Paris, 1838, et un *Mémoire sur le Développement des Végétaux*. Ces deux publications se trouvent dans les Mémoires de l'Académie des Sciences de Paris.

des membranes cellulaires. Avec Harting, il affirma que la couche tertiaire qui se trouve à l'intérieur des membranes épaissies est la plus ancienne; et d'après les deux botanistes, les autres couches apparaissent ensuite et ne sont pas formées de cellulose: elles prennent naissance à l'extérieur de la couche première. Dans la *Botanische Zeitung* de 1847, Mohl réfuta victorieusement cette théorie; il écarta, d'une manière aussi décidée (*Vegetabilische Zelle* p. 192) les vues que Schleiden avait émises au sujet de la variabilité de la substance des membranes cellulaires, et qui étaient fondées sur des notions chimiques incertaines.

Nous ne pourrions, sans nous écarter de la voie que nous nous sommes tracée, nous étendre davantage sur cette discussion scientifique; les théories de Payen au sujet de la nature chimique de la membrane cellulaire, adoptées par Mohl, ont subi des développements ultérieurs, elles se sont maintenues en substance jusqu'à l'époque actuelle, et personne ne met en doute leur justesse. En revanche, les théories de Mohl sur la croissance en épaisseur furent ébranlées plus tard jusque dans leurs fondements par la théorie de la croissance, de Nägeli; nous pouvons même dire que les doctrines nouvelles n'en laissèrent plus rien subsister. Cependant, la théorie de l'épaississement des membranes cellulaires, telle que Mohl l'a fondée, ne nous en est pas moins très utile au point de vue du développement de nos opinions à l'égard de la structure cellulaire des plantes; basée sur des faits, elle nous a obligé à envisager ceux-ci à un point de vue uniforme; elle donnait une explication simple et générale; toute une théorie de ce genre peut déterminer indirectement de réels progrès dans le domaine de la science; elle facilite la compréhension. On en eut la preuve lorsque Nägeli établit sa théorie de l'intussusception, théorie plus profonde que ne l'était celle de son prédécesseur; lorsqu'on a approfondi cette dernière, lorsqu'on s'est familiarisé avec ses principes fondamentaux et avec ses conséquences, on arrive à comprendre facilement les doctrines de Nägeli. Notons, en terminant, que Mohl fit connaître quelques années après (*Bot. Zeitung*, 1861) le résultat de ses observations sur la présence, dans les membranes cellulaires, de la silice. Son travail renferme une foule de renseignements substantiels et précieux au sujet de la structure des membranes cellulaires, et de la manière dont des substances incrustantes s'introduisent dans les membranes en question, et finissent par faire corps avec elles.

IV. Les botanistes qui se sont succédé de 1836 à 1856 professaient au sujet de la substance intercellulaire des opinions qui se rattachent étroitement aux anciennes doctrines de la formation des cellules, mais qui sont directement opposées à la théorie de la cellule que Nägeli fonda en 1846, et qui s'est maintenue jusqu'à l'époque actuelle. Mohl lui-même avait publié, en 1836, un traité qui n'était pas, tant s'en faut, parmi les meilleures de ses œuvres (*Erlaüterung meiner Ansicht von der Structur der Pflanzensubstanz*), mais qui introduisit, pour la première fois, dans le domaine de la science, la notion d'une substance intercellulaire. Cette notion, du reste, bien loin d'être d'accord avec les théories de Mohl au sujet du développement et de la structure des membranes cellulaires, se trouvait plutôt en opposition avec elles. Mohl prit comme point de départ l'étude de la membrane cellulaire de certaines Algues, dont la structure est très particulière; et muni des observations qu'il avait faites à cet égard, il crut distinguer, chez certains végétaux supérieurs, une substance qui se trouve, d'après lui, entre les membranes nettement délimitées qui entourent les interstices cellulaires. Lorsque cette substance intermédiaire se présente en abondance, les cellules s'y trouvent encaissées; lorsqu'elle est moins abondante et que les cellules se trouvent pressées les unes contre les autres, elle se présente sous la forme d'une couche mince, semblable à du ciment. Dans son *Neues System*, publié en 1837 (p. 162 et 174), Meyen se déclare ouvertement contre cette théorie, à laquelle Mohl fit subir des modifications successives. Après s'être convaincu que certaines parties qu'il avait souvent prises auparavant pour la substance intercellulaire, n'étaient autres que des « dépôts secondaires » entre lesquels on voyait encore les lames primitives des membranes cellulaires, Mohl en vint à considérer comme une exception la présence, à l'intérieur de la plante, de la substance intercellulaire. D'ailleurs, d'autres botanistes, tels que Unger (*Bot. Zeit.*, 1847, p. 289), et surtout Schacht, s'emparèrent de la théorie de la substance intercellulaire et lui firent subir de nouveaux développements; ils eurent pour adversaire Wigand (*Bot. Unters.*, 1854, p. 67). Celui-ci prit pour point de départ la théorie de la membrane cellulaire, de Mohl. Logiquement, il déclara que les couches minces de la substance intercellulaire, de même que la cuticule, dont Mohl avait, tout d'abord, exactement déterminé la nature, ne sont autre chose que des lamelles de la membrane première, dont la substance a subi des modifications chimiques profondes.

Ces théories sur la substance intercellulaire et la cuticule devaient nécessairement se modifier lorsque Nägeli fonda sa doctrine de l'Intussuception.

Nous sommes forcé, de nous borner ici à une étude résumée des faits, mais nous espérons que ces indications suffiront à donner au lecteur une idée exacte de la part que Mohl a prise au développement de la théorie de la cellule, en ce qui concerne la structure de ses parois; nous reviendrons plus tard aux observations de Mohl sur la formation des cellules.

V. Formes des tissus, et anatomie comparée.

C'est dans la classification des formes des tissus, dans la conception de leur position respective, et, par conséquent, dans la nomenclature histologique, que les botanistes qui se sont succédé jusque vers 1830, ont déployé le moins d'habileté. Les inconvénients de leur méthode se faisaient particulièrement sentir lorsqu'il s'agissait de comparer la structure anatomique de végétaux qui appartenaient à des classes différentes, telles que les Cryptogames, les Conifères, les Monocotylédones et les Dicotylédones, ou lorsqu'il devenait nécessaire d'établir les différences qui les distinguaient, ou les analogies réelles qu'ils présentaient parfois entre eux. Nous trouvons dans le *Neues System* de Meyen, ouvrage qui date de 1837, des études anatomiques qui constituent, par elles-mêmes, une preuve du développement incomplet auquel était parvenue la phytotomie, à l'époque dont nous parlons. Dès le commencement de sa carrière de botaniste, Mohl sut apprécier, comme il convient, et plus que ne le faisaient ses contemporains, la nécessité d'une bonne classification des tissus; il attacha une grande importance à l'intelligence des lois en vertu desquelles les tissus en question se groupent à l'intérieur de la plante; grâce à la sagacité qu'il déploya dans ce domaine et qui constitue un de ses principaux mérites, il facilita, à ceux qui lui succédèrent, l'étude de la structure des végétaux supérieurs, et posa les principaux fondements des recherches comparées sur la structure des végétaux de classes différentes.

A l'exemple de Moldenhawer, Mohl sut mettre en lumière, avec beaucoup de perspicacité, les caractères des faisceaux vasculaires, et les opposer à ceux des autres tissus, en donnant comme point de départ, à ses recherches, l'étude des Monocotylédones. Nous retrouvons, dans les travaux qu'il fit à ce sujet, ses vues sur les faisceaux vasculaires en tant que système spécial, et c'est grâce à elles que Mohl est parvenu à introduire dans l'étude en question l'ordre et la clarté qui y règnent, et qui la distinguent de toutes les productions de l'époque, et même de celle qui avait précédé, à l'exception toutefois des œuvres de Moldenhawer. Nous retrouvons cette conception intelligente des faisceaux vasculaires dans le traité qu'il publia, en 1831, sur la structure des palmiers; nous la retrouvons plus tard, dans ses recherches au sujet du tronc des fougères arborescentes, des Cycadées et des Conifères, et dans les observations qui ont trait aux tiges de l'*Isoetes* et du *Tamus elephantipes*, et qui se trouvent réunies dans les *Vermischte Schriften* de 1845.

Durant les années qui suivirent, d'autres botanistes firent connaître les résultats de recherches nouvelles sur l'histoire du développement, et dont le mérite était supérieur à celui des travaux que nous venons de mentionner, mais les ouvrages de Mohl n'en constituèrent pas moins, à l'époque où ils parurent, le fondement, la base première de toutes les recherches comparées qui se succédèrent par la suite sur la structure des tiges. Mohl, il est vrai, adopta dans une certaine mesure les vues de Moldenhawer, et put acquérir de la sorte des idées plus justes au sujet de la structure des tiges; à l'exemple de Moldenhawer, il distingue, dans les faisceaux vasculaires, la partie ligneuse et la partie du liber qu'il considère comme les deux éléments d'un véritable faisceau vasculaire; mais, pour s'être rangé en partie aux théories de son prédécesseur, il ne perd rien de son originalité ou de ses mérites. Ses recherches au sujet du cours longitudinal des faisceaux vasculaires dans le tronc et à l'intérieur de la feuille n'en resteront pas moins importantes; il aura toujours le mérite d'avoir fait remarquer que les faisceaux qui s'allongent à l'intérieur de la tige des phanérogames ne sont que l'extrémité inférieure de faisceaux vasculaires, tandis que leur extrémité supérieure se perd dans les feuilles, et d'avoir attiré l'attention des botanistes sur le fait que les Monocotylédones et les Dicotylédones présentent sous ce rapport une analogie frappante, bien que le cours du faisceau vasculaire diffère sensiblement chez les uns et chez les autres.

En 1831, Mohl se livra sur les tiges des palmiers à des recherches qui devaient avoir des résultats importants, car elles lui permirent de réfuter les vues erronées de Desfontaines qui établissait une distinction entre la croissance en épaisseur chez les les Endogènes et les Exogènes, que de Candolle utilisa au point de vue de la systématique. D'après Desfontaines, le bois des Monocotylédones se présente sous la forme de faisceaux épars, et ceux qui se perdent dans les feuilles sont supposés prendre naissance dans le centre du tronc. Desfontaines avait conclu de ses observations incomplètes que les faisceaux vasculaires des Monocotylédones prennent naissance dans le centre du tronc, et que ce phénomène se renouvelle jusqu'au moment où les premiers faisceaux, durcis dans la circonférence du tronc, arrivent à former une sorte de gaîne assez forte pour résister à la poussée des jeunes faisceaux. Ce moment décisif marque pour lui la dernière période de la croissance en épaisseur, et ce mode de croissance détermine la forme de la tige des Monocotylédones. Cette théorie fut bientôt acceptée de tous; de Candolle en fit le point de départ de sa division des plantes vasculaires en Endogènes et Exogènes; dans la première moitié de notre siècle, en effet, les botanistes caractérisaient volontiers les groupes principaux du règne végétal à l'aide d'indices anatomiques. Du Petit Thouars prouva cependant qu'un grand nombre de troncs de Monocotylédones se développent indéfiniment dans le sens de la largeur, mais il ne réussit pas à ébranler une théorie dont les partisans admettaient, pour des cas semblables, l'existence d'un développement périphérique aussi bien que celle d'un développement central et Mirbel échoua comme lui sous ce rapport. Dans son travail, Mohl résout, avec une parfaite clarté, le problème de l'organisation des faisceaux vasculaires des tiges des Monocotylédones, et réfute la théorie tout entière de la croissance endogène par des considérations qui devaient frapper, par leur justesse, tout botaniste doué de bon sens. Cependant, certains systématistes, qui n'étaient dénués ni de talent ni de mérite, s'obstinèrent, longtemps encore, à conserver les anciennes théories réfutées par Mohl.

Les progrès que celui-ci détermina dans le domaine de l'anatomie comparée des tiges avaient pour point de départ l'observation approfondie des tissus cellulaires arrivés à leur plus haut point de développement. Mohl retourna de temps à autre à l'histoire du développement, sans toutefois aborder l'étude de ces premières phases du développement végétal qui offrent une mine si riche à l'observateur curieux de s'instruire. Cette abstention suffit à expliquer le manque de clarté facile à constater dans ceux des travaux de Mohl qui ont pour objet les analogies et les dissemblances qui existent dans la structure des fougères arborescentes et de certains cryptogames vasculaires, opposés aux phanérogames; il ne put jamais arriver à donner, au sujet de l'épaississement secondaire des tiges des Dicotylédones, des explications satisfaisantes, d'après l'étude de la nature des faisceaux vasculaires et l'observation de la formation première du cambium. Mohl fit paraître, en 1845, une étude approfondie de la croissance en épaisseur (*Verm. Schr.*, p. 153). Les vues énoncées dans cet ouvrage sont confuses et embrouillées; les principes qui leur servent de base appartiennent au domaine de l'imagination plus qu'à celui de l'observation scientifique; à cette publication succéda, en 1858, celle d'un travail qui parut dans la *Botanische Zeitung* et qui laisse fort à désirer sous le rapport de la clarté; l'auteur se livre à une critique circonstanciée des nouvelles doctrines de Schleiden et de Schacht au sujet des couches de cambium des tiges des phanérogames, mais il formule des vues qui trahissent un progrès marqué sur les précédentes. Cependant, les théories des botanistes à l'égard de l'épaississement du corps ligneux et de l'écorce ne prirent une forme satisfaisante qu'à partir de l'époque où l'histologie et le développement des plantes devinrent l'objet d'études approfondies.

Mohl accorda dès l'abord une importance toute spéciale aux caractères distinctifs des faisceaux vasculaires, et les opposa à ceux des autres tissus végétaux; il ne modifia jamais sa manière de voir à ce sujet. Aussi fut-il frappé des particularités que présentent l'épiderme des végétaux et les différentes formes des tissus extérieurs. Avant l'apparition des ouvrages de Mohl, on ne possédait à ce sujet que des notions vagues et confuses; il appartenait à Mohl de donner quelque solidité à ces doctrines flottantes et d'enrichir la science de découvertes importantes. Nous appellerons particulièrement l'attention du lecteur sur les recherches publiées entre 1838 et 1856, sur la forme véritable des stomates, ainsi que sur les recherches qui se rapportent à la cuticule, et à ses relations avec l'épiderme (1842 et 1845). En 1836, Mohl entreprit des recherches sur le développement du liège et de l'écorce, qui lui permirent de constater et de mettre en lumière des faits absolument nouveaux; il est, pour ainsi dire, le premier botaniste qui ait soumis à une étude approfondie ces questions; le mode de formation du liège et de l'écorce, les rapports qui les unissent à l'épiderme et aux tissus corticaux étaient restés absolument inconnus aux botanistes précédents. Dans le mémoire relatif à ces sujets, et qui peut passer pour un de ses meilleurs, Mohl commence par établir la différence qui existe entre le périderme subéreux et l'épiderme proprement dit; il décrit les différentes formes du périderme, et appelle l'attention sur le fait que l'écaillement de l'écorce se trouve déterminé par la formation de fines lamelles de liège. Grâce à ces lamelles, les parties extérieures de l'écorce sont progressivement isolées des tissus vivants; l'écorce elle-même finit par se dessécher et par former une sorte de croûte rugueuse qui entoure la plupart des troncs d'arbres Ces investigations furent si minutieuses, si complètes, que les botanistes qui succédèrent à Mohl et parmi lesquels nous nommerons Sanio (1860) ne purent ajouter aux faits constatés par leur devancier que des traits secondaires, des points de détail. Mohl fit connaître, dans la même année, le résultat de ses travaux au sujet des lenticelles. Il ne remarqua pas un fait qui n'échappa point à l'attention de Unger (*Flora*, 1836), le fait que les lenticelles prenant naissance sous les stomates, mais il corrigea les vues extravagantes de Unger, qui voyait dans les lenticelles des formes semblables aux gemmes des feuilles de Jungermanniées, et de son côté Unger n'hésita pas à adopter l'opinion de Mohl, qui considérait les lenticelles comme des formations subéreuses locales.

Lorsqu'on étudie les œuvres de Mohl, on est frappé de la netteté qu'il a apportée dans la caractéristique des faisceaux vasculaires, de la précision avec laquelle il a accusé les différences qui distinguent les diverses formes des tissus épidermiques, mais on constate avec étonnement qu'il a songé aussi peu que ses devanciers à établir quelque classification des autres formes des tissus végétaux, telles qu'elles se présentent avec toutes leurs particularités de position et de groupement. Il n'a pas cherché à établir un système spécial des tissus, à en classer les différentes variétés, et à fonder une nomenclature appropriée aux besoins de la cause, en dépit de l'occasion que lui offrait l'étude des fougères arborescentes. A l'exemple des botanistes de son temps, Mohl s'est contenté d'englober tout ce qui n'est ni épiderme, ni liège, ni faisceau vasculaire sous une même désignation. Il s'est servi du mot de parenchyme, sans même le définir exactement.

Nous terminerons ici l'étude des ouvrages de Mohl. Dans le chapitre qui va suivre, nous nous efforcerons de mieux déterminer la part qu'il a prise aux progrés ultérieurs de l'anatomie. On appréciera mieux peut-être l'importance de Mohl en tant que botaniste si l'on fait abstraction des œuvres que nous avons nommées; en les supprimant, on se rend mieux compte du vide énorme que leur absence produirait dans la nouvelle littérature botanique, et qu'il faudrait combler à nouveau, avant d'être à même d'amener à sa forme définitive la théorie des cellules et des tissus. Les progrès de l'anatomie végétale, telle qu'elle existe à l'heure actuelle, n'auraient pas pu se produire, après l'œuvre de Meyen, de Link, et de Treviranus, si Mohl n'avait frayé la voie dans laquelle se sont engagés les botanistes modernes, de manière à servir d'intermédiaire entre nos contemporains et les botanistes anciens.

CHAPITRE IV.

ÉTUDE DE LA CELLULE AU POINT DE VUE DE L'HISTOIRE DU DÉVELOPPEMENT, FORMATION DES TISSUS, STRUCTURE MOLÉCULAIRE DES FORMES ORGANISÉES.

1840-1860.

On savait déjà, aux environs de 1830, que les anciennes théories de la formation des cellules, de Wolff, Sprengel, Mirbel, et d'autres encore, n'étaient pas fondées sur les résultats de l'observation directe et immédiate. Elles renfermaient plus de vagues indications que de faits précis et constatés, et elles ne pouvaient donner qu'une idée approximative de la formation des cellules. Cependant, durant les années qui s'écoulèrent de 1830 à 1840, certains botanistes se livrèrent à des recherches minutieuses, qui avaient trait à différents cas de formation de cellules nouvelles. Parmi ces initiateurs, nous citerons Mirbel et surtout Mohl. Celui-ci ne se borna pas à étudier, sous différents aspects, la formation des spores; il décrivit, en 1835, le premier cas de division des cellules végétales. Ces observations, très judicieuses en elles-mêmes et fort exactes du reste, présentaient cependant un inconvénient; elles avaient trait à des cas de formation cellulaire autres que celui de la multiplication normale des cellules des organes en croissance, et Mohl se garda bien de tirer de ses recherches sur les cellules des organes de reproduction, et sur le développement d'une sorte d'algue filamenteuse une théorie générale de la formation des cellules. Mirbel, lui aussi, fit preuve sous ce rapport d'une certaine prudence en envisageant la formation des cellules pollinaires et les phénomènes de la germination des spores comme des phénomènes isolés et indépendants; il ne s'écarta jamais, dans son jugement à cet égard, des vues qu'il avait formulées antérieurement au sujet de la formation des cellules du tissu végétal ordinaire.

Schleiden n'en usa pas de même; il formula, en 1838, une théorie de la formation des cellules qui devait embrasser tous les cas de formation cellulaire, et qui était basée sur l'observation insuffisante et incomplète de la formation des cellules, telle qu'elle s'accomplit dans le sac embryonnaire des phanérogames. L'assurance que Schleiden déploya dans l'énoncé de ses théories, la virulence avec laquelle il repoussa les critiques ou les objections, le bruit qui se fit autour de son nom aux environs de 1840 ne manquèrent pas d'accréditer ses doctrines auxquelles les représentants les plus distingués de la botanique, et Mohl en particulier, durent reconnaître certains mérites. Il ne s'agissait plus ici d'une question de théorie; l'investigation ne pouvait se développer qu'en raison de préparations minutieuses, d'études directes, embrassant un champ d'observation étendu, et aidées de microscopes perfectionnés, capables de grossir considérablement l'objet examiné. Unger prouva que les processus qu'on remarque au point de végétation de la tige ne pouvaient se concilier avec la théorie de la formation des cellules, de Schleiden; et l'Anglais Henfrey adopta cette manière de voir. Mais Nägeli aborda le premier une question qui présentait autant de difficultés qu'elle offrait d'importance au point de vue de la science, et déploya dans ses travaux à ce sujet une persévérance et une énergie rares; il chercha à découvrir comment les cellules prennent naissance dans les organes de reproduction et les organes végétatifs, il s'efforça de voir jusqu'à quel point ce processus est le même chez les Cryptogames inférieurs et les Phanérogames. Il donna comme point de départ à ses recherches les vues de Schleiden, qu'il croyait justes en substance, puis, les travaux auxquels il se livra lui permirent, dès 1846, de discerner les erreurs des vues auxquelles il s'était tout d'abord rattaché, et qu'il finit par écarter complètement, et il établit les principes fondamentaux d'une théorie de la formation des cellules qui s'est maintenue jusqu'à nos jours. Il transporta dans cette étude les procédés dont on s'était servi dans l'étude de la morphologie; les cryptogames inférieurs firent tout d'abord le sujet de ses investigations, qui furent couronnées de succès. Alexandre Braun se livra de son côté à des travaux sur certaines algues de structure peu compliquée; ces observations nouvelles contribuèrent, non seulement à développer et à perfectionner la théorie de la cellule, mais encore à donner plus d'extension et de précision tout à la fois à la notion même de la cellule végétale; les recherches embryologiques de Hofmeister enfin vinrent déterminer des progrès importants dans le domaine de la morphologie, en même temps qu'elles fournissaient de nouveaux matériaux à la théorie de la cellule fondée par Nägeli. Plus celle-ci s'enrichissait de remarques et d'observations nouvelles, plus on voyait s'accuser les différences extérieures qui existent entre les processus du développement des cellules; on reconnut alors la justesse des observations de Mohl à l'égard de quelques-uns des processus en question. Un fait qui présente une importance toute particulière, c'est qu'en 1846, Nägeli constata que les diverses formes de développement des cellules ne diffèrent que par des caractères extérieurs et secondaires; le même principe essentiel se maintient, et ne varie jamais. Schwann (1839) et Kölliker (1845) se livrèrent à des recherches plus complètes encore au sujet de la formation des cellules chez les animaux, et mirent en lumière les analogies indiscutables qui existent entre la cellule végétale et la cellule animale.

Théodore Hartig et Karsten établirent à la même époque des théories qui dévient sensiblement de la ligne tracée par les botanistes antérieurs, et qui sont fondées d'ailleurs sur des observaions superficielles; nous les passerons sous silence, non point parce que le jugement de tous les observateurs compétents les a déclarées erronées, mais parce qu'elles n'ont contribué en aucune mesure au développement ultérieur de la doctrine cellulaire. Elles sont, par conséquent, absolument dénuées d'intérêt historique.

Les recherches qui avaient pour objet la formation et l'accroissement des cellules devaient nécessairement attirer l'attention des observateurs sur le contenu vivant de celles-ci. Celui-ci, du reste, a beaucoup à faire avec la formation de cellules nouvelles. Durant les années qui précédèrent 1840, il est vrai, les botanistes avaient souvent étudié les parties granuleuses, cristallines ou mucilagineuses contenues dans les cellules; Meyen et Schleiden avaient accordé une attention spéciale aux « mouvements de la sève » mais les observations basées sur l'histoire du développement réussirent seules, dans les environs de 1840, à attirer l'attention des botanistes sur une substance qui a invariablement part dans la formation des cellules nouvelles, qui enveloppe le noyau cellulaire découvert par Robert Brown, et qui subit, durant le développement des cellules, les modifications les plus essentielles. Cette substance forme les zoospores tout entiers, et, lorsqu'elle a disparu, le principe vital abandonne complètement la cellule. En 1838, Schleiden avait signalé l'existence de cette substance nourricière bien plus nécessaire au développement et à la vie de la plante que ne l'est la membrane cellulaire; il l'avait prise pour de la gomme. Nägeli lui consacra des études plus approfondies et découvrit que c'est une substance azotée (1842-1846). Mohl, (1844-1846) donnant comme point de départ à ses recherches des vues différentes de celles de Nägeli, décrivit la substance en question, et lui donna le nom, encore employé à l'heure actuelle, de Protoplasme. Il démontra que c'est cette substance, et non point la sève cellulaire proprement dite, qui exécute dans les cellules, le mouvement de rotation et de circulation découvert au siècle dernier par Corti, et signalé de nouveau en 1811 par Treviranus. L'étude des algues permit aux botanistes d'acquérir une foule de connaissances au sujet de cette substance étrange; l'observation des zoospores des algues et des champignons permit à des botanistes tels qu'Alexandre Braun, Thuret, Nägeli, Pringsheim et de Bary de constater que le protoplasme possède une existence indépendante de celle de la membrane cellulaire, et qu'il peut spontanément modifier sa forme et même se déplacer dans l'espace. En 1855, Unger appelait dans son *Lehrbuch* l'attention des botanistes sur les analogies qui existent entre cette substance et le Sarcode des animaux inférieurs. En 1859, ces analogies s'accusèrent encore davantage lorsque les études de de Bary sur les Myxomycètes furent venues prouver que la substance de ces végétaux est formée de protoplasme qui garde souvent pendant longtemps l'apparence de grosses masses, avant de se revêtir d'une membrane cellulaire. Les zoologistes s'intéressèrent à ces découvertes des botanistes; Max Schultze (1863), Brücke, Kühne étudièrent le protoplasme animal et végétal, et, durant les années qui se succédèrent de 1860 à 1870, on arriva à la conviction de plus en plus ferme que le protoplasme n'est autre chose que le principe même de la vie végétale et de la vie animale. Cette découverte constitue une des conquêtes les plus remarquables de la science moderne.

L'étude des autres éléments organisés, renfermés dans les cellules, amena des résultats non moins importants. Mohl prouva que les grains de chlorophylle, substance des plus importantes au point de vue de la nutrition, est le produit du protoplasme, et les vues erronées de Théodore Hartig sur la cellule végétale n'empêchèrent pas celui-ci de rendre un service signalé par sa découverte des grains d'aleurone renfermés dans les semences, et des cristalloïdes qui s'y trouvent parfois.

Ces éléments sont le produit du protoplasme; Radlkofer, Nägeli et d'autres encore se livrèrent à des recherches sur la forme et la composition chimique des grains d'aleurone.

Nägeli consacra aux grains d'amidon, déjà si souvent observés par Payen, des études étendues, qui amenèrent à des découvertes importantes; le résultat de ces recherches parut en 1858, sous la forme d'un ouvrage étendu, intitulé *Die Stærkekoerner*, et qui fit époque, non seulement dans le domaine de la botanique, mais encore au point de vue de la connaissance des corps organisés. Grâce à l'emploi de méthodes d'investigation qui étaient restées jusque-là, inconnues aux histologistes, Nägeli parvint à acquérir des connaissances exactes sur la structure moléculaire et le développement des grains d'amidon, et sur leur croissance par intercalation de nouvelles molécules entre celles qui existaient déjà. Cette théorie de l'intussusception, basée sur l'observation des grains d'amidon, présentait une grande importance; elle permettait aux botanistes de s'expliquer le développement de la membrane cellulaire, et certains processus moléculaires dans le développement et la transformation des éléments organisés, elle expliquait de nombreux problèmes, et en particulier l'action des corps organisés sur la lumière polarisée.

Tandis que les botanistes les plus distingués s'appliquaient à résoudre ces problèmes hérissés de difficultés, l'étude des tissus ne restait pas en arrière. Elle continua de se développer durant les années qui suivirent 1840.

Nous retrouvons ici Nägeli, qui contribua tout particulièrement à déterminer ces progrès ultérieurs et à leur imprimer une direction; il fit connaître dans le journal qu'il publiait avec Schleiden (1844-1846), le résultat de recherches sur la formation et le développement des faisceaux vasculaires, aux dépens d'un tissu fondamental homogène; il découvrit que les tissus des cryptogames sont tous le produit de la cellule qui occupe le sommet de la tige pendant le développement; Hofmeister étudia de plus près ce fait qui a déterminé, de 1850 à 1878, la publication d'œuvres nombreuses très utiles à la théorie de la formation des tissus, à la morphologie, et par conséquent à la systématique. Les investigations de Hofmeister, de Nägeli, de Hanstein, de Sanio, etc. au sujet de la formation des faisceaux vasculaires qui prennent naissance dans le tissu fondamental des jeunes organes amenèrent à des résultats importants pour la morphologie; on se trouva en mesure, pour la première fois, de juger de la valeur morphologique des relations anatomiques et histologiques. Le phénomène de l'épaississement des plantes ligneuses, si important au point de vue de la physiologie végétale, ne put être expliqué qu'à partir du moment où les botanistes eurent acquis des connaissances exactes sur la formation des faisceaux vasculaires, et sur les rapports qui les unissent au cambium; Hanstein, Nägeli et surtout Sanio, se livrèrent, avant et après 1860, à des recherches qui leur permirent d'élucider la question de la croissance en épaisseur. Nous signalerons encore une découverte due à Th. Hartig, qui étudia les vaisseaux du liber; les botanistes n'arrivèrent guère qu'à partir de 1860 à introduire de la précision et de la clarté dans l'ancienne notion des « vaisseaux proprement dits » et à les distinguer en conduits intercellulaires, en laticifères, et cellules à latex.

Au moment d'aborder l'étude des circonstances qui ont permis aux botanistes que nous venons de nommer d'arriver aux résultats précités, nous nous trouvons en présence de difficultés redoutables. A partir de 1840, la littérature botanique prit une extension inconnue jusque-là; à côté de monographies étendues, embrassant l'étude de points spéciaux de la botanique, à côté de manuels et de traités, nous voyons apparaître une foule d'articles scientifiques, publiés dans les revues botaniques de l'époque. Par la lecture des articles en question, on peut acquérir une idée assez juste du développement de la pensée scientifique, prise dans son ensemble. Les revues scientifiques ont certainement contribué, dans une forte mesure, à faciliter les rapports des botanistes de professions, mais, d'autre part, cette forme de littérature présente des inconvénients en rendant plus difficile la reconstitution historique de l'enchaînement des travaux, et en donnant souvent aux novices des idées erronées.

Étant données ces circonstances, et afin de mener à bien l'étude résumée des œuvres que nous allons examiner, nous dévierons de la ligne de conduite que nous nous sommes tracée dans les chapitres précédents, et nous suivrons pas à pas le développement historique des questions au lieu de faire l'histoire des personnes. Cette manière de procéder nous est imposée jusqu'à un certain point, et nous ne pourrons plus à l'avenir nous mouvoir librement dans le domaine de l'histoire, car la plupart des hommes qui ont contribué au développement des nouvelles doctrines, telles qu'elles se présentent depuis 1840, vivent encore à l'heure actuelle, et on peut se demander si l'étude que nous allons entreprendre ne soulève pas de discussions.

Les botanistes professent, en effet, une telle diversité d'opinions au sujet des questions fondamentales elles-mêmes, qu'il devient difficile de dégager les points sur lesquels il y a accord complet, et la botanique en souffre.

Le lecteur verra, par l'étude qui va suivre, la part respective que les différents botanistes ont prise aux progrès de l'anatomie, telle qu'elle s'est développée durant la période de temps considérée; et si nous semblons ne nous occuper que de savants allemands, cet exclusivisme trouve son excuse dans le fait que les botanistes anglais, depuis l'apparition de Grew jusqu'à l'époque actuelle, n'ont contribué en rien au développement de l'anatomie; que les Italiens, autrefois représentés si magnifiquement par Malpighi, ne prennent qu'une part insignifiante aux questions que nous allons examiner; et que les botanistes français, dont Mirbel fut le représentant le plus distingué durant la période de temps qui nous a précédé, bien qu'ayant publié un grand nombre d'ouvrages d'anatomie, n'ont point contribué, d'une manière décisive, à éclaircir les questions qui vont faire l'objet de notre étude.

Nous nous sommes trouvé dans la nécessité de tenir compte des perfectionnements subis par le microscope durant la période précédente, afin d'arriver à comprendre les progrès de la science; mais cela n'est plus nécessaire dans l'étude qui va suivre, et qui embrasse les années qui ont suivi 1840. Depuis cette époque, en effet, tous les botanistes ont eu à leur disposition de bons microscopes à lumière et à grossissement convenables, et bien que les microscopes subissent tous les jours des perfectionnements nouveaux, ceux dont se servaient, vers 1840 ou 1850, les observateurs expérimentés, étaient absolument insuffisants. Durant les années qui viennent de s'écouler, le microscope a subi des modifications : on y a ajouté l'appareil à polarisation, et on a facilité l'exacte appréciation des dimensions de l'objet examiné; ce sont là les perfectionnements les plus notables, et nous verrons plus bas quelle a été l'influence de ces modifications sur le développement de la théorie moléculaire de Nägeli. Plus le microscope se perfectionnait, plus les questions à résoudre se hérissaient de difficultés, et plus les préparations exigeaient d'attention et de soin. L'habileté de main de l'anatomiste et du dissecteur, la connaissance de la forme des parties solides ne suffisaient plus; il fallait des précautions nouvelles, des procédés de toute nature, pour arriver à des idées nettes au sujet des parties molles contenues dans les cellules, pour parvenir à observer le protoplasme vivant et soustrait à l'action des influences nuisibles ; les réactifs chimiques les plus divers étaient mis en œuvre; ils rendaient les objets examinés plus transparents, et permettaient aux anatomistes d'en étudier les caractères physiques et chimiques. Nous attirerons particulièrement l'attention sur la méthode que Franz Schulze découvrit avant 1851, et qui permet d'isoler en quelques minutes les cellules végétales en les faisant bouillir dans un mélange d'acide nitrique et de chlorate de potasse. Le procédé de macération de Moldenhawer se trouva par conséquent dépassé et abandonné. En un mot, Schleiden, Mohl, Nägeli, Unger, Schacht, Hofmeister, Pringsheim, de Bary, Sanio et d'autres encore firent subir à la technique du microscope les perfectionnements les plus divers; le maniement du microscope devint un art exigeant la pratique et l'exercice. A partir de 1850, les jeunes microscopistes purent s'exercer dans le laboratoire de leurs aînés et profiter de leurs conseils dictés par une grande expérience technique et qui, depuis, ont maintes fois porté des fruits. On vit se former, dans les universités allemandes, des écoles de botanique; mais ailleurs la situation resta la même, et chacun ne devait compter que sur lui-même.

L'usage général de microscopes perfectionnés détermina des exigences qui se firent sentir surtout à partir de l'époque de Mohl. Les botanistes s'efforcèrent d'introduire plus de précision dans l'exécution des figures microscopiques; on vit revivre la gravure sur bois, qui, jointe à la lithographie que l'on venait de découvrir répondit aux exigences nouvelles de la science, et permit aux botanistes d'éviter les dépenses énormes qu'entraînait la gravure sur cuivre; les monographies et les manuels furent ornés de figures plus nombreuses, mieux exécutées, et qui facilitèrent l'intelligence du texte. A partir de la fin du seizième siècle, la gravure sur bois, tombée en désuétude, avait été remplacée par la gravure sur cuivre; dans les environs de 1840 et de 1850, elle reprit ses anciens droits; on trouva même qu'elle présente, au point de vue des manuels, des avantages marqués sur la gravure sur cuivre; on constata qu'elle se prête mieux et plus facilement à la représentation de certains objets. Les *Grundzüge* de Schleiden (1842), les *Vegetabilische Zelle* de Mohl (1851), les manuels d'Unger et de Schacht furent enrichis d'un grand nombre de gravures sur bois qui sont pour la plupart fort belles.

Lorsqu'il s'agissait de monographies et de revues, on préférait généralement la lithographie. En 1843, Mohl et Schlechtendal fondèrent la *Botanische Zeitung* qui demeura jusque vers 1860 l'organe principal de la Botanique, et renfermait, sous la forme d'articles assez courts, le compte rendu des découvertes nouvelles et des progrès qui s'acomplissaient. Les lithographies nombreuses et soignées qui accompagnent cette Revue sortaient de l'atelier de Schmidt, lithographe berlinois.

I. — DÉVELOPPEMENT DE LA THÉORIE DE LA FORMATION DES CELLULES (1838-1851).

Les questions que nous allons aborder dans les pages suivantes présentent une importance fondamentale, au point de vue de la botanique, prise dans son ensemble, et des sciences naturelles; c'est pourquoi nous adopterons ici la méthode que nous appliquerons plus tard à l'étude de la théorie sexuelle; nous nous proposons de remonter aux origines de la théorie de la cellule, et de la suivre pas à pas dans son développement progressif, autant que nous le permettra l'espace restreint dont nous disposons.

Ainsi qu'il arrive généralement lorsqu'il s'agit de sciences inductives, l'investigation inductive proprement dite ne put se développer qu'au bout d'une période de temps plus ou moins longue, remplie par l'éclosion hâtive de théories générales, fondées sur des observations incomplètes et erronées. Nous avons déjà vu plus haut que Gaspard Frédéric Wolff considérait, en 1759, les cellules comme des vacuoles, formées dans une masse gélatineuse homogène; Mirbel adopta, en substance, ces vues erronées; Kurt Sprengel et un grand nombre des botanistes qui lui succédèrent considérèrent la cellule comme le produit de granules et de vésicules qui étaient supposés faire partie du contenu cellulaire; Treviranus adopta cette manière de voir, et la maintint jusque vers 1830, Link la combattit en 1807, mais finit par s'y ranger en partie.

Moldenhawer, il est vrai, avait combattu de la manière la plus absolue (*Beitraege*, 1812, p. 70), cette théorie de la formation des cellules, il avait fait connaître le résultat d'observations qui, si elles avaient été plus approfondies, auraient pu amener les botanistes de l'époque à des vues plus justes. Mais les travaux de Moldenhawer restèrent sans influence sur les savants dont nous avons parlé, et sur d'autres encore, qui persistèrent dans leurs doctrines erronées. Kieser fit subir de nouveaux développements aux vues de Treviranus qui considérait les granules du latex comme les germes des cellules, germes qui éclosent ensuite dans les interstices cellulaires (*Mém. s. l'Organ. der Plantes*, 1812). Schultz Schultzenstein repousse ces théories (*Die Natur der leben-*

den Pflanze, 1823-28, I, p. 607) et émet sur la formation de la cellule les mêmes opinions que Wolff et Mirbel. Dans les environs de 1840, Karsten fonde une théorie de la cellule qui n'est guère supérieure, sous le rapport de la justesse, aux doctrines de Sprengel, Treviranus et Kieser; l'apparition de la doctrine de Karstein avait été précédée, en France, en 1820, par les théories de Raspail et de Turpin, qui se rattachaient en principe aux vues de Sprengel, en dépit des différences qui existaient entre la nomenclature de Karsten et celle de son prédécesseur[1].

Il devait appartenir à de Mirbel de renouveler en 1830 l'essai tenté déjà au commencement du siècle actuel, et de pénétrer dans le domaine de l'anatomie, armé d'observations qui, bien que souvent défectueuses, n'en firent pas moins subir à la science d'importants développements. Cette fois-ci encore, ce fut un botaniste allemand, Mohl, qui vint confirmer la vérité des observations et des vues de son devancier.

Dans son célèbre traité sur le *Marchantia polymorpha*, dont la première partie fut soumise à l'Académie des Sciences de Paris (1831-1832), mais qui ne parut en entier qu'en 1835, dans les Mémoires de l'Académie, de Mirbel distinguait trois formes différentes du développement des cellules; durant la germination des spores de *Marchantia*, des cellules nouvelles se forment dans le tube germinal et donnent naissance à leur tour à d'autres cellules, ce qui rappelle le procédé de développement des Levures. Mirbel se livra à des recherches sur la production des gemmes du *Marchantia*, et crut se trouver en présence d'une seconde forme du développement cellulaire; il avait probablement vu les différentes cloisons de séparation apparaître et se succéder, et avait attaché à ce phénomène une signification différente de celle qu'il possède en réalité; d'après ses vues énoncées plusieurs années auparavant, les cellules nouvelles doivent, dans le développement des gemmes et dans d'autres cas de croissance, prendre naissance entre les cellules qui existent déjà : il maintint sa manière de voir.

D'ailleurs, l'observation de la formation des cellules avait été peu pratiquée par les botanistes qui s'étaient succédé jusqu'à l'époque dont nous parlons, ainsi que l'on peut s'en apercevoir par la dissertation que Mohl fit imprimer en 1835, et qui parut de nouveau dans *Flora* de 1837 sous ce titre : *Ueber die Vermehrung*

1. Voir là dessus Mohl dans la *Flora* de 1837, p. 13. Nous n'avons pu réussir à nous procurer le texte original de Turpin.

der Pflanzenzellen durch Theilung. Dans cette étude, Mohl émet quelques doutes au sujet des vues dont nous avons parlé plus haut, mais il les admet en substance, et bien qu'il ait observé personnellement différents cas de division des cellules et de formation cellulaire libre, il se borne à mentionner incidemment ses propres recherches sur le développement des spores, qui sont, du reste, bien supérieures à celles de Mirbel sous le rapport du nombre et de la justesse. En outre, Adolphe Brongniart (*Ann. d. Sc. Nat.*, 1827) avait étudié, mais assez superficiellement du reste, la formation des grains de pollen dans les cellules mères du *Cobæa scandens;* Mirbel exécuta de son côté des gravures excellentes, concernant la formation des cellules polliniques; il y joignit des descriptions d'une fidélité rigoureuse; et Mohl, cependant, omit de comparer ces observations, qui présentaient tant d'importance, avec ses propres investigations au sujet de la division des cellules; en 1845 même, il fit connaître dans les *Vermischte Schriften* le résultat de ses études auxquelles il avait donné de nouveaux développements, mais il méconnut les rapports qui existent entre la formation des grains polliniques et celle des spores, et la division des cellules du *Cladophora*. Cependant, le traité de Mohl présente une grande importance historique à l'égard de la théorie de la formation des cellules; nous y trouvons, pour la première fois, une étude descriptive, très approfondie et très minutieuse, de la division des cellules, et qui met en lumière un grand nombre de points importants. En 1832 Dumortier avait observé la division des cellules; en 1836, Morren avait constaté que les cellules des Clostéries la présentent, mais il n'avait pas donné les détails nécessaires. Mohl avait fait des *Cladophora* le sujet d'études approfondies qu'il étendit à diverses algues filamenteuses; il appela l'attention des botanistes sur les analogies qui existent entre leurs processus et la division des Diatomées, qu'il considérait comme des plantes, tandis qu'Ehrenberg les faisait rentrer dans le règne animal (*Flora*, 1836, p. 492).

S'appuyant sur les travaux de Mohl au sujet des *Cladophora*, Meyen déclare dans le second volume de son *Neues System* (1838) que la division des cellules est un phénomène végétal fort ordinaire, qui se rencontre fréquemment chez les algues, les champignons filamenteux et les *Chara;* mais il ne va pas plus loin dans l'étude des processus par lesquels la subdivision s'effectue et s'achève. On remarquera les comparaisons que Meyen établit entre les cas, ci-dessus mentionnés, de la formation des cellules, et le mode de la formation des spores, des grains polliniques, et des cellules de l'endosperme, si toutefois il s'agit ici d'un essai d'établir une distinction arrêtée entre la formation cellulaire libre et la division cellulaire; faute d'avoir nettement établi cette distinction, les botanistes se fourvoyèrent longtemps dans le champ d'observation que leur offrait l'étude des phénomènes en question. Si les anatomistes de l'époque avaient profité des facilités de toute sorte que leur procuraient les travaux dont nous venons de faire mention, et avaient nettement distingué ces deux formes du développement cellulaire, la théorie de Schleiden se serait trouvée dans l'impossibilité d'exister, les botanistes qui s'occupaient de la théorie des cellules n'auraient pas commis les erreurs auxquelles les avaient entraînés, à partir de 1838, les doctrines de Schleiden. Celui-ci, qui croyait avoir observé la formation cellulaire libre, telle qu'elle s'effectue dans le sac embryonnaire des phanérogames, la ramena au principe de la multiplication des cellules dans les organes végétatifs en voie de développement, et la considéra comme le seul mode du formation. Mohl lui-même serait venu mettre obstacle à la propagation de ces doctrines erronées; l'année même dont il est question, il décrivit avec une fidélité rigoureuse le développement des stomates, développement qui s'effectue par la division d'une des jeunes cellules de l'épiderme, et la division ultérieure de la paroi de séparation en deux. Cependant, Mohl fit preuve d'une prudence qui n'était que trop justifiée en s'abstenant de se livrer à des considérations théoriques au sujet de faits même clairement établis et nettement constatés; les observations importantes que Unger et Nägeli firent connaître en 1845 et qui avaient pour objet la formation des cellules tissulaires dans les organes en croissance, ne parvinrent même pas à le tirer de sa réserve (*Verm. Schriften*, 1845, p. 336).

La théorie de la formation des cellules de Schleiden eut pour point de départ un incompréhensible mélange d'observations confuses et d'opinions préconçues; elle rappelle vivement l'ancienne théorie de Sprengel et de Treviranus, que Schleiden condamna de la manière la plus absolue. Et pourtant il adopta leurs opinions au sujet des cellules nouvelles, qu'il considère comme le produit de granules presque imperceptibles. De même que les doctrines de Sprengel et de Treviranus, sa théorie manque de bases solides, empruntées à l'observation des faits.

En 1831, Robert Brown avait découvert le noyau cellulaire dans l'épiderme des orchidées (voir ses *Miscellaneons Writings*); il avait fait remarquer que ce noyau existe dans les cellules du tissu des phanérogames, mais il n'avait pas su tirer parti de cette découverte. On ne s'inquiéta plus du noyau cellulaire jusqu'au moment où Schleiden fit de ses recherches à ce sujet l'âme même de sa théorie; ses observations vinrent jeter un jour nouveau sur la nature et les fonctions du noyau cellulaire qui passa désormais pour exercer une action décisive dans la formation des cellules. Les cellules contiennent en outre des parties gélatineuses dans lesquelles Schleiden crut distinguer une quantité prépondérante de gomme, sans cependant appuyer cette assertion de raisons suffisantes. Il considérait les parties gélatineuses en question comme la substance dont est formé le noyau cellulaire, et la désigna sous le nom de Cytoblastème, tandis que le noyau cellulaire lui-même reçut le nom de Cytoblaste. Schleiden nous apprend que ce Cytoblastème jaunit et devient granuleux sous l'action de l'iode; nous pouvons inférer de ce renseignement que le Cytoblastème n'est autre que le protoplasme.

Le travail de Schleiden, *Beitraege zur Phytogenesis* (*Archiv für Anatomie und Physiologie* de Jean Müller, 1838) donne une idée assez juste de la théorie de la formation des cellules, telle qu'elle se présentait sous sa forme primitive. L'auteur commence par quelques remarques sur les lois fondamentales de la raison humaine; il les fait suivre de considérations générales qui ont pour objet l'ensemble des œuvres qui ont trait à la formation des cellules, et l'apparition du noyau cellulaire auquel il applique une dénomination différente; les lignes qui suivent sont consacrées à des remarques au sujet de la gomme, du sucre, de l'amidon; il en vient enfin à l'étude même des questions qui doivent faire l'objet de ce travail. Il existe deux endroits, dit-il, qui se prêtent particulièrement à la formation de nouveaux organes, et qui possèdent par conséquent toutes sortes d'avantages au point de vue de l'observation botanique; ce sont le sac embryonnaire, et l'extrémité du boyau pollinique. Dans sa théorie de la fécondation, Schleiden localise la formation des premières cellules de l'embryon dans le boyau pollinique, où cependant, en réalité, il ne se forme pas de cellules.

Les parties gélatineuses qui se trouvent renfermées dans le sac embryonnaire et à l'extrémité du boyau pollinique sont supposées donner naissance à des granulations menues, qui troublent l'homogénéité de la masse gélatineuse. On voit apparaître ensuite des grains plus gros, plus massifs, les corpuscules du noyau, puis les Cytoblastes; ceux-ci, pris dans la masse générale, font l'effet de coagulations granuleuses; ils croissent et se développent indépendamment de toute influence extérieure; lorsqu'ils ont atteint leur complet développement, ils donnent naissance à une vésicule fine et transparente, c'est la jeune cellule qui présente tout d'abord l'apparence d'un segment de sphère, de forme aplatie; le côté plat est formé par le Cytoblaste, le côté convexe, par la cellule nouvelle (membrane cellulaire), qui se trouve placée sur le Cytoblaste comme un verre de montre sur une montre. La vésicule s'étend de plus en plus, elle prend plus de consistance, la paroi consiste en une gelée, à l'exception du point où le Cytoblaste en fait partie. La cellule croit peu à peu, elle finit par s'étendre au delà du Cytoblaste qui fait alors l'effet d'un corpuscule enfermé dans une des parois latérales. Grâce à un développement continu et à la pression que les cellules exercent les unes sur les autres, la forme de la cellule en question devient plus régulière, et finit parfois par se rapprocher de celle d'un rhombododécaèdre que Kieser croit être la forme fondamentale, pour des raisons tirées des théories de la Philosophie de la nature. Lorsque la résorption du Cytoblaste s'est effectuée, on voit se former, sur la paroi intérieure de la cloison cellulaire, des dépôts secondaires, à part quelques exceptions. Schleiden pense (p. 148) que les phénomènes que nous venons de décrire représentent la loi générale de la formation des tissus cellulaires, telle qu'elle existe chez les phanérogames. Il insiste sur le fait que le Cytoblaste se trouve toujours enveloppé dans un repli de la paroi cellulaire au lieu de reposer à l'intérieur même de la cellule, libre; et il croit que toujours chaque cellule végétale (excepté peut-être chez le cambium) se présente tout d'abord sous la forme d'une petite vésicule qui s'étend peu à peu et finit par atteindre les dimensions qu'elle possède au moment où elle est arrivée à son point de perfection. Il existe entre cette théorie et les doctrines de Sprengel et Treviranus des analogies qui nous frappent encore plus lorsque nous abordons l'étude des pages suivantes. D'après Schleiden, de deux à quatre des germes cellulaires renfermés dans les spores du *Marchantia* concourent à amener la formation des cellules; les autres germes disparaissent peu à peu sous la chlorophylle, et cessent par conséquent de prendre part au processus. Ceux de nos lecteurs qui connaissent la théorie moderne de la formation libre des cellules, fondée sur des recherches aussi nombreuses qu'approfondies, pourront à peine découvrir, dans les lignes qui précèdent, une seule remarque juste ou exacte [1].

1. Il est inconcevable que même après cet exposé historique, Haeckel et d'autres aient persisté à proclamer Schleiden le fondateur de la théorie cellulaire.

Peu de temps après (*Linnaea*, 1839, p. 272), Mohl fit connaître le résultat de ses observations au sujet de la division des cellules mères des spores de l'*Anthoceros;* il déploya, dans ses recherches à cet égard, beaucoup de sagacité et de discernement dans l'examen des questions fondamentales; en opposition avec les premières affirmations de Mirbel elles établissent le fait que la division mentionnée plus haut s'effectue par le contenu gélatineux des cellules, et ne peut être considérée, par conséquent, comme une division passive du contenu de la cellule mère, déterminée par le développement de prolongements de la membrane qui pénètrent à l'intérieur de la cellule.

Le premier botaniste qui se soit déclaré l'adversaire des doctrines de Schleiden est UNGER[1], qui fit connaître le résultat de ses

1. Franz Unger était fils d'un homme d'affaires. Il naquit en 1800, dans la propriété d'Amthof, près de Leutschach, dans la Styrie méridionale. Ses premières études se firent dans le séminaire de Graz, qui était dirigé par des bénédictins, et qu'il fréquenta jusqu'à l'âge de seize ans. Lorsqu'il eut terminé les trois années consacrées à l'étude de la philosophie, il se consacra à la jurisprudence pour se conformer aux désirs de son père. En 1820, il abandonna Graz et la jurisprudence, et partit pour Vienne où il étudia la médecine; en 1822, il alla à Prague, afin d'y poursuivre les études commencées. Il quitta cette dernière ville à l'époque des vacances, et voyagea en Allemagne où il vit Oken, Carus, Rudolphi, et d'autres encore. Les relations qu'il avait formées, et le voyage qu'il avait entrepris sans l'autorisation de la police, donnèrent lieu, lorsqu'il fut de retour dans sa patrie, à une enquête qui se poursuivit durant 7 mois pendant lesquels il resta prisonnier. Rendu à la liberté en 1825, il fit la connaissance de Jacquin et noua avec Endlicher des relations particulièrement suivies et une correspondance scientifique. En 1827, il prit ses degrés; et comme son père avait perdu sa fortune dans l'intervalle, il pratiqua la médecine d'abord près de Vienne (à Stockerau) où il resta jusqu'en 1830, puis à Kitzbühl, dans le Tyrol. Ses devoirs de médecin officiel ne l'empêchèrent pas de poursuivre les études de botanique qu'il avait entreprises dans sa jeunesse; durant les années qu'il passa à Kitzbühl, il s'occupa avec prédilection des maladies des plantes, et se livra à des recherches paléontologiques et à des études sur l'influence du sol sur la localisation des végétaux. Appelé vers la fin de l'année 1835 à enseigner la botanique à Graz, il poursuivit avec zèle les recherches qu'il avait entreprises précédemment, et qui firent de lui le paléontologiste le plus distingué de l'époque. A partir de 1849, il fut professeur de botanique physiologique à Vienne, et se consacra de préférence à l'étude de la physiologie et de l'anatomie. Vers 1860, il entreprit des voyages nouveaux et plus prolongés dans le but d'acquérir des connaissances nouvelles au sujet de l'histoire de la civilisation. En 1866, Unger se retira et vécut à Graz comme simple particulier, publiant des ouvrages qui se répandirent rapidement et qui, joints à ses conférences, déterminèrent des progrès sensibles dans le domaine de la science. Il mourut en 1870. Leitgeb (*Bot. Zeitg.*, 1870, nº 16) et Reyer (*Leben und Wirken des Naturh. Unger,* Graz, 1871) donnent des détails plus approfondis sur son caractère et sur son activité, qui embrassait les sujets les plus divers et qui s'exerçait sans relâche dans tous les domaines de la botanique.

observations au sujet du point végétatif dans la *Linnaea*, de 1841 (p. 389). L'étude des dimensions des cellules et de leur position lui permit de constater que les cellules des tissus se forment par division, et non par le procédé signalé par Schleiden. Peu de temps après, Nägeli fit de nouvelles observations sur le processus de la formation des cellules dans l'extrémité de la racine; mais il n'admit pas la division; il distingua deux noyaux autour desquels on voyait peu à peu s'élever deux cellules qui prennent naissance dans la cellule mère; la formation de la paroi de séparation était supposée s'effectuer par la rencontre des deux cellules nouvelles; les stomates et la cellule mère du pollen offraient les mêmes phénomènes. Cette théorie pouvait à la rigueur se concilier avec celle de Schleiden, bien qu'elle en différât à certains égards; dans la doctrine de Nägeli, la constatation exacte et précise des faits était dans une certaine mesure mal interprétée. La même année, Schleiden publia ses ***Grundzüge der wissenschaftlichen Botanik***, ouvrage dans lequel il expose pour la seconde fois, en lui donnant une forme plus précise, sa théorie de la formation des cellules. Il y attachait une grande importance, ainsi qu'on peut le voir par ses ***Beitraege zur Botanik***, publiés en 1844, où il donne une étude très approfondie de sa théorie, et insiste sur la nécessité d'adopter ses vues au sujet de la formation des cellules, et déclare que le mode de formation observé par lui est commun à tous les végétaux, bien qu'il n'ait pu être constaté d'une manière certaine que chez les phanérogames. L'observateur qui adopte une opinion préconçue court risque de s'égarer dans un véritable dédale de difficultés, comme on peut le voir par l'exemple de Schleiden. Celui-ci suppose, en effet, que la formation des zygospores du *Spirogyra* s'effectue par le mode qu'il a observé chez d'autres plantes; il n'existe pas, en réalité, de formation cellulaire qui se prête mieux à l'observation et qui se concilie moins avec les vues de Schleiden. Ainsi que nous l'avons dit dans le premier livre de cet ouvrage, Hedwig et Vaucher connaissaient déjà les phénomènes étranges que présente la formation des zygospores du *Spirogyra*, mais les botanistes qui se succédèrent jusqu'à l'époque de Schleiden ne reconnurent pas, dans les phénomènes en question, un exemple de formation cellulaire; la théorie de Schleiden présente à cet égard un progrès marqué, car elle ramène un processus qui semblait très spécial à la conception générale de la formation des cellules.

En 1844, la théorie des cellules devint de nouveau l'objet d'études approfondies et méthodiques fondées sur l'observation minutieuse des faits et étayées par des considérations d'une portée étendue; on vit paraître, la même année et presque au même moment, le résultat des recherches de Nägeli, sur la formation du noyau cellulaire et l'action qu'exerce, sur la formation de la cellule, le développement des parois; puis les recherches de Mohl, sur l'utricule primordiale et les modifications qu'elle subit au moment de la division des jeunes cellules du tissu; et enfin, celles d'Unger qui fit paraître le résultat de ses observations sous le titre de ***Merismatische Zellbildung*** (***Zelltheilung***) ***als allgemeine Vorgang beim Wachsthum der Organe.*** Comme les observateurs dont il s'agit se préoccupaient avant toute chose de contrôler les théories de Schleiden, ils se trouvaient dans la nécessité d'accorder une attention spéciale à la présence générale du noyau cellulaire et à la position qu'il occupe sur une des faces de la paroi cellulaire. Ces points présentaient une importance particulière au point de vue de l'observation et de la critique. Les discussions qui suivirent nuisirent dans une certaine mesure à la pureté du vocabulaire scientifique en amenant des modifications des termes employés; le mot de cellule, qui n'était appliqué généralement qu'à la membrane cellulaire, désigna à l'occasion tous les éléments qui entrent dans la composition de la cellule, pris collectivement; les botanistes de l'époque n'avaient pas encore établi de distinction arrêtée entre le contenu protoplasmique des cellules et les autres éléments cellulaires.

Nägeli et Mohl firent preuve, à la même époque, de sagacité et de discernement en introduisant un peu d'ordre et de clarté dans les théories que les botanistes professaient à ce sujet. En 1844, Mohl signala et détermina la véritable nature de l'utricule primordiale qui, tout en constituant un des éléments du contenu des cellules, reste indépendante de la membrane cellulaire; il appela l'attention des botanistes sur le fait que l'utricule primordiale détermine dans une certaine mesure la division des cellules. En 1846, Mohl réussit à mettre en lumière les caractères qui distinguent le protoplasme des autres élements du contenu des cellules; il lui appliqua la dénomination qui est encore usitée à l'heure actuelle. De son côté Nägeli établit une distinction bien arrêtée entre les divers éléments du contenu cellulaire et le protoplasme; il insista sur l'importance prépondérante que ce dernier présente au point de vue de la formation des cellules, et appela l'attention des botanistes sur les matières azotées qu'il contient.

Nous ferons remarquer ici que les investigations qui avaient trait aux processus du développement cellulaire mettaient les naturalistes de l'époque dans la nécessité de consacrer une attention spéciale aux parties qui sont le siège de ce développement, et c'est ainsi que l'on s'aperçut bien vite que toutes les parties végétales qui croissent et se développent, ne contiennent pas des cellules dans le *status nascendi*.

Celles-ci ne se trouvent généralement qu'au point de végétation de la racine et de la tige, dans les organes latéraux qui commencent à se développer; elles se rencontrent aussi entre l'écorce et le bois des plantes ligneuses. Les botanistes de l'époque modifièrent en quelque mesure la signification du mot de Cambium, terme que Mirbel avait appliqué jusque-là au suc nourricier qui se répand dans la plante; on prit l'habitude de désigner sous ce terme les masses des tissus qui donnent naissance à de nouvelles cellules, et particulièrement les couches minces de tissu qui se trouvent entre le bois et l'écorce, et qui contiennent des éléments réparateurs aux dépens desquels se forment les nouvelles couches de bois et d'écorce des plantes ligneuses; d'après Mirbel, les tissus en question ne sont autre chose qu'une masse de sève, contenant des particules séveuses qui donnent naissance à des cellules nouvelles, lesquelles se présentent tout d'abord sous la forme de vacuoles.

En 1844, Unger entreprit des recherches sur le développement des entrenœuds (*Bot. Zeitung*) et qui l'amenèrent encore une fois à émettre des théories qui se trouvaient en contradiction avec les doctrines de Schleiden. Il condamna, comme erronées, les notions de son rival au sujet de la présence du noyau cellulaire dans le processus de la division; il se livra à des recherches approfondies sur la position des cellules, leurs dimensions relatives, et l'épaisseur des parois; ces investigations lui permirent d'émettre des idées plus justes à l'égard de la multiplication des cellules, multiplication déterminée par la formation de parois de séparation; dans des remarques d'une minutie et d'une précision extrêmes, il attira l'attention des botanistes sur l'importance que présente le contenu cellulaire au point de vue de cette multiplication des cellules; il affirma que la formation cellulaire mérismatique (division des cellules) est la règle générale dans la croissance des organes végétatifs, et il insista sur ce fait que la théorie de Schleiden ne peut pas toujours se concilier avec l'observation des processus du développement des tissus cellulaires. Cependant, Unger négligea de suivre, dans son développement progressif, le processus de la division des cellules; ses investigations lui permirent de mettre en doute la justesse des théories de Schleiden, mais non d'établir les principes d'une théorie nouvelle; et Schleiden ne manqua pas, dans la seconde édition de ses *Grundzüge* (1845) de combattre les critiques d'Unger.

Dans la même année, Mohl publia dans la *Botanische Zeitung* le mémoire dont nous avons parlé plus haut, et qui renferme une étude approfondie de l'utricule primordiale, et l'auteur désigne sous ce terme à la fois, la couche mince de protoplasme qui, dans les grandes cellules remplies de sève, tapisse la paroi intérieure de la cloison cellulaire, et une couche extérieure, formée de la même substance, et qui revet les cellules qui sont encore à l'origine de leur développement, et contiennent une grande quantité de protoplasme. Nous ne pouvons pas qualifier d'heureuse l'inspiration qui poussa Mohl à cette étude; cependant il sut, avec la persévérance et le sérieux qu'il mettait à tout, acquérir des connaissances plus nettes au sujet de la formation des cellules. Il fit remarquer que les cellules de la couche du cambium entre l'écorce et le bois se joignent toujours sans former d'interstices cellulaires, et, par conséquent, qu'il n'existe que deux formes de mode de multiplication des cellules : l'une peut-être due à la division des cellules, division qui s'effectue au moyen d'une paroi de séparation; l'autre est le résultat de la formation, dans les cellules anciennes, de cellules nouvelles; chacune de ces dernières contient une utricule primordiale dont le développement suit immédiatement celui de la cellule, (membrane cellulaire) si même il ne le précède pas. « Si l'on pouvait être assuré que les cellules en train de se multiplier contiennent, avant l'apparition de la cloison qui doit les séparer, deux utricules primordiales, placées à côté l'une de l'autre, l'on arriverait du même coup à la certitude que le développement des cellules qui se forment dans la couche de cambium et à l'extrémité de la tige et de la racine est précédé par la formation de l'utricule primordiale ». Mohl croyait avoir observé ce processus; il lui restait cependant des doutes au sujet de la justesse de ses propres observations, ce qui ne l'empêche pas de continuer en ces termes :

« Comme chaque cellule nouvelle contient une utricule primordiale, celle-ci doit nécessairement être résorbée avant l'époque où une multiplication de la cellule commence à se produire pour faire place aux deux cellules nouvelles qui en prennent la place, ou bien l'utricule primordiale se divise en deux ». Mohl croyait à la probabilité du premier cas et repoussait les théories d'Unger, qui faisait précéder la formation du noyau de la division des cellules. On est surpris de voir que Mohl, en dépit de ses considérations, a cru trouver dans les remarques citées plus haut la confirmation des vues de Schleiden au sujet du développement cellulaire, bien qu'il ait insisté sur le fait que le noyau cellulaire ne constitue jamais une partie de la paroi même de la cellule, fait qui présente une grande importance au point de vue de la théorie de Schleiden; en fait, Mohl a pris pour l'utricule primordiale la membrane qui, d'après Schleiden, se sépare du noyau cellulaire.

A côté de ces erreurs, nous trouvons des observations justes; nous voyons l'auteur établir des analogies entre la substance de l'utricule primordiale et la masse gélatineuse qui entoure généralement le noyau cellulaire, et à laquelle Mohl donna deux ans plus tard le nom de protoplasme. Dans un second mémoire, publié en 1846 (*Bot. Zeit.*), Mohl fait remarquer que les mouvements faciles à constater à l'intérieur des cellules ne sont pas déterminés par le contenu cellulaire aqueux, mais bien par le protoplasme; ce dernier, dit-il, donne naissance au noyau cellulaire qui précède la formation de nouvelles cellules ; contrairement à ce qu'a afirmé Schleiden, il entoure de toutes parts le noyau cellullaire, qui occupe toujours le centre des cellules qui se trouvent encore dans la première période de leur développement. Cette particularité est surtout fréquente lorsqu'il s'agit des cellules de l'endosperme, que Schleiden soumit aussi à des investigations approndies. Dans les lignes qui suivent, l'auteur appelle notre attention sur le protoplasme contenu dans les cellules nouvelles.

A l'origine, la substance en question présente l'apparence d'une masse solide; on voit s'y former ensuite des cavités qui contiennent de la sève et entre lesquelles le protoplasme forme des cavités, des fibres et comme des réseaux. En l'observant, on peut y constater un mouvement de circulation. Chose curieuse, Mohl ne semble pas avoir songé à comparer avec les résultats de ses nouvelles observations, ses recherches antérieures sur la formation des spores et de division des cellules des algues; il a méconnu des analogies qui paraissaient devoir s'imposer d'elles-mêmes à son esprit; bien plus, il affirma que la division des cellules du *Cladophora* représente probablement un processus tout différent de la multiplication des cellules des végétaux supérieurs.

Les découvertes d'Unger et Mohl antérieures à 1846, leur permirent de réfuter la théorie de Schleiden, sans toutefois les mettre à même d'exposer clairement le processus de la formation cellulaire; ils ne pouvaient réussir à établir une distinction arrêtée entre les différentes formes du développement cellulaire, ou à les ramener à un principe général.

Tous deux ont essayé, d'après certaines données, de s'imaginer le processus, en suppléant par l'induction au manque d'observations directes.

Nägeli, à la même époque, lutta de façon différente contre la théorie de Schleiden. En 1844, il fit paraître, dans la revue fondée par lui et par Schleiden, la première partie d'un mémoire étendu, *Zellkern, Zellbildung und Zellenwachsthum bei den Pflanzen;* il y résumait toutes les observations, toutes les découvertes qui ont trait à la formation cellulaire dues, soit à lui-même, soit aux botanistes antérieurs. Les différentes classes du règne végétal furent soumises à un examen méthodique au sujet du noyau cellulaire et des différentes formes du développement des cellules; avec un soin minutieux, l'auteur compare entre elles les différences et les analogies que présentent les diverses variétés de la formation des cellules, et il tire quelques principes qui peuvent s'appliquer d'une manière générale à tous les cas. Ce travail eut une influence immédiate sur le développement de la science; dans la seconde édition de ses *Grundzüge* publié en 1845, Schleiden se vit contraint d'accepter la division des cellules des algues et des cellules mères du pollen, constatée par Nägeli, comme une seconde forme de la formation cellulaire; ce fut le commencement d'un revirement qui se termina l'année suivante par l'écroulement complet de la théorie de Schleiden quand parut la suite du mémoire de Nägeli, en 1846. En rédigeant la première partie du mémoire en question, Nägeli acceptait les doctrines de Schleiden, en dépit des modifications qu'il se voyait obligé d'y apporter. Dans la seconde partie, ayant poursuivi le cours de ses investigations, il déclara nettement que la théorie de Schleiden était inacceptable, et la réfuta point par point. Une fois en possession de ce résultat négatif, Nägeli devait continuer à marcher dans la voie qu'il s'était tracée; ses recherches, d'une portée si étendue, lui fournissaient des matériaux pour formuler une nouvelle théorie de la formation cellulaire, destinée, non seulement à embrasser toutes les formes du phénomène, mais encore à mettre en évidence les lois auxquelles elles obéissent. Si l'on compare la seconde partie du mémoire de Nägeli avec les œuvres que Mohl publia de 1833 à 1846, on verra que ce dernier avait étudié nombre de faits importants, mais que Nägeli, tout en contribuant dans une forte mesure à la constatation d'un grand nombre de faits, sut faire mieux encore en tirant de ses observations une théorie des différents modes de formation des cellules. Il était nécessaire, pour arriver à distinguer le protoplasme des autres matières végétales contenues dans les cellules, de perfectionner la théorie des cellules. On peut s'en apercevoir en lisant Nägeli qui déclare abandonner ses anciennes vues, basées sur les doctrines de Schleiden, et qui datent d'une époque à laquelle l'auteur ignorait encore l'importance de la matière gélatineuse dont nous avons parlé plus haut (le protoplasme).

Entre temps toutefois, il appelait l'attention sur des faits et des considérations qui reléguaient définitivement la théorie de Schleiden à l'arrière-plan. Après avoir soumis à un examen approfondi les différents modes de formation des cellules, et être arrivé à des conclusions absolument opposées à celles de Schleiden, Nägeli s'occupa de chercher la formation cellulaire libre dans les parties végétales où, d'après Schleiden, elle devait s'effectuer invariablement, c'est-à-dire dans les organes végétatifs, en voie de formation, des végétaux supérieurs. Ses recherches à ce sujet l'amenèrent à la conviction que toute formation cellulaire végétative s'effectue au moyen de parois de séparation (division cellulaire), sans en excepter un grand nombre d'algues et de champignons, qui se multiplient; par division les cellules de reproduction de la plupart des végétaux doivent leur origine à la formation cellulaire libre, mais on voit d'après ce qui précède que la notion de formation cellulaire libre ne répond pas entièrement à ce qu'on désigne actuellement sous ce nom; Nägeli comprenait aussi sous ce nom la formation de tétrades dans les spores et les grains de pollen. Les différences qui existent entre la division cellulaire et la formation cellulaire libre avaient été signalées déjà par les botanistes précédents; elles furent définies et caractérisées pour la première fois par Nägeli, mais peut-être pas exactement comme on les définit actuellement. « Lorsque les cellules se multiplient par division, dit-il, le contenu de la cellule mère se divise en deux ou plusieurs parties; chacune de ces parties se trouve bientôt entourée d'une membrane qui, au moment de sa formation, se rattache d'une part à la cloison de la cellule mère, d'autre part aux cloisons adjacentes des cellules sœurs. Dans la formation libre, on voit s'isoler du reste une partie plus ou moins grande du contenu cellulaire, *parfois même le contenu d'une cellule tout entière.* Sa surface donne naissance à une membrane complète, dont la paroi est libre partout. Il y a donc dans la formation des cellules deux processus fondamentaux; en premier lieu, isolation ou individualisation d'une partie du contenu de la cellule mère; en second lieu, formation d'une membrane qui entoure la partie isolée du contenu cellulaire ».

Puis il montre que la paroi cellulaire est le résultat de l'isolation de molécules dépourvues d'azote, qui se séparent de la masse gélatineuse azotée (le protoplasme). Dans les lignes qui précèdent, Nägeli résume les principes fondamentaux de la formation des cellules végétales. Nous trouvons plus loin la caractéristique minutieuse et précise des différences que présentent les processus de la formation cellulaire. L'isolation du contenu cellulaire, ce phénomène qui possède une si grande importance au point de vue de la formation des cellules peut s'effectuer, d'après Nägeli, sous quatre formes différentes : 1° Certaines particules, contenues dans la cellule, peuvent se séparer des matières qui les entourent, ainsi qu'il arrive lors de la formation des cellules germinales libres des algues, des lichens, des champignons, et à l'époque de la formation des cellules de l'endosperme, chez les phanérogames; 2° la conjugaison de cellules qui se joignent les unes aux autres détermine une modification dans l'apparence du contenu d'une ou de deux cellules végétales; celui-ci prend la forme d'une masse sphérique ou ellipsoïde comme dans la formation des cellules germinales des Conjuguées; 3° le contenu tout entier d'une cellule peut se diviser en deux ou plusieurs parties : c'est ce qu'à l'heure actuelle, on désigne sous le nom de division cellulaire, et Nägeli en distinguait ce qu'il appelait l'abscision, qu'il considérait comme une quatrième forme du développement cellulaire; elle s'observe dans la formation des cellules germinales d'un grand nombre d'algues et de champignons.

Schleiden avait déjà formulé au sujet des cellules, une loi qu'il considérait comme générale; d'après lui, les cellules ne prennent naissance qu'à l'intérieur des cellules mères. Meyen, Endlicher et Unger toutefois avaient admis que les cellules nouvelles se forment aussi entre les cellules anciennes; mais Nägeli affirma que la formation végétative et reproductive des cellules ne peut s'effectuer, lorsqu'elle s'accomplit dans des conditions normales, qu'à l'intérieur des cellules mères.

On avait cru pendant longtemps qu'il existe une forme générale et fondamentale des cellules. Nägeli vint opposer à cette notion l'autorité des faits en faisant remarquer que les cellules au moment de leur formation présentent des formes très diverses. Celles qui sont dues à la formation cellulaire libre affectent tout d'abord la forme d'une sphère ou d'un ellipsoïde; celles qui sont le résultat de la division cellulaire ont la forme qui leur est imposée par les dimensions de la cellule mère et par le mode de division auquel elles sont soumises. Nägeli fit remarquer ensuite que les modifications qui se produisent dans la forme des cellules durant la période de la croissance dépendent du développement des cellules elles-mêmes selon qu'elles s'accroissent régulièrement ou non; celles-ci, en effet, peuvent ne croître et ne s'étendre que sur certains points de leur circonférence. C'était la première fois qu'un botaniste songeait à mettre en lumière ces observations, qui étaient cependant à portée de chacun, et à en tirer parti.

La théorie de Schleiden était définitivement écartée, les botanistes avaient acquis des connaissances plus approfondies au sujet de la nature des cellules; la notion même de la cellule végétale avait pris plus d'étendue et de profondeur. Le mode de formation des cellules ne présentait plus de mystères, on savait maintenant que les membranes cellulaires auxquelles on avait attribué si longtemps une importance prépondérante ne sont que des parties végétales secondaires, on savait que le principe même de la cellule est représenté par le contenu cellulaire et surtout par le protoplasme. En 1850, Alexandre Braun, se basant sur des recherches approfondies au sujet des algues inférieures faisait remarquer (*Verjüngung*, p. 244) qu'il est fâcheux que les anatomistes aient pris l'habitude de désigner sous le terme de cellule, tantôt la cellule y compris sa membrane, tantôt la cellule sans membrane, tantôt la membrane sans la cellule. Comme le contenu cellulaire constitue la partie importante de la cellule, comme il forme un tout, même avant le moment où la membrane cellulosique se détache et s'isole, comme il est séparé des autres parties végétales par une membrane, l'utricule primordiale, qui constitue un des éléments dont il se compose, il devient nécessaire de réserver cette dénomination de cellule pour le contenu cellulaire lui-même, lorsqu'on ne veut ni lui donner un autre nom, ni appliquer le terme de cellule à l'enveloppe membraneuse ou à la cavité dont nous avons parlé plus haut. Cette vue dont la justesse s'impose dans bien des cas parmi lesquels nous citerons la formation première des zoospores des algues et des champignons, est restée un des principes fondamentaux de la théorie des cellules[1]. Alexandre Braun ne s'en tint pas là; il continua à introduire de l'ordre et de la clarté dans les notions des anatomistes de l'époque par une étude résumée de tous les modes de formation cellulaire qu'il avait observés et signalés avant 1850; il joignit à cette étude une classification des différentes formes de formation cellulaire, et consacra au phénomène de la conjugaison des investigations plus approfondies que ne l'avaient été les précédentes. Henfrey fit connaître le résultat de ses observations dans *Flora* de 1846 et de 1847; ses travaux, qui procèdent des œuvres des anatomistes allemands, ne déterminèrent pas de progrès sensibles dans le domaine de la science dont nous nous occupons. En revanche, nous mentionnerons ici les nouvelles observations de Hofmeister sur le développement du pollen (1848), et les renseignements précieux qui ont trait aux particularités de la formation des cellules, et qui sont le résultat d'investigations embryologiques qui firent époque dans l'histoire de la science (1851). Les uns et les autres contribuèrent à éclaircir des points douteux, et mirent les anatomistes de l'époque en mesure d'acquérir des connaissances plus approfondies aussi bien au sujet des modifications subies par le noyau cellulaire durant la formation des cellules, qu'à l'égard de la formation des parois de séparation. Mohl, en dépit de certaines observations fort justes, demeura indécis jusqu'en 1846 à l'égard de la théorie de Schleiden. Le traité dont nous avons déjà fait mention plus haut (*Die vegetabilische Zelle*), publié en 1851, renferme une excellente étude résumée, claire et précise, des progrès accomplis par la science durant les années précédentes. Dans les pages consacrées à la division des cellules, l'auteur fait remarquer que les nouveaux noyaux cellulaires occupent le point central des cellules futures avant même que la division du contenu ait commencé à s'effectuer. En revanche, il persiste dans ses anciennes vues au sujet de la cloison de séparation; celle-ci, dit-il, prend naissance à l'extérieur et se développe en s'avançant vers le centre; ce phénomène est commun à tous les végétaux soumis à la division cellulaire, comme chez les *Cladophora*. Ces théories se trouvent en complet désaccord avec celles de Nägeli et de Schleiden, qui affirment avec raison le fait d'un développement simultané de tous les points de la paroi de séparation. Comme à l'ordinaire, Mohl fonda cette contradiction sur des observations justes; il prouva qu'il était possible, en déchirant la membrane d'une cellule mère au moment de la division, d'isoler et de dégager le protoplasme qu'elle contient et qui est près de se séparer en quatre; cette opération, accomplie au moment de la formation du pollen des Dicotylédones, permet d'apercevoir, à l'intérieur de la cellule, les parois de séparation en voie de développement. On put se rendre compte par là qu'il existe des cas dans lesquels le phénomène en question s'accomplit dans les conditions précitées, tandis qu'on voit s'effectuer, dans d'autres occasions, le développement simultané des parois.

Nous rappellerons à cette occasion, que Nägeli énonça, en 1842, une théorie sur la cellule mère spéciale, dans la formation du pollen; cette théorie pouvait parfaitement se concilier avec les doctrines des botanistes de l'époque, aussi longtemps que l'auteur désignait sous ce nom de cellule mère les lamelles de la membrane cellulaire qui se développent pendant la division progressive subie par la cellule mère du pollen. Cependant, la désignation de cellule mère spéciale, si fréquemment employée par certains botanistes modernes et appliquée aux parties végétales en question, n'est pas absolument juste; d'après la théorie cellulaire fondée en 1846 par Nägeli, le mot de cellule ne désigne pas uniquement la membrane, mais la cellule végétale tout entière; en revanche, le terme de cellule mère spéciale est emprunté au vocabulaire des botanistes anciens, qui n'établissaient pas de différence entre la cellule et la membrane cellulaire.

Les perfectionnements subis par la théorie cellulaire durant les années qui s'écoulèrent de 1851 jusque vers 1870 présentent bien peu d'importance lorsqu'on les compare aux progrès de géant qui avaient été accomplis dans ce domaine pendant les dix années qui précèdent l'époque dont il est question. Ces dix années furent, au point de vue de la science tout entière, les plus fécondes et les plus riches en découvertes nouvelles. Unger, Mohl, Nägeli, Braun, Hofmeister ne se contentèrent pas d'établir la théorie des cellules sur des bases solides, ils en firent, jusque dans le domaine des détails, un ensemble achevé et homogène; ils introduisirent de l'ordre et de la clarté dans les doctrines nouvelles. De nombreux manuels contribuaient à répandre au loin les théories récemment établies. Nous comptons parmi les ouvrages de ce genre le traité de Mohl sur la cellule végétale, où un grand nombre de commençants allèrent puiser les connaissances fondamentales qui leur faisaient défaut, et qui leur servit de base première. Il devint de mode d'écrire, non plus des traités de botanique, mais des résumés d'anatomie et de physiologie; pendant ce temps, la morphologie et la systématique étaient négligées, ainsi que l'anatomie et la physiologie le furent généralement à l'époque qui précéda Schleiden. Ceux qui voulaient avoir à leur disposition un traité complet de la botanique tout entière, n'avaient que les *Grundzüge* de Schleiden, et cet état de choses qui se prolongea même au delà de la période de temps en question, ne contribua pas médiocrement à répandre au loin les doctrines erronées de Schleiden au sujet des cellules et de la fécondation, à une époque où les botanistes avaient acquis des connaissances plus approfondies et plus exactes. D'ailleurs, la science dont nous nous occupons présente une particularité regrettable : elle est extraordinairement pauvre sous le rapport des manuels dans lesquels on peut suivre, pas à pas, le développement de l'investigation scientifique. Il est peut-être nécessaire de s'arrêter à ce fait pour pouvoir s'expliquer en partie la raison d'être des différences fondamentales qui existent dans les théories des représentants officiels de la botanique, dans leur méthode, dans leur manière d'envisager les faits, et d'aborder l'étude des problèmes de la science, différences si grandes qu'elles ont parfois empêché les savants en question d'arriver à l'intelligence réciproque de leurs œuvres. Si la zoologie, la physique et la chimie sont supérieures sous ce rapport à la botanique, cette supériorité doit être attribuée en majeure partie au grand nombre d'excellents manuels et de traités remarquables qui permettent au lecteur d'apprécier à leur juste valeur les progrès accomplis d'année en année dans le domaine de la science.

Durant les années qui s'écoulèrent de 1850 à 1870, Schacht et Unger s'efforcèrent de faire connaître les résultats des nouvelles découvertes botaniques au moyen de bons manuels. Nous citerons parmi ces manuels *Die Pflanzenzelle* de Schacht[1]. L'auteur de cet ouvrage prétend faire de ses propres investigations le point de départ d'une étude approfondie qui embrasserait la botanique tout entière, comme un accessoire. Cet essai était d'autant plus impraticable que Schacht avait déjà puisé dans la littérature les principes fondamentaux de son ouvrage, qui, du reste, avait l'avantage d'être orné d'un grand nombre de gravures originales, soigneusement exécutées. Les remarques qui sont disséminées à chaque page de ce livre et qui sont empruntées à l'expérience personnelle de l'auteur ne laissent pas de prêter au style et à l'œuvre tout entière une certaine animation; cependant, il est impossible de méconnaître que la part faite à la littérature est insuffisante, et que l'auteur se trouve par là même dans l'impossibilité de donner au lecteur une idée exacte de l'état de la science. Nous signalerons en outre un inconvénient plus grave encore, un certain manque de culture générale qui amène l'auteur à se placer fréquemment en contradiction avec lui-même, et à commettre des erreurs dans l'appréciation des faits; il sacrifie souvent des faits d'une importance fondamentale à l'observation de détails secondaires, et ce manque de pensée régulatrice engendre dans son

1. Hermann Schacht naquit à Ochsenwerder en 1824, et mourut en 1864 à Bonn, où depuis 1859 il professait la botanique.

œuvre une obscurité et une confusion qui diffèrent par trop de l'imperturbable logique de Mohl, de Nägeli et de Hofmeister. Nous trouvons dans la seconde édition, qui parut en 1856 sous le titre de *Lehrbuch der Anatomie und Physiologie der Gewaechse*, différentes améliorations qui portent sur des détails; l'ensemble présente les mêmes défauts d'ordonnance et de distribution, les mêmes imperfections de style. Nous croyons nécessaire, au point de vue de l'histoire même de la science, d'attirer l'attention du lecteur sur ces points. Durant les années qui s'écoulèrent entre 1850 et 1870, en effet, la plupart des botanistes de la jeune école, et un grand nombre d'autres anatomistes allèrent puiser, dans les ouvrages de Schacht, les connaissances qu'ils désiraient acquérir à l'égard de la botanique et surtout de la théorie cellulaire. Cependant, les écrits de Schacht sont loin de donner une idée juste du degré de développement atteint par la science; la logique défectueuse qui y règne devait nécessairement exercer une mauvaise influence; elle devait amener dans une certaine mesure les botanistes de la nouvelle école à accumuler dans le domaine de l'anatomie et de la physiologie végétale des faits constatés sans ordre et sans méthode, ainsi que l'avaient fait, durant longtemps, les morphologistes et les systématistes.

En 1855, Unger publia un manuel d'anatomie et de physiologie végétales. Cet ouvrage est bien supérieur, sous le rapport de la forme et de la logique des idées, à l'œuvre de Schacht. En dépit de ses jugements parfois trop précipités, l'auteur ne laisse pas de faire preuve de réflexion et d'impartialité dans ses appréciations. Grâce à la juste mesure qu'il observe dans la classification des faits, à l'habileté avec laquelle il sait tirer parti de faits isolés au point de vue de l'explication de principes généraux, se conformant ainsi aux règles que devrait toujours observer l'auteur d'un manuel, le lecteur se familiarise aisément avec la théorie de la cellule. On trouve dans cet ouvrage, à côté de considérations originales et intéressantes, des observations fort importantes au sujet des propriétés physiologiques du protoplasme. Unger est, en outre, le premier botaniste qui ait mis en lumière les analogies qui existent entre le protoplasme et le sarcode des Rhizopodes, si soigneusement décrit par Max Schulze. La même année, Nägeli publia le résultat de ses recherches sur l'utricule primordiale et la formation première des zoospores (*Pflanzenphysiologische Untersuchungen*); elles vinrent jeter un jour nouveau sur les propriétés physiques et physiologiques du protoplasme. Nous avons déjà fait remarquer, dans les lignes qui précèdent, que les recherches de de Bary sur les Myxomycètes (1859) avaient fourni des documents nouveaux au sujet du protoplasme [1]. Il en avait signalé des phénomènes vitaux qui se montrent à l'observateur d'autant mieux que le protoplasme ne se présente plus sous forme de petites masses, enfermées dans les membranes cellulaires; il a l'apparence de gros grumeaux formés d'une substance qui, dégagée des parois cellulaires, change parfois de forme extérieure. L'occasion s'offrait d'apprendre à mieux connaître le protoplasme; le moment était venu de considérer cette substance comme le siège même, non seulement de la vie végétale, mais encore de la vie animale. Durant les années qui suivirent immédiatement l'époque dont nous parlons, des zoologistes et des physiologistes tels que Max Schulze, Brücke, Kühne et d'autres encore, remarquèrent que la substance qui donne naissance aux cellules animales présente les analogies les plus frappantes avec le protoplasme des cellules végétales. Il nous est impossible de consacrer ici une étude plus détaillée aux travaux des botanistes dont les recherches ont eu le protoplasme pour objet; des considérations de ce genre nous mettraient dans la nécessité de nous arrêter longtemps à l'œuvre de Hofmeister, *Die Lehre von der Pflanzenzelle* (1867), et nous feraient par conséquent sortir du cadre restreint qui nous est imposé.

II. — DÉVELOPPEMENT DES THÉORIES RELATIVES A LA NATURE DU SQUELETTE SOLIDE DE LA MEMBRANE CELLULAIRE DES PLANTES, A PARTIR DE 1845.

Durant les années qui s'écoulèrent de 1840 à 1850, les représentants les plus distingués de la botanique se préoccupèrent avant tout, ainsi que nous l'avons vu plus haut, d'acquérir des connaissances nouvelles au sujet de la formation des cellules végétales et d'établir inductivement les principes fondamentaux de la théorie du développement cellulaire. Cependant, on ne pouvait s'attendre à ce que ces recherches, qui d'année en année augmentaient le trésor de la science, et qui modifiaient sans cesse l'opinion au sujet de la formation des cellules, apporteraient de sensibles modifications à la doctrine de Mohl sur le squelette solide de la cellule. Au contraire, c'est à cette époque que les théories de Mohl,

1. Pourtant de Bary n'osa pas dans son premier travail sur les Myxomycètes considérer leurs plasmodies comme du protoplasme, et je dus appeler son attention sur ce fait.

sur les connexions des cellules, sur la configuration et l'épaississement des parois de séparation, acquirent et exercèrent l'influence la plus marquée. La théorie de Mohl, achevée et établie sur des bases solides, défiait les opinions confuses et hésitantes que les botanistes de l'époque se risquaient à émettre au sujet de la formation cellulaire. On ne songeait guère à se demander dans quelle mesure les recherches récentes qui avaient trait à la formation des cellules pouvaient se concilier avec la théorie de Mohl. Pendant que les opinions des adversaires et des partisans de cette dernière se trouvaient aux prises, Mohl publia en 1845 ses *Vermischte Schriften*. Les théories de l'auteur à l'égard de la structure des tissus végétaux parvenus à leur complet développement s'y présentent sous la forme d'une série de monographies qui paraissent établir d'une manière irréfutable les faits constatés. Dans le fait, les ouvrages de botanique qui se succédèrent jusque vers 1860 procédaient tous des théories de Mohl; entre 1858 et 1863, la nouvelle théorie de la croissance par intussusception, fondée par Nägeli, vint faire subir des développements ultérieurs à la doctrine de la formation cellulaire, et mettre en évidence l'insuffisance des principes de Mohl.

C'est ce qu'on reconnait clairement lorsqu'on étudie, dans leur développement ultérieur, les théories qui ont pour objet la substance intercellulaire et la cuticule. Dès 1848, elles auraient pu avec avantage se rattacher à la nouvelle théorie cellulaire; il n'en a pas été ainsi; elles ont subi l'influence des doctrines antérieures à 1845. Nous avons déjà fait remarquer, au chapitre précédent, que Mohl apporte des modifications successives à sa théorie de la substance intercellulaire, fondée en 1836, et qu'en 1850, il ne considérait plus la substance intercellulaire que comme une sorte de ciment, posé entre les parois des cellules, et, dans bien des cas, facile à distinguer. Il faut ajouter ici que Schleiden, considérait la substance intercellulaire et la cuticule comme des sécrétions des cellules. D'après lui, elles remplissaient les interstices intercellulaires, à peu près comme les sécrétions des cellules limitrophes remplissent les vaisseaux à latex et à résine (1845). Unger, lui aussi, croyait encore, en 1855 (*Anatomie und Physiologie der Pflanzen*) à la nécessité d'un ciment végétal, qui empêchât les cellules de s'écarter les unes des autres. Schacht qui en 1852, dans sa *Pflanzenzelle*, adoptait les vues de Schleiden, et considérait la substance intercellulaire et la cuticule comme des sécrétions ou des excrétions des cellules, professait encore cette opinion en 1858, bien qu'il y eût apporté de sensibles modifications. Wigand attaqua les théories de Schleiden et de Schacht dans une série d'Essais qui parurent de 1850 à 1861. Il adopte avec une exactitude rigoureuse la théorie de l'apposition de Mohl, et cherche à prouver que les couches de substance végétale qui se présentent sous la forme de lamelles intermédiaires dans les parois de séparation des cellules ligneuses, et qu'on avait longtemps considérées comme une sorte de ciment, destiné à joindre les unes aux autres les cellules voisines, ne sont autre chose que la lamelle membraneuse primaire qui se forme dans le processus de la division des cellules, et qui subit des transformations chimiques, tandis que les couches d'épaississement secondaires décrites par Mohl se forment des deux côtés. La cuticule de l'épiderme était expliquée de façon analogue. En dépit des objections qu'il éleva plus tard à l'endroit de certains points de la théorie de Wigand (1863), Sanio ne laissa pas de l'adopter en principe; il réussit même à la confirmer en produisant dans la substance intercellulaire du bois, débarrassée de matières étrangères, la réaction bien connue de la cellulose.

Les travaux de Wigand et de Sanio suffirent à écarter définitivement la théorie de Mohl, sur la substance intercellulaire et la cuticule, mais ils ne suffirent pas à prouver que les lamelles intermédiaires n'étaient autres que les cloisons de séparation primitives, dont la paroi se trouve revêtue à l'extérieur et à l'intérieur des couches secondaires d'épaississement que Mohl a décrites, et qui se forment sur un côté seulement de la cuticule; bien au contraire, la théorie de l'intussusception, de Nägeli, vint ouvrir aux botanistes de l'époque des horizons nouveaux, et les amena à une conception différente de la structure des parois de séparation et de l'existence de la cuticule; il n'était plus nécessaire de considérer la cuticule et les couches intermédiaires des cellules épaissies comme le produit d'une sécrétion ou comme une paroi cellulaire primaire; on entrevoyait la possibilité de ramener cette lamination à des modifications physiques et chimiques subies par les membranes épaissies peu à peu en vertu de l'intussusception. Cependant, comme les botanistes de l'époque actuelle ne sont pas tous d'accord sur ce point, nous nous contenterons de faire remarquer ici que la théorie de la cuticule et de la substance intercellulaire renferme un de ces problèmes qui, une fois résolus, peuvent anéantir la doctrine de l'apposition, de Mohl, ou lui donner une autorité nouvelle. Il ne nous appartient pas d'examiner dans cette histoire les théories qui se sont succédées à partir de 1860, car la polémique à laquelle elles ont donné lieu se poursuit encore.

Nous appellerons ici l'attention sur certaines des théories de Mohl à l'endroit des tissus cellulaires des plantes, et que ce botaniste considéra, à partir de 1828, comme un dogme immuable; il n'admettait pas l'idée d'une perforation des parois de séparation du tissu cellulaire; il n'exceptait de la règle générale que certains cas isolés, tels que celui des parois transversales des véritables vaisseaux ligneux; d'après lui, les puits simples et bordés restent toujours clos par la lamelle primitive, formée d'une membrane de cellulose très mince. Entre 1850 et 1860, cependant, les anatomistes constatèrent différents cas qui faisaient exception à la règle de Mohl, et qui présentaient une grande importance au point de vue de la physiologie. En 1851, Théodore Hartig avait décrit dans sa *Naturgeschichte der forstlichen Kulturpflanzen Deutschlands* certaines cellules qui se trouvent dans le liber et qui sont rangées en séries. Leurs parois transversales et parfois même leurs parois longitudinales sont perforées d'une multitude de petits trous fins, pareils aux trous d'un *crible*, et Hartig leur donna pour cette raison le nom de tubes cribleux. En 1855, Mohl confirma la découverte de Hartig et y ajouta de nouveaux développements, tout en se prononçant contre la notion d'une perforation des parois; il n'y voyait que des épaississements, disposés en forme de treillis, de la paroi cellulaire, et voulut par conséquent remplacer la désignation de tubes cribleux, due à Hartig, par celle de cellules treillissées. En 1851, Nägeli prouva cependant que cette perforation existe, à n'en pas douter, dans certains cas, et que les tubes cribleux facilitent le passage des matières mucilagineuses à l'intérieur du liber; remarquons en passant, que Hanstein et moi avons donné successivement, en 1863 et en 1864, le moyen de constater facilement la présence des perforations des plaques criblées de Hartig [1]. Pendant ce temps, d'autres anatomistes avaient signalé les laticifères comme ayant la même structure que les vaisseaux, en prenant ce mot au sens donné par Mohl; ils avaient découvert que ces canaux se forment par résorption des parois transversales qui séparent les cellules voisines. Cependant les botanistes qui se succédèrent jusque vers 1865 ne possédaient au sujet des laticifères que des connaissances confuses et incomplètes; il a appartenu à la botanique moderne de les soumettre à des études approfondies et de montrer qu'ils se forment par

1. C'est moi qui, en 1882, ai attiré l'attention de M. W. Gardiner sur la perforation des parois du parenchyme, à Wurtzbourg; ses recherches, faites en partie dans mon laboratoire, ont été publiées en 1884 dans les *Arbeit. der Bot. Hist. zu Würzburg*.

la simple séparation de cellules; depuis 1860, Hanstein, Dippel, N. J. C. Müller, Frank et d'autres encore, sont venus déterminer de nouveaux progrès dans la connaissance des tissus végétaux. En 1861, Schacht constata une des exceptions les plus importantes à la règle formulée par Mohl; il fit connaître le mode de développement et la forme exacte des puits bordés qu'on remarque dans le bois des Conifères et dans les vaisseaux ponctués des Angiospermes, en se basant sur leur mode de formation. On arriva, à la même époque, à s'expliquer un phénomène qui était resté jusque-là inexplicable. Malpighi et les botanistes qui appartiennent aux premières années du siècle actuel avaient remarqué que les grands tubes des parties ligneuses s'emplissent assez fréquemment de tissu cellulaire parenchymateux, dont l'origine était restée un mystère. La thylose n'a lieu dans les vaisseaux que lorsque ceux-ci confinent aux cellules fermées du parenchyme ligneux; dans ce cas, la membrane très mince qui sépare les puits marginés de la cellule voisine ne subit pas de résorption; elle se tend sous la pression de la sève contenue dans la cellule parenchymateuse voisine, remplit l'interstice vasculaire, s'y enfle en forme de vessie, et par la formation de parois de séparation peut donner naissance à des cellules parenchymateuses qui remplissent les cavités du vaisseau.

III. — HISTOIRE DU DÉVELOPPEMENT DES TISSUS VÉGÉTAUX; LEUR CLASSIFICATION.

Il nous est arrivé déjà de désigner Moldenhawer comme le premier botaniste qui se soit efforcé d'acquérir des connaissances positives au sujet de la structure générale des végétaux supérieurs. Il commença par l'étude des Monocotylédones, et envisagea le faisceau vasculaire comme un ensemble, comme un système formé de différentes variétés de tissus. Il appliqua cette notion à la tige des Dicotylédones, et réussit par là à écarter complètement l'ancienne doctrine de la croissance en épaisseur fondée par Malpighi. Nous avons déjà fait remarquer à nos lecteurs que Mohl avait pénétré plus avant dans la voie tracée par ses devanciers; nous lui devons une caractéristique assez précise de l'épiderme et des différents tissus qui s'y rattachent. Il les classa, c'est-à-dire qu'il introduisit dans le vocabulaire de la science une nomenclature fondée sur des connaissances positives, sans toutefois parvenir à atteindre le but qu'il s'était proposé. L'étude de l'histoire du développement pouvait seule permettre aux botanistes de compléter l'œuvre commencée; on ne peut arriver à définir avec précision la cellule et les variétés qui s'y rattachent, à déterminer la nature exacte du squelette solide de la structure végétale, à classer les diverses formes des tissus, et à établir les différences qui les distinguent que par l'histoire du développement. Elle seule fournit au botaniste qui veut arriver à la parfaite connaissance de la structure intérieure des plantes, les points de vues morphologiques nécessaires, grâce à l'étude des tissus végétaux non encore parvenus à leur développement complet, non encore appropriés aux fonctions physiologiques qu'ils auront à remplir plus tard. La combinaison des principes morphologiques et physiologiques s'est maintenue dans ce domaine plus longtemps que dans celui des autres parties de la botanique; cependant, les observations des botanistes modernes, basées sur l'histoire du développement, ne laissèrent pas d'apporter quelque méthode dans le développement progressif des théories nouvelles, mais l'ordre et la clarté ne s'établirent définitivement que vers 1850, ou même plus tard, à l'époque où la théorie de la formation cellulaire se trouva fixée dans ses traits fondamentaux, et où les botanistes principaux eurent le loisir de se consacrer à l'étude des problèmes de l'histologie.

Vers 1840, les connaissances que possédaient les botanistes au sujet des différents tissus des végétaux supérieurs étaient encore à l'état rudimentaire, comme l'on peut s'en apercevoir par le résumé, concernant les tissus végétaux, qui se trouve dans les *Grundzüge* de Schleiden (1845, p. 122). Les mots de parenchyme, substance intercellulaire, vaisseau, faisceau vasculaire, phloème, cellules du liber des Apocynées et des Asclépiadées, vaisseaux laticifères, tissu feutré, tissu épidermoïde, sont expliqués et définis tour à tour dans des paragraphes séparés. Il n'est pas nécessaire d'ajouter que des descriptions de ce genre ne pouvaient amener à la connaissance méthodique de la structure cellulaire des végétaux supérieurs, prise dans son ensemble. Dans le même ouvrage, Schleiden tente une classification des faisceaux vasculaires, qu'il distingue en faisceaux vasculaires fermés ou ouverts. D'après lui, les derniers se rencontrent chez les Dicotylédones. Nous le voyons ensuite désigner la couche de cambium comme la limite extérieure qui sépare des autres parties végétales les faisceaux vasculaires ouverts; mais il ne considère pas le liber qui entoure le cambium à l'extérieur comme un des éléments des faisceaux en question, et il perd par là l'occasion d'établir entre les Monocotylédones et les Dicotylédones une comparaison qui aurait pu être féconde en résultats importants. Schacht publia en 1852 un ouvrage dont nous avons déjà fait mention plus haut (*Die Pflanzenzelle*) qui, sous bien des rapports, est inférieur à celui dont nous venons de parler. Les pages que l'auteur a consacrées à l'histologie sous le titre de *die Arten der Pflanzenzellen* sont divisées en paragraphes qui se succèdent dans l'ordre suivant : les zoospores des cryptogames, leurs spores, les granules polliniques, les cellules et les tissus des champignons et des lichens, les cellules et les tissus des algues, le parenchyme et ses cellules, le cambium et ses cellules, les vaisseaux de la plante, le bois et ses cellules, le liber, les stomates, les appendices de l'épiderme, le liège; puis vient un paragraphe sur l'anneau d'épaississement, et enfin, après que l'auteur s'est étendu à loisir sur la nature et les fonctions des vaisseaux, des parties ligneuses et du liber, le lecteur voit apparaître avec étonnement l'étude consacrée aux faisceaux vasculaires. Il suffit de lire l'ouvrage de Schacht pour se rendre compte que ce défaut est dû à une connaissance imparfaite de la structure générale des plantes; on retrouve, du reste, la même absence d'ordre et de méthode dans son manuel publié en 1856.

Nous constatons un progrès marqué dans la classification des tissus présentée dans l'*Anatomie und Physiologie der Pflanzen* qu'Unger fit paraître en 1855. Lorsque l'auteur a terminé ses considérations sur la théorie des cellules, il consacre une des divisions principales du livre à la théorie des complexus cellulaires, et passe successivement en revue les familles cellulaires, les tissus cellulaires et les fusions cellulaires. Les chapitres suivants renferment une étude de la doctrine des groupes cellulaires; l'auteur traite successivement des formations épidermoïdes, des cavités à air des vaisseaux à sève, des glandes et des faisceaux vasculaires; cependant, cette classification ne laisse pas de donner prise à la critique, car Unger a méconnu les relations réelles des formations épidermoïdes et des faisceaux vasculaires; il n'a pas vu que les espaces à air, les réceptacles de sève, et les glandes ne sont, après tout, que des parties accessoires. Dans un dernier chapitre, Unger traite des rapports des faisceaux vasculaires de différents végétaux, il fait une théorie des systèmes. Nous remarquerons ici la logique dont il fait preuve dans les pages consacrées à la croissance en épaisseur secondaire, et aux fonctions du cambium.

C'est Nägeli qui a tracé la voie dans laquelle se sont engagés les anatomistes modernes. Les études auxquelles se sont livrés ses successeurs procèdent de ses œuvres. Nous le retrouvons toujours lorsqu'il s'agit d'établir les notions fondamentales de la botanique, de formuler de vastes aperçus, de puiser dans l'histoire du développement les principes qui constituent les bases mêmes de la science. Dans ses *Beitraege zur wissenschaftlichen Botanik*, publiés en 1858, Nägeli établit une classification des tissus d'après des principes empruntés uniquement à la morphologie. Il détermine les différences qui distinguent les tissus générateurs des tissus permanents. Chaque subdivision renferme à son tour deux formes principales, les tissus prosenchymateux et les tissus parenchymateux.

Nägeli donna au tissu générateur parenchymateux dont se composent tous les organes à l'origine de leur développement, le nom de méristème primitif, et l'opposa au tissu générateur prosenchymateux, qui se présente tantôt sous la forme de filaments, tantôt sous celle de couches, et qui reçut la désignation générale de Cambium. Cependant, cette distinction est défectueuse, car le cambium de Nägeli n'est pas toujours formé de tissu prosenchymateux. Nägeli désigna sous le nom de méristème secondaire les filaments et les couches de substance qu'on remarque entre les tissus permanents des parties végétales parvenues à un degré de développement déjà avancé. D'après lui, le cambium dérive du méristème primaire.

Le tissu permanent comprend à son tour différentes subdivisions qui sont déterminées, non point d'après la forme des cellules ou d'après des caractères physiologiques, mais bien selon le mode d'origine et de développement : tout tissu permanent, qui procède immédiatement du méristème primitif, porte le nom de protenchyme, et tout ce qui doit directement ou indirectement son origine au cambium s'appelle épenchyme. Comme les parties qu'on avait appelées jusque-là faisceaux vasculaires ne contiennent pas uniquement des vaisseaux, mais encore des éléments fibreux, ainsi que Bernhardi l'avait fait remarquer dès 1805, Nägeli crut devoir les désigner sous le terme de faisceaux fibro-vasculaires. Cette classification, il est vrai, ne répond pas exactement aux différences évidentes et nettement indiquées par la nature, qui existent entre les tissus épidermiques et les autres formes des tissus végétaux, et les botanistes actuels pourraient baser la classification génétique des divers tissus sur d'autres vues; cependant, la nomenclature et le système de subdivision établis par Nägeli présentent un grand avantage; ils résument, pour la première fois l'histologie des plantes d'après des principes génétiques d'une portée étendue. L'œuvre de Nägeli a certainement contribué à introduire de l'ordre et de la clarté dans les connaissances des botanistes sur la structure générale des plantes.

L'étude des faisceaux vasculaires ou fibro-vasculaires appelait nécessairement des investigations ultérieures, d'ordre morphologique et génétique; car la connaissance exacte de la formation première de ce système de tissus, et des modifications qu'il subit durant le cours de son développement est aussi importante au point de vue de la botanique que l'est, à l'égard de la zoologie des animaux vertébrés, la connaissance de la formation du système osseux et des changements auxquels il est soumis à mesure qu'il se développe. Ceux qui abordent l'étude de la botanique se trouvent dans la nécessité de bien connaître les faisceaux vasculaires et les lois en vertu desquelles ils se transforment en éléments de la tige; c'est par ce moyen-là seulement qu'ils peuvent acquérir la connaissance exacte de la croissance secondaire, telle qu'elle s'effectue chez les plantes ligneuses proprement dites.

Ainsi que nous l'avons déjà fait remarquer plus haut, Mohl appela dès 1831 l'attention des botanistes sur les caractères distinctifs des faisceaux qui prennent naissance dans la tige pour passer ensuite dans les feuilles et s'y fixer définitivement, de telle sorte que tout le système des faisceaux vasculaires d'une plante est formé de faisceaux qui commencent par se développer isolément, et finissent par se joindre les uns aux autres. En 1846, Nägeli avait soumis à un examen approfondi certaines caractères des cryptogames vasculaires, analogues à ceux dont nous venons de faire mention; à la même époque, Schacht publia un ouvrage dont nous avons parlé plus haut, et y émit des théories qui, au lieu d'un progrès, marquent un mouvement rétrograde dans l'histoire de la science. D'après Schacht, en effet, le système de faisceaux vasculaires est dû à une ramification continue, au lieu d'être le résultat de la jonction de faisceaux isolés qui finissent par s'unir les uns aux autres, théorie erronée que Mohl combattit en 1858, mais que Johannes Hanstein et Nägeli (1857 et 1858) furent les premiers à réfuter. Dans un mémoire sur la structure du cercle ligneux des Dicotylédones, Hanstein, confirmant les vues de Nägeli, fit remarquer que le cercle ligneux primitif des Dicotylédones et des Monocotylédones prend naissance dans la tige, et qu'il est formé d'un certain nombre de faisceaux vasculaires qui sont identiques à ceux des feuilles, et qui doivent leur origine première au méristème primitif du bouton. Ces faisceaux primordiaux, séparés les uns des autres, s'étendent dans la direction de la racine en traversant un certain nombre d'entre-nœuds, et finissent par se terminer isolément ou par s'unir avec des faisceaux voisins parvenus à un degré de développement plus avancé, et provenant d'une partie de la plante plus voisine de la racine. Les parties des faisceaux vasculaires qui, après avoir pris naissance à la base des feuilles, pénètrent dans la tige et s'y prolongent en se dirigeant vers la racine, sont désignées par Hanstein sous le terme parfaitement approprié de trace foliaire. Nous pouvons, par conséquent, résumer ce qui précède en disant que le cylindre ligneux primitif des Dicotylédones et des Conifères est formé de l'ensemble des traces foliaires. Les études de Nägeli eurent une portée encore plus étendue et fournirent une nomenclature des formes des tissus. Nägeli distinguait trois formes de faisceaux vasculaires, d'après leur trajet. Nous voyons tout d'abord les faisceaux vasculaires communs qui représentent, à l'intérieur de la tige, les faisceaux foliaires de Hanstein; leurs extrémités supérieures vont se perdre dans les feuilles; puis les faisceaux caulinaires dont les extrémités supérieures se prolongent jusque dans le point végétatif de la tige, sans pénétrer dans les feuilles; et enfin les faisceaux foliaires qui appartiennent aux feuilles seules.

Le point central de son étude des faisceaux communs des Dicotylédones et des Conifères est que les faisceaux en question se forment au point de jonction de leur moitié supérieure et de leur moitié inférieure, à l'endroit même où ils pénètrent dans la feuille et se constituent dans la racine et dans la tige par une différenciation de tissus. Pour arriver à s'expliquer les phénomènes du développement et de la formation première des faisceaux communs, il est nécessaire d'acquérir des connaissances approfondies au sujet des lois qui président à l'ordre de formation des feuilles qui prennent naissance aux extrémités de la tige; il faut connaître les modifications de phyllotaxie qui s'effectuent durant la période de croissance. Nägeli sut se rendre compte des rapports exacts qui unissent entre elles les diverses parties végétales que nous venons de mentionner; il sut tirer de ses observations à ce sujet les principes fondamentaux de l'étude génétique de la position des feuilles, et mettre en lumière les imperfections de la théorie de Braun et de Schimper basés sur une observation insuffisante et incomplète. Nägeli est le premier botaniste qui ait établi des comparaisons entre la structure anatomique de la racine et celle de la tige; il est le premier qui ait appelé l'attention des botanistes sur les caractères distinctifs du corps fibro-vasculaire des parties en question. Son mémoire sur les corps fibro-vasculaires détermina l'apparition de nombreux travaux, ainsi que l'avaient fait précédemment ses découvertes au sujet de la cellule apicale et de sa segmentation. Parmi les ouvrages en question, le traité de Carl Sanio sur les relations des corps ligneux (*Bot. Zeitung*, 1863) mérite d'être cité comme un des plus importants et des premiers en date. Grâce à Sanio, à Hanstein et à Nägeli, on vit s'établir plus d'ordre et de clarté dans l'ensemble des connaissances qui avaient trait à l'épaississement des tiges. Ainsi que nous l'avons déjà fait remarquer précédemment, Mohl et Schleiden, Schacht et Unger, ne réussirent ni les uns ni les autres à définir et à expliquer avec exactitude le phénomène désigné sous le terme de la croissance en épaisseur. L'origine des faisceaux vasculaires, leurs cours, leur structure et composition n'étaient pas suffisamment connus des botanistes que nous venons de nommer; il existait, dans le vocabulaire de la science et dans les notions au sujet de ces éléments un désordre et une confusion qui s'opposaient à la connaissance exacte des faits; on confondait l'anneau d'épaississement, partie végétale qui donnerait naissance aux premiers faisceaux vasculaires de l'extrémité de la tige, avec le cambium des véritables plantes ligneuses, qui ne se forme que beaucoup plus tard; on les confondait l'un et l'autre avec les couches du méristème, qui ne paraît que lorsque le développement de la plante est déjà fort avancé, et qui donne continuellement naissance, chez les Liliacées arborescentes, à de nouveaux faisceaux vasculaires, déterminant par là un épaississement particulier des tiges [1]. Le traité de Sanio vint écarter définitivement ces notions erronées, que Mohl professait encore en partie en 1858; nous y trouvons une caractéristique nette et précise des différences qui existent entre l'anneau d'épaississement où commencent à se former les faisceaux vasculaires à l'extrémité de la tige, et le cambium véritable. Celui-ci ne paraît que beaucoup plus tard; il prend naissance, soit à l'intérieur des faisceaux vasculaires, soit dans l'espace même qui les sépare, et produit ensuite les couches secondaires du bois et de l'écorce. En outre, Sanio jugea opportun de soumettre les différents organes élémentaires des corps ligneux à des études approfondies; il établit à ce sujet une classification et une nomenclature supérieures à celles dont s'étaient servi ses devanciers. Les parti-

1. Voir Sachs : *Lehrbuch der Botanik*; 4e éd. 1874, p. 129.

cularités de l'épaississement secondaire des Liliacées arborescentes présentaient des difficultés qui, bien que signalées depuis longtemps, ne laissèrent pas d'embarrasser grandement Mohl et Schacht. En 1865, A. MILLARDET parvint à les résoudre de la manière la plus satisfaisante.

Les ouvrages que Nägeli, Radlkofer, Eichler et d'autres encore publièrent ultérieurement sur les formations ligneuses anormales, contribuèrent à introduire une certaine méthode dans l'étude du développement normal. Cependant, l'examen même superficiel de ces publications, qui se sont succédé entre 1860 et 1870, et des études plus récentes que Nägeli consacra à la différenciation des tissus à l'extrémité de la tige des Phanérogames, nous entraînerait au delà des limites qui nous sont imposées par notre sujet.

IV. — NÆGELI FONDE LA THÉORIE DE LA STRUCTURE MOLÉCULAIRE ET DU DÉVELOPPEMENT PAR INTUSSUSCEPTION.

Notre histoire de l'anatomie des plantes se termine au moment où apparaît la théorie de Nägeli, dont nous avons déjà fait remarquer l'extrême importance au point de vue de la phytotomie et de la physiologie végétale. L'avenir se chargera de montrer si les doctrines fondées par Nägeli ne contribueront pas, dans leur développement ultérieur, à fournir de nouvelles preuves à l'appui de la théorie de la descendance. La connaissance plus approfondie de la structure moléculaire des organismes pourrait peut-être illuminer d'une clarté nouvelle les notions encore indéterminées et confuses qui répondent aux mots d'hérédité et de variabilité.

Ainsi qu'il arrive toujours en pareille circonstance, les premiers progrès faits dans cette voie furent peu marqués; personne n'aurait pu prévoir les résultats importants auxquels devaient donner lieu les premiers essais qui feront le sujet des pages suivantes. Comme nous l'avons dit plus haut, Mohl avait signalé dès 1836 la striation de certaines membranes cellulaires; ses études à ce sujet amenèrent Meyen à fonder sur des observations plus étendues, mais parfois erronées, des vues sur les membranes cellulaires, d'après lesquelles les parois végétales pourraient être composées de fibres enroulées en spirale. Nous avons fait remarquer aussi que Mohl avait établi une distinction bien arrêtée entre les stries proprement dites, et les épaississements spiralés, auxquels Meyen s'arrête à peine (1837); ses études l'amenèrent à certains aperçus sur la structure moléculaire des membranes cellulaires, et qui, d'ailleurs, n'arrivèrent jamais à une conclusion définitive. Agardh fit connaître de nouvelles variétés des stries de la membrane cellulaire, mais ses observations à ce sujet sont plus incomplètes encore que celles de Mohl. En 1853 (*Bot. Zeitg.*) ce dernier reprit le cours de ses recherches, et insista sur l'impossibilité de séparer les stries ou fibres visibles, apparentes, mécaniquement ou chimiquement; il n'affirma rien de précis à l'endroit des lignes qui se croisent sur la surface, et qui peuvent appartenir, soit aux différentes couches de la membrane cellulaire, soit à la même couche. Crüger et Schacht firent connaître peu de temps après le résultat de leurs observations, sans cependant contribuer en rien à résoudre le problème dont il s'agissait. En 1856, Wigand vint apporter à la discussion son contingent d'idées et de remarques, mais il se fourvoya d'emblée, et prit les stries croisées pour des parties intégrantes des diverses couches membraneuses. Les anatomistes de l'époque devaient se trouver dans l'impossibilité d'acquérir des idées justes au sujet des stries aussi longtemps qu'avec Mohl, ils ramenaient l'origine des couches concentriques des membranes cellulaires à la formation de couches nouvelles. La lumière ne se fit guère qu'au moment où Nägeli fit paraître son grand travail sur les grains d'amidon (1858), et prouva que leurs couches concentriques aussi bien que celles des membranes cellulaires, ne sont point le résultat de la superposition de couches végétales de même nature, et fit remarquer que la substance végétale présente des couches dont la densité et la richesse en eau varient alternativement, et qu'il est impossible d'expliquer ce mode de stratification par des dépôts de substance, tels que Mohl les entendait. D'après Nägeli, les parties végétales en question sont produites par des molécules nouvelles, qui s'introduisent entre les molécules anciennes, et par des différenciations dans la quantité d'eau contenue. On savait d'ailleurs que la croissance en superficie des membranes cellulaires s'effectue au moyen de l'intussusception; Unger avait même insisté sur ce fait; et la striation des membranes cellulaires ne pouvait être attribuée, comme l'existence des couches concentriques, qu'à l'intercalation d'une certaine quantité de liquide en alternance régulière. Nägeli mit en lumière un fait qui avait échappé jusque-là à l'attention des observateurs; il fit remarquer que les stries croisées, doubles parfois, que l'on remarque à la surface des membranes cellulaires traversent, dans toute son épaisseur, la membrane cellulaire stratifiée. Il arriva ainsi à distinguer dans la substance de chaque parcelle de la membrane cellulaire, des différenciations dans les trois dimensions, et il caractérisa cette particularité au moyen d'une comparaison qu'il emprunta à Mohl et qu'il rendit plus frappante encore, établissant des analogies entre la structure d'une membrane cellulaire couverte de stries croisées et formée de plusieurs couches concentriques, et celle d'un morceau de cristal qui peut se cliver selon trois directions. Il fit connaître ses vues au sujet de la structure de la membrane cellulaire en 1862 (*Botan. Unters.*, I, p. 187), et y apporta de nouveaux développements deux ans plus tard. (*Bot. Unters.*, II, p. 147, 1862).

La théorie de la structure moléculaire, telle que Nägeli l'a fondée, trouve son point de départ réel dans les études si approfondies que l'auteur a consacrées en 1858 à la structure des grains d'amidon. A force d'étudier ces grains, de les soumettre à la pression, à la dessication, de les distendre, d'extraire une partie de leur substance, Nägeli finit par se convaincre que la substance d'un grain d'amidon est formée de molécules, non point rondes, mais polyédriques, et séparées les unes des autres à l'état normal par des enveloppes aqueuses, et que la quantité de liquide renfermé dans les couches stratifiées est en raison inverse de la dimension de ces molécules. Cette théorie s'applique aussi à la structure de la membrane cellulaire; d'après elle la croissance s'effectue soit par l'agrandissement et le développement des molécules qui existent déjà, soit au moyen de molécules plus petites, qui s'introduisent entre celles qui les ont précédées. La molécule, telle que l'entend Nägeli, est déjà formée d'un grand nombre d'éléments différents; dans la composition de la plus insignifiante, il entre du carbone, de l'hydrogène et de l'oxygène; et sous ce nom il faut entendre un assemblage formé de milliers des atomes que les chimistes appellent molécules.

Au cours de ses études au sujet des grains d'amidon, Nägeli constata que tous les points visibles présentent un assemblage de molécules de composition chimique variée : on peut, par exemple, supprimer entièrement cette substance qui se teint en bleu sous l'action de l'iode, et qu'on désigne sous le nom de Granulose.

Lorsque l'extraction a été effectuée, on se trouve en possession d'une sorte de squelette du grain d'amidon. La substance a disparu, mais on distingue encore nettement la trace de la stratification, mais l'iode est impuissant à ramener la couleur bleue dans ces débris, que Nägeli désigne sous le nom de cellulose de l'amidon.

La suite de ces observations prouva que le grain d'amidon contient des molécules dont la composition chimique présente deux formes différentes et parfaitement distinctes. Les molécules sont répandues partout, et placées les unes à côté des autres. On pourrait comparer sous ce rapport le grain d'amidon à un édifice dans la construction duquel on aurait employé des briques jaunes et des briques rouges, disposées d'une manière spéciale. Si l'on enlevait ensuite les tuiles jaunes, les tuiles rouges demeureraient seules, et donneraient une idée assez exacte du travail de maçonnerie, pris dans son ensemble, en dépit des interstices et des vides produits par la suppression d'une partie des matériaux. En 1862, Nägeli arriva à des conclusions du même genre au sujet des corps protéiques cristalloïdes. Théodore Hartig en avait déjà signalé l'existence, Radlkofer et Maschke leur avaient consacré, l'un, des études cristallographiques, l'autre des études chimiques. Comme l'on peut extraire des membranes cellulaires, au moyen des procédés indiqués plus haut, les substances qu'on désigne sous le terme de substances incrustantes, sans cependant modifier sensiblement leur structure si délicate, comme l'on arrive, au moyen de la combustion, à ne conserver que le squelette dans lequel on retrouve les lignes des membranes mêmes, la comparaison dont nous nous sommes servi plus haut peut être répétée à plus forte raison lorsqu'il s'agit de la structure moléculaire des membranes cellulaires; on pourrait même conclure de certaines observations que les théories de Nägeli au sujet des grains d'amidon s'appliquent aussi, avec quelques modifications, à la structure du protoplasme. Ainsi que nous l'avons dit plus haut, l'étude des caractères des grains d'amidon avait amené Nägeli à constater que les molécules déjà mentionnées ne sont point rondes, mais polyédriques; on pouvait se demander si elles sont réellement cristallines. L'emploi de la lumière polarisée devait permettre de résoudre cette question, qui avait déjà préoccupé un certain nombre d'esprits observateurs. En 1847 et en 1849, Erlach et Ehrenberg avaient successivement déterminé les caractères distinctifs d'objets microscopiques, et s'étaient servis à cet effet du microscope polarisateur, sans cependant en tirer parti au point de vue de l'étude de la structure moléculaire; quelques années plus tard, encore, Schacht traitait le microscope polarisateur de futilité amusante, dépourvue de toute valeur scientifique. En revanche, Mohl se livra dans ce domaine à des recherches sérieuses (*Bot. Zeitg.*, 1858). Grâce aux perfectionnements techniques apportés à l'appareil dont il se servait, et à la persévérance qu'il déployait dans ses recherches, il parvint à acquérir au sujet de la substance des membranes cellulaires des grains d'amidon, et à l'égard de la nature d'autres parties végétales des connaissances approfondies; il prouva que le microscope polarisateur, bien loin d'être un jouet aux mains d'un observateur intelligent, facilite l'investigation et permet au naturaliste familiarisé avec les lois de la lumière polarisée d'apporter de l'exactitude et de la minutie jusque dans l'étude des moindres détails. Cependant on vit se manifester de nouveau, dans cette occasion, les conséquences d'une habitude d'esprit fâcheuse, qui avait empêché Mohl, vingt ans auparavant, de terminer d'une manière satisfaisante au point de vue de la science théorique, les études approfondies et étendues qu'il avait entreprises au sujet de la formation cellulaire; cette fois encore, il se contenta d'observer longuement et minutieusement, de décrire les faits constatés avec une parfaite exactitude, et de faire de ses observations le point de départ de considérations physiques; il put bien établir une classification des phénomènes végétaux, mais il ne réussit pas à jeter les fondements de théories nouvelles, basées sur la connaissance approfondie des faits. Il lui manquait la pensée créatrice, le désir impérieux d'analyser, jusque dans leurs derniers éléments, les résultats de ses études, et de reconstituer l'image précise et nette de la structure intérieure des parties organisées. Mohl s'en tint à l'induction, il ne tenta jamais de donner comme point de départ, à l'étude des problèmes de la science, la déduction qui rapproche les faits et en tire des conséquences logiques; nous verrons plus tard que Nägeli ne l'imita pas sous ce rapport.

En 1861, Valentin publia un ouvrage étendu dans lequel il traitait des recherches qui ont pour objet les tissus végétaux et animaux, examinés à la lumière polarisée. L'auteur soumet à un examen minutieux les phénomènes de la polarisation, et déploie dans ses considérations à ce sujet autant d'érudition bibliographique que de connaissances personnelles; il donne de précieux renseignements sur le maniement du microscope, ainsi que sur l'instrument lui-même, et apporte de nouveaux développements à la théorie et à la technique des études dont nous parlons ici. Il néglige cependant de mentionner, dans ses considérations sur les membranes cellulaires végétales, le fait que les membranes montrent des couleurs d'interférence, lorsque la lumière polarisée qui les éclaire envoie des rayons perpendiculaires à leur surface. Cette omission devait nécessairement amener l'auteur à des théories erronées toutes les fois qu'il s'est agi de la structure intérieure des membranes cellulaires.

A partir de 1859 Nägeli consacra aux phénomènes de la polarisation des études laborieuses qui rentrent dans le domaine de la physique théorique. Elles ne furent publiées qu'en 1863, dans le troisième volume de ses *Beitræge;* un an auparavant, Nägeli avait fait connaître les résultats principaux de ses recherches au sujet de la structure moléculaire des membranes cellulaires et des grains d'amidon. (*Bot. Mitth.*, 1862). L'observation des phénomènes de la polarisation l'amena indirectement à accorder une attention spéciale aux parties organisées de la cellule végétale; il constata qu'elles sont formées de molécules isolées séparées les unes des autres par des matières fluides; des études nouvelles lui fournirent des connaissances plus précises encore au sujet de la nature même de ces molécules. L'observation prouva que les molécules ne sont pas seulement polyédriques, mais qu'elles sont aussi cristallines; d'après Nägeli, les molécules de la substance des parties végétales organisées présentent une structure analogue à celle des cristaux à deux axes optiques qui possèdent trois axes d'élasticité. Les molécules cristallines des grains d'amidon et des membranes cellulaires sont disposées de telle sorte qu'un des axes est toujours perpendiculaire à la couche de substance végétale, tandis que les deux autres se trouvent placés horizontalement à la surface. L'action qu'exercent, sur la lumière polarisée, les parties cellulaires organisées, est la somme de l'action combinée des molécules; les matières fluides qui séparent ces dernières, en revanche, n'agissent nullement au point de vue optique; elles ne présentent d'importance qu'au point de vue des cellules, qu'elles éloignent ou qu'elles rapprochent suivant que leur quantité est plus ou moins abondante.

Nous n'essaierons pas de développer ici les conséquences qui résultent de la théorie de Nägeli au point de vue de la compréhension des phénomènes de la croissance, et à l'égard de la mécanique du développement; on peut, dès maintenant, les entrevoir, et un travail de ce genre sortirait des limites imposées par l'étude de l'histoire proprement dite; cependant, en indiquant ces résultats, nous croyons avoir établi, jusque dans ses détails les plus délicats, le plan de la structure des organismes; nous croyons avoir mis en lumière les rapports qui unissent la nature organique à la nature inorganique, aussi bien que les différences qui les distinguent.

LIVRE III.

HISTOIRE DE LA PHYSIOLOGIE DES PLANTES.

1583-1860.

INTRODUCTION

Les connaissances qu'on possédait au seizième siècle et au commencement du dix-septième siècle, à l'égard des phénomènes de la vie végétale, ne dépassaient guère, en variété et en étendue, celles qui dataient de l'époque la plus reculée de la civilisation, et qui étaient dues à l'agriculture, au jardinage, et d'une manière générale aux occupations pratiques qui avaient les plantes pour objet. On savait *que les fonctions des racines ne consistent pas uniquement* à fixer les végétaux au sol dans lequel ils ont pris naissance, mais encore à absorber les sucs nutritifs; on savait que des engrais tels que la cendre et dans certaines circonstances le sel, fortifient la végétation; que les bourgeons se développent en pousses; que le développement des fleurs doit précéder celui des graines et des fruits; enfin, on était au fait d'un certain nombre de phénomènes physiologiques peu importants, inévitablement mis en évidence par l'horticulture. Par contre, on ne savait rien du tout de l'importance physiologique des feuilles au point de vue de la nutrition, on ne possédait que des notions confuses au sujet des rapports qui existent entre les étamines et la production de graines fécondes; le fait que les sucs nutritifs tirés du sol devaient se répandre dans la plante tout entière pour contribuer au développement des parties supérieures s'imposait de lui-même à l'esprit, mais on tenta de comparer ce mouvement ascendant à la circulation du sang chez les animaux, et, par là, de mieux se l'expliquer. Les botanistes qui se sont succédés jusque vers la fin du dix-septième siècle ne disent rien, ou presque rien, de la lumière et de la chaleur, considérées comme agents de la nutrition et du développement des plantes; cependant, il n'est pas permis de douter que dès les temps les plus reculés, les effets de ces deux forces naturelles n'aient été mis en évidence, soit par l'agriculture, soit autrement.

A l'époque où parurent les fondateurs de la physiologie végétale, c'est-à-dire vers la seconde moitié du dix-septième siècle, l'état de la science laissait, on le voit, fort à désirer. Tandis que chacun connaissait, au moins dans leurs traits principaux, l'importance physiologique des différents organes du corps humain, et la structure intérieure de la plupart des animaux, ceux qui voulaient aborder l'étude de la vie végétale commençaient par se livrer à de lentes et laborieuses recherches, pour savoir si les différentes parties des plantes sont nécessaires à la conservation et à la perpétuation de la vie végétale, et déterminer la mesure dans laquelle les parties isolées contribuent au développement de l'ensemble. D'ailleurs, il était difficile d'acquérir même les connaissances rudimentaires nécessaires; l'observation extérieure et immédiate ne peut s'appliquer aux phénomènes de la vie végétale comme à ceux de la vie animale; il suffit de lire les œuvres de Césalpin et les livres de botanique du seizième siècle, pour être frappé du manque de sagacité déployé par les botanistes de l'époque dans toutes les questions qui avaient trait à l'importance physiologique d'un organe végétal autre que la racine envisagée comme organe de nutrition, ou le fruit et la graine considérés comme le but et les fins dernières de la vie végétale. Les fonctions physiologiques des organes végétaux ne sont pas faciles à découvrir; l'observation des faits certains, la déduction logique, basée sur les résultats de l'expérimentation, peuvent seules amener à les connaître. L'expérimentation elle-même doit avoir pour point de départ une question nettement posée, fondée sur une hypothèse; mais les questions et les hypothèses elles-mêmes ne procèdent nécessairement que de connaissances déjà acquises.

L'étude comparée de la vie végétale et de la vie animale, dans laquelle Aristote s'était déjà essayé sans beaucoup de succès, offrait un point de contact. Césalpin, qui possédait des connaissances botaniques et zoologiques plus approfondies, s'était efforcé d'acquérir des notions précises au sujet des mouvements des sucs nutritifs à l'intérieur des végétaux, et lorsque Harvey eût découvert la circulation du sang, au commencement du dix-septième siècle, on commença à se douter qu'il existe chez les plantes une circulation de la sève. On était arrivé, par conséquent, à établir une hypothèse, à fixer les données d'un premier problème, qu'il fallait s'efforcer de résoudre au moyen de l'observation minutieuse des problèmes ordinaires de la vie végétale ou, mieux encore, au moyen de l'expérimentation. Une polémique active, qui se poursuivit pendant une centaine d'années, amena les botanistes à constater qu'il n'existe pas, à l'intérieur des plantes, de circulation de la sève analogue à la circulation du sang; cette découverte fut le résultat d'une hypothèse, qui provenait elle-même de l'étude comparée des animaux et des plantes. Nous pouvons regarder comme un résultat indirect de ces recherches comparées, les découvertes importantes qui ont trait au rôle prépondérant des feuilles considérées comme agents de la nutrition; ces découvertes ont précédé de plus de cent ans celle de la décomposition de l'acide carbonique par les parties végétales vertes. Pour citer un dernier exemple, nous ajouterons que la découverte de la sexualité des plantes ne pouvait être amenée qu'au moyen de comparaisons entre certains phénomènes de la vie végétale, et l'œuvre de la reproduction chez les animaux; longtemps avant l'époque où Rudolph-Jacob Camerarius se livra à des expériences décisives au sujet de l'action du pollen sur la formation de semences fécondes, les botanistes avaient admis, chez les plantes, l'existence de fonctions sexuelles analogues à celles des animaux.

C'est encore aux analogies si frappantes qui existent entre les animaux et les plantes qu'a été dû l'intérêt éveillé dès le dix-septième siècle par la découverte de l'irritabilité du mimosa, ainsi que de divers autres phénomènes de mouvement constatés et signalés à une époque ultérieure. On se demanda si les mouvements des matières végétales s'effectuent au moyen d'organes analogues à ceux des animaux, et ce problème suscita les premières recherches de ce genre.

Dans des cas semblables, il était indifférent, au point de vue de la science, que les analogies établies au préalable fussent confirmées, ainsi qu'il arriva au sujet de la sexualité, ou niées, comme le fut le fait supposé d'une circulation de la sève. Il ne s'agissait point ici du résultat, il s'agissait de créer un point de départ pour les recherches. Il suffisait, pour atteindre ce but, de se baser sur l'observation des analogies, réelles ou apparentes, qui existent entre les plantes et les animaux, et d'attribuer à des organes végétaux, inactifs en apparence, des fonctions quelconques qu'on cherchait à vérifier.

Ces vues déterminèrent l'apparition d'une foule d'ouvrages scientifiques, dont les résultats importaient peu d'ailleurs. Chaque fois qu'il s'agit d'un problème relatif à la vie, notre propre existence constitue le point de départ de toute comparaison, la mesure de nos idées; nous ne savons ce que c'est que la vie, opposée à l'absence de vie, que lorsque nous comparons l'existence que nous possédons à celle des objets qui nous entourent. L'étude des phénomènes de la vie humaine nous fournit des principes que nous étendons aux animaux supérieurs; nous les comprenons aussi d'instinct, grâce à l'observation de leur conduite; ils nous permettent à leur tour de nous expliquer les particularités de l'organisation des animaux inférieurs; d'analogie en analogie, nous en arrivons aux végétaux, et nous parvenons, à l'aide des mêmes procédés, à nous familiariser avec la vie qui leur est propre. Les botanistes de l'antiquité avaient comparé aux animaux les plantes, qu'ils qualifiaient d'êtres vivants; de là à rechercher et à constater chez les plantes les fonctions de la vie animale, il n'y avait qu'un pas. Les fragments de la botanique d'Aristote nous apprennent que les premiers problèmes de la physiologie végétale s'imposèrent ainsi à l'esprit des botanistes; à la suite d'observations et de comparaisons dans les œuvres de Césalpin, ces questions prennent une forme plus précise et mieux déterminée, et les physiologistes qui lui succédèrent continuèrent à pratiquer la méthode des comparaisons. L'histoire de la science ne pouvait avoir d'autres débuts, au point de vue psychologique et historique; d'ailleurs, il n'en existe pas d'autres que ceux que nous nous sommes efforcé d'indiquer. Les études comparées dont nous parlons peuvent avoir amené parfois les botanistes à établir entre les plantes et les animaux des analogies trompeuses, elles peuvent avoir entraîné à leur suite le désordre et la confusion : l'étude patiente et prolongée n'en a pas moins mis en lumière les rapports importants, essentiels, qui unissent le règne végétal au règne animal. A l'époque actuelle, nous voyons s'affirmer et s'accuser de plus en plus les analogies qui existent entre les fonctions indispensables à la vie végétale et à la vie animale; il devient de plus en plus facile de constater et de déterminer les rapports surprenants qu'offrent, dans l'un et l'autre règne, l'alimentation, la circulation, la reproduction sexuelle ou asexuelle.

Les premiers fondateurs de la physiologie végétale scientifique s'abandonnèrent entièrement à des considérations téléologiques qui trouvent leur explication dans la nature même des théories qui régnaient à l'époque en question. Ces considérations contribuèrent d'ailleurs dans une forte mesure à déterminer les premiers progrès accomplis dans le domaine de la botanique. La philosophie, quelle qu'elle soit, à quelque époque qu'elle remonte, a toujours pris naissance de cette façon; en revanche, la science doit tendre vers un autre but, et dès le dix-septième siècle, les philosophes dénièrent à la téléologie toute valeur scientifique. Mais les fondateurs de la physiologie végétale n'étaient pas des philosophes dans le sens propre de ce mot; lorsqu'ils procédaient à leurs recherches, ils acceptaient sans hésitation la conception téléologique de la nature organique; il allait de soi que la structure et la conformation de chaque organe, pris isolément, s'adaptaient exactement aux nécessités des fonctions indispensables à la conservation de l'ensemble. Cette manière d'envisager la nature n'avait pas seulement le mérite d'être conforme aux théories régnantes, elle possédait encore le grand avantage de la simplicité, elle favorisa les débuts de la science dont nous nous occupons; il était bon, au point de vue du développement premier de la botanique, qu'on s'habituât à considérer les plus insignifiantes des parties végétales comme des organes créés et construits spécialement en vue de la conservation de l'existence, car des vues de ce genre devaient amener inévitablement à l'étude approfondie et minutieuse de l'organisation végétale, et de cette étude dépendaient les progrès de l'anatomie. Malpighi, Grew, Hales, ne s'y prirent pas autrement, et nous verrons plus tard que l'application sévère des principes fondamentaux de la téléologie permit à Conrad Sprengel, vers la fin du siècle dernier, de mettre en lumière les rapports qui existent entre la structure des fleurs et l'organisation des insectes, sans parler d'un grand nombre d'autres découvertes brillantes. Les principes téléologiques dont il s'agit nuisirent dès le début aux progrès de la morphologie; l'histoire de la systématique nous montre quelle difficulté les botanistes éprouvèrent à se débarrasser des principes en question. Il en fut tout autrement à l'égard de la physiologie. Dans ce domaine, la téléologie facilita au plus haut degré la découverte des fonctions des organes et des rapports qui existent entre les phénomènes de la vie; elle éclaira, pour ainsi dire, la voie encore obscure et cachée dans laquelle les botanistes de l'époque allaient s'aventurer. Il en fut tout autrement lorsqu'il s'agit de remonter aux causes après avoir déterminé les effets, et de saisir, dans son unité, le principe qui préside à la manifestation des phénomènes végétaux; l'observation téléologique de la nature ne suffisait plus, elle devait même être considérée comme un obstacle, et traitée en conséquence, en dépit des facilités de toute sorte qu'offre la téléologie, lorsqu'il s'agit de l'étude des organes, envisagés au point de vue de la relation qui existe entre leur structure et leurs fonctions. Si la théorie de la descendance a contribué à dégager l'étude morphologique des organes de l'influence de la scolastique, la physiologie, en revanche, et surtout la théorie de la sélection, a fait entrevoir le moment où la science pourrait se développer indépendamment de la téléologie. Ceux-là seuls qui interprètent à faux la doctrine de Darwin peuvent lui faire le reproche de retomber dans la téléologie; son grand et principal mérite consiste précisément à traiter la téléologie comme un accessoire inutile, dans bien des occasions où les naturalistes précédents avaient cru ne pouvoir s'en passer, en dépit de toutes les objections de la philosophie.

La comparaison entre les plantes et les animaux, l'étude téléologique des organes facilitèrent les débuts de la physiologie végétale; la science dont nous nous occupons traversa plus tard des phases décisives lorsqu'il fallut remonter aux lois naturelles qui régissent les fonctions des organes végétaux, fonctions dont les botanistes n'eurent tout d'abord qu'une idée générale assez incomplète. L'anatomie joue ici un rôle prépondérant. Plus les botanistes se familiarisaient avec la structure intérieure des plantes, mieux ils établissaient les différences qui distinguent les diverses formes des tissus, et mieux ils déterminaient les rapports entre la structure microscopique des organes et les fonctions révélées par l'expérimentation. L'œuvre de la botanique consistait à décomposer et à analyser les différents éléments qui, une fois coordonnés, forment un ensemble doué de vie; la physiologie, basée sur l'étude de la structure des tissus et des substances qu'ils renferment, détermina la mesure exacte dans laquelle les tissus en question répondent aux nécessités des fonctions indiquées par la nature. Seule, l'étude minutieuse des phénomènes de la végétation, tels qu'ils s'accomplissent pendant la vie, peut amener à un résultat semblable.

L'observation, à l'aide du microscope, des phénomènes de la fécondation, ne met le naturaliste à même d'acquérir des connaissances plus approfondies et plus étendues que lorsque des expériences préalables sont venues affirmer le fait de la sexualité, et démontrer les fonctions du pollen, fonctions indispensables à la formation de semences fécondes; de même, l'étude anatomique du bois ne peut faciliter l'explication des lois des mouvements de l'eau qui s'élève à l'intérieur de la plante, que lorsque le botaniste s'est assuré, par les expériences préliminaires, que ce phénomène est particulier au corps ligneux, etc.

L'étude des rapports qui unissent la physiologie à la physique et à la chimie nous amènent à des considérations du même genre. Cependant, nous ferons précéder les lignes que nous consacrerons à ce sujet, de remarques destinées à fournir au lecteur un point de repère dont il aura probablement besoin; car les botanistes modernes se sont parfois imaginés que la physiologie végétale et la physique et la chimie expérimentales ne faisaient qu'un, supposant bien à tort qu'il était possible de ramener les phénomènes de la végétation à des lois de la physique et de la chimie. Cette doctrine pourrait à la rigueur se concevoir, si la chimie et la physique n'avaient plus de problèmes à résoudre; mais il n'en est point ainsi : ces deux sciences sont aussi éloignées que la physiologie végétale de résoudre l'énigme finale dans laquelle elles doivent se concentrer et se résumer tout entières. Il est certain que la physiologie actuelle ne peut se séparer de la physique et de la chimie, telles qu'on les entend aujourd'hui; il est certain que la première de ces trois sciences procède jusqu'à un *certain point* de la physique et de la chimie actuelles, lorsqu'il s'agit de considérer les phénomènes végétaux déjà constatés, et de les rattacher à des causes connues. Il est également certain que les progrès accomplis dans le domaine de la physique et de la chimie n'auraient jamais suffi à déterminer l'apparition d'une physiologie des plantes, même avec l'aide de l'anatomie; il suffit de consulter l'histoire pour s'assurer que les botanistes du dix-septième et du dix-huitième siècles possédaient déjà une foule de connaissances au sujet des phénomènes de la vie végétale; et cela, à une époque où la physique et la chimie, vu leur développement rudimentaire, ne pouvaient fournir aux naturalistes ni explications, ni éclaircissements. L'observation immédiate des phénomènes de la vie constitue la base même de toute physiologie; il est nécessaire d'étudier les rapports cachés qui unissent entre eux ces phénomènes, déterminés ou modifiés par l'expérimentation, avant de les ramener aux lois de la physique ou de la chimie. Il est bien possible, par conséquent, que la physiologie végétale ait atteint un certain degré de développement indépendamment des facilités que pouvaient lui offrir la physique et la chimie, au point de vue de l'explication des phénomènes de la végétation, voire même en dépit des erreurs de ces deux sciences. Les œuvres de Malpighi, de Hales, et parfois de Du Hamel, traitent de la physiologie végétale, et en traitent mieux que ne le croient *généralement* les *modernes*; les connaissances que possédaient les botanistes en question étaient le résultat d'observations qui avaient pour objet la plante vivante, et non point d'inductions tirées de la physique et de la chimie de leur temps.

Plus de cent ans avant le moment où l'on découvrit que l'acide carbonique est décomposé par les parties végétales vertes, à une époque où la chimie de l'acide carbonique et de l'oxygène était encore inconnue, les botanistes constatèrent et signalèrent l'importance extrême, exclusive, que présentent les feuilles vertes au point de vue de la formation des matières nutritives destinées à favoriser la croissance et le développement premier des nouveaux organes. Nous pourrions même citer une série de découvertes qui rentrent dans le domaine de la physiologie et qui se présentent en opposition complète avec les théories des physiciens et des chimistes, et qui ont même, dans une certaine mesure, servi à les réfuter. Nous mentionnerons, par exemple, la découverte des fonctions de la racine, qui attire à elle de l'eau et des sucs nutritifs, sans jamais abandonner une parcelle de substance au sol dans lequel elle puise; ces fonctions semblaient incompréhensibles aux partisans de la théorie de l'équivalent endosmotique, théorie d'ordre physique et qui appartient à une époque antérieure à celle dont nous parlons. Rappelons encore les rayons auxquels les physiciens ont donné le nom de rayons chimiques et qui ne possèdent, au point de vue de l'assimilation des plantes, qu'une importance secondaire, tandis que les rayons jaunes et voisins agissent de la manière la plus décisive sur la décomposition de l'acide carbonique. Ce fait était complètement en désaccord avec les théories régnantes des physiciens et des chimistes. Et quels axiomes, empruntés au domaine de la physique, auraient pu amener les naturalistes à conclure, comme le fit Knight en 1806 au moyen d'expériences effectuées sur des plantes vivantes, que le développement de la racine, qui s'enfonce dans le sol, le développement de la tige, qui se dirige en sens contraire, résultent de la loi de la pesanteur; ou comment l'optique aurait-elle pu prévoir que la lumière ralentit la croissance des plantes, et que, sous son action, les parties végétales en voie de développement se courbent et se replient ? Parmi les connaissances que nous possédons au sujet de la vie végétale, les plus approfondies, les plus exactes sont dues à l'observation directe et non point à des déductions de la physique ou de la chimie. Ces remarques préliminaires nous permettent de résumer, dans ses traits essentiels, la physiologie végétale, depuis les origines jusqu'à nos jours.

1). Les origines de la physiologie végétale appartiennent à l'époque où la chimie et la physique acquirent l'importance de véritables sciences naturelles. Ceci, cependant, ne prouverait nullement que les deux sciences en question aient déterminé l'apparition de la physiologie végétale. Cette dernière, comme la physiologie, la minéralogie, l'astronomie, la géographie, etc., est redevable de son origine au désir d'investigation et de recherche qui s'était emparé des esprits durant le seizième et le dix-septième siècles. On venait, à cette époque, de juger à leur valeur les théories creuses de la scolastique, l'on s'efforçait d'acquérir au moyen de l'observation, des connaissances nouvelles et précieuses; le désir d'apprendre cherchait partout un élément à son activité. Dans la seconde moitié du dix-septième siècle, on opposa aux progrès de la scolastique des sociétés scientifiques ou des académies qui s'élevèrent rapidement en Angleterre, en Allemagne, en France, en Italie, et qui facilitèrent les travaux des naturalistes; les premiers écrits de physiologie végétale jouèrent un rôle prépondérant dans les polémiques du temps; nous passerons sous silence les ouvrages moins importants, et nous mentionnerons ici les œuvres de Malpighi et de Grew, œuvres qui déterminèrent une ère nouvelle dans l'histoire de la science, et que la *Royal Society* de Londres publia dans l'intervalle de temps qui s'écoula entre 1670 et 1700. Les premiers écrits de Camerarius, d'une importance si capitale au point de vue de la théorie de la sexualité, parurent en Allemagne, dans les Éphémérides de l'*Academia Naturæ Curiosorum;* et l'Académie des Sciences prit soin, à la même époque, d'organiser sous la direction de Dodart des recherches qui avaient pour objet la connaissance de la physiologie végétale, et dont les résultats, d'ailleurs, furent inférieurs à ce qu'on aurait pu attendre. C'est à cette époque, où les grandes découvertes se succédaient avec une rapidité merveilleuse, où un redoublement de vie et d'activité se manifestait dans tous les domaines de la science, que la botanique s'accuse et se dégage définitivement des ombres du passé. Les progrès marquants datent de cette époque; les botanistes anglais soumettent à un examen approfondi les mouvements de la sève; Malpighi considère les feuilles comme les organes de la nutrition; Ray fait connaître les résultats de ses observations au sujet de l'action de la lumière sur la coloration des végétaux; les expériences de Camerarius constatent et établissent le fait de la puissance fécondante du pollen; et cette dernière découverte dépasse encore en importance celles que nous venons de mentionner. La science s'essayait, pour la première fois, à résoudre les problèmes de la nature; la logique et l'induction laissaient encore à désirer; l'anatomie, fondée depuis quelques années à peine, ne laissa pas d'exercer quelque influence sur les progrès immédiats de la physiologie, tandis que la physique et la chimie n'offraient qu'un développement rudimentaire. En revanche, l'importance prépondérante qu'avaient acquis, du temps de Newton, la mécanique et l'explication mécanique des phénomènes organiques, se manifesta dans le domaine de la physiologie végétale; les tendances nouvelles eurent des résultats remarquables, parmi lesquels nous mentionnerons les recherches approfondies de Hales au sujet des mouvements de la sève des plantes. Les *Statical Essays*, publiés en 1727, se rattachent aux œuvres fondamentales mentionnées plus haut, et l'apparition de cet ouvrage important clôt définitivement la première période du développement de la science dont nous nous occupons.

Cette période d'impulsion et de progrès fut suivie d'un intervalle de temps qui marque une sorte d'assoupissement de la pensée et de l'activité scientifiques; les œuvres dont nous venons de faire mention, les conquêtes des premiers botanistes n'excitèrent plus, de la part de ceux qui succédèrent à l'époque en question, qu'un scepticisme stérile qui n'avait même pas le mérite d'amener à une conception plus profonde des problèmes de la science ou de déterminer de nouvelles expériences dont le résultat aurait pu être décisif.

2). En 1760, une certaine activité recommence à se manifester dans le domaine des diverses sciences qui tiennent à la physiologie végétale. La *Physique des arbres*, publiée par du Hamel en 1758, joint à une étude résumée des œuvres des botanistes antérieurs un fonds d'observations nouvelles. A l'apparition de ce livre, succéda une série de découvertes importantes, qui se poursuivirent jusqu'au commencement du siècle actuel.

Dans ses études au sujet de la reproduction sexuelle, études qui s'étaient peu ou point développées depuis Camerarius, et qui avaient subi, sous l'influence de la théorie de l'évolution, des modifications fâcheuses, Koelreuter se révéla comme un observateur de premier ordre.

Il se livra, vers 1770, à des recherches qui permirent aux botanistes de l'époque d'acquérir des connaissances plus approfondies à l'égard de la sexualité; il créa les premiers hybrides par des moyens artificiels; il soumit à des observations approfondies l'appareil pollinaire de la fleur, et mit en lumière les rapports étranges qui existent entre la fleur et la biologie des insectes. Quelques années plus tard, en 1793, Conrad Sprengel aborda de nouveau et plus à fond l'étude de ces mêmes rapports; les résultats surprenants auxquels il arriva devançaient leur temps et dépassèrent la portée des contemporains; ils restèrent même incompris et ignorés des botanistes qui suivirent. On ne leur a rendu justice que tout récemment, lorsqu'il s'est agi de juger et d'apprécier la théorie de la descendance.

Les développements subis par la théorie de la nutrition ne furent pas moins importants. Vers 1780, Ingen-Houss prouva que sous l'influence de la lumière, les parties végétales vertes absorbent de l'acide carbonique, expulsent l'oxygène, et conservent par conséquent le carbone qui s'accumule dans les plantes sous forme de combinaison organique; il prouva que les parties végétales absorbent à tout moment de petites quantités d'oxygène, et exhalent l'acide carbonique, et possèdent par conséquent des fonctions qui répondent entièrement à la respiration des animaux. Peu de temps après, Théodore de Saussure fit des mêmes fonctions l'objet d'études plus approfondies encore et réfuta les théories des nombreux botanistes qui considéraient les cendres des corps végétaux comme des éléments insignifiants de la nutrition, introduits accidentellement dans les parties nutritives (1804). De Saussure constata, dans leurs manifestations les plus remarquables, l'action des forces physiques sur la végétation, sans cependant consacrer à ces phénomènes des études approfondies. Durant les années qui s'écoulèrent de 1780 à 1800, Senebier fit connaître l'influence qu'exerce la lumière sur le développement et la coloration verte des plantes; quelques années plus tard, de Candolle reconnut et constata l'action de la lumière sur les mouvements périodiques des feuilles et des fleurs.

En 1806, Knight fit une découverte plus importante encore en attribuant à la gravitation le développement de la tige, qui se dresse vers le ciel, et celui de la racine mère qui se dirige vers le sol.

3). Une sorte de mouvement rétrograde suivit cette seconde période, si riche en découvertes importantes; de nouveau des doutes s'élevèrent au sujet des faits les mieux constatés, les plus sûrement établis; sous l'influence d'opinions préconçues, on s'efforçait d'ignorer les faits déterminés par la science ou de supprimer les conséquences utiles de ces constatations, pour les remplacer par des théories qui n'avaient que l'apparence de doctrines philosophiques; la philosophie de la nature, qui s'était longtemps opposée aux progrès de la morphologie, ne manqua pas de nuire également au développement de la physiologie végétale; elle s'opposa aux efforts des botanistes qui cherchaient à analyser les phénomènes de la vie végétale de manière à les ramener à leurs lois fondamentales et à déterminer les causes et les effets. Les partisans des théories erronées de cette époque considéraient même la force vitale comme le principe créateur des cendres et du carbone des plantes; des notions confuses, que l'on désignait sous le nom de polarité, étaient supposées fournir l'explication des lois qui président au développement, et en vertu desquelles les parties végétales croissent dans un sens ou dans l'autre, sans parler d'un grand nombre d'autres phénomènes. L'influence de la philosophie de la nature anéantissait toute logique saine et menaçait de détruire les résultats de la théorie de la sexualité; en présence même des résultats obtenus par Koelreuter, on alla jusqu'à nier la sexualité végétale. Cet état de choses se prolongea jusque vers 1820, époque à laquelle nous constatons une véritable amélioration. En 1822, L.-C. Treviranus soumit les théories erronées de Schelwer et de Henschel à une critique approfondie qui n'en laissa rien subsister; en 1837, l'Anglais Herbert consacra à l'hybridation des études dignes de remarque; à la même époque, Charles-Frédéric Gärtner entreprit des études et des expériences qui se prolongèrent vingt années durant, et qui avaient pour objet la fécondation normale et la formation des hybrides. Les résultats de ces observations ne furent publiés qu'en 1844 et en 1849. Ce sont des œuvres étendues, où viennent se résumer jusqu'à un certain point les questions importantes qui ont trait à la théorie de la sexualité, et que Gärtner arrive à résoudre au moyen de l'expérimentation. Vers la même époque aussi, Hofmeister établit sur des bases solides l'embryologie microscopique des phanérogames.

D'autres branches de la physiologie végétale s'étaient développées avant 1840 : en 1822, Théodore de Saussure observa la calorigénèse des fleurs, et constata qu'elle dépend de la respiration; dix ans plus tard, Göppert découvrit et signala la production de chaleur par les plantes en germination ou en végétation. Les œuvres de Dutrochet déterminèrent une activité qui se manifesta dans les domaines les plus divers, et qui se fit sentir durant les années qui s'écoulèrent de 1820 à 1840. Dutrochet est le premier qui ait tenté d'expliquer les mouvements de la sève à l'intérieur des plantes par les phénomènes de la diosmose; ses vues à ce sujet ont exercé, sur les progrès ultérieurs de la physiologie végétale, une influence qui s'est maintenue durant longtemps. Les études chimiques présentent moins d'importance; cependant, elles permirent d'accumuler des connaissances spéciales, qui furent utiles au point de vue de la science théorique.

Vers les dernières années de cette période, qui contenait en germe les découvertes et les grands développements qui suivirent 1840, mais qui avaient été marquées au début par un scepticisme si stérile, on vit apparaître des compilations importantes, des études résumées et coordonnées de la physiologie végétale, prise à ses origines et envisagée dans son développement général. Outre les œuvres complètes de Dutrochet (1837), nous mentionnerons trois ouvrages de physiologie végétale, tous trois fort étendus. Le premier est dû à de Candolle; Röper le traduisit en allemand, et en fit paraître en 1833 et en 1835 une édition revue, corrigée, et enrichie de remarques nouvelles. Cette publication fut suivie de celle de la physiologie des végétaux, de L.-C. Treviranus (1835-1838); et le *Neues System der Pflanzenphysiologie* de Meyen, publié en 1837-1839, clôt la série. Le trait caractéristique de cette période s'accuse dans ces œuvres; la physiologie n'emprunte pas encore ses principes fondamentaux à l'anatomie, et les anciennes théories de la force vitale sont confrontées avec l'explication physico-chimique des phénomènes de la végétation.

4). Nous avons indiqué déjà dans les pages qui précèdent, les progrès étonnants accomplis, à partir de 1840, dans le domaine de la morphologie, de l'anatomie et de l'embryologie, et le développement rapide de la théorie de la cellule; cette vive impulsion fut déterminée, en grande partie, par les efforts des botanistes qui écartèrent la théorie de la force vitale et se débarrassèrent définitivement de l'influence fâcheuse de la philosophie de la nature, en remplaçant par l'observation minutieuse des faits, par l'induction méthodique, les considérations spéculatives. Sous ce rapport, les *Grundzüge* de Schleiden, publiés aux environs de 1840, résument les tendances de l'époque, sans toutefois répondre, par des résultats positifs, aux exigences et aux nécessités nouvelles de la science. Les progrès rapides de la botanique et de la théorie des cellules, déterminés par les travaux de Mohl et de Nägeli, ne restèrent pas sans influence sur la physiologie végétale : grâce aux travaux des deux botanistes que nous venons de nommer, les observateurs de l'époque purent suivre l'œuvre de la fécondation, telle qu'elle s'effectue à l'intérieur des ovules.

Longtemps avant 1840, la formation des tubes polliniques avait fait le sujet d'études suivies; en 1837, Schleiden avait considéré l'embryon qui se trouve à l'extrémité du boyau pollinique des phanérogames comme le produit de la formation cellulaire libre, comme ne commençant à se développer que lorsque l'extrémité du boyau pollinique s'est introduite dans le sac embryonnaire.

En 1846 et en 1849, toutefois, Amici et Hofmeister réfutèrent successivement la théorie de Schleiden, et prouvèrent que le germe renfermé dans le sac embryonnaire existe déjà avant l'apparition du boyau pollinique. Celui-ci détermine le développement ultérieur du germe, qui finit par former l'embryon. Quelque temps après, Hofmeister soumit l'embryologie des cryptogames vasculaires et des mousses à des observations qui démontrèrent que les spermatozoïdes des cryptogames vasculaires et des mousses, découverts en partie par Unger et Nägeli, servent à féconder l'œuf, renfermé dans l'organe féminin, et à en provoquer le développement progressif (1849, 1851). Peu de temps après, on découvrit que les fonctions sexuelles existent chez différentes espèces d'algues, et cette découverte favorisa les efforts des botanistes qui cherchaient à résoudre, par l'observation aidée du microscope, ce problème que l'expérimentation avait laissé sans solution. En 1854, Thuret prouva que les spermatozoïdes entourent et fécondent les grands œufs des *Fucus;* il réussit même à créer des hybrides en mêlant les spermatozoïdes des uns aux œufs des autres; mais il ne réussit pas à décider si le simple contact des organes masculins et des organes féminins suffit à déterminer la fécondation, ou si celle-ci ne s'effectue que par la fusion des substances du spermatozoïde et de l'œuf; cette question fut résolue en 1855 par Pringsheim, qui prit comme sujet d'expérience une algue d'eau douce. Il fit pénétrer la substance fécondante des organes masculins à l'intérieur de l'œuf, où il la vit se dissoudre. Quelques années plus tard on constata, chez les cryptogames supérieurs, le même processus; on le retrouve, sous sa forme la plus simple, dans l'acte de la conjugaison, que du Bary décrivit minutieusement en 1858 et qu'il considéra, à l'exemple de Vaucher, comme un processus sexuel.

Lorsqu'on songe à la part de travail et de labeur que représente, dans l'œuvre des plus distingués parmi les botanistes qui se sont succédé à partir de 1840, l'étude de l'anatomie végétale dans ses détails les plus délicats, la formation des cellules, l'embryologie, et l'histoire du développement des organes, on ne s'étonne point que les autres branches de la physiologie végétale, celles qui nécessitent l'expérimentation, aient été négligées; toutefois, les progrès de l'anatomie eurent leur contre-coup dans la physiologie ; l'anatomie permit aux physiologistes d'acquérir des idées plus justes au sujet des lois et des phénomènes de la vie végétale.

Parmi les études d'ordre physiologique, la théorie de la sexualité, et la chimie des aliments des plantes sont les seules qui, durant les années qui se sont écoulées de 1840 à 1860, aient offert un développement réel et continu. Le mérite de ces progrès ne doit pas être attribué aux efforts des botanistes, dont le rôle, en cette circonstance, s'efface ou disparaît même complètement, mais bien à ceux des chimistes. Ceux-ci consacrèrent à l'étude de la nutrition végétale des recherches qui se rattachent aux travaux de de Saussure. Les chimistes agricoles qui se succédèrent jusque vers 1860 s'occupèrent avant tout de déterminer la mesure dans laquelle les cendres servent à la nutrition, de spécifier les matières auxquelles les substances en question doivent leur origine; ils se livrèrent à des considérations qui se rattachaient aux études précédentes, et portaient sur l'épuisement des terres par la culture, et la manière d'y porter remède au moyen d'engrais appropriés. Avant 1840, le Français Boussingault avait déjà entrepris à ce sujet des recherches expérimentales et analytiques ; durant les vingt années qui suivirent cette date, il fit connaître une foule de faits qui présentent une extrême importance au point de vue de la physiologie. Nous attirerons particulièrement l'attention de nos lecteurs sur le fait que l'azote atmosphérique libre ne joue aucun rôle dans les fonctions de la nutrition végétale ; lorsque celle-ci s'accomplit dans des conditions normales, les plantes absorbent de l'azote en combinaison. L'intérêt qui s'attachait aux questions de ce genre s'accrut encore en Allemagne, lorsque parurent les ouvrages de Justus Liebig. Celui-ci résumait les progrès accomplis dans le domaine de la science durant les années qui avaient précédé 1840, et traçait la limite, nettement déterminée, qui sépare les connaissances fondamentales de celles qui sont insignifiantes ou qui ne présentent qu'un intérêt secondaire. Il insistait sur l'immense importance pratique qu'offre, au point de vue de l'agriculture et de l'économie forestière, la théorie de la nutrition végétale ; les botanistes disposèrent bientôt de ressources créées par l'État, qui prirent une extension générale et qui facilitèrent les études dont nous avons parlé plus haut ; toutefois, les recherches nouvelles, grâce à ces méthodes conçues dans un sens uniquement pratique et utilitaire, risquaient fort d'égarer ceux qui en faisaient usage et qui perdaient souvent de vue les rapports cachés qui unissent entre eux les phénomènes de la vie. Copendant, on accumula beaucoup de faits qui, soigneusement triés, furent utilisés plus tard au profit de la science pure. Quelques-uns des plus distingués d'entre les agronomes surent maintenir une juste mesure dans la part faite aux aperçus pratiques et aux considérations d'ordre purement scientifique; ils surent résumer la théorie de la nutrition des plantes, autant et aussi bien que le leur permettait l'étude superficielle de l'organisation végétale. Parmi ces savants, nous nommerons, avec Boussingault, Emile Wolff et Franz Schulze. Cependant, ni les uns ni les autres n'arrivèrent à résoudre les problèmes de l'assimilation, de la nutrition, et du métabolisme des substances qui se trouvent à l'intérieur de la plante, malgré quelques travaux qui furent tentés à ce sujet et dont quelques-uns ont de la valeur.

Tandis que la doctrine de la sexualité et la théorie de la nutrition faisaient de rapides progrès, les autres branches de la physiologie végétale, en revanche, ne se développaient que lentement, d'un développement incohérent et fragmentaire.

Différents botanistes signalèrent les rapports qui existent entre la chaleur propre des végétaux et l'absorption de l'oxygène; on fit quelques découvertes nouvelles au sujet des courbures de la racine; en 1848, Brücke publia sur les mouvements des feuilles du Mimosa un travail du plus grand mérite, et en 1857, Hofmeister fit connaître le résultat de recherches sur le phénomène connu jusque-là sous le nom de pleurs de la vigne. Il prouva que ce phénomène, que l'on avait cru jusqu'alors particulier à la vigne et à certains arbres, se présente chez toutes les plantes ligneuses, et cela, non point seulement au printemps, mais à toute époque de l'année, pourvu que les végétaux en question se trouvent dans certaines conditions favorables.

Ces découvertes, jointes à d'autres observations disséminées, devaient contribuer, dans une forte mesure, aux progrès ultérieurs de la science. A l'époque dont nous parlons, on ne songea point à en tirer parti pour formuler des théories; les botanistes qui abordaient ces problèmes hérissés de difficultés ne s'occupaient point de ces questions avec la persévérance et l'ardeur exclusive qui peuvent seules engendrer des résultats positifs, et permettre de mieux déterminer les rapports mystérieux qui unissent entre eux les phénomènes.

Les connaissances relatives aux mouvements de la sève à l'intérieur des plantes restaient, ou peu s'en faut, à l'état stationnaire; celles que possédaient les botanistes de l'époque au sujet des conditions extérieures nécessaires à la croissance et à son processus étaient moins avancées encore. On ne négligeait pas tout à fait, à la vérité, l'étude des rapports étroits qui unissent les phénomènes de la végétation aux variations de la température, étude si nécessaire au point de vue de la physiologie végétale, mais on se trompa en voulant la simplifier. Les botanistes eurent l'idée malencontreuse de multiplier le nombre de jours nécessaire à une plante pour atteindre son complet développement par le chiffre de la température moyenne, durant ce développement même; le produit était supposé représenter le degré de chaleur qu'exige, pour croître dans des conditions normales et parvenir à l'état adulte, une plante donnée. Cette erreur fut particulièrement nuisible aux progrès de la géographie végétale.

Dans son ouvrage sur la cellule végétale, ouvrage si souvent mentionné dans ces pages, Mohl condensa et résuma, avec une précision remarquable, les connaissances acquises par les botanistes à partir de 1851, et les soumit au contrôle d'une critique éclairée et judicieuse; en 1855, Unger publia un traité dont nous avons déjà parlé, et qui renferme une étude plus approfondie, bien que moins critique, de la physiologie végétale prise dans son ensemble; jusque vers 1860, ces deux ouvrages contribuèrent, plus qu'aucun autre, à répandre la connaissance de la physiologie des plantes; leur mérite, d'ailleurs, était à la hauteur de leurs succès. En revanche, Schacht publia après 1852 des ouvrages qui avaient la prétention de traiter de la physiologie végétale, et qui trahissaient une observation si défectueuse, si insuffisante, qu'ils nuisirent au développement de la science au lieu de le favoriser.

Au moment de faire succéder à ces vues générales une étude plus détaillée, nous nous voyons forcé d'aborder l'histoire de la théorie de la sexualité, à part de celle des autres branches de la physiologie végétale. Cette manière de procéder nous est, en quelque sorte, imposée par les circonstances; les parties importantes de la théorie de la sexualité se sont développées, au début et à une époque ultérieure, indépendamment des autres recherches physiologiques; du moment où il n'y a pas continuité historique, le désordre et la confusion s'introduiraient dans l'étude que nous allons aborder, si nous voulions rattacher historiquement le développement de la théorie de la sexualité à celui des autres doctrines physiologiques. La théorie des mouvements de la sève et de la nutrition des plantes s'est, de même, développée indépendamment des autres doctrines physiologiques et, pour cette raison, nous lui consacrerons un chapitre spécial.

Nous résumerons enfin, dans un troisième chapitre, les découvertes des botanistes au sujet des mouvements des parties végétales et du mécanisme de la croissance.

CHAPITRE PREMIER.

HISTOIRE DE LA THÉORIE DE LA SEXUALITÉ.

I.

D'ARISTOTE A R.-J. CAMERARIUS.

Vers la fin du dix-septième siècle et durant les années qui suivirent, Rudolph-Jacob Camerarius et ses successeurs contribuèrent, dans une certaine mesure, aux progrès de la théorie de la sexualité végétale. Afin de faciliter une juste appréciation des mérites des botanistes en question, nous ferons précéder notre analyse de quelques considérations préliminaires, sur le développement subi, depuis Aristote, par la théorie en question. Nous verrons, par la même occasion, que la philosophie ancienne, fondée sur l'observation superficielle des faits, n'a en rien favorisé le développement d'une science qui repose uniquement sur l'investigation inductive.

Ainsi qu'un grand nombre des botanistes qui lui succédèrent, Aristote [1] rangeait la fécondation sexuelle parmi les fonctions de nutrition; il méconnaissait, par conséquent, les caractères propres à ces fonctions, ainsi que le prouve clairement son axiome : « La nutrition et la fécondation sont l'œuvre d'un seul et même principe, du principe de la force vitale ». A cette généralisation hâtive, Aristote joint des vues erronées, fondées sur des observations insuffisantes; il établit entre la sexualité des organismes et leurs mouvements un rapport de cause à effet. Nous trouvons dans ses fragments botaniques les remarques suivantes : « Chez tous les animaux qui possèdent la locomotion, certaines différences distinguent le mâle de la femelle; un animal peut appartenir au genre mâle, l'autre au genre femelle; tous deux n'en sont pas moins de la même espèce, comme deux êtres humains. Chez

1. Voir Ernest Meyer : *Gesch. der Bot.*, vol. I, page 98 et suivantes.

les plantes, en revanche, ces forces diverses sont confondues; les végétaux mâles ne se distinguent point des végétaux femelles, aussi se reproduisent-ils d'eux mêmes et sans produire de matière fécondante ». Et plus loin : « Les bêtes qui ne marchent pas, et les animaux qui restent adhérents à l'endroit où ils ont pris naissance, ont une existence semblable à celle des plantes; elles ne sont ni mâles, ni femelles. Cependant, on ne laisse pas de les distinguer en mâles et en femelles, en vertu de ressemblances et d'analogies, car elles présentent certaines différences qui sont réelles, bien que peu marquées. Parmi les arbres, il en est qui portent des fruits et d'autres qui n'en portent point; cependant, ces derniers sont nécessaires aux premiers, car ils aident les premiers à produire le fruit, comme dans le cas du figuier et du *Caprificus* (le figuier sauvage) ».

Les vues du disciple d'Aristote, de Théophraste [1], paraissent plus justes et fondées sur des observations plus approfondies que les doctrines du maître. Cependant, on chercherait en vain, dans ses œuvres, la trace d'observations personnelles, capables de jeter quelque lumière sur la question qui nous préoccupe; au moment où il dit que parmi les fleurs du *Mali Medicæ*, il s'en trouve de stériles et d'autres fécondes, il ajoute qu'il faudrait s'assurer si cette particularité n'existe pas chez d'autres végétaux. Il aurait pu s'en assurer, sans sortir de son propre jardin. Il semble songer davantage à établir l'ordre et la logique dans les connaissances qu'il possède déjà, qu'à décider si la fonction sexuelle existe réellement chez les plantes.

Il est certain, dit-il, que parmi les plantes qui appartiennent à la même espèce, les unes portent des fleurs et les autres n'en portent point; le palmier mâle a des fleurs, le palmier femelle seul produit des fruits [2]. Ce sont là, conclut-il, les différences qui caractérisent ces végétaux et les distinguent des plantes qui ne produisent pas des fruits; on peut voir par là combien les fleurs diffèrent les unes des autres. Nous voyons au troisième livre *De Causis* (c. 15, 3) que les Térébinthes sont les uns mâles, les autres femelles. Dans le premier cas, la plante est stérile et désignée, pour cette raison, sous le terme de mâle. Lorsqu'il s'agit de faits de ce genre, Théophraste s'en rapporte entièrement au récit

1. J'ai recours ici à l'édition de Gottlob Schneider : *Theophrasti Eresii quæ super sunt opera*, Leipzig, 1818. Voir encore *De Causis*, I. I. c. 13, 4; et I. IV, c. 4, et l'*Historia Plantarum*, I, II, c. 8.

2. Il faut remarquer ici que Théophraste n'a pas été le seul à considérer l'ap-

d'autres botanistes, ainsi que le prouve le passage suivant, emprunté au livre dont nous avons parlé plus haut (c. 18,1) : « On prétend que le fruit du palmier femelle n'atteint pas son complet développement lorsqu'on ne le saupoudre pas de la poussière de la fleur mâle; ce fait est étrange, mais il se rapproche du phénomène de la caprification de la figue. On pourrait presque conclure de ce qui précède que la plante femelle ne suffit pas à amener le fœtus à un développement complet; mais ce phénomène ne doit pas être particulier aux plantes d'une seule ou de deux espèces végétales; il doit exister chez tous les végétaux ou chez un grand nombre d'espèces différentes ». On peut voir par ce qui précède, que le philosophe grec tranche aisément une question d'une importance fondamentale, sans condescendre à appuyer son dire d'une observation personnelle.

Il semble que la théorie de la sexualité végétale se soit développée, et ait pris une certaine consistance durant les années qui ont précédé l'apparition de Pline; elle eut des partisans, sinon parmi les écrivains, du moins parmi les personnes qui se trouvaient en contact immédiat avec la nature; nous en trouvons la preuve dans une remarque de Pline. Celui-ci décrit, dans son *Historia Mundi*, les relations des dattiers mâles et femelles, et désigne le pollen comme étant l'agent de la fécondation, et ajoute, en terminant, que toutes les personnes compétentes en matière d'histoire naturelle croient à l'existence de deux sexes, non seulement chez les arbres, mais encore chez les plantes[1].

Si ce point d'histoire naturelle ne fournissait que peu matière aux réflexions des philosophes, il ne laissa pas, en revanche, d'exciter la fantaisie des poètes. De Candolle cite textuellement les vers qu'Ovide et Claudien consacrèrent à ce thème nouveau; puis passant sous silence le moyen âge qui, sous ce rapport, n'offre guère d'œuvres dignes de remarque, il rappelle la fantaisie si poétique et si pleine d'imagination que Jovianus Pontanus consacra, en 1505, à deux dattiers de sexe différent qui se trou-

pareil fructifère comme une partie végétale indépendante de la fleur; nous avons déjà vu dans l'histoire de la systématique que les botanistes des seizième et dix-septième siècles l'ont imité sous ce rapport. Dans son Histoire, chap. I, p. 164, Meyer semble avoir négligé de relever ce détail.

1. Dans sa *Physiologie Végétale*, 1835, II, p. 44. de Candolle cite textuellement le passage auquel nous venons de faire allusion. Il y est dit du pollen : *Ipso et pulvere etiam feminas maritare.*

vent, l'un à Brindisi, l'autre à Otrante. Mais tout ceci ne contribuait en rien aux progrès de l'histoire naturelle.

Treviranus a bien défini l'étendue des connaissances que possédaient, au sujet de la sexualité végétale, les botanistes allemands et hollandais du seizième siècle (*Phys. der Gewæchse*, 1838, II, p. 371) : « L'idée de plantes mâles, dans les espèces végétales telles que l'*Abrotanum*, l'*Asphodele*, le *Filix*, le *Polygonum mas et femina* était fondée sur de simples dissemblances extérieures et non sur des différences des parties essentielles en pareil cas. Il faut remarquer cependant que Fuchs, Mattioli, Tabernaemontan, et, d'une manière générale les moins érudits surtout des botanistes anciens, appliquaient aux végétaux, encore peu connus, ce mode de désignation; les savants tels que Conrad Gesner, de l'Écluse, Bauhin, en faisaient usage plus rarement, et seulement lorsqu'il s'agissait de spécifier une plante déjà connue. Lorsque de l'Écluse décrit les plantes qu'il a découvertes, il s'arrête fréquemment à la forme et à la couleur, voire même au nombre des étamines. Parmi les fleurs du *Carica papaga*, il en distingue deux sortes: celles qui portent des étamines, et celles qui renferment un ovaire. De l'Écluse désigne les premières sous le terme de fleurs mâles, les dernières sous celui de fleurs femelles; car elles représentent pour lui deux sexes différents, tout en appartenant à la même espèce végétale. Il ajoute : « On prétend que des affinités mystérieuses unissent l'un à l'autre les végétaux en question, de telle sorte que la plante femelle ne porte pas de fruits lorsque la plante mâle est séparée d'elle par un espace étendu, au lieu de se trouver à proximité » (*Curæ posteriores*, 42).

Les erreurs des botanistes que nous venons de nommer sont la conséquence naturelle de leur ignorance; mais lorsque Césalpin nie la théorie qui admet l'existence, chez les plantes, d'organes sexuels de deux sortes, et la déclare contraire à la nature même des végétaux, il obéit à l'influence néfaste des doctrines aristotéliciennes. On ne s'explique guère que de Candolle ait pu attribuer à Césalpin l'idée de l'existence de sexes chez les plantes. (*Physiologie végétale*, p. 48).

Les vues de Césalpin sur les analogies entre les ovules des végétaux et les œufs des animaux devaient lui dérober, à tout jamais, la notion de la sexualité des plantes. Son idée que la graine nait de la moelle — qui serait le principe vital des végétaux — ne pouvaient qu'aider à ce résultat. Rappelons à ce sujet les lignes suivantes, empruntées au premier des seize livres qui renferment ses œuvres, p. 11 : ***Non fuit autem necesse in plantis geniluram aliquam distinctam a materia secereni ut in animalibus quæ mare et femina distinguuntur.*** Il considéra les parties de la fleur qui entourent l'ovaire et même celles qui en sont séparées, sans en excepter les étamines, comme des enveloppes du fœtus. Il n'ignore pas, ainsi que nous l'avons dit plus haut, que les fleurs d'un grand nombre d'espèces végétales, telles que le Noisetier, le Châtaignier, le Ricin, le Taxus, la Mercuriale, l'Ortie, le Chaner, sont séparées du fruit. Il désigne même les fleurs non fertiles sous le terme de fleurs mâles; il donne à celles qui sont fécondes le nom de fleurs femelles, tout en n'accordant à cette désignation que la valeur d'une expression populaire, et sans admettre l'idée de fonctions sexuelles. Au sujet des mots ***mas*** et ***femina***, nous relevons à la page 15 les lignes suivantes : ***Quod ideo fieri videtur quia feminae materia temperatior sit, maris autem calidior; quod enim in fructum transire debuisset, ob superfluam caliditatem evanuit in flores, in eo tamen genere feminas melius provenire et fecundiores fieri aiunt, si juxta mares serantur, ut in palma est animadversum, quasi halitus quidam ex mare efflans debilem feminæ calorem expleat ad fructificandum.***

Il ne parle pas du pollen; il songe encore moins à généraliser ses observations au sujet des végètaux dioïques, et à les comparer aux fleurs dans lesquelles la fleur se trouve sur le même pied que l'appareil fructifère tel que l'entend Césalpin. Les vues qu'il émet au sujet des rapports entre la graine et les bourgeons, et qui ont été déjà rappelées, semblent prouver qu'il considère la formation des graines comme étant simplement un mode de reproduction supérieur à celui qui s'effectue par bourgeons, et il n'établit pas, entre l'un et l'autre, de distinction arrêtée. En fait, Césalpin se trouvait dans l'impossibilité de concilier la doctrine aristotélicienne avec la théorie de la sexualité végétale.

En 1592, Prosper Alpino fait paraître un travail sur la pollinisation des dattiers. Cet travail, qui n'offre rien de nouveau, a du moins le mérite de reposer sur des observations personnelles, faites par l'auteur durant un séjour en Égypte (De Candolle, ***Physiologie Végétale***, p. 47).

La même année, le Bohémien Adam Zaluziansky[1], s'efforça

1. Sa *Methodus Herbaria* doit avoir été publiée en 1592; je n'ai pu la trouver. J'en juge d'après une citation textuelle et fort étendue dans la *Physiologie* de de Candolle (II, p. 49), qui l'empruntait à une édition datée de 1604.

de condenser et de résumer en une sorte de théorie générale les doctrines des botanistes. Le fœtus, dit-il, représente un des éléments de la nature végétale; certaines différences le distinguent toutefois du bourgeon. Celui-ci sort de la plante et se développe comme une partie dans un tout; celui-là, en revanche, comme un tout dans le tout même.

Zaluziansky cite presque textuellement Pline dans la phrase que voici : « Les naturalistes assurent que toutes les plantes possèdent les deux sexes; ils sont réunis chez les unes; séparés et distincts chez les autres. Beaucoup de plantes sont à la fois mâles et femelles; elles ont par conséquent la faculté de se reproduire par elles-mêmes, comme certains animaux androgynes ». Et l'auteur explique ceci par l'absence de la locomotion chez les plantes, en formulant sur ce point des vues plus nettes et plus précises que celles d'Aristote. La plupart des végétaux, dit-il, ont les deux sexes réunis. Chez d'autres, parmi lesquels on compte le palmier, une plante est mâle et l'autre femelle; sans la plante mâle, la plante femelle ne peut porter de fruits, et lorsque le pollen de la première n'atteint pas la seconde, on peut aider la nature par des moyens artificiels. On voit percer ici une préoccupation qui se fait jour dans les œuvres de Zaluziansky comme dans celles des botanistes dont nous avons parlé jusqu'à présent. L'auteur craint que l'on ne confonde les caractères sexuels avec les caractères spécifiques, et que l'on ne range dans des espèces différentes des plantes qui ne diffèrent en réalité que par le sexe. Il rappelle la distinction d'un grand nombre de plantes en mâle et femelle, d'après certaines différences extérieures.

Jung connaissait, sans aucun doute, les découvertes de ses contemporains; il était au fait des vues des botanistes de l'époque, et cependant, il ne semble pas avoir admis le fait de la sexualité végétale, ou s'être rangé aux opinions des botanistes qui considéraient l'union des sexes comme nécessaire à la reproduction. Il suffit, pour s'en assurer, d'étudier ceux de ses livres qui traitent de la botanique. Ils ne contiennent pas un mot qui puisse être interprété comme une adhésion aux doctrines régnantes. On croirait presque que les hommes les plus instruits et les plus sérieux de l'époque, les botanistes tels que Césalpin et Jung, ont considéré la théorie de la sexualité végétale comme une absurdité, comme une idée trop erronée pour être digne de l'attention d'un homme de sens. C'est encore l'impression qui se dégage de la lecture de l'*Anatomie des Plantes*, de Malpighi. Celui-ci est le premier botaniste qui ait fait connaître quelque peu l'histoire du développement de la semence, et qui ait fait sur ce sujet des observations sérieuses; il est le premier qui ait étudié l'embryon à l'origine de sa formation dans le sac embryonnaire, mais il a omis de parler de la part que prend le pollen des anthères, dans la formation de l'embryon; il s'est abstenu de toute allusion aux vues de ses devanciers. A l'exemple de Césalpin, Malpighi ramenait au même principe la formation des semences et la formation ordinaire des bourgeons; il identifiait, en quelque sorte, les fonctions de la reproduction avec celles de la nutrition. Les idées des botanistes qui considèrent les fleurs stériles comme des fleurs mâles sont mentionnées en passant, mais traitées de superstitions populaires. Enfin, l'auteur termine par un exposé d'opinions qui ont trait aux étamines et aux pétales. Pour Malpighi, ces parties sont destinées à écarter de la fleur une partie de la sève, afin de permettre à la semence de prendre naissance dans une sève épurée (p. 56).

Dans tous les récits qui se rapportent à la sexualité, il est fait mention d'un certain Sir Thomas Millington qui est, du reste, dans l'histoire de la botanique, absolument inconnu. A en croire Malpighi, Sir Thomas Millington aurait, le premier, signalé l'importance réelle que possèdent les étamines en tant qu'organes sexuels mâles. Les seuls renseignements que nous possédions à ce sujet se réduisent aux lignes suivantes empruntées à l'*Anatomy of Plants*, de Grew (1682, p. 171. ch. 5, sect. 3). « Un jour que je m'entretenais là-dessus avec Sir Thomas Millington, notre érudit *Savilian* professeur (il s'agissait ici de l'importance des étamines, au point de vue de la formation des semences), celui-ci me dit qu'il considérait les étamines comme des organes masculins destinés à la formation de la semence. Je répliquai que je partageais cette manière de voir, et je donnai les raisons sur lesquelles je me fondais, et je répondis encore à quelques objections que ces raisons mêmes pouvaient soulever ». Grew résume ses idées au sujet de ce point en ces termes (p. 172) : « Il semble d'abord que l'*attire*[1] soit destiné à séparer du reste de la plante un excédent de sève, de manière à préparer et à faciliter la formation de la semence. De même que les enveloppes florales (*foliature*) absorbent les parties

1. C'est sous ce nom que Grew désignait l'ensemble des étamines : chez les Composées toutefois ce nom désignait les fleurs isolées. On peut comparer ce qui précède avec certains passages que l'on trouvera aux pages 38 et 39 de la première partie de son ouvrage, publié en 1671, et où Grew ne reconnait pas encore la signification sexuelle des étamines.

soufrées, et salines, volatilisées, de même, l'*attire* absorbe en partie les matières gazeuses, de telle sorte que la semence contient une plus grande quantité de matières huileuses, et que les principes qui la composent sont plus purs de tout mélange ». Nous reconnaissons ici les théories des chimistes de l'époque, qui considéraient le soufre, le sel et l'huile comme les matières fondamentales. Il résulte de ce qui précède, dit Grew, que la fleur a un parfum plus fort que l'*attire*, parce que le soufre salin est plus fort que le soufre gazeux, qui dégage une senteur trop subtile pour que l'odorat la perçoive, etc. Puis, Grew se rattache étroitement aux doctrines de Malpighi en attribuant aux principes salins ou gazeux, qui se dégagent de la plante, la même fonction qu'à l'écoulement menstruel; il les croit destinés à épurer la sève de l'ovaire, de manière à le rendre propre au développement de la graine qui va y prendre naissance. L'*attire*, à l'origine de son développement, c'est-à-dire avant l'époque où il s'ouvre, correspond pour lui aux menstrues femelles; il n'y a rien d'improbable, par conséquent, à ce qu'il remplisse les fonctions des organes masculins lorsqu'il s'est enfin ouvert. Cette conclusion découle de l'observation de la forme des parties en question. Le désordre et la confusion la plus absolue règnent encore dans les notions que Grew possédait à ce sujet, ainsi qu'on peut s'en assurer par la phrase suivante (p. 72, § 7), que nous citons textuellement : « Dans l'*attire* de la fleur (dans les fleurs proprement dites des Composées) le style et le stigmate ressemblent assez à une verge de petites dimensions, entourée de sa gaîne comme d'un prépuce. Dans l'*attire* en forme de graines, il y a plusieurs thèques, semblables à autant de petites testicules. Et les globules et autres particules de petite dimension qui se trouvent sur le style ou pénis et dans les thèques sont le sperme des végétaux. Aussitôt que le pénis se détache et s'ouvre, ou que les testicules se brisent, le sperme tombe sur l'appareil fructifère ou matrice, et lui communique une vertu prolifique ».

La conclusion s'imposait d'elle-même; les plantes dont parle Grew devaient nécessairement posséder à la fois les deux sexes. Notre auteur écarte cette objection en faisant remarquer que les limaces et d'autres animaux encore présentent cette particularité. La théorie qui n'admet la fécondation de l'ovaire ou de ce qu'il renferme que par le contact du pollen devient plus invraisemblable encore lorsqu'on compare les fonctions de reproduction des végétaux avec celles d'un grand nombre d'animaux. Ici, Grew fait quelques remarques curieuses et il termine en faisant remarquer qu'il est impossible d'établir des analogies complètes entre les végétaux et les animaux; il ne peut y en avoir; et pour qu'il en existât, il faudrait qu'il y eût non pas analogie, mais identité.

Lorsqu'on cherche à apprécier la valeur des vues de Millington et de Grew, on s'aperçoit que ces deux botanistes ont eu du moins un mérite réel : ils ont, l'un et l'autre, attribué aux étamines le pouvoir de produire la matière fécondante des organes masculins. Cette vue se trouve mêlée du reste aux considérations chimiques les plus étranges, elle abonde en comparaisons singulières, qui ont toutes pour point de départ les analogies qui existent entre les plantes et les animaux. La science s'achemine parfois par des voies détournées vers le but qu'elle doit atteindre; une fois l'idée de la sexualité végétale admise, Grew n'aurait eu qu'à se rappeler l'observation de Théophraste. D'après le botaniste ancien, il suffit, en effet, pour féconder les palmiers femelles, de secouer sur eux la poussière des palmiers mâles; et comme Malpighi et Grew avaient constaté tous deux la présence du pollen dans les étamines, ils auraient pu sans danger se fier à une expérience vieille de dix siècles, et désigner immédiatement les étamines comme étant des organes mâles. Mais Grew ne fait pas même allusion aux vues et aux observations des botanistes anciens. Quant à tenter lui-même des expériences dans le but de résoudre le problème qui le préoccupait, il y songeait aussi peu que les écrivains qui ont précédé Camerarius. L'*Historia plantarum* de Ray représente déjà un progrès. L'auteur de cet ouvrage (1693, I. Cap. 10, p. 17. II, p. 1250) éclaircit et rectifie les théories si confuses de Grew au moyen d'exemples tirés de l'étude des plantes dioïques, et fondés sur l'observation des botanistes anciens au sujet du dattier, mais il ne paraît pas songer à entreprendre des expériences qui, cependant, auraient pu l'amener plus près de la vérité. Toutefois le botaniste qui devait signaler et établir définitivement le fait de la sexualité végétale, Camerarius, se livrait à des expériences qui devaient lui permettre de résoudre le problème déjà deux ans avant l'époque où parut l'*Historia Plantarum*. Les vues exposées par Ray dans la préface de son *Sylloge Stirpium* (1694) sont simplement des affirmations sans base expérimentale. Camerarius est le premier botaniste qui ait défini et nettement posé les données du problème; il a indiqué les études expérimentales dont ce problème devait être l'objet; il ne s'est pas contenté d'entreprendre des expériences, comme l'avaient fait ses devanciers, il les a poursuivies et menées à bien, avec une habileté consommée, ainsi que nous le verrons plus loin. Pour apprécier à leur juste valeur les mérites de Camerarius, il suffirait à ceux qui attribuent aux écrits de Grew et de Ray une importance supérieure à celle que nous leur avons assignée, de comparer les méthodes de ces deux botanistes avec celle dont s'est servi Camerarius lui-même. Linné était dans le vrai lorsqu'il disait que Camerarius avait, le premier, signalé et déterminé avec précision (*perspicue demonstravit*) le fait de la sexualité végétale et les fonctions de reproduction des plantes (*Amœnitates*, I. 1749, p. 62).

II.

RUDOLPH-JACOB CAMERARIUS FONDE LA DOCTRINE DE LA SEXUALITÉ VÉGÉTALE. — 1691-1694.

Les connaissances que possédaient, au sujet de la sexualité végétale, les botanistes qui se sont succédé jusque vers 1691, se réduisaient aux faits signalés par Théophraste, qui avait soumis à des investigations plus ou moins minutieuses le dattier, le térébinthe et le pommier médique, et aux vues hasardées de Millington, de Grew et de Ray, avec, en regard de celles-ci, les doctrines de Malpighi. L'expérience pouvait seule faire de la sexualité végétale un fait avéré. Il fallait commencer par prouver que le développement de semences douées de fécondité est dû à l'action du pollen. D'après tous les documents historiques, nous pouvons considérer R.-J. Camerarius comme le premier botaniste qui ait tenté de résoudre ce problème, en s'appuyant d'ailleurs sur de nombreuses expériences. La question de savoir comment la matière fécondante entre en contact avec les graines susceptibles de fécondation appartient à un autre ordre d'idées, et pour être à même d'étudier ce point, il fallait commencer par prouver, au moyen de l'expérimentation, que la fécondation de la semence est l'œuvre du pollen.

Les œuvres de RUDOLPH-JACOB CAMERARIUS[1] restèrent longtemps éparses, et ne jouirent pas du renom auquel elles avaient droit. J.-Ch. Mikan, professeur de botanique à Prague, les a réunies, et y

1. Rudolph-Jacob Camerarius naquit à Tubingue en 1665, et y mourut en 1721. Après avoir commencé par étudier la philosophie et la médecine, il voyagea de 1685 à 1687, et visita l'Allemagne, la Hollande, l'Angleterre, la France, et l'Italie; en 1688, il fut appelé aux fonctions de professeur extraordinaire et de directeur du Jardin Botanique de Tubingue; de 1689 à 1695, il professa la physique, et finit par succéder à son père, Elias-Rudolph Camerarius, dans les fonctions que

a joint quelques ouvrages de Koelreuter, et a publié le tout sous le titre de ***R.-J. Camerarii opuscula botanici argumenti*** (1797, Prague). L'étude qui va suivre est spécialement basée sur cet ouvrage, qui paraît être peu connu. L'éditeur publia textuellement les articles, très brefs, que Camerarius fit paraître dans les ***Ephémérides*** de l'Académie Léopoldine, et qui remontent aux années neuf et dix de la seconde décurie et cinq et six de la troisième décurie. Il reproduit, d'après l'édition de Gmelin (1749) la lettre que Camerarius adressa à Valentin et dont nous nous occuperons plus tard. Il donne également un résumé de cette lettre et la réponse de Valentin.

Camerarius avait remarqué que le mûrier femelle porte des fruits lors même qu'il ne se trouve pas de mûriers mâles (***amentaceis floribus***) à proximité. Il constata en outre que les baies qui se développent dans ces circonstances ne contiennent que des graines creuses et vides, et il compara ces graines aux œufs stériles que pondent parfois les oiseaux. Ces observations excitèrent sa curiosité et l'amenèrent à tenter une première expérience sur une autre plante dioïque, la mercuriale (***Mercurialis annua***); vers la fin de mai, il se procura deux mercuriales qui avaient crû en liberté, et il eut soin de choisir deux plantes femelles. (Les botanistes qui l'avaient précédé considéraient cette espèce comme mâle, mais son expérience personnelle lui avait prouvé le contraire.) Il mit des plantes en pot, et les sépara des autres végétaux de même espèce. Elles crûrent, prospérèrent, et produisirent des fruits nombreux et succulents; mais une fois parvenus à la demi-maturité, ces fruits se desséchèrent, les graines qui y étaient renfermées n'atteignirent ni les unes ni les autres leur complet développement. C'est le 28 décembre 1691, que Camerarius fit connaître le résultat de ses observations à ce sujet. Nous trouvons dans les ***Ephémérides*** une note qui est de la cinquième année de la troisième décurie et qui renferme des observations au sujet d'un semis d'épinards qui avait produit à la fois des plantes dioïques et des plantes monoïques. Ray avait observé le même fait chez l'***Urtica romana;*** de nouvelles recherches, qui avaient pour objet trois autres espèces végétales, vinrent confirmer les premières

celui-ci remplissait à l'Université en qualité de Premier Professeur. Il eut dix enfants dont l'un, Alexandre, succéda à son tour à Rudolph-Jacob (Voir la notice de Du Petit Thouars, dans la ***Biographie Universelle***). Tous les écrits de Camerarius ne traitent pas de la sexualité végétale, mais les uns aussi bien que les autres se distinguent des ouvrages des contemporains par l'ingéniosité des idées, par la clarté du style, et la précision de la pensée.

expériences de Camerarius. Les botanistes qui succédèrent n'attribuèrent pas toujours à ce fait l'importance qu'il possède en réalité, et par là s'explique plus tard l'apparition de théories erronées sur les résultats de l'expérimentation, et de nouveaux doutes sur la théorie de la sexualité.

Parmi les travaux que Camerarius a consacrés à l'étude de la sexualité végétale, le principal, qu'on a souvent cité, paraît n'être connu que d'un petit nombre de lecteurs. Il porte le titre de *De Sexu Plantarum Epistola*, et fut adressé par l'auteur, le 25 août 1694, à Valentin, professeur à Giessen. Cet ouvrage est le plus étendu de tous ceux qui se sont succédé jusque vers le milieu du siècle dernier et qui ont traité de la sexualité des plantes; aucun des botanistes ayant précédé Kœlreuter n'a su approfondir à ce point la question qui nous occupe en ce moment. L'œuvre tout entière est supérieure, sous le rapport du fonds comme sous celui de la forme, aux écrits des botanistes de l'époque; elle est digne de la science moderne. Les ouvrages qui se rapportent en quelque mesure à la sexualité végétale y sont l'objet d'une critique éclairée, dans laquelle l'auteur déploie une connaissance approfondie de la littérature; un ordre et une clarté qui restèrent longtemps sans pareil dans l'histoire de la littérature règnent dans les pages qui traitent de la structure de la fleur, et facilitent, conformément à l'intention de l'auteur, l'interprétation des recherches expérimentales que Camerarius a consacrées à la sexualité des plantes. Le ton général de la lettre prouve que Camerarius était pénétré de l'importance capitale du problème qu'il avait entrepris de résoudre, et se préoccupait avant tout d'affirmer, par tous les moyens possibles, l'existence de la sexualité.

Après avoir soumis à une étude approfondie les différentes parties de la fleur, les anthères et leur pollen, les transformations subies par l'appareil fructifère avant et après la fécondation, les particularités propres aux fleurs doubles, etc.; après avoir tiré de ces remarques des conclusions relatives à l'importance des anthères, et avoir déployé, dans ses considérations, autant de prudence que de bons sens, Camerarius en appelle à l'autorité des preuves positives : « Chez les végétaux qui rentrent dans la seconde catégorie, dit-il, la même plante présente des fleurs mâles et des fleurs femelles qui sont séparées les unes des autres. L'étude de ces plantes m'a permis de constater que la suppression des anthères a toujours des résultats fâcheux, et deux exemples confirmeront mon assertion. J'enlevai les fleurs mâles (*globulos*) du Ricin avant que les anthères ne se fussent développées. Je prévins aussi l'apparition de nouvelles fleurs sans toutefois toucher aux ovaires, qui étaient déjà formés. Grâce à ce procédé, je vis apparaître des graines qui n'atteignirent jamais leur complet développement et qui présentaient l'apparence de vessies vides. Elles finirent par s'épuiser, et se dessécher complètement. La même expérience fut répétée sur une plante de Maïs. Je coupai avec soin les stigmates qui retombaient déjà, et cette suppression prévint entièrement la formation des grains dans les deux épis. Le nombre des coques vides était cependant très grand ». Camerarius a consacré au Mûrier et à la Mercuriale, qui sont des plantes dioïques, des études qui ont paru dans les *Éphémérides*, et auxquelles il renvoie le lecteur. Il a soumis à des recherches de même ordre l'épinard, et le résultat confirma les expériences dont nous avons parlé plus haut. Après avoir appelé l'attention du lecteur sur les analogies qui existent entre les faits dont nous venons de faire mention, et certains traits de l'organisation animale, Camerarius poursuit en ces termes : « Dans le règne végétal, il ne peut y avoir production de semence, ce don parfait de la nature, ce moyen universel de conservation des Espèces, si les anthères n'ont pas préparé d'avance le développement de la jeune plante renfermée dans la semence (*nisi praecedanei florum apices prius ipsam plantam debite præparaverint*). Il paraît par conséquent rationnel de désigner ces *apices* sous un nom plus noble, et de leur attribuer l'importance d'organes sexuels masculins, car leurs loges renferment les graines; c'est là que s'accumule la semence, c'est-à-dire la poudre qui constitue la partie la plus subtile de la plante, et c'est de là qu'elle sort plus tard. Il va de soi que l'ovaire et le style qui fait partie de l'ovaire (*seminale vasculum cum sua plumula sive stilo*) représentent les organes sexuels féminins de la plante ». Plus loin, Camerarius se livre à des considérations inspirées par Aristote, sur le mélange des sexes chez les végétaux; il cite la découverte de Swammerdam au sujet de l'hermaphroditisme des limaces. Ce fait qui, dit-il, ne se présente qu'à l'état d'exception chez les animaux, devient règle générale chez les végétaux. Camerarius croyait à tort que les fleurs hermaphrodites se fécondent elles-mêmes, mais trouvait ce phénomène fort étrange quand il le comparait au mode de reproduction des limaces. La plupart des botanistes qui se sont succédé jusqu'à l'époque actuelle n'y trouvaient rien d'étrange, en dépit des opinions qu'avaient émises à ce sujet Koelreuter et Sprengel. Celui-ci est le premier qui ait signalé les erreurs des vues de Camerarius cent ans plus tard; il a appartenu aux botanistes modernes de les réfuter complètement.

Les botanistes de la fin du dix-septième siècle attachaient tout au plus à ce mot de sexualité végétale un sens figuré (à l'exception toutefois de Ray), mais Camerarius n'établit pas de différence de signification entre la sexualité végétale et la sexualité animale, et s'efforce d'asseoir cette vue sur des bases solides. Il suffit, pour s'en assurer, de prêter quelque attention aux expressions auxquelles il a recours lorsqu'il veut montrer que les différences qui, chez les végétaux dioïques, existent entre les plantes mâles et femelles, sont des différences réelles. De même que chez les animaux, dit-il, le nouveau fœtus de la plante, le germe renfermé dans la semence, ne se développe à l'intérieur de la paroi de celle-ci qu'après la floraison. Camerarius croit nécessaire de faire remarquer que les doctrines d'Aristote, d'Empédocle et de Théophraste peuvent se concilier avec sa propre théorie de la sexualité; remarquez ce fait qui montre quelle autorité possédaient encore les anciens à l'époque dont nous parlons. Camerarius déploie, dans les pages qu'il a consacrées à l'étude des fonctions de reproduction, un esprit de recherche et de critique digne d'un véritable naturaliste; il abandonne, sans s'y arrêter davantage, la discussion qui s'était élevée parmi les naturalistes de l'époque au sujet des animaux, et ne songe point à se demander si le fœtus prend naissance dans l'œuf ou dans les spermatozoïdes; pour lui, en effet, il s'agit avant tout d'établir le fait de la différence des sexes, et non le mode de génération; il insiste sur l'utilité de recherches sur le contenu des grains du pollen, sur leur pénétration dans les organes femelles, sur la question de savoir s'ils atteignent les semences prêtes à la fécondation sans avoir subi de modifications, s'ils éclatent auparavant, et en ce cas quelles sont les substances qu'ils expulsent? Camerarius rend pleine justice aux mérites de Grew, et à sa connaissance approfondie du pollen et de ses fonctions.

Camerarius a élevé lui-même une série d'objections contre sa propre théorie de la sexualité, et ceci fait le plus grand honneur à sa perspicacité de naturaliste. Il a fait remarquer, entre autres choses, que le pollen des Lycopodes et des Prêles ne donne pas naissance à de nouvelles plantes; il conclut de cette observation que ces plantes sont dépourvues de semences. Il ne faut pas oublier que c'est de nos jours seulement qu'on a connu le mode de la germination des Équisétacées et des Lycopodes. Cependant, Camerarius a noté encore une objection qui, au point de vue de la théorie de la sexualité, semblait grosse de conséquences fâcheuses. Sur une plante de Maïs qu'on avait privée de ses organes masculins, il constata la présence, dans un épi, de onze graines fécondées; phénomène qui lui parut inexplicable. Il fut plus dérouté encore par le fait que des plants de Chanvre, pris dans un champ, et cultivés ensuite dans un jardin produisirent des semences fécondes, et il chercha à expliquer ce phénomène par différentes suppositions, qui se ramenaient toutes à admettre que l'action du pollen avait échappé à l'attention de l'observateur. Ces faits l'amenèrent à tenter de nouvelles expériences; l'année suivante, il plaça dans une pièce isolée un pot qui contenait des plants de chanvre; il y eut trois plants mâles et trois plants femelles; les trois plants mâles furent supprimés (mais non par lui-même), avant le moment de la floraison; les plants femelles produisirent, à côté d'un grand nombre de fruits vides, une certaine quantité de graines fertiles. Ainsi qu'il arrive généralement, ces tentatives infructueuses devinrent la proie d'une foule d'envieux qui cherchaient à détourner à leur profit les découvertes de Camerarius, et qui, bien qu'incapables de fournir de ces faits une explication rationnelle, s'emparèrent de ces essais malheureux pour en faire le prétexte de critiques interminables. Ces essais infructueux constituent plutôt à nos yeux une preuve de la minutie que Camerarius apportait dans ses observations, car nous connaissons aujourd'hui la cause de ces échecs qu'il avait constatés sans parvenir à se les expliquer. S'il avait vécu à une époque moins agitée, il eût probablement terminé à son entière satisfaction les recherches qu'il avait entreprises, et qui témoignent déjà de dons si remarquables. Vers la fin de sa lettre, il se plaint des tristesses de la guerre; il écrit, en effet, à l'époque où les soldats de Louis XIV ravageaient le pays. La lettre se termine par une ode latine, qui se compose de 26 strophes de quatre vers chacune et qui est l'œuvre d'un inconnu, probablement d'un disciple de Camerarius. Gœthe a fixé de même dans une poésie bien connue les traits fondamentaux de sa théorie de la métamorphose; l'ode en question qui n'a d'ailleurs rien de commun avec le poème de Gœthe, résume la substance de l'*Epistola de Sexu Plantarum;* elle commence ainsi :

Novi canamus regna cupidinis,
Novos amores, gaudia non prius
Audita plantarum, latentes
Igniculos, veneremque miram.

III.

LA NOUVELLE DOCTRINE SE RÉPAND; SES PARTISANS ET SES ADVERSAIRES. — 1700-1760.

La théorie de la sexualité végétale a été plus qu'aucune autre des doctrines botaniques l'objet des études de l'historien et du critique. Ceux-ci, toutefois ne se sont pas toujours efforcés de remonter aux origines; ils n'ont pas toujours su distinguer les véritables fondateurs, les créateurs, pour ainsi dire, de la théorie de la sexualité, de ceux qui n'ont contribué à son développement que d'une manière secondaire; des botanistes allemands mêmes, ignorant les œuvres de Camerarius, ou incapables de se faire un jugement sur le problème et sur sa solution, attribuèrent à des Français ou à des Anglais des observations et des découvertes dont le mérite appartient à Camerarius. Dans le but de jeter quelque lumière sur cette question, nous avons soumis à un examen consciencieux la littérature du dix-huitième siècle, et nous nous efforcerons d'apprécier ici les mérites des botanistes qui ont précédé Kœlreuter, et de déterminer la mesure dans laquelle ils ont contribué à établir la théorie de la sexualité. L'avènement de la nouvelle théorie ne manqua pas de soulever tout le bruit qui salue d'ordinaire, dans le domaine de la science, l'apparition d'une découverte quelconque; certains botanistes nièrent, sans autre forme de procès, les doctrines nouvelles; on en vit beaucoup qui s'y rangèrent sans même comprendre les points en discussion; on en vit d'autres qui, imbus des préjugés régnants, infligèrent à celles-ci des modifications fâcheuses; d'autres encore cherchèrent à s'attribuer le mérite de la découverte; bien peu firent preuve d'une réelle intelligence, d'une réelle entente des difficultés de la question, dans les recherches sur la sexualité.

Il est nécessaire de ranger ici dans deux catégories bien distinctes les botanistes qui s'efforcèrent de résoudre, au moyen d'observations personnelles, le problème en question. A la première appartiennent Bradley, Logan, Miller, Gleditsch, et, d'une manière générale, les botanistes qui cherchaient à savoir si le pollen était nécessaire à la formation de la semence, et qui attachaient à cette question une importance capitale. De la seconde catégorie sont divers botanistes, tels que Geoffroy et Morland, qui adoptaient, sans même la discuter, la théorie de la sexualité, et cherchaient seulement à déterminer le moyen par lequel le pollen amène la fécondation de l'ovule. Il y avait d'autres hommes de science qui pensaient pouvoir résoudre les questions qui les préoccupent, sans le secours d'expériences et d'observations personnelles; les uns, comme Leibnitz, Burckhard et Vaillant, érigèrent en principes et en axiomes les faits observés; d'autres, comme Linné et ses disciples, cherchaient dans la philosophie des arguments nouveaux; d'autres encore, comme Tournefort et Pontedera, se refusaient simplement à accepter l'idée de la sexualité végétale. Enfin, il faut citer Patrick Blair qui ne contribua pas personnellement au développement de la théorie de la sexualité, mais se contenta de s'approprier les découvertes de Camerarius; et de la sorte, les botanistes allemands qui lui succédèrent l'ont considéré comme un des fondateurs de la théorie de la sexualité végétale[1].

De nouvelles expériences et observations suivirent celles dont nous venons de parler, et déterminèrent d'importantes découvertes. Bradley semble avoir été le premier qui ait soumis à une étude minutieuse les fleurs hermaphrodites, dans le but de fournir de nouveaux arguments à l'appui de la théorie de la sexualité (*New Improvements in Gardening*, 1717, I, p. 20). Il planta douze tulipes dans un endroit écarté du jardin, de manière à les séparer entièrement des fleurs de même espèce, et enleva les anthères des fleurs avant que celles-ci se fussent ouvertes. Aucune des plantes en question ne produisit de graines, tandis que les quatre cents tulipes qui avaient crû dans une autre partie du jardin portèrent des graines en abondance.

Vingt années s'écoulèrent entre les expériences dont nous venons de parler et celles de James Logan[2], Irlandais de naissance, et gouverneur de Pensylvanie. Il avait un terrain large de quarante pieds et long de quatre-vingts à peu près. Il planta dans chaque coin de ce terrain quelques tiges de maïs sur lesquelles il fit différentes expériences. Au mois d'octobre, il put constater les résultats suivants : les épis des plants qu'il avait privés des panicules

1. Voir ses *Botanic Essays*, 1720, p. 242 à 276. Ce plagiat s'étend jusqu'à l'ode qui est jointe à l'ouvrage de Camerarius, et que P. Blair reproduit intégralement.

2. Les renseignements qui suivent sont empruntés à un compte rendu de Kœlreuter, dans son *Historie der Versuche ueber das Geschlecht der Pflanzen* et reproduit dans les *Opuscula Bot. Argum.*, de Mikan, p. 168. L'ouvrage de Logan : *Experim. et Meletemata de Plant. Generatione*, m'est resté inconnu; d'après Pritzel, il parut à la Haye en 1739; les citations de Kœlreuter sont empruntées à une édition qui fut publiée à Londres en 1747.

mâles au moment où les stigmates retombaient, présentaient, à vrai dire, une apparence satisfaisante; mais il suffisait de les regarder de plus près pour s'apercevoir qu'ils étaient stériles, à l'exception d'un seul, disposé de manière à recevoir le pollen que le vent enlevait aux autres plants. Les épis qui avaient été privés d'une partie de leurs stigmates contenaient autant de grains qu'il avait laissé de stigmates. Un épi, qui avait été enveloppé dans de la mousseline avant l'époque de l'apparition des stigmates ne contenait que des coques vides et stériles.

Quelques années plus tard, en 1751, MILLER tenta de nouvelles expériences dont Kœlreuter nous donne un compte rendu emprunté au *Gardener's Dictionary* (IIe partie, p. 543)[1]. Ces expériences offrent un intérêt tout spécial; elles permirent de constater pour la première fois, que les insectes remplissent parfois un rôle dans la pollinisation. Miller planta douze Tulipes séparées les unes des autres par une distance de six ou sept mètres environ, et enleva soigneusement les étamines au moment où les fleurs commençaient à s'entrouvrir, croyant avoir ainsi rendu la fécondation impossible; quelques jours après, il aperçut, dans une plate-bande de tulipes ordinaires, des abeilles qui faisaient provision de pollen, et qui volaient du côté des fleurs qui avaient été privées des organes de reproduction. Lorsque les abeilles se furent éloignées, Miller remarqua qu'elles avaient déposé sur le stigmate de ces dernières une quantité de pollen suffisante pour déterminer la fécondation. Ces tulipes produisirent, en effet, des semences qui atteignirent leur complet développement. Miller répéta les mêmes expériences sur des Épinards, et sépara les plantes mâles des plantes femelles. Celles-ci produisirent des semences de grande dimension, mais dépourvues de germes.

La même année, le professeur GLEDITSCH, directeur du Jardin botanique de Berlin, fit connaître le résultat d'expériences sur la fécondation artificielle du *Palma dactylifera folio flabelliformi* (*Hist. de l'Acad. Roy. des Sc. et des Lettres* pour l'année 1749, publiée en 1751 à Berlin). Cette plante répond évidemment à celle que nous désignons à l'heure actuelle sous le nom de *Chamærops humilis*, d'après le témoignage de Gleditsch lui-même qui identifie le *Palma dactylifera* avec le *Chamærops* de Linné (p. 105) et avec celui de Kœlreuter, qui, dans son rapport, donne le même nom à la plante en question. Gleditsch déploie, dans ce travail, une con-

1. Nous nous servons ici encore du travail de Kœlreuter publié dans le recueil de Mikan, déjà cité plus haut.

naissance approfondie des questions scientifiques ; il examine les points en litige avec une habileté savante ; et son œuvre peut passer à bon droit pour la plus remarquable de toutes celles qui, ayant pour objet l'étude de la sexualité végétale, ont paru entre Camerarius et Kœlreuter. L'introduction nous apprend qu'en 1749 un petit nombre de botanistes seulement mettaient en doute le fait de la sexualité des plantes. Gleditsch lui-même a soumis des plantes des espèces les plus diverses à des expériences qui se sont prolongées durant des années, et qui l'ont convaincu de l'existence de la sexualité chez les végétaux. Des plantes dioïques, comme le ***Ceratonia***, le Térébinthe, le ***Lentiscus***, et les variétés du dattier que l'on désigne d'ordinaire sous le nom de ***Chamærops***, ont été ses principaux sujets de recherche. Il nous apprend que la fécondation artificielle peut déterminer, chez le Térébinthe et chez le Lentisque, la formation de graines fécondes, et nous donne à cet égard des renseignements exacts ; il aborde ensuite l'étude du ***Chamærops***. Le prince Eugène avait fait venir d'Afrique, à différentes reprises, des exemplaires de ce végétal dont chaque pied coûtait une centaine de pistoles, et qui atteignirent un certain degré de développement mais périrent tous, cependant, sans porter de fleurs. Gleditsch poursuit alors en ces termes : « Le palmier que nous possédons à Berlin peut avoir quatre-vingts ans ; c'est un palmier femelle ; le jardinier assure qu'il n'a jamais porté de fruits ». Durant l'espace de quinze années, Gleditsch lui-même ne put réussir à trouver sur cet arbre des semences fécondes. Comme il n'existait pas de palmier mâle à Berlin, Gleditsch fit venir du pollen du jardin de Gaspard Bose, qui habitait Leipzig. Pendant le voyage qui dura neuf jours, la plus grande partie du pollen tomba des anthères. Gleditsch craignait qu'il n'eût perdu ses facultés fertilisantes ; mais le botaniste Ludwig, qui vivait à Leipzig, et qui avait habité Alger et Tunis, lui apprit que les Africains font généralement usage, pour la fécondation artificielle, de pollen desséché et conservé pendant quelque temps, et ceci lui rendit quelque espoir de réussir. Bien que l'arbre femelle eût déjà presque passé fleur, Gleditsch recueillit le pollen tombé, et le répandit sur les fleurs ; il lia une inflorescence mâle déjà flétrie, à une inflorescence dont la floraison avait été retardée, et de sexe femelle. L'hiver suivant, on vit se développer des fruits qui germèrent au printemps de l'année 1750. Des expériences analogues, conduites de la même manière, eurent un résultat également satisfaisant [1]. Dans son ***His-***

1. Dans les lignes qu'il a consacrées aux expériences ci-dessus mentionnées,

torie der Versuche, welche vom Jahr 1691 *bis auf* 1752 *ueber das Geschlecht der Pflanzen angestellt worden sind*, Kœlreuter rapporte les faits qui précèdent, et termine de la manière suivante : « Nous venons d'énumérer toutes les expériences qui, à notre connaissance, ont été tentées et énumérées de l'année 1691 jusqu'en 1752, pour prouver l'existence de la sexualité végétale ». L'ouvrage de Kœlreuter était destiné à prouver que l'expérimentation peut seule résoudre la question de la sexualité chez les plantes, et que seuls Camerarius, Bradley, Logan, Miller et Gleditsch parmi les botanistes qui se sont succédé jusqu'à 1752, ont eu recours à cette méthode.

Tandis que les botanistes que nous venons de nommer se demandaient s'il existait réellement une sexualité végétale, et s'efforçaient de résoudre ce problème, dans un sens ou dans l'autre, on vit apparaitre, au commencement du dix-huitième siècle deux botanistes qui admirent d'emblée l'existence de la sexualité chez les plantes, et voulurent rechercher les lois en vertu desquelles le pollen détermine la formation de l'embryon. Ils étaient, l'un et l'autre, partisans de la théorie de l'évolution, et de mauvais observateurs mal au courant de la littérature. Le premier des deux s'appelle Samuel Morland. Dans les *Philosophical Transactions* (années 1702 et 1703, p. 1474), Morland attribue à Grew le mérite d'avoir, le premier, identifié le pollen avec le fluide mâle; il ne mentionne même pas les expériences de Camerarius, les seules que l'on eût tentées à l'époque dont nous parlons. Il considère les jeunes semences comme présentant des analogies avec des œufs avant le moment de la fécondation; d'après lui, la poussière du pollen (*farina*) contient en germe les plantes futures, et chacun de ces germes doit s'introduire dans l'appareil fructifère (*ovum*) afin de déterminer la fécondation. Le style doit par conséquent présenter la forme d'un tube, dans lequel les germes glissent pour finir par s'introduire dans les parties végétales où ils doivent se développer; mais quand il admet que dans la *Fritillaria imperialis* le vent et la pluie détachent du stigmate la poussière pollinique et la font pénétrer à travers le style jusqu'à l'ovaire, Morland oublie que la fleur étant suspendue, le mouvement dont il parle doit nécessairement s'effectuer de bas en haut. Si je pouvais

Kœlreuter nous apprend qu'en 1766, il a envoyé à Berlin et à Saint-Pétersbourg, du pollen de *Chamærops* qu'Eckleben et Gleditsch ont utilisé avec succès dans de nouvelles expériences sur la fécondation artificielle. Kœlreuter voulait arriver à déterminer par là l'espace de temps durant lequel le pollen conserve ses facultés fertilisantes.

prouver, dit-il, qu'il n'existe jamais d'embryons dans les semences qui ne sont pas fécondées, ma preuve deviendrait une démonstration. Cependant, il ne s'est pas trouvé en mesure de décider de cette question, et il a passé sous silence les travaux de Camerarius qui, dix ans auparavant, avait résolu ce problème. Au lieu de tirer parti des œuvres de son prédécesseur, Morland croit avoir trouvé une preuve capitale à l'appui de son assertion dans le fait que l'embryon des haricots se trouve près du micropyle. Il est facile de voir par là que Morland ne connaissait pas la structure des graines des haricots; il ne savait pas même que les cotylédons appartiennent à l'embryon, bien que ses compatriotes, Grew et Ray, eussent déjà publié là-dessus des travaux probants.

Morland n'a pas fait avancer l'étude des lois de la fécondation, et nous ne voyons rien à relever, dans son œuvre. Pour lui, les embryons sont renfermés dans les grains du pollen; ils passent par un style creux pour arriver à la semence, où ils se développent. Cette vue est absolument erronée, et elle n'a même rien d'original, car elle dérive de la doctrine de l'évolution, qui régnait à l'époque dont nous parlons.

Les écrits de Geoffroy (*Hist. de l'Acad. Roy. d. Sc.*, Paris 1714, p. 210), sont un peu plus riches. L'auteur ne cite ni Grew, ni Camerarius, ni même Morland; ses *Observations sur la structure et l'utilité des parties florales les plus importantes* datent de 1711, et s'inspirent de Tournefort, qui était un adversaire décidé de l'idée de la sexualité végétale. Les différentes parties de la fleur y sont l'objet de descriptions hatives, certaines formes du pollen s'y trouvent figurées; l'auteur confirme l'opinion de certains botanistes au sujet du style qu'il considère comme un tube creux; mais ses expériences à ce sujet se réduisent à une seule; il s'est contenté, pour se convaincre de ce qu'il avance, d'aspirer de l'eau par le style d'une fleur de lis. Il invoque des preuves sans portée à l'appui de l'opinion de botanistes qui, avec Tournefort et Malpighi, se refusent à voir dans le pollen un excrément; il affirme, bien à tort, que les étamines sont toujours disposées de telle sorte que l'extrémité du pistil se trouve nécessairement en contact avec la poussière qui les recouvre.

Lorsqu'il s'agit de prouver que les semences restent stériles quand elles ne subissent pas l'action de la fécondation, Geoffroy se contente de quelques expériences qui ont porté sur le Maïs et la Mercuriale. Le récit de ces expériences et certains autres passages des écrits de Geoffroy offrent avec le texte de la lettre de Camerarius des analogies qui ne peuvent être uniquement l'effet du hasard. Dans le cas où Geoffroy se serait livré lui-même à des expériences, ce dont nous doutons, dans le cas où il eût pris comme objet d'étude le Maïs et la Mercuriale, ces expériences n'en seraient pas moins, à quinze ans de distance, identiques à celles de Camerarius, qui avait fait des recherches du même genre, et qui en avait rapporté les résultats avec beaucoup plus d'exactitude et de réel talent. Geoffroy cherche ensuite à fixer et à déterminer les lois en vertu desquelles le pollen produit la fécondation, et il émet à ce sujet deux théories différentes. Dans l'une, le pollen peut être composé en grande partie de matières sulfureuses; ces matières se répandent sur le pistil; les plus subtiles pénètrent dans l'ovaire, et là, elles déterminent une fermentation qui amène la formation de l'embryon. Dans l'autre, les grains du pollen contiennent déjà les embryons; une fois parvenus dans les semences, ceux-ci s'y développent peu à peu. Nous retrouvons ici la théorie de Morland, dont le nom, cependant, n'est pas cité.

Geoffroy tient cette dernière supposition pour la plus vraisemblable des deux; il fait remarquer à l'appui que les semences ne contiennent pas d'embryon avant le moment de la fécondation, et que les graines du haricot ont une ouverture (le micropyle). Il ne réfléchit pas que ces faits peuvent également bien être invoqués en faveur des deux manières de voir.

Les considérations qui précèdent suffisent à faire voir que ni Morland ni Geoffroy n'ont contribué en quoi ce que soit aux découvertes successives qui ont permis d'établir définitivement le fait de la sexualité végétale. Ils n'ont pas contribué davantage à la connaissance des lois de la fécondation pollinique.

Cependant, j'ai tenu à placer les noms de Geoffroy et de Morland immédiatement après ceux des grands initiateurs qui ont pour ainsi dire créé la théorie de la sexualité. Les deux botanistes dont nous venons de parler ont eu du moins le mérite de baser leurs théories sur l'expérimentation; ils ont cherché sans succès, il est vrai, à fixer et à déterminer les conditions qui devaient livrer la clé du mystère de la fécondation. Il nous reste à nommer plusieurs hommes qui sont considérés comme ayant apporté au trésor commun d'où sont sortis les principes fondamentaux de la théorie de la sexualité, leur contingent d'idées et de travaux; ce sont Leibnitz, Burckard, Vaillant, Linné. Toutefois, il n'est pas difficile de prouver qu'ils ne sont pour rien dans les découvertes scientifiques qui ont déterminé le premier développement de cette théorie. En ce qui concerne Leibnitz, nous voyons ce grand philosophe écrire en 1701 une lettre dont Jessen cite les parties principales (*Botanik der Gegenwart und Vorzeit*, 1864, p. 287) et qui renferme les lignes suivantes :

« Il existe entre les fleurs et la reproduction végétale les rapports les plus étroits, et les différences qui distinguent les divers modes de reproduction (*principia generationis*) présentent la plus grande importance ». Et plus loin : « les investigations nouvelles qui ont pour objet la double sexualité des plantes offriront, à l'avenir, un point de comparaison nouveau et fort important ».

Si nous en croyons Jessen, Leibnitz fait ici allusion aux observations de R.-J. Camerarius et de Burckhard. Ainsi que l'on peut s'y attendre, Leibnitz n'avait pas tenté lui-même d'expériences; les passages que nous avons cités prouvent qu'il attribuait aux différentes parties de la fleur une grande importance au point de vue de la systématique, en raison de leur rôle d'organes de la reproduction. Nous retrouvons les mêmes vues plus accentuées encore dans les œuvres de Burckhard. La lettre dont nous avons fait mention déjà à la page 89, et qui date de 1702, contient des passages qui ne sont qu'un développement de la pensée de Leibnitz. L'auteur, en effet, considère la sexualité comme un fait établi et irréfutable, comme une vérité qui s'impose. Nous n'avons pu nous procurer le texte de la leçon d'ouverture que Sébastien Vaillant prononça au « Jardin du Roy », à Paris, en 1717, et que les botanistes modernes citent si souvent dans leurs études historiques ; mais de Candolle, qui attribue à Vaillant le mérite d'avoir contribué, dans une forte mesure, aux progrès de la théorie de la sexualité, nous donne certains détails sur ce discours [1].

« Dans ce discours, dit-il, Vaillant parle de la sexualité végétale dans les termes les plus nets. Il la considère comme un fait établi et connu déjà de son temps ». Et plus loin : « Vaillant décrit d'une manière très pittoresque les phénomènes de la fécondation du pistil par les étamines ». Cependant, nous ne croyons pas que les descriptions de Vaillant renferment des remarques d'une justesse bien frappante; Koelreuter, Conrad Sprengel, et les botanistes de notre époque ont été les premiers à acquérir, au sujet des lois de la fécondation, des connaissances exactes. Vaillant s'est borné, par conséquent, à rapporter les faits connus de son temps, ce qui n'empêche pas de Candolle de parler des « découvertes » de Vaillant. Nous trouvons, à la page suivante, ces lignes que nous citons textuellement : « En l'an 1736, Linné confirma, dans ses *Fundamenta Botanica*, les découvertes en question; en

1. *Physiologie végétale*, t. II, p. 502.

1735, il sut en tirer parti, avec beaucoup d'habileté, lorsqu'il établit son système sexuel ».

Ces passages et beaucoup d'autres, du même genre, introduisirent dans les notions historiques un désordre et une confusion que nous nous sommes déjà efforcé d'expliquer. Les pages que nous avons consacrées à l'étude des travaux de Linné (Livre I), permettront au lecteur de déterminer la mesure dans laquelle le grand botaniste a contribué à établir définitivement le fait de la sexualité végétale. La tournure d'esprit de Linné, son genre d'intelligence, et jusqu'à ses dons intellectuels, le portaient à n'accorder qu'une valeur médiocre aux preuves expérimentales, du moment où ces preuves ne peuvent être qu'expérimentales. A son point de vue de scolastique, il attachait une importance bien plus grande aux raisonnements philosophiques tirés de l'idée de la plante ou de la raison, et il tenait à établir des analogies entre les plantes et les animaux. Aussi, tout en rendant justice aux mérites de Camerarius, n'accorde-t-il que peu d'importance aux expériences, si décisives, auxquelles s'est livré ce botaniste, et il s'efforce de prouver lui-même l'existence de la sexualité par des déductions interminables. Nous avons déjà parlé de ses *Fundamenta* et de la *Philosophia Botanica;* nous nous arrêterons seulement sur la dissertation, si souvent citée, que l'on trouve au premier volume des *Amœnitates Academicae* (1749), et qui a pour titre *Sponsalia Plantarum*. Nous trouvons, dans cette dissertation, l'exposé des vues de Millington, de Grew, de Camerarius et d'autres encore; nous trouvons, à la page 63, une appréciation des mérites de Linné, par Gustave Wahlboom, qui affirme que Linné a déployé dans les *Fundamenta Botanica* (1735) une sagacité et un labeur infinis pour établir le fait de la sexualité végétale, et a prouvé l'existence de la sexualité d'une manière si irréfutable que nul botaniste ne peut hésiter à baser sur celle-ci les principes fondamentaux de la classification des plantes.

Nous retrouvons ici, par conséquent, le système auquel on a donné le nom de système sexuel de Linné, mêlé à la question de la sexualité, bien qu'il n'existe pas le moindre rapport entre ce système et les découvertes qui ont permis de constater le fait de la sexualité végétale. Les paragraphes des *Fundamenta*, déjà cités plus haut, renferment des considérations qui peuvent passer à bon droit pour le chef-d'œuvre de la philosophie scolastique; l'on n'y trouve pas un seul argument qui puisse être considéré comme une preuve nouvelle et positive de l'existence de la sexualité. Ceci réduit à leur juste valeur les labeurs infinis (*infinito labore*) que Linné est censé avoir consacrés à l'éclaircissement de cette question. Dans les *Sponsalia*, l'argumentation est identique, la dissertation elle-même n'est qu'une paraphrase détaillée des propositions que Linné a énoncées dans les *Fundamenta Botanica*, et que nous retrouvons décorées, pour la circonstance, du nom d'expériences dues en réalité à d'autres botanistes, et accompagnées d'un fort petit nombre d'observations secondaires, en partie erronées. Nous trouvons à la page 101 les lignes suivantes :

« Presque toutes les fleurs renferment du nectar; d'après Pontedera, ce nectar est absorbé par les semences qui se conservent ainsi plus longtemps. On peut donc croire que les abeilles nuisent au développement des fleurs, car elles emportent le nectar et le pollen ». Mais Linné oppose aux remarques de Pontedera de nouvelles observations. D'après lui, les abeilles sont plus utiles que nuisibles, car elles répandent le pollen sur le pistil; quant à l'importance que présente le nectar au point de vue de la physiologie de la fleur, on n'est pas encore arrivé à la déterminer exactement. Peu de temps après, Miller devait consacrer des études sérieuses au rôle que jouent les insectes dans l'œuvre de la fécontion. Linné ne poursuit pas ses considérations à ce sujet; il nous apprend que les citrouilles cultivées sous couches portent des fruits qui n'atteignent jamais leur complet développement, et que la cause de cet avortement réside dans le fait que le vent étant intercepté, n'apporte plus aux fleurs femelles le pollen des fleurs mâles.

Linné ne cite qu'une seule expérience sans même mentionner le nom du botaniste qui l'a faite. Il raconte, à la page 99, qu'en l'an 1723, une plante de citrouille, appartenant au jardin de Stenbrohuld, a porté des fleurs. On avait soin d'enlever tous les jours les fleurs mâles qui s'étaient formées, de sorte qu'aucun des fruits ne parvint à maturité. Il fait allusion, en passant, à certaines pratiques de jardiniers qui se sont efforcés de créer des hybrides de tulipe et de chou, mais il semble considérer ces expériences comme d'agréables futilités. En 1764, Koelreuter publia dans le troisième volume des *Amœnitates* le récit des premières recherches qu'il ait tentées dans le but d'acquérir des connaissances plus exactes au sujet de l'hybridation; nous trouvons, dans le même volume, une dissertation de Hartmann sur les plantes hybrides, qui date probablement de 1751. L'auteur prend comme point de départ dans son argumentation des propositions philosophiques d'où il conclut à l'existence nécessaire d'hybrides. Quelques années auparavant, Linné s'était efforcé d'établir, de la même manière, le fait de la sexualité végétale, mais sans expériences, et certaines formes sont arbitrairement considérées comme hybrides. Une *Veronica spuria* recueillie dans le Jardin botanique d'Upsal en 1750, est considérée un produit de la *Veronica maritima* fécondée par la *Veronica officinalis*, ces deux plantes étant considérées, la première comme femelle, la seconde comme mâle. Celle-ci croissait dans le voisinage de la *Veronica officinalis*, et cette raison seule a déterminé l'auteur à imaginer un croisement.

Dans les lignes qui suivent, nous voyons un *Delphinium hybridum* désigné comme le produit du *Delphinium elatum* fécondé par *l'Aconitum Napellus;* nous voyons une *Saponaria officinalis* qui aurait été fécondée par le pollen d'une gentiane, donner naissance à la *Saponaria hybrida;* nous apprenons, entre autres choses, que *l'Actea spicata alba* est le produit de *l'Actea spicata nigra* fécondée par le pollen du *Rhus toxicodendron*, etc. Ce qui précède suffit à prouver que les botanistes en question fondaient leurs raisonnements sur des prémisses établies arbitrairement, au lieu de se livrer à l'observation des phénomèmes de la vie végétale.

Durant l'espace de temps qui s'écoula entre l'apparition des ouvrages de Camerarius et la publication des œuvres de Koelreuter, Linné et ses disciples étudièrent donc dans la mesure que nous venons de voir le fait de la sexualité végétale et l'origine des hybrides; mais il est impossible de démêler, dans l'ensemble de leurs écrits, un seul argument nouveau ou décisif.

Les botanistes qui ont succédé à Linné ont souvent célébré ses mérites, et lui ont assigné une place à part, au milieu des savants dont les efforts ont contribué à établir sur des bases solides la théorie de la sexualité; cette erreur tient à deux causes différentes. Ces botanistes n'ont pas toujours su distinguer, dans les œuvres de Linné, les déductions scolastiques des arguments fondés sur l'observation de la nature; ils ont confondu, ainsi que nous l'avons dit précédemment, la notion de la sexualité avec une classification du règne végétal, qui a pour base et pour raison première l'existence d'organes sexuels. Les revendications de Renzi en faveur de Patrizi ont leur origine dans la même confusion.

Ernest Meyer a démontré le néant de ces prétentions, fondées sur l'erreur que nous venons de signaler (Meyer, *Gesch. d. Bot., IV.* p. 420). Johann-Jacob Römer, de notre temps même, a reproché à de Candolle de n'avoir pas salué en Linné le fondateur de la théorie de la sexualité.

Nous terminerons par quelques mots au sujet des écrivains qui persistèrent à nier l'existence de la sexualité végétale, en dépit des recherches de Camerarius. Leur obstination a été le résultat de leur ignorance de la littérature, ou de leur incapacité d'apprécier des arguments scientifiques. Voici d'abord Tournefort qui jouissait d'un grand renom auprès des botanistes de la première moitié du dix-huitième siècle. Nous avons déjà parlé de ses *Institutiones Rei Herbariae*, qui datent de l'année 1700, et qui renferment des discussions au sujet de l'importance physiologique des différentes parties de la fleur.

L'auteur semble ignorer toutes les recherches de Camerarius; il se rattache, d'ailleurs, aux doctrines de Malpighi. D'après Tournefort, les pétales attirent à eux et absorbent les principes nutritifs contenus dans les pédoncules, ils leur font subir des modifications analogues à celles que les aliments subissent dans le tube digestif. Une fois transformés de la sorte, ces principes nutritifs servent au développement du fruit; les éléments de la sève que les parties florales ne s'assimilent pas passent par les étamines, pénètrent dans les anthères, et s'amassent dans les loges, pour être expulsés ensuite comme excréments. Tournefort doutait même que le pollen du dattier mâle dût entrer en contact avec les fleurs du dattier femelle pour produire la fécondation. En somme, ses connaissances à ce sujet étaient peu développées; et il avait des idées préconçues qui l'amenèrent plus d'une fois à des théories erronées.

Les critiques que nous adressons à Tournefort peuvent s'appliquer aussi au botaniste italien Pontedera. Celui-ci reprend et développe à nouveau, dans son *Anthologia*, publiée en 1720, les théories malheureuses de Malpighi. D'après lui, le nectar est absorbé par l'ovaire pour contribuer au développement de la semence; il considère les fleurs mâles des plantes dioïques comme absolument inutiles et superflues.

Valentin, à qui Camerarius avait adressé son épître célèbre (*De Sexu Plantarum*, 1694) rendit à son correspondant un mauvais service en publiant un résumé de celle-ci, car ce résumé renfermait de grossières erreurs de fait [1]. En 1756, Alston, donnant comme point de départ à son argumentation les erreurs dont il vient d'être parlé, se déclarait l'adversaire des doctrines de Camerarius, et mettait en doute, pour des raisons insignifiantes, l'importance des étamines au point de vue de la sexualité. En Allemagne, un

1. Dans son *Historie der Versuche*, Kœlreuter donne là-dessus des renseignements détaillés. Voir aussi *Opuscula Botanici Argumenti;* de Mikan, p. 180.

botaniste, Möller, émit au sujet de la sexualité végétale des objections qui paraissent mieux fondées que celles d'Alston. Il avait remarqué, en effet, que les plantes femelles de l'épinard et du chanvre portent des graines en dépit de la suppression des plantes mâles; il rappelle comme preuve à l'appui, la reproduction des cryptogames, qui paraissent se reproduire indépendamment de l'action sexuelle; ses arguments furent réfutés par un botaniste de Göttingue, du nom de Kästner. Celui-ci fit remarquer que les plantes dioïques portent souvent des fleurs androgynes, et cita à ce sujet le saule. Les botanistes que nous venons de nommer n'auraient certainement pas émis de semblables doutes s'ils avaient lu et compris l'œuvre de Camerarius, s'ils avaient possédé quelque connaissance de la bibliographie du sujet.

IV.

THÉORIE DE L'ÉVOLUTION ET DE L'ÉPIGÉNÈSE.

Nous avons vu plus haut, à propos de Morland et de Geoffroy, que la théorie de l'évolution exerça quelque influence sur la doctrine de la fécondation végétale. L'ouvrage du philosophe Christian Wolff, déjà cité dans les pages qui précèdent, et intitulé : *Vernünftige Gedanken von den Wirkungen der Natur* (Magdebourg, 1723), nous donne à cet égard des renseignements plus détaillés. Nous emprunterons textuellement à cet écrit quelques passages qui ont trait à notre sujet; le lecteur pourra se faire par là une idée juste de la somme moyenne de connaissances que possédait, au sujet de la sexualité végétale, un homme instruit et cultivé, compatriote de Camerarius, et vivant quelque trente ans après l'apparition de l'œuvre maîtresse de ce dernier. Du second chapitre de la quatrième partie du livre de Wolff, qui traite de la vie, de la mort et de la reproduction des végétaux, nous détachons les lignes suivantes : « La reproduction des plantes s'effectue dans des conditions normales, au moyen de la semence; car la semence contient en germe, non seulement la plante future, mais encore les premiers principes nutritifs qui serviront à son développement ». La reproduction qui s'effectue au moyen de bourgeons est pour lui tout aussi normale, car chaque bourgeon contient en germe un rejeton. « On trouve, à l'intérieur de la fleur, plusieurs tiges disposées en cercle; leur extrémité est couverte d'une sorte de poudre; cette poudre se répand sur la partie supérieure du réceptacle qui contient les graines, de sorte que l'on peut comparer l'enveloppe des graines aux parties génitales des animaux, et la poudre à la semence mâle. Les botanistes considèrent le pollen comme la substance fécondante qui fertilise la graine; le pollen doit par conséquent introduire les embryons à l'intérieur de l'enveloppe des semences, et, de là, les faire se développer en semences. Je me suis souvent promis de soumettre ces faits à un examen approfondi, mais j'ai toujours oublié de mettre ce projet à exécution.

« Toutes les remarques qui précèdent peuvent s'appliquer aussi aux fleurs qui sortent de bulbes; il est également certain que les feuilles des bulbes contiennent en germe les plantes futures..... Il est facile de prévoir, par conséquent, que les jeunes plantes (Embryons) sortiront des feuilles des bulbes. Mais comme la sève qui sort des bulbes, et qui emporte les germes peut les faire pénétrer dans les grains de la semence aussi bien que dans le pollen, on se demande encore si l'expérience confirmera les observations que l'on a faites jusqu'à présent. Ici un problème d'une réelle importance s'impose à l'esprit du botaniste; les remarques qui précèdent amènent nécessairement à rechercher par quels moyens les germes pénètrent dans la sève. Comme ces germes ne possèdent pas seulement une forme, mais encore une structure intérieure, il est clair qu'ils peuvent être le résultat de fluctuations intérieures de la sève, ou devoir leur existence à la séparation de certaines parties d'avec la masse commune. On pourrait croire, avec plus de raison, que les germes existent déjà à l'intérieur de la sève avec des dimensions infinitésimales, avant de subir, dans la sève et la plante, une série de modifications, et d'acquérir l'apparence qu'ils possèdent dans la semence et dans les bourgeons. On peut se demander maintenant où ces germes se trouvent avant de pénétrer dans la plante. Malebranche émet à ce sujet une opinion qui n'a guère été partagée par les botanistes; il pense que les germes en question sont de très petites dimensions, et renfermés les uns dans les autres. Honoratus Fabri suppose que la plante les absorbe avec les principes nutritifs qu'elle tire de l'air et de la terre. Cette idée a été prise ensuite et développée par Perrault et Sturm. D'après Malebranche, la première semence doit avoir contenu le principe de tous les végétaux qui sont sortis d'elle, et qui se sont développés jusqu'à l'heure actuelle ». Cette dernière supposition dépasse les forces de Wolff; il faudrait une grande puissance d'imagination, dit-il, pour se représenter cet emboîtement des germes renfermés les uns dans les autres. On sait que les idées de ce genre étaient fort répandues au dix-huitième siècle; l'existence des spermatozoïdes des animaux fournissait aux botanistes de l'époque des arguments qui passaient pour convaincants. En 1760, Albert Haller comptait encore parmi les partisans de la théorie de l'évolution. Wolff, qui développe sa pensée d'une manière hésitante et confuse, possède du moins un mérite auquel nous rendrons justice ; il a su appeler l'attention des botanistes de son époque sur les conséquences logiques de la théorie de l'évolution, théorie qui supprime l'importance des étamines au point de vue de la sexualité. Nous verrons plus loin que Kœlreuter a compris et interprété de toute autre manière les lois qui président à la reproduction sexuelle. Pour arriver, d'ailleurs, à l'intelligence complète des opinions que Kœlreuter émet au sujet de la théorie de la sexualité, il est nécessaire de commencer par passer en revue les doctrines des devanciers et des contemporains du botaniste en question. Nous croyons par conséquent nous conformer aux exigences de notre œuvre en négligeant l'ordre chronologique pour donner dès maintenant au lecteur une idée des théories et des arguments, si faibles d'ailleurs, que le baron de Gleichen Russworm et Gaspard-Frédéric Wolff ont opposés à la théorie de l'évolution. Le premier de ces deux écrivains développe dans son livre, *Das Neueste aus dem Reich der Pflanzen* (1764), l'idée, fondée principalement sur l'observation microscopique des matières renfermées dans les granules du pollen, que ces granules répondent aux spermatozoïdes des animaux et pénètrent dans les ovules, pour y subir des modifications successives et se transformer définitivement en embryon. Gleichen était un partisan zélé de la théorie de la sexualité ; malgré cela, et fit remarquer que les plantes mâles des épinards portent de temps à autre des fleurs femelles, et il s'efforça, au moyen des observations qu'il fit à ce sujet, de réfuter les arguments que des botanistes de mérite avaient opposés parfois à la théorie de la sexualité végétale. Il se livra, dans le même but, à des recherches expérimentales sur le chanvre et le maïs. Il ne remarqua pas que le fait de l'existence d'hybrides constituait, par lui-même, le démenti le plus éclatant que l'on pût infliger à la théorie de l'évolution ; mais il sut, avec beaucoup de sagacité, en tirer de nouveaux arguments en faveur de la doctrine de la sexualité végétale. Les connaissances qu'il possédait au sujet des hybrides procédaient en grande partie, il est vrai, des assertions de Linné ; nous trouvons même dans ses œuvres la description d'un animal hybride, produit du cerf et de la vache ; nous y trouvons des protestations indignées à l'adresse de Kœlreuter, qui n'admet la production d'hybrides que dans des limites très restrointes. Le premier botaniste qui ait réellement produit des hybrides de façon systématique est donc obligé de subir les critiques de ses contemporains, qui lui reprochent de ne pas admettre l'existence d'hybrides imaginaires.

Le livre de Gleichen, et les notes qu'il publia en 1777 au sujet de différentes observations microscopiques, renferment un grand nombre d'observations de détail justes et fines. Gleichen est le premier botaniste qui ait signalé les boyaux polliniques de l'Asclépias et qui les ait figurés; mais il n'a compris ni leur nature ni leur importance véritable.

Gaspard-Frédéric Wolff passe généralement pour le premier botaniste qui ait réfuté la théorie de l'évolution. Il s'est certainement déclaré contre cette théorie dans sa thèse de doctorat qui date de 1759, et qui est restée célèbre sous le nom de *Theoria Generationis;* mais les arguments sur lesquels il se fonde ne sont pas, à vrai dire, d'une grande valeur. Les hybrides que Kœlreuter découvrait à la même époque fournissaient à l'observation des botanistes des arguments plus propres à réfuter la théorie de l'évolution sous toutes ses formes. C.-F. Wolff considérait l'acte de la fécondation comme une des formes de la nutrition. Les botanistes de l'époque possédaient, au sujet de la floraison, des idées incomplètes et en partie erronées; les plantes affaiblies par une nutrition insuffisante fleurissaient, croyaient-ils, plus rapidement que les plantes qui s'étaient développées dans des conditions normales. Wolff adopta cette manière de voir, et considéra les fleurs comme le résultat d'un affaiblissement général (*vegetatio languescens*). Il regarda le développement premier du fruit comme ne pouvant s'effectuer à l'intérieur de la fleur que lorsque le pollen a communiqué au pistil des principes nutritifs en quantité suffisante. Wolff se rattachait, on le voit, à une ancienne doctrine dont Aristote avait établi les bases premières, doctrine stérile s'il en fut, moins propre que toute autre à fournir des éclaircissements au sujet des nombreux phénomènes qui se rattachent à la sexualité végétale et surtout à l'existence des hybrides. Les opinions de Wolff lui permettaient, il est vrai, de repousser la théorie de l'évolution, mais elles le mettaient dans l'impossibilité d'acquérir des connaissances exactes au sujet de la nature même de l'acte sexuel.

V.

JOSEPH GOTTLIEB KOELREUTER ET CONRAD SPRENGEL FONT SUBIR DE NOUVEAUX DÉVELOPPEMENTS A LA THÉORIE DE LA SEXUALITÉ VÉGÉTALE. — 1761-1793.

R.-J. Camerarius avait prouvé par des expériences que l'action du pollen est nécessaire au développement d'un embyron dans les semences; et parmi les botanistes qui succédèrent à Camerarius, d'autres établirent définitivement l'existence de la sexualité végétale au moyen d'expériences de différente nature. Les investigateurs sérieux, ceux qui s'occupaient avant tout de l'étude de la nature, devaient s'efforcer désormais de déterminer, au moyen de l'expérimentation, la part qui revient au principe masculin et au principe féminin dans l'acte sexuel qui donne l'existence à une plante nouvelle. Lorsque l'ovule et le pollen appartiennent tous deux à la même forme végétale, le produit des forces génératrices mâle et femelle emprunte sa forme à la plante dont il procède, et le problème dont il s'agit ne peut être tranché. Il faut, par conséquent, faire entrer en contact le pollen et l'ovule de plantes d'espèces différentes. Les végétaux créés ainsi devront présenter des caractères dans lesquels il serait facile de discerner l'action du pollen et l'influence de l'ovule, en supposant, toutefois, qu'il soit possible d'effectuer cet accouplement artificiel de formes végétales différentes. L'expérimentation seule, c'est-à-dire la création d'hybrides, peut amener à la solution de tous ces problèmes. Il fallait donc créer des hybrides pour transformer en certitudes de vagues hypothèses, pour déterminer le mode d'origine de plantes sauvages qui passaient, à tort ou à raison, pour des hybrides entre espèces différentes.

Dans la lettre que nous avons citée plus haut, Camerarius émet déjà ses suppositions et ses doutes au sujet d'une fécondation croisée dans les espèces végétales. Il se demande, en outre si, le produit d'une fécondation pareille subit des modifications quelconques par rapport à ses parents (*an et quam mutatus inde prodeat fœtus*). Bradley nous apprend qu'en 1719 un jardinier de Londres a réussi à obtenir un hybride au moyen de l'accouplement artificiel du *Dianthus caryophyllus* et du *Dianthus barbatus*.

Cependant, Kœlreuter [1] est le premier botaniste qui ait consacré à cette question des études sérieuses, fondées sur l'observation de la nature. Il sut deviner, dès l'abord, l'importance du problème qui le préoccupait; il en chercha la solution avec une persévérance et une perspicacité qui nous paraissent encore admirables, et qui semblaient fabuleuses à l'époque dont nous parlons. Les hybrides créés par Kœlreuter sont encore comptés, à l'heure actuelle, parmi les essais les plus remarquables que l'on ait tentés dans cette voie, parmi ceux dont l'étude est la plus instructive, en dépit des nombreuses expériences qui se sont accumulées depuis. Kœlreuter est le premier qui ait soumis à une étude sérieuse les différents organes que l'on remarque à l'intérieur de la fleur; il est le premier qui ait déterminé les rapports qui existent entre ces organes et les fonctions sexuelles; il a su, avant tout autre, signaler l'importance du nectar, l'action des insectes dans l'œuvre de la fécondation, et il a considéré l'acte sexuel comme étant essentiellement l'union étroite de deux corps différents. Cette manière de voir a subi des modifications importantes, mais elle est restée, en somme, la seule juste, et la seule vraie.

Les œuvres de Kœlreuter ne sont pas très longues, mais elles sont substantielles. Lorsqu'on les compare aux ouvrages qui se sont succédé depuis l'apparition de Camerarius, on ne peut s'empêcher d'être frappé de l'abondance et de l'originalité des vues; on est surpris de la perspicacité et de l'extraordinaire sûreté de jugement dont l'auteur fait preuve, de l'habileté qu'il déploie dans les expériences et dans les observations qui servent de base à ses

1. Joseph-Gottlieb Kœlreuter naquit à Sulz sur le Neckar, en 1733, et mourut en 1806 à Carlsruhe. Il fut professeur d'histoire naturelle dans cette dernière ville où il exerça, en outre, de 1768 à 1786, les fonctions de directeur et de surveillant du Jardin Royal, et du Jardin Botanique qui relevait également du prince régnant. Le mauvais vouloir des jardiniers le força à quitter ses fonctions d'inspecteur, qu'il abandonna définitivement après la mort de sa protectrice, la margrave Caroline de Bade. Il reprit ses observations dans le petit jardin qui lui appartenait et les poursuivit jusqu'en 1790. Dans son ouvrage *Ueber Bastardzeugung* (1849, p. 5), C.-F. Gärtner accuse à tort Kœlreuter de s'être livré à des opérations alchimiques à partir de l'époque que nous venons d'indiquer. — En dépit de nos recherches, nous n'avons pas réussi à ajouter des nouveaux détails biographiques à ceux que nous possédons déjà sur cet homme remarquable. La *Biographie universelle ancienne et moderne* ne dit rien de lui; nous avons puisé les renseignements qui précèdent dans l'ouvrage de Gärtner (chap. I), et dans *Flora* de 1839, p. 245. Une notice qui se trouve dans la troisième livraison de la *Vorlaufige. Nachriht* (p. 151) nous apprend que Kœlreuter avait habité Pétersbourg à une époque antérieure à 1766.

théories. La lecture des travaux que Linné, Gleichen, Wolff ont consacrés à l'étude de la sexualité, nous fait pénétrer dans un monde d'idées qui nous sont devenues étrangères et que nous comprenons à grand'peine; elle fait passer devant nos yeux tout un cortège de vues démodées qui ne présentent plus qu'un intérêt historique. Lorsque nous lisons Kœlreuter, par contre, il nous semble nous trouver en pays de connaissance; rien n'y choque l'esprit du botaniste façonné aux doctrines de la science moderne. Du reste, cette conformité d'opinions et de vues ne peut nous étonner, puisque c'est à Kœlreuter que nous devons les connaissances les plus exactes que nous possédions au sujet de la sexualité végétale, et plus de cent ans ont passé sur ses œuvres sans les vieillir.

Les découvertes dues aux efforts d'un homme intelligent et réfléchi, doué de la dose de persévérance nécessaire à toute entreprise, contribuent davantage, en un petit nombre d'années, aux progrès de la science, que ne le font, durant le cours d'un siècle ou de deux, les travaux d'observateurs médiocres. Mais aussi, et c'est là un fait que l'on remarque souvent en pareille occurrence, et que Camerarius aussi a pu constater, il fallut aux ouvrages de Kœlreuter, pour acquérir définitivement la réputation qu'ils méritaient, un plus grand nombre d'années qu'il n'en avait fallu à l'auteur pour opérer ses découvertes.

Le plus important et le plus connu des ouvrages de Kœlreuter a été publié en quatre parties qui parurent successivement en 1761, 1763, 1764 et 1766, sous le titre de *Vorlaufige Nachricht von einigen das Geschlecht der Pflanzen betreffenden Versuchen und Beobachtungen*. Nous nous efforcerons de résumer et de coordonner, dans les lignes qui vont suivre, les résultats fondamentaux de cet ouvrage.

Nous trouvons, à différents endroits, des observations qui sont mêlées au récit d'expériences, et qui ont trait à la pollinisation. Les botanistes qui s'étaient succédé jusque-là avaient négligé l'étude des organes qui se trouvent en rapport direct avec le pollen. On ne connaissait pas encore l'existence du boyau pollinique. D'après Kœlreuter, les grains de pollen, déposés sur le stigmate donnent naissance à des matières fluides qui pénétraient dans les ovules. Dans ces conditions, il importait de déterminer tout d'abord la quantité de pollen nécessaire à la fécondation complète de l'ovaire. Kœlreuter s'efforça d'y parvenir en comptant tous les grains de pollen d'une même fleur, et en les comparant au nombre de grains qu'il faut appliquer sur le stigmate pour obtenir une fécondation complète; il put constater que le dernier nombre est de beaucoup inférieur au premier. Il compta dans une fleur d'*Hibiscus Venetianus* quatre mille huit cent soixante-trois grains de pollen tandis que cinquante ou soixante suffisent pour féconder plus de trente ovules; il constata, dans les anthères des *Mirabilis Jalappa* et *longiflora* plus de trois cents grains de pollen; mais il suffit de deux à trois, parfois même d'un seul grain pour déterminer la fécondation de l'ovaire, qui est uniovulé. Koelreuter fit des expériences sur les fleurs à styles divisés, parfois profondément lobés, et il constata qu'un seul style suffit à féconder les différentes loges de l'ovaire.

Lorsque la fécondation s'effectue dans des conditions normales, comment le pollen tombé des anthères, arrive-t-il aux stigmates? Kœlreuter consacre à ce point une attention particulière. S'il s'est trop arrêté à l'action du vent et à l'influence des secousses résultant de causes extérieures, il a du moins été le premier à reconnaître l'importance que présentent les insectes en tant qu'agents de fécondation.

« Les insectes, dit-il, jouent un rôle considérable dans la fécondation des plantes où il n'y a pas pollinisation par contact direct; et des expériences nouvelles sont même venues prouver qu'il n'existe pas de restrictions à cet égard, et que la possibilité de la fécondation directe n'exclut pas l'intervention des insectes. Ils contribuent, dans une forte mesure, au transport du pollen d'une fleur à l'autre, et par conséquent à la fécondation, qu'ils facilitent extrêmement; et ceci s'applique à la plupart des plantes, sinon à toutes, car toutes les fleurs que nous connaissons attirent les insectes, et on découvrirait difficilement une fleur autour de laquelle il n'y a pas une quantité d'insectes ». Kœlreuter soumit l'*Epilobium* à des études qui lui permirent de constater la Dichogamie, mais il ne poursuivit pas ses observations. Il examina les substances qui sont renfermées dans les fleurs, et qui attirent les insectes; il recueillit, par des moyens artificiels, le nectar d'un grand nombre de fleurs (1760). De nouvelles expériences, pratiquées sur de fortes quantités de cette substance, montrèrent qu'après évaporation des matières fluides, le nectar renferme une sorte de miel d'un goût agréable; seule la Fritillaire impériale, sur laquelle les abeilles ne s'arrêtent jamais, contient un miel non comestible.

A la suite de ces recherches, Kœlreuter acquit la conviction que les abeilles tirent leur miel du nectar des fleurs. Les rapports qui existent entre la vie des plantes et celle des animaux, rapports dont Darwin a démontré tout récemment l'importance souvent capitale, l'intéressaient au plus haut degré, ainsi que le prouvent ses recherches au sujet du mode de reproduction du gui (1763). Il fait remarquer avec insistance que si les insectes déterminent la fécondation du gui par le transport du pollen, les oiseaux, en revanche, pourraient être les agents exclusifs de la dissémination des semences. L'existence et le développement du gui dépendent, par conséquent, d'animaux appartenant à deux classes distinctes.

Kœlreuter fit des observations sur les mouvements des étamines et des stigmates, étudiant plus particulièrement ceux qui sont le résultat de la sensibilité. Le comte Giambattista dal Covolo est le premier qui ait observé la sensibilité des étamines de certaines plantes voisines du chardon, et qui se soit efforcé d'expliquer le mécanisme des mouvements en question.

Kœlreuter s'inquiétait peu, à vrai dire, de ce côté de la question; il songeait plutôt aux avantages probables que présente la sensibilité des étamines au point de vue du transport du pollen sur les stigmates; il étudia les étamines de l'*Opuntia*, du *Berberis* et du *Cistus*, déjà mentionnées par du Hamel; il découvrit la sensibilité des stigmates de la *Martynia proboscidea* et du *Bignonia radicans*, et remarqua que les lobes de leurs stigmates se ferment lorsqu'ils sont excités, pour se rouvrir peu après; par contre, lorsqu'on les charge de pollen, ils restent fermés jusqu'au moment où la fécondation est assurée.

Kœlreuter a prouvé, au moyen d'expériences comparées, que la fécondation déterminée par l'intermédiaire des insectes peut s'effectuer d'une manière complète et parfaite. Il a eu recours pour cela à des moyens artificiels, et a déposé, à l'aide d'un pinceau, une certaine quantité de pollen sur 310 fleurs; d'autres fleurs, en nombre égal, furent fécondées par les insectes seuls, et la quantité de graines qu'elles produisirent égala presque le nombre de semences obtenues par le premier procédé, bien que le mauvais temps eût empêché les insectes d'accomplir leur œuvre dans des conditions favorables.

Kœlreuter chercha à déterminer l'espace de temps qui s'écoule entre l'instant où le pollen est déposé à la place qu'il doit occuper et le moment où les substances nécessaires à la fécondation s'introduisent dans l'ovaire; il prouva, en outre, que la fécondation par le pollen, s'effectue même dans l'obscurité. Parmi les botanistes plus récents, il en est qui ont, à tort, soutenu l'opinion contraire.

Il fut moins heureux, toutefois, dans ses recherches sur la structure des grains polliniques. Des travaux de ce genre, il est vrai, exigent le microscope, et les microscopes de l'époque étaient encore bien imparfaits. Il vit, cependant, que la membrane des grains de pollen est formée de deux couches membraneuses distinctes; il constata l'existence des saillies et des ornements de la couche extérieure, et appela l'attention sur son élasticité; il étendit ses observations à la *Passiflora cœrulea* et à l'opercule qui recouvre les pores de l'Exine; il mit dans l'eau des granules polliniques et aperçut la membrane intérieure faisant saillie en forme de cônes, et qui laissait échapper son contenu par les déchirures qui s'étaient produites dans le tissu. Il ne sut pas toutefois démêler l'importance véritable et l'exacte nature du boyau pollinique qu'il avait vu au moment de son premier développement; et les saillies dont nous avons parlé lui parurent destinées à empêcher les granules polliniques d'éclater sous l'action de l'humidité. Ce point ne fut éclairci que soixante ou soixante-dix ans plus tard. Kœlreuter regardait en outre le contenu des grains du pollen comme un « tissu cellulaire ». Les matières huileuses qui sont attachées à l'enveloppe extérieure des grains polliniques représentaient à ses yeux la substance fécondante; il croyait que cette substance se forme à l'intérieur des grains de pollen, pour abandonner ensuite la membrane pollinique en passant par les pores étroits. Gleichen, l'adversaire de Kœlreuter, avait admis l'existence d'animalcules spermatiques, et croyait que les grains polliniques éclatent afin de leur livrer passage; Kœlreuter répoussa cette dernière assertion comme contraire aux lois naturelles.

Ainsi que nous l'avons dit plus haut, Kœlreuter considérait les matières huileuses attachées aux grains polliniques comme la substance génératrice proprement dite. Ce fut là le point de départ des doctrines que nous allons résumer maintenant, doctrines qu'il eut soin de rendre conformes aux exigences de la chimie de l'époque. Tout d'abord il repoussait l'idée de certains botanistes qui faisaient pénétrer les grains de pollen jusque dans l'ovaire : « La semence mâle, dit-il, et la matière fluide femelle que l'on remarque sur les stigmates, sont l'une et l'autre de nature huileuse. Lorsqu'elles entrent en contact, elles se mélangent intimement, et une fois ce mélange effectué, elles présentent l'apparence d'une masse homogène. Lorsque la fécondation doit s'ensuivre, les matières en question sont absorbées par le stigmate; elles pénètrent dans le style, et finissent par atteindre les germes, non encore fécondés, que l'on désigne aussi sous le nom d'ovule ». D'après Kœlreuter, la fécondation s'effectue, à proprement parler, sur le stigmate lui-même; le mélange formé par les substances mâle et femelle descend dans l'ovaire et pénètre dans les semences où il détermine la formation de l'embryon. Kœlreuter avait formulé cette théorie pour la première fois en 1761; en 1763, il lui fit subir de nouveaux développements en comparant l'union des matières fluides mâle et femelle à celle d'un acide et d'un alcali qui produisent, en se mélangeant, une substance intermédiaire; cette union peut donner naissance, soit à l'instant même, soit plus tard, à un nouvel organisme. En 1775, Kœlreuter se livra à des recherches ayant pour objet le processus de la fécondation des Asclépiadées et qui ramenèrent sa pensée sur cette question; il insista particulièrement sur ce que la fécondation, tant animale que végétale, s'effectue au moyen de l'union intime de deux substances fluides. Cependant, durant les années qui suivirent, il ne semble pas avoir considéré la substance fluide du stigmate comme le principe femelle. Des expériences nouvelles lui avaient appris qu'il est impossible d'obtenir des hybrides lorsqu'on remplace les matières fluides émanant de la plante même par des substances étrangères, tout en conservant le même pollen pour l'œuvre de la fécondation[1]. Les vues de Kœlreuter, au sujet de la nature même de la fécondation sexuelle, l'emportaient de beaucoup, pour la justesse, sur celles des botanistes antérieurs; elles pouvaient se concilier avec les résultats des recherches sur les hybrides, tandis que l'existence de ces hybrides fournissait aux botanistes de l'époque des arguments propres à ébranler jusque dans ses fondements la théorie de l'évolution.

Nous voici arrivés aux plus importants des travaux de Kœlreuter, à ceux où il établit définitivement l'existence des hybrides. Lorsqu'il s'est agi de déployer de l'habileté dans l'expérimentation, dans toutes les occasions où l'usage du microscope n'était pas de rigueur, Kœlreuter a atteint des résultats auxquels la science moderne n'a pas apporté de modifications. Nous lui devons des découvertes qui, jointes à certaines observations de date plus récente, ont permis aux botanistes de notre époque de reconstituer les lois qui président au mystère de l'hybridation. Le premier hybride que Kœlreuter ait créé en transportant le pollen de la *Nicotiana paniculata* sur le stigmate de la *Nicotiana rustica* produisit, il est vrai, un pollen privé des facultés génératrices; peu de temps après, les deux espèces végétales que nous venons de nommer engendrèrent des hybrides qui portèrent des

1. Voir l'ouvrage de Gärtner : *Bastardbefruchtung*, 1849, p. 62. Nous n'avons pu, malheureusement, nous procurer la seconde partie de l'ouvrage de Kœlreuter, qui se rapporte à ce sujet.

graines fécondes. Et 1763, Kœlreuter découvrit une série de nouveaux hybrides de ***Nicotiana***, ***Ketmia***, ***Dianthus***, ***Matthola***, ***Hyoscyamus***, etc. La seconde partie de l'ouvrage qu'il publia en 1766 et que nous avons cité plus haut, contient le récit de dix-huit tentatives d'hybridation, pratiquées sur cinq variétés indigènes du ***Verbascum***; nous y trouvons, en outre, une critique sévère des opinions que Linné avait professées au sujet des hybrides, et qui sont réduites à néant. Kœlreuter aborde ensuite l'étude de la fécondation, déterminée par le pollen de la plante-mère et par un pollen étranger; il s'efforce de prouver, au moyen d'arguments tirés de son expérience personnelle, que le pollen émanant de la plante même détermine toujours la fécondation à l'exclusion du pollen étranger, lorsque l'un et l'autre se trouvent réunis sur le même stigmate; il attribue surtout à ce fait la rareté des hybrides à l'état sauvage, bien qu'on puisse les obtenir par des moyens artificiels. Nous ne pouvons consacrer ici une étude plus détaillée aux hybrides, si connus, qui appartiennent aux troisième, quatrième et cinquième degrés; nous sommes obligés de passer également sous silence certaines expériences montrant le retour des hybrides à la forme primitive, à celle de la plante génératrice qui avait fourni le pollen, grâce à l'emploi fréquent du pollen de la plante-mère. Les résultats de ces expériences ont été commentés plus tard par Nägeli, au point de vue de leur valeur théorique.

Les expériences de Kœlreuter sur la production d'hybrides, présentent, théoriquement parlant, une importance sur laquelle nous ne saurions trop insister. Les botanistes de l'époque remarquèrent que les produits hybrides présentent un mélange des caractères distinctifs des deux parents; cette observation leur permit de réfuter la théorie de l'évolution et d'acquérir des connaissances précises au sujet de la nature même de l'union sexuelle. Les nombreuses recherches de Koelreuter vinrent prouver que, seules, les plantes qui appartiennent à la même famille végétale sont susceptibles d'union sexuelle. Kœlreuter apporta même certaines restrictions à cette règle générale, qui devait réduire à néant, aux yeux de tout homme doué de sens, les théories vagues de Linné. Bien des années s'écoulèrent pourtant, avant que les résultats en question n'aient été définitivement acceptés par la science. Les collectionneurs de l'école Linnénne, et les systématistes proprement dits de la fin du siècle dernier étaient peu faits pour comprendre et pour apprécier des travaux de ce genre, et on vit persister, dans la littérature botanique, des notions erronées sur les hybrides et leur aptitude à se maintenir. Le fait de l'existence des hybrides était nécessairement contraire à la théorie de la constance des espèces; il rompait l'unité du système et ne pouvait guère se concilier avec les doctrines des botanistes qui faisaient correspondre chaque espèce à une « idée » fondamentale.

Cependant, les vues de Kœlreuter ne laissèrent pas de gagner du terrain parmi les botanistes allemands; on en signale au moins deux qui se rattachèrent à la nouvelle école : ce sont Joseph Gärtner, auteur d'une Carpologie célèbre, et père de Karl-Friedrich Gärtner, qui se livra vingt-cinq années durant à des expériences sur la fécondation et la création des hybrides, et Conrad Sprengel. Celui-ci prit comme point de départ les découvertes de Kœlreuter sur le rôle des insectes dans la fécondation; il atteignit des résultats qui diffèrent de tous ceux qu'avaient obtenus les botanistes précédents, et qui méritent une place à part par leur nouveauté et leur extrême importance.

JOSEPH GÆRTNER ne découvrit rien de nouveau sur la sexualité végétale, mais il sut tirer parti des découvertes de Kœlreuter. Dans la préface de sa Carpologie (1788), il établit des distinctions bien arrêtées entre les différents modes de reproduction, et s'élève en même temps contre la théorie de l'évolution. Les botanistes de l'époque avaient souvent confondu, sans beaucoup de raison, les spores des plantes cryptogames avec les semences proprement dites; Gärtner, tout au contraire, les opposa aux semences, et fit remarquer à ce propos que les spores, qui se développent spontanément et sans fécondation, renferment un germe, tandis que les semences demandent à être fécondées par le pollen et n'acquièrent qu'à ce prix le pouvoir de produire une plante nouvelle.

Il nia, de la manière la plus formelle, la sexualité des cryptogames : un demi-siècle devait s'écouler avant le moment où les botanistes se trouvèrent en mesure de remplacer les notions vagues par des faits exacts et précis. D'ailleurs, il valait mieux, au point de vue de la science et de la méthode, que Gärtner, vivant à l'époque où il vivait, niât l'existence de la sexualité chez les cryptogames; cet état de complète ignorance était préférable aux vues de botanistes tels que Gleichen et Kœlreuter, qui avaient pris les stomates et l'indusie des fougères, ou le volva des champignons, pour les organes de reproduction masculins. Gärtner combattit la théorie de l'évolution par des arguments tirés de l'étude même des hybrides créées par Kœlreuter; il opposait des observations nouvelles aux doctrines des botanistes qui ne voyaient dans la semence qu'une forme des boutons végétatifs, et faisait remarquer à ce propos que le bourgeon peut produire indépendamment de l'action de la fécondation, tandis que la semence demande à être fécondée pour donner naissance à une plante nouvelle. Nous avons déjà vu, dans l'histoire de la systématique, quels furent les mérites de Gärtner, et quelle importance présentent les recherches auxquelles il a soumis la semence avant et après l'époque de la maturation. Ses vues, au sujet des différentes phases de la fécondation, procèdent de celles de Kœlreuter; d'après Gärtner, la fécondation se ramène à l'union intime de substances fluides, mâles et femelles : ces substances elles-mêmes doivent donner naissance au corpuscule germinatif dans l'ovule par une sorte de cristallisation. Conrad Sprengel adopta donc, sans les modifier, les opinions de Gärtner et de Kœlreuter, et il se trouva par là dans l'impossibilité d'observer et d'interpréter avec exactitude les phénomènes de la fécondation chez les Asclépiadées.

Nous voyons en CONRAD SPRENGEL [1] un chercheur à l'esprit génial, le troisième que nous ayons rencontré jusqu'à présent, dans l'histoire de la botanique. On peut le comparer, en effet, à Camerarius et à Kœlreuter, mais il leur est de beaucoup supérieur sous le rapport de l'originalité et de la hardiesse de la pensée. Cette indépendance d'esprit devait lui nuire auprès des botanistes de son époque et de ceux qui suivirent; il en fut moins apprécié encore que Camerarius et Kœlreuter ne le furent de leurs contemporains et de leurs successeurs. Conrad Sprengel obtint des résultats extraordinaires; ses découvertes ne pouvaient guère se concilier avec la systématique sèche de la botanique de Linné, elles cadraient encore moins avec les théories des successeurs de Linné,

1. Christian-Conrad Sprengel, né en 1750, fut recteur à Spandau. Tout en exerçant ses fonctions, il se mit à l'étude de la botanique, et y déploya bientôt un tel zèle qu'il en vint à négliger ses devoirs officiels et à manquer la prédication du dimanche. Il fut privé de son emploi. Durant les années qui suivirent, il vécut à Berlin où il mena une existence difficile et retirée, évité même des savants que ses bizarreries éloignaient de lui. Afin de subvenir à ses besoins, il donna des leçons de langues et de botanique; le dimanche, il partait de bonne heure pour des excursions auxquelles on pouvait se joindre moyennant deux ou trois *groschen* par heure. Faute de protections et d'encouragement, il ne put faire publier la seconde partie de son célèbre ouvrage; son éditeur ne lui fit même pas don d'un exemplaire de la première partie. L'irritation bien naturelle qu'il éprouva en voyant le peu de succès de son livre fut cause qu'il abandonna l'étude de la botanique pour se consacrer à celle des langues. Il vécut ainsi jusqu'en 1816. Un de ses élèves lui a consacré un éloge chaleureux, tout plein du souvenir du maître disparu. Cet article, qui nous a fourni la matière des lignes qui précèdent, parut dans *Flora*, de 1819, p. 541.

au sujet de la nature des plantes; et c'est à Darwin qu'appartient le mérite de les avoir tirées de l'oubli où elles étaient tombées, et d'avoir signalé l'extrême importance qu'elles possèdent au point de vue de la théorie de la descendance.

On savait, grâce aux travaux de Camerarius, que les plantes possèdent un sexe; Kœlreuter avait prouvé que des plantes d'espèces différentes peuvent s'unir par la fécondation, de manière à produire des hybrides doués à leur tour de fertilité. Conrad Sprengel prouva qu'il existe une autre forme de l'hybridation, une forme commune à tous les végétaux; il signala l'existence du croisement de différentes fleurs ou de différents individus d'une même espèce. Nous trouvons dans son ouvrage : *Das neu entdeckte Geheimniss der Natur in Bau und Befruchtung der Blumen* (Berlin, 1793, p. 43), la phrase suivante : « Comme beaucoup de fleurs sont dioïques et comme un nombre au moins égal de fleurs hermaphrodites est dichogame, la nature ne semble pas avoir voulu qu'une seule fleur fût fécondée par son propre pollen ». Ce fut là une des découvertes extraordinaires de Sprengel. Il en fit une plus importante encore en faisant remarquer que la forme générale et les particularités de structure d'une fleur, ne peuvent être expliquées que par les rapports qu'elles offrent avec les insectes qui servent d'intermédiaires dans l'œuvre de la fécondation. Nous trouvons ici la première tentative faite pour expliquer le développement des formes organiques par l'observation des rapports qui existent entre ces formes et le milieu qui les entoure. La théorie de la sélection est en grande partie fondée sur les doctrines de Sprengel, doctrines auxquelles Darwin est venu donner une importance et une force nouvelles.

La lecture des œuvres de Sprengel présente un grand intérêt. On prend plaisir à voir cet homme si réfléchi, si sensé, se livrer à l'étude de caractères en apparence insignifiants, et tirer de ses observations les principes généraux qui devaient lui permettre d'atteindre en peu d'années des résultats si remarquables. « Durant l'été de 1787, dit Sprengel, je soumis à un examen minutieux les fleurs du *Geraninum sylvatium*, et je constatai que la partie inférieure des pétales est garnie aux deux bords, et à sa surface, de poils minces et rudes. Convaincu que les détails en apparence les plus insignifiants ont leur raison d'être dans l'ordre des choses établi par la sagesse du Créateur, je me mis à réfléchir sur l'utilité probable de ces villosités. Je songeai, au bout de peu de temps, que la plante possède cinq glandes qui renferment cinq gouttes de suc, destinées à la nourriture des insectes; et étant données ces circonstances, il me parut rationnel de supposer qu'une dispensation prévoyante avait placé là ces poils de façon à protéger le suc contre l'action nuisible de la pluie. Comme la fleur est assez grande et se trouve dressée perpendiculairement, elle reçoit nécessairement des gouttes d'eau lorsque le temps est pluvieux, mais les poils qui se trouvent placés au-dessus des gouttelettes de suc retiennent l'eau de pluie et l'empêchent d'entrer en contact avec le suc et de se mélanger avec lui, de même qu'une goutte de sueur tombée du front d'un homme se trouve retenue par les sourcils et les cils qui l'empêchent de pénétrer dans l'œil. En revanche, ces poils n'empêchent nullement les insectes d'atteindre les gouttelettes de suc. J'étendis mes observations à d'autres fleurs, et je trouvai que plusieurs d'entre elles présentent des particularités de structure qui semblent répondre à des nécessités analogues. Plus je poursuivais mes recherches, mieux je voyais que les fleurs qui contiennent du suc sont formées de telle sorte que le suc se trouve à l'abri de la pluie, tandis qu'il est exposé au contact des insectes; je conclus donc des observations qui précèdent que le suc des fleurs en question est disposé de manière à ne pas subir l'action de la pluie, et à fournir aux insectes des principes nutritifs purs de toute substance étrangère ». L'année suivante, il soumit la fleur du *Myosotis palustris* à de nouvelles recherches qui lui permirent d'établir certains rapports entre la position qu'occupent, sur la corolle, des taches de couleur variée, et les parties dans lesquelles le suc s'amasse et s'isole. Il termine ses observations à ce sujet par les remarques que voici : « Lorsqu'une partie spéciale de la corolle est teinte de couleurs particulières, ces couleurs n'existent qu'à cause de certains insectes; et lorsque la couleur spéciale qui teint une partie de la corolle permet à l'insecte qui s'est posé sur la fleur de trouver facilement et sûrement l'endroit qui contient du suc, les fleurs dont la corolle est teinte de couleurs semblables sont destinées à attirer de loin par leur éclat les nombreux insectes qui volent dans l'air, cherchant leur nourriture, et qui reconnaissent immédiatement ainsi les parties végétales emplies de sucs ».

Il découvrit plus tard que les stigmates d'une certaine espèce d'iris ne peuvent être fécondés autrement que par l'intermédiaire des insectes. Ses recherches ultérieures le convainquirent toujours davantage « qu'un grand nombre de fleurs, peut-être même toutes les fleurs qui possèdent un suc, sont fécondées par les insectes qui se nourrissent de ce suc; que ce mode d'alimentation, en ce qui concerne les insectes est une fin, mais au point de vue des fleurs, ne peut être considéré que comme un moyen de faciliter la fécondation végétale. Un botaniste ne peut arriver à s'expliquer les particularités de structure de fleurs semblables que lorsqu'il a sans cesse présents à la pensée, durant le cours de ses recherches, les faits suivants : 1° Les fleurs sont fécondées par des insectes qui appartiennent, soit à une espèce particulière, soit à différentes espèces; 2° Lorsque les insectes vont à la recherche des sucs, on les voit se poser ici et là sur les fleurs sans s'y arrêter, on les voit encore pénétrer à l'intérieur du calice ou se mouvoir en cercle; comme ils ont le corps couvert de poils, ils emportent la poussière des anthères qui reste attachée à un nombre plus ou moins grand de ces poils, et ils la déposent sur le stigmate. Le stigmate lui-même est recouvert, soit de poils fins et courts, soit d'une substance humide et gluante, destinée à retenir le pollen ».

Durant l'été de 1790, Sprengel découvrit la Dichogamie, grâce à des observations sur l'*Epilobium angustifolium*. Il constata que « cette fleur hermaphrodite est fécondée par les bourdons et les abeilles; chacune des fleurs, prise isolément, ne peut être fécondée par son propre pollen; les fleurs plus anciennes sont fécondées par le pollen que les insectes nommés plus haut vont puiser dans les fleurs dont la floraison est plus récente ». Après avoir constaté que la *Nigella arvensis* présente des particularités analogues, Sprengel découvrit que la fécondation de l'euphorbe s'effectue en vertu d'une méthode absolument opposée; il remarqua que les insectes qui remplissent le rôle d'intermédiaires dans l'œuvre de la fécondation ne déposent sur les stigmates que le pollen de fleurs plus anciennes.

Sa théorie de la fleur, poursuit-il, est fondée sur ces six découvertes fondamentales, faites dans l'espace de cinq ans. Dans les pages qui suivent, il développe à loisir cette théorie, et donne des explications détaillées au sujet des glandes dans lesquelles s'amasse une partie des sucs des organes (nectaires) destinés à recevoir et à recouvrir le nectar, des particularités de structure qui permettent aux insectes de trouver, facilement et sûrement, des fleurs. Après avoir attiré l'attention du lecteur sur les lignes que Kœlreuter a consacrées à l'action des insectes dans l'œuvre de la fécondation des fleurs pourvues des nectaires, lignes qui renferment des observations si justes et si exactes, Sprengel fait remarquer qu'aucun des botanistes qui se sont succédé jusqu'à l'époque dont nous parlons n'a su découvrir et formuler sa théorie fondamentale, qui peut se résumer de la manière suivante : Les fleurs nectarifères sont construites et formées en vue de la fécondation par l'intermédiaire des insectes; les particularités de structure qu'elles présentent trouvent leur explication dans l'étude même de l'œuvre de la fécondation ». Sprengel fonde cet axiome important sur le fait de l'existence de la Dichogamie.

« Lorsque la fleur s'est ouverte dit-il, (il s'agit ici des Dichogames) les filaments se trouvent placés de telle manière que leurs anthères s'ouvrent et laissent voir le pollen qui doit servir à la fécondation. Lorsque les filaments n'occupent pas cette position au moment de l'éclosion, ils l'acquièrent ensuite soit tous ensemble, soit les uns après les autres. Pendant ce temps, le stigmate se trouve loin des anthères; il est encore petit, et complétement fermé. Par conséquent, la poussière des anthères ne peut être transportée sur le stigmate par un moyen mécanique, ou par l'intermédiaire d'un insecte, car le stigmate lui-même n'existe pas encore à proprement parler.

« Cet état de choses se prolonge durant un espace de temps déterminé. Lorsqu'à l'expiration du temps fixé, les anthères ont perdu leur pollen, les filaments subissent différents changements qui ont pour résultat de modifier la position occupée précédemment par les anthères. Pendant ce temps, le pistil s'est modifié de telle sorte que le stigmate se trouve à l'endroit où se trouvaient précédemment les anthères; et comme il s'ouvre, ou comme les parties qui le composent s'écartent les unes des autres, il finit par occuper à peu près autant de place que les anthères en occupaient auparavant.

« Lorsque les anthères et le stigmate sont parvenus à l'époque de leur floraison, ils se trouvent successivement placés au même endroit de la fleur, et celle-ci est construite de telle façon que l'insecte désigné pour accomplir l'œuvre de la fécondation doit, afin d'atteindre le suc, toucher de son corps dans une fleur jeune, les anthères; dans une fleur plus âgée, le stigmate. Il enlève donc le pollen de l'une pour le transporter sur le stigmate de l'autre, et féconde la plus ancienne des deux fleurs au moyen du pollen de la plus jeune ». Nous avons déjà dit que Sprengel ne connaissait pas seulement cette forme de Dichogamie, mais encore la forme contraire; et il conclut qu'un grand nombre des fleurs ne peuvent être fécondées que par l'intermédiaire des insectes, et que dans bien des cas, les fleurs présentent des particularités de structure qui, loin d'être favorables aux insectes agents de la fécondation, les font périr d'une mort lente et douloureuse. « Toutes les fleurs, ajoute-t-il, qui ne possèdent ni corolle proprement dite, ni calice pouvant suppléer à la corolle, sont dépourvues de sucs. Elles ne sont pas fécondées par les insectes, mais par des moyens mécaniques, tels que l'action du vent. Le vent enlève la poussière des anthères, et la transporte sur les stigmates; il détermine aussi la fécondation en secouant la plante ou la fleur, de telle sorte que le pollen se détache des anthères et tombe sur les stigmates ». Sprengel fait remarquer, en outre, que les fleurs qui rentrent dans cette catégorie produisent une grande quantité de pollen, et que celui-ci, grâce à sa légèreté, peut être soulevé et transporté facilement, tandis que les fleurs nectarifères ne produisent que du pollen lourd. Les lignes suivantes sont destinées à montrer que les vérités fondamentales découvertes par Sprengel fournissent l'explication de toutes les particularités physiologiques telles que la position, la dimension, la couleur, le parfum, la forme des fleurs, l'époque de la floraison, etc.

Sprengel considérait le nectar comme un produit de la fleur, créé en vue des nécessités de l'existence des insectes; il attachait la même signification à certaines particularités de la structure des fleurs; les observations qu'il fit à ce sujet constituent les bases premières de ses théories; il constata, au cours de ses recherches, que les insectes ne servent pas uniquement à amener la fécondation, mais aussi à produire le croisement des différentes fleurs d'une plante ou des différentes plantes d'une espèce. Cependant, cette union même des fleurs ou des différents individus constituait un problème nouveau, et les principes téléologiques auxquels Sprengel avait conformé rigoureusement ses doctrines, devaient l'obliger à chercher la solution de ce problème, le but du croisement des fleurs d'une même plante. Ainsi que nous l'avons déjà fait remarquer, Sprengel se contenta d'établir et de signaler le fait en question; il ajouta que la nature ne paraissait pas avoir voulu qu'une seule fleur fût fécondée par son propre pollen. On pourrait reprocher à l'auteur de tant de découvertes remarquables, au botaniste qui a signalé tant de phénomènes importants, d'avoir négligé la solution de ce dernier problème, et d'avoir, par là, perdu l'occasion d'amener ses propres théories à leur expression définitive? Dans le cas actuel, de nombreuses expériences, des travaux prolongés pendant des années entières eussent seuls pu être de quelque utilité.

La situation qu'occupait Conrad Sprengel, le succès médiocre de son œuvre géniale n'étaient pas de nature à lui inspirer le désir d'entreprendre ce dernier travail, le plus laborieux de tous, sans autre auxiliaire que ses propres forces. A l'époque dont nous parlons, et durant les années qui suivirent, les botanistes se mouvaient dans un cercle étroit de vues qui laissaient dans l'ombre les phénomènes biologiques et physiologiques de la vie végétale; il était impossible, en outre, de concilier les résultats atteints par Sprengel avec le dogme de la constance des espèces; ceux qui faisaient de ce dogme le point de départ de leurs doctrines ne trouvaient plus le moindre intérêt aux rapports si étranges qui existent entre l'organisation des fleurs et celle des insectes; et en pareil cas, les intelligences médiocres aiment mieux nier les faits, ou les ignorer, que de sacrifier à l'évidence des opinions préconçues, passées à l'état d'habitude d'esprit. On s'explique par là l'indifférence universelle qui accueillit l'ouvrage de Sprengel. Des circonstances spéciales contribuaient à aggraver cet état de choses. Au commencement de notre siècle, un grand nombre de botanistes doutaient encore de l'existence de la sexualité vegétale, en dépit des œuvres de savants tels que Kœlreuter et Camerarius. On refusait d'accepter les doctrines nouvelles, malgré les efforts de Knight et de William Herbert, qui s'acheminaient pas à pas, grâce à des expériences habilement conduites, vers la solution du problème posé par Sprengel. Les botanistes précédents avaient fondé l'étude des problèmes physiologiques sur les principes d'une téléologie naïve, mais logique; ceux qui suivirent enveloppèrent dans une réprobation générale toutes les explications qui procédaient de la téléologie, et ceci contribua, dans une certaine mesure, à empêcher les botanistes de l'époque de concilier les théories nouvelles avec les résultats des travaux de Sprengel, avec des découvertes qui paraissaient n'admettre que des explications téléologiques. Les doctrines des botanistes antérieurs à 1860 ne permettaient plus de se former un jugement à l'égard des phénomènes de la nature; on aurait eu honte d'adopter le point de vue téléologique, et de croire, avec Conrad Sprengel, que les organes les plus insignifiants en apparence sont l'œuvre d'une pensée créatrice; mais comme on se trouvait dans l'impossibilité de remplacer les doctrines ainsi condamnées par des théories plus exactes et plus justes, les découvertes de Sprengel restèrent incomprises et ignorées jusque dans les environs de 1860, époque à laquelle Darwin, frappé de leur extrême importance, opposa au principe téléologique les théories de la descendance et de la sélection. Darwin se trouva par conséquent en mesure d'expliquer les découvertes de Sprengel dans ce qu'elles avaient de purement scientifique, et d'en tirer les arguments les plus puissants que l'on pût fournir en faveur de la théorie de la sélection. Les contemporains apprécièrent enfin, à leur juste valeur, les œuvres de Knight, d'Herbert et de C. F.-Gärtner. Le premier de ces trois botanistes avait suivi de près Sprengel; les deux autres étaient venus plus tard. Ils s'étaient efforcés, tous trois, de donner de nouveaux développements aux vues de Sprengel; mais leurs efforts et les découvertes qui en résultèrent n'attirèrent pas tout d'abord l'attention du public. Peu de temps après l'apparition de l'ouvrage de Sprengel, Andrew Knight[1] prit, comme sujet d'étude, le pois, et se livra à des expériences comparées sur la fécondation croisée et la fécondation directe.

Il constata, par ses expériences, que les végétaux ne peuvent être fécondés par leur propre pollen durant un nombre illimité de générations, et qu'aucune plante n'échappe à cette loi. En 1837, Herbert résuma, dans la phrase suivante, les observations qu'il avait faites au cours de ses tentatives et de ses essais de fécondation : « J'atteindrais, je le crois, des résultats plus satisfaisants, si je fécondais la fleur dont je veux obtenir des graines, à l'aide du pollen d'un autre individu, appartenant à la même variété, ou tout au moins à l'aide du pollen d'une autre fleur, au lieu de la féconder au moyen de son propre pollen ». En 1844, C.-F. Gärtner parvint au même résultat, grâce à des essais de fécondation sur certaines variétés des *Passiflora*, *Lobelia* et *Fuchsia*. Ces observations devaient amener, peu à peu, à la solution du problème posé par Sprengel; elles devaient permettre aux botanistes de l'époque d'approfondir les mystères de l'organisation d'un grand nombre de fleurs, et de s'expliquer les particularités de structure qui empêchent la fécondation des fleurs ou des plantes de même espèce de s'effectuer autrement que par voie de croisement. Knight, Herbert et Gärtner déterminèrent, par des moyens artificiels, différents croisements qu'ils comparèrent ensuite avec les effets de la fécondation; cette comparaison leur permit de constater que la fécondation croisée est plus complète et meilleure que la fécondation directe.

Cette observation devait nécessairement amener à adopter les théories des botanistes qui considéraient les particularités des fleurs, découvertes par Sprengel, et l'action des insectes dans l'œuvre de la fécondation, comme autant de moyens d'obtenir des rejetons nombreux et vigoureux.

Darwin accorda à cette doctrine une attention particulière; il sut en tirer parti au point de vue de la théorie de la sélection, et l'appuya d'expériences nombreuses qui se succédèrent à partir de 1837.

1. Voici l'ouvrage d'Hermann Müller : *Befruchtung der Blumen durch Insekten* (Leipzig 1873, p. 5).

VI.

NOUVELLE OPPOSITION A LA THÉORIE DE LA SEXUALITÉ ; SA RÉFUTATION PAR L'EXPÉRIMENTATION. — 1785-1849.

Ceux qui ont lu avec attention les ouvrages de Camerarius et de Kœlreuter auront peine à comprendre que, parmi les successeurs de ces deux botanistes, il s'en soit trouvé qui aient mis en doute, non les différents modes de reproduction, mais l'existence même de la sexualité végétale. Et cependant, on a vu s'élever de différents côtés, durant les quarante ou soixante années qui nous ont immédiatement précédé, des protestations extrêmement vives contre la théorie de la sexualité. Il ne faut pas chercher la cause de ce désaccord dans les perfectionnements de l'investigation expérimentale, ou dans certaines contradictions; cet état de choses était causé par une série de maladresses, commises par des botanistes qui n'entendaient rien à l'expérimentation, et qui finissaient par se trouver en possession des résultats les plus contradictoires; il avait son point de départ dans l'ignorance d'un grand nombre de botanistes à l'égard des plantes qui servaient de sujet d'étude; il peut s'expliquer aussi par l'absence de deux qualités qui sont nécessaires à tout observateur sérieux : l'habileté qui résulte de la pratique constante, et la prudence. Ces qualités firent toujours défaut à Spallanzani et à trois botanistes qui le suivirent de près : Bernhardi, Girou de Buzareingue et Ramisch. Les imperfections que nous signalons dans leur œuvre s'accusent et s'exagèrent encore dans les ouvrages de Schelver, de son disciple Henschel et dans ceux de leurs élèves. Ces botanistes s'appuyaient sur des théories erronées, sur des conclusions empruntées à la philosophie de la nature, et se croyaient fondés ainsi à nier les faits constatés par l'expérimentation. Au commencement du siècle actuel, un grand nombre de botanistes se ressentirent, intellectuellement parlant, de l'influence destructrice qu'exerçait la philosophie de la nature; les résultats des expériences les plus simples, la relation de cause à effet dépassaient le niveau de leur intelligence amoindrie. Linné s'était cru en mesure de prouver l'existence de la sexualité végétale au moyen d'arguments empruntés à la philosophie; l'investigation expérimentale ne possédait qu'une importance secondaire à ses yeux. Schelver, au contraire, en adepte de la philosophie de la nature, s'efforça de prouver, en vertu de raisons tirées des doctrines qu'il professait, l'impossibilité de la sexualité végétale. La nature même de la plante constituait, aux yeux de Linné, une preuve de l'existence de la sexualité; elle suffisait, d'après Schelver, à établir la non-existence de la sexualité. Schelver et Linné avaient raison, l'un et l'autre, au point de vue de la logique; le problème dont il s'agit ne pouvait être résolu que par l'expérience et non par des raisonnements. Cependant, les disciples de la philosophie de la nature jugèrent nécessaire de fonder leurs théories sur des faits; ils eurent recours aux ouvrages de Spallanzani [1]. En 1786, Spallanzani publia sous ce titre : *Expériences pour servir à l'histoire de la génération des animaux et des plantes*, un certain nombre d'essais. Les uns traitaient de la génération animale, les autres de la fécondation végétale. Ces derniers sont les seuls qui puissent nous intéresser. Ils trahissent, cependant, une connaissance fort incomplète de la littérature; l'auteur range Césalpin parmi les partisans de la théorie de la sexualité. Ces essais eux-mêmes témoignent d'ailleurs de l'ignorance de l'auteur au sujet des principes biologiques de la culture des plantes dans un but expérimental; on y remarque, en outre, cette étroitesse de vues et de pensée particulière aux œuvres des amateurs qui ont négligé de se préparer de longue main à l'étude des problèmes de la physiologie végétale. L'absence de profondeur et de réflexion se trahit à la fois dans le fond et dans la forme. La critique est dogmatique et pédante, et ne parvient pas à inspirer au lecteur quelque confiance dans l'habileté et dans le jugement de l'auteur. Spallanzani fit ses expériences sur des plantes telles que le genêt, le haricot, le pois, le radis, le *Basilicum*, le *Delphinium*, autant de végétaux qui ne se prêtent point à des essais de ce genre. Ces tentatives se ressentent de la précipitation et de l'étourderie que nous avons signalées plus haut. Spallanzani découvre que certaines

1. Lazaro Spallanzani naquit, en 1699, à Scandiano, dans le grand duché de Modène et mourut en 1799 à Pavie, où il remplit longtemps des fonctions de professeur d'histoire naturelle. Il consacra à l'étude des sciences naturelles des travaux minutieux et approfondis dans lesquels il traite des questions les plus diverses, et en particulier de la physiologie des animaux. On retrouve, dans ces ouvrages, la précipitation et les conclusions hâtives que l'on remarque dans ses essais sur la sexualité végétale. Les lecteurs désireux d'en apprendre plus long à cet égard pourront consulter la *Biographie universelle ancienne et moderne*, et y trouveront des détails sur la vie et les œuvres de Spallanzani.

plantes, telles que la Mercuriale et le Basilic, ne peuvent produire des graines fécondes sans être soumises à l'action du pollen, tandis que pour lui d'autres végétaux, tels que la citrouille, le melon d'eau, le chanvre et l'épinard, se reproduisent sans la fécondation. Volta, ce grand savant, compatriote de Spallanzani, répéta les mêmes expériences.

Telles étaient les expériences à l'autorité desquelles Franz-Joseph Schelver, professeur de médecine à Heidelberg, se rapportait dans la *Kritik der Lehre von dem Geshlecht der Pflanzen* (1812). Nous ne jugeons pas nécessaire de consacrer une étude à cet étrange produit d'une intelligence dévoyée, à cet ouvrage absurde qui passa pendant une quinzaine d'années, aux yeux d'un grand nombre de botanistes allemands, pour le dernier mot de la science. Schelver juge en quatre lignes les travaux de Camerarius; par contre, il proclame la supériorité absolue des ouvrages de Spallanzani, et termine par une appréciation dédaigneuse des mérites de Kœlreuter. « Les observations des botanistes en question, dit-il, sont exactes, mais elles ne prouvent pas l'existence de la fécondation végétale. » Schelver s'efforce de trouver dans l'observation de la vie végétale, dans l'étude des lois qui la régissent, la solution du problème qui le préoccupe; il émet à ce sujet des vues qui procèdent de sa fantaisie et de son imagination plus que de l'étude des lois de la nature, et déclare que les organes des végétaux n'ont aucune utilité. Ces organes, dit-il, ne peuvent avoir d'utilité : ils ne servent point les uns aux autres pour propager ensemble la vie; car la vie, « but de leur action et de leur travail, ne peut être produite que par des organes qui existent en même temps ». Cette théorie constitue la négation absolue de l'action fécondante du pollen. D'après Schelver, la force procréatrice d'une plante mâle, cette force qui détermine le développement des graines d'une plante femelle voisine, serait le résultat de la « proximité » et non point le fait du pollen même. Ces doctrines, conformes du reste en tout point aux principes cités plus haut, donneront au lecteur une idée faible de la logique des œuvres de Schelver.

Les écrits de son disciple Henschel[1] sont pires encore, et les défauts que nous venons de signaler s'accusent et s'exagèrent surtout dans le volumineux ouvrage intitulé : *Von der Sexualitæt der Pflanzen* (1820). Henschel se crut obligé de prouver l'excellence des doctrines de la philosophie de la nature, au moyen d'essais et

1. Auguste Henschel pratiquait la médecine à Breslau. Il était, en outre, professeur à l'Université.

d'expériences innombrables; mais ses expériences témoignent d'une incapacité et d'une absence de jugement, véritablement surprenantes. On ne peut lire les ouvrages de Henschel sans s'empêcher de mettre en doute l'exactitude des faits qu'il rapporte; Treviranus et Gärtner ont relevé à ce sujet de nombreuses contradictions, et même sans cela, le livre de Henschel mériterait d'être condamné à l'oubli.

Il serait superflu de s'arrêter davantage sur cet ouvrage, qui nous intéresse à titre de cas pathologique plus qu'en qualité d'œuvre historique. La philosophie de la nature a exercé une influence néfaste sur le goût et le jugement de botanistes, même les meilleurs, qui se succédèrent jusque vers 1830, et elle se manifeste dans les appréciations élogieuses relatives aux œuvres de Schelver et de Henschel. Nous trouvons des renseignements à ce sujet dans un recueil de lettres que Nees von Esenbeck publia comme second supplément à la *Flora* (1821), et on consultera encore les remarques de Gœthe sur la métamorphose des plantes dans le tome 36 de l'édition de ses œuvres en 40 volumes (édition Cotta). Cependant, nous rencontrons ici et là des botanistes qui combattirent avec vigueur les théories erronées dont il vient d'être question.

Nous nommerons en particulier Paula Schrank (*Flora*, 1822, p. 49), et C.-L. Treviranus qui publia en 1822 une volumineuse réfutation des doctrines de Henschel sous le titre de *Lehre von dem Geschlecht der Pflanzen in Bezug auf die neuesten Angriffe erwogen*. Même plus tard, nous trouvons encore des botanistes qui subirent, comme par contre-coup, l'influence malsaine de Schelver et Henschel. En 1830, B.-J.-B. Wildbrand, professeur à Giessen, publia dans *Flora*, (p. 583), des articles sur la sexualité végétale. D'après Wildbrand, la sexualité des plantes présente quelque analogie avec celle des animaux, mais elle ne constitue pas une sexualité réelle. Toute la littérature de la philosophie de la nature trahit d'un bout à l'autre cette incapacité absolue de juger sainement les résultats de l'expérience; la fantaisie la moins en rapport avec les résultats de l'expérience se mêle partout à l'analyse des faits constatés par la science.

En revanche, les doutes émis par Bernhardi (1811), Girou (1828-30), et Ramisch (1837) sont d'ordre bien différent. Ceux-ci firent de véritables expériences, et les soumirent au contrôle d'une critique impartiale, et cependant, il y a des lacunes dans leur éducation scientifique; il y a une certaine négligence, de l'insuffisance des mesures de précaution; leurs connaissances bibliographiques sont rudimentaires. Les botanistes du siècle précédent, Camerarius et Ray eux-mêmes, avaient signalé l'apparition des fleurs mâles qui prennent naissance sur les plantes femelles de l'épinard, du chanvre, de la mercuriale. Bernhardi, Girou et Ramisch prirent à leur tour les mêmes végétaux comme sujets d'observation; ils remarquèrent, eux aussi, les fleurs mâles produites par des végétaux femelles, mais ils ne surent pas se mettre en garde contre ces cas exceptionnels.

Ainsi, les botanistes qui se succédèrent jusque vers 1840 continuèrent à émettre des doutes au sujet de la sexualité des végétaux en général et des Phanérogames en particulier. Il n'était pas encore question des Cryptogames; on continuait à les considérer comme des végétaux dépourvus de sexe, en dépit des efforts de botanistes antérieurs et de leurs travaux importants. Pourtant la majorité des botanistes dont nous parlons en ce moment possédait, au sujet de la sexualité de la fleur, des idées nettes et exactes. La plupart s'en rapportaient de confiance à l'autorité de Linné; quelques-uns savaient apprécier, à leur juste valeur, les preuves que Camerarius, Bradley, Logan, Gleditsch, et Kœlreuter avaient fondées sur l'expérimentation. Mais les botanistes qui se succédèrent à partir de 1820 jusqu'à 1840 et qui se consacrèrent à l'étude du problème en question se virent dans la nécessité de reprendre et d'examiner, sous toutes leurs faces, les questions qui avaient trait à la sexualité végétale. Dès 1819, l'Académie des Sciences de Berlin s'était efforcée, à l'instigation de Link, de déterminer de nouvelles recherches. Celles-ci devaient tendre à la solution des plus importants et des plus décisifs d'entre les problèmes qui se rapportent à la sexualité des plantes. L'Académie proposa, à cet effet, la question suivante : « La fécondation croisée existe-t-elle dans le règne végétal? » Wiegmann fut le seul à répondre; son essai, publié en 1828, n'était pas absolument conforme aux exigences du sujet et ne satisfit pas entièrement les juges, qui ne lui décernèrent qu'une mention. L'Académie hollandaise de Harlem réussit mieux sous ce rapport à l'instigation de Reinwardt (1830); elle modifia quelque peu les données du problème, et le rattacha à l'horticulture pratique.

Carl-Friedrich Gærtner[1] fut un des concurrents. Son travail,

1. Carl-Friedrich Gärtner, fils de Joseph Gärtner, naquit en 1772 à Calw, et y mourut en 1850. Il entra à la pharmacie royale de Stuttgart en qualité d'apprenti, et suivit, à la *Carlsacademie* différents cours de sciences naturelles; il partit bientôt pour Iéna, dans le but d'étudier la médecine. En 1795, il quitta Iéna pour Göttingue, où il suivit l'enseignement de Lichtenberg. Il retourna, la même année,

dont l'apparition fut retardée jusqu'en 1837, par suite de diverses circonstances, lui valut un prix d'honneur et une récompense extraordinaire. Dès 1826, C.-F. Gärtner avait publié, dans différentes revues, le récit de ses essais d'hybridation. En 1849, il fit connaître les résultats de recherches expérimentales qui s'étaient prolongées vingt-cinq ans durant, et les publia dans un volumineux ouvrage, intitulé : ***Versuche und Beobachtungen über die Bastardzeugung*** (Stuttgard, 1849). En 1844, il avait fait paraître, en guise d'introduction à l'ouvrage que nous venons de nommer, un travail également volumineux : ***Versuche und Beobachtungen über die Befruchtungsorgane der vollkommeneren Gewæchse und uber die natürliche und künstliche Befruchtung durch den eigenen Pollen.*** Ces deux ouvrages témoignent de connaissances solides et étendues ; ils sont supérieurs, sous ce rapport, aux recherches expérimentales faites jusque-là au point de vue de la sexualité végétale. Ils terminent avec éclat une période qui commence au moment où disparait Kœlreuter, une période inaugurée par les doutes qui s'élèvent au sujet de la sexualité des plantes ; ils coïncident avec la polémique ardente dans laquelle se trouvaient engagés Hofmeister d'une part, Schleiden et Schacht d'autre part, et portant sur le développement de l'embryon.

Les œuvres de Gärtner se recommandent moins à l'admiration par la nouveauté et l'éclat des résultats atteints, par le brillant de la pensée ou l'inattendu des combinaisons, que par l'étude approfondie, consciencieuse, des circonstances et des particularités de la reproduction sexuelle des Phanérogames. Gärtner a consigné, dans des analyses d'une précision et d'une exactitude extrêmes, les résultats de ses essais d'hybridation, et ceux-ci dépassent le chiffre de 9.000.

Il consacra à la fécondation normale des études approfondies, et s'efforça de chercher et de signaler les sources d'erreur qui peuvent modifier, en quelque mesure, les résultats de l'expérimentation ; il ne négliga aucune des conditions relatives, soit au déve-

dans sa patrie, et s'établit à Calw en qualité de médecin, après avoir terminé son doctorat. Gärtner commença par s'occuper de physiologie animale ; il se consacra ensuite au Supplément à la *Carpologia* de Joseph Gärtner. Il réunit des notes nombreuses dans l'intention d'entreprendre un ouvrage étendu sur la physiologie végétale ; mais ce projet ne fut pas mis à exécution ; l'idée première, modifiée, donna naissance à des études qui avaient trait à la théorie de la sexualité et à des travaux qui se prolongèrent durant vingt-cinq années (*Jahresheft des Vereins für vaterl. Naturkunde in Würtemberg,* 1852, t. VIII, p. 16).

loppement de la plante, soit aux circonstances extérieures, nécessaires à l'accomplissement de la fécondation; il soumit au contrôle d'une critique minutieuse les œuvres des botanistes qui se sont occupés des problèmes que nous venons d'effleurer, et fonda sur une expérience personnelle des plus étendues les jugements qu'il porta au sujet des tentatives de ses devanciers. En 1844, il fit paraître un ouvrage qui traite de la pollinisation, et qui renferme une biologie et une physiologie complètes de la fleur; il y décrit les phénomènes qui ont trait à l'éclosion de la fleur et à la fécondation. Ces descriptions sont fondées sur des observations personnelles et souvent originales; les relations entre le calice, la corolle, l'isolation du nectar, l'épanouissement des anthères, la chaleur des fleurs, la physiologie de l'ovaire, le style et le stigmate y sont l'objet d'études approfondies. Toutes les connaissances acquises par les botanistes précédents, au sujet de l'irritabilité et des mouvements, tant de la fleur que des organes sexuels, se trouvent résumées dans ces pages, et commentées par des observations nouvelles. Nous nous trouvons en présence d'une description de la vie de la fleur, description nourrie et complète, et dans laquelle aucun détail, si infime soit-il, n'est omis; l'étude des autres organes de la plante n'a jamais donné lieu à un semblable travail. Nous essayerions vainement de donner au lecteur, dans les limites qui nous sont imposées par notre sujet, une idée exacte de cette richesse d'observation. Cependant, cet ouvrage était destiné à annoncer et à préparer, pour ainsi dire, la plus importante de toutes les découvertes de Gärtner, celle par laquelle il établit l'exactitude des affirmations de Camerarius, et constate définitivement, en dépit d'objections et d'arguments vieux de plus d'un siècle, que l'action du pollen est indispensable à la formation de l'embryon, et au développement de la semence, et, par conséquent, que les plantes possèdent une sexualité, tout comme les animaux. Cependant, Gärtner ne se contenta pas d'expériences plus ou moins nombreuses de fécondation végétale; il réfuta, point par point, les objections de Spallanzani, de Shelver, de Henschel, de Girou; au moyen d'expériences et d'observations nouvelles, il mit en lumière les erreurs des adversaires de la sexualité végétale, insista sur l'inexactitude de leur observations; enfin il appela l'attention des botanistes sur le développement de l'ovaire avant la fécondation, développement qui donne lieu à tant de phénomènes si remarquables; il indiqua certains cas de fécondation dans lesquels l'action du pollen s'effectue en dépit des précautions prises contre son accès. Grâce à ces recherches, Gärtner put constater et établir l'existence de la sexualité végétale, de manière à mettre fin pour jamais aux contradictions et aux objections. Quelques années plus tard, aux environs de 1860, les botanistes signalèrent des phénomènes nouveaux; on vit que certains individus, appartenant à un petit nombre d'espèces végétales, ont la faculté de produire indépendamment de toute fécondation, des embryons capables de se développer. Personne ne s'avisa de chercher dans ce phénomène, désigné sous le nom de Parthénogénèse, des preuves contraires à la sexualité végétale; on s'efforça, au contraire, de bien vérifier ce fait par l'observation de la nature, et de le concilier avec le fait de la sexualité des plantes. Il se produit, dans le règne animal, des phénomènes analogues qui demandent à être expliqués et interprétés de la même manière.

L'ouvrage de Gärtner sur l'hybridation avait été précédé de l'apparition d'un certain nombre d'écrits sur le même sujet. Nous avons déjà parlé des œuvres de Knight, publiées au commencement du siècle; nous citerons encore l'ouvrage plus approfondi et plus sérieux que William Herbert consacra aux Amaryllidées (1837). Gärtner établit des comparaisons incessantes entre ses propres recherches et les résultats atteints par ses prédécesseurs, et par Kœlreuter en particulier; il amassa ainsi un trésor d'observations, et en fit le point de départ de principes généraux sur les conditions propices à la création d'hybrides, les résultats de l'hybridation, et les raisons qui s'opposent à la réussite d'essais de ce genre. Il créa des hybrides mixtes et composés, qui présentent un intérêt tout spécial; et nous en dirons autant des essais dans lesquels il s'est efforcé d'établir les rapports qui existent entre les hybrides et la formation des variétés, et de déterminer les effets gradués de l'action que le pollen d'une plante étrangère exerce sur les organes féminins de la plante fécondée. Nous ne pourrions consacrer une étude plus approfondie aux résultats atteints par Gärtner, sans nous trouver engagés dans une discussion qui nous ferait pénétrer au cœur même du sujet, et qui nous entraînerait considérablement au delà des limites imposées à ce livre. En outre, ce travail serait inutile, car Nägeli s'est déjà chargé, en 1865, de résumer les découvertes importantes dues à ses prédécesseurs, en un certain nombre de principes dans lesquels viennent se condenser, pour ainsi dire, les observations accumulées par Kœlreuter, William Herbert et Gärtner[1]. Les recherches de Camerarius ont été faites à Tubingue; les essais d'hybridation de Gärtner vi-

1. On trouvera, dans mon *Lehrbuch der Botanik* (Leipzig 1868-71), un résumé de ces découvertes.

rent le jour à Calw en Würtemberg. En 1762 ou 1763, Kœlreuter s'était livré, dans la même ville, à des tentatives analogues. Ainsi, la théorie de la sexualité végétale fut fondée dans deux petites villes du Würtemberg, par trois des expérimentateurs les plus distingués qui aient jamais existé. Ceux-ci ne se contentèrent pas de fonder cette théorie; il l'enrichirent de tous les développements que l'expérimentation peut fournir. Camerarius à Tubingue, Kœlreuter et C.-F. Gärtner à Calw, avaient fondé, par l'expérimentation, la théorie de la sexualité végétale; grâce à eux, les progrès accomplis dans cette direction ont été assez grands pour ne plus laisser qu'une valeur secondaire aux découvertes d'autres botanistes qui se sont occupés de la fécondation artificielle. Kœlreuter avait acquis certaines connaissances, vagues et incomplètes à la vérité, au sujet des conditions dans lesquelles s'accomplit la fécondation normale. Conrad Sprengel fut le premier à déterminer ces conditions et à signaler leurs rapports; et nous ferons remarquer ici à nos lecteurs que Gärtner n'accorda qu'une attention superficielle aux étonnantes découvertes de Sprengel, et négligea par là des observations qui eussent été fécondes en résultats remarquables. Les études si substantielles qu'il consacra à l'isolation du nectar et à l'irritabilité des organes de reproduction, ses nombreuses observations au sujet d'autres particularités biologiques des fleurs, eussent été complètes s'il les avait reliées aux principes généraux de Sprengel, principes fondés sur l'étude des rapports qui existent entre la structure des fleurs et l'organisation des insectes. Mais il ne le fit point, et c'est Darwin qui, avec son don merveilleux de coordination, s'aventura dans le domaine que Gärtner avait négligé d'explorer, et réunit et rassembla, de manière à pouvoir les embrasser d'un coup d'œil, les résultats de recherches qui s'étaient prolongées pendant des siècles. Il fondit en un tout, en une œuvre maîtresse, les doctrines de Kœlreuter, de Knight, d'Herbert, de Gärtner, et la théorie de la fleur, de Conrad Sprengel; il mit en lumière les rapports qui unissent la physiologie de la fleur à l'œuvre de la fécondation; il sut prouver, en même temps, que toutes les dispositions physiologiques dépendent, en quelque mesure, des lois qui président à la fécondation normale, à la fécondation naturelle. Nous retrouvons ici un fait qui se présente dans l'histoire de la morphologie et de la systématique; Darwin a su tirer une conclusion de prémisses déjà établies; ses doctrines sont fondées sur les découvertes des meilleurs observateurs, qu'elles condensent et résument, au point de vue de l'histoire comme au point de vue de la logique.

VII.

ÉTUDE MICROSCOPIQUES SUR LA FÉCONDATION DES PHANÉROGAMES; LE BOYAU POLLINIQUE ET LES OVULES[1]. — 1830-1850.

Les botanistes qui étaient convaincus de l'existence de la sexualité végétale s'étaient efforcés, dès le siècle précédent, d'acquérir des connaissances précises au sujet des lois en vertu desquelles le pollen détermine, à l'intérieur de la semence, la formation de l'embryon. Ils s'étaient livrés, à cet effet, à différentes recherches à l'aide du microscope. Nous passerons sous silence les essais rudimentaires de Morland et de Geoffroy pour ne considérer que ceux de Needham (1750), de Jussieu, de Linné, de Gleichen et de Hedwig. Les botanistes que nous venons de nommer avaient, au sujet de la fécondation, des idées singulières. D'après eux, le pollen éclatait sur le stigmate; son contenu pénétrait dans le style, et finissait par atteindre les ovules pour y subir un développement graduel qui les transformait peu à peu en embryons, ou pour contribuer, en quelque mesure, au développement de l'embryon lui-même. Ces vues procédaient directement de la théorie de l'évolution qui jouissait, à l'époque dont nous parlons, de la faveur générale; l'existence des animalcules spermatiques des animaux semblait leur prêter une autorité nouvelle; elles étaient fondées, en outre, sur les observations de certains botanistes. Ceux-ci avaient cru, en effet, que les grains du pollen, plongés dans l'eau et placés sous le microscope, se rompent fréquemment, et laissent échapper leur contenu sous la forme d'une masse grenue et glaireuse. Ainsi que nous l'avons dit plus haut, Kœlreuter combattit cette théorie et qualifia d'anormale la rupture des grains de pollen, et il considéra les matières huileuses exsudées par les grains du pollen comme la substance fécondatrice par excellence. Joseph Gärtner et Conrad Sprengel se rangèrent à cette manière de voir, qui ne rencontra guère, de la part des botanistes de l'épo-

1. Afin de ne pas encombrer par des citations un récit forcement abrégé, nous nous contenterons de citer les ouvrages qui se recommandent par leur importance : *Miscellaneous Writings*, par Robert Brown; Mohl, articles sur G. Amici, publiés dans la *Bot. Zeitung*, 1863 (Supplément p. 7); Schleiden : *Ueber die Bildung des Eichens und Entstehung des Embryos* dans les *Nova Acta. Acad. Leopold.*, 1839, vol. XI, Ire partie; W. Hofmeister : *Zur Uebersicht der Geschichte von der Lehre der Pflanzenbefruchtung* (Flora, 1867, p. 119 et suivantes).

que, que de l'indifférence. Par contre, les doctrines de Neeldham et de Gleichen furent l'objet, jusque vers 1840, d'une certaine considération. Une fois en possession des résultats dont nous venons de faire mention, on s'efforça de découvrir comment le contenu des grains de pollen pénètre dans les ovules. Un hasard vint fournir aux botanistes de l'époque l'occasion d'étendre le champ de leurs observations. Amici, qui avait soumis à un examen approfondi les stigmates du *Portulaca,* se vit engagé à ce sujet dans des études qui l'entraînèrent loin du but fixé tout d'abord (1823). Il vit le boyau pollinique sortir du grain de pollen; il constata que la masse grenue, désignée sous le nom de « fovilla » dont nous avons parlé plus haut, est le siège d'un mouvement d'écoulement. En 1826, Brongniart voulut étudier de plus près et éclaircir, autant que faire se pouvait, ce problème; afin d'y parvenir, il soumit à un examen minutieux un grand nombre de stigmates recouverts de pollen. Il arriva par là à constater que la formation des boyaux polliniques, bien loin d'être un phénomène d'exception, se produit fréquemment dans le règne végétal. Cependant, le manque d'esprit de suite qui se manifeste dans ses observations, et l'engouement dont il s'était pris pour la théorie démodée de Neeldham l'empêchèrent d'acquérir des connaissances claires au sujet du développement progressif du boyau pollinique jusqu'au moment où celui-ci pénètre dans l'ovule. D'après lui, le boyau pénètre dans le stigmate, s'y ouvre et laisse échapper son contenu; ce contenu représente pour lui la partie génératrice du pollen, et offre certaines analogies avec les animalcules spermatiques des animaux. Amici étudia cette question, avec plus de sérieux et de persévérance; il ne se contenta pas de suivre le développement des boyaux polliniques jusqu'au moment où ceux-ci pénètrent dans l'ovaire, il constata que l'un d'eux se glisse jusque dans la micropyle d'un ovule (1830).

On était très près de trouver la solution du problème lorsque des vues erronées vinrent dérouter les recherches.

Robert Brown prouva, en 1831 et en 1833, que les grains de pollen des Orchidées et Asclépiadées donnent naissance, tout comme le pollen des autres végétaux, à des boyaux polliniques; il prouva que l'ovaire des Orchidées fécondées contient des tubes d'une extrême finesse; mais il ne put arriver à déterminer les rapports qui existent entre ces tubes et les grains de pollen. Il supposa, en conséquence, que les tubes en question prennent naissance dans l'ovaire même, et les expliqua par l'action du pollen qui se dépose sur le stigmate. Schleiden, lui, se trompa d'une autre façon;

les vues qui l'induisirent en erreur donnèrent une place prépondérante, dans le domaine de l'investigation botanique, au problème dont il s'agit et aux questions qui avaient trait à la formation des cellules. En 1837, Schleiden publia, sur la formation et le développement des ovules avant la fécondation, les résultats d'investigations qui peuvent passer à bon droit pour les plus approfondies et les plus exactes de toutes celles qu'avaient entreprises les botanistes de l'époque. Il réfuta les objections de Brongniart et de Brown, et confirma la justesse des théories d'Amici en prouvant que les boyaux polliniques traversent le stigmate et pénètrent dans le micropyle pour arriver aux ovules, après avoir passé par toutes les parties intermédiaires. Cependant, on peut reprocher à Schleiden d'avoir poussé trop loin ses conclusions; car il affirme que : « Le boyau pollinique pousse devant lui la membrane du sac embryonnaire de telle façon que son extrémité semble continuée dans celui-ci. Celle-ci s'enfle alors de manière à prendre l'apparence d'une boule ou d'un œuf; son contenu donne naissance à du tissu cellulaire. Elle forme ensuite les organes latéraux, un ou deux cotylédons; l'extrémité primitive, désignée sous le nom de *plumula* reste généralement libre. La partie du boyau pollinique qui se trouve au-dessous de l'embryon, et le repli qui l'entoure et qui appartient au sac embryonnaire, s'écarte tôt ou tard et disparaît entièrement, de telle sorte que l'embryon finit par se trouver renfermé dans le sac embryonnaire ». Cette théorie semblait fondée uniquement sur les résultats de l'observation; elle était facile à comprendre, grâce aux figures explicatives que Schleiden avait eu soin de joindre à son ouvrage. Si elle eût été exacte, elle aurait fourni des explications suffisantes au sujet de l'action du pollen dans l'œuvre de la formation des graines; elle eût été conforme, en cela, à l'ancienne théorie de l'évolution, tout en se rattachant aux doctrines de Morland et de Geoffroy; mais elle aurait nié l'existence de la sexualité végétale, et restreint l'importance de l'ovule en en faisant uniquement le siège du développement de l'embryon produit par le pollen. Un certain nombre de botanistes, parmi lesquels nous nommerons Schacht, Wydler et Gelesnow, adoptèrent d'emblée les opinions de Schleiden; par contre, les microscopistes distingués de l'époque leur opposèrent une incrédulité complète.

Amici est le premier qui se soit déclaré ouvertement l'adversaire de la théorie nouvelle; il s'efforça, dans le congrès qui se tint en Italie, à Padoue, en 1842, de prouver que l'embryon ne prend pas naissance dans une des extrémités du boyau pollinique, mais bien dans une partie de l'ovule qui existe déjà avant la fécondation, et que les matières fluides contenues dans le boyau pollinique fécondent. Amici eut le tort de prendre comme sujet d'expériences la plante la moins propre à des essais de ce genre, c'est-à-dire la courge. Ce choix malheureux l'empêcha d'acquérir des connaissances précises au sujet des phénomènes en question, et Schleiden ne manqua pas de combattre les assertions d'Amici dans les termes les moins flatteurs pour l'amour-propre de son rival (1845). Dès l'année suivante (1846), Amici établit au moyen de preuves décisives l'exactitude de ses observations; son choix tomba cette fois-ci sur une plante qui se prêtait admirablement aux exigences de l'investigation; il choisit un certain nombre d'orchidées, et mit en évidence le peu de fondement des doutes de Robert Brown; il sut, en outre, signaler l'existence de faits qui présentent une importance toute spéciale; il démontra que le sac embryonnaire de l'ovule renferme, avant même d'entrer en contact avec le boyau pollinique, un corps que nous désignerons sous le nom de cellule-œuf, et qui se développe sous l'action du boyau pollinique, de manière à former l'embryon.

Il expliqua tout le processus tel qu'il s'effectue à partir du moment où le pollen se répand sur le stigmate jusqu'à celui où l'embryon est achevé.

Dès l'année suivante, Mohl et Hofmeister vinrent confirmer, par de nouvelles observations, la justesse des théories d'Amici. En 1849, Hofmeister étudia un grand nombre de plantes, décrivit les phénomènes qui lui semblaient posséder, au point de vue de la question dont nous nous occupons, une importance décisive; il publia le résultat de ses recherches dans un volumineux ouvrage *Die Entstehung des Embryo der Phanerogamen* (Leipzig, 1849) et joignit à son texte de fort belles figures. Tulasne, de son côté, se déclara ouvertement l'adversaire des doctrines de Schleiden; il était convaincu qu'il n'existe pas de rapport entre la cellule-œuf fécondée et le boyau pollinique (cette assertion équivalait, du reste, à nier l'existence de la cellule-œuf avant la fécondation). Une polémique ardente se déchaîna autour de ces travaux : dans les Pays-Bas, l'Institut d'Amsterdam couronna un mémoire de Schacht en 1850, mémoire qui défend les théories de Schleiden, et qui est accompagné, en outre, d'une quantité de figures inexactes et même absurdes.

Mohl émet à ce sujet quelques réflexions pleines de sens (*Bot. Zeitung*, 1863; supplément, p. 7) : « Nous avons pu nous convaincre, à l'heure actuelle, que les doctrines de Schleiden devaient nécessairement induire en erreur ceux qui les adoptaient; mais nous déplorons, à ce sujet, la facilité avec laquelle certaines gens crédules confondent l'erreur et la vérité; nous constatons avec regret, tout en espérant retirer quelque fruit de nos observations à cet égard, qu'un grand nombre de botanistes renoncent aux avantages d'un travail personnel et consciencieux, et leur préfèrent de vains fantômes. D'autres poursuivent leurs études à l'aide du microscope, se laissent égarer par des opinions préconçues, et croient voir des faits qui n'existent que dans leur imagination; ceux-là exécutent par centaines des figures auxquelles il ne manque que l'exactitude, et qui sont supposées établir et affirmer, en dépit de tous les doutes et de toutes les objections, la justesse des théories de Schleiden; et il s'est trouvé une Académie pour couronner des œuvres semblables. Ce fait, qui n'est point sans précédents dans l'histoire de la science, confirme, d'une manière éclatante, une expérience vieille déjà de près d'un siècle; elle nous permet de constater une fois de plus, que les prix ne sont guère propres à amener la solution de problèmes scientifiques et de questions douteuses ». Cette fois-ci, l'essai couronné avait été réfuté d'avance par Mohl, Hofmeister et Tulasne. Cette opposition affermit encore la foi de Schacht dans les théories de Schleiden; quelques écrits furent lancés de part et d'autre. Après une courte polémique, à laquelle se joignirent des botanistes plus ou moins autorisés, parut un ouvrage assez approfondi, dû à la plume de Radlkofer, qui confirmait l'absolue justesse des observations de Hofmeister, et contenait en passant l'exposé des doctrines originelles de Schleiden qui avaient subi, depuis, de grandes modifications. C'était en fait, montrer que Schleiden avait complètement changé d'avis. Schacht lui-même dut bientôt le suivre, ayant observé dans l'ovule du *Gladiolus* des faits incompatibles avec les théories de Schleiden.

Hofmeister s'était consacré, dès l'origine, à l'étude de divers détails de la structure des plantes; il s'était demandé si le boyau pollinique renferme quoi que ce soit qui corresponde aux spermatozoïdes, et si l'extrémité du boyau pollinique présente une ouverture. Il réussit à constater, chez les conifères (1851) l'existence de parties rappelant le contenu des organes masculins de quelques Cryptogames supérieurs. Mais le boyau pollinique est fermé, comme d'ailleurs, chez tous les phanérogames, et la membrane qui le compose présente, en outre, une épaisseur considérable. Les botanistes de l'époque se virent par conséquent dans la nécessité d'attribuer la fécondation de l'ovule à l'action d'une substance fluide, passant à travers les parois du boyau pollinique et du sac embryonnaire. Ce n'était donc pas la théorie de la préformation, datant du siècle dernier, et adoptée par Brongniart, mais celle de Kœlreutrer qui, plus que d'autres, s'approchait de la vérité, bien qu'il n'en restât guère que l'idée que la substance fertilisante des phanérogames est un fluide. On put constater plus tard que les granules du pollen, longtemps confondus avec les spermatozoïdes, ne sont que des gouttes d'huile et de simples grains d'amidon.

VIII.

DÉCOUVERTE DE LA SEXUALITÉ DES CRYPTOGAMES. — 1837-1860.

A partir de 1845, l'existence de la sexualité des Phanérogames prit, aux yeux de tout botaniste capable de jugement, l'importance d'un fait définitivement constaté. En revanche, la sexualité des Cryptogames resta longtemps l'objet de doutes, en dépit des travaux des botanistes précédents. Ceux-ci avaient, en effet, signalé une série de faits qui semblaient indiquer, chez les végétaux en question, l'existence de fonctions sexuelles ou d'un acte sexuel, se produisant à une certaine phase du développement de la plante. Ce qui avait fait défaut jusqu'alors, c'était l'étude méthodique des questions pendantes, et surtout les recherches et les observations qui auraient suffi à établir la nécessité de l'union sexuelle.

Dès la seconde moitié du siècle précédent, la plupart des botanistes ne doutèrent plus de l'importance que présentent, au point de vue de la sexualité, les étamines des Phanérogames. On s'efforça de constater, chez les Cryptogames, l'existence d'organes semblables, investis des mêmes fonctions; on invoqua, à ce sujet, des ressemblances et des analogies extérieures, purement imaginaires. Les analogies extérieures, assez frappantes d'ailleurs, qui existent entre les Anthéridies et les Archégones des Mousses d'une part, et les organes sexuels des Phanérogames d'autre part, amenèrent Schmiedel et Hedwig à identifier ces parties végétales avec les étamines et l'ovaire; cette vue était juste, mais l'exacte nature des fruits des Mousses devait être découverte autrement. Quelques années auparavant, Micheli, Linné, Dillen crurent voir dans le fruit des Mousses une fleur mâle; les erreurs dont ils se rendirent coupables à ce sujet provenaient du peu de solidité de leurs observations aussi bien que de la connaissance incomplète des végétaux en question. Lorsqu'il s'agissait des Cryptogames, les botanistes les plus distingués de l'époque se trouvaient très pauvres en savoir et en méthodes. De là bien des hypothèses auxquelles il serait inutile de consacrer grand temps; nous nous bornerons à en mentionner une ou deux à titre d'exemples. Ainsi pour Kœlreuter, le volva des champignons correspondait aux organes masculins; Gleditsch et Hedwig émirent les mêmes opinions au sujet des cellules tubulaires que l'on remarque le long des lamelles. Gleichen prit les stomates des fougères pour des anthères, Kœlreuter et Hedwig commirent la même méprise à l'égard de l'indusie et des poils glanduleux. On ne savait pas encore que le développement et la conformation morphologique des Cryptogames ne sont point comparables à la conformation et au développement des Phanérogames; les doctrines établies par les botanistes de l'époque au sujet des organes sexuels des Cryptogames, qu'elles fussent du reste justes ou erronées, ne possédaient aucune valeur scientifique; elles étaient fondées uniquement sur des suppositions vagues et confuses. Durant le premier tiers du siècle actuel, cet état de choses se maintint sans s'améliorer; et si l'on vit se produire, peu à peu, un certain nombre de découvertes qui étaient l'œuvre du hasard plus que le résultat d'investigations suivies, et qui purent être utilisées, plus tard, au profit de la science, elles n'en demeurèrent pas moins des faits isolés. Il manquait, aux œuvres de cette époque, un élément coordinateur, et chacun jugeait pour son propre compte, et affirmait ou niait l'existence d'organes sexuels chez les Cryptogames. Cependant, le nombre des remarques utiles et des observations exactes s'accrut; vers 1845 on put, en éliminant les faits dont l'importance était nulle ou médiocre, se faire des idées plus nettes. Au sujet des Mousses, la plupart des botanistes acceptaient les opinions de Schmiedel et de Hedwig. Vaucher avait dès 1803 maintenu que la conjugaison bien connue des Spirogyres, est un acte sexuel. En 1820, Ehrenberg fit connaître le résultat de nouvelles observations sur la conjugaison d'une moisissure, le *Syzygites;* Bischoff et de Mirbel approfondirent l'organisation des Anthéridies des Hépatiques (1845); dès 1822, Nees von Esenbeck vit les spermatozoïdes du *Sphagnum;* en 1828, Bischoff vit ceux du Chara, et les prit tout d'abord pour des Infusoires, et Unger partageait encore cette opinion en 1834. Mais ce fut encore Unger[1] qui, dès 1837, soumit à un examen minutieux

1. Voir Hofmeister : *Flora*, 1857, p. 120 et suivantes.

les spermatozoïdes des Mousses, et les identifia avec les parties fécondantes mâles. En 1844, Nägeli découvrit l'existence de parties végétales analogues en examinant le prothalle des fougères, qui avait été pris, jusque-là, pour un cotylédon; en 1846, il constata que les spermatozoïdes sont produits par les petites spores que l'on remarque chez les *Pilularia*, et que Schleiden avait regardées comme des granules de pollen.

Cependant, la science de l'époque ne devait pas gagner grand chose à ces découvertes, en dépit de leur extrême importance; parmi les végétaux que nous venons de nommer, les Mousses étaient les seuls dont les organes féminins fussent connus des botanistes; l'étude des analogies qui existent entre les spermatozoïdes des plantes et ceux des animaux pouvait seule amener les botanistes à attribuer aux premiers l'importance sexuelle que possèdent les seconds.

On trouva tout à coup la solution du problème, en 1848, quand le comte Lesczyc-Suminsky soumit à un examen minutieux le prothalle des Fougères, qui avait passé jusque-là pour un cotylédon, et découvrit l'existence d'anthéridies et d'organes spéciaux à l'intérieur desquels se forme l'embryon ou la jeune fougère. De graves erreurs se glissèrent, à la vérité, dans les notions qui avaient trait au développement et à la structure des organes féminins et de l'embryon; la voie qu'il fallait suivre dorénavant n'en était pas moins tracée; les découvertes nouvelles permettraient de déterminer les lois de la fécondation. D'autre part, les travaux récents de Vaucher et de Bischoff avaient fait connaître différents faits qui se rapportent à la germination des Cryptogames vasculaires; les botanistes de l'époque se trouvaient, par conséquent, en possession d'indications précieuses qui devaient leur faciliter la découverte des organes générateurs des végétaux en question. Il fallut, tout d'abord, écarter définitivement les théories erronées de Schleiden qui attribuait aux petites spores des Rhizocarpées une importance exagérée; ce fut chose facile, grâce aux découvertes de Nägeli, déjà mentionnées plus haut, et aux investigations de Mettenius. En 1849, Hofmeister publia une étude complète de la germination des *Pilularia* et *Salvinia;* il eut soin de bien exposer les phénomènes qui présentent une importance spéciale au point de vue des fonctions sexuelles; il insista particulièrement sur les rapports qui existent entre les spermatozoïdes et la fécondation des cellules-œuf de l'archégone. A la même époque, il soumit à des études analogues une espèce végétale, la Sélaginelle, très différente des Rhizocarpées et des Fougères, il put constater que les spermatozoïdes sortent des petits spores, pour finir par féconder les Archégones qui prennent naissance dans le prothalle des grands spores. Les études comparatives de Hofmeister sur les phénomènes du développement des plantes précitées, et les phénomènes de la croissance des Mousses et des Fougères mirent les botanistes de l'époque à même d'acquérir des connaissances nouvelles au sujet de la morphologie de ces espèces végétales, et seule cette connaissance permettait de signaler les analogies qui existent entre les classes végétales que nous venons de nommer, ou de constater les différences qui séparent ces mêmes classes des Phanérogames. Grâce aux recherches de Hofmeister, on put déterminer l'importance exacte que présentent, au point de vue de l'histoire du développement des Muscinées et des Cryptogames vasculaires, les fonctions sexuelles de ces végétaux. Les observations de Hofmeister l'amenèrent à formuler, dès 1849, les conclusions suivantes : « Le prothalle des Cryptogames vasculaires est l'équivalent morphologique de la Mousse pourvue de feuilles, et la tige feuillue de la Fougère, d'un Lycopode ou d'une Rhizocarpée correspond à la capsule de la Mousse. Il existe chez les Mousses comme chez les Fougères une alternance des générations; l'œuvre de la reproduction interrompt le développement végétatif : chez les Cryptogames vasculaires, ce phénomène se produit peu de temps après la germination, chez les Mousses il n'a lieu que beaucoup plus tard ». Dans l'histoire de la systématique, nous avons appelé l'attention de nos lecteurs sur l'importance fondamentale de cette découverte. Il existe des rapports étroits entre la doctrine de la sexualité végétale et l'étude de ces faits qu'Hofmeister fut le premier à constater et à signaler; il avait suffi de cette découverte pour anéantir les analogies erronées entre les Phanérogames et les Cryptogames et pour mettre en lumière les analogies véritables. Hofmeister avait signalé la présence, dans l'archégone des Cryptogames et dans l'ovule des Phanérogames, de certain corps qui se développe après la fécondation de manière à former l'embryon, et qui n'est autre que la vésicule germinale ou cellule-œuf. Cette découverte constituait le point de départ de toutes les comparaisons méthodiques entre la reproduction sexuelle des Cryptogames et celle des Phanérogames. Le reste ne possédait qu'une importance secondaire, même le fait que la fécondation de la cellule-œuf des Cryptogames s'effectue au moyen de spermatozoïdes au lieu de se produire par l'intermédiaire du boyau pollinique. Il devenait facile, à l'avenir, de constater, chez les végétaux qui avaient échappé aux investigations d'Hofmeister, les faits correspondants.

En 1850, Mettenius confirma la justesse des remarques et des conclusions de Hofmeister au sujet de la Sélaginelle et de l'Isoètes; il y apporta son contingent d'observations. En 1851, Hofmeister publia son volumineux ouvrage intitulé : *Vergleichende Untersuchungen*. Il y décrivait la germination des Conifères, et la désignait comme une forme intermédiaire, tenant le milieu entre la germination des Phanérogames et celle des Cryptogames. De nouvelles découvertes vinrent compléter celle-ci; l'exactitude des observations de Hofmeister concernant les Fougères fut définitivement établie par les travaux de Henfrey; en 1852, Hofmeister et Milde consacrèrent à l'œuvre de la fécondation chez les Équisétacées des études approfondies; à la même époque, Hofmeister retraça dans une œuvre nouvelle, le développement complet de l'Isoètes; en 1855 et en 1856, Hofmeister et Mettenius soumirent à un examen minutieux le *Botrychium*, et l'*Ophioglossum*, et décrivirent les faits importants qui distinguent les végétaux en question.

Grâce à ces découvertes diverses, les botanistes avaient acquis certaines connaissances au sujet du degré de développement avant et après la fécondation; mais l'observation directe, l'étude immédiate de l'acte sexuel lui-même manquait encore. Hofmeister décrit cet état de choses de la manière que voici (*Flora*, 1857, p. 122) :

« Les nombreuses investigations qui se sont succédées durant ces dernières années, ont mis en lumière les particularités de structure qui distinguent les organes masculins et féminins; elles ont permis aux botanistes contemporains d'arriver à la connaissance des lois naturelles de la formation de l'embryon au moyen de la division cellulaire du corps végétal qui existe déjà à l'intérieur des organes féminins avant la fécondation, et que l'on désigne sous le nom d'ovule. En dépit de ces découvertes, cependant, l'acte même de la fécondation demeure entouré de mystère. L'observation et l'expérimentation ont suffisamment prouvé que les archégones ne peuvent donner naissance à l'embryon sans être soumis à l'action des spermatozoïdes. On a constaté, à différentes reprises, la stérilité des Mousses femelles[1] qui vivent loin des

1 Les *Recherches anatomiques et morphologiques sur les Mousses*, de W. P. Schimper, renferment des indications précieuses au sujet de la stérilité des Mousses femelles qui se développent à l'écart des plantes mâles. Cependant, l'auteur signale certains cas où des plantes mâles ont crû parmi les plantes femelles, et les ont rendues fécondes.

plantes mâles; la même expérience, répétée sur des microspores qui proviennent de Cryptogames vasculaires et séparées des macrospores, a abouti au même résultat; mais ces expériences, tout utiles qu'elles soient, ne permettent même pas de déterminer avec exactitude jusqu'où les filaments fécondants pénètrent dans les organes féminins.

« Lesczyc et Mercklin ont vu des filaments mobiles s'introduire par l'orifice des archégones des Fougères; mais on a vu bientôt que les opinions de Lesczyc au sujet des fonctions ultérieures des filaments sont le résultat d'erreurs et d'illusions. J'avais soumis à un examen approfondi un *Equisetum*, et signalé la présence, au milieu du col de l'archégone, des filaments immobiles: les fonctions des spermatozoïdes et les rapports qui les unissent à l'ovule n'en restèrent pas moins un mystère. Enfin, au printemps de 1851, je soumis des plantes de Fougère à des recherches qui avaient pour objet le développement des organes générateurs, et découvris, dans les cellules basilaires qui proviennent des archéogones et qui entourent la cellule-œuf, un certain nombre de filaments mobiles. La plupart de ces filaments s'agitaient autour de l'ovule. Les mouvements cessèrent pendant la durée de l'observation, grâce aux modifications subies par ces parties végétales en raison de l'action prolongée de l'eau et des incisions pratiquées aux cellules récemment formées et mises à nu par la dissection. Des observations ultérieures ne permettent plus de douter, à l'heure actuelle, que les spermatozoïdes des Muscinées et des Fougères ne pénètrent, en nombre plus ou moins grand, dans la cellule-œuf nue de l'archéogone ».

L'étude des Algues permit enfin d'arriver à la solution du problème. Les fonctions sexuelles de ces végétaux s'accomplissent indépendamment de phénomènes accessoires qui peuvent dérouter l'attention de l'observateur. Les botanistes de l'époque n'étaient pas éloignés d'attribuer aux Algues le pouvoir de se reproduire sexuellement, depuis que Decaisne et Thuret d'une part, Nägeli d'autre part, avaient soumis à un examen minutieux, les uns des variétés de *Fucus* (1845), l'autre, des Floridées (1846). Ces investigations permettaient, en effet, de constater la présence d'organes qui semblaient prouver l'existence de fonctions sexuelles. Alexandre Braun signala de son côté, chez un grand nombre d'Algues d'eau douce, deux espèces différentes de spores. Mais ces découvertes successives n'amenaient qu'à de simples suppositions.

En 1854, Thuret prouva par l'expérimentation que les ovules des *Fucus* sont fécondées par des spermatozoïdes très nombreux et de dimensions fort exiguës qui déterminent le développement du germe. Ces parties devinrent l'objet d'une foule d'expériences, et grâce à celle-ci, Thuret réussit même à produire des hybrides. En 1855, Pringsheim vit les spermatozoïdes se former dans les petites cornes de la Vauchérie; il constata que la cellule-œuf devait être soumise à l'action des spermatozoïdes pour pouvoir produire un œuf susceptible de développement. Il compléta les découvertes de Thuret par des observations d'une extrême importance, et fit remarquer que la cellule-œuf fertilisée du *Fucus* déjà enveloppé d'une membrane présente encore, après la fécondation, les restes des spermatozoïdes. Ceux-ci se trouvent à la surface du contenu végétal. A la même époque à peu près, Cohn fit connaître le résultat de ses observations au sujet de la *Sphaeroplea annulina ;* il constata, à l'exemple de Pringsheim et de Thuret, que les spermatozoïdes pénètrent dans la cellule-œuf. Celle-ci subit alors les transformations signalées plus haut à propos de la *Vaucheria* et du *Fucus;* elle s'enveloppe d'une membrane cellulaire, et passe par toutes les phases du développement ultérieur.

Cependant, la découverte définitive restait encore à faire; personne n'avait vu jusqu'alors les deux éléments générateurs s'unir dans l'œuvre de la reproduction. En 1856, Pringsheim soumit à un examen minutieux une algue d'eau douce d'une espèce commune, l'*Oedogonium*, et arriva ainsi à la solution du problème. Il vit le spermatozoïde mobile entrer en contact avec la substance protoplasmique de la cellule-œuf, *puis y pénétrer et se fondre avec elle en se dissolvant*. Cette découverte permit de constater, pour la première fois, la fusion des éléments générateurs masculins et féminins. La même année, de Bary vint confirmer, par de nouvelles recherches, l'exactitude des observations de Pringsheim.

Après avoir définitivement constaté que la fécondation des Cryptogames s'effectue au moyen de la fusion de deux corps protoplasmiques nus, le spermatozoïde et la cellule-œuf, on devait considérer la conjugaison des Spirogyra et celle des Conjuguées en général comme un acte sexuel, bien que les éléments générateurs des végétaux que nous venons de nommer présentent la même apparence au lieu d'offrir des différences de forme et de dimension.

De Bary arrive à cette conclusion dans sa Monographie des Conjuguées, publiée en 1858. L'idée de fécondation répondait désormais à une notion plus générale et plus étendue; dorénavant, on devait comprendre parmi les substances génératrices certaines cellules qui s'unissent dans l'œuvre de la fécondation bien que présentant, extérieurement du moins, de grandes analogies. Cette modification des idées premières possédait une importance spéciale au point de vue de la théorie de la sexualité; cette importance s'affirma et augmenta encore par la suite, grâce à une série de découvertes qui vinrent mettre en évidence les différentes formes de la génération végétale et qui permirent aux botanistes de l'époque de prendre dans une acception nouvelle et plus étendue ce mot de sexualité. En 1858, Pringsheim soumit à des recherches approfondies une nouvelle variété d'algues, les Saprolegnées; il découvrit l'existence d'appareils de reproduction, qui diffèrent sensiblement de ceux des végétaux inférieurs, en ce qui concerne du moins leur forme et leur apparence.

Les années qui s'écoulèrent de 1850 à 1860 furent marquées ainsi par une série de découvertes d'une importance fondamentale, et de nouvelles recherches, succédant immédiatement à celles que nous venons de mentionner, vinrent confirmer et compléter les faits précédemment constatés. Les limites qui nous sont imposées par notre sujet ne nous permettent pas de consacrer une étude détaillée aux découvertes qui se succédèrent dans ce domaine à partir de 1860. Durant les années qui s'écoulèrent de 1860 à 1870, Thuret et Bornet soumirent à un examen approfondi l'étude de la fécondation chez les Floridées; de Bary et ses disciples firent sur les champignons des études spéciales, et signalèrent différentes formes de reproduction qui présentent pour la plupart des particularités remarquables. A l'heure actuelle, l'existence de la sexualité végétale est bien et dûment établie, les Thallophytes eux-mêmes ne font pas exception à la règle générale; cependant, on n'a pas encore réussi à constater définitivement la présence d'organes sexuels chez certains végétaux d'ordre inférieur et de dimensions particulièrement exiguës.

Les recherches dont nous venons de parler eurent des conséquences importantes entre toutes; elles mirent en lumière les analogies frappantes qui existent fréquemment entre les fonctions de reproduction des cryptogames et celles des animaux inférieurs; elles permirent aux botanistes de l'époque de constater un fait qui a été confirmé souvent, par des méthodes différentes et par des recherches, tant zoologiques que botaniques; elles prouvèrent que les analogies qui existent entre le règne végétal et le règne animal sont plus nettes et plus distinctes à mesure qu'il s'agit de groupes plus simples de ces deux règnes, et plus voisins du type élémentaire. On peut conclure de ceci, conformément à la théorie de la descendance, que les deux règnes ont une origine commune. Les fonctions essentielles de la reproduction sont les mêmes chez les animaux et chez les plantes; quant à la fécondation elle-même, nous ne saurions, à l'heure actuelle, la considérer autrement que comme l'union matérielle du contenu de deux cellules; aucune de ces cellules, prise individuellement, ne peut subir de développement ultérieur; en revanche, le produit de l'union sexuelle est soumis à un développement progressif; bien plus, il réunit en lui les caractères distinctifs des deux formes qui lui ont donné l'existence et il les reproduit en se développant. Il suffit de soumettre à un examen attentif les faits qui concernent les phanérogames pour se convaincre que la fécondation ne consiste pas dans l'union de deux corps solides, mais qu'au moins le principe générateur mâle est représenté par une substance fluide. Nous pouvons même supposer avec quelque vraisemblance que chez les phanérogames, la forme extérieure des matières fécondantes n'influe en rien sur l'acte sexuel, bien que leur structure intime et leur mobilité leur soient nécessaires pour le transport de la substance fertilisante jusqu'à l'œuf à fertiliser.

CHAPITRE II.

HISTOIRE DE LA THÉORIE DE LA NUTRITION DES VÉGÉTAUX.

1583-1860.

On savait, dès les temps les plus reculés, que les plantes empruntent à la terre des principes nutritifs, qu'elles absorbent, et dont elles tirent les matières nécessaires à leur développement; il était par conséquent évident que les mouvements des substances nutritives sont en rapport avec ce processus. Cependant, ces connaissances premières se rattachaient à des problèmes ardus qui avaient pour objet la nature des sucs nourriciers, les lois naturelles en vertu desquelles ces sucs pénètrent dans la plante et s'y répandent; on se demanda longtemps si les principes nutritifs, une fois absorbés, subissent certaines transformations à l'intérieur de la plante avant de contribuer à son développement général. Aristote s'était efforcé de résoudre ces questions qui se rapportaient toutes à la nutrition végétale, et qui firent plus tard le principal objet des études physiologiques de Césalpin.

Les problèmes qui avaient trait à la nutrition des plantes s'affirmèrent et se posèrent d'une manière plus précise dans la seconde moitié du dix-septième siècle. Les botanistes de l'époque commencèrent à étudier de plus près les phénomènes de la végétation; ils s'efforcèrent de découvrir les rapports qui existent entre ces phénomènes et le monde extérieur. Malpighi, le fondateur de la phytotomie, fut le premier à déterminer la part de chaque organe végétal dans l'œuvre commune de la nutrition; il découvrit, par analogie, que les feuilles vertes sont des organes spéciaux, destinés à faire subir aux principes nutritifs les transformations voulues. Les matières ainsi préparées se répandent dans les différentes parties de la plante; elles y demeurent ou contribuent à leur développement général. En dépit de ces connaissances premières, les problèmes qui avaient trait à la nature même des matières qui subviennent à la nutrition végétale restaient sans solution. Mariotte eut recours à toutes les ressources de la chimie de l'époque pour expliquer les faits en question; il eut le mérite d'émettre à ce sujet des théories qui se trouvaient en opposition directe avec les anciennes notions de la philosophie aristotélicienne; il prouva que les plantes unissent dans de nouvelles combinaisons chimiques les principes nutritifs qu'elles tirent du sol, tandis que la terre et l'eau fournissent aux végétaux les plus divers les mêmes sucs nourriciers. Les botanistes qui s'occupaient, à l'époque en question, de physiologie végétale, devaient constater que l'eau tirée du sol et absorbée par les plantes ne leur communique qu'une très petite quantité de matières dissoutes. Dès la première moitié du dix-septième siècle, van Helmont s'était livré à des expériences qui lui avaient permis de tirer de ses observations à ce sujet des conclusions toutes spéciales, et il attribua aux plantes le pouvoir de tirer de l'eau seule les éléments, tant combustibles qu'incombustibles, qui entrent dans leur composition. Au commencement du dix-huitième siècle, Hales interpréta de toute autre manière les phénomènes en question; il consacra des études approfondies au développement des gaz qui se forment durant la distillation sèche des végétaux, et conclut de ses observations à ce sujet qu'une quantité considérable de substance végétale est prise à l'atmosphère sous forme de gaz.

Les vues de Malpighi, Mariotte et Hales constituaient les principes fondamentaux d'une théorie de la nutrition végétale; ceux qui les eussent appréciés à leur juste valeur auraient pu en tirer des lois générales; grâce à elles, on eût pu constater que la terre, l'air et l'eau fournissent aux plantes les matières nécessaires à leur développement; que les feuilles font subir aux matières ainsi absorbées des modifications qui les transforment en substances végétales et leur permettent d'entrer dans l'économie de la plante. Mais ce raisonnement ne se présenta pas à l'esprit des botanistes de l'époque, et ceux qui se succédèrent durant le siècle suivant étudièrent de préférence les lois des mouvements de la sève à l'intérieur des plantes; ils négligèrent, toutefois, de tenir compte des fonctions des feuilles, fonctions déjà signalées par Malpighi, et ne réussirent à se former dans ce domaine que des notions confuses et contradictoires. Pour être à même d'établir des théories générales au sujet des phénomènes chimiques de la nutrition végétale, comme à l'égard de la mécanique de la sève et de l'économie générale de la plante, il fallait acquérir l'exacte connaissance des cellules qui contiennent de la chlorophylle, et des feuilles qui, chez les végétaux supérieurs, sont presque exclusivement composées de cellules en question, et savoir que sous l'action combinée de la chlorophylle et des matières tirées du sol, les principes nutritifs gazeux contenus dans l'atmosphère se transforment en substances végétales. Ce fait présente la plus grande importance au point de vue de la théorie de la nutrition végétale; il est nécessaire de le connaître pour être à même de déterminer la relation qui existe entre la nutrition, le développement, et le déplacement des matières, ainsi que l'action de la lumière sur la végétation, et la plupart des fonctions des racines. Mais pour cela il fallait que le nouveau système de chimie de Lavoisier vint remplacer l'ancienne chimie phlogistique, et permettre ainsi la découverte des lois de la nutrition des plantes, et que les découvertes qui se succédèrent de 1770 à 1790 permissent à la fois d'établir les bases de la chimie nouvelle, et de fonder une nouvelle théorie de la nutrition végétale. Ingen-Houss réussit à prouver, grâce aux doctrines de Lavoisier sur la composition de l'air, de l'eau, des acides minéraux, que toutes les parties végétales absorbent continuellement de l'oxygène et produisent de l'acide carbonique, à l'exception des parties vertes qui, sous l'action de la lumière, absorbent de l'acide carbonique et rejettent de l'oxygène; et dès 1796, il pensa que les plantes tirent la totalité de leur carbone de l'acide carbonique atmosphérique. Peu de temps après (1804) de Saussure prouva que les plantes, en décomposant l'acide carbonique, ajoutent à leur poids naturel un poids supérieur à celui du carbone qu'elles retiennent; il expliqua ce phénomène par le fait de la fixation des éléments dont se compose l'eau. Il prouva également que les combinaisons salines que les plantes tirent du sol sont nécessaires à la nutrition végétale, et déclara que l'azote atmosphérique ne contribue en rien à la formation des substances végétales azotées, et réussit à donner quelque vraisemblance à cette idée. Avant de Saussure, Senebier avait insisté sur le fait que la décomposition de l'acide carbonique, décomposition due à l'action de la lumière, ne s'effectue que dans les parties vertes.

Ingen-Houss, Senebier et de Saussure avaient découvert les phénomènes les plus importants de la nutrition végétale, mais pendant longtemps on se trompa dans leur interprétation. Les erreurs furent plus rares dans les œuvres des botanistes français; durant les années qui se succédèrent de 1820 à 1840, Dutrochet et de Candolle déterminèrent, avec beaucoup d'exactitude, l'importance que présentent au point de vue de la nutrition et de la respiration végétale, les fonctions des parties vertes, fonctions qui consistent à absorber de l'oxygène et à dégager de l'acide carbonique; mais d'autres savants, parmi lesquels on remarque un grand nombre de botanistes allemands, se laissèrent égarer par des théories erronées; ils ne considérèrent pas ces phénomènes chimiques, si simples par eux-mêmes, comme la base de la nutrition des plantes et de toute l'existence végétale. La théorie de la force vitale, émanation de la philosophie de la nature, et dont l'apparition date du premier tiers du siècle actuel, conquit d'emblée, non seulement les philosophes et les physiologistes, mais encore les chimistes et les physiciens; et on crut plus rationnel de considérer comme base de la nutrition végétale une substance mystérieuse, qui devait être un produit des fonctions de l'existence et que l'on désignait sous le nom d'humus. Personne ne songea à opposer à cette théorie de l'humus des considérations fort simples et qui auraient suffi à réduire à leur juste valeur les doctrines nouvelles; les botanistes du dix-neuvième siècle, imitant leurs devanciers, ramenaient la nutrition végétale aux fonctions des racines, et ne voyaient pas d'autres substances nutritives que celles qui proviennent du sol, malgré les découvertes de de Saussure. Pour être logique et se conformer rigoureusement aux principes de la théorie de l'humus, combinée avec la doctrine de la force vitale, les botanistes dont il s'agit furent obligés de considérer les cendres des plantes soit comme des mélanges accidentels et stimulants, soit encore comme des produits de la force vitale, formés à l'intérieur des végétaux.

Cependant, les années qui s'écoulèrent de 1820 à 1840 furent marquées par l'apparition d'un grand nombre de travaux qui tendaient à réagir contre l'influence de la théorie de la force vitale. Les chimistes réussirent à obtenir par des moyens artificiels certaines combinaisons organiques qui avaient été regardées jusque-là comme des produits de la force vitale. Dutrochet découvrit dans l'endosmose un phénomène qui permettait de réduire certains phénomènes de la vie végétale aux lois de la physique et de la chimie; quelques botanistes, parmi lesquels de Saussure, prouvèrent que la chaleur naturelle des plantes est produite par l'absorption de l'oxygène; enfin, vers 1840, la théorie de la force vitale parut vieillie et démodée. Les découvertes dont Ingen-Houss et de Saussure avaient enrichi la science et qui étaient restées si longtemps méconnues, grâce à l'influence des théories de la force vitale et de l'humus, devaient reprendre leurs droits. A Liebig appartient le mérite de leur avoir rendu l'importance qu'elles possèdent en réalité. En 1840, en effet, Liebig rejeta définitivement la théorie de l'humus; il prouva que le carbone des plantes est produit exclusivement par l'acide carbonique atmosphérique, que l'azote végétal provient de l'ammoniaque et de ses dérivés; que les éléments des cendres doivent être considérés comme des facteurs de la nutrition; enfin, il donna comme point de départ à ses considérations, l'étude des lois générales de la chimie, et s'efforça d'acquérir certaines connaissances au sujet des phénomènes chimiques de l'assimilation et du métabolisme. Liebig sut coordonner les différents phénomènes qui se rapportent à la nutrition, et dans les résultats qu'il atteignit à cet égard se manifesta toute la valeur théorique des découvertes de Ingen-Houss, de Senebier, et de de Saussure. La théorie de la nutrition était désormais susceptible de développements nouveaux; elle se trouvait établie sur des bases solides; les botanistes de la jeune école ne se laissèrent plus arrêter par les obstacles élevés par la théorie de la force vitale; l'étude des lois de la physique et de la chimie leur permit de poursuivre le cours des recherches sur les phénomènes de la nutrition végétale. Le fait de l'absorption de l'oxygène par les plantes, nié par Liebig, fut définitivement établi par quelques botanistes, parmi lesquels Mohl. Les vues que Liebig avait émises au sujet de l'origine de l'azote végétal, et sur l'importance des éléments des cendres étaient fondées sur des considérations d'ordre général; il était nécessaire de les soumettre au contrôle de recherches méthodiquement conduites et d'expériences. Parmi les botanistes de l'époque, nous nommerons en tête Boussingault. Ce savant distingué sut opposer à la méthode déductive de Liebig, des raisonnements purement inductifs; il sut perfectionner, peu à peu, les différentes méthodes d'expérimentation botanique; il réussit à cultiver des plantes dans un terrain purement minéral et libre de toute parcelle d'humus. Grâce à ces recherches, il se trouva en mesure de résoudre définitivement non seulement les problèmes qui se rapportaient à l'origine du carbone atmosphérique, mais encore les questions relatives à l'azote. Boussingault sut éviter les erreurs graves dans lesquelles ses contemporains étaient si souvent tombés; il prouva, au moyen de plantes nourries artificiellement, que l'azote atmosphérique libre ne contribue en rien à la nutrition des plantes; il constata, en revanche, que l'azote des plantes augmente dans des proportions normales, lorsque les racines absorbent, non seulement les éléments des cendres, mais encore des nitrates.

Quelques botanistes continuèrent à émettre des doutes au sujet de la nécessité de certains éléments des cendres, tels que la soude, le chlore et l'acide silicique. En dépit de ces hésitations, la provenance des matières chimiques qui entrent dans la nutrition végétale fut définitivement fixée avant 1860. Pour les fonctions qui s'accomplissent dans l'intimité de la plante, la formation première de la substance organique durant l'assimilation, les transformations ultérieures auxquelles sont soumises les substances en question, ces différents phénomènes de la vie végétale n'étaient l'objet que d'une connaissance imparfaite, et qui ne permettait pas aux botanistes de l'époque d'atteindre un résultat définitif.

I.

CÉSALPIN.

Aristote s'était efforcé de découvrir la nature des substances qui entrent dans la nutrition végétale; il avait émis à ce sujet la proposition que la substance alimentaire absorbée par les organismes devait consister, non pas en une seule substance, mais en différentes matières. Cette vue, d'ailleurs parfaitement juste, était accompagnée dans l'esprit de l'auteur, de diverses erreurs. Aristote croyait, en effet, que les sucs nourriciers subissent dans la terre des transformations analogues à celles qu'ils subissent dans l'estomac, transformations qui les rendraient propres à entrer dans l'organisme et à servir à son développement. Cette doctrine suppose l'inutilité absolue, chez les végétaux, des fonctions excrémentielles, vue réfutée déjà par Jung, ainsi que nous le verrons bientôt; elle se perpétua néanmoins jusqu'au dix-huitième siècle et, finit par exercer une influence funeste sur la théorie de la nutrition, fondée par du Hamel.

Césalpin, que nous connaissons déjà comme un disciple intelligent et fidèle d'Aristote, se consacra à des études sur les phénomènes mécaniques de la nutrition, bien plus que les phénomènes chimiques; il chercha surtout à acquérir des connaissances exactes au sujet des mouvements de la sève nourricière à l'intérieur des plantes. La science moderne lui offrait des ressources plus nombreuses que celles dont disposait Aristote; et il est intéressant de passer en revue les vues de Césalpin, pour voir jusqu'à quel point la philosophie ancienne pouvait se concilier avec l'observation de faits mieux établis et plus sérieusement constatés que ceux dont nous parle Aristote. La suite nous prouvera que les premiers essais de Césalpin eurent pour conséquence des vues qui s'écartaient sensiblement des principes de la philosophie aristotélicienne.

Le lecteur connaît déjà le livre de Césalpin, intitulé : *De plantis, libris XVI* (1583). Nous trouvons au second chapitre du Livre premier de cet ouvrage des considérations qui ont trait aux lois en vertu desquelles les sucs nourriciers pénètrent dans la plante et servent à la nutrition. Chez les animaux, nous voyons les principes nutritifs pénétrer dans les veines et arriver ainsi au cœur, qui est le siège de la chaleur naturelle. Après avoir subi leurs dernières transformations, ils entrent dans les artères, et se répandent dans le corps tout entier; ce phénomène est le résultat d'une force naturelle qui est produite par les principes nutritifs eux-mêmes, et qui a son siège dans le cœur. En revanche, nous ne voyons chez les plantes ni veines, ni canaux d'aucune sorte; nous ne parvenons pas à leur découvrir de chaleur naturelle, et nous ne pouvons comprendre en vertu de quelles lois les arbres atteignent des dimensions si prodigieuses, tout en possédant, en apparence, infiniment moins de chaleur naturelle que les animaux. Césalpin croit résoudre le problème en faisant remarquer que la grande quantité de nourriture absorbée par les animaux est destinée à maintenir l'activité des sens et à entretenir la faculté de se mouvoir. En outre, la nourriture animale, représentant un volume supérieur à celui de la nourriture végétale, doit nécessairement occuper plus d'espace; c'est pourquoi elle est renfermée dans les veines. En revanche, l'organisation des plantes nécessite une quantité moins grande de nourriture; les principes nutritifs absorbés par les végétaux subviennent aux nécessités de l'alimentation seule; quelques parcelles de substance nourricière suffisent à entretenir la chaleur intérieure, et c'est pourquoi les plantes se développent plus rapidement et produisent plus de fruits que les animaux. Cependant, les plantes possèdent une chaleur intérieure, bien que celle-ci échappe à la perception, comme un grand nombre d'objets nous paraissent froids, uniquement parce que leur degré de chaleur est inférieur à celui de nos organes sensitifs. En outre, les plantes possèdent aussi des veines, bien que petites et proportionnées d'ailleurs à la petite quantité de nourriture logée dans les vaisseaux, comme le prouvent les plantes laiteuses telles que l'euphorbe et le figuier qui, lorsqu'on pratique une incision dans leurs tissus, saignent comme la chair des animaux. Césalpin ajoute : *Quod et in vite maxime contingit,* et ceci prouve que le grand botaniste n'établissait pas encore de distinction entre le latex, et l'eau qui découle de la vigne lorsqu'elle pleure. Ces veines étroites sont invisibles à l'œil nu, à cause de leur ténuité; cependant, on découvre dans toutes les tiges et dans toutes les racines des parties végétales que l'on peut fendre dans le sens de la longueur, comme les nerfs des animaux, et que l'on désigne aussi sous le terme de nerfs; on y distingue également des filaments plus épais qui se ramifient dans la plupart des feuilles et qu'on appelle ici veines. Ces différentes parties végétales ne sont autres que les canaux qui renferment les sucs nourriciers, et qui correspondent aux veines des animaux. Cependant, il manque aux végétaux une veine principale à laquelle viendraient se rattacher toutes les veines secondaires, et que l'on pourrait comparer à la veine cave des animaux; mais la racine donne naissance à un grand nombre de veines ténues qui pénètrent dans le cœur de la plante (le CŒUR est le collet de la racine), et qui montent de là dans la tige. Il n'y a pas de nécessité, en effet, à ce que les principes nutritifs des végétaux soient renfermés dans une cavité unique semblable au cœur des animaux; chez ces derniers, en effet, la production du *Spiritus* nécessite une organisation intérieure analogue à celle que nous venons de décrire : chez les plantes, en revanche, il suffit des transformations que subissent les matières fluides lorsqu'elles entrent en contact avec la *Medulla cordis* (dans le collet de la racine), et on remarque chez les animaux des transformations analogues qui s'opèrent dans la moelle du cerveau ou dans le foie, et les veines de ces organes sont très étroites, comme les veines des plantes.

Les plantes ne peuvent chercher leur nourriture comme le font les animaux, puisqu'elles sont absolument privées de la faculté de sentir et de se mouvoir; elles tirent à elles et absorbent, en vertu de procédés particuliers, les substances fluides renfermées dans le sol. Ces fonctions sont difficiles à observer et à décrire : Césalpin s'est efforcé de les expliquer, et ses tentatives à cet égard ne nous permettent pas seulement d'acquérir certaines notions au sujet de la physique de l'époque, elles nous montrent encore qu'il cherchait à expliquer des phénomènes vitaux au moyen de principes physiques; et cette tentative, qui sort du cadre de la philosophie aristotélicienne, excite à juste titre notre étonnement. Ce fut là le premier pas fait dans une voie qui devait amener à des découvertes importantes et à des vues exactes. Les lois en vertu desquelles la sève monte dans la racine ne pouvaient pas être le résultat de la *ratio similitudinis*, de cette force qui pousse le fer vers l'aimant, car le plus petit des deux objets serait attiré par le plus grand; et si les substances fluides tirées du sol obéissaient, en montant dans la racine, à la force qui se manifeste dans le phénomène de l'attraction du fer par l'aimant, l'humidité de la terre, de son côté, devrait tirer à elle la sève renfermée dans les plantes. Or, rien de semblable n'arrive.

Il est également impossible d'attribuer ces phénomènes à la *ratio vacui* : le sol ne contenant pas uniquement des matières fluides, mais encore de l'air, les plantes devraient, en vertu de ce principe, se remplir d'air et non de sève. Enfin, Césalpin découvre une troisième explication du phénomène de l'absorption des sucs par les végétaux : un grand nombre de matières sèches, dit-il, absorbent, conformément à leur nature, les substances fluides; entre autres la laine, les champignons et la poudre; d'autres, en revanche, ne sont pas soumises à l'action de l'humidité : on peut plonger dans l'eau, sans les mouiller, certaines plumes d'oiseau, et l'herbe nommée *Adiantum;* les substances nommées en premier lieu absorbent une grande quantité de matières fluides, car elles se rapprochent plus, par leur nature même, de l'eau que de l'air. Césalpin doit ranger dans cette dernière catégorie les parties végétales au moyen desquelles l'âme nourricière absorbe les principes nutritifs. En vertu du même principe, les organes en question ne sont pas percés d'un canal continu, comme les veines des animaux; ils sont formés d'une substance fibreuse, comme les nerfs; la succion naturelle, *bibula natura,* amène invariablement les substances fluides vers la partie de la plante qui constitue le siège de la chaleur naturelle; de même que dans une lanterne, on aperçoit l'huile montant à la mèche. En outre, la chaleur extérieure active encore l'absorption des substances fluides, c'est pourquoi le développement des plantes est plus vigoureux et plus rapide au printemps et en été.

Césalpin n'avait pas la moindre idée de l'importance que présentent les feuilles au point de vue de la nutrition végétale; l'insistance avec laquelle il revient aux principes de la philosophie aristotélicienne suffirait à nous convaincre de son ignorance à cet égard. Pour lui comme pour Aristote, en effet, les feuilles sont destinées uniquement à protéger contre l'air et le soleil les fruits et les jeunes pousses, vue qui ne résultait point de raisonnements, et qui était suggérée par l'observation d'une vigne sous un soleil ardent.

II.

PREMIERS ESSAIS D'INDUCTION; LA THÉORIE DE LA NUTRITION VÉGÉTALE SUBIT DE NOUVEAUX DÉVELOPPEMENTS.

Aristote et ses disciples, parmi lesquels nous rangerons Césalpin, ne possédaient, au sujet des phénomènes extérieurs de la vie végétale, que des notions simples engendrées peu à peu par une sorte d'observation quotidienne. L'exactitude de ces observations n'était jamais soumise au contrôle de la critique; en outre, la plupart des notions physiologiques de ces botanistes avaient pour base non l'observation de la nature, mais des principes philosophiques et des analogies empruntées au règne animal. Pour perfectionner la théorie de la nutrition, il fallait des faits expérimentaux plus nombreux, et une critique plus éclairée.

Il n'était pas besoin d'observations difficiles ou d'expériences laborieuses pour découvrir les contradictions entre les vérités de la nature et les doctrines de la philosophie ancienne; il suffisait d'apporter à l'étude de la nature plus d'exactitude et d'impartialité qu'on ne l'avait fait jusque-là.

C'est ainsi que Jung se vit amené à combattre un des principes fondamentaux de la théorie de la nutrition, établie par Aristote. Nous trouvons au deuxième fragment de son ouvrage *De Plantis Doxoscopiae Physicae*, une remarque évidemment opposée à la notion aristotélicienne, d'après laquelle les plantes n'auraient point d'excréments [1], et tireraient du sol des principes nutritifs, tout élaborés et propres à contribuer immédiatement au développement des végétaux. L'organisation végétale, dit Jung (cette manière de voir est conforme à celle d'Aristote sur le même sujet), ne semble pas nécessiter la présence d'un principe intelligent (*anima intelligente*) capable de distinguer les substances propres à la nutrition de celles qui ne peuvent contribuer au développement de la plante; et Aristote n'avait fait que se conformer à cette vue en supposant que les matières nutritives subissent, à l'intérieur du sol, les élaborations qui leur permettent d'entrer immédiatement dans l'économie de la plante. Mais Jung émet une vue

1. Voir les fragments de botanique d'Aristote dans l'Histoire de la Botanique de Meyer, vol. I, p. 120.

toute différente, fondée sur l'observation même des faits. Il est possible, dit-il, que les orifices des racines, orifices au moyen desquels s'accomplit l'absorption des matières nutritives, soient organisés de façon à ne pas donner passage indifféremment à toute espèce de sucs; on pourrait même dire que les plantes possèdent la faculté d'absorber uniquement les matières propres à leur développement; mais elles ont des excréments, comme tous les êtres vivants, et elles les expulsent au moyen des feuilles, des fleurs et des fruits. Jung range dans cette catégorie la résine et différentes matières fluides secrétées par les végétaux; il émet l'idée qu'une grande partie de la sève végétale subirait une évaporation insensible comme chez les animaux.

D'après Aristote, les fonctions de la nutrition devaient s'accomplir passivement dans la plante; le sol lui fournirait des principes nutritifs déjà préparés, et l'œuvre de la croissance pouvait être comparée par conséquent à une sorte de cristallisation, sans transformation chimique. Au contraire, Jung en admettant la formation d'excréments, attribuait aux plantes une activité chimique; en supposant que la racine, en vertu de son organisation, absorbe certaines matières à l'exclusion d'autres substances, il reconnaissait à la plante le pouvoir d'exercer quelque rôle dans l'œuvre générale de la nutrition, sans cependant admettre l'existence de l'instinct mystérieux dont nous avons parlé plus haut.

Un compatriote de Jung, à la fois chimiste et médecin, Jean-Baptiste van Helmont[1], attaqua avec une vigueur plus grande encore, et d'une manière plus nette, la doctrine d'Aristote. Il rejeta la théorie des quatre éléments, et désigna l'eau comme l'élément fondamental de toutes choses; d'après lui, les différentes substances dont se composent les végétaux, tant combustibles que minérales (la cendre), proviennent de l'eau.

Pour Aristote donc, les matières végétales devaient pénétrer dans la plante après avoir subi, sous l'action de l'eau, toutes les transformations nécessaires; pour van Helmont, au contraire, la plante a la faculté de former au moyen de l'eau les substances les plus diverses. Il eut été superflu de signaler ces vues, qui se trouvent en opposition directe avec les doctrines aristotéliciennes, si van Helmont n'avait pas eu recours à l'expérimentation dans le ut d'appuyer ses assertions sur des faits. Nous voyons ici, pour

1. J.-B. van Helmont, né à Bruxelles en 1577, mort à Villvorde près de Bruxelles en 1644, fut un des représentants les plus distingués de la chimie de l'époque. Kopp a donné des documents détaillés sur sa vie et ses œuvres (*Geschichte der Chemie,* 1843, I, p. 117 et suivantes).

la première fois, un botaniste se livrer à des expériences dans le but de trouver la solution d'un problème scientifique; les essais de van Helmont sont, à notre connaissance, les premiers, et ils ont été cités plus tard par un grand nombre de savants qui s'occupaient de physiologie végétale, et qui cherchaient à exploiter, au profit de leurs vues, les découvertes de leurs prédécesseurs. Van Helmont mit dans un réceptacle une certaine quantité de terre, qui, soumise à une dessication complète, pesait deux cents livres; il y planta une branche de saule du poids de cinq livres; le pot qui renfermait la terre fut protégé contre la poussière au moyen d'un couvercle, et son contenu fut journellement arrosé d'eau de pluie. Au bout de cinq ans, le saule avait grandi, et s'était développé; son poids s'était accru de cent soixante quatre livres, et une nouvelle dessication permit à l'expérimentateur de constater que la terre renfermée dans le pot ne pesait que deux onces de moins qu'au début. Van Helmont conclut de ses observations à ce sujet que l'accroissement de poids considérable de la plante était dû entièrement à l'eau, et par conséquent, que les matériaux de la plante, bien que distincts de l'eau, proviennent de celle-ci.

Jung et van Helmont avaient opposé à la doctrine aristotélicienne des arguments qui restèrent un certain temps impuissants et isolés. Cependant, l'étude de la physiologie végétale reçut d'autre part une impulsion qui détermina de nouvelles recherches et qui se fit sentir jusque bien avant dans le dix-huitième siècle. Cette recrudescence d'activité était due à l'idée que la sève nourricière absorbée par la racine monte dans les feuilles et dans les fruits, et redescend à l'intérieur de l'écorce. Cette idée se présenta dès l'origine sous deux formes différentes. Parmi les botanistes de l'époque, les uns crurent à une analogie entre la circulation du sang chez les animaux, et les mouvements de la sève chez les végétaux, et conclurent à l'existence d'une véritable circulation de la sève; d'autres se contentèrent de supposer que l'écorce, les laticifères et les conduits à résine renferment un suc que des transformations antérieures avaient rendu capable de contribuer au développement de la plante, et qui se meut dans les parties en question, tandis que la sève aqueuse absorbée par la racine monte à l'intérieur du bois. Ces deux théories furent souvent confondues par les botanistes qui succédèrent à ceux dont nous avons parlé, et qui crurent, en réfutant l'une, écarter définitivement l'autre. Jean-Daniel Major[1], originaire de Breslau, méde-

1. J.-D. Major naquit à Breslau en 1639 et mourut à Stockholm en 1693. Chris-

cin et professeur à Kiel, semble avoir été le premier qui ait admis l'idée d'une circulation de la sève nourricière, analogue à la circulation des animaux (1665). Les arguments qu'il invoqua à l'appui de cette hypothèse nous sont inconnus, car nous n'avons pu nous procurer l'ouvrage qui renferme l'exposé de ses théories. Il n'en est pas moins vrai qu'à partir de l'époque en question jusqu'au commencement du dix-neuvième siècle, la théorie de la circulation végétale a été l'objet d'un grand nombre de discussions, soulevées plutôt par ceux qui la combattaient que par ceux qui s'en constituaient les défenseurs.

En 1771, Malpighi émit, sous forme d'une théorie bien combinée, des vues plus justes. Il ne se borna pas à constater qu'il y a retour des sucs vers la racine, il insista encore sur l'importance des feuilles en tant qu'organes destinés à retirer des matières brutes les substances nécessaires au développement de la plante. Il consacra les dernières pages de son ***Anatomes Plantarum Idea***, publié en 1771, à un exposé assez bref de la théorie de la nutrition, telle qu'il la comprend. D'après Malpighi, les parties fibreuses du bois sont les organes conducteurs de la sève absorbée par les racines, et les vaisseaux du bois sont les organes destinés à répandre l'air à l'intérieur de la plante : il les désigne sous le nom de trachées, à cause de la ressemblance qu'ils offrent avec les trachées des insectes. Il n'a jamais su exactement si l'air qu'ils contiennent est absorbé par les racines, qui le tirent du sol, ou par les feuilles, qui l'empruntent à l'atmosphère, car il n'a pu réussir à découvrir, dans l'un ou l'autre cas, la présence d'orifices destinés à donner accès à l'air; il a cru plus rationnel de supposer que l'air est absorbé par les racines, car celles-ci présentent un grand nombre de trachées, et l'air possède du reste une tendance à s'élever. Malpighi ne se borna pas à constater l'existence des fibres conductrices du suc nourricier, et celle des trachées destinées à répandre l'air à l'intérieur de la plante; il insista particulièrement sur la présence de vaisseaux spéciaux, qui, chez certaines plantes, renferment des sucs particuliers, comme les laticifères et les vaisseaux à gomme et à térébenthine.

tian Wolff, Reichel, d'autres encore, le considèrent comme le fondateur de la théorie de la circulation (*De vasis plantarum*, 1758, p. 4). Major, en effet, développe cette théorie dans sa *Dissertatio botanica de planta monstrosa Gottorpiensi*, etc. (1665). Kurt Sprengel (*Gesch. d. Bot.*, II, p. 7) range Major parmi les défenseurs de la palingénésie, doctrine consistant à croire que les plantes et les animaux renaissaient de leurs cendres. On en faisait une preuve à l'appui de la croyance à la résurrection des morts.

Malpighi fait observer que les mouvements de la sève peuvent s'accomplir dans une direction opposée à celle qui est indiquée par la nature. On a vu des pousses et des boutures, introduites dans la terre par leur extrémité supérieure, pousser des racines par celle-ci, et croître de manière à devenir des arbres; et bien que leur croissance soit moins vigoureuse que celle des plantes dont la croissance s'est effectuée dans des conditions normales, l'expérience ne laisse pas de prouver que la sève peut, au besoin, prendre une direction opposée à celle qu'elle suit généralement.

Une fois ces considérations préliminaires terminées, Malpighi fait remarquer que les sucs nourriciers, à l'état brut lorsqu'ils pénètrent dans la plante, ne subissent qu'à l'intérieur des feuilles les transformations qui doivent les mettre à même de contribuer au développement général. Les observations qui permettent à Malpighi d'arriver à cette conclusion se succèdent et s'enchaînent d'une manière aussi simple qu'originale. Il considère les cotylédons des plantes comme des feuilles véritables (*in leguminibus seminalis caro, quæ folium est conglobatum*), comme on le voit chez la citrouille où les cotylédons se développent en grandes feuilles vertes. La radicule fait arriver jusqu'à eux une certaine quantité de matières fluides; une partie des substances contenues dans les cotylédons arrive jusqu'à la plumule, et lui permet ainsi de se développer, car celle-ci demeure à l'état rudimentaire lorsque les cotylédons sont retranchés. Comme ceux-ci ne sont autres que des feuilles, Malpighi conclut que toutes les feuilles ont pour fonction d'élaborer (*excoquere*) les sucs nourriciers que les fibres ligneuses leur apportent. L'humidité pénètre, durant le long parcours qu'elle accomplit d'un bout à l'autre de la plante, dans les nombreux réseaux des fibres; une fois parvenue dans les feuilles, elle est soumise à l'action du soleil, qui lui fait subir certaines transformations et la mélange à la sève qui se trouve déjà dans les cellules; ces modifications amènent une nouvelle combinaison des substances végétales, et il s'établit en même temps une sorte de transpiration, et l'auteur compare tout ceci aux phénomènes de la circulation du sang chez les animaux.

On voit par ce qui précède que les vues de Malpighi, au sujet des feuilles considérées comme agents de la nutrition, se rapprochent de la vérité autant que le permet le développement de la chimie de l'époque. Il ajouta aux observations précédentes des remarques nouvelles, fondées sur l'étude de l'anatomie, mais la vérité et l'exagération se mêlent dans ses théories; il émet une remarque pleine de justesse en attribuant au parenchyme de l'écorce des fonctions analogues à celles des feuilles, mais il se trompe en donnant au parenchyme incolore qui sert uniquement à la conservation des matières assimilées, une importance égale à celle des feuilles. D'après Malpighi, il faudrait attribuer aux cellules qui se trouvent dans l'écorce, et à celles qui sont rangées transversalement dans les parties ligneuses (les rayons de la moelle et de l'écorce) des fonctions analogues à celles des cellules des feuilles; et on pourrait supposer avec quelque vraisemblance que les sucs destinés à la nutrition végétale sont renfermés dans ces vésicules pendant la durée de temps voulu, et y subissent les transformations nécessaires. Comme Malpighi n'établit pas de distinction arrêtée entre les modifications préliminaires dont nous avons parlé plus haut, et la conservation proprement dite, il attribue au parenchyme de la chair des fruits, et aux écailles des bulles, des fonctions semblables à celles des feuilles; les exsudats des tiges des arbres et des surfaces de section lui font supposer que les parties végétales en question sont remplies de substances de réserve (*asservato humore turgent*).

Les vaisseaux ligneux doivent être considérés comme des organes destinés à répandre l'air à l'intérieur de la plante; le suc nourricier, absorbé par la racine à l'état brut, subit dans les feuilles les transformations qui doivent le rendre propre à contribuer au développement; il est emmagasiné dans différentes parties végétales, tandis que les parties fibreuses du bois conduisent jusqu'aux feuilles les principes nutritifs que la racine tire du sol à l'état brut : tels sont les principes fondamentaux de la théorie de la nutrition, établie par Malpighi en 1671. Les botanistes qui succédèrent à Malpighi lui ont attribué quelque idée d'une circulation de la sève analogue à la circulation du sang; mais on ne trouve pas trace dans ses œuvres, d'idées semblables. Il suffit d'ailleurs de lire ses ouvrages plus récents pour s'en convaincre; Malpighi connaissait parfaitement les organes élémentaires dans lesquels le suc nourricier monte vers l'extrémité de la plante, mais il s'en tenait à de simples suppositions lorsqu'il s'agissait de la sève élaborée dans le tissu cellulaire des feuilles, de l'écorce et du parenchyme. Il n'hésitait pas au sujet de la direction suivie par cette sève durant son parcours à l'intérieur de la plante; il admettait un cours descendant qui amène cette sève le long de la tige jusqu'à la racine, puis une marche ascendante, qui la fait pénétrer dans les rameaux, et, de là, dans les fleurs et dans les fruits. Malpighi possédait donc au sujet des mouvements de la matière assimilée, des notions plus justes que la plupart de ses successeurs, qui introduisirent dans le vocabulaire de la science l'expression malheureuse de « sève descendante ». Il supposait, en outre, que la sève nourricière élaborée pénètre jusque dans les faisceaux du liber[1] sans cependant y être soumise à un flux et à un reflux continu (*absque perenni et considerabile fluxu et refluxu*), qu'elle réside un certain temps dans les laticifères jusqu'au moment où les exigences de la nature, et des phénomènes tels que la transpiration et des influences extérieures, déterminent son passage dans des parties végétales plus élevées, où elle contribue au développement général et à la nutrition de la plante. Ces dernières remarques elles-mêmes sont supérieures à la plus grande partie de tout ce qui a été dit au dix-huitième, et même au dix-neuvième siècle, au sujet des mouvements de la sève ; elles suffiraient d'ailleurs à mettre en lumière l'erreur de ceux qui identifièrent plus tard les doctrines de Major avec celles de Malpighi, et désignèrent ce dernier comme un des défenseurs de la théorie de la cirulation végétale formulée par le premier.

L'exposé des théories de Malpighi date de 1671. Il se présenta sous une forme brève et concise. L'auteur y ajouta plus tard certains développements de détail dans une nouvelle édition de la *Phytotomie*, publiée en 1674; il y insiste particulièrement sur l'importance de la respiration pour les plantes et sur les vaisseaux ligneux. Malpighi, en effet, fut le premier à découvrir que les plantes, comme les animaux, ont besoin d'air pour respirer, et que les fonctions des vaisseaux du bois correspondent à celles des trachées des insectes, et des poumons des autres animaux. A différentes reprises aussi, il appelle l'attention du lecteur sur l'importance des transformations que subissent, à l'intérieur des feuilles, les sucs nourriciers.

Lorsqu'on compare la théorie de la nutrition végétale, de Malpighi, avec les opinions que professaient, sur le même sujet, les prédécesseurs de ce botaniste, on se trouve en présence de doctrines nouvelles, dégagées entièrement de l'influence de la philosophie aristotélicienne. Si les successeurs de Malpighi avaient cherché à comprendre sa doctrine dans ce qu'elle présente d'essentiel et de fondamental, s'ils s'étaient efforcés de l'appuyer sur des faits nouveaux, de la rendre claire au moyen d'expériences sur des plantes vivantes, ils auraient pu éviter les erreurs et les malenten-

1. *In mediis vasculis reticularibus.* Il suffit de se reporter à l'exposé histologique des doctrines de Malpighi pour se convaincre du sens de ces mots; ils ne peuvent désigner que les faisceaux du liber.

dus qui se glissèrent peu à peu dans la théorie de la nutrition végétale, et en firent un véritable chaos. Nous avons déjà fait allusion à l'erreur des botanistes qui attribuent à Malpighi la théorie professée plus tard par Major et par Perrault, de la circulation continue de la sève végétale; cette manière de voir suppose nécessairement une connaissance imparfaite des feuilles et de leurs fonctions; et les botanistes qui suivirent négligèrent complètement l'étude de ces fonctions, qu'ils confondirent parfois avec la transpiration, méconnaissant ainsi l'importance du travail qui s'accomplit à l'intérieur des feuilles, et qui est d'ordre chimique.

Les considérations sur la nature chimique des matières nutritives végétales sont pour ainsi dire absentes de l'œuvre de Malpighi; l'auteur s'occupe de préférence de l'importance que présentent les organes au point de vue des phénomènes de la nutrition; les principes d'après lesquels il a établi sa théorie sont d'ordre anatomique. Grew adopta en principe la théorie de Malpighi; sans y ajouter grand'chose par ses considérations prolixes sur des questions de détail, il s'efforça de découvrir les phénomènes chimiques de la nutrition végétale; mais il ne réussit pas à sortir des limites étroites dans lesquelles se mouvaient les partisans de la théorie cartésienne des atomes; il créa, pour ainsi dire, les phénomènes chimiques qui faisaient le sujet de ses observations, et négligea les points essentiels, de sorte qu'il ne découvrit rien qui pût servir au développement ultérieur de la théorie de la nutrition. Mais il est un homme dont le nom ne se rencontre que rarement dans les ouvrages qui traitent de la physiologie végétale. Il s'agit de MARIOTTE[1]. Mariotte découvrit la loi bien connue des gaz; c'est un des plus remarquables physiciens de la seconde moitié du dix-septième siècle, et il eut, en outre, le mérite d'enrichir de découvertes précieuses la physiologie de l'époque. Il existe une lettre de Mariotte, adressée à un certain Lantin, et datée de l'an 1679, qui se trouve dans les *Œuvres de Mariotte* (Leyde 1717), sous ce titre : *Sur le sujet des plantes;* elle renferme beaucoup de détails. Grâce à elle, nous savons quelles idées professait, au sujet

1. On ignore la date de la naissance d'Edme Mariotte. Il était originaire de Bourgogne, et habitait Dijon au moment où parurent ses premiers ouvrages scientifiques. Il avait embrassé la carrière ecclésiastique, et devint prieur de Saint-Martin-sous-Beaune, près de Dijon. L'Académie des Sciences de Paris le compta parmi ses membres dès l'époque de sa fondation (1666). Mariotte est un des premiers savants français qui se soient consacrés à l'étude de la physique expérimentale, et qui aient su tirer parti, à ce sujet, des ressources qu'offrent les mathématiques. Il mourut à Paris en 1684 (*Biogr. Univ.*).

des phénomènes chimiques, et des conditions de la nutrition végétale, un des physiciens les plus célèbres et les plus habiles du temps, un savant dont les œuvres, presque contemporaines de la Phytotomie de Grew, suivirent de peu l'apparition de l'ouvrage de Malpighi, et qui marque une ère nouvelle dans la science de l'époque.

Mariotte passe légèrement sur certains détails de l'organisation végétale; il semble les considérer comme des accessoires. Ceci ne doit pas nous étonner; d'ailleurs, nous trouvons d'amples compensations à cette négligence apparente dans la netteté judicieuse avec laquelle l'auteur met en lumière les faits fondamentaux et les découvertes qui, à l'époque en question, se rapportaient aux phénomènes chimiques de la nutrition végétale. Mariotte formule trois hypothèses différentes sur les « éléments » ou les « principes » des plantes. La première suppose l'existence d'un grand nombre de « principes grossiers et visibles », que nous désignerions probablement, à l'époque actuelle, sous le nom de principes immédiats : tels sont l'eau, le soufre ou l'huile, le sel ordinaire, le salpêtre, le sel volatile ou ammoniaque, différentes espèces de terre, etc. Ces éléments immédiats sont eux-mêmes le produit de l'union de trois ou quatre substances plus simples; ainsi, le salpêtre, est formé de phlegme ou eau sans saveur, et d'un esprit d'un sel fixe, etc; le sel ordinaire est un composé des mêmes éléments, et on pourrait même supposer sans courir grand risque de se tromper, que ces corps simples sont à leur tour le produit de différentes substances trop subtiles et trop insaisissables pour que la science moderne puisse déterminer leur structure générale ou les caractères qui les distinguent. Mariotte entre ensuite dans des considérations sur l'union de ces différentes substances; il dénie aux matières en question tout instinct raisonné (connaissance) qui les pousserait à s'unir les unes aux autres; mais il leur attribue une sorte de disposition naturelle à s'attirer réciproquement, et à se mélanger aussitôt qu'elles entrent en contact.

Il est extrêmement difficile de déterminer la nature de cet attrait mystérieux; du reste, la nature nous offre différents phénomènes de même ordre : les corps pesants sont attirés par le centre de la terre, le fer est attiré par l'aimant; et les évolutions des planètes, la rotation du soleil sur son axe, les mouvements du cœur d'un animal vivant, ne présentent pas de difficultés moins ardues que les faits qui viennent d'être cités. Avec cette première hypothèse, Mariotte se plaçait en opposition directe avec les doctrines aristotéliciennes, avec leurs entéléchies et causes finales, qui trouvaient encore des adeptes parmi les botanistes et les physiologistes de l'époque; il se plaçait sur le terrain de la science moderne, il adoptait la théorie atomique, et admettait l'existence nécessaire des forces d'attraction.

La seconde hypothèse de Mariotte a trait à la nature chimique des plantes mêmes; l'auteur suppose que chaque plante contient un certain nombre des « principes grossiers » dont nous avons parlé plus haut, et il s'efforce d'en déterminer l'origine : « Les atomes de l'air, dit-il, une fois exposés à l'action de l'éclair, exhalent une odeur de soufre; l'eau météorique les fait pénétrer dans le sol; la racine les absorbe ensuite, mêlés à des parcelles de terre. Tous les végétaux, soumis à la distillation, produisent de l'eau à laquelle les chimistes donnent le nom de phlegme, des acides, et de l'ammoniaque; le résidu de la distillation, une fois brûlé, se convertit en cendres; celles-ci se composent à leur tour d'une matière terreuse insipide, insoluble dans l'eau, et de sels fixes. Ces sels se distinguent les uns des autres par une combinaison, qui varie suivant qu'il y a plus ou moins d'acides, d'esprits ammoniacaux, ou d'autres principes inconnus que le feu ne volatilise pas. Il est naturel de trouver ces principes dans les plantes, car les plantes tirent leur nourriture du sol, qui contient les substances en question ». Ce qui précède suffit à démontrer l'importance des progrès accomplis par la science depuis l'époque où van Helmont croyait avoir prouvé, au moyen d'expériences sur des plantes, que toutes les substances végétales proviennent uniquement de l'eau.

Mariotte réussit, en outre, à écarter définitivement certaines théories, fort répandues d'ailleurs, qui avaient pour objet l'origine des substances végétales, et qui avaient survécu aux autres doctrines aristotéliciennes. Les partisans de ces théories croyaient que les substances qui contribuent au développement de la plante existent déjà dans le sol à l'état parfait, avant d'être absorbées par la racine. Aristote lui-même avait dit : « Tous les êtres se nourrissent des substances dont ils se composent, et tous se nourrissent de plusieurs substances; ceux-là mêmes qui paraissent n'absorber qu'une seule substance, comme les plantes, qui semblent composées uniquement d'eau, absorbent en réalité plusieurs substances différentes, car l'eau est mélangée de terre; en outre, les paysans ont l'habitude d'arroser les plantes avec des liquides composés d'éléments divers ». Cette phrase pourrait nous laisser quelques doutes si nous ne nous trouvions en présence des lignes suivantes : « Il existe probablement dans le sol autant de saveurs différentes qu'il y en a dans la pulpe des fruits. C'est pourquoi la plupart des vieux savants disent que l'eau contient autant de substances que le sol qu'elle traverse[1] ». Ces passages réunis à ceux nous avons cités plus haut, prouvent qu'Aristote ne croyait pas à la nécessité de transformations des matières nutritives, à partir du moment où elles entrent dans l'organisation de la plante; et cette théorie, dont nous avons déjà parlé précédemment, ne s'est pas seulement perpétuée jusqu'au temps de Mariotte; elle trouve encore des adeptes, à l'heure actuelle, parmi les personnes ignorantes de la physiologie. Grâce à sa seule logique, Mariotte met donc en lumière les impossibilités, les inconséquences de cette doctrine, sans faire appel à l'autorité de découvertes nouvelles. Sa troisième hypothèse a trait aux sels, aux principes terreux, aux huiles, etc., qui résultent de la distillation des différentes espèces végétales. D'après Mariotte, les substances en question sont les mêmes; les différences qui les distinguent résultent, soit du mode d'union de ces principes grossiers ou des corps simples qui les composent, soit de leur mode de séparation; et Mariotte fonde cette assertion sur le raisonnement suivant : lorsqu'on greffe un poirier bon chrétien sur un poirier sauvage, la sève de ce dernier alimente à la fois la greffe et l'arbre primitif; celle-là produit des fruits savoureux, celui-ci des poires sauvages. En revanche, si l'on greffe de nouveau sur un poirier cultivé un rejeton de poirier sauvage, l'arbre ainsi greffé ne portera que de mauvais fruits. Cette expérience prouve que la sève du tronc primitif acquiert dans chaque greffe des qualités différentes. Mariotte prouve, en outre, au moyen d'arguments plus convaincants encore, que les plantes ne tirent pas directement du sol les substances nécessaires à leur développement, mais qu'elles les produisent par des processus chimiques. Prenez, dit-il, un pot qui contienne de sept à huit livres de terre; semez-y n'importe quelle plante; elle trouvera dans cette terre et dans l'eau de pluie qui y pénètre tous les principes dont elle se compose lorsqu'elle a atteint son complet développement. On peut semer dans cette terre trois ou quatre mille espèces végétales; si les sels, les huiles, les matières terreuses dont se compose chaque espèce végétale étaient de nature différente, tous ces principes devraient se trouver réunis dans la petite quantité de terre dont nous avons parlé plus haut et dans l'eau de pluie qui arrose cette terre durant trois ou quatre mois, et ceci est impossible, car chacune de ces plantes, parvenue à son complet développement, con-

1. Voir les fragments de botanique aristotélicienne dans la *Geschichte der Botanik* de Meyer, vol. I, p. 119 et 125.

tient au moins un gros de sel fixe, et deux gros de terre, et ces principes, réunis à ceux qui sont mêlés à l'eau, pèseraient au moins de 2 à 3 onces. Or, comme le nombre de ces espèces végétales s'élève d'autre part à 4,000, la multiplication de ces deux chiffres donnerait un total de 500 livres.

Les considérations que nous venons de citer, les théories de Jung, et jusqu'à un certain point celles de Malpighi, sont toutes fondées sur l'observation des faits qui étaient connus aux philosophes de l'antiquité aussi bien qu'aux botanistes du dix-septième siècle; mais aucun des botanistes qui précédèrent Mariotte ne s'avisa d'employer les arguments que nous avons cités plus haut, et qui suffisaient à écarter définitivement la théorie de la nutrition végétale, formulée par Aristote.

Dans la seconde partie de sa lettre, Mariotte traite des phénomènes de la végétation dépendant de la nutrition des plantes. Il compare l'endosperme des semences avec le jaune de l'œuf des animaux; il met en lumière les analogies qui existent entre les mouvements de l'eau au moment où elle s'introduit dans la racine, et sa montée dans les tuyaux capillaires; il désigne le suc laiteux sous le nom de sève nourricière, et le compare au sang artériel; les sucs aqueux, en revanche, correspondent au sang veineux. Mariotte professe, au sujet de la pression de la sève, des théories absolument nouvelles; il appelle l'attention du lecteur sur la pression, si élevée, de la sève à l'intérieur de la plante, et tire de ses observations à cet égard la conclusion suivante : « La plante, dit-il, doit être organisée de façon à donner accès à l'eau, mais non point de manière à permettre à l'eau de s'échapper ». L'écoulement des sucs laiteux, écoulement qui se produit lorsqu'on pratique des incisions dans les tissus de certaines plantes, fournit à Mariotte l'occasion de démontrer l'existence de la pression de la sève. Ces considérations constituent à leur tour le point de départ de comparaisons nouvelles, dans lesquelles l'auteur établit une analogie entre la pression de la sève et celle du sang qui coule dans les veines, et Mariotte arrive ainsi à des conclusions qui ne le cèdent point en justesse à celles que nous avons citées précédemment; il constate que la pression de la sève amène une certaine distension des racines, des branches, et des feuilles, et contribue par conséquent au développement de ces différentes parties. La sève, ajoute-t-il, ne pourrait pas supporter cette pression si elle n'avait accès à l'intérieur de la plante au moyen de pores qui ne lui permettent pas de s'échapper. Ces remarques constituent l'esquisse première de considérations théoriques sur le développement des végétaux que nous retrouverons plus tard, légèrement modifiées, dans les œuvres de Hales.

Cependant, l'état rudimentaire dans lequel se trouvait la botanique à l'époque dont nous parlons ne permit pas à Mariotte de parfaire la tâche si bien commencée; mais nous y reviendrons plus loin à propos d'un autre sujet.

Mariotte remarqua qu'un rameau d'une branche maîtresse se conserve frais pendant quelques jours lorsqu'un autre rameau, appartenant à la même branche, se trouve plongé dans l'eau; et il conclut de cette observation que la sève primaire pénètre à l'intérieur de la plante, non seulement au moyen des racines, mais encore par l'intermédiaire des feuilles. Mais l'avenir devait prouver que ce principe n'était pas d'une absolue justesse.

Mariotte émit, en outre, au sujet de la nécessité de la lumière solaire pour la nutrition, la maturation des fruits, et différents phénomènes du même ordre, des considérations qui procèdent d'observations incomplètes, et que nous passerons sous silence.

Le trait caractéristique et significatif de la théorie de la nutrition végétale de Mariotte, réside dans le constraste absolu qui existe entre la manière scientifique de l'auteur, et les théories tant scolastiques qu'aristotéliciennes, qui possédaient encore, à l'époque dont nous parlons, un grand nombre de partisans. Mariotte s'est appliqué de tout son pouvoir, à réfuter les théories des botanistes qui croyaient encore à l'existence de l'âme végétale imaginée par Aristote; et les considérations qu'il émet à ce sujet se rattachent à l'observation d'un fait qui l'étonne profondément : il se demande en vertu de quelles lois les espèces végétales se reproduisent en conservant invariablement les caractères qui les distinguent. Les doctrines qui supposent l'existence d'une âme végétale dont on ignore même la nature ne contribuent en rien à la solution du problème qui le préoccupe.

La théorie de l'évolution commençait à trouver des adeptes parmi les botanistes de l'époque; Mariotte la combat aussi de la manière la plus décidée. D'après certains botanistes, les semences végétales contiennent en germe les générations futures, qui se trouvent pour ainsi dire emboîtées les unes dans les autres. Mariotte oppose à cette assertion des vues qui lui paraissent beaucoup plus vraisemblables; et en vertu desquelles les semences sont supposées contenir uniquement les substances indispensables au développement végétal; ces substances exercent à leur tour une certaine action sur les sucs nutritifs qui pénètrent dans la plante à l'état brut, elles déterminent par là la formation successive des différentes matières végétales; et, à l'heure actuelle, cette hypothèse nous paraît encore correcte. Mariotte considérait les fonctions de la nutrition, l'ensemble des phénomènes qui ont trait à l'existence des plantes comme le jeu des forces physiques, comme le résultat de la combinaison et de la séparation de corps simples; mais en même temps, il se crut en mesure de prouver l'exactitude de la théorie de la génération spontanée. Ici, nous constatons de nouveau une certaine pénurie d'observations, l'absence de cette critique éclairée qui soumet à un contrôle sévère les faits constatés; car Mariotte remarque que le sol des marais desséchés et des fossés déblayés donne naissance à un grand nombre de plantes, et ceci constitue à ses yeux une preuve de la génération spontanée. « On peut supposer, dit-il, que l'air, la terre, et l'eau contiennent un nombre infini de corpuscules. Lorsque deux ou trois de ces corpuscules s'unissent, ils constituent les premiers éléments d'une plante; ils remplacent la semence, lorsqu'ils trouvent une terre favorable à leur développement. On comprend à peine que cet assemblage de substances infinitésimales puisse contenir en germe tous les rameaux, toutes les feuilles, les fruits et les semences de la plante en question; mais on ne peut admettre que cette semence contienne les rameaux, les feuilles, les fleurs qui sortiront à l'infini de cette première germination ». Mariotte croit pouvoir prouver le contraire en faisant remarquer que les boutons d'un rosier peuvent ne donner naissance, au bout d'un an, lorsque le rosier est absolument dépouillé de ses feuilles, qu'à des rejetons feuillus, et ceci montre que les boutons ne contiennent pas en germe les fleurs futures; et pareillement les plantes nées des graines d'un même arbre fruitier ou d'un melon présentent, en vertu de la loi de variation, certaines différences. Ces observations se trouvent en opposition directe avec la théorie de l'évolution; elles constituent des arguments supérieurs, sous le rapport de la justesse et de la logique, aux preuves antérieures aux essais d'hybridation de Kœlreuter.

Les préjugés auxquels nous venons de faire allusion ne sont pas les seuls que Mariotte se soit efforcé de réfuter. Les soi-disant *virtutes* des plantes, ou, en d'autres termes, leurs propriétés médicinales, jouaient, non seulement dans la botanique, mais encore et surtout dans la médecine et dans la chimie de l'époque, un rôle prépondérant. Après avoir écarté définitivement les anciennes théories sur la chaleur et le froid, l'humidité et la sécheresse, et différentes particularités qui étaient regardées comme inhérentes à la nature même des plantes, et qui devaient être l'expression même des vertus médicinales qu'on leur attribuait, Mariotte fait remarquer que des plantes vénéneuses croissent à proximité des plantes inoffensives, et dans le même terrain; et ceci l'amène à la conclusion que nous avons déjà citée plus haut : que les végétaux ne tirent pas directement du sol les substances dont ils sont formés, mais les produisent par la combinaison et la séparation de principes communs. Enfin, Mariotte combattit une erreur qui s'était perpétuée à partir du seizième siècle; il s'attaqua particulièrement à la plus dangereuse de toutes, à la théorie des *signatura plantarum*. Les partisans de cette doctrine croyaient pouvoir déterminer les propriétés médicinales des plantes d'après certains indices extérieurs et surtout d'après les analogies qui existent entre les organes végétaux et les organes du corps humain. Mariotte insiste sur les avantages que présenterait, au point de vue de constatations de ce genre, l'essai des plantes médicinales dans certains cas de maladie.

La lettre de Mariotte, dont nous avons cité les passages les plus importants, nous donne une idée juste des connaissances que possédaient, au sujet de la vie végétale, les botanistes de la seconde moitié du dix-septième siècle; grâce à elle, nous voyons un naturaliste distingué, nanti des principes de la philosophie moderne et doué d'un sens judicieux qui lui permettait de tirer parti des faits constatés par la science, combattre et écarter définitivement les théories démodées qui dataient des siècles précédents, et étaient fondées sur des opinions préconçues et des conclusions précipitées. Malpighi avait émis des vues sur l'économie intérieure des plantes, qui dérivaient de l'anatomie; Mariotte, de son côté, s'attachait aux questions de physique et de chimie; réunies, ces doctrines constituaient, dans leur ensemble, une nouvelle théorie de la nutrition végétale, une théorie qui n'avait pas seulement le mérite d'être absolument opposée à la philosophie aristotélicienne, mais qui se distinguait encore des doctrines d'Aristote par la richesse des idées et la sagacité du raisonnement.

Malpighi et Mariotte poussèrent donc aussi loin que le leur permettait l'état de la chimie et de la botanique de l'époque, les connaissances qui avaient trait à la théorie de la nutrition; et Mariotte sut tirer parti des notions confuses et incertaines dont se composait la chimie de l'époque, il sut les exploiter avec un rare bonheur, et en tirer des explications des phénomènes de la vie végétale. La chimie, telle que l'entendaient les botanistes dont nous parlons, était peu propre à jeter une lumière nouvelle sur les phénomènes de la nutrition végétale; elle commençait à peine à se dégager des préjugés de l'iatrochimie pour se jeter dans les difficultés du phlogistique; les méthodes qui devaient plus tard faciliter à un si haut degré l'étude des corps organiques, se trouvaient encore à l'état rudimentaire; enfin, la science présentait un aspect général de confusion et d'incertitude. Nous trouvons de précieux renseignements à cet égard dans un petit livre qui parut pour la première fois en 1676 et fut réédité en 1679. Cet ouvrage, publié par Dodart, fut rédigé par plusieurs membres de l'Académie de Paris, et reçut leur approbation. Il ne renferme pas de compte rendu d'expériences; l'auteur y trace le programme détaillé des recherches à faire, particulièrement dans le domaine de la chimie. Il nous apprend qu'il est nécessaire de soumettre les plantes à une combustion lente, afin de restreindre l'influence qu'exerce, sur les végétaux, l'action destructrice et transformatrice du feu; les *virtutes plantarum* jouaient un grand rôle dans l'étude chimique des plantes, et on mélangeait du sang aux sèves végétales afin de pouvoir déterminer leurs effets! En 1685, un écrivain du nom de Dedu fit paraître un traité intitulé : *De l'âme des plantes*. Kurt Sprengel nous apprend que l'auteur de cet ouvrage explique la formation et le développement des végétaux par la fermentation et l'effervescence des acides mêlés aux sels alcalins. On ne se rend compte de l'importance des doctrines professées par Malpighi et Mariotte, au sujet de la nutrition végétale, que lorsqu'on les compare aux vues que nous venons de mentionner; et le silence gardé par ces deux botanistes à l'égard de certains phénomènes dont l'existence leur paraissait problématique, est une nouvelle preuve de leur sagacité.

Les théories de Malpighi et Mariotte au sujet de la nutrition végétale jouirent d'un renom mérité auprès des botanistes contemporains, et auprès des savants qui leur succédèrent. Cependant, les principes fondamentaux des théories de Malpighi et de Mariotte furent souvent négligés au profit de considérations accessoires; les axiomes si nets, si précis, émis par ces deux grands botanistes, se perdirent dans une foule de notions confuses et d'observations inexactes. Cet état de choses s'opposa longtemps aux progrès de la science, en dépit des découvertes nouvelles qui se succédaient de jour en jour. Nous avons déjà fait allusion aux erreurs de certains botanistes qui identifièrent la théorie de la circulation fondée par Major, avec les opinions si justes que professait Malpighi au sujet de l'importance des feuilles, considérées comme agents de la nutrition. Différentes considérations étant venues mettre en lumière le peu de fondement de la théorie de Major, on crut avoir réfuté du même coup les doctrines de Malpighi. Cependant, ceux qui ne supposaient dans les plantes qu'une ascension de la sève, à l'intérieur du bois, devaient trouver de grands avantages à une doctrine qui, telle que la théorie de Major, expliquait d'une manière satisfaisante certains phénomènes de la croissance des végétaux. Cette théorie trouva un nouveau défenseur dans la personne de Claude Perrault (1680)[1]. Cependant, celui-ci ne paraît pas avoir rien ajouté de neuf aux arguments au moyen desquels Malpighi a prouvé l'existence d'une sève descendante. Son adversaire Magnol publia en 1709 un traité dans lequel la théorie de la circulation de la sève se trouve attribuée à Malpighi; mais cet ouvrage insignifiant, destiné à réfuter la théorie de la circulation, ne renferme pas un seul argument probant, une seule observation de quelque valeur. Un des plus frappants de tous les phénomènes de la végétation des plantes ligneuses est l'écoulement de sève qui s'échappe, au printemps, des ceps de vigne, et de certains troncs d'arbres dont les tissus ont été blessés. Les botanistes qui, au dix-septième siècle, s'occupaient des phénomènes de la végétation, devaient naturellement étudier avec un vif intérêt les phénomènes que présente l'écoulement de la sève, du latex, de la gomme, de la résine. Bien que les mouvements de l'eau à l'intérieur des parties ligneuses, et les mouvements du latex dans les canaux qui le renferment ne fissent point partie des fonctions indispensables à la nutrition, les botanistes de l'époque y virent une preuve qui tendait à établir l'existence de mouvements de la sève, mouvements qui devaient être en relation avec les fonctions de la nutrition végétale.

Les botanistes dont nous parlons pouvaient se croire en présence de questions peu compliquées; la suite devait apprendre qu'il s'agissait d'un des problèmes les plus ardus de la physiologie végétale. Nous trouvons dans les ***Philosophical Transactions***, parues en 1670[2], une série de lettres qui sont dues au docteur Tonge, à Francis Willoughby et particulièrement au docteur Martin Lister,

1. Nous ne connaissons les œuvres de Perrault que d'après l'article de Magnol, publié dans l'*Histoire de l'Acad. Royale des Sciences*, 1709, et d'après l'*Hist. de la Botanique* de Sprengel, vol. II, 20. Dans son *Theasurus*, Pritzel fait remonter le traité auquel nous faisons allusion à l'année 1680. Il fut publié en 1721 dans les *Œuvres diverses* de Perrault.

2. Voir surtout, p. 1105, 1201, 2067, 2119.

et qui nous donnent une idée de l'intérêt qui s'attachait alors à cette question. Ces botanistes consacrèrent spécialement leur attention à un phénomène qui semble bien fait pour dérouter les observations sur les mouvements des sucs à l'intérieur des plantes ligneuses; il s'agit de l'écoulement de la sève qui s'échappe des arbres en hiver. La vigne et d'autres plantes ligneuses sont également sujettes à une sorte d'écoulement qui se produit au printemps et que l'on désigne sous le nom de « pleurs »; mais les deux ordres de phénomènes sont déterminés par des causes toutes différentes. Les botanistes dont nous parlons eurent le tort de confondre deux phénomènes si distincts, et cette confusion entraîna à sa suite une série d'erreurs. Martin Lister prouva, il est vrai, que des fragments de branches coupés durant les jours froids de l'hiver, et exposés à une chaleur artificielle, laissent suinter de l'eau qu'ils absorbent de nouveau si on les refroidit, mais il était reservé à un botaniste moderne de prouver que ce phénomène ne présente aucun rapport avec le suintement qui se produit sur les rameaux séparés de la branche mère, et qui est déterminé par la pression dans la racine. Le premier de ces deux phénomènes ne peut par conséquent fournir aucune explication au sujet du second.

John Ray publia en 1693 un ouvrage intitulé : *Historia Plantarum*. Dans le premier volume se trouvent résumées, sous une forme claire et concise, toutes les connaissances que possédaient les botanistes de l'époque au sujet de la nutrition végétale; l'auteur joint à cette étude quelques observations personnelles sur les mouvements de l'eau à l'intérieur du bois. Grew avait donné à la sève qui s'élève à l'intérieur des parties ligneuses le nom de lymphe; conformément à cette appellation, il avait désigné les fibres ligneuses sous le terme de vaisseaux lymphatiques; Ray adopta les termes dont s'était servi son prédécesseur, et fit remarquer que la lymphe, examinée au printemps, ne diffère ni comme goût ni comme consistance, de l'eau ordinaire. Ses observations confirment souvent celles de Grew; il constate que les véritables vaisseaux du bois sont remplis, au printemps, de lymphe qui s'écoule par les incisions transversales; par contre, ils sont remplis d'air en été; et à cette époque où les plantes ligneuses transpirent fortement, la lymphe ne monte que dans les vaisseaux lymphatiques, c'est-à-dire dans les parties ligneuses du bois et du liber. Ray démontra, au moyen d'incisions pratiquées dans le bois, que la lymphe se meut aussi latéralement dans le bois; il fit mieux encore, et sut réfuter les opinions de certains botanistes qui admettaient l'existence de valvules placées à l'intérieur des cavités ligneuses, et particulièrement des vaisseaux, et destinées à empêcher le retour de la lymphe, en faisant filtrer de l'eau par les deux bouts opposés d'une même branche. En revanche, il émit, au sujet des causes qui déterminent les mouvements de l'eau à l'intérieur du bois, des vues très contestables. D'ailleurs, l'étude de ces questions ne reçut une véritable impulsion que trente ou quarante ans plus tard, grâce aux efforts de Hales. Avant d'aborder l'étude des œuvres de ce botaniste, œuvres de valeur, et qui constituent pour ainsi dire l'expression définitive de la période que nous venons de passer en revue, nous devrons mentionner quelques ouvrages de moindre importance. Woodward et Beale consacrèrent aux phénomènes de la transpiration et de l'absorption de l'eau des recherches qui tendaient à enrichir de découvertes nouvelles la théorie de la nutrition végétale, et qui ne fournirent que des résultats insignifiants. Le premier de ces deux botanistes signala l'existence d'une espèce de menthe qui croît dans l'eau, et qui, durant l'espace de trois mois, absorbe une quantité d'eau quarante-six fois supérieure à celle qu'elle contient. L'eau ainsi absorbée s'évapore par les feuilles. Cette découverte est la plus importante de toutes celles que l'on doit à Woodward; mais celui-ci ne sut en tirer que des conclusions dépourvues d'intérêt.

Malpighi avait constaté que l'air nécessaire à la respiration des plantes se meut à l'intérieur des vaisseaux spiralés du bois comme dans les trachées des insectes; aucune des théories fondées par le grand botaniste n'excita à un aussi si haut degré l'intérêt et l'attention des contemporains; Grew, et plus tard Ray, l'adoptèrent, sinon d'une manière absolue, du moins dans ce qu'elle présentait d'essentiel et de fondamental; par contre, le compatriote de Malpighi, Sbaraglia, nia l'existence de vaisseaux de ce genre (1704); et la botanique, au lieu de progresser, rétrograda; si bien que les uns affirmaient l'existence des vaisseaux, ou, comme on les appelait alors, des vaisseaux spiralés; les autres, au contraire, la niaient; et bientôt l'on trouva plus ingénieux d'avoir recours à l'expérimentation que de se servir du microscope. En 1715, Nieuwentyt s'efforça, à l'aide de la pompe à air, de faire sortir des vaisseaux l'air qui s'y trouve renfermé, et de le liquéfier de manière à le rendre visible à l'œil nu. Nous avons déjà vu, à différentes reprises, des botanistes allemands s'ériger en représentants zélés de la physiologie végétale; parmi eux, il y eut le philosophe Christian Wolff, auteur d'un écrit qui porte le titre de *Allerhand üntzliche Versuche,* etc. (1721). La troisième partie de cet ouvrage renferme, entre autres choses, le compte rendu d'expériences qui constatent la présence de l'air à l'intérieur des plantes, car cette question excitait chez les botanistes de l'époque, et qui ne possédaient au sujet de la physique et de la chimie que des connaissances restreintes, plus d'intérêt que la preuve anatomique des organes conducteurs de l'air. Wolff avait exposé à l'action du vide des feuilles placées dans de l'eau qui ne contenait pas d'air; il vit, au bout d'un certain temps, des bulles d'air se former à la face inférieure des feuilles; lorsqu'il eut rétabli la pression atmosphérique, les feuilles s'infiltrèrent d'eau, et il obtint les mêmes résultats avec du bois de sapin, qui coula à fond après infiltration. Les mêmes expériences, répétées sur des abricots, permirent à l'observateur de voir de l'air sortir de la pulpe, et particulièrement de la tige des fruits. Son disciple Thümmig décrivit des expériences du même genre dans son ouvrage intitulé : *Gründliche Erlaüterung der merkwürdigsten Begebenheitenni der Natur*, et publié en 1723. Le maître et le disciple prirent le parti alors le plus sage d'adopter, dans cette question, les théories de Malpighi. Nous nous arrêterons un certain temps aux œuvres de Christian Wolff, qui publia un exposé de théorie de la nutrition sous une forme résumée et à la portée de tous. Wolff contribua, dans une forte mesure, à déterminer les progrès qui ont été accomplis, en Allemagne, dans le domaine des sciences naturelles, et ses mérites ne paraissent pas avoir été appréciés à leur juste valeur. Il publia différents ouvrages qui traitent des sciences naturelles. Ces écrits, très volumineux pour la plupart, sont en grande partie basés sur l'observation de l'auteur, et renferment une foule de remarques réellement instructives pour l'époque; leur publication correspond à l'apparition d'une ère nouvelle dans l'histoire de la science. La pensée devint plus libérale, et on vit surgir des théories mieux dégagées des erreurs et des préjugés légués aux botanistes de l'époque par leurs devanciers, même aux membres de l'Académie allemande des Sciences (Léopoldine) qui croyaient encore à des superstitions grossières telles que la palingénésie. Wolff se livra à des recherches scientifiques qui trahissent plus de bonne volonté que d'habileté; il avait cependant, sur un grand nombre de ses contemporains, les avantages que lui donnait une forte culture philosophique. Rompu aux difficultés du raisonnement abstrait, il arriva facilement à soumettre à une sorte d'élimination les théories et les observations des autres botanistes, de manière à n'en conserver que les parties fondamentales et essentielles; il parvint ainsi à donner comme point de départ aux connaissances scientifiques de son temps, des aperçus à la fois plus élevés et plus étendus. L'ouvrage publié en 1723 sous le titre de : *Vernünftige Gedanken von den Wirkungen der Natur* se distingue spécialement par les qualités que nous venons de mentionner. Nous le désignerions aujourd'hui comme une sorte de « Kosmos » : il a pour objet les corps et leurs propriétés physiques; il traite des corps célestes en général, et de notre planète en particulier, il renferme des considérations sur la météorologie, la géographie physique, les minéraux, les plantes, les animaux, et l'homme. En composant cet ouvrage, Wolff s'efforçait avant tout de contribuer à la culture générale de ses contemporains, aussi écrit-il en allemand, et dans un style à la fois clair et correct; il tire parti, avec une habileté consommée, des ressources que lui offre la science de l'époque; son étude des phénomènes de la nutrition végétale témoigne d'une connaissance approfondie et intelligente; la bibliographie du sujet, les parties fondamentales des œuvres de Malpighi, de Grew, de Leeuwenhoek, de van Helmont, de Mariotte, etc., s'y trouvent fondues et coordonnnées en un ensemble homogène, en une théorie générale de la nutrition des plantes, et l'auteur accompagne parfois ses considérations de remarques qui frappent par leur justesse et par l'esprit judicieux qui s'y manifeste. Durant la première moitié du siècle passé, les ouvrages allemands donnaient prise à mainte critique; et les imperfections qui s'y faisaient remarquer contribuèrent encore à mettre en évidence tout le mérite d'une œuvre si bien coordonnée, composée avec tant d'ordre et de méthode; elle eut autant d'importance que beaucoup de recherches nouvelles, et de découvertes d'ordre secondaire. Le chapitre que Christian Wolff consacre à la nutrition présente encore un grand intérêt; l'auteur y signale différents faits intéressants qu'on a perdu de vue par la suite. Ces faits ont trait généralement à la chimie de la nutrition; en les mettant en lumière, l'auteur soulève bien des problèmes dont la solution est de date toute récente. Nous citerons, par exemple, les lignes suivantes qui se rapportent à un fait bien connu : « La terre s'épuise et perd sa fécondité lorsqu'elle porte un grand nombre de végétaux; ceux-ci nécessitent une quantité considérable de principes nutritifs; il devient alors nécessaire de fumer le sol, soit avec du fumier, soit à l'aide de cendre ». Nous trouvons en substance, dans les lignes qui précèdent, la question de l'épuisement du sol et des procédés par lesquels on rend à la terre appauvrie sa richesse primitive. Wolff poursuit en ces termes :

« On sait que le salpêtre contribue à la fertilité du sol; Vallemont a montré l'utitité du salpêtre, et cité différentes matières qui sont douées des mêmes propriétés en vertu de leurs particules salines et oléagineuses; par exemple, les substances cornées des sabots et des cornes des animaux. Le fumier, comme la cendre, renferme des particules salines et oléagineuses; et il est facile de constater la présence de ces particules, même chez les plantes qui tirent de l'eau leurs principes nutritifs. Il suffirait d'examiner la semence pour se rendre compte de la vérité de cette assertion; la semence absorbe les premiers principes nutritifs, et il n'en existe point qui ne contienne de l'huile et du sel; un grand nombre laissent suinter, sous l'action d'une pression quelconque, l'huile qu'elles renferment, et l'étude chimique prouve que toutes les plantes contiennent aussi de l'huile et du sel ».

Wolff insiste sur l'importance de l'opinion de Malpighi et Mariotte, que les matières nutritives subissent, à l'intérieur même de la plante, des transformations chimiques. Comme chaque plante, dit-il, possède des substances salines et oléagineuses qui lui sont propres, on peut facilement en conclure que les substances en question, bien loin d'être tirées directement du sol, sont produites à l'intérieur de la plante. D'autre part, comme les plantes ne peuvent pas croître dans les endroits où la terre ne contient point de particules salines ou nitreuses, il est évident que ces matières déterminent la formation du sel et de l'huile à l'intérieur des végétaux; elles permettent à l'eau de se transformer en sève nourricière. Dans les lignes qui suivent, Wolff attire l'attention du lecteur sur les particules nitreuses, salines et oléagineuses qui flottent dans l'air; il fait mention des corps en décomposition qui, ainsi que nous l'apprend l'observation journalière des faits, abandonnent à l'air la plus grande partie de leur substance; il fait remarquer que la lumière, projetée dans un endroit sombre par une étroite ouverture, met en évidence une foule d'atomes de poussière qui volent çà et là; l'eau, de son côté, absorbe facilement les matières salines et terreuses, et les sources minérales prouvent qu'il s'y mêle aussi des particules métalliques. Aussi n'y a-t-il pas de doute que l'eau de pluie ne contienne différentes substances, et ne les abandonne aux végétaux.

Wolff poursuit le cours de ses considérations, et insiste de nouveau sur l'évidence des transformations subies par les matières nutritives à l'intérieur des plantes; il joint à ces remarques des réflexions sur certains organes destinés à déterminer ou à faciliter ces transformations : « Des modifications de ce genre, dit-il, ne peuvent s'effectuer à l'intérieur des tubes, car ceux-ci ne sont que des conduits. Les transformations graduelles subies par la sève ne peuvent par conséquent s'effectuer qu'à l'intérieur des parties spongieuses (tissu cellulaire); les vésicules ou utricules sont des sortes d'estomac, mais les modifications subies par l'eau consistent uniquement dans l'union ou la séparation des particules de certaines substances qui se trouvent dans l'eau de pluie; ces transformations s'opèrent au moyen de mouvements spéciaux. Wolff ne possédait toutefois, sur les mouvements de la sève, que des notions confuses et embrouillées. De la propriété que possède l'air de se dilater, et de la capillarité des tubes ligneux, il fait des forces motrices. Il adopte sans hésitation les vues des botanistes qui ne se contentent pas d'admettre l'existence d'une sève nourricière montante, mais croient encore à une sève descendante; et il invoque l'autorité de Major, de Perrault, de Mariotte, mais non de Malpighi; cependant, à l'exemple de ce dernier, il insiste sur le fait que des tiges introduites dans le sol par leur extrémité supérieure, croissent et se développent. D'après Wolff et Malpighi, ce phénomène suffit à confirmer les assertions des botanistes qui attribuent à la sève la propriété de se mouvoir, à l'intérieur des canaux qui la renferment, dans des directions opposées; et à l'exemple de Mariotte, Wolff ramène le développement des organes en voie de formation à l'expansion produite par la poussée de la sève.

Cependant, les travaux consciencieux de Christian Wolff, les œuvres des botanistes qui se sont succédé durant la période qui sépare Malpighi et Mariotte d'Ingen-Houss et qui se sont efforcés de perfectionner la théorie de la nutrition végétale, tout cela pâlit et s'efface devant le mérite éclatant des investigations de Stephen Hales[1]. Nous retrouvons, dans les œuvres de ce savant distingué,

1. Stephen Hales naquit en 1677, dans le comté de Kent. Il fit ses premières études dans la maison paternelle, sans montrer de dispositions spéciales; à 19 ans, il entra à Cambridge à *Christ College;* là, sa prédilection pour la physique, les mathématiques, la chimie, et l'histoire naturelle, se manifesta et se développa rapidement; il se consacra cependant à l'étude de la théologie, et ne laissa pas de s'y distinguer. Fort jeune encore, il fut investi des fonctions de pasteur, et les exerça dans différents comtés. La *Royal Society* l'admit parmi ses membres en *1718*; ce fut là qu'il lut pour la première fois les *Statical Essays*.

En 1733, il fit paraître son *Haemostatics*. Après avoir publié les résultats de recherches et de découvertes dans les domaines les plus divers, Hales mourut en 1761, et fut enterré dans l'église de Riddington, qu'il avait fait construire à ses frais, peu de temps auparavant; la princesse de Galles fit placer, dans l'abbaye de Westminster, une épitaphe qui lui est consacrée (voir son Éloge dans l'*Hist. de l'Acad. Roy. des Sc.*, 1762).

la pensée créatrice, la logique saine et vigoureuse qui distingue les grands naturalistes contemporains de Newton. Les *Statical Essays*, qui furent publiés pour la première fois en 1727, eurent, en Angleterre, trois éditions; ils furent traduits en français, en italien et en allemand (avec préface de Ch. Wolff). L'ouvrage de Hales traite exclusivement de la nutrition et des mouvements de la sève; il était plus étendu que les écrits qui l'avaient précédé; et l'auteur, tout en résumant dans leur ensemble les œuvres de ses devanciers et de ses contemporains, basait ses vues surtout sur des recherches personnelles. Un grand nombre d'expériences nouvelles, une foule d'observations utiles, des mesures et des calculs variés se fondaient en un ensemble homogène, en une œuvre complète et pleine d'intérêt. Malpighi s'était efforcé de déterminer le rôle physiologique des organes, et il avait eu recours, dans ce but, à l'étude des analogies et de la structure, Mariotte avait basé ses vues sur les rapports entre la plante et son milieu, sur des recherches physiques et chimiques; Hales, enfin, sut déterminer, d'après l'observation des plantes mêmes, les lois qui président à leur développement. Des investigations préparées de longue main et habilement conduites le mirent à même d'observer les organes végétaux dans l'accomplissement de leurs fonctions; il put se convaincre, par là, de l'existence des forces en action à l'intérieur d'organes en apparence privés de vie. Imbu des idées qui régnaient sans partage à l'époque où vivait Newton, pénétré de la justesse des théories qui tendaient à expliquer les phénomènes de la vie par l'union ou la séparation mécanique des atomes, Hales ne se contenta pas d'introduire l'ordre et la clarté dans les notions sur les phénomènes du développement végétal; il s'efforça de ramener ces phénomènes aux lois connues de la physique et de la chimie.

Des réflexions ingénieuses et fines, disséminées dans son œuvre, relèvent et animent le récit de ses expériences, et l'observation des faits sert de point de départ à des considérations d'une portée générale. Un ouvrage de ce genre devait exciter l'attention et l'admiration des contemporains; à l'heure actuelle, et tout en considérant à un autre point de vue l'ensemble des phénomènes de la végétation, nous puisons encore, dans l'ouvrage de Hales, une foule de renseignements, et de détails précieux sur la transpiration des parties ligneuses et les mouvements de l'eau à l'intérieur du bois. Ses investigations excitèrent au plus haut degré l'intérêt des botanistes de l'époque. Il détermina le poids exact des parties liquides absorbées par les racines et exhalées par les feuilles; il le compara à celui des principes humides renfermés dans le sol, et il s'efforça de supputer la rapidité avec laquelle l'eau s'élève à l'intérieur de la tige, et de la comparer avec la durée dont l'eau a besoin pour pénétrer dans la plante par la racine et s'évaporer par les feuilles. Hales se livra à d'autres investigations qui lui permirent de constater une foule de phénomènes ignorés jusque-là; il parvint à déterminer la force de succion de la racine et du bois, et la pression à l'intérieur de la racine et de la tige dans le cas des pleurs de la vigne. Ses mesures, et les chiffres qu'il donne comme base à ses calculs ne possèdent pas toute la justesse qu'on leur attribua souvent par la suite; lui-même cherchait avant tout à établir des chiffres ronds, bien qu'approximatifs, et qui pussent servir de point de départ à des vues générales. Ces vues elles-mêmes se faisaient remarquer par leur originalité et leur indépendance, elles donnaient aux botanistes de l'époque des connaissances générales sur l'économie de la plante.

C'est dans une œuvre de ce genre que se révèle l'expérimentateur de génie; car l'étude des corps organisés ne se prête pas, comme celle des métaux et des gaz, à la formation de constantes que l'on insère dans des formules générales, et qui nécessitent la plus stricte exactitude; chez les plantes, nous avons affaire à des cas individuels; et l'observation des faits permet seule au naturaliste de déterminer les lois des phénomènes généraux de la végétation.

Cependant, Hales voulut prouver que les forces de succion et de pression dont disposent les plantes ne sont pas *sui generis*, mais peuvent se manifester jusque dans les corps inanimés; il voulut prouver qu'il s'agissait ici d'un cas d'attraction de la matière, phénomène qui excitait tout particulièrement l'intérêt des botanistes de l'époque. Afin d'y arriver, il fit absorber de l'eau par des corps munis de pores très fins, et détermina la force employée qu'il compara avec la pression qu'exercent, sur des objets offrant quelque résistance, des pois en voie de gonflement. Par là il acquit, au sujet des forces naturelles qui déterminent, à l'intérieur de la plante, les mouvements de l'eau, des notions plus justes, et qui sont supérieures aux théories basées sur la capillarité, énoncées par Mariotte et Ray.

Hales ne sut pas apprécier, à leur juste valeur, les vues de Malpighi au sujet de l'importance des feuilles; il eut le tort d'attribuer au phénomène de l'évaporation de l'eau une importance physiologique exagérée; et ceci l'amena à ne voir dans les feuilles que des agents de la transpiration, des organes destinés à faire office de suçoirs pour attirer le long de la tige la sève absorbée par la racine. Conformément à ses théories, Hales nia l'existence de la sève montante; d'après lui, le mouvement descendant ne peut s'effectuer que la nuit, par suite du refroidissement de la sève qui s'élève dans les parties ligneuses; comme le mercure qui s'élève et s'abaisse alternativement à l'intérieur d'un thermomètre, selon la température. Ce sont là les parties faibles de l'œuvre de Hales.

Une des découvertes les plus remarquables de Hales a passé inaperçue auprès des botanistes de l'époque actuelle; et ceci tient probablement à la négligence des savants qui se sont succédé durant le dix-huitième siècle, et qui n'ont pas su voir son importance : nous voulons parler des observations qui ont trait au rôle de l'air dans l'œuvre de la nutrition végétale. Hales constata, en effet, que l'air contribue au développement de la plante, et qu'il entre pour une certaine part dans la formation des substances végétales solides; il remarqua que les principes gazeux constituent une grande partie des matières nutritives absorbées par la plante; il réfuta, par conséquent, les opinions des botanistes qui s'étaient succédé jusque-là, et qui considéraient l'eau, et les substances absorbées par l'eau durant son parcours à l'intérieur du sol, comme les seuls principes nutritifs capables de contribuer au développement des plantes. Il démontra tout d'abord, à l'aide de la pompe à air et plus clairement que ne l'avaient fait Nieuwentyt et Wolff, que l'air pénètre dans la plante, non seulement par les feuilles, mais encore par les ouvertures de l'écorce, et circule à l'intérieur des cavités du bois.

Hales sut rapprocher ceci du fait constaté, grâce à de nombreuses expériences, que la fermentation et la distillation sèche extraient des substances végétales une grande quantité d'air; d'après lui, cet air mis en liberté par la fermentation et la chaleur doit se condenser durant le développement de la plante, et passer à l'état de substance solide.

« L'analyse chimique (distillation sèche) des végétaux, dit Hales (chap. 7), prouve que la substance dont ils se composent est formée de soufre, de sel volatil, d'eau et de terre; les particules dont sont formés ces principes sont douées de la faculté de s'attirer les unes les autres. Il entre dans la composition de la plante une certaine quantité d'air; lorsque cet air est à l'état solide, il attire les particules qui se trouvent à proximité; lorsqu'il est élastique, il les repousse avec beaucoup de force. Des combinaisons qui varient à l'infini, et l'action et la réaction subies par ces principes constituent les forces vitales qui agissent dans le corps des animaux et à l'intérieur des plantes. Pendant que l'œuvre de la nutrition s'effectue, la somme des forces attractives dépasse celle des forces répulsives; aussi des parties mucilageuses se forment-elles tout d'abord, remplacées bientôt, à mesure que l'eau s'évapore, par des substances solides. Lorsque celles-ci absorbent de nouveau de l'eau, le nombre des forces de répulsion l'emporte sur celui des forces attractives; les parties végétales se trouvent avoir acquis, dans leur ensemble, un développement nouveau; grâce à la décomposition, elles peuvent former de nouvelles substances végétales; c'est pourquoi le fonds de substances nutritives fournies par la nature se renouvelle sans cesse, et ne s'épuise jamais; il est le même chez les animaux et chez les plantes; de légers changements le rendent apte à nourrir les uns ou les autres. Hales poursuit alors le récit de ces expériences. Il constate que les feuilles jouent un rôle actif dans l'œuvre de la nutrition, car elles aspirent les principes nutritifs renfermés dans le sol; elles paraissent, en outre, destinées à remplir certaines fonctions importantes pour l'existence de la plante; elles permettent l'évaporation de l'excédent des parties liquides, et retiennent les principes nutritifs mêlés primitivement à l'eau; elles absorbent, de leur côté, du sel, du salpêtre, l'eau de pluie, les gouttes de rosée; et comme Hales, à l'exemple de Newton, considère la lumière comme une substance, il arrive à se demander si « la lumière ne pourrait pas, en pénétrant à l'intérieur des feuilles et des fleurs, épurer et affiner les substances dont se compose la plante? »

On pourrait croire, d'après cet exposé, que Hales attribuait uniquement aux principes qui flottent dans l'air la faculté de contribuer à l'œuvre de la nutrition végétale. Il n'en est rien toutefois, car nous voyons, au chapitre 6, une allusion à certaines expériences au moyen desquelles l'auteur aurait prouvé que les substances végétales et animales, soumises à la fermentation et à la dissolution (distillation sèche) dégagent une forte quantité d'air véritable, permanent et élastique. Une grande partie de ces substances, animales ou végétales, doit donc se trouver fermement incorporée à l'air, et il est évident que la formation de ces substances nécessite continuellement une grande quantité d'air élastique.

Hales ne considère pas l'air uniquement comme un principe nutritif; il voit dans son élasticité, qui oppose un obstacle à l'attraction des autres substances, l'origine première des forces qui entretiennent le jeu des mouvements intérieurs. Si toute la matière, dit-il, était douée uniquement de la force d'attraction, la nature tout entière prendrait immédiatement l'apparence d'un bloc inerte; il était par conséquent nécessaire, pour animer et mettre en mouvement cette énorme masse de matières douées d'attraction, d'y mêler une grande quantité de matière élastique et douée de la faculté de repousser les corps voisins. Et comme une forte proportion de ces particules élastiques passe constamment à l'état solide en vertu de l'attraction des autres particules, il fallait que les substances en question fussent douées de la faculté de reprendre leur élasticité première après avoir été dégagées de la masse des matières attractives. Les substances animales et végétales passent ainsi par une évolution continuelle; elles ne cessent de se former et de se dissoudre tour à tour.

L'air exerce une double action sur la formation et le développement des animaux et des plantes; il fortifie la séve aussi longtemps que celle-ci a gardé son élasticité; une fois fixé, il contribue, dans une forte mesure, à l'union définitive des parties constituantes.

On peut voir, par ce qui précède, avec quelle habileté Hales sut tirer parti des connaissances rudimentaires que possédaient, en physique et en chimie, les savants de son époque, et comme il sut arriver à des vues générales d'une portée plus étendue que celles de ses contemporains et de ses prédécesseurs. Il sut déterminer les rapports si importants qui unissent les phénomènes de la végétation au reste de la nature; il sut comprendre les lois mystérieuses qui président à l'enchaînement de ces phénomènes. Cependant, les botanistes qui lui succédèrent ne surent pas apprécier, à sa juste valeur, l'importance théorique de ces vues; ils ne surent pas exploiter, au profit de la science, la doctrine féconde d'après laquelle une grande partie des substances végétales provient de l'air et non de l'eau et de la terre. Van Helmont avait déjà attiré l'attention de ses contemporains sur la petite quantité de substance végétale que le sol abandonne à la plante: et ce fut longtemps l'objet de l'étonnement des successeurs de Hales qui n'osèrent toutefois pas adopter ouvertement l'idée de van Helmont sur la transformation supposée des parties liquides en substance végétale. Ainsi, on reléguait peu à peu au rang des choses oubliées les vues qui avaient permis aux devanciers d'Ingen-Houss d'approfondir jusqu'à un certain point le plus important de tous les rapports qui unissent les végétaux au monde extérieur, c'est-à-dire l'œuvre de la nutrition, et d'admettre que cette œuvre s'accomplit en partie au moyen des substances empruntées à l'astmosphère. Les botanistes ne songèrent que plus tard à faire de ces vues le point de départ d'expériences nouvelles; ils se contentèrent d'emprunter des citations aux doctrines de Hales, et de répéter pour leur propre compte les recherches dont nous avons parlé plus haut, sans chercher à discerner le lien qui coordonne et unit les unes aux autres ces découvertes isolées.

La série des naturalistes distingués qui établirent les premiers fondements de la physiologie végétale se termine avec Hales. Quelque étranges que nous semblent parfois leurs théories, ces hommes ont acquis les premiers des notions sérieuses sur le mécanisme intime de la vie des plantes, et nous ont fait connaître des faits, et les rapports qui les unissent.

Il suffit de comparer le degré de développement auquel était parvenue la science, avant l'apparition de Malpighi, avec la somme de connaissances que renferment les *Statical Essays* de Hales, pour constater la rapidité des progrès accomplis par la botanique en moins de soixante ans, rapidité énorme en comparaison de la rareté des découvertes faites d'Aristote à Malpighi.

III.

NOUVELLES RECHERCHES INFRUCTUEUSES POUR EXPLIQUER LES MOUVEMENTS DE LA SÈVE A L'INTÉRIEUR DES PLANTES.

1730-1780.

Parmi les botanistes qui succédèrent à Hales et qui précédèrent Ingen-Houss, il en est qui se consacrèrent de préférence à l'étude de la nutrition végétale et des mouvements de la sève. Pour expliquer les mouvements de la sève, pour donner une forme plus précise et plus nette aux théories mêmes de Hales, en se bornant à soumettre à l'expérimentation la plante vivante, pour se livrer à des recherches scientifiques sans avoir recours aux ressources qu'offraient la physique et la chimie de l'époque, il eût suffi, aux savants dont nous parlons, d'adopter les opinions professées par Malpighi, et de les concilier avec les doctrines de Hales; il leur eût suffi de considérer les feuilles comme les parties végétales à l'intérieur desquelles les principes nutritifs subissent les transformations qui doivent les rendre propres à contribuer au développement général, et d'attribuer à l'air la faculté de contribuer à la formation de la substance végétale. Mais, comme nous l'avons déjà fait remarquer plus haut, les botanistes en question suivirent une tout autre voie; ils prirent, comme objet de leurs recherches, ceux des phénomènes de la vie végétale qui s'imposent à l'observation extérieure, et que l'on pouvait pour ainsi dire toucher du doigt, ils se crurent ainsi à l'abri des erreurs dans lesquelles leurs prédécesseurs étaient si souvent tombés. Ils ne réussirent toutefois qu'à accumuler un fonds banal d'observations sans importance; leurs recherches se poursuivaient sans but déterminé, et ils manquaient de principes scientifiques solides. Ils se fourvoyèrent à diverses reprises, ainsi qu'il arrive dans toutes les occasions où l'observation de la nature n'est pas guidée par une hypothèse bien pesée, et ces erreurs premières entraînèrent à leur suite des confusions aussi fâcheuses que fréquentes. Ces botanistes ne possédaient que des connaissances rudimentaires au sujet d'un point important dans l'étude des mouvements de la sève, et la structure intime des plantes, dont l'étude avait été négligée à partir de Malpighi et de Grew, ne leur était que très imparfaitement connue. Comme ils ne se livraient jamais à des recherches personnelles, ils ne comprenaient qu'en partie les ouvrages de botanique, et s'imaginaient suppléer aux lacunes de leur savoir en se faisant, au sujet de la structure intérieure du bois et de l'écorce, des notions confuses et fort inexactes pour la plupart, et qui devaient, croyaient-ils, leur permettre d'approfondir les lois des mouvements de la sève. Lorsqu'on lit les ouvrages de Malpighi, de Grew, de Mariotte, de Hales, ou même les écrits de Wolff, on remarque avec satisfaction la coordination logique des idées qui se suivent et s'enchaînent, la sagacité judicieuse avec laquelle ces grands botanistes savent établir des distinctions entre les faits importants et les détails secondaires; au contraire, les œuvres des botanistes que nous allons nommer nous offrent à peine quelques remarques ou observations isolées, et nous ne ressentons nullement, en les parcourant, la satisfaction qu'on éprouve en se trouvant en contact avec des intelligences supérieures.

Nous passerons sous silence les ouvrages de Friedrich Walther (1740), d'Anton Wilhelm Platz (1751), de Rudolph Böhmer (1753). Ces œuvres aussi insignifiantes que stériles, peuvent être considérés comme de simples exercices de style. Il n'en est pas de même des œuvres de de la Baisse et de Reichel, car ces deux botanistes eurent du moins le mérite de chercher à déterminer des progrès nouveaux. Mais la méthode dont ils se servaient, et qui consistait à faire absorber par les plantes vivantes des liquides colorés, engendra des erreurs graves qui eurent longtemps des conséquences fâcheuses. Magnol avait mentionné, en 1709, des expériences analogues; en 1733, le Père Jésuite Sarrabat, connu sous le nom de DE LA BAISSE, fit des expériences du même genre, et en parla dans un mémoire couronné par l'Académie de Bordeaux, et intitulé : *Sur la circulation de la sève des plantes* [1]. De la Baisse plongea les racines de différentes plantes dans le suc rouge des fruits de *Phytolacca;* au bout de deux ou trois jours, il constata que l'écorce et surtout les extrémités des fibres de la racine étaient teintes de rouge intérieurement. L'état dans lequel se trouvait la science à l'époque dont nous parlons rend compréhensibles les opinions de de la Baisse, qui attribua à ces parties la faculté d'absorber les matières colorantes, et les principes nutritifs avec une égale facilité. Cette doctrine se perpétua; des observations analogues à celles dont nous venons de parler, amenèrent plus tard Pyrame de Candolle à fonder une théorie qui est encore acceptée en France, et qui admet l'existence de spongioles. Les botanistes contemporains ont constaté, on le sait, que la racine, et en particulier les extrémités des racines dont le développement est de date récente, ne se teignent qu'après avoir été empoisonnées et tuées par les principes colorants.

Les botanistes qui succédèrent à de la Baisse se livrèrent à des expériences sur la coloration des plantes au moyen de matières étrangères; et ces expériences, cent fois renouvelées, n'établissent en aucune façon l'action de la racine vivante, mais elles ont engendré une foule d'erreurs qui entravèrent longtemps le développement de la physiologie végétale, et qui devinrent elles-mêmes, ainsi que nous l'allons voir, le point de départ d'autres erreurs. Cependant, de la Baisse constata d'autres faits; il plongea dans un liquide coloré les extrémités coupées de rameaux de plantes ligneuses; et remarqua que les matières colorantes ne pénètrent pas uniquement les parties ligneuses, mais encore les faisceaux qui prennent naissance dans ces parties et qui se distribuent dans les feuilles et les fleurs, tandis que les tissus succulents de l'écorce et des feuilles conservent leur couleur naturelle. On pouvait conclure de ce qui précède que le suc rouge pénétrait uniquement à l'intérieur des parties ligneuses. Une analogie quelque peu hardie pouvait amener les botanistes à conclure qu'il en est de même pour les matières nutritives végétales dissoutes dans l'eau; mais la science actuelle ne permet pas de soutenir cette théorie. Hales

1. Nous ne connaissons cet ouvrage que par l'*Histoire de la Botanique* de Sprengel, v. I, p. 219, et par Reichel et Bonnet (voir plus loin).

et d'autres encore ont suffisamment prouvé, grâce à des essais répétés, que l'eau et la sève nourricière qui passent des racines dans les feuilles s'élèvent uniquement par le corps ligneux et non par l'écorce. CHRISTIAN REICHEL[1] répéta plus tard, pour son propre compte, des expériences analogues, mais ses recherches, n'étant pas soumises au contrôle d'une critique éclairée, devinrent le point de départ de nouvelles erreurs. Son mémoire, intitulé : *De vasis plantarum spiralibus*, publié en 1758, révèle pourtant une connaissance approfondie de la littérature, et renferme des observations intéressantes, faites par l'auteur au cours de ses recherches botaniques, et se distingue avantageusement, sous ce rapport, des ouvrages de l'époque. Malpighi, Nieuwentyt, Wolff, Thümmig, Hales, s'étaient efforcés d'établir l'existence de l'air à l'intérieur des vaisseaux ligneux, mais Reichel trouva leurs preuves insuffisantes. Il plaça dans une décoction de bois de Fernambouc l'extrémité de branches de plantes ligneuses et herbacées, et constata que la couleur rouge se répand dans tous les faisceaux vasculaires, sans en excepter ceux des fleurs et des fruits. Mais à l'aide du microscope, il distingua une certaine quantité de matières colorantes à l'intérieur des cavités des vaisseaux; il tira de ces observations une conclusion précipitée, et attribua aux vaisseaux la faculté de contenir à l'état normal non pas de l'eau, mais de la sève. Ses descriptions et ses figures prouvent que quelques vaisseaux seulement étaient remplis de la matière colorante; et Reichel ne chercha pas à savoir si les vaisseaux se trouvaient remplis d'air ou de fluides avant d'avoir été soumis à l'expérience; pas plus que ses imitateurs, il ne songea à se demander s'il eût obtenu le même résultat dans le cas où les plantes auraient absorbé le fluide coloré à l'aide de racines vivantes et intactes, et où les vaisseaux entamés par l'instrument de l'opérateur ne se seraient pas trouvés en contact avec la nature colorante. Il eût suffi aux botanistes de soumettre à un examen superficiel une branche coupée et plongée dans des substances fluides pour constater que les vaisseaux parvenus à un développement normal et remplis d'air, jouissent des mêmes propriétés que des tubes de verre capillaires. Ils auraient pu s'assurer, par la même occasion, que la transpiration des feuilles, transpiration qui continue à s'effectuer durant le cours de l'expérience, facilite la pénétration du suc rouge dans la cavité des vaisseaux. Hales s'était déjà livré, précédemment, à des recherches plus approfondies, et qui eussent

1. Georg. Christian Reichel, né en 1727, mort en 1771, fut professeur à Leipzig.

pu amener à cette conclusion. Mais ces réflexions, si simples qu'elles fussent, ne vinrent pas à l'esprit des botanistes en question; ils se bornèrent à constater les résultats de leurs recherches; ils opposèrent aux vues si justes de Malpighi et de Grew, qui établissaient l'existence de l'air à l'intérieur des vaisseaux, des vues sans fondement et qui identifiaient les vaisseaux parvenus à leur développement normal, avec les organes conducteurs de la sève. Une des découvertes les plus importantes qui se soient jamais effectuées dans le domaine de la science devint par conséquent l'objet de discussions et de doutes, grâce à des recherches mal conduites; et cent ans plus tard, l'exemple de Reichel était encore suivi par de nombreux botanistes qui donnaient comme point de départ, à leurs théories, les recherches dont nous avons parlé plus haut, et attribuaient aux vaisseaux du bois la fonction de transporter la sève ascendante. Les partisans de cette doctrine se trouvaient dans l'impossibilité absolue de juger sainement du mouvement de la sève à l'intérieur des parties ligneuses de plantes pourvues d'organes de transpiration. A une époque antérieure à l'apparition de Reichel, BONNET[1] avait combattu, de la manière la plus formelle, les vues de Malpighi qui attribuait aux feuilles la faculté de faire subir aux principes nutritifs les modifications qui doivent les rendre propres à contribuer au développement général; il leur avait opposé l'idée absolument erronée que les feuilles servent uniquement à absorber la rosée et l'eau de pluie. Bonnet avait consacré précédemment à l'étude de la biologie des insectes, des recherches pleines de mérite; il avait découvert et signalé la reproduction asexuelle chez les pucerons, et ayant compromis sa vue dans les recherches minutieuses auxquelles il s'était livré, il s'adonna à toutes sortes d'expériences sur les plantes en manière de passe-temps. Ses œuvres renferment, à côté d'un grand nombre de remarques insignifiantes, certaines observations qui furent exploitées plus tard au profit de la science; car de ses bonnes observations au sujet des courbures qui se produisent durant le développement des végétaux il n'a rien su tirer lui-même.

1. Charles Bonnet, né à Genève en 1720, appartenait à une famille riche, et se voua tout d'abord à la jurisprudence. Dès sa jeunesse, il s'occupa d'études scientifiques et témoigna d'une prédilection spéciale pour la zoologie. Il devint plus tard membre du grand conseil de sa ville natale et écrivit dans sa vieillesse différents ouvrages qui traitaient de la philosophie et des sciences naturelles, de la psychologie et même de la théologie. Il mourut en 1793 dans la propriété qu'il possédait à Genthod près de Genève (*Biographie universelle*, et Carus, *Hist. de la Zoologie*).

Son défaut de jugement se manifeste également dans ses vues sur les feuilles, considérées comme agents de la nutrition. Les *Recherches sur l'usage des feuilles dans les plantes*, publiées en 1754, ne sont qu'une accumulation indigeste de faits constatés à la hâte; et pourtant cet ouvrage a passé pour une œuvre de mérite. Bonnet nous apprend que Calandrini a attiré son attention sur la structure de la face inférieure des feuilles, qu'il croyait destinée, en vertu de sa nature, à « absorber la rosée qui s'élève de la terre et à la faire pénétrer à l'intérieur de la plante ». Bonnet, qui qualifie cette hypothèse de géniale, en fit le point de départ de nouvelles recherches; il pratiqua, sur des feuilles coupées, des expériences irréfléchies qui ne contribuèrent nullement à amener la solution du problème. Il posa les feuilles en question sur de l'eau, et faisant entrer en contact le liquide tantôt avec une face, tantôt avec l'autre, il les enduisit d'huile ou d'autres substances nuisibles pour voir combien de temps il leur faudrait pour périr. Il est impossible de se représenter des expériences plus mal combinées. Si Bonnet avait voulu s'assurer de la justesse de l'hypothèse de Calandrini, il eût dû commencer par ne pas séparer les feuilles de la plante; il eût dû observer l'effet que produit, sur la végétation, l'absorption supposée de la rosée. Nous ferons remarquer ici au lecteur que ce que Bonnet désigne sous le nom de rosée ascendante n'est probablement autre chose que de la vapeur d'eau, car la véritable rosée se dépose surtout à la face supérieure des feuilles. Et quelle utilité des feuilles coupées et posées sur l'eau pouvaient-elles présenter au point de vue du problème en question; comment cette expérience pouvait-elle prouver que les feuilles sont douées de la faculté d'absorber la rosée? Bonnet, cependant, conclut de ses observations que la plus importante de toutes les fonctions des feuilles consiste à absorber la rosée; et, afin de concilier ce résultat avec les recherches de Hales sur la transpiration végétale, il formula la théorie que voici. Durant le soir, la sève nourricière abandonne les racines pour s'élever dans la tige. Les fibres ligneuses et les vaisseaux à air la font pénétrer en grande quantité dans la face inférieure des feuilles; là, de nombreux orifices lui permettent de s'échapper (par l'évaporation). Lorsque vient la nuit, les feuilles et l'air renfermé dans les tubes à air ne sont plus soumis à l'action de la chaleur; la sève nourricière redescend alors dans la racine; la face inférieure des feuilles présente alors d'autres phénomènes : la rosée qui s'élève lentement de la terre se dépose sur elle, elle s'y épaissit et s'y trouve retenue par des villosités ou par d'autres organes du même genre. (En réalité, la face supérieure des feuilles présente le même phénomène d'une manière beaucoup plus caractérisée). Les stomates absorbent immédiatement la rosée (il est facile de constater l'inexactitude de cette assertion, puisque la rosée augmente jusqu'au moment où le soleil se lève); ils l'amènent dans les rameaux, et de là dans la tige. Bonnet attribuait à cette théorie extraordinaire une importance très grande, et par elle il pensa expliquer les mouvements hélotropiques et géotropiques des feuilles, et de la tige, choses bien différentes qu'il ne sut pas distinguer, et aussi la position des feuiles le long de la tige.

Il était nécessaire d'attirer l'attention sur le manque absolu de réflexion et de sagacité qui se manifeste dans les vues de Bonnet au sujet des fonctions des feuilles. Ces vues possèdent, en effet, une certaine importance historique, et pendant bien des années, les botanistes les adoptèrent de préférence aux doctrines plus justes et plus judicieuses qui leur avaient été léguées par leurs devanciers, et ce fait suffit à nous montrer combien la faculté de juger sainement s'était amoindrie chez les botanistes qui avaient succédé à Malpighi.

Les louanges que les contemporains de Bonnet lui ont décernées ont probablement causé l'erreur des botanistes plus récents qui ont considéré Bonnet comme une autorité dans toutes les questions qui ont trait à la nutrition végétale. Les *Essais sur le développement des plantes qui croissent dans une substance autre que la terre,* sont plus insignifiants encore, s'il est possible, que les expériences sur les feuilles coupées. L'idée même n'était pas originale, car Bonnet fit ses expériences après des essais qui s'étaient effectués à Berlin, et qui avaient consisté à cultiver des plantes, non dans la terre, mais sur de la mousse. Il répéta à plusieurs reprises les mêmes expériences, et constata qu'un grand nombre de végétaux ainsi cultivés croissent et se développent avec vigueur, portent des fleurs, et produisent des semences.

Cependant, des essais de ce genre ne pouvaient contribuer en aucune façon à enrichir la théorie de la nutrition végétale; ces essais n'étaient, à tout prendre, que des amusettes dépourvues de signification. Les quelques pages que Malpighi a consacrées à la nutrition végétale ont infiniment plus de mérite que l'ouvrage dans lequel Bonnet traite des fonctions et de l'utilité des feuilles; la réflexion et certaines analogies avaient permis à Malpighi de déterminer la véritable importance des feuilles, tandis que ses expériences nombreuses, mais inintelligentes, amenèrent Bonnet à attribuer aux parties végétales en question des fonctions différentes de celles qu'elles possèdent réellement.

La théorie de la nutrition végétale, énoncée par du HAMEL[1], n'a guère droit à un jugement plus favorable. L'auteur, il est vrai, enrichit de découvertes précieuses la physiologie des plantes, et se distingua de diverses manières dans le domaine de la science, et nous consacrerons à ses mérites, au dernier chapitre de cette histoire, une étude plus approfondie.

Il serait impossible de comparer du Hamel à des naturalistes tels que Malpighi, Mariotte, ou Hales; à côté de ces penseurs, il passera toujours pour un compilateur et pour un écrivain sans critique.

Cependant, du Hamel possède sur Bonnet l'avantage de n'être point un dilettante, mais bien un botaniste sérieux, occupé d'études spéciales, soucieux d'approfondir les mystères du monde végétal, et d'exploiter à un point de vue d'utilité pratique les résultats de ses observations physiologiques. Ses recherches botaniques s'étaient prolongées durant des années; elles avaient développé et affiné, chez lui, le sens des plantes; l'habileté qu'il déployait dans ses études expérimentales, le discernement avec lequel il observait en sont la preuve, et ses remarques et ses expériences renferment encore, à l'heure actuelle, une foule de renseignements utiles.

Ce qui lui manqua toujours, ce fut le don de la coordination, cette faculté précieuse qui permet à l'observateur de tirer des conclusions des recherches et des expériences. Du Hamel ne sut jamais tracer la ligne de démarcation qui sépare les faits secondaires des faits importants, et son biographe, du Petit-Thouars, pense à ce sujet comme nous.

Les qualités et les défauts que nous venons d'indiquer se trouvent réunis dans le plus célèbre de tous les ouvrages de du Hamel, intitulé *Physique des arbres*. Ce livre qui fut publié en deux volumes parut pour la première fois en 1758, et n'est autre chose qu'un manuel d'anatomie et de physiologie végétales. Il est enrichi de nombreuses figures sur cuivre. Les pages qui traitent de la nutrition et des mouvements de la sève végétale présentent une

1. Henry-Louis du Hamel du Monceau naquit à Paris en 1700, et mourut en 1781. Il possédait des propriétés dans le Gâtinais, et se consacra à des études qui embrassaient à la fois la physique, la chimie, la zoologie, et la botanique. Il sut tirer parti de ces connaissances variées et écrivit une série d'ouvrages qui traitent de l'agriculture, de l'économie forestière, de la marine, et de la pêche. En 1728, l'Académie l'admit parmi ses membres. Sa nomination suivit de près la publication d'un mémoire sur une maladie du safran, causée par un champignon (*Biogr. Univers.*).

compilation diffuse des théories d'un grand nombre de botanistes, parmi lesquels Malpighi, Mariotte et Hales; l'auteur ne réussit pas, cependant, à prendre les parties essentielles de ces doctrines, et à s'approprier les vues les plus importantes des botanistes en question. Il y mêle le récit de ses propres expériences; celles-ci sont souvent instructives, mais elles ne permettent en aucune manière d'établir des conclusions nettement définies ou de mettre en lumière les rapports qui existent entre les différents processus de la nutrition végétale. Du Hamel ne tombe juste que lorsqu'il s'agit de phénomènes qui s'imposent à l'observation la plus superficielle; il attribue aux vaisseaux ligneux les fonctions que leur avaient déjà assignées, longtemps auparavant, certains botanistes; et à l'exemple des botanistes du dix-septième siècle, il conclut de ses expériences que l'écorce renferme une sève élaborée descendante; il remarque encore que des oignons, des bulbes, des racines qui produisent des rejetons et portent des fleurs sans avoir absorbé, au préalable, une quantité d'eau plus ou moins considérable, doivent produire ceux-ci aux dépens de substances de réserve, mais il ne sait pas tirer d'autre parti de cette observation. Au surplus, il gâta tout en ne voyant dans les feuilles que des organes destinés à pomper la sève renfermée dans les racines; il cite bien, mais à titre de curiosité, sans plus y revenir, la lettre de Malpighi et ses vues à ce sujet, et il se range aux vues erronées de Bonnet, tout en citant un grand nombre de faits qui militent en faveur de la théorie de Malpighi sur les feuilles. Les pages dans lesquelles il traite des phénomènes chimiques de la nutrition prêtent plus encore à la critique; il adopte, il est vrai, les vues de Mariotte au sujet de la nécessité de transformations chimiques dans les principes nutritifs à l'intérieur de la plante; il cite même des preuves à l'appui de cette assertion, mais il ne peut réussir à se dégager entièrement de l'influence des doctrines d'Aristote; il persiste à établir des analogies entre l'estomac des animaux et le sol, attribuant ainsi à ce dernier la faculté de faire subir aux matières nutritives végétales les modifications nécessaires, les racines absorbant les substances ainsi modifiées comme le font les vaisseaux chylifères (*Phys. des Arbres,* II, p. 189, 230).

Du Hamel s'était livré à des expériences sur la culture de plantes terrestres hors du sol et dans de l'eau ordinaire; il conclut de ses observations à ce sujet que l'eau n'abandonne aux plantes qu'une très petite quantité de matières en dissolution; mais il ne sait utiliser les vues de Hales, sur le rôle de l'air dans le développement de la plante; et il termine en disant avoir voulu uniquement prouver que l'eau ordinaire, parfaitement pure, suffit à fournir aux plantes les matières nécessaires à la nutrition, ce qui n'est pas la conséquence logique de ses expériences. Ainsi, les vues de du Hamel au sujet de la nutrition végétale présentent, dans leur ensemble, une foule d'observations de détail exactes, mêlées à des conclusions erronées et à des reflexions qui bien loin d'unir et de coordonner entre elles les diverses parties de l'œuvre, ont trait uniquement à des détails. Ces défauts s'accusent et s'exagèrent dans un ouvrage plus étendu, publié quelques années plus tard par Mustel, et intitulé : *Traité théorique et pratique de la végétation* (1781). A mesure qu'on s'éloigne de l'époque à laquelle appartiennent les fondateurs de la physiologie végétale, les œuvres deviennent plus volumineuses, et le lien qui unit entre elles les découvertes isolées devient plus fragile, jusqu'au moment où il finit par se rompre tout à fait.

Il était grandement temps d'infuser à la théorie de la nutrition végétale cet esprit scientifique qui procède de l'étude même de la nature et qui devait permettre aux doctrines de l'époque, affaiblies comme des plantes étiolées et privées d'eau, d'acquérir une vigueur nouvelle. Cette transformation s'opéra peu à peu, grâce aux découvertes d'Ingen-Houss, et aux progrès considérables que les efforts de Lavoisier déterminèrent dans le domaine de la chimie à partir de 1780.

IV.

INGEN-HOUSS ET TH. DE SAUSSURE FONDENT LA NOUVELLE THÉORIE DE LA NUTRITION VÉGÉTALE. — 1779-1804.

Ainsi que nous l'avons vu précédemment, Malpighi et Hales avaient signalé deux phénomènes dont l'étude constitue la base de la théorie de la nutrition; ils avaient constaté que les substances nutritives subissent à l'intérieur des feuilles les transformations qui doivent les rendre propres à contribuer au développement de la plante; ils avaient remarqué qu'une grande quantité de la substance végétale provient de l'atmosphère; ils avaient su édifier sur ces faits une théorie nouvelle, mais ils n'avaient jamais pu donner une preuve directe de la faculté qu'ont les feuilles vertes d'emprunter à l'atmosphère certaines substances nutritives. Ce manque de preuves directes fut probablement cause des erreurs commises par les successeurs des premiers physiologistes; on oublia l'importance de ces principes déductifs, et on se dirigea à tâtons dans les ténèbres.

Les découvertes de Priestley, d'Ingen-Houss et de Senebier, et les déterminations quantatives de de Saussure prouvèrent, durant les années qui s'écoulèrent de 1774 à 1804, que les parties végétales vertes, c'est-à-dire les feuilles, absorbent et décomposent un des éléments contenus dans l'air, et qu'elles s'assimilent en même temps des éléments empruntés à l'eau et augmentent de poids proportionnellement à la quantité de substance absorbée.

Ces botanistes prouvèrent, en même temps, que ce travail ne s'accomplit régulièrement et dans des conditions normales que lorsque les racines absorbent en même temps de petites quantités de matières minérales qui se trouvent ainsi introduites dans la plante. Les découvertes et les faits qui donnèrent naissance à cette doctrine déterminèrent, en même temps, l'écroulement complet de la théorie du Phlogistique. Lavoisier tira de ces faits les principes fondamentaux de la chimie nouvelle; et si les botanistes de l'époque se trouvèrent en mesure d'établir une nouvelle théorie de la nutrition végétale, ce fut grâce aux doctrines de Lavoisier : il devient nécessaire, par conséquent, de consacrer une étude rapide aux transformations qui se sont accomplies dans le domaine de la chimie durant les années qui se sont écoulées de 1770 à 1800. Ces transformations se rattachent[1] à la découverte de l'oxygène, que Priestley avait décrit en 1774. La découverte de ce chercheur, qui comptait lui-même parmi les adeptes les plus fervents de la théorie du Phlogistique, permit à Lavoisier d'établir les principes fondamentaux de doctrines chimiques absolument nouvelles. Dès 1776, Lavoisier constata que « l'air fixe » est composé de carbone et « d'air vital »; il parvint à reconstituer ce dernier en brûlant du charbon et des diamants. L'acide phosphorique, l'acide sulfurique, unis au phosphore, au soufre et à l'azote, furent reconnus comme autant d'éléments unis à de l'air vital. Grâce à Cavendish, les botanistes de l'époque purent joindre l'acide nitrique aux substances déjà mentionnées. En 1777, Lavoisier démontra que la combustion des substances organiques produit de l'air fixe et de l'eau, et après avoir établi approximativement, en 1781, la quantité respective des divers éléments qui entrent dans la composition de l'air fixe, il nomma ce dernier acide carbonique, et désigna l'air vital sous le

1. Voir Kopp : *Geschichte der Chemie* (1843 I., p. 306 et suivantes), et *Entwickelung der Chemie in der Neuerenzeit.*

nom d'oxygène. Cavendish, en 1783, constata que la combustion de l'hydrogène produit de l'eau; Lavoisier prouva ensuite que l'eau est composée d'hydrogène et d'oxygène.

Ces découvertes ne présentaient pas uniquement l'avantage d'ébranler peu à peu la théorie du Phlogistique; elles ne permettaient pas seulement aux botanistes de l'époque d'établir les principes d'une chimie nouvelle; elles se rapportaient aux substances qui jouent dans l'œuvre de la nutrition un rôle prépondérant, et la découverte de ces faits chimiques contribuait directement à la solution des problèmes de la physiologie. Dès 1779, Priestley découvrit que les parties végétales vertes exhalent parfois une certaine quantité d'oxygène ; et la même année, Ingen-Houss fit connaître que le phénomène en question s'accomplit uniquement dans les parties végétales vertes et sous l'influence de la lumière; une fois dans l'obscurité, les parties vertes n'exhalent guère que de « l'air fixe », et les parties qui ne sont pas vertes exhalent de l'acide carbonique aussi bien dans l'obscurité que sous l'action de la lumière. Cependant, il était impossible, en 1779, d'interpréter correctement ces faits, et ce n'est qu'en 1785 que Lavoisier parvint à se dégager entièrement de l'influence de la théorie du Phlogistique, et à développer son système anti-phlogistique. Entre temps, il fit une découverte qui détermina par la suite de grands progrès dans le domaine de la physiologie végétale, et constata, en 1777, que la respiration des animaux n'est autre chose qu'un phénomène d'oxydation; comme toute combustion engendre la chaleur, la respiration produit, elle aussi, la chaleur animale. Cependant, il se passa longtemps avant que ces faits ne pussent être utilisés dans le domaine de la botanique.

Il ne suffisait pas, pour perfectionner la théorie de la nutrition, de constater que certaines parties végétales produisaient de l'oxygène sous l'action d'influences extérieures [1], comme le déclara Priestley. Ingen-Houss alla plus loin en spécifiant les conditions nécessaires à la formation de l'oxygène; il constata que toutes les parties végétales produisent continuellement de l'acide carbonique. Ces deux phénomènes constituent les fonctions principales de la nutrition et de la respiration végétales. Nous considérons par conséquent Ingen-Houss comme le fondateur des théories de la nutrition et de

1. L'observation de Bonnet, qui constata la présence de bulles de gaz qui se forment à la surface de feuilles placées dans de l'eau exposée au soleil fut moins utile encore, car il nia expressément que les feuilles eussent aucune part active

la respiration des plantes. Mais comme il s'agit ici de découvertes d'une importance toute spécale, nous nous trouvons dans la nécessité de faire aux détails la part plus large que d'ordinaire.

En 1779, Priestley publia un mémoire qui fut, l'année suivante, traduit en allemand sous le titre de *Versuche und Beobachtungen über verschiedene Theile der Naturlehre*. Cet ouvrage renferme le récit des expériences botaniques de l'auteur. Elles étaient très mal combinées; aussi finit-il par y renoncer, et cela sans avoir atteint des résultats qui eussent pu contribuer en quelque mesure, à l'éclaircissement des problèmes à l'étude. Il a cependant posé nettement les données de ces problèmes, ainsi que l'on peut s'en apercevoir par les lignes suivantes : « Dans le cas où l'air expiré par la plante serait mieux composé (plus riche en oxygène) que l'air atmosphérique, il suit que le phlogistique de l'air se trouverait retenu à l'intérieur de la plante et y servirait à l'œuvre de la nutrition; en revanche, les parties gazeuses qui s'échappent, étant débarrassées de leur phlogistique, devraient acquérir un degré de pureté plus élevé ». En 1778, après qu'il eut renoncé à ses recherches botaniques, Priestley observa qu'une substance verte s'était déposée dans les récipients qui avaient servi à contenir l'eau nécessaire à ses expériences, et que cette substance exhalait un air « très pur »; de nombreuses observations ultérieures prouvèrent que ce phénomène s'accomplissait uniquement sous l'action des rayons du soleil. Priestley se trouvait dans une ignorance absolue au sujet de la nature végétale de cette substance que l'on désigna plus tard sous le nom de matière de Priestley et qui a été reconnue pour une espèce d'algue.

Le premier ouvrage où Ingen-Houss[1] ait traité le sujet avec quelque détail date de la même année (1779) et est intitulé : ***Experiments upon vegetables, discovering their great power of purifying the common air in the sunshine and of injuring it in the shade and at night***. Il fut immédiatement traduit en allemand, en hollandais et en français. Le titre seul prouve que les observations de l'auteur étaient plus nombreuses et plus exactes que celle de Priestley. Cependant, les rapports qui relient entre eux les faits isolés ne s'imposèrent à l'esprit d'Ingen-Houss que lorsque Lavoisier eût développé sa nou-

à ce phénomène, puisque des feuilles sèches, placées dans de l'eau mêlée d'air, aérée, présentent exactement les mêmes faits.

1. Jan Ingen-Houss exerça les fonctions de médecin à Bréda, puis à Londres; il fut médecin ordinaire de l'empereur d'Autriche; né à Bréda, en Hollande, en 1730, il mourut près de Londres en 1799.

velle théorie anti-phlogistique. Le second écrit dont nous ayons à nous occuper ici est intitulé : *On the Nutrition of Plants*, etc. Il fut publié en 1796; en 1798, Fischer le traduisit en allemand; de Humboldt le fit précéder d'une introduction. Ingen-Houss lui-même nous apprend dans cet ouvrage que les nouvelles doctrines chimiques n'étaient pas encore pleinement exposées à l'époque où il fit ses premières découvertes, c'est-à-dire en 1779, et que sans leur secours il s'était trouvé incapable de tirer des faits constatés une théorie exacte; mais qu'à partir de l'époque où la composition chimique de l'eau et de l'air n'offrit plus de mystères, les phénomènes de la végétation présentent moins de difficultés. Ingen-Houss tient cependant à établir la priorité de ses découvertes; et, pour y parvenir, il fait remarquer qu'il a su déterminer et définir les raisons pour lesquelles les plantes exercent, à certain temps, une action délétère sur l'air qui les entoure, raisons qui n'avaient même pas été soupçonnées par Priestley et par Scheele. Ingen-Houss avait vu, dit-il, durant l'été de 1779, que tous les végétaux produisent incessamment de l'acide carbonique, tandis que les feuilles vertes et les jeunes pousses, soumises à l'action des rayons du soleil ou de la lumière du jour, exhalent seules de l'oxygène. Ingen-Houss ne s'était donc pas borné à découvrir l'assimilation du carbone et la respiration proprement dite des plantes; il avait su éviter de confondre ces deux phénomènes, et spécifié les conditions qui leur permettent de s'effectuer, et attribué à chacun d'eux l'importance qui lui est propre. Aussi était-il parvenu à s'expliquer, de la manière la plus satisfaisante, les différences qui existent entre la nutrition des plantes en germination et celle des plantes vertes à développement plus avancé; il saisissait leurs relations avec l'action de la lumière, et il considérait l'acide carbonique atmosphérique comme la principale et peut-être même l'unique source de production du carbone végétal. Il suffit, pour s'assurer de ses vues à ce sujet, de lire la réfutation qu'il a consacrée aux assertions déraisonnables de Hassenfratz qui s'efforce de prouver que le carbone est absorbé par les racines, qui le tirent du sol; Ingen-Houss oppose à cette vue la difficulté qu'il y a à s'expliquer comment un arbre de grandes dimensions peut tirer du sol, du même sol, et durant des siècles, les principes nutritifs dont il a besoin. Les réponses si fermes et si hardies d'Ingen-Houss révélaient une grande sécurité en son jugement. La quantité de l'acide carbonique dans l'air n'avait pas été l'objet d'études sérieuses; et un grand nombre de botanistes se seraient probablement gardés de voir dans la quantité minime de l'acide carbonique atmosphérique la source de l'énorme masse de carbone accumulée par les plantes.

Avant l'époque où Ingen-Houss consignait, dans l'ouvrage que nous avons nommé en dernier lieu, les résultats des recherches qui s'étaient succédé durant l'année 1779, résultats qu'il s'efforçait de concilier avec les doctrines de la chimie nouvelle; avant le moment où il établissait ainsi les principes fondamentaux de la théorie de la nutrition, JEAN SENEBIER, de Genève[1], consacrait à l'influence de la lumière sur la végétation des travaux très sérieux (1782-1788). Il consigna les résultats de ses recherches dans sa *Physiologie végétale*, ouvrage prolixe en cinq volumes, et s'efforça d'ériger ses observations en principes fondamentaux d'une nouvelle théorie de la nutrition végétale. Un certain nombre de remarques utiles et judicieuses, disséminées dans cet ouvrage, se perdent au milieu d'une foule de détails insignifiants et d'exercices de rhétorique pure. Cependant, il faut remarquer que Senebier possédait, en chimie, des connaissances plus approfondies que celles dont disposait Ingen-Houss; il s'efforça, en outre, de réunir et de coordonner tous les faits isolés, signalés dans les ouvrages de chimie de l'époque, pour acquérir une idée plus exacte et plus complète des phénomènes de la nutrition végétale. Il était particulièrement utile, à cette époque, d'insister sur la nécessité de prendre comme point de départ, dans les recherches sur les fonctions cachées de la nutrition, l'étude des lois générales de la chimie. Les êtres organisés, disait Senebier, présentent le spectacle continuel des combinaisons qui se multiplient à l'infini entre divers éléments empruntés à la terre, à l'eau et à l'air; la décomposition chimique s'opère généralement sous l'action de la lumière, qui dégage l'oxygène des parties vertes de la plante et le sépare de

1. Jean Senebier naquit à Genève en 1742. Fils d'un marchand, il étudia la théologie, et remplit, à partir de 1765, les fonctions de pasteur. Au retour d'un voyage à Paris, il écrivit ses *Récits moraux*. L'Académie de Harlem ayant proposé la question : « En quoi consiste l'art d'observer ? » sur le conseil de son ami Bonnet, Senebier concourut et remporta la seconde place. Après avoir exercé, à partir de 1769, les fonctions de pasteur à Chancy, il devint bibliothécaire de la ville de Genève en 1773; il traduisit différents ouvrages importants, entre autres de Spallanzani; il suivit les cours de Tingry sur la chimie, et se livra à des recherches sur les effets de la lumière. Il écrivit, pour *l'Encyclopédie méthodique*, une physiologie des plantes en 1791. La révolution qui eut lieu à Genève le força à se réfugier dans le canton de Vaud, où il acheva sa *Physiologie Végétale* en cinq volumes. De retour à Genève, en 1799, il entreprit une nouvelle traduction de la Bible; il mourut à Genève en 1809 (*Biogr. Univers.*).

l'acide carbonique. Senebier insiste sur un certain nombre de faits fondamentaux; il fait remarquer, en particulier, que les éléments simples sont les mêmes chez toutes les plantes, et que les différences qui les distinguent ne portent que sur les quantités. Partant de ce principe, il énumère, tour à tour, les éléments végétaux simples et composés; il y joint, conformément aux doctrines du temps, la lumière et la chaleur, qu'il considère comme des substances *matérielles*. Il examine à fond la vieille question de l'importance des matières salines renfermées dans la plante, et émet à ce sujet des considérations qui présentent encore un grand intérêt à l'heure actuelle; il se demande si l'acide nitrique, l'acide sulfurique et l'ammoniaque que l'on trouve dans la sève des plantes y pénètrent du dehors, ou si les substances en question proviennent des matières végétales et prennent naissance à l'intérieur même de la plante; il s'arrête à la première de ces deux hypothèses comme à la plus vraisemblable. Les travaux d'Ingen-Houss permettaient à peine de douter que le carbone des plantes provient de l'atmosphère, si ce n'est en totalité, du moins en grande partie; mais Senebier consacre à cette question une attention particulière, et fait de chacune des substances qui contribuent au développement de la plante, l'objet d'une étude spéciale; il cherche à prouver de nouveau que l'oxygène qui se dégage de la plante sous l'influence de la lumière provient de l'acide carbonique absorbé par les végétaux; il s'efforce de démontrer que les parties vertes sont seules en état d'opérer cette décomposition, et qu'il existe dans la nature des quantités d'acide carbonique suffisantes pour entretenir les fonctions de la nutrition végétale. Bien qu'il eût acquis la conviction que les feuilles vertes décomposent l'acide carbonique gazeux qui les entoure, il supposa que ce gaz pénètre dans les feuilles en même temps que la sève montante, après avoir passé par les racines. Cette théorie a été la cause d'erreurs assez graves, commises par les auteurs qui ont succédé à Senebier.

Si l'ouvrage de Senebier n'a pas joui de toute la considération à laquelle il aurait pu prétendre, s'il n'a pas déterminé, dans le domaine de la science, tous les progrès auxquels on eût été en droit de s'attendre, la faute n'en est pas uniquement à la prolixité fatigante que nous avons signalée plus haut. Des raisons d'un ordre différent viennent se joindre à celles que nous avons déjà mentionnées : nous voulons parler ici de l'apparition d'un ouvrage qui, par son mérité éclatant, l'immense importance des théories qu'il renfermait, la concision du style et la logique précise des idées, reléguait bien loin dans l'ombre la rhétorique délayée de Senebier. Cet ouvrage n'était autre que les *Recherches chimiques sur la végétation*, de Théodore de Saussure (1804). Il ne renfermait pas uniquement le récit de recherches nouvelles [1] et la constatation de nouveaux résultats, il présentait par-dessus tout l'avantage d'exposer une méthode nouvelle qui consistait à résoudre les problèmes de la nutrition végétale par la voie quantitative. Cette manière de procéder permettait de poser plus nettement les données du problème; et l'habileté magistrale avec laquelle sont faites les expériences de de Saussure ne contribua pas médiocrement à amener l'exacte solution des questions énoncées. De Saussure avait l'art de faire des expériences de manière à obtenir des résultats nets; il n'avait pas à dégager péniblement les faits de données insignifiantes, derrière lesquelles se retranche souvent l'incertitude des expérimentateurs maladroits. Cette logique qui va droit au but, cette manière primesautière de déterminer, avec une sûreté impeccable, les résultats quantitatifs, l'enchaînement des idées, la clarté lumineuse du raisonnement, tout cela procure à ceux qui lisent, non seulement l'ouvrage en question, mais tous les écrits que de Saussure publia plus tard, un sentiment de confiance et de sécurité que n'inspirerait, au même degré, aucune des œuvres qui se sont succédé à partir de Hales jusqu'à l'époque actuelle. Les *Recherches Chimiques* ont certains points de contact avec les *Statical Essays* de Hales; et les observations qui y sont disséminées ont été exploitées plus tard par des botanistes qui en tirèrent parti de cent manières différentes, et en firent le point de départ de théories nouvelles, tout en négligeant, à l'exemple des botanistes dont nous nous sommes occupé précédemment au sujet de Hales, de conserver dans toute son unité, l'ensemble théorique de ces doctrines et de ces observations. Nous nous étendrons plus longuement sur ce sujet dans le chapitre suivant. Ce n'est pas chose facile que de lire et de comprendre un ouvrage

1. Nicolas-Théodore de Saussure naquit à Genève en 1767, et y mourut en 1845; il était fils du célèbre alpiniste de ce nom, et prêta son concours à son père dans les observations que fit ce dernier sur le Mont-Blanc et au Col du Géant. Dès 1797, il écrivit un mémoire sur l'importance de l'acide carbonique au point de vue de la végétation. Cet ouvrage précéda immédiatement ses *Recherches Chimiques* qui firent grand bruit, et valurent à l'auteur le titre de Membre Correspondant de l'Institut de France. De Saussure s'intéressait à la littérature, et prit part à différentes affaires d'ordre public; il fut nommé, à plusieurs reprises, membre du conseil de Genève. Le goût qu'il avait pour la solitude l'empêcha d'accepter les fonctions de professeur (Voyez la *Biogr. Universelle*, Supplément, et le *Biographisch-litterarisches Handwœrterbuch*, de Poggendorf).

comme celui dont nous venons de parler. Il ne s'agit pas ici d'une étude didactique de la théorie de la nutrition, prise dans son ensemble : il s'agit de la constatation d'une foule de résultats, obtenus par l'expérimentation; ces résultats eux-mêmes viennent se grouper à l'entour des questions fondamentales de la nutrition des plantes. Le rapport théorique qui unit entre eux ces différents faits est indiqué dans des récapitulations et dans de brèves introductions; le lecteur doit arriver lui-même à se former un jugement sur les faits présentés, et cela, au moyen de l'étude d'une foule de détails. L'œuvre de de Saussure constitue le point de départ de doctrines nouvelles; ce n'est point un ouvrage didactique : l'auteur n'a pas la prétention d'enseigner; il cherche avant tout à établir des faits. Ainsi qu'il arrive en pareil cas, le style est plutôt sec, et on sent le souci constant de ne pas s'écarter des résultats de l'observation immédiate. Nous ne doutons pas qu'un grand nombre d'erreurs, qui se glissèrent plus tard dans les différentes théories de la nutrition végétale, n'eussent été évitées, si de Saussure avait fait suivre les considérations instructives qui forment la base de ses doctrines, d'une étude didactique et déductive.

Les phénomènes étudiés par de Saussure, et ceux auxquels Ingen-Houss et Senebier avaient déjà consacré des investigations approfondies étaient, à peu de chose près, les mêmes. Senebier et Ingen-Houss avaient déjà réussi à déterminer, dans ce qu'ils présentaient du moins d'essentiel et de fondamental, les phénomènes en question. En revanche, de Saussure (et c'est en cela que consiste l'originalité de son œuvre), ne s'est pas borné à délimiter, dans leurs traits principaux, les phénomènes de la vie végétale; il a su fixer les quantités des substances qui entrent dans l'organisation de la plante; il est arrivé, par là, à établir une sorte de bilan entre les matières que la plante absorbe, celles qu'elle élimine, et celles qu'elle s'approprie. Cette méthode l'amena à des découvertes qui présentent une importance fondamentale; il constata que les différents éléments empruntés à l'eau se trouvent fixés, dans la plante, en même temps que le carbone, et que la nutrition ne peut s'effectuer d'une manière normale lorsque les végétaux n'absorbent pas des éléments azotés et des substances minérales. Mais il est nécessaire, pour apprécier, comme il convient, les mérites de de Saussure, de consacrer à son œuvre une étude plus détaillée.

Nous commencerons tout d'abord par les recherches qu'il consaera à l'assimilation du carbone chez les plantes, et qui l'amenèrent à des découvertes d'une importance si grande. De Saussure constata que l'abondance d'acide carbonique dans l'atmosphère qui entoure les plantes ne facilite le développement des végétaux que lorsque ceux-ci se trouvent en état de décomposer cet acide, grâce à une lumière suffisante ; il remarqua, par contre, que toute augmentation de l'acide carbonique contenu dans l'air, lorsqu'elle s'opère à l'ombre ou dans l'obscurité, porte préjudice à la végétation; il constata que la quantité d'acide carbonique mêlée à l'air ne peut s'élever au delà de 8 % sans exercer une fâcheuse influence sur les végétaux. Il découvrit, d'autre part, que la décomposition de l'acide carbonique par les parties vertes soumises à l'action de la lumière constitue une des fonctions nécessaires à la vie végétale et que les plantes meurent lorsque cette décomposition ne peut s'effectuer. Les premières recherches approfondies sur les phénomènes chimiques qui s'accomplissent à l'intérieur de la plante pendant que s'opère la décomposition de l'acide carbonique permirent de constater que les plantes, en s'assimilant une quantité déterminée de carbone, acquièrent un poids proportionnellement plus grand de substances sèches, et ce phénomène est dû à la fixation simultanée des éléments de l'eau. Toutefois, on ne put attribuer à ce fait son importance véritable que plus tard, quand fut fondée la chimie organique, et la théorie des combinaisons du carbone. De Saussure détermina l'importance que présente, au point de vue de l'ensemble de la nutrition végétale, la décomposition de l'acide carbonique, décomposition qui s'opère par les parties vertes soumises à l'action de la lumière; il constata, avec beaucoup plus de précision et de sûreté qu'Ingen-Houss, qu'une petite partie seulement de la substance végétale provient des éléments empruntés à la terre et dissous par l'eau, et que la plus grande partie des substances qui constituent les plantes provient de l'acide carbonique atmosphérique et des éléments de l'eau; il arriva à établir ceci définitivement, en partie en notant la petite quantité de substance que l'eau peut dissoudre dans un sol capable d'entretenir la végétation, en partie par des expériences et des considérations d'une portée plus générale.

De Saussure entreprit des recherches non moins importantes sur l'absorption de l'oxygène par les plantes, fait déjà signalé par Ingen-Houss. Il prouva que l'absorption de l'oxygène, phénomène d'ordre respiratoire, est indispensable à la croissance des végétaux, même aux plantes en germination, bien que celles-ci soient riches en substances assimilées. Il prouva, en outre, que les feuilles vertes, les fleurs qui s'épanouissent, et, d'une manière générale les parties végétales dont les processus vitaux sont plus actifs absorbent, par la respiration, une plus grande quantité d'oxygène que les parties moins actives. Il note la diminution de poids que la substance organique des plantes en germination subit, par le fait de la respiration; il constate que le poids des substances ainsi disparues est supérieur à celui du carbone exhalé par la plante; mais le degré de développement auquel était parvenue la chimie de l'époque ne permettait pas encore à de Saussure de s'expliquer ce problème. Nous ajouterons que de Saussure a su, plus tard, constater les rapports si importants qui existent entre la chaleur des fleurs et l'absorption de l'oxygène; l'on ne peut douter, par conséquent, qu'il n'ait établi les principes fondamentaux de la nouvelle théorie de la respiration végétale, bien qu'il n'ait pu déterminer la relation qui les unit les uns aux autres.

A l'époque qui précéda Ingen-Houss, on croyait généralement, en dépit des vues de Hales qui nous sont déjà connues, que les plantes empruntent à la terre et à l'eau la plus grande partie de leurs principes nutritifs. Dès que l'on sut que le principal élément de la substance végétale, le carbone, provient de l'atmosphère, dès que l'on sut que la majeure partie des matières végétales est combustible, on put douter que les cendres incombustibles présentassent quelque importance au point de vue de la nutrition des plantes. Saussure se déclara l'adversaire de cette théorie, qui était assez répandue; il fit remarquer avec insistance que les cendres qui se trouvent dans chaque plante sans exception ne peuvent être considérées comme le résultat d'une assimilation de substances accidentelles; il démontra que le peu d'abondance de ces cendres ne prouvait nullement qu'elles ne fussent pas indispensables au développement de la plante; enfin, il prouva, au moyen d'une série d'analyses de cendres qui de longtemps ne furent point surpassées, qu'il existe des rapports généraux entre la présence, dans la plante, de certaines cendres et le degré de développement des organes végétaux. Il constata ainsi que les parties végétales nouvellement formées et susceptibles de développement contiennent une grande quantité de phosphates et de sels alcalins, tandis que les parties anciennes et moins actives sont particulièrement riches en chaux et en acide silicique. De Saussure se livra à des recherches plus importantes encore et qui lui permirent de constater que les plantes dont les racines croissent, non pas dans le sol, mais dans de l'eau distillée, assimilent une quantité de cendres proportionnée à la quantité de poussière qui tombe dans l'eau. Il parvint, en outre, à signaler des faits d'importance plus grande encore, et constata qu'en pareil cas, les substances organiques et combustibles de la plante n'augmentent que dans une proportion insignifiante, et qu'un développement normal des végétaux ne peut s'effectuer sans l'absorption de cendres en quantité suffisante. De Saussure a malheureusement négligé d'attacher à ces résultats l'importance qu'ils possèdent en réalité, de sorte que les botanistes qui se succédèrent jusque vers 1830 doutèrent maintes fois que les cendres fussent nécessaires au développement des végétaux.

On n'ignorait pas, à l'époque dont nous parlons, qu'une partie de la substance végétale vivante contient de l'azote, mais on se demandait d'où il vient. Comme l'on savait que les quatre cinquièmes de l'atmosphère sont composés de ce gaz, on n'était pas loin de conclure que la plante en emprunte une certaine quantité à l'atmosphère. De Saussure s'efforça de résoudre ce problème par l'étude volumétrique, mais il finit par constater que cette méthode est insuffisante. Il arriva pourtant à certaines conclusions fort justes; il déclara que les plantes ne s'assimilent pas l'azote atmosphérique. L'azote devait par conséquent être absorbé par les racines sous forme d'une combinaison chimique quelconque. Toutefois, de Saussure ne recourut point à l'expérience, il se contenta de supposer que les substances végétales et animales empruntées au sol, et ses vapeurs ammoniacales, fournissent les plantes d'azote. Cette question, que de Saussure avait été le premier à poser et à examiner, donna lieu à une polémique qui se poursuivit pendant un demi-siècle, et finit par trouver sa solution, grâce aux recherches de Boussingault.

Les recherches au moyen desquelles de Saussure s'était efforcé de déterminer l'importance réelle des cendres l'amenèrent inévitablement à se demander si les racines absorbent, sans leur faire subir de modifications, diverses substances, et entre autres les solutions salines. Il constata tout d'abord que les plantes absorbent les matières les plus variées, sans en excepter des principes vénéneux, et par conséquent qu'il n'existe pas de sélection dans le sens que Jung attribuait à ce mot; par contre, il découvrit que les solutions salines subissent avant de pénétrer dans la racine, certaines modifications; chaque expérience lui permit de constater que la plante absorbe proportionnellement une plus grande quantité d'eau que de matières salines; il constata que des végétaux qui croissent et se développent dans des conditions identiques absorbent les principes salins en quantité différente. Les botanistes qui vivaient à cette époque et ceux qui leur succédèrent furent dans l'impossibilité de comprendre ces faits; car la théorie de la diffusion leur manquait encore, et cinquante à soixante ans s'écoulèrent avant le moment où les botanistes réussirent à introduire un peu de clarté dans les questions soulevées par de Saussure.

Les lignes qui précèdent donnent au lecteur une idée des progrès déterminés dans le domaine de la science par l'ouvrage que de Saussure publia en 1804. Ainsi que nous le verrons plus loin, de Saussure a pris une certaine part à la solution de questions fondamentales qui ont trait à la physiologie des plantes. Lorsqu'on compare la somme d'observations et de réflexions accumulées dans les *Recherches Chimiques* avec les connaissances que possédaient, au sujet de la nutrition végétale, les botanistes d'avant 1780, on constate les progrès gigantesques accomplis par la science durant l'espace de vingt-quatre ans. Les trente ou quarante dernières années du dix-huitième siècle ont été plus fécondes peut-être en découvertes sur la nutrition végétale que les trente ou quarante dernières années du dix-septième siècle; toutefois ces deux périodes présentent certains traits communs; elles ont été marquées, l'une et l'autre, par l'apparition d'une foule de théories nouvelles et d'aperçus nouveaux qui ont contribué au développement des diverses branches de la botanique. Elles présentent encore d'autres analogies; elles ont été suivies toutes deux, d'un certain nombre d'années improductives et qui témoignent d'une sorte d'épuisement intellectuel. Le laps de temps qui s'écoula entre l'apparition de Hales et celle d'Ingen-Houss n'amena nul progrès dans le domaine de la botanique; et il en fut de même des trente années qui suivirent immédiatement la publication de l'ouvrage de Hales, de cette œuvre qui fut le point de départ de tant de théories nouvelles. Il faut cependant reconnaître le mérite d'un certain nombre de botanistes français, qui vivaient à l'époque dont nous parlons; mais en Allemagne, par contre, les représentants les plus distingués de la botanique commirent, ainsi que nous le verrons plus loin, des erreurs grossières qui entravèrent dans son développement la nouvelle théorie de la nutrition végétale. Nous ne pouvons nous dissimuler que de Saussure lui-même ait déterminé une de ces erreurs, qui se perpétua jusque vers 1860. Il avait remarqué que les feuilles rouges de l'arroche des jardins tirent de l'acide carbonique autant d'oxygène que les feuilles vertes ordinaires. Il conclut à la hâte de cette observation isolée que la couleur verte n'est pas un des caractères distinctifs des parties végétales qui décomposent l'acide carbonique; il lui aurait suffi, cependant, d'enlever l'épiderme de ces feuilles rouges pour se convaincre que le tissu intérieur présente une couleur verte aussi intense que celle des feuilles vertes ordinaires. L'observateur si attentif et si soigneux s'est rendu ici coupable de négligence, et les écrivains qui lui succédèrent ne manquèrent pas, ainsi qu'il arrive généralement, de subir l'influence des seules erreurs qu'il soit possible de signaler dans son œuvre, et de mettre en doute un des phénomènes les plus importants de la physiologie végétale, la fonction en vertu de laquelle les cellules qui contiennent de la chlorophylle dégagent de l'oxygène.

V.

FORCE VITALE. — RESPIRATION ET CHALEUR DES PLANTES. — ENDOSMOSE. — 1804-1840.

Durant les quinze ou vingt années qui suivirent immédiatement les recherches chimiques de de Saussure, les connaissances scientifiques relatives à la théorie de la nutrition végétale restèrent stationnaires, et, chose plus fâcheuse, les œuvres qui comptaient déjà dans l'histoire de la science demeurèrent incomprises ou ignorées. Différentes circonstances contribuèrent à déterminer l'apparition de doctrines erronées qui nuisirent au développement de la théorie de la nutrition végétale; les botanistes de l'époque manifestèrent une tendance prononcée à attribuer aux organismes une force vitale particulière; cette force elle-même était supposée donner lieu aux phénomènes les plus variés; on lui attribuait le pouvoir de produire, indépendamment de l'action de toute loi naturelle, des substances élémentaires et de la chaleur. La notion de la force vitale fournissait une explication commode, sinon rationnelle, des phénomènes de la vie végétale et écartait les explications tirées de la physique et de la chimie.

Il ne s'agissait pas encore de ces questions qui préoccupèrent plus tard l'intelligence des penseurs; on ne songeait pas encore à se demander s'il existe, en dehors des forces universelles qui gouvernent la nature inorganique, une force spéciale dont la puissance se manifeste dans le domaine de la nature organique; car l'examen approfondi de cette question aurait nécessairement amené les botanistes à se livrer sans délai à des expériences sérieuses, dans le but d'expliquer les phénomènes de la vie au moyen de la physique et de la chimie. Mais les botanistes dont nous parlons se gardèrent bien d'avoir recours à des méthodes qui leur eussent coûté quelque travail; ils se contentèrent d'admettre, sans examen préalable, l'existence d'une force vitale, et de rapporter à cette puissance mystérieuse les phénomènes les plus variés; ils évitaient par là de déterminer les lois qui donnent lieu à ces phénomènes, et la notion de la force vitale ne fut pas une de ces hypothèses qui provoquent les investigations, mais bien un principe commode qui dispensait de tout effort sérieux. En outre, les botanistes de l'époque se trouvaient dans une ignorance complète au sujet de la structure intérieure des plantes, ainsi que nous l'avons déjà vu au livre deuxième de cet ouvrage, et cette ignorance ne contribuait pas à l'éclaircissement des questions qui ont trait à la fois à la nutrition végétale et aux mouvements de la sève. La théorie de Du Petit-Thouars au sujet des racines des bourgeons qui descendent entre l'écorce et le bois, détermina une incroyable confusion dans le problème des mouvements de la sève descendante. Les doctrines relatives à l'ascension de la sève à l'intérieur des tubes du bois et que Reichel avait fondées sur des arguments sans solidité, étaient acceptées des botanistes dont nous parlons; certains d'entre eux commettaient l'erreur plus grave encore d'identifier les interstices intercellulaires du parenchyme avec les organes conducteurs de la sève, et en 1812, Moldenhauer s'efforça de prouver sans beaucoup de succès que les vaisseaux ligneux contiennent de l'air; en 1821, Treviranus insista sur le fait que les stomates permettent à l'air de pénétrer à l'intérieur de la plante et de s'en échapper. Il n'est pas nécessaire de rapporter ici les opinions que les adeptes de la philosophie de la nature, tels que Kieser, professaient au sujet de la nutrition végétale et des mouvements de la sève; d'ailleurs, les naturalistes mêmes qui savaient se garder des tendances nouvelles et des erreurs qu'elles comportaient, se trouvaient dans l'absolue incapacité, soit de tirer parti des découvertes d'Ingen-Houss, de Senebier et de de Saussure, soit de faire subir aux théories de leurs prédécesseurs des développements nouveaux. Afin de donner au lecteur un exemple à l'appui de cette assertion, nous emprunterons aux *Grundlehren der Anatomie und Pysiologie*, ouvrage publié par Link en 1807, et déjà mentionné au cours de cette histoire, le passage qui a trait aux fonctions des feuilles : « Les fonctions des feuilles, dit l'auteur à la page 202, consistent, d'après Hales, à déterminer l'évaporation des matières fluides; d'après Bonnet, à absorber certaines substances; d'après

Bjerkander, ces fonctions se ramènent à la transpiration et à la secrétion de différents principes fluides; d'après Hedwig, enfin, les feuilles n'existent que pour emmagasiner les sucs végétaux; et comme les feuilles augmentent l'étendue de la surface verte de la plante, comme elles présentent des stomates et des villosités, comme le parenchyme qu'elles contiennent en grande quantité renferme une foule de sucs végétaux, on peut leur attribuer, non point une de ces fonctions en particulier, mais toutes en général. Elles possèdent, cependant, une particularité qui leur est propre; elles envoient aux parties végétales nouvellement formées des sucs élaborés ». La plus importante de toutes les fonctions des feuilles, la décomposition de l'acide carbonique, est passée sous silence.

Link n'était pas le seul botaniste à oublier Ingen-Houss, Senebier et de Saussure; les botanistes de l'époque, les savants allemands en particulier, étaient dans le même cas; il suffit, pour s'assurer de la vérité de cette assertion, de noter les efforts faits pour prouver l'existence d'une sève descendante dans l'écorce, en enlevant un anneau de celle-ci, à l'exemple des botanistes du dix-septième et du dix-huitième siècles. Cependant, pour démontrer l'existence de la sève désignée sous le nom de sève descendante, pour arriver à une conception nette et précise des mouvements de cette sève, il eût suffi de réfléchir que la substance végétale carbonée se forme uniquement à l'intérieur des feuilles vertes. Toutefois, les botanistes mêmes qui se livraient à des expériences au sujet des mouvements de la sève montante, négligèrent de signaler un fait qui s'imposait de lui-même à l'observation, ou se contentèrent de l'indiquer en passant. Cette critique s'applique à l'ouvrage que Heinrich Cotta publia en 1806 sous le titre de : ***Naturbeobachtungen über die Bewegung und Function des Saftes in den Gewächsen,*** et qui contient, du reste, une foule de renseignements précieux; elle s'applique également à des expériences qui présentent un autre genre d'intérêt, et que Knight consacra à la croissance en épaisseur des arbres. Ce fut plus tard seulement, aux environs de 1830, que de Candolle et Dutrochet constatèrent l'importance fondamentale que présente, au point de vue de la solution des problèmes qui ont trait aux mouvements de la sève à l'intérieur de la tige, le rôle assimilateur des feuilles vertes.

Parmi les doctrines qui ont trait à la théorie générale de la nutrition, une seule reçut des développements nouveaux, durant les années qui se succédèrent de 1820 à 1840; nous voulons parler ici de la faculté qu'ont toutes les parties végétales d'absorber de l'oxygène. On put mettre en lumière, aussi complètement que possible, les analogies qui existent entre la respiration animale et la respiration végétale, et cette seule raison donna plus de vogue à la question. Dès 1819, Grischow prouva que les champignons ne décomposent jamais l'acide carbonique, mais qu'ils absorbent l'oxygène et exhalent de l'acide carbonique; en 1834, Marcet fit subir à cette observation de nouveaux développements; en 1822, Théodore de Saussure avait publié le résultat de recherches remarquables, destinées à jeter un jour nouveau sur le phénomène de l'absorption de l'oxygène par les fleurs; son ouvrage constitua le point de départ de la théorie de la chaleur naturelle des végétaux, théorie à laquelle nous reviendrons plus loin.

Dutrochet est le premier botaniste qui ait établi une comparaison sérieuse entre l'absorption de l'oxygène par les plantes et l'absorption de l'oxygène par les animaux; de Saussure avait déjà reconnu que le développement des végétaux dépend de la présence de l'oxygène à l'intérieur de la plante, ou, en d'autres termes, de la respiration des plantes; Dutrochet constata l'étroite relation qui existe entre l'absorption de l'oxygène et non seulement la croissance des végétaux, mais encore leur sensibilité.

Lorsqu'on eut définitivement reconnu que l'oxygène inspiré par les plantes joue le même rôle que l'oxygène inspiré par les animaux, on commença à se douter que la chaleur des végétaux n'est qu'une conséquence de la respiration, comme la chaleur animale. Il n'est pas nécessaire de s'arrêter ici sur les expériences faites avant 1822 sur la chaleur des plantes; ces essais manquaient de précision; ils n'étaient pas dirigés en vue d'un but nettement déterminé, et cette absence d'ordre et de netteté devait nécessairement nuire à l'importance des résultats acquis. Les botanistes croyaient que les parties végétales qui constituent le siège de la chaleur présentent une température plus élevée que le reste de la plante; ils cherchaient, par conséquent, à signaler l'existence de la chaleur dans les parties de la plante qui la possèdent le moins; dans le bois, dans les fruits, dans les bulbes, et d'une manière générale, dans toutes les parties dépourvues d'activité.

On trouve, dans l'ouvrage que Gœppert publia en 1830, et qui traite de la chaleur végétale, le récit d'expériences anciennes, si mal conduites et si maladroitement combinées, qu'il est impossible d'en tirer parti.

Les botanistes de l'époque se demandèrent maintes fois si les plantes possèdent, comme les animaux, la faculté de produire la chaleur. Ils observèrent, à ce sujet, différentes fleurs qui leur permirent de signaler des cas de développement rapide de la chaleur; mais ces observations isolées contribuaient d'autant moins à la solution du problème que les botanistes en question avaient adopté des doctrines qui se rattachaient à la théorie de la force vitale; et ils avaient attribué exclusivement aux fleurs, en leur qualité d'organes de reproduction, la faculté de produire de la chaleur.

Dès 1777, Lavoisier avait constaté et prouvé, au moyen d'expériences, que l'oxygène absorbé par les animaux, en amenant la combustion des substances carbonées, produit la chaleur animale. Senebier est le premier botaniste qui ait observé, à l'aide du thermomètre, l'échauffement de la fleur de l'Arum; et dans sa *Physiologie* (III, p. 315) publiée dès 1800, il a expliqué par une forte absorption de l'oxygène le phénomène en question. En 1804, Bory de Saint-Vincent rapporte qu'un planteur de Madagascar, du nom d'Hubert, a fait à ce sujet différentes observations qui lui ont permis de constater que l'air dans lequel s'était effectuée la floraison d'Aroïdées ne pouvait plus servir à la combustion ou aux fonctions de la respiration animale.

Cependant, on ne prêta guère d'attention à ces faits jusqu'au moment où de Saussure vint mettre en lumière le rapport qui existe entre l'absorption de l'oxygène et l'échauffement des fleurs (1822). Toutefois, il se passa longtemps avant que l'existence de la chaleur naturelle chez les plantes fut considérée comme un phénomène commun à tous les végétaux, et dépendant de la respiration. Si les botanistes de l'époque étaient arrivés plus rapidement à cette conviction, Gœppert n'aurait pas accumulé dans son livre, publié en 1830, et déjà mentionné précédemment, une série de faits qui tendaient à prouver que les plantes ne possèdent à aucune époque de leur développement, la faculté de produire la chaleur naturelle (p. 228). Cependant, dès 1832, Gœppert avait modifié sa manière de voir à ce sujet; il avait fini par constater qu'une foule de jeunes plantes, de bulbes, d'oignons et de plantes vertes présentent une augmentation de température.

Les opinions émises par de Candolle en 1835, et bien plus encore les vues de Treviranus en 1838, sont une preuve de la difficulté qu'éprouvaient les physiologistes de l'époque à se dégager de l'influence de la théorie de la force vitale et à adopter l'idée de la production de chaleur. Par contre, Meyen défend cette idée, dans son *Neues System* (II, 1838) avec une énergie vigoureuse; il considère le développement de la chaleur chez les plantes comme une conséquence nécessaire de la respiration et des phénomènes chimiques. Meyen lui-même ne découvrit pas de faits nouveaux; mais Vrolik et de Vriese constatèrent, en 1836 et en 1839, au moyen d'expériences laborieuses, que la chaleur des fleurs d'Aroïdées dépend de l'absorption d'oxygène. En 1840, Dutrochet signala l'existence de faits qui présentent une importance plus grande encore; il constata que les rejetons et les pousses en voie de développement dégagent de la chaleur, et s'efforça de prouver l'exactitude de ses observations au moyen d'un appareil thermo-électrique. Les recherches de Dutrochet prêtent à mainte critique de détail; on ne peut nier, cependant, qu'elles aient pour point de départ la connaissance exacte du principe général; mais on peut leur reprocher de ne pas mettre suffisamment en lumière le fait que la production de la chaleur n'a pas nécessairement pour conséquence une augmentation de température. Un certain refroidissement, produit par des causes extérieures, peut, en effet, s'opposer parfois à une élévation extérieure de la température.

Les observations de de Saussure, de Vrolik, de de Vriese et de Dutrochet, les considérations de Meyen et Dutrochet sur l'importance du principe de Lavoisier constituèrent le point de départ de la théorie de la chaleur des plantes. Plus de trente ans s'écoulèrent toutefois avant que la théorie de la chaleur végétale fît définitivement partie de la physiologie des plantes.

En constatant définitivement que la chaleur propre aux organismes est le résultat de phénomènes chimiques déterminés par la respiration, les botanistes en question privaient la doctrine de la force vitale, doctrine restée jusque-là inachevée et indiquée seulement en ses traits fondamentaux, d'un des principes qui lui donnaient quelque apparence de vérité; car la chaleur avait passé, depuis Aristote, pour un produit spécifique de phénomènes vitaux. Nous attirerons ici l'attention du lecteur sur une autre découverte qui devait également permettre aux botanistes de ramener certains phénomènes importants communs à la vie animale et à la vie végétale, aux principes de la mécanique, au lieu de les expliquer inconsidérément, comme on l'avait fait jusque-là, par l'action de la force vitale. Certaines personnes rapportent au naturaliste Fischer, professeur à Breslau, le mérite d'avoir, le premier, découvert l'endosmose (1822); mais c'est là un point sans importance : ce qui est certain c'est que DUTROCHET[1] a le premier consacré au

1. Joachim-Henri Dutrochet, né en 1776, descendait d'une famille noble, originaire du département de l'Indre, et appauvrie par la Révolution. Afin de s'assurer des moyens d'existence, Dutrochet étudia la médecine et prit son doctorat en 1806 à la

phénomène en question des études approfondies et signalé l'extrême importance que présente l'endosmose au point de vue de l'explication de certaines phénomènes des organismes. Durant les années qui s'écoulèrent de 1826 à 1837, Dutrochet s'efforça de mettre en lumière les rapports étroits qui existent entre l'endosmose et un grand nombre de phénomènes physiologiques. Il avait pu constater, sur des êtres organisés, les effets mécaniques de l'endosmose; il avait remarqué que les Zoospores d'un certain champignon d'eau se détachent de la plante-mère, que le sperme sort, à un moment donné, des spermathèques des escargots, et avait conclu de ses observations que les solutions plus concentrées renfermées dans les membranes organiques exercent une sorte d'attraction sur l'eau qui les entoure, et que lorsque cette eau pénètre ces membranes elle exerce une force de pression considérable. Dutrochet a su mettre en lumière l'action mécanique de l'endosmose, il a su tirer parti de ce phénomène au point de vue de l'explication de différents phénomènes vitaux; la sagacité qu'il a déployée à ce sujet constituera toujours un de ses principaux mérites. Les botanistes de l'époque se trouvèrent désormais en mesure de ramener à des principes mécaniques certains phénomènes qu'on n'avait pas songé, jusque-là, à faire rentrer dans le domaine de la mécanique; ils se trouvèrent à même de déterminer artificiellement les effets de ces phénomènes au moyen d'appareils artificiels, et de soumettre ces effets à l'étude. Dutrochet constata que les différents états de turgescence du tissu cellulaire trouvent leur explication immédiate dans l'existence de l'endosmose et de l'exosmose; il insista avec raison sur l'importance de ce fait, mais il se rendit coupable, ainsi que nous le verrons plus loin, d'une erreur qu'il est difficile d'éviter dans des cas semblables; il ramena aux principes qu'il venait de découvrir différents phénomènes qui ne rentrent en aucune façon dans le domaine de la mécanique. Les vues de Dutrochet au

Faculté de Paris; en 1808 et en 1809, il prit part aux guerres d'Espagne en qualité de médecin militaire; dès qu'il le put, il renonça à l'exercice de ses fonctions et se retira dans un isolement profond afin de pouvoir se consacrer à ses études de physiologie; il passa ainsi un assez grand nombre d'années en Touraine. Devenu en 1819 membre correspondant de l'Académie, il envoyait à celle-ci ses mémoires; et lorsqu'il eut été nommé membre ordinaire en 1831, il alla se fixer à Paris, où il ne passait, cependant, que les mois d'hiver. Il souffrit deux ans de maux de tête qui avaient été causés par un coup violent, et mourut en 1847. — Dutrochet se distingua aussi dans l'étude de la physiologie des animaux; il fut un des champions les plus hardis et les plus heureux des doctrines que commencèrent à refouler, entre 1820 et 1840, les anciennes tendances vitalistiques (*Allgemeine Zeitung*, 1847, p. 780).

sujet de la nature même de l'endosmose passent avec raison, à l'heure actuelle, pour être complètement démodées; le mathématicien Poisson et le physicien Magnus ne réussirent pas davantage à établir, vers 1830, une véritable théorie de l'endosmose et de l'exosmose. Mais dans le courant des vingt ou trente années qui suivirent, on découvrit enfin que les phénomènes signalés par Dutrochet et désignés par lui comme endosmose et exosmose, ne sont que des cas compliqués du phénomène qui porte le nom d'hydro-diffusion, et qui constitue, avec la diffusion du gaz, un vaste champ d'études du domaine de la physique moléculaire. Dutrochet se livra à des recherches approfondies dans le but d'acquérir des connaissances plus exactes au sujet de l'osmose; il prit comme sujets d'expérience (et les botanistes qui lui succédèrent l'imitèrent sous ce rapport) des membranes animales et végétales, tout en ayant soin de choisir, parmi les membranes végétales, celles qui présentent une structure particulièrement compliquée. Il constata de la sorte à différentes reprises, l'existence d'un courant endosmotique vers la solution la plus concentrée, et aussi un courant inverse; il conclut de ces observations que deux courants opposés doivent se produire à travers la membrane qui sépare les deux fluides, et, pour employer ses propres expressions, que l'endosmose est inséparable de l'exosmose. Cette opinion erronée qui constitua plus tard la théorie de l'équivalence endosmotique, entrava si même elle n'annihila pas complètement les efforts des botanistes qui se sont succédé jusqu'à l'époque actuelle et qui ont cherché à expliquer certains phénomènes botaniques au moyen des phénomènes de l'hydro-diffusion. Pour n'en donner qu'un exemple, Schleiden fit remarquer avec raison que si l'endosmose, telle que Dutrochet l'a décrite, détermine seule l'absorption de l'eau par les racines, ces dernières se trouvent nécessairement soumises à l'action d'une exosmose équivalente; Macaire Prinsep crut découvrir un mouvement de ce genre, qui s'effectue par les racines; et Liebig admit l'existence de ce phénomène et persista dans son opinion jusqu'à l'époque actuelle, en dépit des théories contraires de Wiegmann et Polstorff (1842), en dépit des recherches qui succédèrent plus tard et qui prouvèrent définitivement qu'aucune exosmose tant soit peu importante, ne correspond à la grande quantité d'eau et de matières en dissolution absorbée par les racines. En outre, la théorie de l'endosmose de Dutrochet ne suffisait pas à expliquer comment les principes nutritifs pénètrent et se répandent dans la plante. En dépit de ce défaut et d'un certain nombre d'autres imperfections, cette théorie ne laisse pas de posséder de très grands mérites; elle constitua le point de départ du développement de la théorie de la diffusion; elle ramena à des principes de mécanique divers phénomènes botaniques qui étaient restés jusque-là inexpliqués. Dutrochet ne manqua pas de tirer parti de ces principes chaque fois que l'occasion s'en présenta; il en fit un grand usage dans le mémoire qu'il consacra aux mouvements de la sève montante et descendante (*Mémoires*, 1837, I, p. 365 et les suivantes). La clarté qui se révèle dans l'énoncé des problèmes posés, la logique et la précision des considérations qui se suivent et s'enchaînent, contribuent d'ailleurs à assurer à cet ouvrage une supériorité marquée sur tous les écrits qui avaient porté, jusque-là sur les mouvements de la sève à l'intérieur des plantes. Nous ferons remarquer ici à nos lecteurs que Dutrochet a su attribuer aux fonctions des feuilles l'importance qu'elles possèdent réellement au point de vue des mouvements de la sève montante et de la sève descendante; il a su indiquer, au moins en partie, les erreurs fondamentales commises par les expérimentateurs qui s'étaient efforcés, précédemment, de déterminer l'absorption de fluides colorés. Après avoir énoncé une série d'observations très exactes sur les parties végétales parcourues par la sève montante et descendante; après avoir fait remarquer que les vaisseaux du bois de la vigne ne servent au mouvement de la sève qu'au printemps, à l'époque où la vigne pleure, tandis qu'ils contiennent de l'air en été, moment où la transpiration détermine à l'intérieur du bois un courant d'eau extrêmement actif, l'auteur passe à des considérations au sujet des forces naturelles qui produisent, soit au printemps, soit en été, les mouvements accomplis, à l'intérieur des parties ligneuses, par la sève montante. Dutrochet établit des distinctions ingénieuses entre deux phénomènes qui avaient fait jusque-là le sujet de confusions sans cesse renouvelées : les « pleurs » des racines coupées et séparées de la plante mère, et l'ascension de la sève dans les parties ligneuses des plantes en transpiration; le premier de ces deux phénomènes est causé par une impulsion, l'autre par une attraction; ou, comme nous le dirions aujourd'hui, les racines coupées prennent l'eau de bas en haut, les plantes qui transpirent l'aspirent. Dutrochet explique le phénomène de l'impulsion par l'endosmose des racines; sans approfondir les détails anatomiques, il compare les racines qui pleurent à un endosmomètre où les fluides absorbés en vertu de l'endosmose s'élèvent et finissent même par déborder. Cette comparaison n'amena pas les botanistes de l'époque à une conception plus profonde du phénomène en question, mais elle eut du moins le mérite de mettre en évidence le principe explicatif dont nous avons parlé plus haut. Dutrochet s'efforça, en outre, d'expliquer par l'endosmose entre les cellules, les mouvements de l'eau qui s'élève dans le bois des plantes en transpiration. L'avenir devait faire justice de cette tentative malheureuse. En revanche, Dutrochet sut mettre en lumière, avec beaucoup de sagacité, les erreurs qui constituaient la base même des explications mécaniques de ses prédécesseurs; et si son mémoire n'atteint pas le but que s'était proposé l'auteur, il se distingue par un grand nombre de remarques judicieuses, et contient le récit d'expériences habilement conduites et fécondes en résultats importants.

Durant les années qui s'écoulèrent de 1820 à 1840, Dutrochet fut, avec Théodore de Saussure, le seul représentant de la physiologie végétale qui s'efforçât de résoudre, au moyen de l'expérience, les problèmes de la chimie physiologique. Nous avons mentionné, dans les lignes qui précèdent, son excellent travail sur la respiration des plantes. L'apparition de cet ouvrage fit époque dans l'histoire de la science; l'auteur déterminait, pour la première fois, la relation qui unit les divers phénomènes chimiques de la respiration; il mettait en lumière les rapports qui existent entre les conduits à air de la plante, les stomates, les vaisseaux, les interstices intercellulaires et les lois de la pénétration et de la sortie du gaz; il déterminait, au moyen d'un examen approfondi, la composition de l'air renfermé dans les cavités végétales. Le travail de Dutrochet est incontestablement supérieur aux ouvrages qui traitent de la respiration végétale et qui se sont succédé jusque vers 1837 et au delà; l'auteur a le tort, il est vrai, de considérer l'oxygène qui s'échappe de la plante sous l'influence de la lumière comme l'agent principal de la respiration, et d'attribuer à l'absorption de l'oxygène l'importance d'une fonction secondaire et supplémentaire, mais il rachète cette erreur en insistant sur le fait que les cellules à chlorophylle dégagent seules de l'oxygène; il a fait mieux encore, il a établi avec beaucoup d'exactitude les différences qui existent entre la respiration qui s'effectue par absorption d'oxygène et la décomposition de l'acide carbonique, déterminée par l'action de la lumière. A l'époque dont nous parlons et durant les années qui suivirent, ces deux phénomènes furent désignés, bien à tort, sous les termes respectifs de respiration diurne et respiration nocture des plantes; les botanistes qui se succédèrent jusque vers 1870 s'obstinèrent, en dépit des protestations de Garreau (1851) à conserver cette désignation erronée, bien faite pour induire en erreur, et c'est en 1860 seulement qu'un botaniste allemand, spécialement adonné à la physiologie végétale, réussit à établir définitivement la distinction qui existe entre la respiration et l'assimilation végétales.

Durant les années qui s'écoulèrent de 1830 à 1840, l'expression de circulation de la sève donna lieu à des confusions fâcheuses. A la suite de recherches sur les cellules de *Chara*, on crut trouver dans la « circulation de la sève » (mouvement du protoplasma) découverte par Corti, décrite avec plus d'exactitude par Amici, la preuve de l'existence de cette circulation chez les végétaux supérieurs. Dutrochet (*Mémoires*, I, p. 431) eut le mérite de réfuter point par point cette notion erronée, et de mettre en lumière les erreurs grossières répandues dans le mémoire qui portait le titre de *Circulation de la sève*, et que Schulz-Schulzenstein avait fait couronner par l'Académie de Paris.

Nous reparlerons, plus loin, des recherches approfondies que Dutrochet a consacrées à l'irritabilité des plantes. Sans arriver à déterminer exactement les conditions anatomiques dans lesquelles s'accomplit le phénomène en question, il a ramené les mouvements à des modifications de turgescence provenant de l'endosmose. Nous remarquerons ici que les œuvres de Dutrochet ont souvent été appréciées au-dessous de leur valeur, et ce manque de discernement, dont les botanistes allemands en particulier se sont rendus coupables, a beaucoup nui au développement de la physiologie végétale. Les botanistes allemands qui, tout en étant ses contemporains, appartenaient à la génération suivante, Mohl, Schleiden, et plus tard Hofmeister, surent signaler les erreurs et les opinions de parti-pris qu'on relève dans l'œuvre de Dutrochet; ils surent condamner ses explications mécaniques de différents phénomènes. Nous ne nierons pas que ses théories ne renferment des obscurités et des confusions fâcheuses. Dutrochet eut le tort de considérer l'absorption de l'oxygène comme une condition mécanique du mouvement ascendant de la sève et des courbures héliotropiques, sans motif plausible; ses tentatives d'explication paraissent souvent forcées et absolument invraisemblables, mais toutes ces imperfections n'empêchent pas le lecteur attentif et intelligent de trouver encore à l'heure actuelle, dans ses travaux de physiologie, une foule de renseignements précieux et d'observations suggestives. Dutrochet possédait, sans aucun doute, des dons intellectuels nombreux et précieux : c'était un penseur original; il eut le tort de se laisser égarer par ses propres préjugés, mais il sut réagir vigoureusement contre l'ancienne routine qui avait été transmise aux botanistes modernes par leurs devanciers; il sut remplacer la sobre énumération des faits, l'accumulation des observations isolées qui étaient de mode à l'époque dont nous parlons, par l'étude critique des faits découverts par lui-même ou par d'autres. Après les *Recherches chimiques* de de Saussure, les *Mémoires pour servir à l'histoire anatomique et physiologique des végétaux et des animaux*, publiés par Dutrochet en 1837, peuvent passer à bon droit pour le meilleur de tous les ouvrages de physiologie qui se sont succédés jusqu'en 1840. Si les botanistes qui ont succédé à l'époque dont nous parlons avaient su apprécier les mérites de l'œuvre de leur prédécesseur, au lieu de s'attaquer exclusivement à ses défauts; s'ils avaient su discerner la sagacité et le jugement dont Dutrochet a fait preuve dans sa conception générale de la physiologie des plantes, et faire de ses théories le point de départ d'études nouvelles, la physiologie végétale ne serait pas arrivée au degré de décadence auquel elle est parvenue durant les années qui se sont écoulées entre 1840 et 1860. Pour se rendre compte des mérites de Dutrochet, en tant que physiologiste, il suffit de comparer l'ouvrage que nous avons mentionné plus haut avec les meilleurs manuels, avec ceux de de Candolle, de Treviranus, et de Meyen. Aucun d'eux n'égale par la justesse ou la profondeur les œuvres de Dutrochet.

Les trois volumes dont nous venons de faire mention renferment peu de considérations ou de faits nouveaux qui aient trait à la nutrition végétale; les auteurs s'étant bornés à réunir et à résumer les faits et les découvertes antérieurs, c'est par le choix et par la forme des matériaux que les auteurs cherchent à donner à la théorie de la nutrition, que ces œuvres se distinguent; et c'est là une raison pour prêter une attention spéciale aux ouvrages en question, car nous voyons s'y réfléchir les tendances de l'époque, celles qui exerçaient leur influence sur l'étude de la physiologie végétale et sur la théorie de la nutrition.

L'ouvrage de P. de Candolle parut en français en 1832. Il fut publié en deux volumes, dont le premier est consacré à la théorie de la nutrition végétale. En 1833, il fut traduit en allemand, et enrichi d'un grand nombre d'excellentes remarques par les soins du traducteur Roeper. Cet ouvrage prête à une critique qui peut également s'appliquer aux livres de Treviranus et de Meyen, et aux œuvres publiées précédemment par un certain nombre de botanistes, parmi lesquels du Hamel et Mustel; il est diffus, et les considérations principales disparaissent dans une extraordinaire accumulation de faits et de citations. Une grande partie des faits cités aurait dû être laissée de côté, les autres, d'ordre chimique, ne pouvaient être utilisés au profit de la physiologie. Cet ouvrage n'en méritait pas moins la considération dont il a joui longtemps, car de Candolle s'était imposé la tâche de traiter la physiologie végétale comme une science complète par elle-même, sans ignorer ses relations avec la physique, la chimie, la botanique et la biologie proprement dite, et il parvint ainsi à tracer une esquisse complète de la vie végétale. Les plus remarquables des ouvrages postérieurs à Du Hamel et traitant de la nutrition végétale, émanaient de chimistes et de physiciens, ou même d'horticulteurs tels que Knight et Cotta; et chacun d'entre eux s'efforçait de faire prévaloir ses propres théories; aucun d'eux ne cherchait à déterminer les rapports qui unissent entre eux les divers phénomènes de la vie végétale.

La *Physiologie des plantes* est le meilleur de tous les livres qui ont suivi la *Physique des arbres* de Du Hamel; et, pour juger des progrès accomplis par la physiologie végétale tout entière et en particulier par la théorie de la nutrition durant les années qui se sont écoulées entre 1758 et 1832, il suffit de comparer entre eux ces deux ouvrages, et on pourra s'assurer de l'importance et de l'étendue de ces progrès en consacrant un examen rapide à la théorie de la nutrition végétale dont de Candolle donne le résumé à la fin du premier volume. On voit tout d'abord que l'auteur a cherché à établir l'ordre et la clarté dans les notions sur l'économie intérieure et générale de la plante plutôt que de déterminer les forces agissantes, les causes et leurs effets. L'acceptation de la notion de la force vitale devait suffire, d'ailleurs, à l'empêcher d'entreprendre des recherches de ce genre. Il distinguait quatre sortes différentes de forces : la force d'attraction, qui détermine les phénomènes psychiques; l'affinité élective, qui donne lieu aux phénomènes chimiques; la force vitale, considérée comme la cause première de tous les phénomènes physiologiques; et la force mentale, source des phénomènes physiques. De ces quatre forces, trois seulement opèrent dans la plante, et bien qu'il soit parfois nécessaire de recherches approfondies pour distinguer les phénomènes d'ordre physique de ceux du domaine de la chimie, la tâche principale des botanistes qui s'occupent de physiologie végétale consiste à acquérir l'exacte connaissance des phénomènes qui sont déterminés par la force vitale. Ces phénomènes sont principalement ceux qui cessent lorsque la plante meurt. Cette manière de voir fait rentrer dans le domaine de la force vitale tous les phénomènes qui tiennent à la nutrition proprement dite et qui s'effectuent pendant la vie de la plante. Cependant, ceux qui connaissent les théories de de Candolle ne peuvent nier qu'il ait fait de la notion de la force vitale un usage très modéré; il s'est borné, autant que possible, à des explications physiques et chimiques, et s'il n'a pas réussi à ramener aux principes de la physique et de la chimie un grand nombre de phénomènes dont il a cru trouver l'explication dans la force vitale, ceci doit être attribué, non point à ses théories philosophiques, mais au fait qu'il s'appuie plutôt sur des faits dus à d'autres que sur des observations personnelles. De Candolle connaissait, il est vrai, mieux peut-être qu'aucun autre botaniste, la physique et la chimie de son époque; et c'est un de ses mérites que d'avoir approfondi ces sciences, tout en se livrant à ses travaux de systématique et de morphologie; mais la pratique et l'habitude de la pensée scientifique, plus nécessaires peut-être au physiologiste que la connaissance approfondie de la physique, lui ont fait défaut, et cette lacune est particulièrement facile à constater dans les ouvrages qui ont succédé à celui que nous venons de nommer. Cependant, cette critique s'applique bien moins au grand systématiste qu'à Treviranus et à Meyen, dont les œuvres parurent quelque temps après.

Après avoir emprunté aux ouvrages qui se sont succédés depuis les époques les plus reculées, un grand nombre de faits physiologiques, et y avoir joint le résumé des recherches chimiques sur les substances végétales qui s'étaient succédées durant les trente ou quarante dernières années; après avoir fait du tout une sorte de compilation générale, de Candolle résume ainsi qu'il suit, dans leur ensemble, les fonctions de la nutrition végétale : « Grâce à leur contractilité, qui se maintient aussi longtemps qu'elles vivent, grâce à la force hygroscopique et à la capillarité de leur tissu, les spongioles absorbent à la fois l'eau qui les entoure et les principes salins ou gazeux mêlés à l'eau. (Les spongioles sont une invention malheureuse de de Candolle, qui n'a pas encore disparu de la science française, et joue encore un rôle dans le dernier ouvrage de Liebig.) Une force naturelle qui se manifeste particulièrement par la contractilité des cellules et peut-être même des vaisseaux, et qui est maintenue par l'hygroscopicité, par la capillarité et par les lacunes produites par l'exhalaison de l'air, toutes ces causes réunies, et d'autres encore, permettent à l'eau absorbée par les racines de parvenir aux parties feuillues après avoir passé par le bois et particulièrement par les conduits intercellulaires.

Cette eau pénètre jusqu'aux parties feuillues après avoir été absorbée par les feuilles suivant la direction verticale; l'enveloppe cellulaire (parenchyme de l'écorce) l'aspire en toute saison, mais particulièrement au printemps, suivant la direction latérale; durant le jour, une quantité considérable de cette eau, passée à l'état d'eau pure, s'échappe au dehors par les stomates, et dépose, en passant, toutes les parties salines, et en particulier tous les principes minéraux dans les organes par lesquels le phénomène de l'expiration s'effectue. La sève nourricière brute qui pénètre dans les parties feuillues y subit l'influence de la lumière solaire; et grâce à cette force nouvelle, l'acide carbonique en dissolution dans l'eau se décompose durant le jour, qu'il provienne du reste de l'eau absorbée par les racines, de l'air atmosphérique, ou des principes produits par l'oxygène de l'air et l'excédent de carbone de la plante; le carbone s'incorpore à la plante, l'oxygène s'échappe sous forme de gaz. La conséquence de cette opération paraît être la formation d'une sorte de gomme composée d'un atome d'eau et d'un atome de carbone, et facilement transformée, grâce à des modifications légères, en amidon, en sucre et en substance ligneuse, toutes combinaisons qui se ramènent, à peu de chose près, à la même formule. La sève nourricière qui a subi ces modifications et qui paraît n'être autre chose, à l'état simple et ordinaire, que de la gomme, redescend, pendant la nuit, à l'intérieur de la plante; chez les végétaux exogènes, elle suit l'écorce et l'aubier; chez les endogènes, au contraire, elle suit le bois. Durant son parcours, elle entre en contact avec des glandes ou des cellules glandulaires qui se trouvent surtout dans l'écorce et près des parties végétales où la sève prend naissance. Ces glandes s'emplissent de sève; elles produisent des substances spéciales qui, pour la plupart, ne pouvant servir à la nutrition végétale, s'échappent au dehors ou circulent de manière à atteindre d'autres parties. En accomplissant son parcours à l'intérieur de la plante, la sève nourricière dépose les principes nutritifs; ceux-ci pénètrent dans les parties ligneuses et s'y mélangent plus ou moins à la sève nourricière qui monte et qui n'a pas encore subi les modifications voulues; il arrive aussi parfois qu'ils sont absorbés avec l'eau que l'enveloppe cellulaire attire latéralement à travers les rayons médullaires. Les cellules, et en particulier celles qui sont rondes ou légèrement allongées, absorbent ces principes nutritifs et leur font subir des transformations ultérieures. Ce dépôt de principes nutritifs qui ne sont autres que de la gomme, de l'amidon, du sucre, ou peut-être de la substance ligneuse et parfois même de l'huile grasse, s'effectue fréquemment dans des parties végétales organisées à cet effet; les matières en question abandonnent, plus tard, les organes auxquels nous venons de faire allusion, et servent alors à la nutrition d'autres organes. L'eau qui quitte la racine pour se diriger vers les parties feuillues, finit par acquérir un état de pureté presque parfaite lorsqu'elle a traversé rapidement, au préalable, des parties ligneuses dont les molécules ne se dissolvent que difficilement. En revanche, lorsque l'eau traverse des parties végétales qui renferment en grande quantité des tissus cellulaires arrondis et remplis de substances nutritives, elle coule avec plus de lenteur, elle se mélange à ces substances et les dissout; lorsque certains organes en voie de développement attirent par leur activité vitale ce liquide, il pénètre dans ces parties non plus sous forme d'eau pure, mais comme véhicule de principes nutritifs. Les sucs végétaux paraissent circuler surtout à l'intérieur de conduits intercellulaires. Les vaisseaux facilitent aussi, dans certains cas, les mouvements de la sève des plantes; la plupart du temps, cependant, ils remplissent les fonctions de canaux à air.

« Il semble que les cellules soient les seuls organes qui jouent un rôle actif dans l'œuvre de la nutrition; c'est à l'intérieur des cellules que s'opèrent la décomposition et l'assimilation des sucs végétaux. Le phénomène de la cyclose (et en particulier de la cyclose de la sève vitale, selon Schutze), paraît se trouver en relation étroite avec la fabrication des sucs laiteux; il est causé par la contractilité active des parois cellulaires ou des tubes. Des substances, ligneuses ou autres, se déposent dans chacune des cellules et recouvrent ses parois; leur quantité varie selon l'espèce et selon d'autres conditions; et d'après Hugo Mohl, l'inégale épaisseur de ce sédiment ferait croire à l'existence de perforations; les parties, restées transparentes, des parois cellulaires, seraient des pores. Chaque cellule peut être considérée comme un organe qui contient de la sève et lui fait subir des modifications; mais chez les végétaux vasculaires, les cellules varient; et aucune cellule, prise isolément comme c'est le cas, ne peut être regardée comme représentant, lorsqu'il s'agit de certains végétaux cellulaires dont les cellules sont toutes pareilles entre elles.

« Il est impossible de constater, chez les plantes, l'existence d'une circulation semblable à celle des animaux; on distingue, cependant, des mouvements alternatifs, ascendants et descendants, de la sève brute et de la sève formatrice qui est souvent mêlée à la première. Ces deux phénomènes dépendent peut-être de la contractilité des cellules dont le développement est récent; cette contractilité constituerait par conséquent la véritable énergie vitale des plantes ».

Cette théorie de la nutrition, de de Candolle, nous paraît étrange par la prépondérance que l'auteur a donnée à la force vitale; elle a, d'ailleurs, l'avantage de coordonner les faits de manière à en faire un tout homogène; elle possède, en outre, le mérite plus grand encore, d'attribuer aux fonctions des feuilles, si exactement déterminées par de Candolle, à la décomposition de l'acide carbonique sous l'action de la lumière, à la formation des substances organisées à l'intérieur des feuilles une importance capitale qui en fait le centre de la nutrition végétale. Nous constatons, sous ce rapport, des tendances toutes différentes dans les théories qu'ont professées à ce sujet les plus distingués d'entre les botanistes allemands qui s'occupaient de physiologie végétale dans les dernières années de la période à laquelle nous consacrons cette étude, Treviranus et de Meyen, par exemple, bien qu'ils aient eu de la physiologie des plantes des conceptions très distinctes.

Toutes les erreurs, tous les préjugés que la notion de la force vitale a accumulés durant les trente premières années de notre siècle, trouvent leur expression définitive et pour ainsi dire leur point culminant dans les œuvres de Treviranus; à une époque où les efforts de tous les botanistes tendaient à ramener aux principes de la physique et de la chimie les phénomènes de la végétation, Treviranus cherchait encore à exhumer du passé la doctrine de la force vitale et tout son cortège de théories démodées; aussi sa *Physiologie der Gewæchse,* publiée en 1835, parut-elle démodée aux yeux mêmes des contemporains. Le second volume du *Neues System der Pflanzen-physiologie*, publié par Meyen en 1838, présente, avec l'œuvre de Treviranus, un contraste complet; l'auteur saisit toutes les occasions de ramener les phénomènes de la végétation à des causes physiques et chimiques, bien qu'il réussisse rarement à produire quoi que ce soit de nouveau ou de durable. Il manquait, comme Treviranus, de connaissances solides, en physique et en chimie; et à cet égard, ces deux botanistes ne se trouvaient pas, comme l'avaient fait Hales et Malpighi, à la hauteur de la science de leur époque. Aussi diffèrent-ils absolument de Malpighi et Hales dans leur manière d'envisager les œuvres des savants qui les ont précédés.

Treviranus, qui s'était acquis précédemment un certain renom en tant que botaniste, n'était pas fait pour entreprendre et mener à bien un travail dans le genre de celui dont nous parlons; on voit se manifester, dans toutes ses considérations sur la physiologie, une faiblesse de pensée, une absolue incapacité de discerner les rapports qui unissent les faits entre eux; la valeur de tous les ouvrages qui se sont succédés durant les trente ou quarante dernières années lui inspire des doutes; il a recours, chaque fois que l'occasion s'en présente, à l'autorité des savants du dix-huitième siècle; il vit au milieu des théories et des notions du passé sans jamais rajeunir ses propres doctrines au contact de la logique ou de la spontanéité de pensée d'un Malpighi, d'un Mariotte ou d'un Hales. Aussi, les théories de Meyen au sujet de la physiologie présentent-elles, avec celles de Treviranus, un contraste frappant : elles semblent être l'œuvre d'un esprit vigoureux et jeune; l'auteur s'occupe de préférence des nouvelles conquêtes de la science. Tandis que Treviranus passe sous silence, avec une persistance qui paraît être le résultat d'un hasard malheureux, les découvertes utiles et les faits riches en conséquences précieuses, Meyen, au contraire, dégage des œuvres de ses prédécesseurs ce qu'elles offrent de plus remarquable; Treviranus paraît craindre d'émettre nettement une opinion et de s'y tenir. Meyen, dont l'œuvre nous est connue déjà dans son ensemble, ne se donne pas le loisir de disposer et de régler ses pensées; ses jugements, souvent trop précipités, offrent de fréquentes contradictions. En dépit des imperfections qu'on remarque dans ses œuvres, Meyen peut être considéré comme le champion des tendances nouvelles qui commençaient à se manifester. Treviranus, lui, vit uniquement dans le passé; il serait impossible de discerner dans son œuvre une trace de la pensée robuste et créatrice qui devait, peu de temps après, aux environs de 1840, s'épanouir si vigoureusement dans tous les domaines de la science.

Lorsque nous examinons ce que ces deux auteurs, Meyen et Treviranus, ont dit de la théorie de la nutrition, nous voyons se manifester tout d'abord les différences générales d'opinion signalées plus haut, dans les considérations relatives à la faculté d'absorption des racines et au mécanisme de l'ascension de la sève. Treviranus ramène ici tout au principe de la force vitale; il attribue à la force vitale le pouvoir de faire passer par les vaisseaux du bois la sève qui va des racines aux feuilles, et émet un certain nombre d'autres vues, également antiques. Meyen, lui, se range à l'opinion de Dutrochet, et repousse même l'idée de de Candolle au sujet des spongioles des racines. La respiration n'inspire à Treviranus aucune idée neuve ou originale; par contre, Meyen n'hésite pas à faire de la respiration végétale une fonction analogue à la respiration animale; il la considère comme la cause première de la chaleur naturelle, que Treviranus ramène toujours à la force vitale, conformément aux doctrines mystiques du moyen âge. Sur un point, cependant, les opinions de ces deux botanistes concordent; tous deux méconnaissent absolument l'importance fondamentale que possède, au point de vue de la nutrition générale des plantes, la décomposition de l'acide carbonique qui s'effectue à l'intérieur des feuilles. Il est nécessaire, pour comprendre les erreurs qui s'étaient glissées dans la théorie de la nutrition à l'époque dont nous parlons, et pour apprécier à leur juste valeur les découvertes faites peu de temps après par Liebig et Boussingault, d'entrer un peu plus avant dans la considération du côté chimique de la théorie de la nutrition selon Treviranus et Meyen.

Treviranus nie, dans l'introduction qui précède l'ouvrage cité plus haut, l'existence d'une force vitale séparable de la matière; mais il n'est pas moins prisonnier de cette idée, et il a eu recours à cette notion plus fréquemment que de Candolle; et même son ignorance en chimie a pour conséquence de le pousser à adopter la théorie grossièrement matérialiste, d'une matière vitale (1. c. I. p. 6). Cette matière vitale est pour lui la substance à demi liquide qui résulte de la cuisson et de la décomposition de tous les corps animés; elle constitue la substance élémentaire proprement dite qui seule possède quelque importance au point de vue de la physiologie; elle est commune au règne animal et au règne végétal; lorsqu'elle est parfaitement pure, elle se présente sous forme de mucilage, d'albumine, ou de gélatine. Comme les animaux et les plantes sont également formés de cette matière vitale, l'on s'explique que les plantes servent à la nourriture des animaux et les animaux à la nourriture des plantes. Treviranus poursuit le cours de ses considérations sur la nutrition végétale et parle d'une substance grasse, analogue à celle dont nous venons de parler, que les chimistes désignent sous le nom de substance extractive du sol, et qu'un grand nombre d'entre eux considère comme un des principes nutritifs des plantes, comme étant à vrai dire, la nourriture propre des végétaux. Cette substance extractive du sol n'est autre, pour Treviranus, que la matière vitale absorbée par les plantes; il est naturel qu'il n'ait attaché que peu d'importance à la décomposition de l'acide carbonique, dans les feuilles, étant donné surtout qu'il ne pouvait comprendre les rapports chimiques signalés par Ingen-Houss, Senebier, et de Saussure. Il considérait l'action de la lumière dans les fonctions de nutrition comme une « condition purement formelle ». D'après lui, les matières salines dissoutes dans l'eau du sol ne sont, à son avis, que des stimulants qui, absorbés par les extrémités des racines, déterminent une « turgescence vitale »; et comme les fonctions des feuilles, pressenties par Malpighi et par Hales, signalées par Ingen-Houss, Senebier, et de Saussure, n'existent pas aux yeux de Treviranus, celui-ci imagine que l'assimilation de la sève du sol s'effectue pendant que la sève en question accomplit, à l'intérieur de la plante, ses mouvements ascendants et descendants. Il est impossible, on le voit, de rien imaginer de plus pitoyable que cette théorie de la nutrition; elle eût déjà passé pour erronée à la fin du dix-septième siècle; trente ans après l'apparition de l'ouvrage de de Saussure, elle représentait un incroyable mouvement de recul au point de vue scientifique. On trouve, dans les vues de Meyen qui ont pour objet les phénomènes chimiques de la nutrition végétale, des observations de détail beaucoup plus exactes et plus justes. L'auteur conclut tout d'abord de ses expériences antérieures que les sels qui pénètrent dans la racine en même temps que l'eau sont non pas uniquement des stimulants, mais encore des principes nutritifs, ainsi que nous l'avons fait remarquer précédemment; et Meyen sait encore tirer parti des observations de de Saussure et s'en servir pour énoncer des vues parfaitement justes au sujet de l'absorption d'oxygène par les plantes. Toutefois, l'assimilation du carbone fut pour lui, comme pour tant d'autres, la pierre d'achoppement. Ainsi qu'un grand nombre de ses devanciers et de ses successeurs, il se laissa induire en erreur par le fait que la nutrition, tout comme la respiration végétale, s'accomplit au moyen de principes gazeux; et en prenant ces deux phénomènes pour les fonctions de respiration, Meyen devait nécessairement considérer l'absorption de l'oxygène comme étant la seule fonction importante et intelligible; et la décomposition, par l'action de la lumière, de l'acide carbonique, lui paraissait inutile ou indifférente au point de vue de l'économie générale de la plante. Au lieu de chercher à découvrir, au moyen d'un simple calcul, si la quantité, en apparence minime, d'acide carbonique fourni par l'atmosphère suffisait aux besoins de la plante, en matière de carbone, Meyen déclara cette quantité insuffisante; et comme les plantes semées dans un sol stérile et simplement arrosées d'eau contenant de l'acide carbonique ne se développent pas, il en conclut que l'acide carbonique ne possède aucune importance. La théorie de l'humus, que les chimistes avaient développée durant les années qui venaient de s'écouler, lui convenait mieux, et comme Treviranus, il considérait le carbone des plantes comme un « extrait » du sol, sans considérer attentivement les faits relatifs aux phénomènes en question; il niait énergiquement que les plantes cultivées dans un terrain quelconque augmentassent l'humus du sol au lieu de le diminuer. On comprend que les observations de détail, émises par Treviranus et Meyen au sujet des phénomènes chimiques de la nutrition végétale, soient restées sans importance au point de vue de la conception générale du phénomène de la nutrition, en dépit de la réelle exactitude de différents détails. Ces deux botanistes, en effet, n'ont jamais su comprendre et apprécier à leur juste valeur les phénomènes essentiels de la théorie de la nutrition; nous voulons parler ici de l'origine du carbone végétal, de l'action de la lumière et de celle de l'atmosphère. Les découvertes d'Ingen-Houss, de Senebier, et de Saussure furent donc perdues pour la physiologie botanique allemande.

VI.

LA QUESTION DES MATIÈRES NUTRITIVES DES PLANTES EST DÉFINITIVEMENT TRANCHÉE. 1840-1860.

Ainsi que nous l'avons vu au chapitre précédent, les années qui s'écoulèrent entre 1800 et 1830 furent marquées par l'apparition de doctrines qui semblaient bien faites pour reléguer la théorie de la force vitale parmi les notions inutiles, du moins quand il s'agissait de l'explication de certains phénomènes botaniques importants : c'est ainsi, en particulier, qu'on expliqua la chaleur naturelle des plantes au moyen de phénomènes et de processus chimiques, et qu'on attribua les mouvements de la sève à l'osmose. On vit d'ailleurs des théories nouvelles se développer jusque dans le domaine de la chimie. En 1827, Berzélius avait encore considéré les substances organiques comme le produit de la force vitale, ce qui les distinguait des substances inorganiques; aux environs de 1830, toutefois, on se mit à réagir contre cet envahissement de la force vitale, et cela, à la suite d'expériences répétées qui avaient permis aux botanistes de l'époque de produire artificiellement des composés organiques au moyen d'éléments inorganiques, et par conséquent sans le secours de la force vitale. Les tendances nouvelles dans tous les domaines se trouvaient en opposition complète avec la philosophie de la nature, de l'époque précédente, et semblaient vouloir s'affranchir du cortège d'erreurs et d'incertitudes qu'entraînait à sa suite la notion de la force vitale; la tendance était à affirmer que les lois de la physique et de la chimie règnent à l'intérieur des organismes comme à l'extérieur; et à partir de 1840, les représentants les plus distingués des sciences naturelles se convainquirent peu à peu de la vérité de cette formule, sans toutefois l'énoncer toujours explicitement, et ils en firent le principe fondamental de toutes les tentatives d'explication des phénomènes de la physiologie. De la sorte, la liberté intellectuelle devint plus étendue même avant 1840, et comme l'étude de la morphologie et de l'anatomie exigeait, à l'époque dont nous parlons, des recherches fondées sur des principes rigoureusement inductifs et, par-dessus tout, la constatation exacte des faits et l'enchaînement logique des idées, la théorie de la nutrition végétale subit, par contre-coup, l'influence de ce nouvel ordre de choses. Il s'agissait moins, du reste, de signaler des faits nouveaux que d'apprécier à leur juste valeur les mérites d'Ingen-Houss, de Senebier, de de Saussure, et de dégager les découvertes de ces grands botanistes des erreurs qui s'étaient accumulées, depuis trente ou quarante ans, dans le domaine de la science. Les représentants de la physiologie végétale, de Candolle, Treviranus, Meyen, d'autres encore, avaient ajouté aux difficultés de cette tâche en négligeant d'établir des distinctions suffisamment tranchées entre les phénomènes chimiques et les phénomènes mécaniques de la physiologie de la nutrition. La question de savoir quelles sont les substances qui constituent les principes nutritifs des végétaux avait été négligée, et on avait trop accordé d'attention à une foule de considérations accessoires; et la théorie de l'humus, que des chimistes et des agriculteurs avaient inventée, et que Treviranus et d'autres encore avaient adaptée si aisément à la doctrine de la force vitale, acheva d'introduire partout le désordre et la confusion. Le principal mérite de Liebig consista précisément à dissiper ces obscurités, à dégager du fatras de toutes les considérations inutiles ou secondaires la question des substances nutritives des plantes, à énoncer avec une clarté et une précision parfaites, les problèmes qui présentaient quelque importance; ceci une fois fait, la solution des problèmes en question n'offrait plus de difficultés, grâce aux observations qui s'étaient accumulées depuis longtemps dans le domaine de la science, et qui fournissaient une foule de renseignements précieux. Un grand nombre de questions qui se rattachaient aux problèmes déjà signalés et qui faisaient partie du domaine des détails nécessitaient, en revanche, de nouvelles recherches expérimentales approfondies; Boussingault vint répondre aux exigences de la science, et durant les années qui s'écoulèrent de 1840 à 1860, il se livra à des recherches qui furent fécondes en résultats importants, et qui témoignent de capacités toutes spéciales.

Avant de consacrer une étude particulière aux œuvres de Liebig et de Boussingault, nous rappellerons une circonstance qui indique bien le caractère du changement qui s'opéra dans l'opinion scientifique vers 1840. Un inconnu, qui prenait le titre d'« ami de la science », mit à la disposition de l'Académie de Göttingue, en 1838, un prix qui devait être décerné à l'auteur du meilleur mémoire sur la question suivante : « Les éléments qu'on désigne sous le nom d'éléments inorganiques et dont on peut constater la présence dans les cendres des plantes, se trouveraient-ils à l'intérieur des végétaux dans le cas où ceux-ci ne leur sont pas fournis du dehors, et ces éléments peuvent-ils être considérés comme des parties essentielles de l'organisme végétal, comme des substances indispensables au complet développement de cet organisme ? » La première partie de cet énoncé nous paraît, à l'heure actuelle, absolument dépourvue de sens, car elle admet la possibilité d'une formation de substances élémentaires; elle suppose que certains éléments spéciaux peuvent prendre naissance à l'intérieur de la plante, ce qui est une idée digne de la philosophie de la nature et de la théorie de la force vitale. Les auteurs du mémoire qui fut couronné, Wiegmann et Polstorff (1842), tous deux partisans des théories nouvelles, ne trouvèrent pas de difficulté à répondre négativement à la première partie de la question, et cela, d'autant mieux que la solution de la seconde partie impliquait déjà cette négation. Les recherches auxquelles Polstorff et Wiegmann se livrèrent témoignent de beaucoup de sagacité et d'intelligence, bien qu'elles aient pour base l'hypothèse de l'existence nécessaire dans les aliments d'une certaine quantité de composés humiques. Leurs expériences botaniques révèlent un discernement bien supérieur à celui des botanistes précédents; elles prouvent, à n'en pas douter, que l'absorption des parties salines est nécessaire à la nutrition végétale normale. Les deux auteurs ont encore considéré différentes autres questions, relatives à la nutrition, où l'influence de l'ouvrage de Liebig qui venait de paraître se montre déjà.

Cet ouvrage, qui fut publié pour la première fois en 1840, c'était *Die organische Chemie in ihrer Anwendung auf Agricultur und*

Physiologie, et dont il parut, plus tard, un grand nombre d'autres éditions. Le nom seul de l'auteur, le chimiste le plus distingué de l'Allemagne, permettait d'attendre une conception toute nouvelle du problème de la nutrition végétale ; et les espérances qu'on avait formées, bien loin d'être démenties, se trouvèrent dépassées par la nouveauté et la hardiesse des aperçus de Liebig au sujet des principes fondamentaux de la théorie de la nutrition, par la sagacité avec laquelle il sut mettre en lumière les faits principaux, par le discernement qu'il déploya à laisser de côté une foule de faits secondaires et insignifiants qui avaient contribué à introduire l'obscurité et la confusion dans le domaine de la science, et auxquels le respect de la tradition avait souvent fait attribuer une valeur exagérée. Nous ajouterons à ceci que Liebig s'appuyant, dans toutes les questions importantes, sur l'autorité de faits connus depuis longtemps, il lui suffisait d'examiner ces faits à la lueur de ses connaissances chimiques pour remplacer la confusion et l'incertitude qui avaient régné jusque-là par une clarté inattendue. Liebig se proposait tout d'abord d'appliquer la chimie organique et la physiologie végétale à l'agriculture ; et dans ce but, il soumit au contrôle de sa critique éclairée et sagace la théorie de l'humus, fondée par des chimistes et des agriculteurs, adoptée à *l'étourdie* par un grand nombre de physiologistes, mais qu'il fallut reléguer définitivement au rang des doctrines erronées et des opinions préconçues, si l'on voulait déterminer les substances qui constituent les principes nutritifs des plantes; car la théorie de l'humus n'avait pas seulement le tort d'être erronée, elle était encore le résultat de l'irréflexion, de l'étourderie qui laissait passer méconnus les faits mêmes qui, en quelque sorte, crevaient les yeux. Liebig prouva que la végétation augmente continuellement la substance connue sous le nom d'humus, bien loin de la diminuer; il prouva que l'humus existant ne pourrait suffire, même pendant peu de temps, à la nutrition d'une végétation vigoureuse, et démontra que les plantes ne l'absorbent point. Une fois ces questions définitivement résolues, grâce à des calculs qui ne permettaient aucun doute, Liebig constata que le carbone de la plante ne peut avoir qu'une seule et unique provenance, et qu'il doit avoir son origine dans l'acide carbonique atmosphérique. Des calculs très simples, fondés sur des expériences eudiométriques, prouvèrent que la quantité d'acide carbonique contenue dans l'atmosphère pouvait suffire indéfiniment à la végétation du globe tout entier. Le zèle de Liebig, à vrai dire, l'entraîna parfois trop loin; il crut trouver quelque chose de contradictoire dans le fait de la véritable respiration végétale, dans l'élimination d'acide carbonique, et nia l'existence de cette respiration. En revanche, il fut le premier à expliquer, clairement, les observations de de Saussure, d'après lesquelles les végétaux s'assimilent les éléments de l'eau en même temps que le carbone. Il sut, mieux que de Saussure, tirer parti de toute l'importance de ce fait, au point de vue de la théorie de la nutrition. Cependant, ce ne furent pas ces considérations, quelque intérêt qu'elles présentent, qui attirèrent le plus l'attention des partisans et des adversaires de Liebig; les tendances pratiques qui se révélaient dans son livre contribuèrent à diriger la polémique qui avait régné jusque-là entre les chimistes et les agriculteurs sur la question de l'origine de l'azote qui fait partie des substances végétales. La théorie de l'humus, telle que l'entendaient les botanistes de l'époque, supposait que l'azote, aussi bien que le carbone, pénètre dans les plantes sous forme de combinaisons organiques. Ainsi que nous l'avons vu précédemment, de Saussure désigne l'ammoniaque, dans son ouvrage de 1804 et qui fit époque dans l'histoire de la science, comme une combinaison azotée, sans toutefois arriver, sous ce rapport, à une conclusion définie. Liebig, d'autre part, se basant sur des points de vues différents, et tirant parti des investigations auxquelles il s'était livré précédemment sur la nature de l'azote et de ses composés, finit par déclarer que l'azote des substances végétales ne peut provenir que de l'ammoniaque, et que l'ammoniaque contene dans l'atmosphère et dans le sol suffit amplement à fournir à la végétation l'azote nécessaire, tout comme l'acide carbonique atmosphérique est l'origine de tout le carbone des plantes. Liebig parvint ainsi à la conclusion suivante : « L'acide carbonique, l'ammoniaque et l'eau contiennent tous les éléments nécessaires à la formation des substances vivantes, tant animales que végétales. L'acide carbonique, l'ammoniaque et l'eau sont les produits ultimes des phénomènes chimiques de la décomposition et de la corruption de ces substances ».

Liebig a émis au sujet de l'utilité des cendres et de l'importance qu'elles présentent au point de vue de la nutrition végétale, des considérations qui nous paraissent moins heureuses au moins sous le rapport de l'ordonnance et de l'enchaînement des déductions.

Au lieu de chercher tout d'abord à déterminer, par l'expérience, quels sont les éléments des cendres absolument indispensables au développement d'une plante ou à celui de tous les végétaux, Liebig se perdit dans des vues chimiques, ingénieuses, en cherchant à montrer le rôle des bases inorganiques au point de vue de la fixation des acides végétaux, la faculté que possèdent différentes bases de se remplacer réciproquement, etc.

Nous n'avons pas à parler des conclusions que Liebig sut tirer de ses considérations théoriques, pour les appliquer à l'agriculture; il serait moins nécessaire encore de nous arrêter longuement à l'effet immense que produisit son livre, et aux discussions qu'il souleva parmi les agriculteurs et les chimistes qui s'occupaient d'agriculture, quel que fût du reste le point de vue théorique ou pratique auquel ils se plaçaient. Les progrès qui s'étaient effectués dans le domaine de la science, grâce aux considérations de Liebig sur la nutrition végétale, s'accusèrent, plus précis et plus nets, aux yeux des physiologistes. Cependant, l'ouvrage de Liebig donna lieu, même dans le domaine de la science pure, à une polémique ardente; les deux botanistes les plus distingués que la physiologie végétale possédait en 1840, Schleiden et Mohl, le critiquèrent sans ménagement. Cette critique était déterminée, du reste, en quelque sorte, par la méthode déductive dont Liebig faisait usage, et Mohl et Schleiden croyaient d'ailleurs de leur devoir de protester contre la manière méprisante dont Liebig avait traité les physiologistes, en attribuant à ces derniers aussi bien qu'aux botanistes proprement dits, la responsabilité, non seulement de la doctrine de l'humus, mais encore de toutes les notions erronées qui s'y rattachent. Mohl demanda avec raison si de Saussure, Davy, Carl Sprengel, Berzélius, Mulder, les fondateurs de cette théorie, devaient être considérés comme des botanistes. Cependant, le reproche de Liebig n'eût pas dû atteindre les botanistes dont nous parlons : Mohl et Schleiden étaient aussi peu physiologistes que Davy, Berzélius ou Mulder. A l'époque dont nous parlons, il n'existait pas de physiologistes proprement dits, de représentants officiels de la physiologie végétale; alors comme maintenant, on distinguait sous le nom de physiologistes tous ceux qui s'occupaient, à l'occasion, des problèmes de la physiologie végétale.

La polémique qui s'engagea à ce sujet se ramenait, par conséquent, à une simple discussion de mots; et Liebig, Mohl et Schleiden laissèrent échapper ainsi l'occasion de proclamer qu'il était grand temps de donner, à une science aussi importante que celle dont nous parlons, des représentants officiels qui pussent s'y consacrer exclusivement. Les professeurs de botanique étaient chargés, par le gouvernement autant que par le public, de déterminer des progrès dans le domaine de la systématique, de l'anatomie, de la botanique médicale, et d'enseigner ces trois sciences; et l'administration des jardins botaniques occupant, en outre, une grande partie de leur temps, comment pouvaient-ils encore se consacrer à la physiologie végétale, qui demande des connaissances physiques et chimiques approfondies? et les laboratoires et les instruments indispensables à l'étude de la physiologie végétale, leur faisaient absolument défaut. Autant de questions qu'il eût été utile de soulever, mais nul n'y songea, et la routine demeura reine.

D'ailleurs, les attaques que Mohl, Schleiden et un certain nombre de chimistes agricoles dirigeaient contre Liebig portaient surtout sur les détails; nous ajouterons d'ailleurs que Liebig ignorait presque entièrement la structure anatomique des plantes. Il n'en avait pas moins accompli jusqu'au bout une tâche d'une importance essentielle; il avait su redresser les théories erronées relatives à la véritable nature des principes nutritifs des végétaux; il avait définitivement écarté des erreurs grossières; il avait tracé la ligne de démarcation qui sépare les faits principaux des détails insignifiants. Les ouvrages qui se sont succédés à partir de 1840 et qui traitent de la nutrition végétale, témoignent du succès complet de Liebig à cet égard. Tous les botanistes de l'époque savaient désormais l'importance que possède la décomposition de l'acide carbonique, par les parties vertes; tous savaient que les cendres ne doivent pas être considérées uniquement comme un stimulant de la végétation; tous possédaient une certaine somme de connaissances exactes et précises, un certain nombre de vérités bien établies; mais ceci ne doit cependant pas nous empêcher de reconnaître les mérites des botanistes qui soumirent au contrôle d'une critique éclairée quelques-unes des théories de Liebig et qui surent, comme Mohl, réfuter entièrement et complètement son erreur fondamentale au sujet de la respiration végétale.

Nous ne pourrions consacrer une étendue plus approfondie aux questions de détail qui furent soulevées par les travaux de Liebig et qui firent, jusque vers 1870, le sujet de discussions prolongées comme la question des premiers produits de l'assimilation végétale et des transformations ultérieures subies par ces produits au cours du métabolisme. A ces questions s'en joignaient d'autres : on se demanda si les éléments minéraux basiques servent simplement à fixer les acides végétaux; si ces derniers constituent les premiers produits de l'assimilation; si l'assimilation elle-même produit directement les hydrates de carbone, etc. Les botanistes de l'époque durent se contenter pour un temps de suppositions, de déductions et de combinaisons à qui manquaient l'observation précise des faits et la méthode appropriée. Les années s'écoulèrent jusqu'à 1860 et au delà avant d'amener quelque changement sous ce rapport et de permettre la découverte de méthodes satisfaisantes. A l'époque dont nous parlons, l'étude approfondie des questions qui avaient trait à la provenance de l'azote que s'assimilent les plantes, était plus importante; il était d'autant plus nécessaire d'arriver, sous ce rapport, à une conclusion définitive, que les déductions de Liebig permettaient encore l'incertitude; en outre, le représentant le plus distingué de la physiologie végétale, Théodore de Saussure, avait commis, vers la fin de sa vie, l'erreur de s'ériger en défenseur de la théorie de l'humus contre Liebig, en affirmant (1842) que l'ammoniaque ou l'acide nitrique, au lieu de constituer un des principes de la nutrition végétale, ne sert qu'à déterminer la dissolution de l'humus. Il n'était pas le seul qui éprouvât de la difficulté à renoncer à la théorie de l'humus, à cette ancienne notion dont s'accommodait si bien la paresse de certains esprits; ceux-là mêmes qui reconnaissaient, à l'exemple de Mohl, que la plus grande partie du carbone des plantes provient uniquement de l'atmosphère, croyaient devoir attribuer à l'humus, à cause des matières azotées qu'il contient, un rôle important dans le développement de la végétation.

Par bonheur BOUSSINGAULT parut. Il avait entrepris, avant l'apparition du livre de Liebig, des recherches expérimentales et analytiques sur la germination et la végétation; il avait particulièrement cherché à déterminer la provenance de l'azote végétal. Les expériences auxquelles il s'était livré à cet effet en 1837 et en 1838 n'avaient pas eu de résultat définitif; il les poursuivit durant des années et perfectionna sans cesse sa méthode de recherches. Grâce à des expériences qui se succédèrent de 1851 à 1855, Boussingault put établir définitivement que les plantes ne sont pas en état de s'assimiler l'azote libre de l'atmosphère, mais qu'elles l'absorbent sous forme de nitrates pour parvenir à un développement normal et vigoureux. Ses expériences montrèrent qu'un sol qui a été privé par le feu de toute parcelle de substance organique et dans lequel on introduit un nitrate et des cendres peut suffire à la nutrition normale des végétaux. Une fois en possession de ce fait, il était facile de prouver que la masse du carbone renfermée dans les plantes provient exclusivement de l'acide carbonique atmosphérique et, par conséquent, que la coopération de l'humus est superflue; d'où il résulte que l'influence favorable qu'exerce, sur la végétation, un sol riche en humus, doit avoir des causes différentes de celles qu'on admettait avec la « théorie de l'humus ».

Il serait impossible de nous étendre plus longuement sur les services rendus à la théorie de la nutrition végétale par Boussingault; il nous faudrait entrer dans trop de détails, et les plus remarquables des découvertes dues à ce savant n'ont été publiées qu'après 1860 et sortent ainsi des limites de notre travail. Nous ferons remarquer que Boussingault doit être considéré comme le fondateur des nouvelles méthodes d'expérimentation dans le problème de la nutrition. Les expériences sur la nutrition végétale qui s'étaient succédées, après l'apparition de de Saussure, jusque vers 1840, étaient combinées et conduites d'une manière pitoyable, Liebig avait signalé avec précision et insistance les erreurs dans lesquelles les botanistes étaient tombés à ce sujet, sans toutefois fournir lui-même de nouvelles et de meilleures méthodes; ce mérite devait revenir à Boussingault. Un seul exemple suffira. Ainsi, les naturalistes qui s'efforçaient de résoudre par l'expérimentation, la question de l'humus, faisaient absorber aux plantes des combinaisons humiques et surveillaient les résultats de cette absorption. Hartig, de concert avec Liebig, et d'autres encore, firent usage de ce procédé. Boussingault fit comme Christophe Colomb avec l'œuf; il força un certain nombre de végétaux à se développer dans un sol qui, préparé par des moyens artificiels, était dépourvu de toute parcelle d'humus et contenait une certaine quantité de principes nutritifs; grâce à ce procédé, il prouva d'une manière irréfutable que les plantes n'ont pas besoin d'humus pour croître.

En Allemagne, le prince de Salm Horstmar se livra à des expériences analogues à celles de Boussingault; il chercha particulièrement à déterminer l'importance relative, au point de vue de la nutrition des plantes, des acides et des bases des cendres; il s'efforça de déterminer les principes que la plante doit nécessairement absorber, et ceux qui ne sont pas indispensables à son développement. Ces problèmes ne trouvèrent leur solution définitive qu'entre 1860 et 1870; la plupart d'entre eux font encore le sujet de recherches, et ne sont point résolus définitivement.

Durant les années qui s'écoulèrent de 1840 à 1860, on constata que les plantes à chlorophylle tirent tout leur carbone de l'acide carbonique atmosphérique; on découvrit que ce même acide carbonique atmosphérique fournit aux animaux et aux plantes sans chlorophylle le carbone nécessaire à leur développement; que les végétaux tirent des sels ammoniacaux et des nitrates l'azote qu'ils s'assimilent, et que les alcalis et les principes terreux sous forme de sulfates et phosphates sont indispensables à la nutrition végétale. Nous considérons ces découvertes comme les plus importantes de toutes celles qui, de 1840 à 1860, ont été opérées dans le domaine de la théorie de la nutrition; d'ailleurs, les botanistes de l'époque avaient ouvert la voie à d'autres découvertes qui acquirent plus tard une importance capitale au point de vue de l'investigation.

Par contre, les progrès réalisés depuis Dutrochet jusque vers 1860, dans la théorie des mouvements de la sève, méritent à peine d'attirer notre attention; toutefois, les botanistes de l'époque apprirent à apprécier l'importance que possède, au point de vue de la physiologie, la théorie de l'endosmose; ils établirent sur des bases solides l'étude des phénomènes osmotiques et acquirent, au sujet de ces phénomènes, des connaissances plus approfondies, tandis que les progrès réalisés leur permirent de s'expliquer bien des phénomènes de mouvement dans la plante. La botanique réalisa, sous ce rapport, de véritables progrès, sans toutefois parvenir à une solution définitive. Nous rappellerons ici une découverte que l'on doit à Hofmeister et qui présente une importance spéciale : nous voulons parler d'un phénomène que l'on avait signalé, depuis des siècles, chez la vigne et quelques arbres, puis chez les Agaves et différentes plantes grimpantes des tropiques, et que l'on connaissait sous le nom de pleurs ou larmes. On le croyait particulier à certaines phases du développement de la végétation; Hofmeister prouva, en 1857, que ce phénomène est commun à tous les végétaux qui possèdent des cellules ligneuses véritables et peut se produire à toute époque de l'année, dans certaines conditions. Cette généralisation contribua, dans une forte mesure, à faciliter les recherches concernant le phénomène en question.

Durant l'espace de temps dont nous nous occupons, les notions relatives à la descente de la sève demeurèrent dans un état d'infériorité absolue. Les botanistes de l'époque avaient encore recours à des expériences analogues à celles auxquelles s'étaient livrés Malpighi, du Hamel et Cotta; ces expériences prouvaient uniquement que chez les végétaux ligneux, de la classe des Dicotylédones, certains principes nutritifs redescendent par l'écorce après avoir subi, à l'intérieur des fruits, des transformations spéciales. A partir de 1840, les botanistes ne pouvaient douter que toute substance organique prenne naissance à l'intérieur des feuilles; une fois ce fait bien et dûment établi, il n'était plus nécessaire d'avoir recours à des expériences analogues à celles dont nous venons de parler pour se convaincre que les substances nécessaires au développement des racines, des boutons et des fruits, partent des feuilles pour se rendre à ces parties.

Il ne s'agissait plus de savoir si les substances assimilées sont réellement soumises à une sorte de circulation; le problème était autre, et il fallait savoir quels sont les tissus par lesquels se fait cette circulation des matières et quelle est la nature des substances qui prennent naissance à l'intérieur des feuilles, pour de là gagner les autres organes. La structure même des plantes obligea les naturalistes à avoir recours, dans l'étude de ces phénomènes, à des méthodes microchimiques, et ces méthodes ne datent que de 1837; depuis elles ont subi sans cesse de nouveaux perfectionnements. Ainsi que nous l'avons déjà dit plus haut, jusque vers 1860, les botanistes ne possédaient pas de connaissances exactes au sujet des combinaisons chimiques qui se forment à l'intérieur des feuilles en raison de l'assimilation; nous avons parlé précédemment des notions de de Candolle, qui avait admis l'existence d'une substance gommeuse qu'il considérait comme une sève première, destinée à déterminer le développement de la plante et qui devait donner naissance, à l'intérieur des différents tissus, aux substances végétales les plus diverses. Durant les années qui s'écoulèrent de 1840 à 1850, Théodore Hartig entreprit différentes recherches sur l'amidon renfermé dans les parties ligneuses des arbres, et les albuminoïdes des graines; il découvrit l'existence des tubes criblés et soumit à des études minutieuses le liquide que contiennent, à diverses époques de l'année, les parties ligneuses, et se livra à différents autres travaux de mérite. Il ne s'en tint pas là, toutefois, et fit de la théorie de la sève descendante le sujet de ses recherches et de ses réflexions.

D'après lui, la sève descendante était une matière informe et gélatineuse, qui, comme la gomme de de Candolle, donnait naissance, pendant son passage à l'intérieur de la plante, aux substances végétales les plus diverses. « La sève nourricière brute, dit Hartig (*Bot. Zeitung*, 1858, p. 341) subit, à l'intérieur des feuilles, les modifications qui la transforment en sève formatrice primitive ». Et, plus loin : « La formation des substances de réserve solides (substances qui doivent leur origine à la sève en question) ne peut s'effectuer sans élimination d'une grande quantité de fluides aqueux ». Les remarques émises, à ce sujet, par les physiologistes qui se sont succédés de 1840 à 1860, prouvent que les naturalistes de l'époque avaient universellement admis l'existence d'une substance mucilagineuse primaire qui se forme dans les feuilles.

CHAPITRE III.

HISTOIRE DES MOUVEMENTS DES PLANTES ET DE LA PHYTODYNAMIQUE.

On n'en peut guère douter, à l'heure actuelle, les lois mécaniques de la croissance, les courbures géotropiques et héliotropiques, les divers mouvements périodiques, l'enroulement des plantes grimpantes et des vrilles, et les mouvements d'irritabilité procèdent tous d'un principe commun; il paraît certain que ces divers mouvements dépendent en grande partie de l'élasticité des parois cellulaires et de propriétés encore inconnues du protoplasme et, dans ce cas, les courants du protoplasme, les mouvements des Zoospores et les autres phénomènes analogues doivent être classés parmi les phénomènes phytodynamiques. Envisagée à ce point de vue, la phytodynamique peut être considérée comme une des bases essentielles de la physiologie végétale. Elle est d'origine toute récente encore, et ceux qui attribuent aux physiologistes des époques précédentes pareille conception des mouvements du règne végétal, se font, à l'égard du passé, des illusions profondes.

Les mouvements dont il s'agit n'étaient tout au plus, pour les botanistes du passé, que de simples curiosités. Ce n'est guère que vers la fin du dix-septième siècle qu'on commença à leur accorder quelque attention, et de longues années s'écoulèrent avant le moment où l'on réussit à introduire de l'ordre et de la clarté dans l'étude des faits, pour la plupart très compliqués, que nous allons examiner ici, où l'on parvint à déterminer la mesure dans laquelle les phénomènes phytodynamiques dépendent des influences extérieures et à fixer les lois mécaniques de l'accomplissement de ces phénomènes.

A une époque encore reculée, différents écrivains remarquèrent les mouvements de diverses parties végétales, mais se contentèrent de les mentionner sans s'y arrêter. Varron a, le premier, signalé les mouvements héliotropiques de la tige de différentes fleurs, tiges auxquelles on appliqua, désormais, la désignation d'héliotropiques employée par Varron lui-même. Au siècle suivant, Pline constata que les feuilles du trèfle se ferment à l'approche de l'orage. Albert le Grand au treizième siècle, Valerius Cordus et Garcias del Huerto au seizième siècle, attachèrent quelque importance aux mouvements journaliers et périodiques des feuilles pinées de certaines légumineuses; Césalpin observa les mouvements des vrilles et des plantes grimpantes, et s'étonna de voir ces dernières chercher, en quelque mesure, des appuis qui les soutiennent. L'irritabilité extraordinaire des feuilles de la *Mimosa pudica*, plante importée d'Amérique, devait exciter l'attention des botanistes plus que les phénomènes dont ils étaient les témoins journaliers, et nous trouvons dans la *Micrographia* de Robert Hooke, publiée en 1667, un essai sur les causes de cette irritabilité. En 1653, Borelli avait signalé l'irritabilité des étamines de la Centaurée.

I. Les premiers travaux théoriques qui aient été tentés dans ce domaine datent de la fin du dix-septième siècle. Nous trouvons dans l'*Historia Plantarum* de Ray, publiée en 1693, une étude résumée des phénomènes phytodynamiques; l'auteur revient à ce sujet au commencement des considérations générales qu'il consacre à la nature des plantes, et auxquelles il donne comme épigraphe une phrase de Jung : *Planta est corpus vivens non sentiens*, etc. Bien qu'il semble croire encore, comme Césalpin, à l'existence de cette âme végétale dont parle Aristote, il ne laisse pas de chercher à expliquer par la mécanique et la physique les mouvements qu'il signale; il cherche particulièrement à prouver que l'irritabilité du Mimosa n'est pas l'effet d'une sensation, mais bien le résultat de causes connues, d'ordre physique; il considère les mouvements d'irritabilité qui se produisent à la suite d'un attouchement comme le résultat d'une contraction déterminée elle-même par un relâchement. Il cherche à tirer parti des ressources que lui offre la science de l'époque pour l'explication mécanique des mouvements d'irritabilité : « Les feuilles, dit-il, ne conservent la tension qui leur est propre que parce qu'un courant d'eau continu supplée sans cesse aux pertes amenées par l'évaporation qui s'effectue le long de la tige; lorsque, par suite d'un attouchement quelconque, les conduits des feuilles de Mimosa subissent une compression, le courant aqueux ne suffit plus à empêcher une diminution de tension ».

Ray tombe ici dans une erreur où sont fréquemment tombés les botanistes; il confond les mouvements d'irritabilité avec les mouvements journaliers et périodiques qui existent, non seulement dans les feuilles des légumineuses, mais encore dans presque toutes les feuilles pinnées; et il classe parmi ces mouvements périodiques des feuilles les mouvements d'ouverture et de fermeture périodiques de certaines fleurs, telles que les *Calendula, Cichorium*, *Convolvulus*, etc.

Il considérait les mouvements en question comme le résultat de changements de température. Cette opinion lui avait été suggérée par les expériences de Jacob Cornutus. Celui-ci avait renfermé des fleurs d'anémones dans un récipient soigneusement clos, placé dans un endroit chaud, et si la tige était trempée dans de l'eau tiède, la fleur s'ouvrait en dehors de son heure accoutumée. Les botanistes qui succédèrent à Ray perdirent de vue, au bout d'un certain temps, les rapports étroits qui existent entre les mouvements des fleurs et les changements de température, et il a appartenu à la science moderne de renouveler ces observations, si exactes et si justes.

Ray lui-même identifie les mouvements en question avec les mouvements périodiques des feuilles qui, pour employer ses propres expressions, se replient aux approches du froid de la nuit, et s'épanouissent de nouveau quand revient le jour. Comme il ramène au même principe les mouvements des feuilles et les mouvements d'irritabilité du Mimosa, il cherche à expliquer comment le refroidissement produit des effets analogues à ceux d'un simple attouchement. Etant donné l'état dans lequel se trouvait la science de l'époque, il était naturel que l'on cherchât à expliquer par des variations de température les différents mouvements signalés plus haut; les botanistes ne connaissaient guère d'autres causes du mouvement que le contact brusque d'un corps étranger. C'est pourquoi Ray expliqua les mouvements des tiges en voie de développement, mouvements auxquels nous appliquons, à l'heure actuelle, la qualification d'héliotropiques, par des différences de température aux faces opposées des tiges.

Un certain docteur Sharroc observa la tige d'une plante en expérience placée près d'une fenêtre dans laquelle se trouvait pratiquée une ouverture; il vit la tige se diriger vers cette ouverture, il remarqua que les plantes cultivées sous abri atteignent une longueur anormale qu'il attribua aux effets d'une température plus élevée, et il conclut de ces différentes observations que la face de la tige exposée à l'air froid se développe plus lentement et finit même par présenter une courbure, une concavité. Ainsi que de Candolle devait le faire 140 ans plus tard, Ray s'efforça d'expliquer les courbures héliotropiques au moyen de l'étiolement des plantes cultivées sous abri; il diffère cependant de de Candolle en ce qu'il attribue la longueur anormale et le développement hâtif de plantes forcées, non point au manque de lumière, mais à l'élévation de la température. En revanche, Ray constata avec beaucoup d'exactitude et de précision que la couleur verte des plantes doit être attribuée non à l'action de l'air, mais bien à celle de la lumière; ainsi qu'il le fait remarquer lui-même, les plantes placées sous des cloches de verre verdissent, tandis qu'elles restent incolores lorsqu'un objet opaque les empêche de recevoir la lumière; et si la couleur verte est moins intense lorsqu'elles se développent sous cloche que lorsqu'elles croissent à l'air libre, la raison en est, dans la nature même du verre, qui absorbe certains rayons et en réfléchit d'autres. Toutefois, Ray tombe à cet égard dans l'erreur dont se sont rendus coupables presque tous les botanistes qui se sont succédé jusqu'à l'époque actuelle; il n'établit pas avec une netteté suffisante la distinction qui existe entre l'élongation et le manque de coloration des plantes étiolées; la clarté de son étude s'en ressent notablement.

On a déjà signalé le peu d'attention que les botanistes ont prêtée à un des plus remarquables d'entre les phénomènes cités plus haut, à un phénomène qui par sa fréquence même, semble chose naturelle et insignifiante de l'ordre établi : je veux parler du fait que l'extrémité des tiges et des troncs s'élève perpendiculairement vers le ciel, tandis que les racines principales suivent la direction opposée. L'académicien français Dodart, dont nous avons déjà parlé dans l'histoire de la théorie de la nutrition, fut le premier, en 1700, à trouver extraordinaire ce phénomène auquel personne n'avait, jusque-là, attaché la moindre importance. Dodart commença par se convaincre, grâce à des expériences sur de jeunes plantes, que cette position verticale est due à des incurvations, et il s'efforça ensuite de rechercher les lois physiques en vertu desquelles les racines principales prennent la direction perpendiculaire au sol, quand même on les a placées en position anormale, tandis que l'extrémité des tiges dans les mêmes conditions se redresse de manière à prendre une direction verticale ascendante. Il importe peu que son explication ait été insuffisante, et qu'il se soit trompé en croyant que les fibres des racines se contractent du côté le plus humide, tandis que les fibres de la tige se dilatent et s'allongent dans les mêmes conditions; mais il s'agissait avant tout de soumettre ces phénomènes extraordinaires à des études scientifiques, et la littérature de l'époque prouve, en effet, qu'un certain nombre de naturalistes consacrèrent bientôt des travaux et des recherches à la solution de ce problème, et se livrèrent à des essais d'expérimentation qui développaient leurs facultés de discernement, et sur lesquels nous reviendrons plus tard.

Le développement des plantes constitue un phénomène encore plus général que la croissance verticale des racines et de la tige; et pour avoir l'idée de se demander si la mécanique peut expliquer cette croissance, il fallait un esprit d'investigation plus développé encore. En 1679, Mariotte avait émis à ce sujet certaines observations, assez superficielles, il est vrai : il avait considéré l'extension de la moelle, — qui désignait alors tout le tissu parenchymateux, — comme la cause première de la croissance des différentes parties de la plante. Cette opinion pouvait avoir son origine dans l'idée aristotélicienne qui faisait de la moelle le siège du principe vital des plantes; Mariotte cherche, cependant, à l'appuyer sur des raisons physiques. Dans ses *Statical Essays*, publiés en 1727, Hales consacre à la croissance des plantes des considérations beaucoup plus approfondies. Il part de sa théorie de la nutrition, et commence par faire remarquer que les plantes sont formées de soufre, de sels volatiles, d'eau et de terre, et que ces quatre principes s'attirent réciproquement et constituent ainsi les parties fermes et solides de la substance végétale; l'air lui-même contribue à la formation de cette substance aussi longtemps qu'il demeure à l'état solide, grâce aux principes énumérés plus haut; il devient susceptible d'expansion dès qu'il est dégagé des substances qui l'entourent. Hales fonde sa théorie mécanique du développement sur cette force d'expansion que possède l'air, et qui a le pouvoir d'aviver et de fortifier les sèves végétales. Sous l'action de cette force, les parties végétales souples se distendent et s'élargissent; l'air, en se solidifiant par suite de son union avec d'autres éléments, engendre la chaleur et le mouvement, qui déterminent peu à peu la forme des particules de la sève : tels étaient les principes de Hales. Afin d'acquérir des connaissances plus approfondies sur les lois naturelles de la croissance des différentes parties de la plante, Hales pratiqua, sur de jeunes tiges et sur des feuilles nouvelles, des incisions placées à égale distance les unes des autres; il constata que l'espace qui sépare les différentes incisions augmente par suite de la croissance, et que cette augmentation est d'autant plus considérable que les parties végétales intermédiaires sont de formation plus récente. L'allongement considérable déterminé par la croissance lui sembla, ainsi qu'il le dit lui-même, d'autant plus remarquable que les mêmes vaisseaux demeurent creux, de même qu'un tube de verre étiré conserve sa lumière. Hales adopte, en outre, les vues de Borelli, d'après lesquelles la jeune pousse s'accroît grâce à l'extension de l'humidité dans la moelle poreuse; il s'efforce de trouver, dans les faits relatifs à la structure du tissu cellulaire, l'explication des lois qui empêchent le rejeton en voie de formation de s'étendre en largeur, ou de s'arrondir au cours de sa croissance, de manière à prendre la forme sphérique. Hales croit avoir prouvé, par ses expériences, que la sève et l'air renfermés dans le tissu cellulaire pénètrent à l'intérieur de la plante avec une force suffisante pour déterminer l'extension considérable dont nous avons parlé plus haut; ses expériences expliquent, en outre, croit-il, la force des courants aqueux qui montent dans les sarments à l'époque où la vigne pleure, et qui pénètrent dans les pois de manière à déterminer leur gonflement. On sait, dit-il, la force que l'eau acquiert lorsqu'elle est chauffée, car l'eau peut ainsi être chassée dans l'air; la sève végétale, qui n'est qu'un composé d'eau, d'air et d'autres éléments actifs, pénètre violemment, en vertu de la même loi, à l'intérieur des tubes et des cellules, sous l'influence de la chaleur du soleil.

II. Au cours du dix-huitième siècle, on vit croître le nombre des phénomènes phytodynamiques auxquels les physiologistes prêtèrent une attention plus ou moins sérieuse, et les botanistes de l'époque se livrèrent à des expériences répétées pour expliquer les phénomènes en question par la mécanique. Pour la plupart, ces efforts restaient bien en deçà du but fixé; on confondait, en effet, les mouvements les plus divers; on ne connaissait qu'imparfaitement les rapports étroits qui unissent ces mouvements aux influences extérieures, et on ne possédait, au sujet de la structure anatomique des parties végétales mobiles, que des notions aussi confuses que rudimentaires, ce qui s'expliquait d'ailleurs, en quelque mesure, par l'état de décadence où était tombée la botanique de l'époque. L'humidité et la chaleur jouaient, dans ces explications, un rôle fort important; mais on se contentait d'indiquer leurs effets en termes vagues; les processus mécaniques qui s'accomplissent à l'intérieur de la plante étaient expliqués d'une façon qui a quelque analogie avec les explications d'une personne qui ne posséderait que des notions confuses à l'égard des propriétés de la vapeur et de la structure intérieure d'une machine à vapeur, et voudrait néanmoins en expliquer le mécanisme. La plupart des écrivains, conformément à l'esprit du temps, songèrent avant tout à expliquer les phénomènes de la vie végétale, non point par un principe vital inconnu, mais bien par des principes d'ordre physique ou chimique. Mais ils ne surent consacrer aux phénomènes en question les études sérieuses et approfondies qui seules peuvent amener, dans ce domaine, à des résultats de quelque importance.

Ceux qui connaissent la tournure d'esprit de Linné et qui se sont familiarisés avec ses méthodes, comprendront sans peine qu'il n'ait pas approfondi l'explication mécanique des mouvements périodiques des fleurs et des feuilles, mouvements qui firent successivement, en 1751 et en 1755, le sujet de ses considérations; il se contenta de soumettre un grand nombre d'espèces végétales à des observations qui lui permirent de constater les caractères extérieurs de ces phénomènes, de les classer et de leur appliquer une dénomination nouvelle. Il désigna, en effet, la position nocturne sous le nom de sommeil des plantes, sans attacher d'ailleurs à cette expression aucun sens figuré ou métaphorique; il considérait le sommeil végétal comme un phénomène analogue au sommeil animal. L'étude des végétaux, la notion même de la plante, qui est supposée vivre et croître sans posséder la faculté de sentir, portèrent Linné à expliquer les mouvements qui précèdent le sommeil, par l'action des influences extérieures, et non par l'effet de la volonté. Toutefois, on remarquera ses observations si exactes et si justes, sur la relation de ces mouvements avec les variations de la lumière, la température n'y ayant aucune part, puisque les mouvements des feuilles se produisent même dans un milieu à température uniforme, à l'intérieur des serres, par exemple. Bonnet consacre à un grand nombre de phénomènes, parmi lesquels se trouvent ceux que nous venons de signaler, un travail qui présente un véritable contraste avec les considérations, un peu superficielles il est vrai, mais logiques et bien coordonnées, de Linné, au sujet des différentes variétés des mouvements végétaux. Ce travail publié en 1754 sous le titre de : *De l'utilité des feuilles,* présente une accumulation d'expériences et de réflexions, un pêle-mêle de notions les plus diverses, tels que l'imagination oserait à peine en concevoir de semblables; les courbures géotropiques et héliotropiques, les nutations et les mouvements périodiques des feuilles, tout se trouve confondu. Un lecteur déjà initié à l'étude des problèmes en question pourrait, il est vrai, trouver çà et là des expériences et des renseignements utiles, mais l'auteur lui-même ne sut jamais tirer parti de ses propres ressources. Des opinions préconçues l'empêchèrent toujours d'apprécier, à leur juste valeur, les résultats de ses recherches; il cherchait avant tout à prouver que la tige et les feuilles se courbent et se recourbent, afin que la face inférieure des feuilles se trouve tournée vers la terre et absorbe la rosée qui, d'après Bonnet, s'élève du sol et constitue la principale nourriture des végétaux. L'éloge est mince, mais nous devons ajouter qu'on rencontre ici et là, dans l'œuvre de Bonnet, des observations exactes que l'auteur a faites en quelque sorte malgré lui; il a constaté que les organes végétaux, ceux en particulier qui sont jeunes et souples, se courbent et se tordent afin de reprendre la position première quand ils s'en trouvent artificiellement écartés. Par contre, ses conclusions sur les causes mécaniques des mouvements en question, témoignent d'une absence complète de réflexion; il lui eût suffi, pour arriver à des résultats tout différents, de soumettre au contrôle d'une critique quelque peu éclairée les résultats de ses observations. « La chaleur et l'humidité, dit-il, paraissent être les causes naturelles du mouvement; mais la chaleur agit plus fortement que l'humidité, et la chaleur du soleil exerce une action plus prompte et plus efficace que la chaleur de l'air ». Cette explication ne pouvait précisément pas s'appliquer aux courbures géotropiques et héliotropiques que Bonnet avait observées de préférence. Celui-ci réussit cependant à émettre, sur un point, des remarques justes; il attribua la croissance anormale de la tige, la petitesse des feuilles, et le manque de coloration, qui distinguait les plantes élevées à l'abri partiel ou total de la lumière, au manque de lumière. Ray avait déjà prouvé, d'ailleurs, que le manque de coloration verte devait s'expliquer par l'absence de lumière.

Du Hamel témoigne à l'égard des recherches décousues de Bonnet, d'une admiration qu'il n'est pas rare de constater chez d'autres botanistes plus récents, et pourtant ceci ne l'empêcha pas de consacrer aux différents mouvements végétaux une étude en tous points supérieure à celle de son devancier. Dans le chapitre VI du Livre IV de sa *Physique des arbres* (1758) qui porte le titre de : *De la direction suivie par les tiges et les racines, et de la nutation des différentes parties végétales,* il traite des phénomènes phytodynamiques qui lui sont connus. Il consacre à différentes courbures, parmi lesquelles les courbures géotropiques et héliotropiques, diverses considérations dans un chapitre sur la *Direction droite ou oblique de la tige et des racines;* puis vient un chapitre sur l'étiolement, et dans une étude sur les *Mouvements végétaux analogues aux mouvements déterminés par la volonté des animaux,* Du Hamel soumet à un examen approfondi les mouvements d'irritabilité et les mouvements périodiques des feuilles du Mimosa, et termine par un résumé sur l' « horloge des fleurs » de Linné, et les mouvements hygroscopiques des valves des fruits. Il ne parle pas ici des mouvements des tiges grimpantes et rampantes, au sujet desquelles il semble n'avoir possédé que des connaissances rudimentaires; il en parle, cependant, dans un des précédents chapitres, et les cite, à l'exemple de Césalpin, à propos des villosités, épines, et autres parties analogues. Cette classification des différents mouvements végétaux, si toutefois on peut considérer l'ordre établi par Du Hamel comme une classification, est loin de répondre aux exigences du sujet; elle établit des distinctions entre des faits analogues, et place dans la même catégorie des phénomènes de nature différente; cependant, elle présente, dans son ensemble, plus d'ordre et de clarté que la classification de Bonnet; elle peut même fournir, à certains égards, des renseignements de détail précieux. Du Hamel peut être considéré à bon droit comme le premier botaniste qui ait attribué à l'action de la lumière les courbures héliotropiques, et c'est grâce aux expériences de Bonnet qu'il parvint à cette conclusion. Après avoir cherché à déterminer, à l'exemple de Hales, la répartition de la croissance dans les différents points de la longueur de la pousse; après avoir constaté que cette croissance cesse au moment où les parties ligneuses se forment, Du Hamel s'efforça de spécifier les parties de la racine qui possèdent la faculté de s'allonger, et finit par découvrir, grâce à des expériences appropriées, que chaque fibre de la racine croît uniquement par son extrémité, longue de quelques lignes seulement; les autres parties ne subissent aucun allongement. Dans le chapitre consacré à la direction suivie par les différentes parties végétales, Du Hamel soumit au contrôle d'une critique sévère les explications qu'ont fournies les botanistes précédents au sujet des courbures héliotropiques. Astruc et de la Hire avaient attribué au poids de la sève descendante la courbure descendante des racines; d'après eux, les vapeurs légères qui s'élèvent des tissus doivent être considérées comme la cause première de l'uricurvation ascendante de la tige. Bazin, de son côté, attribua à l'humidité de la terre la courbure géotropique des racines. Du Hamel s'efforça de décider s'il fallait expliquer par l'humidité, par l'abaissement de la température, ou par l'obscurité qui règne à l'intérieur du sol, les courbures descendantes des racines, et ses expériences lui firent rejeter ces trois causes comme également improbables. Mais son explication mécanique des mouvements que nous désignons maintenant sous le terme d'héliotropiques, de géotropiques, et de périodiques, est peu satisfaisante. Il conclut, en effet, de ses observations que la « direction des vapeurs » qui s'élèvent à l'intérieur des vaisseaux et autour des plantes contribue, plus que toute autre cause, à déterminer les mouvements signalés plus haut; et si l'air et la lumière paraissent exercer une certaine action sur les phénomènes en question, cela est dû au fait que la lumière et l'air engendrent des vapeurs ou leur communiquent un mouvement spécial. Du Hamel répéta, au sujet des mouvements des feuilles du Mimosa, une expérience déjà faite par Mairan en 1829, et qui prouvait que les mouvements périodiques continuent à s'effectuer même dans l'obscurité persistante. Du Hamel parvint au même résultat que son prédécesseur, et conclut de ses observations que les mouvements périodiques du Mimosa ne dépendent pas essentiellement de la température et des variations de la lumière. En 1757, Hill avait attribué les mouvements de sommeil au changement de lumière amené par l'alternance du jour et de la nuit, après avoir constaté préalablement qu'un obscurcissement de la lumière du jour détermine les positions que les feuilles prennent pendant la nuit. Cependant, Zinn parvient, en 1759, aux mêmes conclusions que Mairan et du Hamel. Longtemps après, la question fut résolue en partie par Dutrochet. Du Hamel mit une insistance particulière à répéter l'idée de Tournefort qui attribuait à l'action des muscles les mouvements des plantes, et prouva que les prétendus muscles végétaux de Tournefort ne sont autre chose que des fibres hygroscopiques.

On remarquera que du Hamel fut le premier à constater que les deux branches d'une même vrille s'enroulent en sens opposé autour de l'appui placé entre elles; il paraît avoir été le premier à comparer l'irritabilité des étamines de l'*Opuntia* et du *Berberis* avec celle des feuilles du Mimosa. Dal Covolo en 1764, Kœlreuter en 1781, Smith en 1790, étudiaient plus tard les étamines du *Berberis* sans arriver cependant à de nouvelles conclusions au sujet de la nature même de l'irritalibité. Les botanistes de l'époque restèrent dans le doute jusqu'au moment où dal Covolo publia, en 1764, son célèbre mémoire sur les étamines des Cynarées. Cet ouvrage ne permettait pas encore, il est vrai, de tirer des conclusions définitives, mais il renfermait des observations importantes et qui jetaient quelque lumière sur la mécanique des mouvements d'irritabilité en question. Kœlreuter qui, en 1766, étudia les mêmes phénomènes, cherchait moins à les expliquer à l'aide des principes mécaniques qu'à en tirer une preuve à l'appui de l'idée que les insectes sont des agents nécessaires à l'œuvre de la fécondation. En 1772, Corti découvrit dans les cellules des Chara un mouvement d'une nature toute spéciale : il s'agit ici du phénomène que nous désignons à l'heure actuelle sous le nom de circulation du protoplasme. Les botanistes de l'époque furent d'abord impuissants à découvrir la plus faible analogie entre cette nouvelle sorte de mouvement et les phénomènes phytodynamiques qui étaient alors l'objet de l'attention générale, et bien des années s'écoulèrent avant le moment où l'on mit en lumière les rapports qui unissent entre eux ces phénomènes. On crut d'abord avoir affaire à une circulation de la sève nourricière, analogue à celle qu'avaient observée et décrite les physiologistes des époques précédentes, et cette erreur se perpétua jusque bien avant dans le siècle actuel; elle se combina aux notions défectueuses qui avaient cours au sujet des mouvements de la sève nourricière; et grâce à Schultz Schultzenstein, les deux erreurs constituèrent la théorie de la circulation de la sève vitale. Pendant que tout ceci se passait, la découverte de Corti tombait dans l'oubli; il fallut qu'en 1811, Treviranus la reprit et la développât à nouveau. La découverte des mouvements des Oscillariées eut aussi des résultats fâcheux : Adanson fut le premier à signaler ces mouvements (1767), mais Vaucher en conclut à la nature animale des plantes en question.

III. Bien que les théories des botanistes du dix-huitième siècle fussent fort incomplètes et souvent inexactes, elles n'en tendaient pas moins à expliquer par les lois de la physique les différents mouvements des plantes. Mais vers la fin du même siècle, on vit surgir dans le domaine de la botanique comme dans celui de toutes les sciences naturelles, des tendances nouvelles en opposition directe avec le développement robuste et sain de la science. La plupart de ceux-là même qui se gardaient d'adopter les théories de la philosophie de la nature et sa phraséologie, croyaient cependant à l'existence chez les organismes de caractères étrangers au reste de la nature; les tentatives qui s'étaient succédées jusque-là pour expliquer mécaniquement les phénomènes de la vie restaient bien en deçà du but fixé; aussi, les naturalistes dont nous parlons en vinrent-ils à considérer toutes les explications de ce genre comme impossibles et même vides de sens, sans remarquer que la force vitale qui devait tout expliquer, n'était qu'un simple mot, lui aussi, destiné à résoudre tous les phénomènes inexplicables de la vie des organismes. La force vitale se trouvait ainsi personnifiée, et semblait prendre une forme réellement tangible, grâce aux mouvements des végétaux.

Du moment où un phénomène quelconque était expliqué par la force vitale, les botanistes renonçaient à toute étude ultérieure;

ils appliquaient aux phénomènes phytodynamiques le raisonnement employé par le paysan, qui attribue les mouvements de la locomotive à un cheval caché à l'intérieur de la machine. En outre, les naturalistes de la fin du siècle dernier possédaient, au sujet de la structure intérieure des plantes, des notions bien imparfaites; les fibres spiralées, déroulables, étaient les seules parties dont la forme fût à peu près connue; on croyait voir, dans leurs mouvements hygroscopiques, la combinaison des tressaillements de la force vitale avec la tendance spiralée qui distingue la plante. Comme les botanistes de l'époque commettaient l'erreur de prendre des faisceaux vasculaires tout entiers pour des fibres spiralées, ou croyaient les faisceaux vasculaires entièrement formés de ces fibres, ils en faisaient des sortes de muscles végétaux qui se contractent sous l'influence de différentes irritations, et produisent ainsi les mouvements des organes végétaux. Ceux qui adoptaient cette explication ne songeaient pas que le prétendu muscle occupe, chez les organes qui, comme les feuilles de la sensitive et les feuilles à mouvements périodiques, présentent les mouvements les plus remarquables, une position centrale qui le met dans l'absolue impossibilité de remplir les fonctions qui lui étaient attribuées.

Il serait inutile et fastidieux d'invoquer ici de nombreux exemples, si faciles à trouver; nous nous contenterons de citer quelques passages empruntés aux *Grundlehren der Anatomie und Physiologie*, publiés par Link en 1807; ils sont particulièrement instructifs à cet égard, car Link s'érige en adversaire décidé de la philosophie de la nature, et déclare se rattacher aux doctrines de la science inductive. Il consacre aux courbures géotropiques, ainsi qu'à un certain nombre d'autres mouvements, diverses considérations sous le titre de : *Mouvements des plantes*, et dans lesquelles se manifeste l'absence de réflexion et de profondeur qui caractérise les dissertations de l'époque. Il conclut enfin que la direction suivie par les tiges et par les racines durant la croissance est le résultat d'une polarité définie, qui existe à l'intérieur de chaque plante et qui « nous permet de croire à l'existence de combinaisons d'un ordre supérieur, entre notre planète et le monde de l'espace. » « La lumière, dit-il encore, doit être considérée comme la cause première du sommeil des plantes », et il rapporte les opinions contradictoires de Hill, de Zinn et de de Candolle mêlées et confondues de manière à former un ensemble inextricable, qui défie les efforts de la logique. Il élimine ensuite, comme inutiles, toutes tentatives d'explication mécanique; et remarque à ce sujet que les plantes entrent à intervalles réguliers dans l'état de sommeil malgré l'obscurité et le froid. Cette singulière persistance constitue, d'après lui, un des indices les plus remarquables de la vitalité. Les remarques de Desfontaines, qui a constaté qu'un Mimosa soumis à des secousses par suite d'un transport en voiture, se fermait tout d'abord, puis s'ouvrait, l'amènent aux mêmes conclusions. Il combat cependant l'opinion de Percival qui attribue à une sorte de volonté certains mouvements végétaux parmi lesquels les oscillations rapides des feuilles de l'*Hedysarum gyrans;* il condamne également les théories qui expliquent les phénomènes de ce genre par la mécanique ou la chimie, et les traite de puérilités solennelles.

Des naturalistes qui soutenaient de pareilles erreurs, ne pouvaient, on le conçoit, contribuer au progrès de la science. Ce déluge d'erreurs inonda la littérature scientifique jusque vers 1840, époque à laquelle des découvertes nouvelles vinrent opposer une digue à ce flot incessant, et rendre à la recherche scientifique la place qui lui était due. Certains esprits calmes, peu diposés à se payer de mots, avaient, durant l'espace de temps que nous venons de passer en revue, pénétré plus avant dans la voie frayée par Ray, Dodart, Hales et Du Hamel; grâce à des expériences, à des réflexions approfondies, ils avaient signalé des faits qui constituaient du moins les bases des théories, les principes fondamentaux des doctrines qui ramenaient aux lois de la mécanique les phénomènes phytodynamiques. Senebier s'était inspiré de ces principes dans sa *Physiologie Végétale* publiée en 1700, et qui renferme une étude approfondie de l'étiolement.

Nous ferons cependant à ce travail une critique; car l'auteur a attribué l'absence de coloration des feuilles et l'allongement considérable des tiges à la décomposition de l'acide carbonique qui, on le sait, cesse de s'effectuer à l'obscurité; et cependant, Senebier a su faire preuve d'un véritable esprit scientifique, quand il a dit que l'expression de « sommeil des plantes » employée par Linné, est déplacée, et quand il ajoute à ce sujet, que les feuilles endormies, loin de s'assouplir, conservent leur roideur habituelle. De Candolle se livra à des expériences qui présentent certaines analogies avec celles de Senebier, et qui ont pour objet l'influence de la lumière sur la végétation.

Il réussit à prouver en 1806 qu'un éclairage artificiel peut intervertir l'ordre des périodes diurnes et nocturnes des feuilles; ainsi que nous l'avons déjà vu dans l'histoire de la théorie de la nutrition, de Candolle avait adopté la notion de la force vitale; il n'y avait recours, cependant, que lorsque les explications physiques lui faisaient absolument défaut. L'année 1806 fut marquée en outre par une des découvertes les plus éclatantes qui aient jamais fait leur apparition dans le domaine de la science, par une découverte qui dérangea singulièrement les notions des partisans de la philosophie de la nature et des partisans de la force vitale, et qui contribua à rendre quelque exactitude aux travaux sur les mouvements des plantes. Nous voulons parler ici des preuves, fondées sur l'expérience, par lesquelles ANDREW KNIGHT[1] établit définitivement que la croissance verticale des tiges et des racines principales est due aux lois de la pesanteur. Pour arriver à ce résultat, il fixa des plantes en voie de germination à une roue soumise à un mouvement excessivement rapide; il les exposa ainsi, soit à la force centrifuge seule, soit à la force centrifuge combinée avec l'action de la pesanteur; les radicelles qui eussent suivi ailleurs la direction imposée par les lois de la pesanteur suivirent ici la direction que leur imprimait la force centrifuge, tandis que les tiges se dirigeaient dans le sens opposé. On devait se demander alors pourquoi la pesanteur imprime à la tige et à la racine des directions opposées, pourquoi l'extrémité de la racine d'une plante placée horizontalement se dirige vers la terre, tandis que la tige se redresse. Knight supposait que la racine se trouvait entraînée par son propre poids, comme le serait une masse d'une consistance semi-fluide, tandis que la sève nourricière tend à s'amasser le long de la paroi inférieure de la tige et détermine, dans cette dernière, un développement plus vigoureux, jusqu'au moment où la courbure amenée par ce concours de particularités force la tige à se redresser. Ici encore, comme dans le cas de Dodart, il importait peu au développement de la science que l'explication fut insuffisante; on pouvait s'en contenter à l'époque dont nous parlons; elle était à la hauteur des notions que les botanistes du temps s'étaient formées au sujet du phénomène en question. L'instinct à la fois sagace et hardi qui est nécessaire à l'étude de la nature et qui se révèle dans les explications de Knight au sujet du géotropisme se manifesta dans d'autres recherches de physiologie végétale : deux exemples seulement seront mentionnés ici. En 1811, Knight prouva que l'humidité de la terre peut, dans certaines circonstances, modifier la direction verticale des racines; cette observation fut confirmée plus tard par Johnson (1828); mais finit par tomber dans l'ou-

1. Thomas Andrew Knight fut président de la Société d'Horticulture; né à Wormsley Grange, près de Hereford, en 1758, il mourut à Londres en 1838.

bli le plus complet. En 1812, Knight fit une autre découverte qui attira davantage l'attention des botanistes contemporains; il constata que les vrilles de la vigne et de l'*Ampelopsis* possèdent l'héliotropisme négatif ou, en d'autres termes, qu'elles se détournent de la lumière; il signala, par conséquent, les premiers cas de ce genre d'héliotropisme dont on ne connaît encore, à l'heure actuelle, qu'un petit nombre d'exemples. Ceux-ci offrent un grand intérêt; ils nous permettent de constater que les rapports qui unissent les plantes à la lumière présentent des contrastes analogues à ceux qui existent entre les rapports des plantes avec la force centrifuge. La logique hardie et serrée de Hales se retrouvait en partie chez son compatriote; Knight, en effet, combattit la notion de la force vitale et y substitua des explications d'ordre mécanique dans tous les cas où cela lui fut possible. C'est ainsi qu'il expliqua l'enroulement des vrilles par le fait que la pression de la plante contre son soutien refoule la sève dans la direction opposée; la partie soumise à cette pression se développe moins rapidement et produit ainsi la courbure en vertu de laquelle les vrilles s'enroulent autour de leur soutien.

La théorie de Knight est supérieure à celles qui existaient alors et à celle qu'en 1827, Hugo Mohl s'efforça de faire prévaloir. Il en est de même au sujet de l'explication proposée par Knight pour les courbures géotropiques. Johnson prouva, il est vrai, en 1828, que les extrémités des racines, en se dirigeant vers le sol, mettent en mouvement un poids supérieur à leur propre poids, et ne se bornent point, par conséquent, à s'affaisser; et Pinot avait prouvé, en 1829, qu'elles s'enfonçent même dans le mercure, et ces observations même mettaient en lumière les imperfections des théories de Knight sur les racines; mais ces théories n'ont pas encore été remplacées par des notions plus exactes. Les opinions de Knight au sujet des lois de la courbure ascendante de la tige sont encore partagées, à l'heure actuelle, par la plupart des botanistes; on n'y a rien substitué de meilleur.

Les naturalistes qui se sont succédé jusque vers 1830 ont persisté à attribuer aux vaisseaux spiralés, ou, ce qui était tout un à l'époque en question, aux faisceaux vasculaires, les mouvements des diverses parties végétales. Aussi l'attention des contemporains fut-elle vivement excitée lorsque Dutrochet prouva, en 1822, que les mouvements des feuilles du Mimosa sont déterminés uniquement par l'expansion alternative de masses parenchymateuses qui sont renfermées dans les coussinets des feuilles, et dont les effets sont antagonistes. Cette découverte permit de constater que tandis que les masses parenchymateuses se gonflent, le faisceau vasculaire central se borne à subir passivement l'action de leur influence, et adopte sa forme recourbée sous l'empire d'une force qui est en dehors de lui. En 1790, Lindsay était déjà parvenu à des conclusions semblables, après ses expériences analogues à celles de Dutrochet; mais son travail relatif à ces phénomènes ne fut publié par Burnett et Mayo qu'en 1827. Dans l'intervalle, Dutrochet avait constaté que la lumière exerce, sur les mouvements des feuilles, des influences différentes; il remarqua qu'elle a le pouvoir de rendre leur irritabilité première aux feuilles qui ont été rendues rigides par suite d'un trop long séjour à l'obscurité; il remarqua en outre, que les passages alternatifs de la lumière à l'obscurité, et réciproquement, déterminent des mouvements dans les feuilles.

Durant les années qui s'écoulèrent de 1820 à 1830, les divers mouvements des organes végétaux excitèrent au plus haut degré l'intérêt des botanistes. En 1826, la faculté de médecine de Tübingue proposa un prix pour le meilleur mémoire sur les propriétés des plantes grimpantes et des vrilles; le travail couronné devait, en outre, mettre en lumière les points qu'il était nécessaire d'éclaircir pour acquérir des connaissances plus nettes au sujet de la mobilité des plantes en général. Les mémoires couronnés, au nombre de deux, furent publiés l'un et l'autre en 1827. L'un était de Palm, l'autre par Mohl; tous deux étaient de valeur fort inégale. Le travail de Palm est celui d'un écolier appliqué; l'œuvre de Mohl est toute autre : l'ordonnance des faits et l'enchaînement des idées, la connaissance approfondie de la bibliographie, la richesse de l'observation, la critique aiguisée, la sagacité avec laquelle l'auteur distingue les faits principaux des points secondaires, la sûreté de coup d'œil et la profondeur de pensée qui se révèlent dans ces pages, font oublier au lecteur qu'il n'a point affaire à l'œuvre d'un botaniste de profession, mais se trouve en présence du travail d'un étudiant de vingt-deux ans. Ce mémoire sur la structure et les mouvements des plantes grimpantes et des vrilles n'est pas seulement un des meilleurs ouvrages de Mohl; il constitue le meilleur de tous les ouvrages qui, traitant de cette question, se succédèrent jusqu'en 1865, époque à laquelle Darwin publia son livre sur ce sujet. Toutefois, il faut bien le reconnaître, l'œuvre de Mohl n'explique pas les phénomènes mécaniques qui s'effectuent à l'intérieur du tissu des plantes grimpantes et des vrilles; l'auteur se contente, dans l'un et l'autre cas, d'accepter l'idée d'une sensibilité qui permet aux plantes ou organes en question de s'enrouler autour de leurs soutiens; il considère cette sensibilité comme « dynamique » et non comme « mécanique ». En dépit de ces imperfections et de cette erreur, Mohl a su conformer ses recherches aux principes stricts de la science inductive; il s'est emparé des faits que l'on peut constater par l'observation et l'expérimentation, et les a soumis à des études approfondies qui n'avaient jamais encore été consacrées à l'étude des mouvements des végétaux. On retrouve dans cet écrit tous les caractères distinctifs des ouvrages de Mohl : la logique inductive la plus sévère règne jusqu'au moment où la déduction devient nécessaire. Mohl a indiqué les différences essentielles entre les tiges volubiles et les vrilles; il fit une découverte plus importante encore en constatant que le contact du soutien produit sur la vrille l'effet d'un stimulant, mais il a eu le tort d'étendre cette conclusion aux tiges volubiles. Mohl se rangea dès le debut aux vues nouvelles formulées par Dutrochet; il attribua aux couches parenchymateuses et non aux faisceaux vasculaires, le pouvoir de produire les mouvements; il écarta d'emblée l'idée que les plantes grimpantes et les vrilles « semblent chercher », pour ainsi dire, leurs soutiens, idée qui s'était répandue depuis l'époque de Cesalpin, bien que personne n'eût jamais osé la professer ouvertement; il écarta de même certaines notions absolument vides de sens qui avaient trouvé de nombreux partisans parmi les successeurs de Grew, et qui expliquaient les différentes directions des vrilles ou des tiges par l'influence variable du cours du soleil, et de celui de la lune; il démontra que les mouvements de nutation des tiges volubiles suffisent parfaitement à expliquer le soi-disant instinct, qui pousse les tiges vers leurs soutiens; et bien qu'il ne soit pas arrivé à découvrir les causes qui déterminent, chez les vrilles, des mouvements semblables, il n'en a pas moins réfuté, à l'aide de ses propres observations, des théories erronées. Nous ne pouvons nous étendre ici sur les remarques si nombreuses et souvent si justes que renferme l'œuvre de Mohl; il est à peine nécessaire d'ajouter que plusieurs d'entre elles ont dû être modifiées à la suite de recherches ultérieures; mais ses importants travaux, et c'était là l'essentiel, devaient montrer aux botanistes futurs comment il était nécessaire d'étudier, dans tous leurs détails, les phénomènes phytodynamiques avant de parvenir à les expliquer par des principes mécaniques.

Si Mohl s'était efforcé d'expliquer, par la mécanique, les phénomènes qui s'accomplissent à l'intérieur des tissus dans les organes végétaux susceptibles de s'enrouler, cette tentative aurait nécessairement échoué, car les botanistes de l'époque ignoraient l'existence d'un agent qui joue un grand rôle dans les phénomènes en question; ils ignoraient la diffusion, qui fut signalée par Dutrochet l'année même où Mohl entreprenait le travail dont il vient d'être parlé, et qui dut être plus tard l'objet d'études nouvelles avant de pouvoir servir à expliquer les phénomènes de la végétation. Dès 1828, à la vérité, Dutrochet s'efforça d'introduire l'endosmose dans le domaine de la phytodynamique, pour expliquer les changements de turgescence des tissus; il chercha à montrer qu'il avait découvert une nouvelle explication mécanique pour des phénomènes que l'on avait cru devoir attribuer, jusque-là, à la force vitale. Toutefois, Dutrochet commit une double erreur dans les recherches approfondies qu'il consacra plus tard au géotropisme, à l'héliotropisme, aux mouvements d'irritabilité, et aux mouvements périodiques, qu'il publia dans ses *Mémoires* de 1837; il accepta d'une part, dans le but de pouvoir expliquer par l'endosmose les courbures les plus diverses, des idées sur les dimensions et la structure des cellules qui sont fausses, et ne se contenta pas d'invoquer les phénomènes d'endosmose, dans le parenchyme; il postula dans les faisceaux vasculaires des changements mystérieux déterminés par l'action de l'oxygène. Ainsi, les côtés faibles de la doctrine de Dutrochet se manifestent dans les explications de certains phénomènes isolés; et ses explications mécaniques ne sont point satisfaisantes. Mais en dépit des imperfections qu'il est facile de relever dans son œuvre, Dutrochet n'en a pas moins rendu des services à la phytodynamique par sa tentative d'expliquer tous les mouvements des plantes par des lois mécaniques. Les adversaires mêmes de ses théories n'ont pu le combattre sans se plonger dans l'étude des problèmes de la mécanique, et les assertions de ceux qui expliquaient par la force vitale tous les phénomènes de la vie des végétaux n'en imposaient plus à personne; Treviranus lui-même, partisan convaincu de la théorie de la force vitale, se trouvait dans la nécessité d'accepter l'endosmose. Du reste, les recherches si approfondies que Dutrochet a consacrées à la phytodynamique offrent encore, à l'heure actuelle, une foule d'observations intéressantes, de réflexions fines, et de considérations ingénieuses. La lecture de son œuvre est encore très instructive; elle est même indispensable à tous ceux qui se livrent à des recherches analogues. Il suffit de comparer ses travaux réunis dans les *Mémoires* de 1837, avec les notions que possédaient, au sujet de la mécanique des mouvements végétaux, les botanistes antérieurs, pour s'assurer que la routine passée avait été remplacée par un grand progrès.

Cependant, aucun des mouvements des végétaux ne se trouvait encore définitivement expliqué par les principes de la mécanique; vers 1840, l'ordre et la clarté s'étaient, il est vrai, introduits peu à peu dans les idées et dans les théories, et l'on reconnaissait la coopération des forces extérieures; on savait mieux distinguer les différentes formes de mouvements végétaux, bien qu'il restât fort à faire dans ce domaine; et l'endosmose suffisait, jusqu'à un certain point, à expliquer les modifications mécaniques qui s'accomplissent dans le tissu des parties mobiles; il y avait lieu, toutefois, d'en chercher des explications nouvelles.

IV. Avant de nous étendre plus longuement sur les travaux théoriques qui furent accomplis dans ce domaine entre 1840 et 1860, nous ferons remarquer que les botanistes continuaient à signaler de nouveaux cas de mouvements végétaux. Dutrochet avait signalé l'héliotropisme negatif de la tige de l'embryon du Gui, il avait soumis l'organe en question à un examen approfondi; il combattit les anciennes théories qui attribuaient uniquement aux racines principales la courbure géotropique descendante, et qui faisaient de la racine et de la tige deux pôles opposés l'un à l'autre, en empruntant des arguments à l'étude des bourgeons des rhizomes de la Sagittaire, du *Sparganium*, *Typha*, etc., et en constatant que ces différentes plantes présentent la courbure descendante, du moins durant la période de leur jeunesse; et en répétant les expériences de rotation de Knight, il constata que les feuilles possèdent une sorte de géotropisme qui leur est propre. Ces observations, et un certain nombre d'exemples nouveaux de mouvements d'irritabilité et de mouvements périodiques furent rapprochés sans difficulté des différentes catégories de mouvements végétaux déjà connus; elles contribuèrent à corriger les théories que les botanistes de l'époque professaient à leur sujet. Il n'en fut pas de même à l'égard de deux autres phénomènes qui rentrent dans le domaine de la phytodynamique : nous voulons parler de la croissance normale et des mouvements du protoplasme. Ces phénomènes évoquent l'idée de faits qui, tout en se rattachant au même ordre de choses, n'en sont pas moins diamétralement opposés. Depuis le commencement du siècle, la croissance des plantes a donné lieu à différentes mensurations. On s'était efforcé, sans beaucoup de succès, de déterminer l'exacte importance de l'influence de la lumière et de la chaleur. En 1811, Treviranus avait signalé de nouveau, chez les *Nitella*, les mouvements du protoplasme.

Amici, Meyen et Schleiden constatèrent, à maintes reprises, que des mouvements analogues s'effectuent à l'intérieur des cellules des végétaux supérieurs; ils les confondirent toutefois avec les mouvements de la sève cellulaire; les botanistes de l'époque ignoraient encore qu'il s'agissait ici de mouvements de la même substance organique qui se meut dans l'eau, libre de toute matière étrangère, sous forme de Zoospores. Durant les années qui s'écoulèrent de 1830 à 1840, ces divers phénomènes, et surtout les mouvements des Zoospores, excitèrent l'intérêt des botanistes, et donnèrent lieu à des travaux isolés; mais, on ne songeait pas encore à les rapprocher des phénomènes mécaniques de la croissance normale et aux phénomènes que l'on désigne généralement sous le nom de mouvements des végétaux. De Candolle et Meyen en firent mention à ce point de vue dans leurs œuvres célèbres de 1835 et 1839; Meyen discuta la « circulation de la sève cellulaire » au chapitre consacré à la nutrition, et le mouvement des Zoospores au chapitre consacré à la reproduction chez les algues.

Les deux écrivains qui viennent d'être cités divisèrent en deux groupes principaux, à l'exemple de du Hamel, ces mouvements végétaux que l'on connaissait depuis si longtemps, et que l'on rangeait généralement dans une seule et même catégorie. Ils réunirent les courbures géotropiques et héliotropiques et les mouvements des vrilles et des plantes volubiles pour en parler sous la rubrique « Direction des plantes »; ils rapprochèrent les mouvements périodiques et les mouvements d'irritabilité sous la dénomination commune de « mouvements » sans cependant baser leur classification sur des raisons quelconques. On pourrait peut-être démêler, au fond de cette manière d'agir, un instinct secret qui diffère de la connaissance précise des faits, et qui faisait pressentir aux botanistes en question qu'ils avaient affaire, dans un cas, à des parties végétales en voie de formation; dans l'autre cas, à des parties végétales parvenues à leur complet développement. Dutrochet n'établit pas de semblables distinctions; mais il avait été le seul parmi les principaux physiologistes, entre 1830 et 1840, qui eût adopté le point de vue mécanique des phénomènes phytodynamiques d'une façon complète. Treviranus était, ainsi que nous l'avons dit plus haut, partisan fervent de la théorie de la force vitale. De Candolle et Meyen cherchèrent, il est vrai, à expliquer chaque mouvement des plantes au moyen de principes mécaniques, mais dans leurs considérations ils retombaient dans les théories vieillies des époques antérieures; de Candolle considérait la sensitivité des Mimosas comme un cas d'extrême « excitabilité », et Röper traduisait l'expression de : « mouvements autonomes, » employée par de Candolle, par celle de « mouvements volontaires ». En ceci, il se conformait, du reste, à ses propres théories. Il s'agissait des mouvements de l'*Hedysarum gyrans*, et Meyen considérait ces mouvements comme volontaires, comme ceux des Oscillariées. Il se trouvait ici, sous l'influence de réminiscences lointaines de l'ancienne théorie de l'âme végétale; il suffit, pour s'en assurer, de lire la section consacrée à l'examen de cette question, et qui a pour titre :« Du mouvement et de la sensation chez les plantes ». Et l'auteur y revient plus loin dans le dernier chapitre de cette section; il attribue aux plantes, en termes vagues et discrets, la faculté d'éprouver certaines sensations, en raison des mouvements végétaux, qui lui paraissent présenter une finalité évidente.

V. — Vers 1840, les obscurités engendrées par la philosophie de la nature et la notion de la force vitale disparurent du domaine de la botanique; l'investigation inductive soumise aux principes d'une méthode sévère et fondée sur l'étude même de la nature, sortit victorieuse des luttes qu'elle avait dû soutenir, entre 1830 et 1840, contre les notions erronées mentionnées plus haut, et régna de nouveau sans partage. Quelques botanistes, il est vrai, se rattachaient encore aux erreurs des époques précédentes, mais ils étaient vaincus. On s'efforçait avant tout de soumettre à des recherches approfondies les faits, pris isolément, afin de pouvoir établir sur des bases solides les théories futures. Mais les années qui s'écoulèrent jusque vers 1860 ne furent marquées, dans le domaine de la phytodynamique, par aucun de ces résultats définitifs, par aucune de ces doctrines neuves et originales qui enrichissent l'anatomie, la morphologie et la systématique à la fois; les naturalistes les plus distingués, les penseurs les plus audacieux de l'époque se consacraient presque exclusivement aux sciences spéciales, et l'étude de la phytodynamique disparaissait presque entièrement du cercle d'idées dans lequel se mouvaient, alors, la plupart des botanistes. Durant les vingt années qui suivirent l'époque dont nous parlons, les botanistes ne songèrent pas à appliquer à l'étude de ces problèmes les recherches étendues, prolongées et approfondies auxquelles Dutrochet s'était livré entre 1820 et 1840; et pourtant, le grand botaniste avait donné à la science une impulsion durable qui se manifesta plus tard, à l'époque où l'endosmose fit le sujet d'investigations nouvelles qui permirent de la considérer comme un cas spécial de la physique moléculaire. Aussi l'horizon s'agrandit-il, l'application du point de vue mécanique à l'étude des problèmes de la phytodynamique donna un champ plus vaste, et les progrès accomplis dans le domaine de la botanique facilitèrent l'étude de ces problèmes. Cependant, les écrits qui se succédèrent à cette époque présentaient généralement, à l'exception toutefois du travail de Brücke sur le Mimosa (1848), un caractère plus particulièrement critique; les découvertes nouvelles et positives demeurèrent utilisées jusqu'à une époque postérieure à celle où se termine notre histoire. Cet état de choses nous met dans l'impossibilité de consacrer une étude résumée aux ouvrages qui se sont succédé durant la période de temps à laquelle nous venons de faire allusion; nous nous bornerons, par conséquent, à énumérer les découvertes importantes.

En 1840, différents naturalistes se livrèrent à des recherches sur l'influence de la lumière sur les parties végétales en voie de croissance. En 1843, Payer affirma que les radicules de différents phanérogames fuient la lumière. Cette assertion fut combattue par Dutrochet, et il se produisit une polémique à laquelle Durand se joignit en 1845; il fut impossible, cependant, d'arriver à une conclusion satisfaisante et à une solution définitive de cette question. En 1843, Schmitz fit une découverte qui présente une grande importance et dont les conséquences auraient pu être particulièrement précieuses pour la science; il constata que les Rhizomorphes se développent plus lentement à la lumière que dans l'obscurité, tout en possédant l'héliotropisme négatif. Mais les botanistes qui se sont succédé jusqu'à l'époque actuelle ont entièrement méconnu l'importance théorique de ce fait. En 1817, Sébastien Poggioli avait attribué aux rayons plus réfringents une action héliotropique plus forte; en 1842, l'exactitude de cette observation fut confirmée par Payer; elle fut combattue par Dutrochet qui affirma à tort que les phénomènes en question doivent être attribués à l'intensité et non point à la réfringence de la lumière,

En 1843, Zantedeschi découvrit que la lumière rouge, orangée et jaune, est dépourvue de propriétés héliotropiques; en revanche, Gardner et Guillemain constatèrent à l'aide du spectre, en 1844 et en 1845, que tous les rayons du spectre exercent une action héliotropique, et ces contradictions entravèrent la solution du problème qui ne fut repris qu'en 1864. Nous ajouterons qu'il en fut exactement de même au sujet de l'effet qu'exerce, sur l'exhalation de l'oxygène et sur la formation de la chlorophylle, les lumières diversement colorées. En 1836, Daubeny s'occupa de cette question; il se sentait porté à croire que l'intensité est plus importante que la qualité de la lumière. En 1844, Draper remarqua, à l'aide du spectre, que l'exhalation d'oxygène est plus abondante à la lumière jaune.

Les botanistes qui succédèrent à Draper crurent qu'il fallait tout attribuer à l'intensité de la lumière, et ce n'est que récemment que cette théorie a été abandonnée. D'ailleurs les recherches que nous venons de mentionner se prolongèrent jusque vers 1870, sans amener à un résultat satisfaisant et définitif; on sut à peine en tirer parti au point de vue théorique.

Les progrès accomplis durant l'époque en question dans le domaine de la Phytodynamique se résument d'une manière brillante dans le travail que Brücke consacra, en 1848, aux mouvement des feuilles du Mimosa. Les mérites de cet ouvrage ne résident pas uniquement dans la portée des résultats atteints par Brücke; ils se manifestent surtout dans la justesse de la méthode que l'auteur emploie et qui fait de son œuvre le modèle des recherches de ce genre. Pour ne citer que quelques points, Brücke établit une différence essentielle entre la position nocturne périodique des feuilles du Mimosa et les mouvements déterminés par l'irritation de ces mêmes feuilles; il prouva que la première s'accompagne d'un accroissement de turgescence, tandis que les secondes s'accompagnent d'une diminution de cette turgescence; il prouva en outre que les mouvements périodiques continuent à se produire, et que l'irritabilité se maintient en dépit de la suppression de la partie supérieure des organes en mouvement.

Nous nous arrêterons ici à certains passages qui présentaient une grande importance pour la théorie : il s'agit de ceux où l'auteur explique la tension qui se produit entre le faisceau vasculaire et la couche parenchymateuse turgescente, et où il explique par des courants aqueux qui se produisent dans les masses antagonistes du parenchyme, les mouvements périodiques et les mouvements d'irritabilité. En dépit des imperfections qu'elles présentaient encore dans les détails, les explications de Brücke présentaient un grand avantage : celui de reléguer définitivement au rang des choses passées le mysticisme qui était resté union à la notion de l'irritabilité, et dont Mohl lui-même n'avait jamais réussi à se défaire entièrement.

Durant l'espace de temps dont nous nous occupons, la courbure descendante des racines fut l'objet de recherches approfondies de la part d'un seul savant, Wigand, en 1854.

Ces recherches méritent d'être citées, car elles éclairent la théorie des particularités mécaniques du phénomène dont il s'agit; pour la première fois depuis de longues années, elles signalèrent à l'attention des botanistes maintes particularités curieuses; elles eurent un mérite plus grand encore, celui de réfuter la théorie que Dutrochet avait fondée sur l'endosmose et sur l'étude de la structure des tissus, et que Mohl avait adoptée. Pour arriver à ce résultat, il suffit à Wigand de faire remarquer que les organes unicellulaires présentent aussi des courbures géotropiques. Les botanistes qui se succédèrent à partir de 1860 constatèrent d'ailleurs que les organes unicellulaires présentent les phénomènes phytodynamiques les plus divers, à l'exception toutefois des mouvements d'irritabilité; ils surent apprécier toute l'importance théorique de ce fait.

Nous avons fait remarquer précédemment que la découverte de la circulation qui s'effectue à l'intérieur des cellules, découverte due primitivement à Corti (1772) et renouvelée en 1811 par Treviranus, n'amena à aucun résultat théorique définitif. Les observations faites plus tard par Amici, Meyen et Schleiden, au sujet de l'extrême fréquence de ces mouvements dans les cellules végétales, ne furent pas plus riches en conséquences importantes. Les mouvements des Zoospores avaient été constatés déja avant 1840; ils présentaient une foule de particularités qui excitaient l'étonnement plus que le désir d'entreprendre des recherches scientifiques; l'observation de la nature ne put d'ailleurs se donner carrière avant le moment où Nägeli et Mohl signalèrent dans le protoplasme le véritable substratum des mouvements de la sève à l'intérieur des cellules (1846) et où Alexandre Braun reconnut dans les Zoospères des masses protoplasmiques dépourvues d'enveloppe, et de véritables cellules végétales (1848). On avait donc ramené les mouvements végétaux à une cause nouvelle, à la plus simple de toutes; et Nägeli tenta, en 1849, d'expliquer les mouvements des Zoospores par des principes mécaniques. L'étude de ces phénomènes, qui, ainsi que de Bary le fit remarquer en 1859, ne peuvent être mieux observés que chez les Myxomycètes, ne détermina point de découvertes nouvelles dans le domaine de la mécanique; elle permit cependant aux botanistes de l'époque de deviner et de constater en partie l'importance du rôle que joue le protoplasme dans l'accomplissement de tous les phénomènes phytodynamiques; et les analogies qu'Unger établit, en 1855, entre le protoplasme animal et le protoplasme végétal devaient donner à ces hypothèses une portée toute spéciale. Aucune de ces observations nouvelles n'amena à un résultat définitif avant 1860; cependant, dès 1850, l'ordre et la clarté avaient commencé à régner dans les notions qui se rapportaient aux phénomènes de la phytodynamique; il suffit, pour s'assurer des progrès accomplis dans ce domaine, de lire la *Vegetabilische Zelle* publiée par Mohl en 1851, et le *Lehrbuch der Anatomie und Physologie der Pflanzen* publié par Unger en 1855.

Le premier de ces deux botanistes soumet au contrôle d'une critique sévère les points faibles des tentatives faites pour expliquer les phénomènes, le second s'efforce de mettre en lumière les faits acquis et de montrer toute leur valeur.

Mohl et Unger ne songèrent pas à classer la mécanique de la croissance parmi les phénomènes de la phytodynamique; sous ce rapport, ils imitaient leurs prédécesseurs. Ils paraissaient plutôt supposer qu'il y a une différence fondamentale entre la croissance et les autres mouvements du règne végétal, et cette opinion s'est conservée jusqu'à l'heure actuelle. Depuis l'apparition de Mariotte et de Hales, d'ailleurs, la mécanique de la croissance n'avait plus été l'objet d'études et de recherches; on s'en était tenu sous ce rapport à quelques observations sur les rapports qui existent entre la croissance et les influences extérieures.

En 1837, Ohlert s'efforça de déterminer la distribution de la croissance dans la racine; c'était le premier essai de ce genre qui eût été tenté depuis l'apparition de du Hamel: Cotta en 1806, Chr. F. Meyer en 1808, Cassini en 1821, Steinheil et d'autres encore s'étaient occupés de la même question au sujet de la tige; les calculs et les mensurations montrèrent seulement que la répartition de la croissance dans les entre-nœuds peut varier beaucoup. Münter en 1841 et en 1843, Grisebach en 1843, mesurèrent des entre-nœuds en voie de développement; mais ces tentatives même n'amenèrent à aucun résultat de quelque importance, car ces deux botanistes négligèrent de tirer parti, à un point de vue théorique, des chiffres obtenus. Les naturalistes de l'époque semblaient croire qu'il suffisait de noter les chiffres pour se trouver en possession d'un résultat théorique; le véritable travail scientifique ne commence, au contraire, que lorsque l'expérimentateur a rassemblé ses chiffres. C'est pour la même raison que les tentatives dont nous allons parler n'amenèrent aucun résultat définitif. L'influence qu'exerçent les variations de la température [1] et l'alternance périodique de la lumière et de l'obscurité sur la longueur des entre-nœuds et des feuilles lorsque ces parties sont sorties de la première période de leur développement, a souvent été l'objet de recherches approfondies. Christian Jacob Trew soumit à des mensurations journalières, durant un espace de temps assez long,

1. Voir les *Arbeiten des Bot. Inst. zu Wurzburg*, I, p. 99.

la tige florifère de l'*Agave Americana;* il publia, dès 1827, ses observations au sujet de l'action qu'exercent les variations du temps et de la température, et cent ans plus tard Ernest Meyer (1827) et Mulder (1829) se livrèrent à des observations analogues; en 1847 et en 1848, von der Hopp et Vriese s'aventurèrent à leur tour dans cette voie; mais Harting en 1842, et Caspary en 1856, furent les premiers à soumettre à une étude sérieuse les questions dont il s'agit, Münter signala, il est vrai, certaines particularités dont Harting sut tirer parti au point de vue théorique; il constata que la rapidité de la croissance s'accroît tout d'abord indépendamment des causes extérieures, puis décroît après avoir atteint un maximum d'intensité et finit par cesser complètement; mais abstraction faite de cette découverte, qui d'ailleurs n'attira nullement l'attention des botanistes contemporains, les observations, souvent si consciencieuses et si justes dont nous avons parlé plus haut, n'amenèrent à aucun résultat sérieux; elles ne permirent même pas aux naturalistes de l'époque d'établir les principes d'une méthode d'observation utile et pratique. Il était rare, d'ailleurs, que deux botanistes parvinssent aux mêmes conclusions, et ces contradictions étaient causées par l'ignorance dans laquelle on se trouvait alors au sujet des rapports qui existent entre l'allongement ou la croissance, et la température et la lumière. On alla jusqu'à publier des travaux qui consistaient en de simples énumérations des mensurations opérées durant un certain temps, sur des plantes en voie de croissance; ces énumérations donnaient une idée assez juste de l'irrégularité constante de la croissance, sans fournir le moindre éclaircissement au sujet des causes de celle-ci. La confusion qui régna jusque vers 1850 fut extrême; la plupart des naturalistes cherchaient à déterminer la différence qui existe entre la croissance diurne et la croissance nocturne, sans même songer que le jour et la nuit ne doivent pas être considérés comme des forces naturelles, simples, mais s'accompagnent de complications diverses et variées dans les conditions extérieures, dans la température, la lumière, l'humidité; ils ne se rendaient pas compte que des recherches de ce genre ne peuvent amener à la constatation des rapports naturels aussi longtemps qu'on ignore le rôle des différentes forces en jeu durant le jour et la nuit. Le plus remarquable, théoriquement parlant, de tous les ouvrages que nous venons de mentionner, fut celui de Harting, publié en 1842 : l'auteur s'efforçait surtout de tirer des mensurations des propositions définies; il cherchait à exprimer les rapports qui existent entre le développement et la température en une formule mathématique; mais il n'y réussit point. L'idée qu'il y a entre la croissance et la température, l'existence d'un simple rapport arithmétique, émise au siècle dernier par Adanson fut, entre 1840 et 1860, adoptée par un grand nombre de botanistes. Ceux-ci attribuaient d'ailleurs au mot de croissance un sens général et peu scientifique; ils désignaient sous ce terme l'ensemble des phénomènes de la végétation. Adanson supposa que le temps occupé par le développement des bourgeons est déterminé par la somme des degrés de température moyenne des jours écoulés depuis le commencement de l'année. Senebier et de Candolle combattirent cette vue, mais en dépit de leurs arguments, cette notion gagna du terrain à partir de 1840; elle eut un grand nombre de partisans et passa pour une loi naturelle probable. Boussingault avait déjà émis, à ce sujet, des observations qui ont trait aux plantes cultivées en Europe et en Amérique; il avait fait remarquer que le nombre de jours durant lequel s'effectue le développement, multiplié par la température moyenne de ce même espace de temps, fournit un total qui est identique, à quelques légères différences près, pour la même espèce. On supposa alors que ces différences étaient le résultat d'observations inexactes, et que l'époque de la végétation et la température moyenne doivent fournir un produit constant pour une même espèce.

On désigna en même temps ce produit sous le terme absurde de somme de température. S'il existait réellement, entre la température et la végétation, des rapports de ce genre, on se trouverait dans la nécessité de conclure que la lumière, l'humidité, le sol, et d'une manière générale toutes les autres influences naturelles n'exerçent aucune influence sur la longueur de la période de végétation, pour ne point parler des causes internes qui compliquent les processus les plus simples de la croissance.

Nous ne pouvons songer ici à mettre en lumière toute l'extravagance des notions qui ont trait à la somme de température. Nous avons déjà, en 1860, traité ce sujet dans la mesure où cela était nécessaire. (*Jahrbücher für wiss. Bot.* T. I, p. 370). Nous trouvons cependant surprenant que des raisonnements d'une logique aussi monstrueuse aient porté atteinte, dans tous les domaines et durant les années qui se sont succédées jusque vers 1870, au développement de la science. On vit paraître une science nouvelle qui reçut le nom de Phænologie, et qui consistait à accumuler des milliers de chiffres dans l'espérance de déterminer la somme de température propre à chaque plante; et lorsqu'on vit que la simple multiplication des chiffres représentant la période de la végétation par le chiffre de la température *moyenne*, ne fournissait pas de nombre constant, on eut recours au carré du chiffre de la température et à d'autres subtilités arithmétiques. Dès 1850, Alphonse de Candolle éleva, contre la méthode et les procédés en question, des objections rationnelles et pleines de justesse; il protesta contre l'importance exagérée du rôle que jouait, dans des questions de ce genre, la *notion* de la température moyenne; mais en dépit de ses propres arguments, il ne réussit pas à se défaire de l'influence des doctrines régnantes et crut pouvoir exprimer l'influence de la lumière par un nombre équivalent de degrés de température; il s'imagina avoir ainsi fixé les rapports hypothétiques qui unissent la température à la végétation.

Ce furent là la base de sa *Géographie Botanique*. Cet ouvrage en deux volumes, et publié en 1855, révèle d'ailleurs une connaissance approfondie de la littérature, et contient une foule d'observations instructives et précieuses; malgré cette erreur, c'est une des belles œuvres de la science moderne et une œuvre digne du nom de Candolle.

Ainsi, presque tous les problèmes qui présentent une importance fondamentale au point de vue de la phytodynamique étaient encore inexpliqués à l'époque où se termine notre histoire. Plusieurs années s'écoulèrent avant le moment où ces questions donnèrent lieu à de nouvelles recherches fondées sur des bases nouvelles. Ce sont ces recherches qui forment le sujet des discussions actuelles.

ADDENDUM

A L'ÉDITION FRANÇAISE (1892).

Les questions fondamentales de l'Anatomie, de la Physiologie et de la Systématique dont il a été parlé dans les pages qui précèdent ont été reprises à mainte occasion depuis 1860, et leur étude est entrée dans des voies toutes nouvelles.

L'auteur y a consacré une attention particulière dans les œuvres suivantes : *Handbuch der Experimental — Physiologie der Pflanzen*, 1865; *Lehrbuch der Botanik*, 1868-1878; *Vorlesungen uber Pflanzenphysiologie*, 1882-1887.

TABLE DES NOMS

CITÉS DANS L'OUVRAGE.

C. REINWALD & CIE

Libraires-Éditeurs

CATALOGUE GÉNÉRAL

DIVISION

PARIS

15, rue des Saints-Pères, 15

Janvier 1892

PUBLICATIONS PÉRIODIQUES

Archives de Zoologie expérimentale et générale. Histoire naturelle. — Morphologie. — Histologie. — Évolution des animaux. Publiées sous la direction de Henri de Lacaze-Duthiers, membre de l'Institut de France (Académie des Sciences), professeur d'Anatomie comparée et de Zoologie à la Sorbonne (Faculté des Sciences), Fondateur et Directeur des laboratoires de Zoologie expérimentale de Roscoff et de la station de Banyuls-sur-Mer (Laboratoire Arago), Président de la section des sciences naturelles. (École des Hautes-Études.)

Les *Archives de Zoologie expérimentale et générale* paraissent par cahiers trimestriels. Quatre cahiers ou numéros forment un volume gr. in-8° avec planches noires et coloriées. Prix de l'abonnement : Paris .... 40 fr.
Départements et Étranger .... 42 fr.

Aucun cahier n'est vendu séparément.

Les tomes I à X (années 1872 à 1882) forment la Première Série. — Le tome XI (année 1883) forme le Ier volume de la Deuxième Série. — Le tome XII (année 1884) forme le IIe volume de la Deuxième Série. — Le tome XIII (année 1885) forme le IIIe volume de la Deuxième Série. — Le tome XIV (année 1886) forme le IVe volume de la Deuxième Série. — Le tome XV (année 1887) forme le Ve volume de la Deuxième Série. — Le tome XVI (année 1888) forme le VIe volume de la Deuxième Série. — Le tome XVII (année 1889) forme le VIIe volume de la Deuxième Série. — Le tome XVIII (année 1890) forme le VIIIe volume de la Deuxième Série. — Le tome XIX (année 1891) forme le IXe volume de la Deuxième Série.

Prix de chaque volume gr. in-8°. Cartonné toile.............................. 42 fr

Le tome XX (année 1892) est en cours de publication.

Il a paru en outre de la collection :

Le tome XIII *bis* (supplémentaire à l'année 1885) ou tome III *bis* de la deuxième série.

Le tome XV *bis* (supplémentaire à l'année 1887) ou tome V *bis* de la deuxième série.

Prix de chaque volume gr. in-8°. Cartonné toile.............................. 42 fr

Malgré le grand nombre de planches, le prix de ces volumes est le même que celu des *Archives*.

Revue d'Anthropologie. Publiée sous la direction de M. Paul Broca, secrétaire général de la Société d'anthropologie, directeur du laboratoire d'Anthropologie de l'École des hautes études, professeur à la Faculté de médecine. 1872, 1873 et 1874. — 1re, 2e et 3e années ou volumes I, II et III. Chaque volume .... 20 fr.

Matériaux pour l'histoire primitive et naturelle de l'Homme. Revue mensuelle illustrée, fondée par M. G. de Mortillet, 1865 à 1868, dirigée de 1869 à 1888 par M. Émile Cartailhac et E. Chantre. Format in-8°, avec de nombreuses gravures.

La collection des Matériaux se compose en tout de 22 volumes et coûte 500 fr. Prix de chaque volume séparé, 20 fr. Il reste peu de volumes séparés, la plupart étant épuisés.

Bulletin mensuel de la librairie française. Publié par C. Reinwald et Cie. 1892. 34e année. 8 pages in-8°. — Prix de l'abonnt : France, 2 fr. 50.; Etr., 3 fr.

Ce Bulletin paraît au commencement de chaque mois, et donne le titre et les prix des principales nouvelles publications de France, ainsi que de celles en langue française éditées en Belgique, en Suisse, en Allemagne, etc., avec indications des éditeurs ou de leurs dépositaires à Paris.

BIBLIOTHÈQUE
DES SCIENCES CONTEMPORAINES

PUBLIÉE AVEC LE CONCOURS

DES SAVANTS ET DES LITTÉRATEURS LES PLUS DISTINGUÉS

Depuis le siècle dernier, les sciences ont pris un énergique essor en s'inspirant de la féconde méthode de l'observation et de l'expérience. Mais jusqu'à présent ces magnifiques acquisitions de la libre recherche n'ont pas été mises à la portée des gens du monde; elles sont éparses dans une multitude de recueils, mémoires et ouvrages spéciaux, et, cependant, il n'est plus permis de rester étranger à ces conquêtes de l'esprit scientifique moderne, de quelque œil qu'on les envisage.

Un plan uniforme, fermement maintenu par un comité de rédaction, préside à la distribution des matières, aux proportions de l'œuvre et à l'esprit général de la collection.

Conditions de la souscription. — Cette collection paraît par volumes in-12 format anglais; chaque volume a de 10 à 15 feuilles, ou de 350 à 500 pages au moins. Les prix varient suivant la nécessité, de 3 à 5 francs.

EN VENTE

I. **La Biologie**, par le docteur Charles Letourneau. 4e édition. 1 vol. de XII-506 pages avec 113 gravures intercalées dans le texte. Prix, broché, 4 fr. 50.; relié toile anglaise........................ 5 fr.

II. **La Linguistique**, par Abel Hovelacque. 4e édition revue et augmentée. 1 vol. de XVI-450 pages. Prix, broché, 4 fr. 50.; relié toile anglaise......... 5 fr.

III. **L'Anthropologie**, par le Dr Paul Topinard, avec préface du professeur Paul Broca. 4e édit. 1 volume de XVI-560 pages avec 52 gravures intercalées dans le texte. Prix, broché, 5 fr.; relié toile anglaise.................... 5 fr. 75

IV. **L'Esthétique**, par Eugène Véron. 3e édition. 1 vol. de XXVIII-496 pages. Prix, broché, 4 fr. 50.; relié toile anglaise........................ 5 fr.

V. **La Philosophie**, par André Lefèvre. 2e édition revue et augmentée. 1 vol. de IV-636 pages. Prix, broché, 5 fr.; relié toile anglaise.......... 5 fr. 75

VI. **La Sociologie** d'après l'Ethnographie, par le docteur Charles Letourneau. 2e édit. revue et augmentée. 1 vol. de XVI-608 pages. Prix, broché, 5 fr.; relié toile anglaise........................ 5 fr. 75

VII. **La Science économique**, par Yves Guyot. 2e édition revue et augmentée. 1 vol. de XXXVIII-552 pages, avec 67 graphiques. Prix, broché, 5 fr.; relié toile anglaise........................ 5 fr. 75

VIII. **Le Préhistorique.** Antiquité de l'homme, par Gabriel de Mortillet. 2e édition revue et complétée. 1 vol. de XX-658 pages avec 64 figures intercalées dans le texte. Prix, broché, 5 fr.; relié toile anglaise........ 5 fr. 75

IX. **La Botanique**, par J.-L. de Lanessan. 1 volume de VIII-562 pages avec 132 figures intercalées dans le texte. Prix, broché, 5 fr.; relié toile anglaise........................ 5 fr. 75

X. **La Géographie médicale**, par le docteur A. Bordier. 1 vol. de XXIV-662 pages. Prix, broché........................ 5 fr.

Le cahier de 21 cartes explicatives se vend séparément en sus du prix du volume, 2 fr. — Les exemplaires reliés en toile anglaise, avec les cartes insérées aux endroits utiles, se vendent........................ 7 fr. 50

XI. **La Morale**, par Eugène Véron. 1 vol. de XXXII-484 pages. Prix, broché, 4 fr. 50.; relié toile anglaise........................ 5 fr.

XII. **La Politique expérimentale**, par Léon Donnat. 2e édition, revue, corrigée et augmentée d'un appendice sur les récentes applications de la Méthode expérimentale en France. 1 vol. de XI-588 pages. Prix, broché, 5 fr.; relié toile anglaise........................ 5 fr. 75

XIII. **Les Problèmes de l'Histoire**, par Paul Mougeolle, avec préface par Yves Guyot. 1 vol. de XXVI-472 pages. Prix, broché, 5 fr.; relié toile anglaise........................ 5 fr. 75

XIV. **La Pédagogie.** Son évolution et son histoire, par C. Issaurat. 1 vol. de XII-500 pages. Prix, broché, 5 fr.; relié toile anglaise........... 5 fr. 75

XV. **L'Agriculture et la Science agronomique**, par Albert Larbalétrier. 1 vol. de XXIV-568 pages. Prix, broché, 5 fr.; relié toile anglaise .. 5 fr. 75

XVI. **La Physico-Chimie.** Son rôle dans les phénomènes naturels astronomiques, géologiques et biologiques, par le docteur Fauvelle. 1 vol. de XXIV-512 pages. Prix, broché, 5 fr.; relié toile anglaise............... 5 fr. 75

XVII. **La Religion**, par André Lefèvre. 1 vol. de XLI-586 pages. Prix, broché, 5 fr.; relié toile anglaise........................ 5 fr. 75

I. — DICTIONNAIRES

Nouveau Dictionnaire universel
DE LA
LANGUE FRANÇAISE

Rédigé d'après les travaux et les Mémoires des membres

DES CINQ CLASSES DE L'INSTITUT

ENRICHI D'EXEMPLES EMPRUNTÉS AUX POÈTES ET AUX PROSATEURS FRANÇAIS LES PLUS ILLUSTRES DU XVIe, DU XVIIe, DU XVIIIe ET DU XIXe SIÈCLE

Par M. P. POITEVIN

Auteur du Cours théorique et pratique de Langue française.

Nouvelle édition, revue et corrigée. 2 vol. in-4°, imprimés sur papier grand raisin. Prix, broché, 40 fr.; relié en 1/2 maroq. très solide, 50 fr.

DICTIONNAIRE TECHNOLOGIQUE

DANS LES LANGUES

FRANÇAISE, ANGLAISE ET ALLEMANDE

Renfermant les termes techniques usités dans les arts et métiers et dans l'industrie en général

Rédigé par M. Alexandre TOLHAUSEN
Revu par M. Louis TOLHAUSEN

Ire partie : *Français-allemand-anglais*. 1 vol. in-12, avec un nouveau grand supplément .... 12 fr.

Le *Nouveau grand supplément* de la Ire partie se vend aussi séparément 3 fr. 75.

IIe partie : *Anglais-allemand-français*. 1 vol. in-12 .... 11 fr. 25

IIIe partie : *Allemand-anglais-français*. 1 vol. in-12 .... 10 fr.

Dictionary of the English and French Languages with the Accentuation and a litteral Pronunciation, by W. James and A. Molé. 1 volume in-12 .... 7 fr.

Dictionary of the English and Italian Languages with the Italian Pronunciation, by W. James and Gius. Grassi. 1 vol. in-12 .... 6 fr.

Dictionary of the English and German Languages by W. James, thoroughly revised and partly rewritten, by C. Stoffel. 1 vol. in-12 .... 6 fr.

Dictionnaire anglais-allemand et allemand-anglais, par Wessely. 1 vol. in-16. Cartonné à l'anglaise .... 3 fr.

Dictionnaire anglais-espagnol et espagnol-anglais, par Wessely et Gironès. 1 vol. in-16. Cartonné à l'anglaise .... 3 fr.

Dictionnaire anglais-français et français-anglais, par Wessely. 1 vol. in-16. Cartonné à l'anglaise .... 2 fr.

Dictionnaire anglais-italien et italien-anglais, par Wessely. 1 volume in-16. Cartonné à l'anglaise .... 3 fr.

Dictionnaire espagnol-français et français-espagnol, par Louis Tolhausen. 1 vol. in-16. Cartonné à l'anglaise .... 2 fr.

Dictionnaire français-allemand et allemand-français, par Wessely. 1 vol. in-16. Cartonnage classique, 1 fr.; cartonné à l'anglaise .... 2 fr.

Dictionnaire italien-allemand et allemand-italien, par Locella. 1 volume in-16. Broché, 2 fr.; cartonné à l'anglaise .... 3 fr.

Dictionnaire latin-anglais et anglais-latin. 1 vol. in-16. Cart. à l'angl. 3 fr.

II. — SCIENCES NATURELLES ET ANTHROPOLOGIE.

OUVRAGES DE CHARLES DARWIN

L'Origine des Espèces au moyen de la sélection naturelle ou la Lutte pour l'existence dans la nature. Traduit sur l'édition anglaise définitive par Edmond Barbier. 1 volume in-8°. Cartonné à l'anglaise .... 8 fr.

De la Variation des Animaux et des Plantes à l'état domestique. Traduit sur la seconde édition anglaise par Ed. Barbier, préface par Carl Vogt. 2 vol. in-8°, avec 43 gravures sur bois. *Cartonné* à l'anglaise....... 20 fr.

La Descendance de l'Homme et la Sélection sexuelle. Traduit d'après la seconde édition anglaise revue et augmentée par l'auteur, par Edmond Barbier, préface de Carl Vogt. 3e édition française. (Deuxième tirage.) 1 vol. in-8° avec grav. sur bois. Cartonné à l'anglaise.................. 12 fr. 50

De la Fécondation des Orchidées par les Insectes et des bons résultats du croisement. Traduit de l'anglais par L. Rérolle. 2e edition. 1 vol. in-8°, avec 34 gravures dans le texte. Cartonné à l'anglaise............... 8 fr.

L'Expression des Émotions chez l'Homme et les Animaux. Traduit de l'anglais par les docteurs Samuel Pozzi et René Benoit. 2e édition revue et corrigée (nouveau tirage). 1 vol in-8° avec 21 grav. sur bois et 7 planches photographiées. Cartonné à l'anglaise.............................. 10 fr.

Voyage d'un Naturaliste autour du Monde, fait à bord du navire *Beagle*, de 1831 à 1836. Traduit de l'anglais par M. Ed. Barbier. 2e édition. 1 vol. in-8° avec gravures sur bois. Cartonné à l'anglaise........................ 10 fr.

Les Mouvements et les Habitudes des Plantes grimpantes. Traduit de l'anglais sur la deuxième édition par le docteur Richard Gordon. 2e édition. 1 vol. in-8° avec 13 figures dans le texte. Cartonné à l'anglaise........ 6 fr.

Les Plantes insectivores. Traduit de l'anglais par Ed. Barbier, précédé d'une Introduction biographique et augmenté de Notes complémentaires par le professeur Charles Martins. 1 vol. in-8° avec 30 figures dans le texte. Cartonné à l'anglaise.. 10 fr.

Des Effets de la Fécondation croisée et directe dans le règne végétal. Traduit de l'anglais et annoté avec l'autorisation de l'auteur, par le Dr Edouard Heckel. 1 vol. in-8°. Cartonné à l'anglaise................ 10 fr.

Des différentes Formes de Fleurs dans les plantes de la même espèce. Traduit de l'anglais avec l'autorisation de l'auteur et annoté par le Dr Edouard Heckel, précédé d'une Préface analytique du professeur Coutance. 1 vol. in-8° avec 15 gravures dans le texte. Cartonné à l'anglaise.... 8 fr.

La Faculté motrice dans les Plantes. Avec la collaboration de Fr. Darwin fils. Traduit de l'anglais, annoté et augmenté d'une préface par le Dr Edouard Heckel. 1 vol. in-8° avec gravures. Cartonné à l'anglaise. 10 fr.

Rôle des vers de terre dans la formation de la terre végétale. Traduit de l'anglais par M. Levêque, préface de M. Edmond Perrier. 1 vol. in-8°, avec 15 gravures sur bois dans le texte. Cart. à l'anglaise............. 7 fr.

Les Récifs de Corail, leur structure et leur distribution. Traduit de l'anglais d'après la seconde édition par M. L. Cosserat. 1 vol. in-8, avec 3 planches hors texte. Cartonné à l'anglaise.................................... 8 fr.

LA VIE ET LA CORRESPONDANCE

DE

CHARLES DARWIN

Avec un chapitre autobiographique

Publiés par son fils, M. Francis DARWIN

Traduit de l'anglais par Henry C. de Varigny, docteur ès sciences.
2 vol. in-8°, avec portraits, gravure et autographe. Cart. 20 fr.

TRAITÉ
D'ANATOMIE COMPARÉE PRATIQUE

PAR

CARL VOGT et ÉMILE YUNG

DIRECTEUR PRÉPARATEUR

du Laboratoire d'Anatomie comparée et de Microscopie de l'Université de Genève.

Le *Traité d'Anatomie comparée pratique*, dont nous annonçons la publication, est destiné surtout à servir de guide dans les laboratoires zoologiques.

Une longue expérience, acquise autant dans divers laboratoires et stations maritimes que dans la direction du laboratoire d'anatomie comparée et de microscopie de l'Université de Genève, a démontré à MM. C. Vogt et E. Yung l'utilité d'un traité résumant la technique à suivre pour atteindre à la connaissance intime d'un type donné du règne animal.

Le but de ce *Traité*, qui sera composé d'une série de monographies anatomiques de types, résumant l'organisation animale tout entière, est de mettre l'étudiant en mesure de questionner méthodiquement la nature pour lui arracher ses secrets. En sortant des écoles préparatoires, le jeune homme doit apprendre à voir, à observer, à faire des expériences, et c'est alors qu'il lui faut des jalons, des points de repère pour suivre une route aussi hérissée de difficultés.

Mais, si le *Traité d'Anatomie comparée pratique* s'adresse, en premier lieu, aux étudiants et aux commençants, il ne sera pas moins utile aux professeurs et aux chefs de travaux chargés d'enseigner la science ou de diriger des laboratoires, car ils y trouveront un résumé de toute l'anatomie comparée et pourront y renvoyer l'étudiant arrêté par une difficulté.

Tome I. 1 vol. gr. in-8°, avec 425 fig. dans le texte, cartonné à l'anglaise, 28 fr.

Le présent ouvrage formera deux volumes grand in-8°. Le second volume est sous presse et sera publié par livraisons de 5 feuilles chacune, avec des gravures intercalées dans le texte. Les huit premières livraisons du tome II sont en vente. — Prix de chaque livraison.......... 2 fr. 50

AUTRES OUVRAGES DE CARL VOGT

Lettres physiologiques. Première édition française de l'auteur. 1 vol. in-8° avec 110 gravures sur bois. Cartonné à l'anglaise.............. 12 fr. 50

Leçons sur les animaux utiles et nuisibles, les bêtes calomniées et mal jugées. Traduit de l'allemand par M. G. Bayvet, revu par l'auteur et accompagné de gravures sur bois. 3° édition. Ouvrage couronné par la Société protectrice des animaux. 1 vol. in-12. Broché, 2 fr.; cartonné à l'anglaise.............................. 2 fr. 50

Leçons sur l'Homme, sa place dans la création et dans l'histoire de la terre. Traduction française de J. J. Moulinié. 2° édition, revue par M. Edmond Barbier. 1 vol. in-8°, avec gravures dans le texte. Cartonné à l'anglaise... 10 fr.

La Provenance des Entozoaires de l'homme et de leur évolution. Conférence faite au Congrès international des sciences médicales à Genève, le 15 septembre 1877. 1 vol. in-8°, avec 61 figures dans le texte................ 2 fr.

OUVRAGES DE ERNEST HAECKEL

Professeur de Zoologie à l'Université d'Iéna.

Histoire de la Création des Êtres organisés d'après les lois naturelles. Conférences scientifiques sur la doctrine de l'évolution en général et celle de Darwin, Goethe et Lamarck en particulier. Traduit de l'allemand et revu sur la septième édition allemande, par le docteur Ch. Letourneau. 3° édition. 1 vol. in-8° avec 17 planches, 20 gravures sur bois, 21 tableaux généalogiques et une carte chromolith. Cartonné à l'anglaise...... 12 fr. 50

Lettres d'un voyageur dans l'Inde. Traduit de l'allemand par le Dr Ch. Letourneau. 1 vol. in-8°. Cartonné à l'anglaise .... 8 fr.

OUVRAGES DE LOUIS BÜCHNER

L'Homme selon la Science, son passé, son présent, son avenir, ou D'où venons-nous? — Qui sommes-nous? — Où allons-nous? Exposé très simple, suivi d'un grand nombre d'éclaircissements et remarques scientifiques. Traduit de l'allemand par le Dr Ch. Letourneau. 4e édition revue et augmentée par l'auteur. 1 vol. in-8e, orné de nombreuses gravures sur bois................. 7 fr.

Force et Matière, ou principes de l'ordre naturel de l'univers mis à la portée de tous, avec une théorie de la morale basée sur ces principes. Traduit sur la quinzième édition allemande, avec l'approbation de l'auteur, par A. Regnard. 6e édition avec une biographie de l'auteur et une préface du traducteur. 1 vol. in-8e, avec le portrait de l'auteur........................ 7 fr.

Conférences sur la Théorie darwinienne de la transmutation des espèces et de l'apparition du monde organique. Application de cette théorie à l'homme. Ses rapports avec la doctrine du progrès et avec la philosophie matérialiste du passé et du présent. Traduit de l'allemand d'après la seconde édition, avec l'approbation de l'auteur, par Auguste Jacquot. 1 vol. in-8e........... 5 fr.

La Vie psychique des bêtes. Trad. de l'allemand par le Dr Ch. Letourneau. 1 vol in-8e avec gravures sur bois. Broché, 7 fr.; relié toile, tr. dorées. 9 fr.

Lumière et Vie. Trois leçons populaires d'histoire naturelle sur le soleil dans ses rapports avec la vie, sur la circulation des forces et la fin du monde, sur la philosophie de la génération. Traduit de l'allemand par le docteur Ch. Letourneau. 1 vol. in-8e.. 6 fr.

Nature et Science. Études, critiques et mémoires, mis à la portée de tous. Deuxième volume. Traduit de l'allemand par le docteur Gustave Lauth (de Strasbourg). 1 vol. in-8e.................................... 7 fr.

TRAITÉ
D'ANATOMIE HUMAINE

par C. GEGENBAUR

Professeur d'Anatomie et Directeur de l'Institut anatomique de Heidelberg.

Traduit sur la troisième édition allemande par Charles JULIN, docteur ès sciences naturelles, chargé des cours d'Anatomie comparée et d'Anatomie topographique à la Faculté de médecine de Liège. — 1 vol. gr. in-8o, orné de 626 figures dans le texte, dont un grand nombre tirées en couleurs. Cartonné à l'anglaise......................... 35 fr.

Pour faciliter aux Étudiants l'acquisition de cet important ouvrage, nous avons fait une nouvelle mise en vente en 12 livraisons mensuelles paraissant le 15 de chaque mois au prix de 3 fr. chacune. Les trois premières livraisons sont en vente.

TRAITÉ D'EMBRYOLOGIE
OU
HISTOIRE DU DÉVELOPPEMENT
DE L'HOMME ET DES VERTEBRÉS

par Oscar HERTWIG

Directeur du IIe Institut anatomique de l'Université de Berlin.

Traduit sur la troisième édition allemande par Charles JULIN. — 1 volume grand in-8o, orné de 339 figures dans le texte et 2 planches en chromolithographie. Broché 15 fr.; cartonné à l'anglaise.. 16 fr. 50

ARCHIVES
DE
ZOOLOGIE EXPÉRIMENTALE ET GÉNÉRALE

HISTOIRE NATURELLE — MORPHOLOGIE — HISTOLOGIE — ÉVOLUTION DES ANIMAUX

publiées sous la direction de

HENRI DE LACAZE-DUTHIERS

Membre de l'Institut de France (Académie des sciences),
Professeur d'anatomie comparée et de zoologie à la Sorbonne (Faculté des sciences),
Fondateur et directeur des laboratoires de zoologie expérimentale de Roscoff
et de la station de Banyuls-sur-Mer (Laboratoire Arago),
Président de la section des Sciences naturelles.
(École des Hautes Études)

Les *Archives de Zoologie expérimentale et générale* paraissent par cahiers trimestriels. Quatre cahiers ou numéros forment un volume grand in-8°, avec planches noires et coloriées. Prix de l'abonnement : Paris, 40 fr.; Départements et Étranger, 42 fr.

Aucun cahier n'est vendu séparément.

Les tomes I à X (années 1872 à 1882) forment la Première Série. — Le tome XI (année 1883) forme le Ier volume de la Deuxième Série. — Le tome XII (année 1884) forme le IIe volume de la Deuxième Série. — Le tome XIII (année 1885) forme le IIIe volume de la Deuxième Série. — Le tome XIV (année 1886) forme le IVe volume de la Deuxième Série. — Le tome XV (année 1887) forme le Ve volume de la Deuxième Série. — Le tome XVI (année 1888) forme le VIe volume de la Deuxième Série. — Le tome XVII (année 1889) forme le VIIe volume de la Deuxième Série. — Le tome XVIII (année 1890) forme le VIIIe volume de la Deuxième Série. — Le tome XIX (année 1891) forme le IXe volume de la Deuxième Série.

Prix de chaque volume gr. in-8° cartonné toile.......................... 42 fr.

Le tome XX (année 1892) est en cours de publication.

Il a paru en outre de la collection :

Le tome XIII *bis* (supplémentaire à l'année 1885) ou tome III *bis* de la deuxième série.

Le tome XV *bis* (supplémentaire à l'année 1887) ou tome V *bis* de la deuxième série.

Prix de chaque volume gr. in-8°. Cartonné toile.......................... 42 fr.

Malgré le grand nombre de planches, le prix de ces volumes est le même que celui des *Archives*.

ANAGNOSTAKIS (A.) — *Contribution à l'histoire de la chirurgie.* **La Méthode antiseptique chez les Anciens**, par A. Anagnostakis, prof. à l'Université d'Athènes, président honoraire perpétuel de la Société de médecine, Grand Officier de l'ordre du Sauveur. Brochure in-4°.................. 2 fr.

BRUNNER (Dr Henri). — **Guide pour l'analyse chimique qualitative** des substances minérales et des acides organiques et alcaloïdes les plus importants, par le Dr Henri Brunner, professeur de chimie à l'académie de Lausanne, directeur de l'Ecole de pharmacie. 1 vol. gr. in-8°. Cartonné à l'angl. 5 fr.

CASSELMANN (Dr Arthur). — **Guide pour l'analyse de l'urine**, des sédiments et des concrétions urinaires au point de vue physiologique et pathologique, par le Dr Arthur Casselmann. Traduit de l'allemand, avec l'autorisation de l'auteur, par G. E. Strohl. Brochure in-8°, avec 2 planches......... 2 fr.

CHEPMELL (le Dr E. C.). — **Médecine homœopathique** à l'usage des familles. Régime, hygiène et traitement par le docteur Chepmell. Traduit avec l'autorisation de l'auteur, sur la huitième et dernière édition anglaise, par Ernest Lemoine, docteur en médecine de la Faculté de Paris. 2e édit. 1 vol. in-12.. 4 fr.

— **Traitement homœopathique du choléra.** Extrait de l'*Homœopathie des Familles*, du Dr Chepmell. Traduit sur la dernière édition anglaise, par Ernest Lemoine, docteur en médecine de la Faculté de Paris. Brochure in-12.. 25 c.

COUTANCE (A.). — **La Lutte pour l'existence**, par A. Coutance, professeur d'histoire naturelle à l'École de médecine navale de Brest. 1 vol. in-8°. 7 fr. 50

DETMER (Dr W.). **Manuel technique de physiologie végétale,** par le docteur W. Detmer, professeur de l'Université d'Iéna. Traduit de l'allemand par le docteur Henri Micheels. Revu et augmenté par l'auteur. 1 vol. gr. in-8° avec 130 figures dans le texte. Broché, 10 fr.; cart. à l'anglaise.... 11 fr. 50

FOSTER et **BALFOUR**. — **Éléments d'embryologie,** par M. Foster et Francis Balfour. Traduit de l'anglais par le Dr E. Rochefort. 1 vol. in-8°, avec 71 gravures sur bois. Cartonné à l'anglaise.............................. 7 fr.

GADEAU DE KERVILLE (Henri). — **Causeries sur le Transformisme,** par Henri Gadeau de Kerville. 1 vol. in-12........................ 3 fr. 50

GEGENBAUR (Carl). **Manuel d'Anatomie comparée,** par Carl Gegenbaur, professeur de l'Université et directeur du Musée anatomique de Heidelberg. Traduit de l'allemand sous la direction du professeur Carl Vogt. 1 vol. gr. in-8°, avec 318 grav. sur bois intercalées dans le texte. Broché, 18 fr.; cartonné à l'anglaise.. 20 fr.

GORUP-BESANEZ (Dr E.). — **Traité d'Analyse zoochimique qualitative et quantitative.** Guide pratique pour les recherches physiologiques et cliniques, par le Dr E. Gorup-Besanez, prof. de chimie à l'Université d'Erlangen. Traduit sur la troisième édition allemande et augmenté par le Dr L. Gautier. 1 vol. grand in-8°, avec 128 figures dans le texte. Cartonné à l'anglaise. 12 fr. 50

HUXLEY (T. H.). — **Leçons de Physiologie élémentaire,** par T. H. Huxley. Traduit de l'anglais sur la troisième édition, par le docteur E. Dally. 1 vol. in-12, avec de nombreuses figures dans le texte. Broché, 3 fr. 50; cart. à l'anglaise.. 4 fr.

JORISSENNE (Dr G.). — **Nouveau signe de la grossesse,** par le Dr G. Jorissenne. Brochure gr. in-8°...................................... 2 fr. 50

KÖLLIKER (Albert). — **Embryologie ou traité complet du développement de l'homme et des animaux supérieurs.** par Albert Kölliker, professeur d'anatomie à l'Université de Wurzbourg. Traduction faite sur la deuxième édition allemande par Aimé Schneider, professeur à la Faculté des sciences de Poitiers. Revue et mise au courant des dernières connaissances par l'auteur avec une préface par H. de Lacaze-Duthiers, membre de l'Institut de France, sous les auspices duquel la traduction a été faite. 1 vol. gr. in-8°, avec 606 fig. dans le texte. Cartonné à l'anglaise................ 30 fr.

LABARTHE (P.). — **Les Eaux minérales et les Bains de mer de la France.** Nouveau guide pratique du médecin et du baigneur, par le docteur Paul Labarthe. Précédé d'une Introd. par M. A. Gubler. 1 vol. in-12. Cart...... 5 fr.

LUBBOCK (Sir John). — **Les Insectes et les Fleurs sauvages,** leurs rapports réciproques, par Sir John Lubbock. Traduit par Edmond Barbier. 1 vol. in-12 avec 131 gravures dans le texte. Broché, 2 fr. 50.; cartonné à l'anglaise, plaque spéciale.. 3 fr.

— **De l'Origine et des Métamorphoses des Insectes,** par Sir John Lubbock. Traduit par Jules Grolous. 1 volume in-12, avec de nombreuses gravures dans le texte. Broché, 2 fr. 50.; cartonné à l'anglaise, plaque spéciale. 3 fr.

MAGNUS (Hugo). — **Histoire de l'Évolution du sens des couleurs,** par Hugo Magnus, professeur d'ophthalmologie à l'Université de Breslau, avec une Introduction par Jules Soury. 1 volume in-12.......................... 3 fr.

MARCOU (J.). — **De la Science en France,** par J. Marcou. 1 vol. in-8°.... 5 fr.

MARTIN (Ernest). — **Histoire des Monstres,** depuis l'antiquité jusqu'à nos jours, par le docteur Ernest Martin. 1 vol. in-8° .... 7 fr.

MOHR (Fr.). — **Toxicologie chimique.** Guide pratique pour la détermination chimique des poisons, par le docteur Frédéric Mohr, professeur de pharmacie à l'Université de Bonn. Traduit de l'allemand par le docteur L. Gautier. 1 volume in-8°, avec 56 gravures dans le texte........................ 5 fr.

REICHARDT (E.). — **Guide pour l'analyse de l'Eau,** au point de vue de l'hygiène et de l'industrie. Précédé de l'Examen des principes sur lesquels on doit s'appuyer dans l'appréciation de l'eau potable, par le docteur E. Reichardt. Traduit de l'allemand avec l'autorisation de l'auteur, par G. E. Strohl. 1 vol. in-8°, avec 31 fig. dans le texte................ 4 fr. 50

ROMANES (G. J.). — **L'Évolution mentale chez les Animaux,** par George John Romanes. Suivi d'un essai posthume sur l'instinct par Charles Darwin. Traduit de l'anglais par le Dr Henri C. de Varigny. 1 vol. in-8° avec 4 figures dans le texte et 1 frontispice. Cartonné à l'anglaise.................. 8 fr.

ROSSI (D. C.). — **Le Darwinisme et les Générations spontanées**, ou Réponse aux réfutations de MM. P. Flourens, de Quatrefages, L. Simon, Chauvet, etc., suivie d'une Lettre de M. le Dr F. Pouchet, par D. C. Rossi. 1 vol. in-12. 2 fr. 50

SCHLESINGER (R.). — **Examen microscopique et microchimique des fibres textiles**, tant naturelles que teintes, suivi d'un Essai sur la Caractérisation de la laine régénérée (shoddy), par le Dr Robert Schlesinger. Précédé d'une préface, par le Dr Emile Kopp. Traduit de l'allemand par le Dr L. Gautier. 1 volume in-8°, avec 32 gravures dans le texte........ 4 fr.

SCHMID et Fr. **WOLFRUM**. — **Instruction sur l'Essai chimique des médicaments**, à l'usage des Médecins, des Pharmaciens, des Droguistes et des Elèves qui préparent leurs derniers examens de pharmacien, par le docteur Christophe Schmid et F. Wolfrum. Traduit de l'allemand avec l'autorisation des auteurs par le docteur G. E. Strohl. 1 vol. gr. in-8°. Cartonné à l'anglaise.. 6 fr.

SCHORLEMMER (C.). — **Origine et développement de la Chimie organique**, par C. Schorlemmer. Traduit de l'anglais avec l'autorisation de l'auteur par Alexandre Claparède. 1 vol. in-12, avec figures. Cartonné à l'anglaise, tranches rouges.. 3 fr. 50

STAEDELER (G.). — **Instruction sur l'Analyse chimique qualitative des substances minérales**, par G. Staedeler, revue par H. Kolbe. Traduit sur la sixième édition allemande, par le Dr L. Gautier, avec une gravure dans le texte et un tableau colorié d'analyse spectrale. 1 vol. in-12. Cartonné à l'anglaise.. 2 fr. 50

WALLACE (A. R.). — **La Sélection naturelle.** Essais par Alfred-Russel Wallace. Traduit de l'anglais sur la deuxième édition, avec l'autorisation de l'auteur, par Lucien de Candolle. 1 vol. in-8. Cartonné à l'anglaise.... 8 fr.

YUNG (Émile). — **Hypnotisme et Spiritisme** (Les faits positifs et les faits présumés). *Conférences* publiques prononcées dans l'aula de l'Université de Genève. 1 volume in-8°.. 2 fr.

— **Propos scientifiques**, par Emile Yung. 1 vol. in-12............ 3 fr.

FORMULAIRE

DE LA FACULTÉ DE MÉDECINE DE VIENNE

DONNANT LES PRESCRIPTIONS THÉRAPEUTIQUES

Utilisées par les professeurs Albert, Bamberger, Benedikt, Billroth, C. Braun, Gruber, Kapos Meynert, Monti, Neumann, Schnitzler, Stellwag de Carion, Ultzmann, Widerhofer.

Publié par le Dr Théodore WIETHE

Ancien chef de clinique à Vienne.

Traduit sur la huitième édition allemande, par le Dr E. VOGT

Deuxième édition revue, corrigée et augmentée d'un

FORMULAIRE DESTINÉ A L'ART DENTAIRE

1 vol. in-32. Cartonné toile, tranches rouges, coins arrondis, 4 fr.

LE TABAC

Études Historiques, Chimiques, Agronomiques, Industrielles, Hygiéniques et Fiscales

SUR

LE TABAC A FUMER, A PRISER ET A MACHER

Manuel pratique à l'usage des Consommateurs-Amateurs, Planteurs et Débitants

Par Albert LARBALÉTRIER

Professeur de Chimie agricole et industrielle à l'École d'Agriculture du Pas-de-Calais

1 vol. in-12, orné de 18 gravures dans le texte.......... 3 fr.

ESSAIS
SUR
L'HÉRÉDITÉ
ET
LA SÉLECTION NATURELLE

Par A. WEISMANN
Professeur à l'Université de Fribourg en Brisgau.

Traduction française par **Henry de VARIGNY**, docteur ès sciences naturelles, membre de la Société de Biologie. — 1 vol. in-8°. Cartonné à l'anglaise.............. 8 fr.

III. — PHILOSOPHIE

ASSIER (Adolphe d'). — **Essai de Philosophie naturelle.** Le Ciel, la Terre, l'Homme, par Adolphe d'Assier.
Première partie : le Ciel. 1 vol. in-12.................... 2 fr. 50
Troisième partie : L'Homme, 1 vol. in-12.................. 3 fr. 50

BÉRAUD (P. M.). — **Étude sur l'Idée de Dieu dans le spiritualisme moderne,** par P. M. Béraud. 1 vol. in-12.............................. 4 fr.

BORDIER (Dr A.). — **La Vie des sociétés,** par le Dr A. Bordier, professeur à l'école d'Anthropologie de Paris. 1 volume in-8°.................. 6 fr.

BRESSON (Léopold). — **Idées modernes.** Cosmologie. Sociologie, par Léopold Bresson. 1 volume in-8°.. 5 fr.

—— *Etudes de sociologie.* **Les trois évolutions,** intellectuelle, sociale, morale, par Léopold Bresson. 1 volume in-8°.................... 6 fr.

BURNOUF (Émile). — **La Vie et la Pensée.** Éléments réels de Philosophie, par Émile Burnouf, directeur honoraire de l'école d'Athènes. 1 vol. in-8° avec gravures dans le texte.................................... 7 fr.

COSTE (Adolphe). — **Dieu et l'Ame.** Essai d'idéalisme expérimental, par Adolphe Coste. 1 vol. in-12.................................. 2 fr. 50

DIDEROT. — **Œuvres choisies.** Édition du centenaire (30 juillet 1884). Publiée par les soins de MM. Dutailly, Gillet-Vital, Yves Guyot, Issaurat, de Lanessan, André Lefèvre, Ch. Letourneau, M. Tourneux, E. Véron. 1 vol. in-12.. 3 fr. 50

DODEL (Dr Arnold) **Moïse ou Darwin?** Trois conférences populaires offertes aux réflexions de tous ceux qui cherchent la vérité, par le Dr Arnold Dodel, professeur titulaire de botanique à l'Université de Zurich. Traduit, avec l'autorisation de l'auteur, sur la troisième édition allemande, par Ch. Fulpius, président de la Société des Libre-Penseurs de la ville de Genève. 1 vol. in-8°.. 2 fr. 50

GENER (Pompeyo). — *Contribution à l'étude de l'évolution des idées.* **La Mort et le Diable.** Histoire et philosophie des deux négations suprêmes, par Pompeyo Gener. Precédé d'une lettre à l'auteur de E. Littré. 1 vol. in-8°. Cartonné à l'anglaise.. 12 fr.

GIRARD DE RIALLE. — **La Mythologie comparée.** (Tome premier : Théorie du fétichisme. — Sorciers et sorcellerie. — Le fétichisme étudié sous ses divers aspects. — Le fétichisme chez les Cafres, chez les anciens Chinois, chez les peuples civilisés. — Théorie du polythéisme. — Mythologie des nations civilisées de l'Amérique. 1 volume in-12. Broché, 3 fr. 50.; cartonné à l'anglaise.. 4 fr.

GUBERNATIS (Angelo de). — **La Mythologie des Plantes ou les Légendes du règne végétal.** 2 vol. in 8°. Cartonné à l'anglaise .... 14 fr.

ISNARD (le docteur Félix). — **Spiritualisme et Matérialisme,** par le docteur Félix Isnard. 1 vol. in-12.................................. 3 fr.

ISSAURAT (C.). — **Diderot pédagogue.** Conférence, par C. Issaurat. Brochure in-8°... 1 fr.

LANGE (F. A.). — **Histoire du Matérialisme** et Critique de son importance à notre époque, par F. A. Lange, professeur à l'*Université de* Marbourg. Traduit de l'allemand sur la dernière édition avec l'autorisation de l'auteur, par B. Pommerol, avec une Introduction par D. Nolen. 2 vol. in-8°. *Cartonnés* à l'anglaise.......... 20 fr.

LETOURNEAU (Ch.). — **Physiologie des Passions**, par Ch. Letourneau. 2e édit., revue et augmentée. 1 vol. in-12. Broché, 3 fr. 50.; cart. à l'anglaise. 4 fr. 50

— **Science et Matérialisme**, par Ch. Letourneau. 1 vol. in-12. Broché, 4 fr. 50.; cartonné à l'anglaise.......... 5 fr. 25

MANTEGAZZA. — **Physiologie du Plaisir**, par le professeur Mantegazza, sénateur du royaume d'Italie, président de la Société *anthropologique*. Traduit et *annoté* par M. Combes de Lestrade. 1 vol. in-8°.......... 6 fr.

MAUDSLEY (Henry). — **Physiologie de l'esprit**, par Henry Maudsley. Traduit de l'anglais par A. Herzen. 1 vol. in-8°. Cartonné à l'anglaise.......... 10 fr.

MICHEL (Louis). — **Libre arbitre et liberté**, par Louis Michel. 1 volume in-12.......... 2 fr. 50

MULLER (F. Max). — **Origine et développement de la Religion**, étudiés à la lumière des religions de l'Inde. Leçons faites à Westminster Abbey, par F. Max Muller. Traduites de l'anglais par J. Darmesteter. 1 vol. in-8°. 7 fr.

PICHARD (Prosper). — **Doctrine du réel.** Catéchisme à l'usage des gens qui ne se payent pas de mots. Précédé d'une *préface* par E. Littré. Nouvelle *édition*. 1 vol. in-12.......... 2 fr.

POMPERY (E. de). — **La morale naturelle et la religion de l'humanité**, par Edouard de Pompery. 1 vol. in-12 élégamment br. avec couverture simili japon.......... 3 fr. 50

— **Simple métaphysique**, par Edouard de Pompery. 1 brochure in-8°, avec supplément.......... 1 fr.

— **La Vie de Voltaire.** L'homme et son œuvre. 1 vol. in-12.......... 2 fr.

ROLLAND (Camille). — **Esprit et Matière**, ou Notions populaires de Philosophie scientifique, suivies de l'Arbre généalogique complet de l'homme, d'après les données de Haeckel, par Camille Rolland, ingénieur. 1 vol. in-12 avec 2 planches. Cartonné à l'anglaise.......... 2 fr. 50

RUELLE (Ch.). — **De la vérité dans l'Histoire du christianisme.** *Lettres* d'un laïque sur Jésus, par Ch. Ruelle, auteur de la *Science populaire de Claudius*. — La théologie et la science. — M. Renan et les théologiens. — La résurrection de Jésus d'après les textes. — *Lecture* de l'encyclique. 1 vol. in-8°.......... 6 fr.

SETCHÉNOFF (Ivan). — **Études psychologiques.** Traduit du russe par Victor Derély. Avec une introduction de M. G. Wyrouboff. 1 vol. in-8°. 5 fr.

SOURY (Jules). — **Études historiques sur les religions, les arts, la civilisation** de l'Asie antérieure et de la Grèce, par Jules Soury. 1 vol. in-8°.......... 7 fr. 50

SPINOZA (B. de). — **Lettres** de B. de Spinoza inédites en français. Traduites et annotées par J.-G. Prat. 1 vol. in-12, avec portrait et épigraphe.... 3 fr.

STRAUSS (David-Frédéric). — **L'Ancienne et la Nouvelle foi.** Confession par David-Frédéric Strauss. Traduit de l'allemand sur la 8e édition par Louis Narval, et augmenté d'une Préface par E. Littré. 1 volume in-8°.... 7 fr.

— **Voltaire.** Six conférences de David-Frédéric Strauss. Traduit de l'allemand sur la troisième édition par Louis Narval, précédé d'une Lettre-Préface du traducteur à M. E. Littré. 1 vol. in-8°.......... 7 fr.

TYLOR (M. Edward B). — **La Civilisation primitive.** par M. Edward B. Tylor. Tome I. Traduit de l'anglais sur la deuxieme édition par Mme Pauline Brunet. — Tome II. Traduit de l'anglais sur la deuxième édition par M. Ed. Barbier. 2 vol. in-8°. Cartonnés à l'anglaise.......... 20 fr.

VIARDOT (Louis). — **Libre examen.** Apologie d'un incrédule, par Louis Viardot. 6e édition très augmentée (édition populaire). 1 vol. in-12.......... 1 fr. 50

VOLTAIRE. — **Œuvres choisies.** Édition du centenaire (30 mai 1878). 1 vol. in-12 de 1,000 pages, avec portrait de Voltaire.......... 2 fr. 50

IV. — ARCHÉOLOGIE ET PRÉHISTORIQUE

CARTAILHAC (Émile). — **Les Ages préhistoriques de l'Espagne et du Portugal**, par Emile Cartailhac, avec préface de M. de Quatrefages, de l'Institut. 1 vol. gr. in-8° avec 450 gravures et 4 planches. Broché. 25 fr. Cartonné .... 30 fr.

CHANTRE (Ernest). **Recherches anthropologiques dans le Caucase**, par Ernest Chantre, sous-directeur du Muséum de Lyon. Chargé de missions scientifiques dans l'Asie occidentale par M. le Ministre de l'Instruction publique. Tome I. Période préhistorique. Tome II. Période protohistorique. Premier âge du fer, avec atlas. Tome III. Période historique. Epoque Scytho Byzantine. Tome IV. Période historique. Populations actuelles (1879-1881). 4 volumes de texte grand in-4°, avec gravures, planches et cartes, et accompagnés d'un atlas au tome II, en tout 5 volumes grand in-4° ..... 300 fr.

DESOR (E.) et P. de **LORIOL**. — **Échinologie helvétique. Description des Oursins fossiles de la Suisse**, par E. Desor et P. de Loriol. Echinides de la période jurassique. 1 vol. in-4° et atlas in-fol. de 61 pl. Cart.... 100 fr.

L'ouvrage a été publié en 16 livraisons.

LEPIC (le vicomte). — **Grottes de Savigny**, commune de la Biolle, canton d'Albens (Savoie), par M. le vicomte Lepic. Grand in-4°, avec 6 planches lithographiées .... 9 fr.

LEPIC (le vicomte) et Jules de **LUBAC**. — **Stations préhistoriques de la vallée du Rhône, en Vivarais. Châteaubourg et Soyons.** Notes présentées au Congres de Bruxelles dans la session de 1872, par MM. le vicomte Lepic et Jules de Lubac. In-folio, avec 9 planches........................ 9 fr.

MORTILLET (Gabriel de). — **Le Signe de la croix avant le christianisme**, par Gabriel de Mortillet. 1 vol. in-8°, avec 117 gravures sur bois...... 6 fr.

MORTILLET (Gabriel et Adrien). **Musée préhistorique**, par Gabriel et Adrien de Mortillet. Album de 100 planches contenant 800 dessins classés méthodiquement. 1 vol. in-4°.. 35 fr.

NILSSON (Sven). — **Les Habitants primitifs de la Scandinavie.** Essai d'ethnographie comparée, matériaux pour servir à l'histoire de l'homme, par Sven Nilsson. 1re partie : L'Age de pierre. Traduit du suédois sur le manuscrit de la troisième édition préparée par l'auteur. 1 vol. in-8°, avec 16 planches. Cartonné à l'anglaise.. 12 fr.

PERRIER DU CARNE. — **La Grotte de Teyjat**, gravures magdaléniennes, par Perrier du Carne. Brochure grand in-8°, avec 9 figures et 3 héliogravures.. 2 fr.

RHOMAÏDÈS (C.). — **Les Musées d'Athènes**, gr. in-4° avec texte grec, allemand, français et anglais. (Athènes.)

Cet ouvrage paraît par livraisons avec texte et planches. Les deux premières sont en vente. Prix de chaque livraison .... 7 fr. 50

SALMON (Philippe). — **Dictionnaire paléoethnologique** du département de l'Aube, par Philippe Salmon, membre de la Commission des monuments mégalithiques de France et d'Algérie, membre correspondant de la Société académique de l'Aube. 1 vol. gr. in-8°, avec 3 cartes........................ 15 fr.

— **Les Races humaines préhistoriques**, par Philippe Salmon. Brochure gr. in-8° .... 2 fr. 50

SCHLIEMANN (Henri). — **Tirynthe**, le palais préhistorique des rois de Tirynthe. Résultat des dernières fouilles par Henri Schliemann, avec une préface de M. le professeur F. Adler et des contributions de M. le docteur W. Dörpfeld. 1 volume gr. in-8° jesus, illustré d'une carte, de 4 plans, de 24 planches en chromolithographie et de 188 gravures sur bois. Cartonné à l'anglaise, non rogné, avec titre en noir 32 fr.; relié en demi-maroquin, plaques spéciales or et noir, doré sur tranches.. 40 fr.

VANDEN-BERGHE (Maximilien). — *Etudes anthropologiques.* **L'homme avant l'histoire, notions générales de paléoethnologie**, par Vanden-Berghe. 2e édition, précédée d'une lettre de M. Abel Hovelacque, professeur de linguistique à l'Ecole d'anthropologie. Brochure in-8°......... 1 fr. 50

V. — *HISTOIRE, GÉOGRAPHIE, POLITIQUE*

LE MONDE TERRESTRE

AU POINT ACTUEL DE LA CIVILISATION

NOUVEAU PRÉCIS

DE GÉOGRAPHIE COMPARÉE

DESCRIPTIVE, POLITIQUE ET COMMERCIALE

Avec une Introduction, l'Indication des sources et cartes, et un Répertoire alphabétique

par **CHARLES VOGEL**

Conseiller, ancien chef de Cabinet de S. A. le prince Charles de Roumanie
Membre des Sociétés de Géographie et d'Économie politique de Paris, Membre correspondant de l'Académie royale des Sciences de Lisbonne, etc., etc.

L'ouvrage complet forme 3 volumes, divisés en 5 parties, gr. in-8°.

Premier volume. Cartonné à l'anglaise........................ 15 fr.
Deuxième volume. Cartonné à l'anglaise........................ 18 fr.
Première partie du troisième volume. Cartonné à l'anglaise .... 9 fr.
Deuxième — — — — — .... 12 fr.
Troisième — — — — — .... 12 fr.
L'ouvrage complet en 3 volumes, divisés en 5 parties. Broché......... 60 fr.
Cartonné à l'anglaise.............. 66 fr.
Relié en demi-maroquin, tr. peigne. 72 fr.

Il a été fait un tirage spécial de la 1re partie du tome III de cet ouvrage sous le titre :

L'EUROPE ORIENTALE DEPUIS LE TRAITÉ DE BERLIN

Cette partie contient la Russie, la Pologne et la Finlande, la Roumanie, la Serbie et le Monténégro, la Bulgarie, la Turquie, l'Albanie et la Grèce. Elle forme un volume gr. in-8°, cartonné à l'anglaise........................ 9 fr.

MŒURS ROMAINES DU RÈGNE D'AUGUSTE

A LA FIN DES ANTONINS

par **L. FRIEDLÆNDER**

Professeur à l'Université de Kœnigsberg.

TRADUCTION LIBRE FAITE SUR LE TEXTE DE LA DEUXIÈME ÉDITION ALLEMANDE

Avec des considérations générales et des remarques

par **CH. VOGEL.**

4 vol. in-8°. Brochés, 28 fr. Reliés en demi-maroquin................ 35 fr.

R. ENGELMANN

L'ŒUVRE D'HOMÈRE

ILLUSTRÉE PAR L'ART DES ANCIENS

Traduit de l'allemand

Trente-six planches précédées d'un texte explicatif et d'un avant-propos de

L. BENLŒW

1 vol. in-4° oblong. Cartonnage classique............ 4 fr. 50

BORDIER (Dr A.). — **La Colonisation scientifique et les colonies françaises**, par le Dr A. Bordier, prof. de *géographie médicale* à l'École d'Anthropologie. 1 vol. in-8°. Broché, 7 fr. 50 ; cartonné à l'anglaise. 8 fr. 50

BULWER (Sir H.). — **Essai sur Talleyrand**, par Sir Henry Lytton Bulwer, ancien ambassadeur. Traduit de l'anglais avec l'autorisation de l'auteur, par Georges Perrot. 1 vol. in-8°.......... 5 fr.

CHAMPION (Edme). — **Esprit de la Révolution française**, par Edme Champion. 1 vol. in-12.......... 3 fr. 50

DELTUF (Paul) — **Essai sur les Œuvres et la Doctrine de Machiavel**, avec la traduction littérale du Prince, et de quelques Fragments historiques et littéraires, par Paul Deltuf. 1 vol. in-8°.......... 7 fr. 50

DEVAUX (Paul). — **Études politiques sur l'Histoire ancienne et moderne** et sur l'influence de l'état de guerre et de l'état de paix, par Paul Devaux. 1 vol. grand in-8°.......... 9 fr.

DUPONT (Edouard). **Lettres sur le Congo.** Récit d'un voyage scientifique entre l'embouchure du fleuve et le confluent du Kassaï, par Édouard Dupont, directeur du Musée royal d'histoire naturelle de Bruxelles. 1 vol. gr. in-8°, illustré de 12 gravures sur bois et de 11 cartes et planches hors texte. Broché 15 fr.; cartonné à l'anglaise.......... 16 fr.

GUYOT (Yves). — **Lettres sur la politique coloniale.** 1 volume in-12, avec 1 carte et 2 graphiques.......... 4 fr.

LEFÈVRE (André). — **L'Homme à travers les âges.** Essais de critique historique. 1 vol. in-12. Broché, 3 fr. 50.; cartonné à l'anglaise.......... 4 fr.

MOHL (Jules). — **Le Livre des Rois**, par Abou'lKasim Firdousi. Traduit et commenté par Jules Mohl, membre de l'Institut, professeur au Collège de France. Publié par Mme Mohl. 7 vol. in-12. (Imprimerie nationale.) 52 fr. 50

MOLINARI (G. de). — **L'Évolution économique du XIXe siècle**, théorie du progrès, par M. G. de Molinari, membre correspondant de l'Institut. 1 vol. in-8°.......... 6 fr.

— **L'Évolution politique et la révolution**, par M. G. de Molinari, membre correspondant de l'Institut. 1 vol. in-8°.......... 7 fr. 50

— **Au Canada et aux Montagnes Rocheuses**, en Russie, en Corse et à l'Exposition universelle d'Anvers. Lettres adressées au *Journal des Débats* par M. G. de Molinari. 1 vol. in-12.......... 3 fr. 50

MOREAU DE JONNÈS (A.). — **État économique et social de la France depuis Henri IV jusqu'à Louis XIV (1589-1715)**, par A. Moreau de Jonnès, membre de l'Institut. 1 vol. in-8°.......... 7 fr.

POPPER. — **Terre de feu.** Conférence donnée à l'Institut géographique argentin, le 5 mars 1887, par l'ingénieur Jules Popper. Traduit du *Bulletin de l'Institut* par M. G. Lemarchand. Brochure in-12.......... 4 fr. 50

ROBIQUET (Paul). — **Histoire municipale de Paris** depuis les origines jusqu'à l'avènement de Henri III, par Paul Robiquet. 1 vol. in-8. Broché, 10 fr.; relié toile aux armes de la ville de Paris.......... 12 fr.

TISCHENDORF (Constantin). — **Terre sainte**, par Constantin Tischendorf, avec les souvenirs du pèlerinage de S. A. I. le grand-duc Constantin. 1 vol. in-8°, avec 3 gravures.......... 5 fr.

VOGEL (Charles). — **Le Portugal et ses colonies.** Tableau politique et commercial de la monarchie portugaise dans son état actuel, avec des annexes et des notes supplémentaires, par Charles Vogel. 1 vol. in-8°.......... 8 fr. 50

VI. — LITTÉRATURE

BRÉMER (Mlle Frédérika). — **Hertha, ou l'Histoire d'une âme,** par Mlle Frédérika Brémer. Traduit du suédois avec l'autorisation de l'auteur et des éditeurs, par A. Geffroy. 1 vol. in-12.. 3 fr. 50

BRET-HARTE. — **Scènes de la vie californienne** et Esquisses de mœurs transatlantiques, par Bret-Harte. Traduit par M. Amédée Pichot et ses collaborateurs de la *Revue britannique.* 1 vol. in-12.............................. 2 fr.

BROUGHTON (Miss). — **Comme une fleur,** autobiographie. Traduit de l'anglais par Auguste de Viguerie. 2e édition revue. 1 vol. in-12, *imprimé* avec encadrement en couleur. Relié toile, tr. dor. et plaque spéciale........ 5 fr.

Choix de Nouvelles russes, de Lermontoff, de Pouchkine, Von Wiesen, etc. Traduit du russe par M. J. N. Chopin, auteur d'une *Histoire de Russie,* de l'*Histoire des révolutions des peuples du Nord,* etc. Nouvelle édition. 1 vol. in-12.. 2 fr.

DELTUF (Paul). — **Les Tragédies du foyer,** par Paul Deltuf. 1 vol. in-12. 2 fr.

FAURIEL (C.). — **Histoire de la Poésie provençale.** Cours fait à la Faculté des lettres de Paris, par M. C. Fauriel, membre de l'Institut. 3 volumes in-8°.. 24 fr.

GOLOVINE (M. Ivan). — **Mémoires d'un Prêtre russe,** ou la Russie religieuse, par M. Ivan Golovine. 1 vol. in-8°.. 7 fr.

HEYSE (Paul). — **La Rabbiata et d'autres Nouvelles,** par Paul Heyse. Traduit de l'allemand par MM. G. Bayvet et E. Jonveaux. 1 vol. in-12........ 2 fr.

Impressions de voyage d'un Russe en Europe. 1 vol. in-12....... 2 fr. 50

MANTEGAZZA (P.). — **Une Journée à Madère,** par P. Mantegazza. Traduit de l'italien avec l'autorisation de l'auteur, par Mme C. Thiry. 1 vol. in-12. 2 fr.

MARSH (Mrs.). — **Emilia Wyndham,** par l'auteur de « Two old men's tales; Mount Sorel, etc. » (Mrs. Marsh.) Traduit librement de l'anglais. 2 vol. in-12 réunis en un seul.. 5 fr.

MARY LAFON. — **Histoire littéraire du Midi de la France,** par Mary Lafon 1 vol. in-8°.. 7 fr. 50

MÜLLER (Otto). — **Charlotte Ackermann.** Souvenirs du théâtre de Hambourg au XVIIIe siècle, par Otto Müller. Traduit par J.-J. Porchat. 1 vol. in-8°.. 2 fr.

WITT (Mme de). — **La Vie des deux côtés de l'Atlantique,** autrefois et aujourd'hui. Traduit de l'anglais par Mme de Witt. 1 vol. in-12.......... 2 fr.

VII. — LINGUISTIQUE — LIVRES CLASSIQUES

AHN (F. H.). — **Syllabaire allemand.** Premières leçons de langue allemande, avec un nouveau traité de prononciation et un nouveau système d'apprendre les lettres manuscrites, par F. H. Ahn. 7e édition. 1 vol. in-12. 1 fr.

BRUHNS (C.). — **Nouveau Manuel de logarithmes** à sept décimales, pour les nombres et les fonctions trigonométriques, rédigé par C. Bruhns, docteur en philosophie, directeur de l'observatoire et professeur d'astronomie à Leipzig. 1 vol. grand in-8°, édition stéréotype. (Leipzig, B. Tauchnitz.).......... 5 fr.

HOVELACQUE (A.) et Julien **VINSON.** — **Études de linguistique** et d'ethnographie. 1 volume in-12. Broché, 4 fr.; cartonné à l'anglaise.......... 5 fr.

MAIGNE (Jules). — **Traité de Prononciation française** et Manuel de lecture à haute voix. Guide théorique et pratique des Français et des Etrangers, par M. Jules Maigne. 1 vol. in-12. Cartonné à l'anglaise.................. 3 fr.

MOHL (Jules). — **Vingt-sept ans d'histoire des études orientales.** Rapports faits à la Société asiatique de Paris de 1840 à 1867, par Jules Mohl, membre de l'Institut, secrétaire de la Société asiatique. Ouvrage publié par sa veuve. 2 volumes in-8°.. 15 fr.

OLIVIER (Léon A.). — **Grammaire élémentaire du grec moderne.** (Athènes.) 1 vol. in-8°.. 5 fr.

SANDER (E. H.). — **Promenade de Paris au Rigi,** racontée (en allemand) pour servir d'introduction à la lecture des auteurs allemands, par E. H. Sander. 2e édition, revue et corrigée. 1 vol. in-18. Cartonnage classique... 75 cent.

VIII. — BIBLIOGRAPHIE ET DIVERS

BULLETIN MENSUEL DE LA LIBRAIRIE FRANÇAISE

Publié par C. REINWALD & Cie

1892. — 34e année. Format in-8°. — 8 pages par mois.

Prix de l'abonnement : Paris et la France, 2 fr. 50. Étranger, 3 fr.

Ce Bulletin paraît au commencement de chaque mois et donne les titres et les prix des principales nouvelles publications de France, ainsi que de celles en langue française éditées en Belgique, en Suisse, en Allemagne, etc., etc.

LE FELD-MARÉCHAL

PRINCE PASKÉVITSCH

SA VIE POLITIQUE ET MILITAIRE

D'APRÈS DES DOCUMENTS INÉDITS

par le Général Prince STCHERBATOW

DE L'ÉTAT-MAJOR RUSSE

TRADUIT PAR UNE RUSSE

TOME PREMIER (1782-1826) — TOME SECOND (AOUT 1826 - OCTOBRE 1827)

2 beaux vol. gr. in-8°, avec un portrait en lithog. (*Saint-Pétersbourg.*) Prix : 30 fr.

L'ouvrage sera complet en 3 volumes.

BERLEPSCH. — **Nouveau Guide en Suisse,** par Berlepsch. 2e édition illustrée. 1 vol. in-12, avec 23 cartes et plans, 10 panoramas des Alpes et 38 gravures sur acier d'après des photographies. Cartonné à l'anglaise...... 5 fr.

Instructions aux capitaines de la marine marchande naviguant sur les côtes du Royaume-Uni, en cas de naufrage ou d'avaries. 1 vol. in-8°. 2 fr. 50

LIEBIG (J. de). — **Sur un nouvel Aliment pour nourrissons** (la Bouillie de Liebig), avec Instructions pour sa préparation et son emploi. 1 vol. in-12. 1 fr.

MOLTKE (de). — **Campagnes des Russes dans la Turquie d'Europe** en 1828 et 1829. Traduit de l'allemand du colonel baron de Moltke, par A. Demmler, professeur à l'École impériale d'état-major. 2 vol. in-8°............. 6 fr.

Les cartes accompagnant cet ouvrage sont épuisées.

RAMÉE (Daniel). — **Dictionnaire générale des termes d'Architecture,** en français, allemand, anglais et italien, par Daniel Ramée, architecte. 1 volume in-8°.. 8 fr.

—— **Histoire générale de l'Architecture,** par Daniel Ramée, architecte. 2 vol. gr. in-8° avec 523 gravures sur bois. Brochés.................. 30 fr.

TÉLIAKOFFSKY (A.). — **Manuel de Fortification permanente,** par A. Téliakoffsky, colonel du génie. Traduit du russe par Goureau. 1 vol. gr. in-8°, avec un atlas in-4° de 40 planches.................................. 20 fr.

WELTER (Henri). — **Essai sur l'Histoire du café,** par Henri Welter. 1 vol. in-12.. 3 fr. 50

TABLE ALPHABÉTIQUE

PAR NOMS D'AUTEURS.

Typ. Paul SCHMIDT, 5, avenue Verdier, Grand-Montrouge.

www.ingramcontent.com/pod-product-compliance
Lightning Source LLC
Chambersburg PA
CBHW060844220326
41599CB00017B/2384